国家科技攻关计划（2003BA612A-01）
国家科技支撑计划（2006BAB01A01）联合资助

中国西部重要成矿区带
成矿规律与成矿预测

肖克炎　唐菊兴　李文渊
陈永清　钟康惠　李光明　丁建华 等　著

U0320156

科学出版社
北京

内 容 简 介

　　为加快西部矿产资源的勘查，国家实施了"西部大开发战略"，寻找21世纪矿产资源接续基地。本书主要介绍了基于成矿系列理论的重要矿床成矿系列综合信息预测技术方法，还包括该方法在中国西部东天山成矿带、秦祁昆成矿带、西南三江成矿带和冈底斯成矿带的应用实例，全面地展示了成矿规律研究、成矿预测研究的成果。

　　本书可供成矿规律研究、矿产资源勘查评价和开发的科研人员、工程技术人员及高等院校相关专业师生参考。

图书在版编目(CIP)数据

中国西部重要成矿区带成矿规律与成矿预测／肖克炎等著．—北京：科学出版社，2016.3
ISBN 978-7-03-047831-3

Ⅰ.①中… Ⅱ.①肖… Ⅲ.①成矿区–成矿规律–研究–中国 ②成矿区–成矿预测–研究–中国 ③成矿带–成矿规律–研究–中国 ④成矿带–成矿预测–研究–中国 Ⅳ.①P612

中国版本图书馆 CIP 数据核字（2016）第 056112 号

责任编辑：韦　沁／责任校对：胡小洁
责任印制：张　倩／封面设计：华路天然

科 学 出 版 社 出版
北京东黄城根北街 16 号
邮政编码：100717
http://www.sciencep.com

中国科学院印刷厂 印刷
科学出版社发行　各地新华书店经销
*
2016 年 3 月第 一 版　开本：787×1092　1/16
2016 年 3 月第一次印刷　印张：28
字数：665 000

定价：258.00 元
（如有印装质量问题，我社负责调换）

前　言

本书相关研究项目"中国西部优势矿产资源潜力评价及示范研究"是"十五"国家科技攻关计划项目（编号：2003BA612A-01）；"西部优势矿产资源潜力评价技术及应用研究"是"十一五"国家科技支撑计划项目（编号：2006BAB01A01）。系列项目研究目标为：形成我国西部权威性成矿规律成矿系列最新成果；建立实用的以成矿动力学和成矿系列理论为指导的重要矿产成矿系列综合信息矿产资源潜力评价方法体系；开发和完善新一代能够全面推广的综合信息矿产资源评价系统。

本书相关课题研究任务为扩充和完善西部 1：20 万矿床模型库及矿产地评价库，建立区域成矿模型和完善成矿系列，总结西部总体成矿规律，圈定大型矿产基地的远景区；完成东天山成矿带、秦祈昆成矿域、冈底斯成矿带、西南三江成矿带等示范区区域矿产资源评价工作，总结"带中圈区"和"区中求点"的靶区圈定、优选及野外快速查证方法组合，提供可供进一步工作的找矿靶区；研究西部矿产资源区域评价方法，建立矿床模型地质综合信息矿产资源评价方法体系；开发新的成矿信息提取综合模型，全面升级与完善区域综合信息矿产资源评价系统。

研究由中国地质科学院矿产资源研究所为牵头单位，协同西安地质矿产研究所、新疆地质矿产勘查开发局、中国地质大学（北京）、中国地质调查局成都地质调查中心、成都地质调查院、成都理工大学等共同完成。

课题组通过八年的艰苦工作，从成矿规律研究、预测理论方法研究、预测软件改良、预测找矿效果等方面，取得了如下成果：

（1）研究、总结和示范了基于成矿系列理论的重要矿产成矿系列综合信息预测技术方法，方法结合了模型预测与综合信息预测的优势，方法的核心是在地理信息系统（GIS）环境下，以矿床地质模型为指导，以地球动力学构造建造成矿预测分析为基础，全面系统地分析地质找矿勘查获取的地、物、化、遥、矿产等信息，使用 GIS 矿产资源定量预测方法，科学地开展未发现矿产资源潜力评价。其中，地质背景及综合信息的深入分析、矿床模型的建立是矿产预测的前提，地、矿、物、化、遥、自然重砂等基础空间数据库的建立和应用是矿产预测的基础，正确认识和刻画重要矿产资源的时-空分布和共生规律、选准预测要素、有效地识别和提取找矿信息是矿产预测成败的关键，而运用现代计算机空间数据分析技术，合理地进行信息综合和矿产资源定位、定量预测是预测的有效途径。

（2）东天山成矿带：对东天山区域成矿规律和矿床成矿系列进行了深化研究，在前期工作的基础上针对铅锌、金、钼、铁、铜镍等优势矿产分别建立了土屋式铜矿、黄山东式铜镍矿和康古尔塔格式金矿、彩霞山式铅锌矿、库姆塔格式钼矿等典型矿床的描述性模型、预测模型和区域预测模型，并圈定远景区，应用地质体积法进行资源量估算。

对彩霞山铅锌矿进行了大比例尺三维预测，建立了三维预测模型，对重力数据进行了反演，预测了深部及外围的资源量为 Pb+Zn 230 万 t。

在预测区验证过程中，新发现了宏源铅锌矿，与彩霞山同处于同一构造带上，通过对宏源铅锌矿物探成果的综合分析研究，借鉴彩霞山铅锌矿的成矿模式，提出在已控制矿体的深部还应存在矿体，根据施工 ZK7-4 未见矿的现象，认识到已控制矿体的产状可能转向北，据此布置施工的 ZK7-8 孔在深部取得了突破，新的找矿思路得到验证，进一步扩大了矿床远景。

在库姆塔格钼矿区，发现了基性岩中浸染状产出钼矿化的这一新类型。传统意义上来讲，辉钼矿的形成一般与酸性岩浆活动有关，芮宗瑶等曾做过统计，得出岩浆中钼含量随着 SiO_2 含量的增大和分异指数（DI）的增高而增加，在岩浆中 SiO_2 为 72% ~ 77% 时，钼含量最高，因此我国目前发现的钼矿床主要类型有斑岩型、斑岩-夕卡岩型、热液脉型及沉积型等几种类型。目前就全国范围来看，仅辽宁喀左县肖家营子钼铜铁矿矿区范围内发育有辉长辉绿岩-细晶闪长岩体，且这些中基性岩体与钼矿化之间关系密切，但这些与中基性岩有关的钼矿床的含矿围岩均为岩体与碳酸盐岩接触带的夕卡岩，而非直接产于基性岩中。到目前为止，国内外尚未发现直接产于基性岩中的钼矿床，库姆塔格钼矿是目前发现的较为罕见的具有工业价值的矿体，产于基性岩中的辉钼矿矿产地。

（3）秦祁昆成矿域：通过"秦祁昆成矿域成矿规律与矿产预测示范研究"专题的研究，支撑和指导了一系列项目的部署与研究，并取得了重要进展。专题实施过程中，在分析研究秦祁昆成矿域地质背景与成矿规律的基础上，选取西昆仑布伦口一带、祁漫塔格一带、祁连-龙首山铜镍远景区以及马元铅锌矿所属的扬子地台北缘等作为重点研究对象，取得了国家自然科学基金项目"祁连-龙首山元古宙大火成岩省和巨量铜镍聚集"和地质大调查项目"祁连-龙首山大火成岩省与金川型铜镍矿关系研究"的设立。通过研究认识到金川铜镍矿床是大规模岩浆作用的结果，如此巨量的金属富集绝不可能仅局限于金川一处，还应有类似金川一样的多个点上的金属富集与铜镍成矿，并且范围波及祁连山、阿尔金山等地区。在此基础上，又成功设立了地质大调查项目"青海省化隆县甘都地区铜镍矿调查评价"，在专题研究与以上两个项目的研究基础上，该项工作也取得重要进展，不仅在巨厚红层覆盖下面发现了隐伏的基性-超基性岩体，并且岩体中还伴有铜镍矿化，进一步印证了上述的研究思路，突显了科技支撑作用。同时通过对西昆仑及祁漫塔格的研究，带动和引领了一系列项目的开展和设立，如"西昆仑-阿尔金成矿带基础地质综合研究"、"东昆仑成矿带基础地质综合研究"、"昆仑-阿尔金成矿带地质矿产调查综合研究"等项目，掀起了该地区找矿与研究的热潮，同样支撑了秦岭成矿带铅锌矿的找矿工作。

提出了秦祁昆成矿域地质构造演化认识。秦祁昆成矿域处于青藏高原北部，位于古亚洲构造域与特提斯构造域结合部位，跨塔里木陆块、阿尔金构造带、昆仑构造带、巴颜喀拉构造带、北羌塘地块、甜水海地块和南羌塘地块等构造单元，显生宙以来经历了复杂的沉积、岩浆和构造作用过程，至少经历了五个发展阶段：① 太古宙—古元古代古陆核及陆块形成阶段；② 长城纪—青白口纪古大陆裂解与超大陆汇聚阶段；③ 南华纪—早古生代洋陆转换阶段；④ 晚古生代—早中生代碰撞后板内伸展阶段；⑤ 陆内演化阶段。并对其与成矿的关系进行了研究与厘定。

通过对西昆仑塔什库尔干一带铁矿、白干湖钨锡矿、维宝铅锌矿、卡尔却卡铜矿、迪木那里克铁矿、金川铜镍矿、马元铅锌矿、石居里铜矿、拉水峡铜镍矿等典型矿床的野外实地调研和重点研究，初步建立了成矿模式。

首次提出了"构造结"的概念，指不同方向构造带的交织造成大量成矿物质聚集的地带。指出祁漫塔格地区是秦祁昆中央造山带的一个重要的"构造结"，是北东向阿尔金构造带与近东西向东昆仑构造带相交的部位。在扬子地台发现以马元铅锌矿为典型矿床的多处赋存于震旦系灯影组碳酸盐岩中的层控–改造型铅锌矿床（点），这一新发现引起学者的广泛关注。项目梳理了扬子陆块北缘及南秦岭新元古代的构造演化及后期的重要构造事件，厘定马元及其周缘铅锌矿的类型为 MVT 型。在祁连–龙首山铜镍远景区，认识到金川成矿作用是一个重大的地质事件。通过典型岩体的深入剖析，发现乙什春、沙加岩体与亚曲岩体类型及铜镍成矿特征均相似，推测其与亚曲、裕龙沟等均为加里东期岩体。岩体的岩石地球化学特征表明，化隆一带基性–超基性岩体是拉脊山小洋盆在晚奥陶纪闭合之后进入陆内造山阶段，在后碰撞伸展环境中所形成的。

秦祁昆成矿域几个重要成矿带中新发现的矿产类型主要为：① 马元密西西比河谷型（MVT）铅锌矿；② 白干湖、小柳沟夕卡岩–石英脉型钨（锡、钼）矿；③ 布仑口沉积变质型磁铁矿；④ 代家庄、下拉地热水沉积型（SEDEX）铅锌矿；⑤ 块状硫化物（VMS）铜钴矿；⑥ 大场造山带构造剪切带型金矿。成矿时代主要集中于晚古生代。

在全面分析研究区内成矿特征及构造单元基础上，将秦祁昆成矿域划分为 3 个 II 级成矿省、12 个 III 级成矿带和 49 个 IV 级成矿亚带。以地质历史时期和构造单元为主线，初步厘定出秦祁昆成矿域内代表性矿床的 18 个矿床成矿系列、24 个矿床成矿亚系列和 48 个矿床式。

选择祁漫塔格地区开展了 1∶25 万矿产预测示范，以铁矿为预测矿种，预测类型分为沉积变质型、海相火山型、夕卡岩型，划定了三个预测区，分别开展了定位与定量预测。除此之外，在充分研究整个秦祁昆成矿域的基础上，对西昆仑塔什库尔干一带、祁漫塔格一带、祁连–龙首山铜镍远景区以及马元铅锌矿床所属的扬子地台北缘进行了深入细致的找矿潜力分析，同时划定了相应的找矿预测范围与方向，进一步提供了技术支撑。

（4）冈底斯成矿带：确定了旁多–送多印支褶皱带、冈底斯成矿带的地质构造格架，厘定其构造演化阶段。旁多–送多印支褶皱带北带（旁多带），石炭系—二叠系的诺错组—洛巴堆组属被动陆缘环境；南带（松多带）石炭系—二叠系松多群、中二叠世—中三叠世的洛巴堆组—查曲浦组属活动陆缘环境。石炭纪—早二叠世初，形成伸展裂陷作用的被动陆缘裂谷系，进而洋壳盆地形成；早中二叠世—早中三叠世，岔萨岗洋壳向南俯冲，南带转变为活动大陆边缘，由初始洋内弧向成熟岛弧及陆缘弧演变。晚三叠世，北带旁多被动陆缘地体与南带松多活动陆缘地体碰撞造山，形成印支褶皱造山带。

冈底斯成矿带造弧作用始于早中侏罗世，直至晚白垩世，是经历了多期造弧事件形成的复合岩浆弧。主要的造弧事件有：早—中侏罗世叶巴–雄村弧盆系、晚侏罗世—早白垩世桑日弧盆系、晚白垩世南冈底斯陆缘火山–岩浆弧和日喀则弧前盆地。专题识别出早—中侏罗世叶巴–雄村弧，构成叶巴–雄村弧盆系，首次识别出雅鲁藏布江洋壳于早—中侏罗世向北俯冲消减的直接证据，叶巴–雄村弧盆系的发现，直接导致了雄村铜金矿的发现、勘探和突破。

总结了晚古生代活动大陆边缘、中生代多岛弧盆系统、弧–陆碰撞、陆内挤压–伸展演化阶段的成矿作用，初次识别出三个重要的成矿事件：① 晚古生代的被动陆缘裂谷系存在海底喷流成矿背景，形成念青唐古拉地区的铅锌初始富集层；② 早—中侏罗世岛弧型斑岩铜金成矿事件；③ 冈底斯成矿带北带古新世—始新世与斑岩–夕卡岩成矿作用有关的钼铅锌银成矿事件。

建立了与岛弧岩浆作用有关的成矿作用与矿床成矿系列等四大成矿系列，与燕山期俯冲型花岗岩有关的铁铜金矿床成矿亚系列等四大成矿亚系列。总结了区域成矿的时空分布规律，首次全面总结了纵向构造、横向构造、大型推覆构造扇、推覆滑脱构造、区域褶皱构造等的控矿特征。重点阐述了斑岩型铜钼矿床、夕卡岩型铜铅锌金银铁矿床、沉积-改造型铁矿、热液型锑金矿床的空间分布规律，进而划分了五大成矿亚带。

按照矿床成矿系列理论和矿床模型找矿理论，在冈底斯成矿带实现雄村铜金矿、甲玛铜多金属矿的找矿突破，建立了新的矿床模型，发现了冈底斯存在早—中侏罗世的斑岩铜金矿成矿事件，发现和证实甲玛铜多金属矿床属于斑岩-夕卡岩型铜多金属矿床，并取得重大找矿突破。其中，甲玛铜多金属矿床探明或控制铜资源量500万t以上，钼资源量50万t以上，金资源量150t以上，银资源量6000t以上，铅锌资源量50万t以上。雄村铜金矿床发现三个矿体，探明及控制铜资源量200万t以上，金资源量200t以上。

建设与完善了西藏地区优势矿产资源1：50万～1：20万矿产地评价库、典型矿床模型库。选择西藏冈底斯成矿带为重点进行了资源潜力示范性预测，划分了成矿远景区，并选择重点区进行验证。

（5）西南三江成矿带：建立了西南三江南段金属矿床模型库、矿产地评价库以及成矿系列成果图。应用MORPAS 4.0评价系统，实现了西南三江南示范区有色金属和贵金属找矿靶区圈定，为国家正在实施的"358"找矿战略选区提供了科学依据。

应用二维经验模分解（BEMD）技术，在云南个旧锡铜多金属矿田成功地实现了复杂地质背景下重磁和元素含量异常和背景的分离，为该区深部和外围找矿开辟了新的领域。

应用MORPAS 4.0评价系统，在西南三江南段分别圈定Cu-Pb-Zn-Ag找矿远景区（Ⅰ类）9处，其中A级4处、B级5处。Au-PGE找矿远景区（Ⅱ类）1处（A级）。有色金属、贵金属综合找矿远景区（Ⅲ类）5处，其中A级3处、B级2处。在滇川邻接区，共圈定Cu和Pb-Zn-Ag找矿靶区6处。

基于对云南普朗斑岩铜矿区进行三维模拟，估算已控制铜资源量为251万t；利用神经网络方法，结合各中段含矿块体的品位估算潜在铜资源量为369万t；结合各中段含矿块体的品位估算铜远景资源量为606万t（平均品位为0.384%），其中Ⅰ号矿体的合计预测铜资源量为589万t。

（6）研发升级了功能强大的金属矿产资源评价软件系统。

矿产资源评价是一个从众多的地学数据中提取、综合、集成找矿信息的过程，由于单学科地学信息的局限性和多解性，需尽量收集评价区多学科（地、物、地、遥及矿产等）数据，并使用不同的方法技术提取深层次、诊断性找矿信息，然后对这些信息进行有机综合，以确定找矿有利地段（找矿靶区）的找矿潜力。

MRAS软件在原有MRAS 2.0的基础上，进行了升级，包括改进软件处理流程、增加新功能、完善原有功能三个方面的内容。主要包括：① 对原有区域矿产资源评价系统软件处理流程进行了改进，增加了数字高程模型彩色晕渲图底图功能，实现了所有预测要素半透明显示功能，提高了区域矿产资源评价系统软件的立体感可视化效果。② 增加了建模器模块，用户可以按照矿产资源潜力评价的工作流程在建模器中建立相应处理流程并开展评价工作。③ 增加了体积法定量预测功能模块，使软件更加适应我国地质工作者工作方法和工作惯例。

④ 根据软件实际使用中出现的问题，对软件的错误、友好性等方面进行修改。MORPAS 4.0 在原有 MORPAS 3.0 的基础上，不仅在系统稳定性、可操作性上做了改进，且在信息提取方法技术上进行了扩充，尤其是开发移植了二维经验模分解（BEMD）和模糊证据权（FEW）非线性致矿信息提取与集成技术。软件升级过程中，解决了以下关键技术：① 资源评价 GIS 信息集成、空间分析和模式识别技术；② 组件编程技术；③ 致矿信息提取与定量合成技术；④ 开发移植了奇异值分解（SVD）技术和二维经验模分解（BEMD）技术，较好地解决了复杂地质地球化学背景下弱矿化信息提取的技术问题；⑤ 有效实现了致矿信息提取、关联、转换和合成技术，这是该系统实现矿产资源综合定量评价的关键。

本书是在总报告的基础上完成的。各章节分工编写如下，第一章：肖克炎、娄德波；第二章：丁建华、邓刚、娄德波、丛源、董庆吉、张长青、孙莉；第三章：李文渊、张照伟、高永宝、姜寒冰、谭文娟；第四章：唐菊兴、钟康惠、李光明、张丽、冉明佳；第五章：陈永清、黄静宁、赵彬彬、刘洪光；第六章：李楠、陈建国、王功文。

本书研究项目的实施过程中，新疆地质矿产勘查开发局、新疆地质矿产勘查开发局第六地质大队、新疆地质矿产勘查开发局第一地质大队、甘肃省地质调查院、青海省地质调查院、云南省地质调查院、甘肃金川公司等都组织了专门人员参与示范区研究及预测、远景区查证等工作，在此表示衷心的感谢。尤其要感谢新疆地质矿产勘查开发局第六地质大队总工陈松林，新疆地质矿产勘查开发局第一地质大队总工桑少杰、彭明生等，他们不仅完全无偿提供示范研究数据、参与研究，而且还在野外工作期间为项目组成员尽可能地提供一切方便。美国印第安纳大学 Li Chusi、Edward M. Ripley，兰州大学张铭杰、胡沛青，长安大学焦建刚、刘淑文、刘民武等在专题研究过程中给予了很多指导与帮助，中国地质调查局西安地质调查中心王志海、叶美芳等在实验测试工作中给予了大力支持。项目进行过程中还得到了赵鹏大、陈毓川、叶天竺、彭齐鸣、白星碧、马岩、王瑞江、吕庆田、李文昌、卢映祥、何白洁等专家和领导的鼓励、支持及帮助，在此表示忠心的感谢！

目　　录

第一章　未发现矿产资源潜力
评价理论方法研究

随着人类社会人口不断增加以及为了提高人们生活水平而进行社会工业化和现代化，世界对矿产资源的需求不断增加。对陆地近地表未发现矿产资源潜力的区位、数量和质量的评价既是国家矿业政策宏观决策的重要技术支撑，又可以直接为地质找矿服务提供勘查靶区。此项工作是一项非常困难的工作，因为我们不可能对近地表所有的地质情况全部弄清，也不可能对地下每个地方进行直接观察，只是通过有限的地质勘查工作获取信息。那么对固体矿产资源潜力评价的一个根本问题是：对近地表 2km 的未发现矿产资源的潜力，我们能不能估计出来？用怎样的方法体系去估计？估计的结果能否为广大地质矿产专家和政策指定者认可？首先这种估计只能是一种概率意义上的，评价不可能是百分之百精确。但长期地质勘查工作和大量的矿床学研究使我们能够对这个问题有一个科学回答。为此，有必要建立起科学的评价预测方法体系，来估计地下哪里有经济价值的矿床存在并评价其资源潜力。

第一节　国内外矿产资源潜力评价预测方法流程及
主要工作内容分析

一、基于成矿建造分析的预测方法

对国家地区地下近地表未发现矿产资源的种类、位置、数量和经济价值评价与估算一直是政府和矿产勘探公司感兴趣和关心的问题。早期矿产预测是和成矿规律研究一起的，研究成矿规律，进行成矿预测在 20 世纪初就开始了，法国地质学家 L. de Launay 提出"成矿区（带）是研究金属的自然富集作用"初始概念（1905 年）之后，紧接着谢家荣先生在 1923 年和 1935 年先后发表了"中国的矿产区域和矿产时代"、"扬子江下游铁矿志"，都是用成矿区（带）的概念来解释矿产区域分布的特征。20 世纪 50 年代末，苏联地质专家开展了大规模成矿规律预测编图工作，萨特波耶夫院士编著了《成矿规律图和成矿预测图》一书，70 年代末谢格洛夫又编著了《成矿分析基础》。苏联矿产预测的核心是成矿建造分析方法，成矿规律研究是基础，矿产预测是目的，其主要工作内容流程如图 1.1 所示。

区域成矿建造分析学预测方法的核心原理是：地壳中一定矿床组合与地壳演化构造环境相关，一定的矿床类型产在特定的构造环境中，一定构造单元有其固定的矿床组合，成矿建造与一定构造单元岩石建造有密切关系。成矿建造是在一定构造单元部位、成矿作用一致形成的具有相同的工业价值和共有矿物成分的矿床组合。从其定义来看，成矿建造应从属于成矿系列，一个成矿系列可能包含几个成矿建造，成矿建造可以与成矿系列中矿床式代表的矿床组合相对应。成矿建造与地质含矿建造有母子关系、共生关系及构造关系。通过建造编图识别不同的岩石建造类型，评价各建造的含矿性。通过矿床地质研究划分成矿建造。通过成矿建造与地质含矿建造关联，建立不同建造类型含矿性模型，从而预测评价相应成矿建造远景区。成矿建造分析矿产预测方法给我们的启示是编制反映地质环境的地质建造构造图是预测的关键内容。

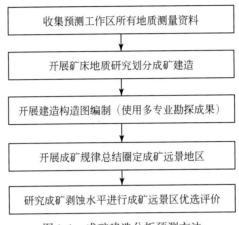

图 1.1　成矿建造分析预测方法

二、基于矿床模型的"三步式"评价方法

"三步式"矿产资源评价方法是美国地质调查局（USGS）目前广泛推荐使用的一种用于矿产资源潜力评价的方法，1975 年就开始探索，到 20 世纪 90 年代形成较为完善的方法体系。该定量评价方法集成了美国众多的矿产资源评价专家的研究成果，包括 D. P. 哈里斯的矿产资源经济定量评价模型、Singer 的矿床模型和标准品位吨位模型、麦卡门的定量评价和专家系统、Drew 的 MARK3 软件等，成为美国地质调查局在 20 世纪 80 年代末之后的标准评价方法。美国地质调查局依据 93 个标准的矿床模型，使用统一的"三步式"评价方法，在全国 19 个成矿省开展了对美国的金、银、铜、铅和锌的未经发现资源评价。该工作共圈定了 447 个可能地段，并估算出用现有技术能够进行开采的未发现矿床的金属量：金矿 1.8 万 t，银矿 46 万 t，铜矿 290 万 t，铅矿 85 万 t，锌矿 210 万 t。估算出保有探明资源中的金属量：金矿 15000t，银矿 16 万 t，铜矿 260 万 t，铅矿 51 万 t，锌矿 55 万 t。从金、银、铜、铅和锌矿的最大探明资源量中估算出金属的过去产量：金矿 1.2 万 t，银矿 17 万 t，铜矿 91 万 t，铅矿 41 万 t，锌矿 44 万 t。这些矿床大约占美国 99% 的累积国内产量。美国资源评价专家还将第二轮评价结果与第一轮评价结果进行对比，发现金矿总量与原来结果基本一致，但更加精细，铜、铅锌潜力有较大的变化，主要原因是密西西比河谷型（MVT）和斑岩型铜矿新类型的出现，这也反映矿床地质模型和新的勘探资料对资源潜力评价是非常重要的。

该矿产资源评价方法包括三大步骤：① 根据所要预测的矿床类型圈定找矿地质可行地段；② 运用与预测矿床类型相适应的标准品位-吨位模型估计可能发现矿床的金属量和质量特征；③ 估计成矿远景区内可能发现的矿床个数。"三步式"资源评价方法框架如图 1.2 所示（Singer，1993）。

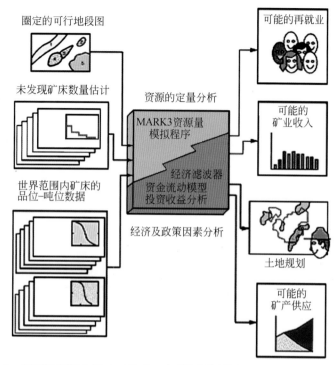

图 1.2　美国地质调查局"三步式"定量资源评价方法图（据 Singer，1993）

　　"三步式"定量评价的优势在于方法的内在一致性：① 圈定靶区与描述性模型一致；② 品位-吨位模型与描述性模型和评价区的已知矿床一致；③ 研究区已知矿床和矿床数的估计与品位-吨位模型一致。在这一过程中，所有的可用信息均要被利用，同时还要表达不确定性。

　　关于成矿预测要不要考虑成矿类型的问题，一直是一个有争论的话题。从事矿床学研究的专家认为，要开展潜力评价，首先要考虑待评价矿床的类型，没有矿床类型，就没有评价模型。但许多从事勘探技术、统计预测的专家认为，不考虑矿床类型同样可以圈定靶区，找到需要的矿床，如我们根据地球化学异常块体，使用一定的专业信息提取方法，也能圈出靶区找到矿床。但事实上，如果我们不考虑矿床类型，使用定量方法，如证据权方法圈定的远景区，其结果就是一张类似物化探异常图，甚至还不如物化探异常图，因为该图是数据合成出来的，所以国际通行的潜力评价方法是基于矿床模型的。评价过程经常会出现同一地质环境下有多种成矿类型共生的问题，这将使预测工作复杂起来，矿床成矿系列理论是我国学者总结的成矿理论，恰好可以很好地解决和回答这一问题，成矿系列通过"四个一定"将有成因联系的矿床有机地串联起来，并归纳出制约其产出的关键地质因素。因此我们研究的西部矿产资源评价方法体系选择了以成矿系列为理论基础。即以成矿系列为核心，进行成矿信息提取与转换，从而实现模型与信息的结合。

　　该方法的核心是矿床模型法，矿床学家建立矿床模型不仅为找矿勘查服务，也可作为预测评价的出发点，根据同类成因矿床建立预测要素模型，通过相似类比，就可圈定成矿远景区。模型好坏决定预测成败。"三步式"预测评价方法的优势是预测评价可以适应不同资料水平的预测需要,资料多一些评价结论可能会更可靠些。该方法的缺陷是没有一套综合编图思路;定量预测评价只能针对中、小比例尺,在四五级成矿区带范围内的预测效果不好,因为预测的对象是矿床级靶区,每个靶区只能有一个或没有矿床,这样就没有"矿床数估计"的概念了。

"三步式"预测方法对预测评价的启示是:建立预测评价模型是通过相似类比开展定量预测的前提。

三、"三联式" 5P 地质异常定量评价方法

"三联式" 5P 地质异常定量评价方法(以下简称"三联式")是赵鹏大等近几年来提出的一种矿产资源定量评价理论和方法。"三联式"成矿预测以研究区域矿床谱系为依据,基于成矿多样性分析,识别、揭示、提取和圈定新型的、隐式的和深层次的成矿地质信息,预测和发现新矿床类型和未知的矿产资源(方法流程如图 1.3 所示)。该方法由五个不同的阶段构成,每一个阶段都以获得不同的目标为目的。其中,第一阶段的目标是成矿可能地段(probable ore-forming area)的确定;第二阶段的目标是找矿可行地段(permissive ore-finding area)的确定;第三阶段的目标是找矿有利地段(preferable ore-finding area)的确定;第四阶段的目标是矿产资源体潜在地段(potential mineral resources area)的确定;第五阶段的目标是矿体远景地段(perspective orebody area)的确定。而获得这些目标的前提是查明控制它们的不同控矿因素或标志组合。

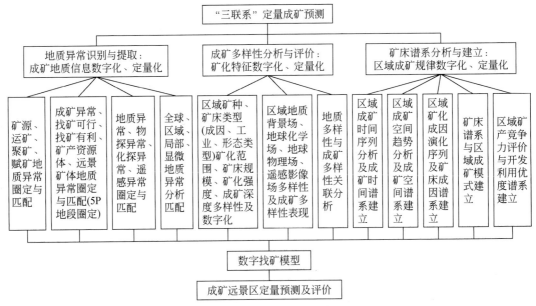

图 1.3 　"三联式"定量成矿预测方法流程图

基于 5P 理论的矿产预测思路重点在于:在考虑同一层次控矿因素相互关系与权重的基础上,考虑上级层次控矿因素对下级层次控矿因素的影响,从而实现上级层次控矿因素对下级层次成矿对象的控制,其影响程度可以用权重来表达。"5P"地段的前"3P",一般属

中–小比例尺成矿预测范畴；后"2P"则属大比例尺成矿预测范畴，是对预测靶区（找矿有利地段）的深化剖析。在"三联式"成矿预测中，"5P"靶区逐步逼近，靶区内涵逐渐增大、外延逐渐减小。

深层次隐蔽（组合）变量的成功挖掘是切实提高矿产资源（尤其是隐伏矿）定位预测的关键因素。赵鹏大曾经指出，困扰成矿预测及矿产勘查精度和效果的主要原因是成矿信息获取的不充分性和线性预测模型的局限性。用于构建数据模型的变量有两种：一种是直接测量分析或观察的性质；另一种是隐蔽的或者根据已知矿床构建的性质。通过研究综合信息来挖掘隐蔽（组合）变量一直是国内外数学地质界研究的重点和难点。在实际工作中，建立隐蔽（组合）变量本身就是一个需要结合具体任务、情况进行创造性研究的过程，必须搞清隐蔽（组合）变量的物理意义并与地质分析紧密结合。自赵鹏大（1982）发表"试论地质体的数学特征"以来，这一概念和问题已经受到了相当大的关注，并且已经延伸到同样可以从不同侧面描述地质体特征的物、化、遥等多学科。

矿产定量预测优势是使用现代信息技术处理手段快速分析地质测量成果中成矿信息，其前提是矿床形成是多种因素共同作用结果，不同预测要素对成矿作用贡献的大小是不一样的，同样，矿床规模也受到某些预测要素的制约，表现为矿床规模大，这些预测要素出现的概率也大，矿床规模小这些预测要素不出现或呈有序变化。使用定量数学方法的优势是能够同时考虑到不同控矿要素的相互关系。目前定量方法中使用最多的是"证据权法"，结果会得到一张预测区的成矿概率图，来说明不同区域成矿的可能性。

对矿产资源定量预测方法应用的启示是：使用定量方法辅助预测要素提取；定量预测要在成矿分析和矿床模型研究的基础上进行，预测成矿概率图要结合地质情况进行分析。

四、综合信息矿产预测方法

综合信息矿产成矿系列预测是王世称等（1999，2000）提出来的基于综合信息分析的一种预测方法。该方法的理论基础是：从统计观点看，各种地质测量和科研成果都可视为对各种地质体观察、抽样统计的结果，因此，成矿规律也是一种统计性的规律。为了更准确地揭示地质规律，就需要在地质先验的前提下，以已有的较成熟的地质理论为指导，综合解释地、物、化和遥等数据，提取能够表达地质规律的信息，并研究其有机关联，从而构成刻画地质规律的信息整体。方法要求在成矿理论的指导下，深入研究成矿地质背景特征、成矿作用特征、矿床共生组合规律，建立成矿模式，以此为基础，统计对比分析同一成矿系列已知矿床的地质标志、地球化学标志、地球物理和遥感地质标志，建立综合信息找矿模型，运用找矿模型实现对未知矿化单元的成矿预测。综合信息预测包括两部分内容：一是全面利用各种现代地质勘查手段所获得的资料，以地质体或矿产资源体为单元，进行合理的综合地质解译，提取综合找矿信息，编制综合信息矿产预测图，建立综合信息找矿模型；二是依据综合信息找矿模型，进行地质体或矿产资源体单元的划分和模型单元的选择、变量筛选及定量化，最终建立成矿系列定位预测和定量预测模型，对矿产做出定量评价。

在 20 世纪 80 年代末至 90 年代初广泛使用的综合信息矿产预测方法，为矿产预测的多专业信息综合提供有效的方法理论，是综合信息成矿规律图编制的基础。但前提是服从建造构造分析和矿床模型研究。

五、矿产预测工作内容

通过对国内外典型预测方法体系研究总结，一个系统矿产资源潜力评价预测包括如下主要工作内容。

（1）建造构造图编制：收集使用地质填图最新成果和原始实际材料图，划分不同地质建造，识别主要的含矿建造。

（2）矿床模型建立：收集典型矿床资料，开展矿床地质研究，划分不同矿床式，建立矿产预测类型成矿要素和预测要素。

（3）综合信息矿产预测图编制：以地质建造构造图为基础，开展地、物、化、遥综合解译，推断隐伏建造构造，提取预测要素，编制综合信息矿产预测图。

（4）矿产定量预测：圈定预测成矿远景区，对各远景区成矿可能性进行地质评价，优选成矿远景区。定量估算各远景区资源潜力。

第二节　成矿系列与资源评价

成矿系列概念由程裕淇、陈毓川、赵一鸣在 1979 年提出（程裕淇等，1979）。经过 30 多年来的研究，逐步得到完善。成矿系列既是从地球演化的时空四维域中研究成矿作用及其形成的矿床自然体，也是一种矿床自然分类（陈毓川等，2006）。矿床成矿系列是成矿系列概念中的核心组成部分，其含义是："在一定的地质历史时期或构造运动阶段，在一定的地质构造单元及构造部位，与一定的地质成矿作用有关，形成一组具有成因联系的矿床的自然组合"。矿床成矿系列是自然界唯一存在或存在过的地质成矿环境和矿床组合的实体，它本身包含"四个一定"或四个要素，即时间、空间、作用与矿床产物（程裕淇等，1979），缺一不可，也就是成矿的时空四维域的地质环境、地质成矿作用及其过程以及最终形成的为人类可利用的矿床组合自然体（陈毓川等，1999）。自 20 世纪 70 年代程裕淇等全面提出矿床的成矿系列概念以来，我国的广大地矿工作者在应用成矿系列观点指导找矿勘探，总结区域成矿规律方面做了大量工作，取得了显著的成绩。研究机构和高等院校的专家们对成矿系列也做了广泛深入的研究。在各类矿床成矿系列中，研究较深入的是与岩浆作用有关的矿床成矿系列。因为这方面矿产勘查和研究的资料很丰富，成矿系列表现也较明显和全面，有较多研究成果（陈毓川等，1983；裴荣富等，1990；夏宏远等，1991；翟裕生等，1992；崔彬等，1995；毛景文等，1998）。陶维屏等（1989，1994）系统论述中国非金属矿产的成矿系列。在成矿系列内涵方面，程裕淇等（1983）提出了成矿系列的序次及其含义，矿床成矿系列的继承性、后期改造等问题；翟裕生等（1987）提出了成矿系列结构概念，包括分带性、阶段性、过渡性、重叠性、互补性等结构形式，以表示一个矿床成矿系列内部各矿床类型间的时空、物质和成因联系；陈毓川等（1994）提出了矿床成矿系列类型的概念及在某些区域内矿床成矿系列的演化规律；王登红等（2002）对矿床成矿系列在区域内的演化归结为成矿谱系。

使用成矿系列理论开展区域矿产资源预测评价最早的是王世称教授于 20 世纪 90 年代的探索性工作，有代表性的项目是使用双重回归分析进行浙江的银铅锌系列矿产的定量预测。

之后又提出矿化系列的概念，它包括成矿系列、矿化点、物化探异常等，并分为沉积矿化系列、岩浆矿化系列、变质矿化系列和火山作用矿化系列，其目的是将成矿预测与成矿系列理论结合起来（王世称等，2000）。陈毓川、肖克炎、王登红等在"十五"科技攻关项目中提出了基于成矿系列进行综合信息矿产资源预测评价的"三三式"评价方法[①]，并在我国东天山地区铜、金矿预测中成功运用。叶天竺等（2007）在成矿系列基础上提出矿床模型地质综合信息矿产资源预测方法。

由于区域成矿系列范围跨度大，有的成矿系列可以跨三级区带，达到1∶20万工作区范围，因此如何和具体的1∶20万预测结合起来是一个需要探讨的问题。

一、成矿系列研究指导成矿预测建造构造图编制，实现区域成矿作用与构造环境结合

以地球动力学为基础的区域成矿学是当今区域成矿规律研究的方向。由于大陆会聚、裂解，深部及浅部的地球动力过程引发区域大规模的壳幔反应、岩浆侵位、火山活动、变质作用等，构造作用为成矿作用提供热驱动、流体、矿源、运移通道及成矿就位空间。不同大地构造单元在不同的地质演化历史阶段，具有不同的成矿专属性。

板块构造理论已被用于区域矿产分布规律的研究，能够给矿床地质学家提供在勘查上有意义的一组科学信息：板块构造的四种边界（裂谷、洋底俯冲、碰撞带和转换断层）可以划分主成矿环境，再从各主成矿环境中分出若干亚环境。构造环境对成矿系列的控制作用已经引起人们的重视。

翟裕生（1996）划分了如下几类构造环境：① 稳定克拉通环境；② 大陆内部热点环境；③ 大陆线性构造环境；④ 大陆裂谷环境；⑤ 陆–陆碰撞带环境；⑥ 岛弧和活动大陆边缘环境；⑦ 被动大陆边缘和内陆盆地环境；⑧ 洋脊和大洋盆地环境，并指出在各种不同构造环境下有不同的成矿系列产出。例如，在中、新生代岛弧或活动大陆边缘与中–中酸性潜火山侵入体–火山岩有关的斑岩型–浅成热液矿床成矿系列，包括斑岩型铜金（钼）矿床、浅成低温高硫化型金铜矿床、浅成低温低硫化型金银矿床；在内陆盆地环境形成的石油–天然气–煤–煤层气等成矿系列等。成矿系列概念的提出和有关研究方法的建立，已经显示出重要的理论和实际意义。运用成矿系列的概念，可以对成矿区内可能存在的矿床类型做出较为全面的评价，还可以根据已知的一种或少数矿床类型，预测可能存在的其他相关的矿床类型。

由于矿床形成受控于构造环境，因而矿床产出的时–空展布在威尔逊旋回中也得到反映，热点和裂谷、活动陆缘俯冲带、汇聚边缘、碰撞造山等各类板块构造环境中成矿作用有自己特有的类型和特征（图1.4）。因此通过详细构造建造编图反映出不同的构造环境，对成矿区带划分和预测有重要指示意义。

---

① "十五"国家科技攻关计划项目——"中国西部优势矿产资源潜力评价技术及示范研究"成果报告. 2005. 中国地质科学院矿产资源研究所

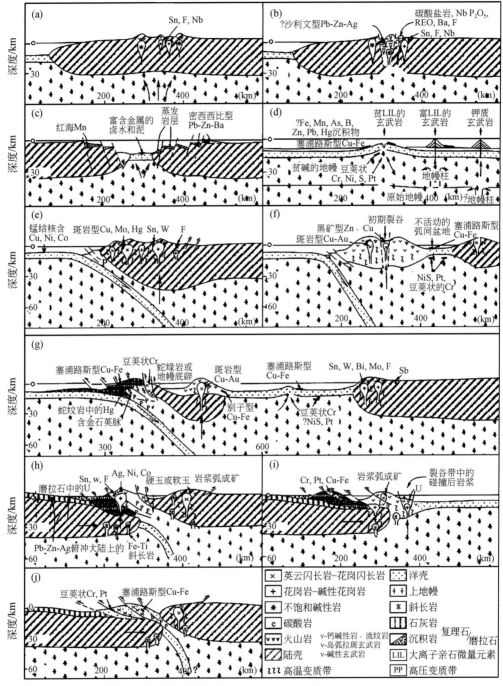

图 1.4　与板块边界有关的构造环境和共生矿产示意剖面图

（a）大陆内部热点；（b）夭折的裂谷；（c）陆间裂谷带；（d）洋隆和夏威夷型海山链；（e）安第斯型岩浆带；
（f）岛弧和弧间盆地；（g）具有边缘盆地的岩浆弧和外弧；（h）大陆与大陆碰撞带；（i）后碰撞火山作用；（j）具
有逆冲蛇绿岩的大陆碰撞

成矿系列是在地质历史演化期间，在一定地质环境的产物。运用成矿系列理论可以有效且深刻地认识和总结区域成矿规律。反过来讲，只有通过对成矿规律的深入研究，才有可能正确并准确地厘定矿床成矿系列。在成矿系列厘定的过程中，对构造背景成矿环境的分析是成矿系列建立的重要环节，可以说成矿系列理论是基于构造背景分析和区域成矿规律分析的综合。

矿产预测是要通过研究成矿规律确定可能的成矿环境，目的在于确定空间和地域。编制矿床成矿系列图的过程，便是对各类矿床成矿系列的矿床进行空间定位，该类图件的编制，可以有效地指导矿产预测评价，为确定预测矿种及预测区的划分提供依据，从而为矿产预测确定了预测目标及范围。

以我国华南的中生代矿床成矿系列为例，武夷-云开隆起到了印支期以后，与两侧的增生块体逐渐融合成一体，并发展成为南岭中生代造山带的核心部位。在南岭造山带以北的中生代岩浆成因矿床已经单独厘定出一个系列，南岭以南的云开-海南古隆起区的中生代岩浆成因矿床可以归属于另外一个矿床成矿系列，即云开-海南古隆起区与燕山期岩浆-构造作用有关的 Nb、Ta、W、Fe、Cu、Au、Ag、Pb、Zn、Mo、Sb、水晶、萤石矿床成矿系列。这样，对应于华南地区中生代极其复杂的成矿作用，可大致将此处厘定出四个矿床成矿系列：① 东西向展布的以 W、Sn、Pb、Zn、Sb 为主的"南岭系列"；② 产于武夷-云开古陆区北部的以斑岩型铜矿为特色的"岭北系列"；③ 产于武夷-云开古陆区南部的以多金属为主的"岭南系列"；④ 东南沿海以火山岩成矿为特色的"沿海系列"。这组成矿系列的厘定，无疑为在该区进行矿产预测奠定了理论基础，指明了预测矿种及类型，大致确定了预测工作的范围。

二、成矿系列是建立矿床评价模型的基础

矿床模型是矿产预测评价的基础，无论是地质成矿规律分析，还是矿产资源统计定量预测。美国地质调查局在本土矿产资源潜力评价中使用了近 90 种标准的矿床模型。在其"三步式"评价工作程序中，首先要根据模型总结的找矿标志准则，圈定成矿可行区带。但他们在圈定成矿可能地段时碰到一个技术问题是：由于评价比例尺是国家层次的（1∶100 万、1∶50 万），许多金属矿种中金、银、铜、铅、锌等往往同时出现在同一地区，这样，圈定不同类型、不同矿种的可能地段时就出现了重复的现象。应用成矿系列理论可以很好地解决这个问题，因为成矿系列研究的对象是矿床组合的自然体，按照成矿系列理论，这种在同一地区同时出现的金、银、铜、铅、锌等矿床，可能是同一区域构造演化甚至同一关键成矿作用的结果，据此建立起的"成矿系列模型"可能较单独矿种的矿床模型在区域中小比例尺潜力评价中更有优势，因为更好地抓住了区域评价的关键地质因素。

在成矿系列理论分级中，矿床式是成矿系列中的代表性矿床，一般指矿床成矿系列中、相似成矿条件下形成的具有相似地质特征、相似元素组合和矿床成因的一些矿床组（矿床类型）。矿床式既是一般典型矿床的代表，又是某个矿床成矿系列中最重要、最能代表该系列（或亚系列）基本特征的代表性矿床，同时又具有比较明确的时空意义和成矿条件的含义，因而在成矿体系中具有"细胞"的地位和功能。例如，塔尔沟和小柳沟钨矿（图1.5）是祁连成矿省内两个大型钨矿床，矿床形成于加里东期柴达木-中祁连板块北侧活动大陆边

缘（汤中立，2002）。是加里东期与钙碱性岩浆侵入活动有关的钨铜钼金银成矿系列。一个矿床式有多个矿床类型，如夕卡岩型石英脉等，但它们受统一的岩浆侵入作用控制。

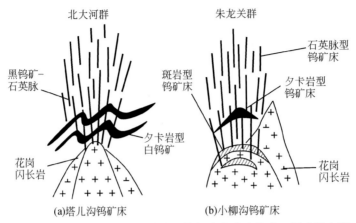

图 1.5　北祁连西段加里东期岩浆-热液型钨铜矿床成矿模式（据毛景文等，2003）

以正在开展的全国矿产资源潜力评价项目为例，该项目涉及 25 种矿产、110 多种矿床类型，但真正有预测价值的只有 86 种矿床类型。依据相同的成矿作用和相同的产物，已初步建立起 86 种矿床全国性的普适性模型，在使用过程中，还需要依据相同的时间和空间，对这些模型做进一步补充和完善，形成区域性模型，用以指导相同构造环境下的地质找矿工作。

如在西南三江地区的玉龙铜矿和普朗铜矿，它们同是属于斑岩铜矿类型（全国性模型），但它们的成矿构造背景却不一样，需要各预测区根据具体的地质背景总结区域性的矿床模型（玉龙式斑岩铜矿模型和普朗式斑岩铜矿模型）。在 1∶20 万矿产预测时，就可以基于该矿床式进行预测评价。

三、成矿系列与找矿评价的有效结合

成矿系列理论对于总结我国矿床成矿规律、建立地质条件（数据或资料）与矿床资源量之间的定量预测模型是有效的地质理论依据。如何将这种理论上高度概括性的研究成果与具体的从实际勘查资料出发的资源潜力评价有效地结合起来，是亟待研究的问题。

陈毓川（1999）曾经指出，成矿系列概念中的核心思想之一是认为矿床是以矿床组合自然体存在的，而这种矿床组合是在一定的地质构造环境中，由不同矿种、不同成因的矿床所组成的，在区域分布上有一定的规律，因此，矿床成矿系列就为同类构造环境、同类成矿作用的地区进行同类型矿产的预测工作提供了理论依据，具有重要的指导意义。

由于成矿系列厘定时强调的"一定的地质构造单元"，一般相当于成矿时的三级构造单元（陈毓川等，2006），这些构造单元不一定与现在的构造单元相对应（只有当成矿至今，构造环境和构造单元基本不变时才是相对应的），但是研究成矿系列，必须从成矿区（带）入手（陈毓川，1999）。成矿预测也要从成矿区（带）入手。因此，在本次全国矿产资源评价中，将以Ⅲ级成矿区带为基础，确定矿产预测工作区的范围，根据成矿系列确定预测矿种、类型，结合物、化、遥等多元信息，完成矿产预测评价工作。成矿系列研究经过数十年的研究积累，在全国范围内已厘定出了 214 个矿床成矿系列，并圈定了矿床成矿系列的大致范围。这一成果将对全国矿产资源评价起到很好的指导作用。

例如，图 1.6 是桂北地区成矿系列图，其中第四成矿系列为古陆边缘拗陷槽与海西晚期—印支期中酸性岩有关的铅、锌、硫矿床成矿系列，它包括了老厂、泗顶、北山等矿田，面积近 $2 \times 10^4 \mathrm{km}^2$。在对该区进行铅锌矿进行预测时，此成矿系列所在的Ⅲ级区（带）的范围便是预测工作的范围。

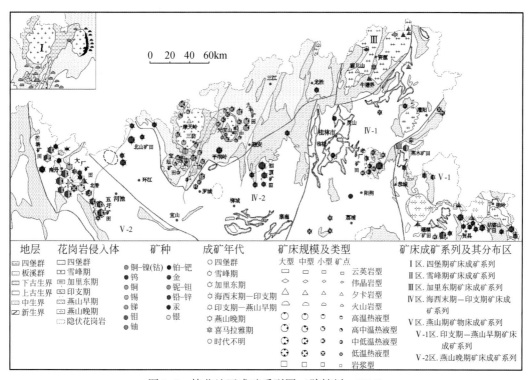

图 1.6　桂北地区成矿系列图（陈毓川，1995）

陈毓川等认为，成矿系列的研究内容主要是通过研究矿床形成的时间、空间、成矿作用及控矿因素，恢复矿床在一定时空域中存在的自然面目，即研究的是一个不可分割的成矿的自然整体。研究的目的之一是根据矿床的自然分类原则进行地质找矿，为新区域确定找矿目标，提供工作理论依据。

矿产资源评价的工作内容则是依据这一理论，结合物、化、遥、数学等工具，类比并确定出与已知成矿系列相类似的区域，从而达到预测找矿的目的。这与成矿系列的研究内容与目的是一致的，并且相互印证和补充。成矿系列理论是从四维空间来揭示成矿规律，掌握了成矿系列理论，便将当前矿产预测由平面的多元信息标志预测转向地质理论指导下的立体空间的定位预测。

以为桂北雪峰期锡铜多金属矿床系列成矿模式为例，在桂北地区九万大山–元宝山在雪峰期为构造挤压环境，黑云母花岗岩重熔上侵就位，控制着一系列锡多金属矿床的生成。成矿系列的研究重点就是把这一系列花岗岩出露的范围圈定出来，解决与成矿有关的共性问题。区域 1∶20 万预测则是在此研究的基础上，以地、物、化、遥等多元信息为工具，评估每个岩浆岩个体的含矿性，从而指导找矿。两者的关系在此表现为既相互补充，又各自解决自己的问题。

矿床成矿系列的研究为同类构造环境、同类成矿作用的地区进行同类型矿产的预测工作提供了理论依据，并且从四维空间的角度研究矿床或矿化之间的关系给出了一个很好的解决问题的思路。矿床成矿系列共分为五个序次，其中矿床成矿系列是矿产资源地球的"细胞"，而矿床成矿系列又是由一组有成因联系的矿床式（矿床）所组成，因此，矿床成矿系列建模亦对应于成矿系列建模和矿床式（矿床类型）。成矿系列建模的主要内容是根据该成矿系列的地质成矿作用所对应的构造背景和成矿地质环境（建造–构造）辅以综合信息异常展布建立圈定成矿系列范围的模型。例如，与岩浆侵入作用有关的 Cu、Ni、Co、V、Ti、Cr、铂族元素有关的矿床成矿系列可以根据相应侵入岩体以及控制该岩体分布的深大断裂以及相应的物、化探和矿产信息的空间展布，在Ⅲ级成矿区带上圈定成矿系列的范围；与沉积作用有关的成矿系列可以通过研究与沉积作用对应的沉积盆地的范围以及矿床所对应的沉积建造和构造来圈定沉积成矿系列的范围。在矿床成矿系列范围圈定的基础上，根据矿床式（矿床类型）的控矿要素（尤其是建造–构造）和矿产分布来确定其所对应的矿产预测类型的空间分布范围，以沉积变质型铁矿为例，变质建造和磁异常的总体空间展布范围可以作为预测区的分布范围。

第三节　区域矿产预测图综合解释模型

利用地质勘查测量的多专业信息编制矿产预测要素图是一项非常必要的工作，是预测的基础。一方面通过编图工作，使得矿产预测人员全面系统地理解研究区构造演化历史、各种地质建造、构造空间时间分布特征、矿产生成规律等；另一方面能够补充和完善地质填图有关成果，有针对性补充主要含矿建造、矿化蚀变及系列，反映注入沉积建造厚度、岩相变化等辅助图件。更主要的是通过地球物理、遥感、区域地球化学等多学科信息能够推断深大断裂、隐伏岩石建造，开展隐伏矿产预测工作。

一、建造构造预测底图编制

1. 建造构造预测底图编制原理

通过成矿系列研究确定预测区控制成矿系列发生的关键地质作用及构造环境，研究区域构造演化历史，确定编图范围及研究重点。研究成矿系列中成矿建造（矿床式），将矿产预测类型与主要岩石建造联系起来，确定编图的主要岩石建造及控矿构造。使用全方位信息编制相应建造构造图。

编图过程主要包括以下几个方面。

（1）收集整理区域地质测量原始素材：这些资料包括 1∶20 万地质填图原始路线记录及更大比例尺填图成果（目的为标定更详细含矿地质建造）、地质工作程度图、研究区详细矿床矿化点完整资料、岩石矿化蚀变信息、重砂测量成果、地球化学图、地球物理专题图等。

（2）研究区域构造演化阶段，确定构造环境，查明基本构造单元，编制构造单元分布图。

（3）研究区域成矿系列，确定预测成矿系列主要构造单元和成矿地质环境。

（4）研究成矿系列矿产预测类型的成因特点和成矿时代，确定它们的地质地球化学、矿物学、构造等特点，指出矿产预测类型的主要控矿要素和含矿建造。

（5）根据地质测量原始路线成果及地质图编图成果，编制地质建造图，褶皱构造和断裂构造都要标在图上。

（6）根据预测矿产类型需要编制系列辅助图件，如沉积矿产预测的岩相古地理、含矿建造等厚线等。

（7）将间接找矿标志，如各种矿化蚀变、与矿有关脉岩、次生氧化带等标在图上。

（8）编制各种直接找矿标志，包括矿床、矿化点及转石等。

（9）编制各种地质地球物理、地球化学、遥感专题图件，按照区域综合解释模型进行综合分析，识别隐伏地质建造和构造。

（10）提取主要预测要素，转入预测评价。

2. 不同预测方法综合编图要点

在成矿系列理论中研究成矿时间、成矿地质作用、一定的大地构造单元位置和成矿作用的矿床组合产物是我们预测评价工作的基础。依据成矿地质作用划分了岩浆作用、沉积作用与变质作用三大成矿系列组合，预测评价时，三大成矿地质作用将用不同的预测方法流程、预测底图和方法组合，它们构成编图方法的基础。在岩浆地质作用中还有一类是火山地质作用，由于在预测评价时要重点考虑火山机构建造等预测要素，专门将火山地质成矿作用列为预测编图方法类型大类。为了预测方便，我们还将岩浆地质作用的矿产分为侵入岩体型、复合内生型矿产。另一类是层控内生型矿产，与岩浆作用关系不明显，但受层位控制的内生矿产。

（1）沉积型矿产预测编图：矿床是由水圈、大气圈和生物圈引起的一系列物理（机械）、化学和化学-生物外生作用为主导形成的，矿床呈层状或似层状分布在地层中或第四系堆积物中。

① 沉积岩型矿产：我国一些大型的沉积型铁矿、铝土矿、锰矿都属于此类。对于此类外生成矿作用形成的矿产，沉积作用是预测评价的必要因素。建立预测评价的模型是要通过沉积建造分析，进行区域地层柱状对比，确定沉积矿产有利层位的地层层序及空间分布。通过岩相古地理分析，确定有利的岩相沉积古环境。通过含矿岩系等厚度分析及含矿层位的岩性变化对比，研究矿床的预测标志要素。对于与沉积母岩有密切关系的古风化作用形成的铝土矿，还要考虑古风化壳的母岩性质及空间分布。对于一些特殊标志层，如铝土矿的下部淋滤形成的赤铁矿层硅质岩层是预测的重要因素。根据含矿岩系的分布及岩相古地理环境可以圈定预测区，根据标志层、基底岩性、地貌、含矿层位厚度等进行预测区有利性优选。在使用区域1∶25万等中小尺度预测时，可采用品位-吨位矿床数地质经济模型法和基于含矿系数的体积法进行预测资源量估算，对于1∶5万、1∶1万矿区及外围的高级别的资源量估算，主要采用体积法进行资源量外推。

② 第四纪沉积型矿产：包括重要的砂金矿、风化铝土矿、土型金矿等，预测评价此类矿床的重点要素是第四系地理、地貌及地质环境。对于现代风化铝土矿，潮湿的热带气候是必需的条件，同时母岩对现代沉积型矿产也是预测要素。通过第四纪地质地貌类型、地貌特征、相对沉积物类型等分析，确定溶蚀盆地、溶洼、溶斗群、溶蚀（侵蚀）盆地、河滩、三角洲、潟湖、河漫滩、阶地的类型及其边界范围。通过母岩的含矿性分析可以确定有利的第四纪沉积型矿产产出区域，如现代砂金可能产出位置是有与河谷方向垂直的金含量较高的母岩。通过遥感、地球物理方法间接识别第四纪沉积型矿产可能的产出位置。通过重砂、化探等信息确定有利的砂金富集部位。根据现代地貌地质地理、重砂化探信息圈定预测区，根据现代地貌地质地理、基底岩性、重砂、遥感、地球物理等要素优选预测区。根据体积法和品位吨位地质经济模型法估算资源量。

③ 沉积内生矿产：包括热水沉积型（SEDEX）铅锌矿、砂岩型铜矿、砂岩型铅锌矿和部分海相火山沉积型矿产，如我国东川沉积型铜矿、内蒙古狼山地区 SEDEX 铅锌矿、云南金顶铅锌矿等。沉积内生型矿产受沉积层位控制，矿体成层分布，沉积作用在矿床形成中起关键作用，同时成矿物质许多是深源内生的，如锡矿山锑矿元素可能来自地幔，还有一些SEDEX 铅锌元素也是深源的，也有一些成矿元素是通过热卤水萃取基底围岩中的成矿物质。通过沉积建造、岩相古地理分析确定预测评价沉积作用必要要素，开展区域地层柱状图编制和成矿对比，确定预测评价层位要素，开展岩相古地理分析，确定含矿岩系厚度、成分与成矿有利部位关系，确定古沉积环境中的沉积热水活动凹地。通过地质、地球物理、地球化学等综合编图，确定古构造对矿产的控制要素。通过地球化学、重砂、矿产、标志层矿物、遥感等信息确定沉积内生矿产的有利部位。使用沉积层位、岩相环境、古构造位置圈定预测区，使用地质、地球化学、重砂、矿产、遥感等要素优选预测区，在使用区域1∶20 万等中小尺度预测时，可采用品位-吨位地质经济模型法、综合信息定量预测法估算资源量，对于1∶5 万、1∶1 万矿区及外围的高级别的资源量估算，采用系数体积法进行资源量外推。

（2）侵入岩体型矿产预测编图：以岩浆岩构造作为预测评价的必要条件的侵入岩体预测方法类型包括岩浆型、斑岩型、夕卡岩型等矿产。岩浆作用是预测评价的关键要素，预测评价工作是围绕岩体进行，使用综合信息编制岩浆构造图是预测评价的基础工作。

① 岩浆型预测方法亚类：包括我国一些岩浆熔离型铜镍矿床，与基性-超基性岩浆岩有关的铬铁矿床及与碳酸盐岩有关的磷、稀土矿产等。通过岩浆建造分析和地球物理资料，确定区域导岩断裂、基性-超基性岩浆岩的空间分布。通过地球化学异常特征和基性-超基性岩浆岩地质地球化学特征分析研究岩体含矿性。根据岩浆岩要素，参照航磁异常、地球化学异常圈定预测区，根据岩浆岩体大小、成分、分异性、地球化学异常、地球物理、遥感、地貌等要素进行预测区优选。物探体积法是该类矿产的首选资源量估算方法，还可以采用综合信息定量方法、品位-吨位地质经济模型法。

② 侵入岩体接触带型矿产：包括斑岩型矿产与部分夕卡岩型矿产等，矿床严格位于岩体预测的内外接触带，一般矿体在岩体接触带一定范围内，在预测评价该类型矿产时，除考虑岩浆作用的关键要素外，同时在预测区优选中，要考虑地层的影响，如德兴和黑龙江多宝山斑岩矿床，有证据表明成矿物质来源于地层。至于夕卡岩矿床中的碳酸盐岩地层则是预测评价的重要因素。该类型的矿产大部分位于区域深大断裂的边缘，如斑岩铜矿位于板块碰撞靠近陆块的边缘部位，在区域重磁异常图往往位于正异常边部的弱缓异常中，因此使用区域

重磁地球物理方法，研究区域深大断裂构造和隐伏岩体。使用岩浆岩建造构造分析，确定区域成矿岩浆岩带分布和含矿性。使用岩体、地层、地球化学异常信息、地质地表找矿信息、遥感蚀变信息进行含矿建造的有利部位的圈定与优选。在地理信息系统（gegraphic information system，GIS）平台上的定量预测中，开展成矿地质信息提取，研究岩体的含矿性和地层重要性，选择岩体最佳影响域；开展地球化学元素异常信息提取，合理选择指示元素和圈定异常区；使用预测评价模型的必要要素，借助建模器交互搜索工具圈定预测区，以预测区目标图层为基础，构置预测要素属性，采用证据权等定量方法进行预测区优选。资源量估算方法主要采用基于品位、吨位的地质经济模型法、地球化学块体法及综合信息定量方法。

（3）火山岩型矿产预测编图：与火山岩有关的矿床有著名的块状硫化物（VMS）海相火山沉积型矿产和一些陆相火山热液型矿床（如紫金金铜矿床），由于火山作用与其他地质作用，如沉积作用、岩浆作用有相互过渡过程，火山物质如少于10%，应归入沉积作用。同样对成矿作用，也有从VMS到SEDEX的过渡。所以在此预测方法类型中，将火山岩型矿产预测方法类型限定为以火山岩性岩相构造图为预测基础的火山岩型矿产。一些火山沉积矿产主要以沉积作用为主，无法区分火山岩相的火山岩型矿产可归为沉积型矿产中。火山岩型矿产预测评价的工作要点是编制区域火山岩相建造图，研究各火山盆地的空间分布及构造背景，确定可能与火山岩有关的预测类型与矿种。使用地、物、化、遥等多元信息识别隐伏火山机构和区域性构造，建立相应评价模型。

按成矿作用预测要素可分以下两种。

① 陆相火山岩型矿产亚类：包括在陆块区陆相火山岩盆地的火山穹丘、破火山口附近有关的火山热液脉状、角砾状及网脉浸染状矿产。陆块区火山岩盆地中火山机构是矿床定位要素，矿化发育在火山口边；多组构造交会处为有利的成矿部位；火山成因角砾岩、碎斑熔岩石为主要的岩性标志；有与火山作用同成因的各种玢岩出露；有好的地球化学与重砂异常等。可以使用火山机构分布圈定预测区，使用构造、岩性岩相、地球化学异常、遥感解译成果等优选预测区。资源量预测方法可采用地球化学块体法、综合信息定量方法、地质经济模型法。

② 海相火山岩型矿产亚类：以阿舍勒铜矿为代表的VMS矿床是海相火山岩型矿产亚类的代表。该类型矿产重要特点是绝大部分产于长英质火山岩中，矿体距离酸性集块岩都少于1km，集块岩代表古火山喷发中心的存在；有利的找矿标志有铁碧玉、磁铁石英岩等热水喷流岩；断裂构造控制着火山机构的空间线性分布，其交汇部位是该类矿床产出的有利部位；区域地球化学异常是指示该类矿产的重要标志。编制火山岩相建造构造图时，要将火山机构、火山岩性岩相、导岩导矿构造、找矿标志层、化探异常等要素正确绘制出来，并使用地球物理、遥感等信息识别隐伏的火山机构。基于火山机构分布要素、化探异常圈定预测区，利用火山岩性、岩相、找矿标志层、化探异常、构造、重砂、遥感异常等信息优选预测区。资源量预测方法采用地球化学块体法、地质经济模型法和综合信息定量方法。

（4）变质型矿产：主要是以变质作用为主体形成的矿床，包括我国太古宙、元古宙沉积变质铁矿、太古宙绿岩型金矿等。变质作用使得一些原始沉积铁矿成分、结构和品位发生变化，形成含铁石英岩建造，大型变质变形构造控制着金矿产出分布。对于一些受变质作用的磷矿、块状硫化物矿床等在变质作用之前基本形成的矿产，尽管它们所处地层是变质岩地层，但主要还是要考虑矿床初始形成时的预测评价要素，如沉积–变质型矿产要研究岩相古地理等，可将它们归入原有的分类方法中。预测该类型矿床的主要工作是编制基底变质建造构造图，研究控制矿床分布的有利含矿变质地层层位，确定不同变质相对矿产富集、质量等影响因素；研究大型变质变形构造带的空间分布、序列、样式及与成矿的关系；磁铁石英岩有很强的磁性，使用磁法进行预测评价是非常重要的，可利用航磁、重力等资料圈出有利沉积或火山沉积盆地，运用航磁异常对矿床的有利位置和资源量进行估算。对此类矿床可使用航磁异常、变质建造、大型变质构造交汇部位、化探异常圈定预测区，运用岩性、地球化学元素多参数、航磁异常多参数、遥感等优选预测区；对于变质型铁矿资源量预测方法主要采用物探体积法（区域预测采用系数校正法），对于绿岩型金矿，则建议采用地球化学块体法、综合信息定量方法、地质经济模型法。

（5）复合内生型矿产编图：一些成因复杂的矿床在预测评价时需要考虑较多的预测要素，如陕西双王金矿由于远离岩浆岩被不同专家称为沉积岩型金矿或碱性岩型金矿。又如胶东玲珑、焦家金矿矿体虽然呈脉状、凸镜状分布在岩体内外 5km 范围内，但太古宙地层提供了成矿物质来源，因此地层也是非常重要的预测要素，在编制构造建造图时，不仅单单考虑岩体、构造的分布特征，还综合考虑矿床形成的各种因素，要正确表达成矿时岩浆岩分布、岩性、有利地层分布及区域控矿构造等，预测方法也是综合信息多学科评价。对一些地层提供矿质来源或一些沉积初始富集，后经岩浆热液改造形成矿床，在预测评价时要考虑三位一体预测评价要素。在进行构造建造分析时，要详细分析各地层的含矿性及成矿物质的可萃取性；研究区域岩浆岩时代、结构、成分、产状、期次，确定有利的岩浆岩成矿要素，特别要使用重磁等地球物理信息识别和推断隐伏的岩浆岩体；研究区域性脆、韧性剪切带、蚀变破碎带、区域性断裂与成矿作用的关系，使用重磁资料、遥感信息等识别各种线性构造，区分成矿期构造。使用构造交汇部位、岩体影响缓冲区及地球化学等要素异常圈定预测区；使用岩浆岩、地层、区域构造、地球化学、遥感异常、地球物理特征等多要素优选预测区；资源量估算方法采用地球化学块体法、综合信息定量方法、地质经济模型法。

（6）层控内生型矿产预测编图：位于稳定地块的边缘地区，主要与区域性构造热卤水成矿作用密切，同时矿床分布具有一定的层位特点，属层控矿床。成矿物质在沉积过程初步聚集，后受深部热动力活动改造富集成矿，预测区圈定的必要要素是地层与热源构造。构造提供热液通道和就位空间，地层为有利容矿层位，如关门山铅锌矿、广东凡口铅锌矿等。还有一类矿产，如广西的大厂层状铅锌矿、湖南康家湾铅锌矿床、安徽东瓜山铅锌矿床等，岩体提供热源动力，但预测要素中层位与构造仍是最主要的，也放在该预测方法中。该类型预测评价主要要素包括有利的大地构造环境、有利的含矿地层岩性组合、有横切地层的成矿断裂构造存在，角砾岩和条带状白云化是有利的找矿标志。圈定预测区可使用地球化学异常、有利地层部位和构造等预测要素；优选预测区可用地质、地球化学、重砂遥感等多元信息；资源量估算方法采用地球化学块体法、综合信息定量方法、地质经济模型法。

二、区域综合信息矿产预测图解释模型

在预测要素图编制过程中，最关键的问题是如何从多专业角度解释编图成果提取与预测问题的对应关系。具体解决与成矿相关的建造问题、岩浆岩热源矿源问题、大型控矿构造问

题等反映成矿作用的找矿信息。但由于一个地区现阶段地质、物探、化探、遥感等信息是该地区地质演化作用的总结果，由于地质作用的长期性和复杂性，一些地区可能经过多旋回地质构造演化，有多期岩浆活动和多阶段成矿作用的叠加，通过区域地质调查只能获得关于该地区地质、地球物理场、地球化学场的综合反映。例如，在新疆东天山地区，古元古代形成了沉积变质型铁矿，中元古代形成了 SEDEX 铅锌矿，古生代有斑岩型铜矿、韧性剪切带金矿、火山沉积型铁矿、岩浆铜镍型矿产等，这些不同成矿作用形成一个统一的地质、地球物理、地球化学场。沉积变质型铁矿可以有强的磁异常，火山沉积型铁矿可以有磁异常，一些基性、超基性岩体也可以有较强的磁异常。同样不同地质构造演化事件可以形成不同时代的岩浆岩建造、火山岩建造、变质岩建造及沉积岩建造，它们可能存在不同的综合信息特征。通过地质编图可以确定相关的成矿地质建造，如通过变质岩原岩恢复确定可能成矿岩石组合，通过物、化、遥解释推断隐伏构造等。综合信息预测编图解释模型是一个地区所有地质建造类型可能的地质、地球物理、地球化学信息表征，构成可区别的标准组合。

1. 通过地质编图提高对成矿地质建造的识别能力

利用区域地质测量、矿产勘查成果，辅助一定的科研工作，编制专门的地质系列图件，将大大提高专家对地质建造的含矿性识别能力。对沉积矿产而言，通过 1：20 万区域地质调查原始资料图、钻孔柱状图等编制与收集，编制岩相古地理图、沉积建造图、沉积含矿岩系等厚线图等，可以确定含矿地质建造可能的沉积环境，并通过与已知典型矿床成矿环境、岩相古地理对比，圈定成矿靶区。通过侵入岩建造构造图编制，并结合大地构造相图，可以识别不同构造环境下不同时代、不同岩性、不同产状、不同剥蚀水平的侵入岩建造，从而预测可能产出的矿床。如东天山海西早期碰撞造山前岩浆岩建造与碰撞后伸展期形成岩浆岩可能有不同的矿产预测类型。通过火山岩建造构造图编制，可以识别相应的火山机构和不同火山岩的构造环境。通过变质建造构造编图和原岩恢复，可以确定变质作用对初始成矿改造富集作用，如对变质富铁矿建造识别等。

2. 研究不同地质体地球物理、地球化学特征

区域地球物理、地球化学特征研究要求以区域地质为先验前提，并在广泛收集区域地质调查、矿产勘查、地球物理物性测量、各种岩石地球化学分析等基础资料的前提下进行。区域地质调查包括 1：20 万地质矿产图及相应的说明书，该类数据包含的信息主要有地层、构造、岩浆岩、蚀变、矿床（矿化）的分布、岩性和时代等，是综合信息解释的先验前提。要对区域地质资料涉及的地层、岩石建造进行归纳总结，了解区域大致的岩石建造类型及其分布特征。充分考虑收集区域不同岩石建造的物性资料，了解各类岩石的磁性、密度参数。如新疆东天山地区岩石密度特征统计显示：大理岩密度为 $2.77 \times 10^3 \, kg/m^3$，因此正常沉积岩、变质岩一般形成重力背景场，而前震旦系角岩、大理岩等可引起局部重力高；火山碎屑岩的密度与火山胶结物的基性程度密切相关。其中凝灰岩密度一般为 $2.69 \times 10^3 \, kg/m^3$，流纹岩、英安岩密度一般为 $2.66 \times 10^3 \, kg/m^3$，安山岩密度最高达 $2.76 \times 10^3 \, kg/m^3$。新疆东天山地区磁异常特征为：在东天山地区磁性最强的是磁铁矿，磁化率可达十万多 $10^{-6} \pi \, SI$，这样使用磁法可以发现铜铁矿，其次是超基性岩，磁化率也可达上万 $10^{-6} \pi \, SI$，使用磁法寻找黄山式铜镍矿床是十分有效的方法；火山岩磁场变化较大，表现为磁场跳跃不均匀性；沉积岩、碳酸盐岩没有磁性，而砂砾岩为弱磁性；花岗岩磁性弱，其中粗黑云母花岗岩有一定磁性。据此，东天山地区地球物理特征可以解释为重力异常相对低背景异常区，主要出露了石炭系红柳园组、雅满苏组地层以及石炭纪花岗岩、黑云母花岗岩，还有少量的长城系地层，有一半地区被第四系沉积物覆盖。重力相对低的地区基本代表了觉罗塔格晚古生代凹陷区。在相对高背景异常区，出露地层也十分复杂，有一半地区被第四系覆盖，出露地层有泥盆系大南湖组、头苏泉组，石炭系梧桐窝子组，侏罗系西山窑组。出露的岩浆岩有石炭纪二长花岗岩、石炭纪闪长岩、二长闪长岩等。但主要反映哈密南缘古生代岛弧位置，其中泥盆系是其代表地质体。收集地层岩石地球化学测量成果，在东天山地区古生代玄武岩有较高的铜元素丰度，其丰度可以到 100～200ppm，在区域化探形成宽广的异常，其规模强度比矿异常大（图 1.7），这样利用岩石地球化学特征可以指导区域异常的评价。

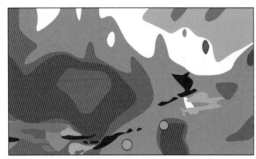 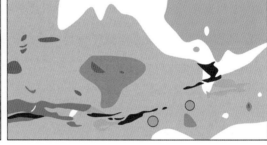

(a) 土屋北大磁异常区铜地球化学异常图　　　　　　　(b) 土屋北大磁异常区铁地球化学异常图

图 1.7　土屋北大磁异常区铜和铁地球化学异常图

三、通过不同专题编图对比建立区域综合解释模型

对研究区成矿建造、岩石建造、成矿构造进行多学科信息对比，总结统计性解释模型是编制综合信息矿产预测图的基础。理想解释模型一方面能够总结出区分不同地质建造的标志，同时也能建立各专题信息，如物化探异常可能的地质建造类型。建立的解释模型是一种经验性统计模型，如王世称等（1990）总结的关于华北金矿预测中利用重磁数据来解释继承性岩体与非继承性岩体。解释模型是一种统计模型，它是通过一类地质建造特有的综合信息进行的归纳，可能绝大部分地质建造符合模型特征，也有个别不满足解释特征，此类要仔细分析其原因。建立综合解释模型步骤可归纳为以下几个方面。

（1）将研究区成矿建造、岩浆岩建造、变质岩建造、沉积岩建造、火山岩建造按照时代、成因、物质成分进行合理划分。

（2）将建造构造图与大地构造相图进行关联，对各类地质建造图进行构造环境分类，如东天山裂谷环境火山岩与弧后盆地火山岩建造等；岩浆岩有碰撞前、岛弧、碰撞后伸展阶段岩浆岩等，不同阶段岩浆岩对应不同类型的矿床，如斑岩型矿床、韧性剪切带金矿等。

（3）将地质系列编图成果进行对比，如将岩相古地理编图与建造构造图对比，识别成矿有利地质建造位置。

（4）将地球物理解释成果进行综合比对，如辅以地质前提下重磁异常对比分析，区分诸如继承性岩体、重磁同源岩体等。

（5）将地球物理解释成果与地球化学异常解释成果进行对比，确定磁异常、重力异常的地球物理特征，如在东天山地区通过铜、镍、铅、锌等元素异常区分与铜镍矿相关的磁异常及与夕卡岩有关的磁异常等。

（6）将地球化学异常编图成果进行对比，区分区域异常、局部异常及不同强度、不同性质的元素组合异常。

（7）将成矿建造与地球物理、地球化学解释成果进行对比，通过各类异常剖析图，建立成矿建造地质、地球物理、地球化学模型。

（8）将地质建造与地球物理、地球化学解释成果进行对比，建立地质体综合解释模型。

（9）对区域推断的地球物理异常、地球化学异常等进行综合解释，推断异常的性质、规模、产状，识别隐伏建造、控矿构造等。

第四节　综合信息评价模型建立方法

矿床模型是基于矿床地质研究关于矿床形成环境、控矿要素、找矿标志和成因的高度总结，是区域矿产预测的基础。但仅靠矿床模型提供预测要素是不够的，有的标准还需要进行信息转换，还需要总结区域物、化、遥找矿标准组合。在全国新一轮重要矿产资源潜力评价工作中，总结了以矿产预测类型为纲，通过建立不同地区、不同类型矿床综合评价模型，从而开展定量预测的工作流程。

鉴于目前我们已广泛应用的矿产资源潜力评价的概念，我们也将综合信息找矿模型称为综合信息评价模型。

一、从矿床成因模型（成矿模式）总结预测要素，进行成矿信息转换

矿床成矿模式是矿床内外部特征的各组成矿要素的概括和总结，是现阶段对矿床形成规律的认识。矿床成矿模式也是成矿学理论运用于具体矿床的表达形式和地质类比的基础，具有预测性，是进行成矿信息转化的基础，是矿产勘查的"智力拐杖"，是成矿学、成矿预测和地质找矿有机连接的桥梁（陈毓川等，2007）。成矿模式是对形成矿床的成矿作用从四维空间进行的高度概括，以不同的形式和深度、不同的内容予以表达，并随矿床学理论研究的发展而逐渐深化。按成矿模式所概括的范围可分为典型矿床成矿模式、区域成矿模式和矿床成矿系列成矿模式等。在全国矿产资源潜力评价中，作为成矿规律研究的重要内容和矿产预测指导思想，成矿模式发挥了重要作用，以四川、重庆、贵州、云南、山西、新疆等省（区、市）为例（赖贤友，2010；许东等，2010；吕树和等，2010；陶平等，2010；史建儒等，2010；董连慧，2010），典型矿床成矿模式、区域成矿模式和矿床成矿系列成矿模式表达内容如图 1.8 ～ 图 1.10 所示。

二、综合物、化、遥编图成果，总结找矿标志

在成矿模式的指导下，以物探（重力、磁法）、化探、遥感等资料为基础，通过综合信息编图，总结在区域上进行矿产预测的找矿标志，是真正意义上实现信息转化和矿产预测的

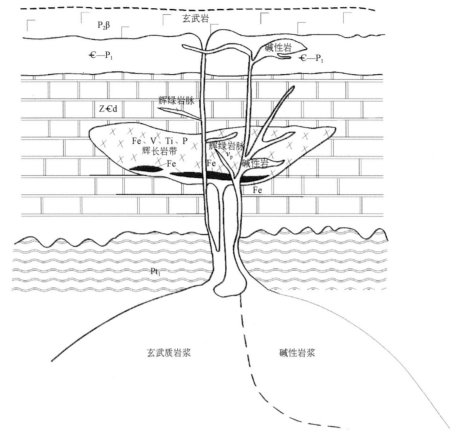

图 1.8　典型矿床成矿模式——以四川攀枝花铁矿为例

基本途径。在全国矿产资源潜力评价项目中，以各个层次的成矿模式，尤其是区域成矿模式为指导，对物、化、遥等综合信息进行了详细的研究、编图、对比、转化，形成了许多重要的矿产预测找矿标志，使矿产预测工作得以实现，以安徽、湖北、广西为例（袁晓军等，2010；胡起生等，2010），物、化、遥等综合信息在矿产预测中的作用体现在以下几个方面。

　　江苏梅山火山岩型铁矿通过重磁特征分析（图 1.11），不难看出，该类铁矿形成的地方，往往会同时出现高的磁异常和高的重力异常，"重磁同位"成为庐纵地区寻找该类矿床的重要标志组合。

　　从大冶式铁矿预测区 Fe_2O_3 地球化学异常图（图 1.12）可以看出，其他地方的异常只是零散分布，异常面积不大。在兰溪镇一带异常反映出规模大、强度高的特点，这与巴河、浠水河两条河中铁砂矿的富集非常吻合。Au、Cu、Pb、W、Zn 五元素异常在此预测区也各有一定的表现，但异常表现均不太充分。

　　岩溶堆积型水铝土矿遥感影像特征如下：粉红色、紫红色、紫红色夹黄绿色，植被较发育或种庄稼时呈浅绿色，色调较均匀，边界隐晦。矿体平面形态复杂多样，较大矿体多呈不规则长轴状、树枝状，小矿体一般呈不规则长轴状、短轴状及等轴状，边界不规则。常发育峰丛、峰林、溶蚀洼地、石芽、天窗、漏斗、落水洞、溶洞等地貌。影纹以典型的花生壳状、星点状为主（图 1.13）。

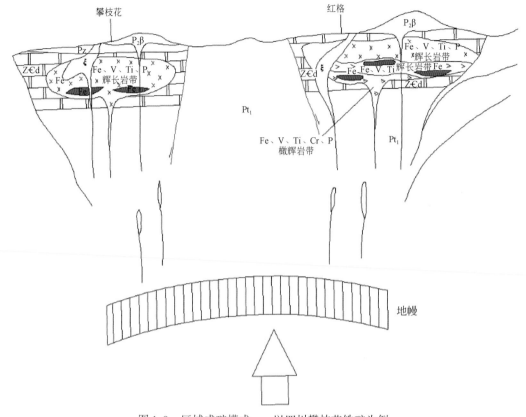

图 1.9　区域成矿模式——以四川攀枝花铁矿为例

三、使用定量手段研究构造预测要素标志

预测要素的选择一般需要经过两个阶段，首先需要根据综合分析对预测要素进行初步选择，然后在此基础上，通过一定的定量手段，对预测要素进行筛选和重新构置，以贵州沉积型铝土矿为例，预测要素的选择和构建过程体现在以下几个方面。

1. 初步拟选预测要素

沉积型矿床主要受地层、岩相古地理和构造因素的制约，它们综合反映了矿床的形成条件、时空分布及地质背景。因此，铝土矿成矿预测工作，选取地层、岩相古地理、矿系厚度、矿层厚度、断裂构造、褶皱构造、地形地貌、地下水活动、表生风化改造作用，以及矿层（或含矿层）的 Al_2O_3、SiO_2、A/S、Fe_2O_3、TS（全硫）、TiO_2、岩（矿）石矿物组合、岩（矿）石结构构造等 20 多个预测要素变量进行研究，初步确定以下几个预测要素。

（1）可选择地层（含矿岩系）、岩相古地理作为定位预测变量。

（2）可选择岩性组合、矿系厚度、矿层厚度、矿层（或含矿层）的 Al_2O_3、A/S、SiO_2、Fe_2O_3、TiO_2、TS 等作为定量预测变量的候选者。其中，岩性组合为离散型变量，其他为连续型变量。

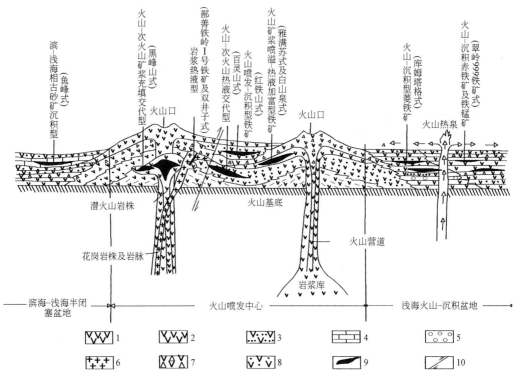

图 1.10　矿床成矿系列成矿模式图——以阿齐山-雅满苏铁-沙泉子铁成矿带为例

（据陈毓川等，2008，修改补充）

1. 中基性熔岩；2. 火山灰凝灰岩；3. 凝灰质砂岩、粉砂岩；4. 灰岩；5. 砾岩；6. 酸性砾岩；
7. 火山角砾岩、集块岩；8. 凝灰岩；9. 铁矿体；10. 逆断层

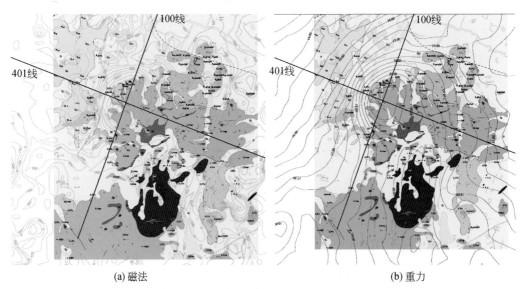

　　(a) 磁法　　　　　　　　　　　　　　　　　　　(b) 重力

图 1.11　江苏梅山火山岩型铁矿重磁同位

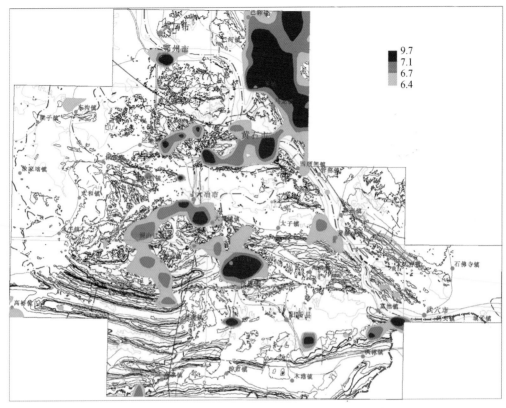

图 1.12　大冶式铁矿预测区 Fe_2O_3 地球化学异常图

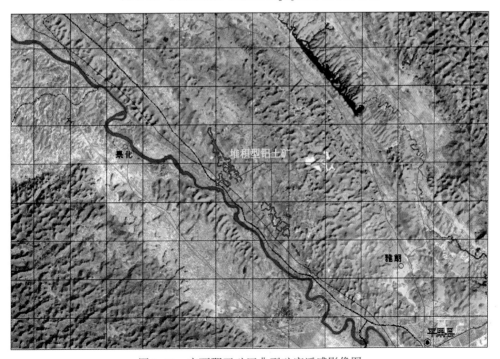

图 1.13　广西那豆矿区典型矿床遥感影像图

（3）对于物探、化探、遥感、自然重砂信息获得的变量，尽管有些变量能大致反映有关铝土矿成矿或找矿的信息，但基本不适宜于本区较大比例尺的铝土矿成矿预测，或者可以用其他更直接而有效的变量代替。

2. 相关分析研究

上述定量预测变量中，除岩性组合可设置为离散型变量外，其他变量（矿系厚度、矿体厚度、Al_2O_3、A/S、SiO_2、Fe_2O_3、TS、TiO_2 等）都为连续型变量，它们直接反映了预测区铝土矿矿体规模、矿石质量等方面的信息。它们与二态变量和离散型变量相比，具有信息量丰富、具体、客观的特点。但是，各个变量对成矿预测的贡献率可能各不相同，因此有必要作地质统计学研究，研究哪些变量与铝土矿成矿的关系密切，从中筛选出最有效的预测变量。

首先，结合表 1.1 与表 1.2 分析得到以下几个方面的结果。

表 1.1　a 组探矿工程相关系数矩阵

变量	Al_2O_3	A/S	Fe_2O_3	SiO_2	TS	TiO_2	矿系厚度	矿体厚度
Al_2O_3	1.0000	0.5241	−0.5320	−0.8321	−0.0147	0.2413	0.2241	0.5599
A/S		1.0000	−0.1540	−0.4970	−0.0393	0.1254	0.0698	0.1558
Fe_2O_3			1.0000	0.0084	0.0702	0.0294	0.0408	−0.1218
SiO_2				1.0000	−0.1090	−0.3341	−0.3032	−0.5754
TS					1.0000	0.0174	0.0641	0.0328
TiO_2						1.0000	0.0976	0.1590
矿系厚度							1.0000	0.4052
矿体厚度								1.0000

注：8 个变量，117 个见矿和不见矿工程，$r_{0.05}=0.180$，$r_{0.01}=0.235$。

表 1.2　b 组探矿工程相关系数矩阵

变量	Al_2O_3	A/S	Fe_2O_3	SiO_2	TS	矿系厚度	矿体厚度
Al_2O_3	1.0000	0.5760	−0.3832	−0.9126	0.0289	0.5118	0.6242
A/S		1.0000	0.1756	−0.5292	−0.0139	0.2437	0.3506
Fe_2O_3			1.0000	0.0019	0.0845	−0.1132	−0.1342
SiO_2				1.0000	−0.0864	−0.4928	−0.5953
TS					1.0000	0.0246	0.0133
矿系厚度						1.0000	0.5737
矿体厚度							1.0000

注：7 个变量数，329 个见矿和不见矿工程，$r_{0.05}=0.109$，$r_{0.01}=0.143$。

（1）矿体厚度：它直接反映了铝土矿的矿体规模，因此不容置疑，它是最主要的预测变量。而其他变量是否对铝土矿定量预测有用，也主要是用它们与矿体厚度的相关关系来衡量。

（2）Al_2O_3：主要反映矿石质量，也能间接反映矿体规模的变量。一方面，Al_2O_3 与 A/S

呈较强的正相关关系，而与 SiO_2、Fe_2O_3 呈较强的负相关关系，这揭示了铝土矿质量好坏主要与风化时间长短及去硅、去铁程度有关。另一方面，Al_2O_3 与矿体厚度呈强烈的正相关关系，表明它往往能反映矿体规模，是理想的预测变量。再一方面，Al_2O_3 与矿体厚度和 TiO_2 呈明显的正相关关系，分别揭示了沉积盆地大、风化剥蚀程度高有利于铝土矿成矿作用。

（3）SiO_2：与矿体厚度（及矿系厚度）呈较强的正相关关系，与 Al_2O_3 呈较强的负相关关系，因此它既能预测矿体规模，又能揭示矿石质量，可以作为预测变量。

（4）A/S：与 Al_2O_3 呈较强的正相关关系，与矿体厚度呈明显的正相关关系，因此，适宜作为铝土矿的预测变量。但是，它是由 Al_2O_3 与 SiO_2 构成的复合变量，但从相关系数而言 Al_2O_3 和 SiO_2 与矿体厚度关系更大，况且 Al_2O_3 又是衡量铝土矿矿石质量的最主要工业指标，因此，适宜使用 Al_2O_3 和 SiO_2 两个变量，而不适宜使用它们的复合变量 A/S。

（5）矿系厚度：与矿体厚度、Al_2O_3 呈较强的正相关关系，因此它既能预测矿体规模也能预测矿石质量，是理想的预测变量。

（6）TS：与矿体厚度及 Al_2O_3 的相关性都不明显，这表明含硫量既不能反映铝土矿矿体规模的变化，也不能较好反映铝土矿的矿石质量。尽管 a 组探矿工程中 Al_2O_3 与 TS 呈微弱的负相关关系（表 1.1），表明去硫作用有利于铝土矿质量变好，但毕竟影响含铝岩系含硫量高低的因素较多，不能单纯以含硫量的高低判断铝土矿质量的好坏。

（7）Fe_2O_3：尽管与 Al_2O_3 呈较强的负相关关系（可揭示矿石质量），但与矿体厚度仅呈微弱的负相关关系，对资源量预测作用不大，因此不适宜作为预测变量。

（8）TiO_2：与 Al_2O_3 呈微弱的正相关关系，与矿体厚度的正相关关系更微弱，况且在本预测区内能收集到的 TiO_2 测试数据较少，因此，不适宜作为铝土矿成矿预测变量。

然后，我们从 c 组、d 组探矿工程相关系数矩阵（表 1.3、表 1.4）研究可得到以下几个方面的结果。

表 1.3 c 组探矿工程相关系数矩阵

变量	Al_2O_3	A/S	Fe_2O_3	SiO_2	TS	TiO_2	矿系厚度	矿体厚度
Al_2O_3	1.0000	0.5426	−0.7485	−0.7051	−0.1778	−0.0311	0.0392	−0.1332
A/S		1.0000	−0.1659	−0.6415	−0.0925	0.0406	−0.0281	−0.1613
Fe_2O_3			1.0000	0.1158	−0.0218	0.1935	0.0054	0.0137
SiO_2				1.0000	0.1094	−0.2704	−0.1276	0.1582
TS					1.0000	0.0147	0.1484	−0.0263
TiO_2						1.0000	−0.0392	−0.0895
矿系厚度							1.0000	0.3755
矿体厚度								1.0000

注：8 个变量数，77 个见矿工程，$r_{0.05}=0.225$，$r_{0.01}=0.292$。

表 1.4 d 组探矿工程相关系数矩阵

变量	Al_2O_3	A/S	Fe_2O_3	SiO_2	TS	矿系厚度	矿体厚度
Al_2O_3	1.0000	0.5595	−0.7498	−0.7246	0.1698	0.1068	0.0534

续表

变量	Al_2O_3	A/S	Fe_2O_3	SiO_2	TS	矿系厚度	矿体厚度
A/S		1.0000	−0.1889	−0.6558	−0.0868	0.0132	−0.0123
Fe_2O_3			1.0000	0.1602	0.0283	−0.0255	−0.0003
SiO_2				1.0000	0.0795	−0.1077	−0.0504
TS					1.0000	0.0168	−0.0802
矿系厚度						1.0000	0.5147
矿体厚度							1.0000

注：7 个变量数，140 个见矿工程，$r_{0.05}=0.150$，$r_{0.01}=0.218$。

（1）当所有地段都成矿的情形下，除矿体厚度本身是理想的定量预测变量外，矿系厚度是唯一可选的定量预测变量，因为只有矿系厚度与矿体厚度仍然存在正相关关系，而其他变量与矿体厚度都无相关关系。

（2）A/S 与 Al_2O_3 呈明显的正相关关系，SiO_2 与 Al_2O_3 呈明显的负相关关系，表明它们仍然为预测矿石质量的变量。但是，SiO_2 与 Al_2O_3 的相关程度大于其与 A/S 的相关程度，因此，似乎适宜选择 SiO_2 和 Al_2O_3 作为预测变量，而不适宜选择 A/S 作为预测变量。

（3）Fe_2O_3 与 Al_2O_3 呈微弱的负相关关系，表明 Fe_2O_3 已变成了影响矿石质量的重要因素。但是，这种影响在整个预测区的成矿预测中显得并不突出。

综上所述，本区适宜选作铝土矿资源量定量预测的连续变量仅有矿体厚度、矿系厚度、Al_2O_3、T/S 和 SiO_2 五个。而大竹园组岩性组合为离散型变量（通过专家赋值方式获得不同岩性组合对成矿的有利度），故没有参与上述相关分析。

四、品位–吨位模型

品位–吨位模型是矿产资源潜力定量预测的核心，在资源潜力评价中起着基础性作用，它通过对典型矿床的品位及吨位进行统计分析和分布检验，模拟品位和吨位的累积分布曲线，从而建立该类矿床的品位–吨位模型。针对资源参数分布的模拟，从数学方法上讲，一般采用两种方式，一种是选择合适的已知分布来拟合；另一种是用数学方法构造分布函数。在使用已知分布对矿床的矿石量和品位进行模拟时，首先对模型使用的品位、矿石量等数据进行整理，列出表格，作频率直方图，根据直方图的峰度、偏度特征选用已知的分布来代表参数的分布。在使用已知分布前，必须对分布进行检验，只有在理论分布和实测结果没有明显差异时才能使用。用已知分布来代表资源的分布，给我们研究问题带来很大方便，但由于事先往往难以确定参数服从何种分布，故需要作各种各样的考虑，另外还须注意，一些人为因素、分组不当、样本数量多少等都有可能使直方图的形态发生变化，特别是样本数量较少时，不同的人选用的分布可能不同。在构造分布函数来模拟资源参数的分布时，用数学方法构造概率分布函数 $F(x)$，是在建立参数的频率直方图的基础上进行。

第五节　资源量估算的地质参数法

自 20 世纪 80 年代初国际地质科学联合会推广了区域价值法、体积法、丰度法、矿床模型法、主观概率法和综合预测方法六种方法以来，矿产资源评价方法得到了长足发展。一方面定量数学模型由特征分析发展到证据权、模糊证据权、神经网络等方法；另一方面国际上资源评价方法体系逐步由矿床模型法固定为"三步式"评价方法。我国学者也在不断探索预测理论与方法，如王世称等将传统的矿产预测与定量预测相结合，发展了综合信息矿产资源评价方法（王世称等，2010）；赵鹏大提出了地质异常理论来解决矿产资源评价地质理论问题（赵鹏大等，1992）。

关于潜在资源量的估算问题，资源评价专家也一直努力解决，维克斯首先使用体积法来估计未发现的石油资源，但这些探索都是基于大区域尺度，如盆地之间的相似类比法等。辛格等提出的"三步式"资源量估算方法中，使用了未发现矿床数、标准矿床模型的品位、吨位等数据进行三参数潜在资源量模拟估算，该方法的核心是如何确定未发现矿床数，它和直接预测资源量有同等难度。西方国家都是在成矿省或者全球尺度上使用该方法的，如美国地质调查局开展的全球资源潜力评价、澳大利亚最近使用 19 个模型开展的地质成矿省资源评价等。在 20 世纪 80 年代中国开展的四矿种总量预测中除体积法外，还重点探讨了数量化理论、逻辑信息法等资源量估算方法，试图用数学方法找出影响资源量变大或者变小的地质变量组合。但这些成果是统计性的，往往缺少地质解释。

在全国开展的资源潜力评价专项（2006～2013）中，预测尺度主要是中、大比例尺的，预测远景区大小是矿床级的，如何在该尺度进行资源量估算是一个急需研究的问题。

一、传统体积法

利用矿体体积、品位、比重来估算已查明地质资源储量的方法比较常用，如我们国家最常用的地质块段法、截面法，国际上常用的地质统计学克里格方法等。体积法是一种简单易行的资源量估算方法，基本原理是假设相同大小含矿建造有相同的预测资源量，运用相似类比法来进行简单的外推，通过控制区内含矿地质建造的体积与资源总量（包括查明的和推测的可能资源量）计算含矿系数，然后通过计算预测区体积去估算预测区潜在资源量。该方法是建立在地质条件均一的前提下的简化模型，对小尺度 1∶50 万、1∶100 万简单预测和沉积矿产比较有效。但实际上，无论是预测区还是模型区，控制资源量变化的参数都是复杂多变的，因此体积法被认为是一种简化参数的预测，而矿床模型法则能够表达这种多参数变化性，所以，专家认为体积法的估算精度要比矿床模型法差，但比区域价值法和德尔菲法高。

体积法估算资源量的优点是方法简单、参数可控、能够充分发挥地质专家的优势。估算的关键问题是精度问题，由于体积法采用的是类比外推的方法，与基于勘探钻孔信息圈定块段，再通过体积、品位推测得到的资源储量的方法是不同的，该方法得到的资源量的级别要低，属预测资源量。

影响体积法估算精度的因素有以下三个方面。

（1）含矿地质建造：矿床均与一定的含矿地质建造有着明显的成因联系（如沉积矿产的含矿岩系），同时还要满足含矿岩系分布范围越大可能的矿产资源量越多的条件，即在一个成矿区带中，有着相同成矿条件的含矿地质建造会有相似的矿产资源量。显然，这种估计在小比例尺是可行的，这样可以根据已知模型区的含矿系数，大致推测预测区的资源量

（图1.14）。然而，当预测比例尺到了中、大比例尺时，这种概略预测就不能满足精度了。体积法建立在地质条件均一化的基础上，但地质建造含矿性是极其复杂的，矿床不可能在整个含矿地质建造内都均一分布，因此，确定含矿地质建造空间变化与矿体位置的空间变化关系问题是体积法应用的前提。

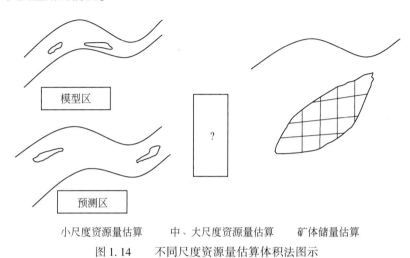

小尺度资源量估算　　　中、大尺度资源量估算　　　矿体储量估算

图1.14　　　不同尺度资源量估算体积法图示

（2）体积参数：含矿建造的体积可以由含矿建造的出露面积、延深、产状等计算出来。在概略预测中，我们可以大致估算出沉积盆地内含矿建造的面积、体积等，但在中、大比例尺预测中，如何估算沉积建造的体积、估算哪一部分的体积等，都需要深入研究。对于内生金属矿产，情况就更加复杂了，如在估算斑岩型铜矿的资源潜力时，要想使用体积法来计算斑岩体的体积，首先要解决的问题是如何识别斑岩体，斑岩体一般出露面积很小，岩体与矿化规模没有严格的线性对应关系。对于体积法的深度计算问题，可以根据地质填图成果、深部钻探资料、地球物理数据反演等进行推断，这里要强调的是，对于内生金属矿产还应当考虑地壳抬升后的剥蚀作用对矿体的影响。

（3）含矿系数：成矿地质体的含矿性由含矿系数来表示，含矿系数是通过已知勘探区的资料来计算确定的。因此，在中等预测尺度水平计算含矿系数时，首先要根据预测对象对等、尺度水平对等的原则选择适合的模型区，然后再确定模型区内成矿地质体的范围（面积）、矿体赋存深度、模型区内已知资源量（包括已发现的、矿区深部及外围可能发现的）等参数。

二、矿床模型综合地质信息体积法资源量估算的理论基础

矿床模型综合地质信息预测方法体系在不同技术文献中已有多次论述。支撑该方法的三个理论基础是矿床成矿系列理论（指导建立矿床模型）、成矿动力学理论（指导进行建造构造基础地质研究）和综合信息矿产定量预测理论。体积法是基于矿床模型综合地质信息预测方法中的定量预测方法之一，该方法针对传统体积法的计算精度、估算对象等问题进行了改进，使其更适合于中、大比例尺的预测评价，适用范围也扩展到内生金属矿产。该方法的基本理论前提体现在以下几个方面。

（1）岩石建造控矿理论：对于含矿建造与成矿关系，翟裕生院士曾概括总结为岩石建造作为同生矿床主岩；岩石建造为矿源层；有些岩石本身就是矿层；岩石可提供成矿流体；一些火成岩可以提供热源等。通过计算与沉积矿床密切相关的沉积建造的分布范围及体积来估算资源潜力，是体积法应用的基础。可用于与一定建造岩石有关的内生金属矿产及沉积盆地内有利地段的沉积矿产的资源量估算。

（2）矿床成矿系统理论：成矿系统是指在一定地质时空域中，控制矿床形成和保存的全部地质要素和成矿作用过程，以及形成的矿床和异常系列所构成的整体，它是具有成矿功能的一个自然系统，包括成矿背景条件、成矿流体能量、成矿作用过程、成矿产物及保存等成矿要素。矿床成矿系统理论要求我们在科学预测时，要把成矿作用的产物，即矿床系列和相关的异常作为一个整体来看待，成矿系统是与周围地质建造环境有联系而又独立的系统。在预测评价中，可以科学地确定系统边界，估计各成矿系统内的成矿规模。

（3）成矿地质体：以矿床成矿系统边界条件确定的系统内所有的地质对象的总和，我们称其为成矿地质体；成矿作用形成的自然岩石组合及制约其空间分布的构造，称为建造构造；地质作用的产物就是地质体，因为并不是所有地质作用都成矿（并非所有斑岩体都成矿），因此，我们把与成矿有关的地质作用命名为成矿地质作用，指形成矿床主要矿产的主成矿阶段空间定位的地质作用，故成矿地质作用的产物就叫成矿地质体，矿床的位置取决于成矿地质体的位置。成矿地质作用是概念和过程，成矿地质体是实体，矿产预测必须以实体为作业对象，因此对成矿地质体的研究是贯穿矿产预测的核心内容。

对于沉积矿床而言，成矿系统与含矿岩系受统一沉积作用制约，矿床受局部沉积亚相环境制约，成矿地质体即为受有利成矿岩相环境所控制的矿床或含矿岩系。对内生矿产来说，成矿系统表现得更加复杂，一个典型内生矿产的成矿模式可用图1.15来表达。现代成矿学研究将矿床成矿作用基本过程概括为"源"、"运"、"储"。巨量成矿物质是通过地质作用以流体（岩浆、矿浆、岩浆水、天水、变质水、海水、热卤水）为载体，把成矿物质从源区迁移，再聚集到特定的狭小空间范围内，在这里，由于物理化学条件的剧变（体现在温度、压力、酸碱度、氧化还原电位四种要素的突变），流体中的离子、络合物、胶体转换为结晶矿物就位而形成矿床。因此，对内生矿产成矿系统的研究，主要考虑的要素应该是矿源、热源、流体通道、成矿地球化学障等，相应地，要研究的成矿地质体包括成矿岩体、控矿构造、围岩蚀变、矿化异常、矿体本身等。

三、成矿地质体和矿床空间关系

根据全国危机矿山深部找矿100多个矿床深部及外围找矿案例，成矿地质体与矿床（体）空间分布关系可概括为以下几个方面。

（1）沉积类矿产：包括风化型、沉积型、火山沉积型等，成矿地质体为同一沉积盆地内一定的沉积环境下形成的岩性组合一致的含矿岩系，厚度一般几米到几百米，矿床则是含矿岩系的一部分。例如，贵州务正道地区沉积型铝土矿的成矿地质体为中二叠统大竹园组，是一套沉积于石炭系碳酸盐岩岩溶洼地或志留纪碎屑岩侵蚀洼地内的岩石组合，沉积厚度变化大，岩性组合多样；内蒙古中上元古界沉积-改造型铅锌矿，主要含矿层位为渣尔泰山群阿古鲁沟组，厚度达2000m，空间分布稳定。

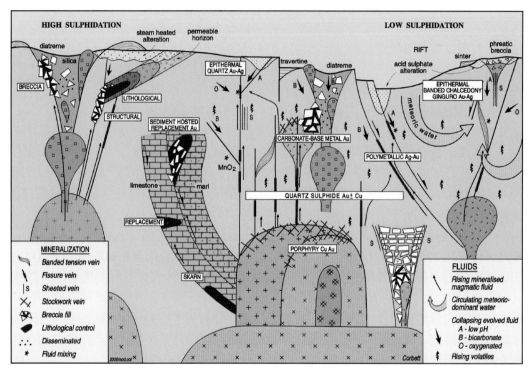

图 1.15　浅成热液金铜矿床成矿模式（据 Corbett，2006）

（2）火山喷发沉积类矿床：包括以火山岩为主体的海相火山喷发沉积型等，成矿地质体为火山机构及火山岩组合。矿床（体）一般在距火山机构垂直距离 2km、平面距离 2～3km 的范围内。

（3）火山热液类矿床：包括海相和陆相火山热液型、次火山岩型、浅成低温热液型、火山爆发角砾岩型、部分火山喷流型、矿浆喷溢型，矿床（体）一般位于距火山机构或次火山岩体垂直距离 2km、平面距离 2km 的范围内。

（4）正岩浆类矿床：包括岩浆熔离型、岩浆分异型或矿浆贯入型，成矿地质体为基性、超基性岩体，矿床（体）一般在侵入岩体之中。

（5）斑岩型（类）、夕卡岩型铁矿床：包括斑岩型铜、钼、钨、锡型，夕卡岩型铁矿、夕卡岩型以铁为主的铁铜矿，成矿地质体为侵位深度超过 2km 以上的侵入岩体及其岩石组合，矿床（体）一般位于侵入岩体顶部和上部，距离原始深度区间 2km、距离内外接触带500m 的范围内。

（6）夕卡岩类铜、铅、锌矿床，中低温热液类矿床：成矿地质体为侵入岩体及其岩石组合，矿床（体）一般位于侵入岩体顶部和上部，平面距离区间为 2～3km 的范围内。

（7）高温热液型钨、锡、钼矿床：成矿地质体为侵入岩体及其岩石组合，矿床（体）一般位于侵入岩体顶部和上部，平面上距离内接触带 500m 左右、距离外接触带 1km 左右的范围内。

（8）沉积变质类矿床：包括沉积变质型铁、硼、锰、铜、金矿，成矿地质体为变质变形构造及含矿岩石建造，一般矿床（体）位于含矿岩石建造与多期变形构造转折端的叠加交汇部位。

（9）大型变形构造类矿床：包括韧性剪切带型金矿、造山带型金矿、变质核杂岩型金矿，成矿地质体为以断裂为主的变形构造，矿床（体）和变形构造同位。

（10）低温层控类矿床：如层控型铅锌、金、锑矿，成矿地质体难以确切判别，主要受稳定岩层控制，暂参考沉积类矿床确定矿床（体）与地质体的空间关系。

以上认识为成矿地质体体积法提供了成矿地质依据。

四、成矿地质体体积法

基于综合地质信息成矿地质体体积法的实施过程，首先是合理地圈定一个矿床成矿系统内的成矿地质体边界，接着计算该成矿地质体的体积，然后与勘探程度高的地区具有相似成矿规模的地质体进行类比，最后估算出资源量。

一般来说，成矿地质体的规模与资源量的大小有着密切的相关关系，成矿地质体规模越大，矿产资源量越大（图1.16、图1.17）。对于沉积矿产，含矿建造的规模决定了沉积矿产的规模，其体积计算相对较简单。但对于热液矿床，确定成矿系统边界就相对困难，需要有相应的方法和手段。首先，要通过基础地质研究确定含矿建造的成矿有利性，如确定岩体、沉积建造、变质建造、构造形变带等地质体的成矿可能性；其次，要确定成矿热动力的影响范围（即成矿系统的范围），在中、大比例尺预测评价中，可以通过流体填图、地球化学原生晕等方法来确定，或者通过地质信息转换，使用地质、区域化探、重磁等信息进行关联圈定（此综合信息法更适用于中等尺度的预测）。

五、成矿地质体体积法参数确定

体积法计算方法如下：

含矿系数的计算公式为

$$C = W/V \tag{1.1}$$

式中，C 为含矿系数；W 为模型区资源总量；V 为模型区成矿地质体体积。则预测区资源量为

$$W_{预测区} = C \times V_{预测区} \tag{1.2}$$

式中，$W_{预测区}$ 为预测区的资源总量；$V_{预测区}$ 为预测区成矿地质体体积。

决定成矿地质体体积法精度的三个参数是用以计算预测成矿地质体体积的含矿系数、成矿地质体的范围和延深。

含矿系数的精度取决于模型区的资源量和成矿地质体体积。模型区的资源总量包括查明资源量、预测资源量和已剥蚀资源量。其中，预测资源量是指在矿区深部及外围开展大比例尺预测求得的预测精度高的 334_1 资源量。经历过剥蚀的矿床的资源量的确定方法如图1.18所示，由于地壳抬升作用，在地壳深部的矿床被抬升到地表后，剥蚀作用将其中一部分剥离带走，此时矿床的资源量要用校正系数或剥蚀系数来调整，以消除已剥蚀部分资源量对成矿地质体的影响。

成矿地质体体积由成矿系统空间平面分布范围和延深来决定的。对于沉积矿产和岩浆型

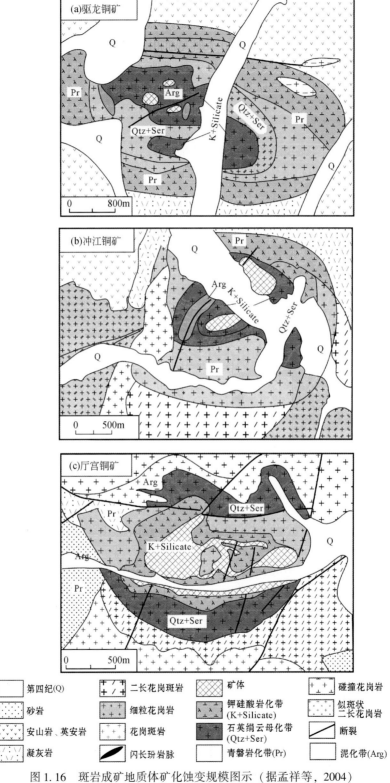

图 1.16　斑岩成矿地质体矿化蚀变规模图示（据孟祥等，2004）

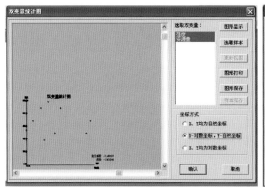 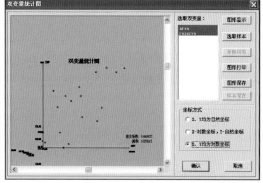

(a) 磁异常强度与资源量之间的关系　　　　(b) 磁异常面积与资源量之间的关系

图 1.17　某预测工作区磁异常规模与资源量关系图

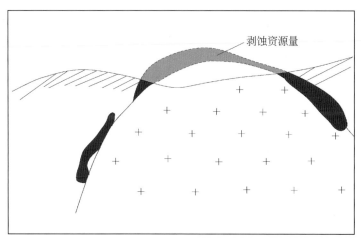

图 1.18　不同剥蚀水平矿体和成矿建造

矿产，可根据地质、物化探异常等信息来圈定成矿地质体范围；对有明确热源的矿床，如夕卡岩型、斑岩型矿床，可根据勘探资料统计含矿岩体的影响范围，通过做缓冲区分析来确定成矿作用的分布范围。对于成矿地质体延伸深度的确定，可以同时结合地质、物探、化探、遥感等各种资料，来反演、推测成矿地质体的延深。

由于影响内生矿产成矿的因素很多，成矿条件的差异较大，因此，不同预测区的成矿有利性差别会很大。因此，实施定量预测时，要求对预测区逐个进行参数的确定。每一个预测区的面积、深度、相似系数等都可能是不同的，也有的可能变化不大，要看实际情况而定。

1. 面积（S）的确定

一般可使用 GIS 直接计算成矿地质体面积。如果成矿地质体界线模糊，可采用模型区面积含矿率类比法计算，即通过计算最小预测区面积，并将其与模型区面积含矿率相乘得到该区成矿地质体面积。计算公式为

$$S = 模型区面积含矿率 \times 最小预测区面积 \tag{1.3}$$

对沉积型矿产及沉积变质型矿产，直接用含矿岩系来确定地质体面积；对与侵入岩体相关的热液型矿床，采用热液流体影响域法，热液流体的影响距离有两种确定办法：一是采用模型区影响距离类比法，但当典型矿床的数量太少时，模型区往往不具有代表性，该方法会存在一定偏颇，此时可以采用第二种方法，即运用全国危机矿山150个典型矿床的数据得出的统计参数值，该参数在新一轮全国矿产资源评价工作结束后，可以根据全国的同类型典型矿床数据进行较正。

还可以运用物探、化探综合信息法来推测，指按照矿点磁异常范围、化探组合异常以及分散流系数确定。

2. 深度的确定

深度的确定方法包括以下五种。

（1）模型区类比法。

（2）磁异常二维半定量反演法。

（3）成矿地质体形成深度法：首先计算地质体形成深度，减去剥蚀深度后得到剩余地质体的延伸深度，再根据矿体和地质体的空间关系大致确定矿体的延伸深度。

（4）成矿带最大深度限制法：根据某一矿床类型在区域成矿带上最大延深，对预测矿体的延深进行限制。例如，××地区夕卡岩型铁矿最大延深不超过500m或800m。

（5）专家估计法：由熟悉该地区情况的资深专家经讨论后给出预测最大深度。

3. 相似系数的确定

可使用证据权法或专家打分法来确定各最小预测区的相似系数。一般情况下，对于化探法，当异常面积大、异常数值高时，认为相似程度较高，但是还要考虑剥蚀系数的影响，如化探晕如果是以头晕为主，往往认为相似程度较高，如果体晕和尾晕综合出现，此时即使是异常面积大，主元素异常值高，相似系数也被认为较小。一般认为，对比成矿地质体面积时，侵入体对比面积大者为相似程度低，对比面积小，但其他信息强大，则为相似程度高；对比预测资源量时，预测区比模型区预测资源量大时相似程度高，预测区比模型区预测资源量小时相似程度低。总之，确定相似系数，要对模型区和预测区进行地质、矿化、物探、化探、遥感、自然重砂等全部信息进行综合对比。

相似系数的校正，可以采用参数校正法，也可以采用规模校正法。

4. 资源量估算参数的确定

修改补充典型矿床预测模型，并估算典型矿床预测总资源量。要求确切反映预测要素的具体数据，对地质体的剥蚀程度、工程控制、延深等情况，要求标明具体数据，对地质体和矿体的空间位置研究、矿区及外围的地物化信息、模型区范围的潜在资源量预测评价等也要求有确切的关系数据。

$$典型矿床预测总资源量 = 查明资源量 + 预测资源量 \tag{1.4}$$

式中，查明资源量是指目前工程控制的实际查明资源量（不论类别，包括历年开采资源量、保有资源量）。

5. 模型区含矿系数的确定

（1）模型区面积参数的确定：模型区指典型矿床所在的最小预测区。一般估算参数采用典型矿床已有的相关系数。但是经常出现典型矿床范围过小，不能反映包括成矿地质体在内的成矿地质体面积，此时就需要将典型矿床预测要素和定量估算参数转换到模型区，从而进行再修正。关键在于面积的确定，一种情况是当模型区内典型矿床面积外还有矿化蚀变、矿化线索，或者磁异常超出了原来的 1∶1 万矿区地质图上典型矿床范围时，应当重新对面积做出调整。另一种情况是模型区内除了已知典型矿床以外还有未知部分，而原来的典型矿床面积明显不合理，此时也应当重新调整成矿地质体面积的范围，并计算成矿地质体的面积含矿率。

（2）成矿地质体总深度的确定：从理论上讲包括三部分，第一部分指地表已经被剥蚀掉的深度，第二部分指工程控制的深度，第三部分指深部预测延伸的深度，应当把三块累加作为总深度。成矿地质体延深要通过模型区地质、地球物理、地球化学综合研究来决定。

（3）品位和体重的确定：典型矿床平均体重和品位，一般按勘查工作实际数据确定。

（4）模型区面积含矿率的确定：模型区内含矿地质体面积有时和模型区的面积是不同的，模型区含矿地质体的面积除以模型区的面积称为模型区的面积含矿率。

6. 预测区预测资源量的估算

根据含矿系数、相似系数、体积等，可以求得每个预测区资源量。

六、成矿地质体预测精度

在圈定成矿系统时要充分利用现有的区域勘查资料，使用定量方法确定每个预测区的成矿有利性，预测精度在资料水平、模型、方法等方面的要求与矿床模型法相当。在确定含矿地质体参数（如面积、延深、含矿系数等）时，要参照大比例尺的勘探资料，以确保预测结果比矿床模型法更精细（图 1.19）。延伸参数的可信度，要按深度区间来确定预测可信度区间，一

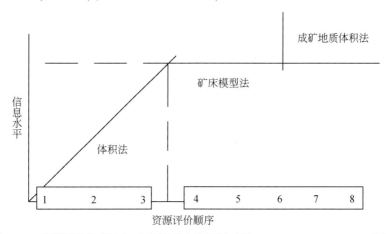

图 1.19　资源评价体积法与矿床模型法关系图（据 Kingston *et al*.，1978，修编）

般由浅到深可信度由高到低，不同的预测类型要分别确定。面积参数的可信度主要取决于所用数据的精度和各类综合地质因素。含矿系数的可信度主要取决于对模型区的研究程度。

第六节　西部优势矿产资源潜力评价方法研究

西部优势矿产资源潜力评价工作涉及三项内容：成矿系列评价模型的建立（第一步）、综合信息解译及编图（第二步）、预测区优选及资源量的估算（第三步）。方法流程图如图1.20 所示。

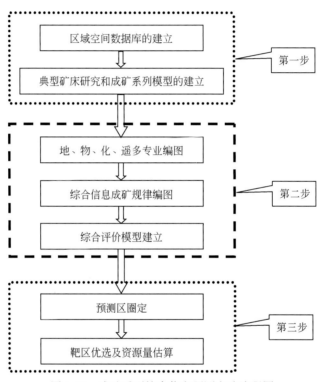

图 1.20　成矿系列综合信息预测方法流程图

一、划分成矿系列、分析成矿系列预测要素、确定预测工作区分布范围

（一）成矿地质背景研究

按大地构造单元研究大陆地壳块体离散、会聚、碰撞、造山等地质作用过程的特征，并说明其空间分布与演化特征。分别研究沉积作用（沉积岩建造及岩相与构造古地理）、火山作用（火山岩建造及火山岩相与火山构造）、侵入岩浆作用（侵入岩建造及侵入岩浆构造）、变质作用（变质岩建造及变质变形构造）、大型变形构造作用，综合物、化、遥信息推断地质构造特征，研究地质构造演化及其时间、空间与物质组成特征，划分大地构造相及大地构造分区。通过编制实际材料图、建造构造图（岩相古地理图）、大地构造相图及数据库表达

研究成果。并在此基础上研究各类矿床与构造背景和成矿地质环境的关系。

（二）区域成矿模式研究

研究内容包括区域地质环境及建造对各类矿产的控制作用、区域主要成矿事件和期次及其与各类矿产的关系、成矿系列识别和划分依据等。研究各类矿产与区域构造地质作用的成因联系，将矿床按成矿地质事件系列化，形成有成因意义的区域成矿系列，总结各矿床成矿系列模型，确定要素的组成，如图 1.10 所示。

（三）确定预测工作区的分布范围

根据各成矿系列模型要素组成，尤其是控制整个矿床系列产出的主导和决定性因素，确定成矿系列的分布范围。例如，根据决定整个岩浆成矿系列的岩浆岩及控岩构造来确定分布范围；根据沉积盆地及沉积建造来确定沉积成矿系列的分布范围；使用控制成矿系列形成和展布的火山构造及火山岩建造来确定分布范围等。同时要结合物、化、遥资料，尤其是其整体的空间展布格局，如分带现象、组合情况、规模及方向等，以辅助确定矿化系列的范围。

二、典型矿床成矿规律研究、划分矿床式（矿床类型）、编制矿产预测底图

（一）典型矿床研究

在指定成矿系列内，进行典型矿床成矿研究，研究内容主要包括成矿控矿因素、成矿要素、成矿作用过程和成矿产物，从而建立各典型矿床的成矿模式，确定各类矿床成矿时代、矿化类型、控矿因素和成矿地质背景，总结各矿床式模型要素的组成，划分矿床式（矿床类型）及矿床预测方法类型，如图 1.21 所示。

（二）编制典型矿床成矿要素图及预测要素图

编制典型矿床成矿要素图时，主要反映矿床成矿地质作用、矿田构造、成矿特征等内容。典型矿床成矿要素图以大比例尺矿区地质图为底图，突出标明和矿床时空定位有关的成矿要素。同时，对成矿要素进行分类，分为必要的、重要的、次要的。

编制典型矿床预测要素图时，要收集整理典型矿床已有大比例尺重磁、化探资料，编制相关异常特征图；研究典型矿床所在位置的区域重磁、化探、遥感、自然重砂异常特征，分别编制重磁、化探、遥感、自然重砂异常特征图，异常特征图要求放大到与成矿要素图同比例尺；要以典型矿床成矿要素图为底图，叠加大比例尺重磁、化探、遥感、自然重砂异常特征图的有关内容；根据地质、矿产及综合信息等内容分析预测要素的重要性和预测意义。

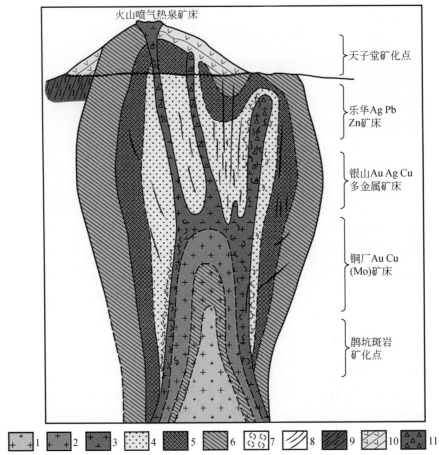

图 1.21　德兴式斑铜矿床成矿模式图（毛景文等，2012）

1. 花岗闪长斑岩；2. 石英绢云母化花岗闪长斑岩；3. 绢云母化绿泥石化花岗闪长斑岩；4. 石英绢云母化 Cu. S Au 矿化带；5. 石英绢云母化绿泥石化 CuPbZn 矿化重叠带；6. 绢云母化绿泥石化 Cu. Pb Ag 矿化带；7. 细脉浸染、浸染型 CuAu 矿化；8. 流体运移方向；9. 中元古界千枚岩带；10. 上侏罗统火山岩系；11. 火山管道

三、区域成矿规律研究及编制预测底图

（一）区域成矿规律研究

区域成矿规律的研究内容包括：①区域成矿地质作用，包括与成矿有关的沉积、火山、侵入岩浆、变质、大型变形构造等成矿地质作用。②区域成矿构造体系，包括与成矿时空定位有关的沉积、侵入岩、火山、断裂褶皱构造体系、复合构造体系、成矿后构造等内容。③区域空间分布、规模、产状类型、力学性质、强度等区域变化特征。④区域成矿特征，研究矿床成矿类型、矿床特征、矿体组合特征、成矿期次、矿石成分、蚀变组合、成矿物理化学特征等在区域上的变化规律及空间表达形式。⑤研究区域成矿地质作用、成矿构造的相互关系。⑥建立该类矿床的区域成矿模式。

（二）编制地质构造专题底图

不同的矿产预测类型所使用的地质构造专题底图有很大不同，这主要取决于其所属的矿产预测方法类型，与不同的矿产预测方法类型的关键成矿地质作用有关的建造构造要素是确定地质构造专题底图的基础。①沉积型矿产预测方法类型：严格受地层层位岩相控制，预测底图选择岩相古地理图、沉积建造古构造图。包括通常预测模型中的外生沉积型矿产，SEDEX、砂岩型铅锌矿、铜矿、铀矿等内生热卤水成因矿产以及部分海相火山岩型无法区分火山机构的矿产。进一步可划分为沉积岩型、沉积内生型矿产和第四纪沉积型。②侵入岩体型矿产预测方法类型：岩浆岩构造作为预测评价的必要条件，岩体直接控制矿床的分布。由成矿侵入体时空定位的矿产，底图选择侵入岩浆岩构造图。包括岩浆型矿产、斑岩型、夕卡岩型高温热浪型、伟晶岩型等矿产。③火山岩型矿产：由成矿火山作用时空定位的矿产，底图选择火山岩性岩相构造图。包括陆相火山岩型矿产和部分海相火山岩型矿产。④变质型矿产：由成矿变质作用时空定位的矿产，底图选择变质建造构造图。包括变质型铁矿、变质型铜矿和部分绿岩带金矿。⑤复合内生型矿产：由地质建造、变形构造、侵入岩浆作用综合因素时空定位的矿产，底图选择构造建造图。代表性预测地质模型有胶东金矿、小秦岭金矿等。⑥层控内生型矿产：由特定地层建造时空定位的矿产，底图选择沉积建造构造图。

（三）编制区域成矿要素图和预测要素图

编制区域成矿要素图时，按照矿产预测方法类型确定预测底图；在底图上突出标明与成矿有关的地质内容；图面标明全部矿床、矿点、矿化线索、采矿遗迹、蚀变等有关内容；综合分析成矿地质作用、成矿构造、成矿特征等内容，确定区域成矿要素及其区域变化特征；在研究区范围内，可以根据区域成矿要素的空间变化规律，进行分区。

编制区域预测要素图时，要研究区域重磁、化探、遥感、自然重砂等区域异常特征，编制各类综合信息异常特征图；研究综合信息异常与矿产地、矿化线索的关系，推测直接矿致异常及间接矿致异常；以区域成矿要素为底图，综合区域重磁、化探、遥感、自然重砂异常等内容，形成区域矿产预测要素图；研究典型矿床预测要素与区域预测要素关系。

四、矿产资源定量预测

目前找矿勘查学科发展的方向主要体现在两大领域：一是区域成矿规律研究与区域矿产预测；二是隐伏矿床预测和深部找矿。西部优势矿产资源潜力定量预测也包括两个方面：一个是根据大比例尺资料进行的矿区深部和外围预测；另一个是根据中小比例尺资料进行区域预测。

矿区深部及外围矿产预测问题是探索性很强的实践问题，不是纯理论问题，必须紧密结合找矿实践，才可能获得像样的找矿成果。具体矿区的深部和外围预测问题是战术性问题，而不是战略性问题，属于找矿勘查学中的微观问题，因此带有很强的实例性、个案性，很难在理论上总结出有规律性的东西，因此很少看到深部找矿的理论性概括。深部找矿问题具有高度的综合性，从理论应用而言，是多学科的高度综合，基本上包括了地质、矿产、勘查技术等相关学科的全部内容；从方法技术而言，必须实现多专业的有机结合，包括地质研究、物探、化探技术应用，探矿工程验证。总之需要考虑的问题是：第一，地质研究是基础条件

（成矿地质体、矿田构造和成矿流体研究）；第二，物探、化探是技术支撑条件，尤其是物探工作是关键技术支撑。

矿区（床）的潜在资源量估算可以采用以下公式：

$$矿区（床）的预测资源量 = 预测矿体面积 \times 预测延深 \times 体积含矿率 \qquad (1.5)$$

其中，各参数的计算方法详见本书第一章第五节，在此不再赘述。

中小比例尺尺度的区域矿产定量预测的流程如下。

1. 预测要素分析与建模

主要是在区域预测要素图的基础上，通过分析已知矿床（点）与预测要素之间的关系，通过定性和半定量分析，确定对成矿有利的预测要素，并初步判定预测要素的重要程度，从而建立起区域矿产预测模型。主要内容包括：①地质构造或异常要素与已知矿床（点）之间的关系或不同预测要素之间的关系分析，如在东天山地区预测铜镍硫化物矿床时，要分析区域基性–超基性岩建造、深大断裂、铜镍矿、航磁异常、重力异常以及化探异常之间的关系（图1.22）；②缓冲区分析，如在祁曼塔格地区统计侵入岩体对夕卡岩矿床成矿的影响域；③属性查询（模糊查询），如在贵州务正道地区提取对铝土矿成矿有利的岩相古地理图层中和浅湖有关的亚相；④空间查询，如在祁曼塔格地区提取北西方向的构造线等。在通过上述方法对预测要素分析的基础上，建立本地区某种或某组预测矿种的某一矿产预测类型的区域预测模型，预测要素在性质上可分为必要的、重要的和次要的。

2. 预测单元的划分

预测单元划分的方法主要有两种：地质体单元法和网格单元法。地质体单元法，即通过地质综合信息使用要素叠加的方式将预测单元的位置和边界确定下来，该方法可以通过专家来实现，也可以通过MRAS软件中的建模器来实现；网格单元法，是根据一定的规则，将预测工作区划分成大小相同的网格作为预测单元，在使用网格单元时，网格单元大小，取决于两个因素：一个是预测工作区面积的大小，另一个是取决于预测任务的具体要求。例如，在鞍本地区预测沉积变质型铁矿时，选择使用地质体单元法，将变质建造与航磁局部异常叠加所形成的区域作为预测单元，而在四川攀枝花地区，由于基性–超基性岩体面积小，在区域地质填图工作中，很多难以发现，因此采用网格单元法作为预测单元。

3. 预测要素变量的构置和选择

1）变量的构置

预测要素变量是随时间、空间的变化而发生变化的地质现象或地质特征的量化标志，是构成资源特征与地质找矿标志之间统计关系的基本元素。很显然，单个变量的优劣将对资源预测结果产生直接的影响。变量的变化与矿体特征密切相关，因此，可以通过预测变量的研究，并通过预测要素图层的数字化变量、变量取值，与预测区关联在一起，以达到优预测区的目的。预测要素变量的提取应首先考虑那些与所研究的地质问题有密切关系的地质因素，在矿产资源预测中，所选择的地质变量应该在一定程度上反映矿产资源体的资源特征。例如，资源的数量、质量和资源的空间位置等特征。变量赋值的实质是将已作为地质变量提取出来的地质特征或地质标志在每个矿产资源体中的观测值取出或计算出来。在MRAS软件

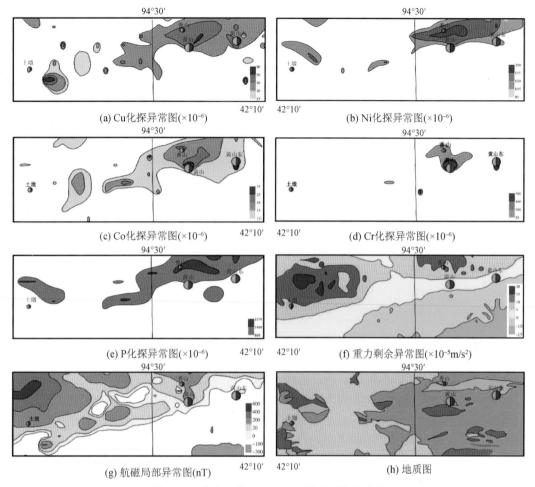

(a) Cu化探异常图($\times 10^{-6}$)

(b) Ni化探异常图($\times 10^{-6}$)

(c) Co化探异常图($\times 10^{-6}$)

(d) Cr化探异常图($\times 10^{-6}$)

(e) P化探异常图($\times 10^{-6}$)

(f) 重力剩余异常图($\times 10^{-5}$m/s²)

(g) 航磁局部异常图(nT)

(h) 地质图

图 1.22　黄山一带 1∶20 万区域地质资料分析

中，除了可以将属性表中任何一个属性作为变量并可对其做数学运算外，还给定了几个重要的深层次变量，如熵值、密度等，这些变量对于矿产预测有着重要的作用。

2）变量的选择

矿产资源定位和定量预测是通过将模型单元集合建立统计模型，对未知单元类比达到矿产资源体定位和定量预测的目的。预测工作区内没有典型矿床或典型矿床很少的情况，则可充分利用其他类似地区的模型，引进到本地区，达到变量筛选的目的。在 MRAS 软件中，变量的筛选一般经历以下四个步骤：第一，设置矿化等级。设置矿化等级的主要目的是为了选择模型单元以及进行变量筛选，设置矿化等级的指标可以是矿床规模也可以是资源量。第二，选择模型单元。选择模型单元的目的主要是为了筛选定位和定量预测的变量，模型单元的选择，一般要求来自同一母体，有较完善的标志组合，有较可靠的矿产资源体成矿规模以及不同模型单元之间在规模上要有差异。在 MRAS 软件中，提供了三种模型单元的选择方式，它们分别是图上人工选择、数量化理论Ⅲ和数量化理论Ⅳ。第三，预测变量二值化。在 MRAS 软件中，许多资源靶区定位、定量预测数学模型要求输入二态数据，如特征分析和逻辑信息法等均使用二态数据。所以，经赋值和整理后的定量地质变量，一般还需要离散化为二态变量。定量变量离散化的准则是，离散化后的二值化变量能够最大限度地反映资源特征的变化。变量二值化包括两大类，一类是定位预测变量的二值化，包括人工输入二值化区间法、找矿信息量法和相关频数比值法；另一类是定量预测变量的二值化，包括人工输入变化区间法、秩相关系数法和找矿信息量法。第四，优选预测变量。优选变量的目的是为了去除那些次要的变量，使评价模型变得更加稳定，使预测结果更为可靠。在 MARS 软件中，提供了三种筛选定位预测变量的方法：匹配系数法、列联表法和相似系数法；提供了两种定量预测变量的筛选方法：变异序列法和方向导数法。

4. 定位预测

定位预测是指在定位预测变量选定的基础上，选择适合的数学地质方法，确定每个预测变量的权重，从而最终计算出每个预测单元的成矿有利程度，再根据地质单元的成矿有利程度或成矿概率，确定预测单元所属的矿产资源靶区级别，从而达到预测区优选的目的。在MRAS 软件中主要提供了特征分析法、证据权重法、BP 神经网络、动态聚类分析、知识驱动法等。

（1）特征分析法：是一种多元统计分析方法。它是传统类比法的一种定量化方法，通过研究模型单元的控矿变量特征，查明变量之间的内在联系，确定各个地质变量的成矿和找矿意义，建立起某种类型矿产资源体的成矿有利度类比模型。然后将模型应用到预测区，将预测单元与模型单元的各种特征进行类比，用它们的相似程度表示预测单元的成矿有利性。并据此圈定出有利成矿的预测区。该方法使用条件有两个：一是本方法只适用于二态变量，二是本方法至少需要五个以上已知矿床作为模型，且这些模型在规模上存在差别。

（2）证据权重法：是数理统计、图像分析和人工智能的有机综合，利用证据权法，可以在 GIS 系统中通过图层统计合成的方式，有效地圈定矿产资源靶区，其理论依据主要是贝叶斯公式、乘法公式和全概率公式。该方法的实施主要分三步：第一步，将每一种地质标志图层都用二态变量来表示，用 1 表示地质标志存在，0 表示地质标志不存在。第二步，每一个地质标志都计算一对权系数，一个表示该标志存在时的权，另一个表示该标志不存在时的权。当无法确定该标志存在与否时，令权系数为 0。第三步，计算后验概率，预测矿种矿床产出的后验概率比的对数值等于先验概率比的对数值与各种地质标志的权系数之和，在此基础上求出预测区的后验概率，并作为圈定有利预测区的依据。该方法的使用条件有三个：一是预测因素的条件独立性，二是预测要素为面文件，三是矿点为点文件，预测工作区内具备一定数量的矿床数，且从理论上讲，大部分矿床应该是已经发现的。

（3）BP 神经网络：全称为基于误差反向传播算法的人工神经网络，由信息的正向传播和误差的反向传播两个过程组成。输入层各神经元负责接收来自外界的输入信息，并传递给中间层各神经元；中间层是内部信息处理层，负责信息变换，根据信息变化能力的需求，中间层可以设计为单隐层或者多隐层结构；最后一个隐含层传递到输出层各神经元的信息，经进一步处理后，完成一次学习的正向传播处理过程，由输出层向外界输出信息处理结果。当实际输出与期望输出不符时，进入误差的反向传播阶段。误差通过输出层，按误差梯度下降的方式修正各层权值，向隐含层、输入层逐层反传。周而复始的信息正向传播和误差反向传播过程，是各层权值不断调整的过程，也是神经网络学习训练的过程，此过程一直进行到网络输出的误差减少到可以接受的程度，或者达到预先设定的学习次数为止。该方法的使用条件是，第一，训练集样本应包含已知有矿和无矿的各类样本，必须具有典型性、代表性和完整性；第二，输入节点数 $m \leqslant 10$ 个，需设置 1 个具有 $m+2$ 个节点的隐含层；$m>10$ 个，则需设置 2 个隐含层，每层具有 m 个或略少于 m 个的节点；第三，数据量过大时，运算可能会受影响。

（4）动态聚类分析：是无模型或少模型定位预测评价中的一种比较传统的方法之一。聚类分析是数值分类方法的一种，它是根据多个指标进行数值分类的一种多元统计方法，近年来在地质学中有许多成功的应用实例。根据分类对象的不同，聚类分析可分成两类，一类是根据变量（指标或地质特征）对标本或样品进行分类，叫做 Q 型聚类分析；另一类是根据变量在各个标本上的观测值对变量进行分类，叫做 R 型聚类分析。动态聚类分析就是 Q 型聚类分析的一种，又称为逐步聚类分析或快速聚类分析。由于该种聚类分析实现设定所分类别的数量，不必得到多个分类解，所以和一般聚类分析相比，它具有分类速度快、占用内存小的特点，从而在大样本聚类分析中得到了广泛的应用。一般在已知矿床比较少的情况下往往使用这种方法。

（5）知识驱动法：该方法用于定位预测的基本原理是，根据专家的经验选择对成矿有利的预测变量，并对其归一化处理，使所有变量均取 0～1 的值，然后仍然根据专家的经验给每个变量赋一个权重，且使各预测变量的权重之和为 1，这样各变量与权重之积求和得到的值的大小便可以用于圈定有利的预测区。知识驱动法的使用条件是在预测工作区已知矿床比较少或者没有已知矿床而成矿条件比较有利的情况下，这虽然是专家主观判断的结果，但是由于这些专家在该类矿产方面有丰富的工作经验，对于对成矿有利的预测要素及其重要性均具有比较好的把握，往往也会得出相对较为可靠的结果。

5. 定量预测

资源量估算是矿产资源潜力评价的重要目标之一。本次西部优势矿产资源定量预测以地质参数体积法为主，矿床地质经济模型法、面金属量法、德尔菲法为辅。基于综合地质信息成矿地质体体积法的实施过程，首先是合理地圈定一个矿床成矿系统内的成矿地质体边界，接着计算该成矿地质体的体积，然后与勘探程度高的地区具有相似成矿规模的地质体进行类比，最后估算出资源量。详细计算过程见本章第五节。

第二章 东天山成矿规律及资源潜力评价

第一节 东天山成矿规律研究

一、矿产资源概述

东天山矿种丰富，优势突出，矿床类型复杂。根据目前统计，东天山地区已经发现铁、锰、铬、钒、钛、铜、铅、锌、镍、钴、钨、锡、钼、铂族金属、金、银、铍、煤、油页岩、石油、天然气、菱镁矿、耐火黏土、白云岩、硅石、灰岩、萤石、水晶、冰洲石、硼、云母、磷、硫、钾盐、盐（含盐岩、池盐、天然卤水）、天然碱、钠硝石、芒硝、钾长石、蛇纹石、重晶石、石棉、石墨、石膏、滑石、建筑石材、蛭石、石榴子石、刚玉及天然工艺美术原料（指宝石和彩石）等至少50种矿产，其中矿床有296处、矿点840处和部分有价值矿化点376处。在具有开采价值的矿产地中，大型矿床有62处、中型65处、小型169处，其中尤其以铁矿和有色金属意义比较大，已经成为中国重要的大型铜（镍）金等矿集区之一，因此，东天山矿种比较明显，以铁、铜、镍、钼、金、煤、盐为主（王登红等，2006）。区内金属矿产主要有铜、金、镍、铁、铅锌、银、钒、钼等，其中铜、金、铁、铅锌、银、钼是东天山的优势矿产，成型矿床中铜、镍、金、铁、铅锌、钼等均有，已发现的大中型矿床多处，大型铜（镍）矿床5处（土屋、延东、黄山、黄山东、北山）、中型铜矿床1处（小热泉子）、大型铅锌矿床1处（彩霞山）、中型铅锌银矿床3处（维权、宏源、吉源）、中型金矿6处（康古尔、马头滩、石英滩、金窝子、马庄山、梧南）、中型银矿3处（维权、玉西、彩霞山），大型钼矿2处（白山、东戈壁钼矿）、大型铁矿2处（磁海、雅满苏）（图2.1）。近年在铅锌、钼、镍、钨矿方面有显著的进展，彩霞山铅锌矿资源储量不断扩大，目前已探明储量超过500万t，有望达到超大型；东戈壁钼矿、库姆塔格钼矿点的相继发现，表明东天山地区钼矿床具有很大的找矿潜力；北山坡十、坡一铜镍硫化物找矿新进展表明北山裂谷环境铜镍硫化物找矿具有一定潜力；中宝钨矿地表规模较大，可望达到大中型以上。

空间分布上，北部（康古尔断裂两侧）以铜矿为主，从西向东小热泉子铜矿→土屋–延东铜矿→三岔口铜矿→黄山铜镍矿；中部（康古尔断裂与阿其克库都克断裂之间）以金、铁为主，其次是铜、银等，尤其是金矿集中分布于石英滩、康古尔塔格一带，如石英滩、康古尔、马头滩等金矿；南带（阿其克库都克断裂与卡瓦布拉克断裂之间）以铁、铅锌、钼、金、银为主，尤其是阿其克库都克断裂南侧分布有天湖铁矿、彩霞山铅锌矿、白山钼矿、东戈壁钼矿、吉源铜银矿、马庄山金矿、玉西银矿、沙泉子铅锌矿、维权银多金属矿等。另外，在南带南部的甘草湖一带也是金矿集中分布的地区，如梧南、喜迎、鸽形山等金矿。

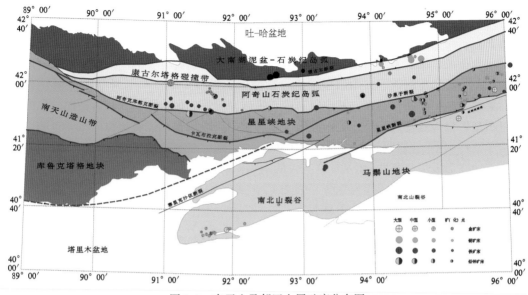

图 2.1　东天山及邻区金属矿床分布图

矿床类型复杂多样，铅锌矿以沉积-改造型为主，钼矿以斑岩-夕卡岩型为主，铁矿以（火山）沉积变质型为主，铜矿类型以斑岩型、岩浆铜镍硫化物岩型和火山岩型为主，镍矿类型主要为岩浆铜镍硫化物型，金矿类型以动力变质岩型（受韧性剪切带控制）为主。铜矿主要矿床类型为斑岩型和火山岩型，其次是夕卡岩型，镍矿仍为岩浆铜镍硫化物型，铅锌矿为沉积-改造型。

二、东天山区域成矿规律

（一）区域成矿作用的时间规律

东天山地区是新疆乃至中国重要的有色、贵金属成矿区之一，特别是近年来小热泉子及土屋-延东斑岩型铜矿以及东戈壁钼矿床的发现，成为全国关注的热点地区。东天山地区矿种丰富，成因类型多样，有沉积型、沉积变质型、岩浆熔离型、斑岩型、花岗伟晶岩型、火山-次火山热液型及动力变质热液型等。

在成矿时代方面，根据已有地质及年代学资料（表 2.1），综合前人有关研究成果（李华芹等，1998；2004）和本书的成果，东天山成矿作用大致经历了前寒武纪、加里东期、海西期和印支期四期成矿作用。

新疆东天山地区花岗岩类的形成年龄分布在 430～230Ma，岩浆活动可分为泥盆纪（410～369.5Ma）、早石炭世（349～330Ma）、晚石炭世—晚二叠世（320～252Ma）、早中三叠世（246～230Ma）四个阶段。前三个阶段岩浆活动具有持续时间逐渐变长、岩浆活动逐渐加剧的特点，并在第三阶段达到顶峰，而第四阶段岩浆活动则明显变弱。花岗岩类岩浆活动在时空分布上表现为：自哈尔里克-大南湖岛弧带→阿奇山-雅满岛弧带→康古尔-黄山韧性剪切带，岩体侵位由早到晚；自研究区东部→中西部→沿韧性剪切带，岩体侵位由老到新。结合区域构造演化研究成果认为，东天山地区花岗质岩浆活动与区域构造演化具有很强的耦合关系，花岗岩类在前碰撞阶段、主碰撞阶段、后碰撞阶段、板内阶段四个构造演化阶段均有发育，与花岗岩类在时间分布上的四个阶段相对应，其中尤以后碰撞构造演化阶段花岗岩类的分布最广泛、岩浆活动最强烈。与四个阶段花岗岩类有关的成矿作用由早到晚具有无明显矿化→斑岩型铜矿、火山岩型铁矿→韧性剪切带型金矿、夕卡岩型银（铜）矿→斑岩、石英脉型钼矿的演化特点，其中以对应于主碰撞阶段的斑岩型铜矿和后碰撞阶段的韧性剪切带型金矿最为发育。此外，主碰撞阶段和后碰撞阶段还是铜镍硫化物矿床发育的主要阶段，由于基性–超基性岩浆活动（350~236Ma）的增强，在主碰撞带的康古尔、黄山一带和北山裂谷地区形成了与基性–超基性岩有关的铜镍钼矿床。

　　根据区内主要典型矿床研究综合（表 2.1），成矿时期主要为元古宙、海西期和印支期三个阶段，其中以海西中晚期最为显著。

表 2.1　东天山地区典型矿床及相关岩体的成矿时代表

序号	矿床名称	成因类型	测试对象	测定方法	年龄/Ma	资料来源
1	阿拉塔格铁矿	夕卡岩型			C	陈哲夫等，1997
2	阿齐山（铁）二矿	火山沉积变质型			C	陈哲夫等，1997
3	阿齐山（铁）四矿	火山沉积变质型			C	陈哲夫等，1997
4	八一泉金矿	火山热液型			C_3	王有标等，1999
5	白山东花岗岩体		花岗岩	锆石 U-Pb	284.5±4.5	周涛发等，2010
6	白山花岗岩体		黑云母斜长花岗岩	锆石 U-Pb	239±8	李华芹等，2006
7	白山铼钼矿	斑岩型	硫化矿石	辉钼矿 Re-Os	229±2	李华芹等，2006
8	白山铼钼矿	斑岩型	斜长花岗斑岩	锆石 U-Pb	235.7±5.5	李华芹等，2006
9	白山铼钼矿	斑岩型	黑云母斜长花岗岩	锆石 U-Pb	239±8	李华芹等，2006
10	白山铼钼矿	斑岩型	斜长花岗斑岩	锆石 U-Pb	245.7±2.7	李华芹等，2006
11	白山铜钼矿	斑岩型	花岗斑岩	锆石 U-Pb	240±5	李华芹等，2005
12	白石泉花岗岩体		钾长花岗岩	锆石 U-Pb	303±18	周涛发等，2010
13	白石泉铜镍矿床	斑岩型	矿化辉长岩	锆石 U-Pb	281±0.9	毛启贵等，2006
14	白石泉铜镍矿床	斑岩型	辉长岩体	锆石 U-Pb	284±8	吴华等，2005
15	白石泉铜镍矿床	斑岩型	硫化物	硫化物 Re-Os	286±14	王虹等，2007
16	白石滩金矿	火山热液型	含金石英脉	石英流体包裹体	C	李华芹等，2005
17	百灵山花岗岩体		花岗闪长岩	Rb-Sr	286	李华芹等，2003
18	百灵山花岗岩体		花岗闪长岩	流体包裹体 Rb-Sr	293±10	王龙生等，2005

序号	矿床名称	成因类型	测试对象	测定方法	年龄/Ma	资料来源
19	百灵山花岗岩体		花岗闪长岩	单颗粒锆石 U-Pb	307.5±7.8	李文明等, 2002
20	百灵山花岗岩体		花岗闪长岩	锆石 U-Pb	317.7±3.7	周涛发等, 2010
21	豹子沟铜铅锌矿	火山热液型			C	刘德权等, 1996
22	卜尔萨克布拉克	岩浆热液型			C	刘德权等, 1996
23	彩华沟铜铅锌矿	火山热液型	酸性凝灰岩	全岩 Rb-Sr	328.6±8	姬金生, 1995
24	彩霞山东 10km 花岗岩体		石英闪长岩	锆石 U-Pb	267.8±1.6	任燕等, 2006
25	彩霞山东 10km 闪长岩体		石英闪长岩	锆石 U-Pb	267.8±1.6	任燕等, 2006
26	彩霞山铅锌矿	沉积–改造型	黄铁矿	黄铁矿固相 Rb-Sr	134±4	本书
27	彩霞山铅锌矿	沉积–改造型	闪锌矿	闪锌矿固相 Rb-Sr	254±15	本书
28	彩霞山闪长岩体		闪长岩	微区 Rb-Sr	323±6	高晓理等, 2006
29	长条山闪长岩体		石英闪长（玢）岩	全岩 Rb-Sr	315.7	王碧香等, 1989
30	长条山闪长岩体		石英闪长（玢）岩	锆石 U-Pb	337.4±2.8	周涛发等, 2010
31	赤湖花岗斑岩体		斜长花岗斑岩	单颗粒锆石 U-Pb	282.1±33.5	李文明等, 2002
32	赤湖花岗斑岩体		斜长花岗斑岩	单颗粒锆石 U-Pb	283.5±3.5	李文明等, 2002
33	赤湖花岗斑岩体		斜长花岗斑岩	锆石 U-Pb	322±10	吴华等, 2006
34	赤湖铜钼矿	斑岩型	斑岩体	锆石 U-Pb	322±10	吴华等, 2006
35	磁海铁矿	火山沉积变质型	辉绿岩	全岩 Rb-Sr	268±24	李华芹等, 2005
36	大黄山铁矿	沉积型			J	刘德权等, 1996
37	大南湖岩体		基性岩墙	锆石 U-Pb	280±	李锦轶等, 2006b
38	大青山金矿	火山热液型			C	王有标等, 1999
39	大水锰矿	沉积型			€	刘德权等, 1996
40	迪坎儿花岗岩体		似斑状钾长花岗岩	锆石 U-Pb	288.0±2.5	周涛发等, 2010
41	东大山金矿	海相火山岩型			C_1	王有标等, 1999
42	多头山花岗岩体		钾长花岗岩	锆石 U-Pb	271.7±5.5	周涛发等, 2010
43	鸽形山金矿	破碎蚀变岩型	酸性斑岩	锆石 U-Pb	402.6±1.2	本书

续表

序号	矿床名称	成因类型	测试对象	测定方法	年龄/Ma	资料来源
44	鸽形山金矿闪长岩脉		闪长玢岩	锆石 U-Pb	290～260	本书
45	管道花岗岩体		花岗斑岩	锆石 U-Pb	284.1±5.8	周涛发等，2010
46	海豹滩杂岩		蚀变辉长岩	锆石 U-Pb	269.2±3.2	李锦铁等，2006a
47	黑山钼矿	夕卡岩型	铜钼矿石	辉钼矿 Re-Os	288.4±5.3	本书
48	红柳河铬铁矿	岩浆熔离型	超镁铁岩	全岩+矿物 Sm-Nd	453±35	李华芹等，2005
49	红柳井铌钽矿	花岗岩型	矿化混合花岗岩	全岩 Rb-Sr	682±28	李华芹等，2005
50	红十井金矿	火山热液型	含金石英脉	石英流体包裹体	C	李华芹等，2005
51	红石花岗岩体		花岗岩	Ar-Ar	253.9～258.7	陈文等，2007
52	红石花岗岩体		花岗岩	锆石 U-Pb	282.7±4.2	周涛发等，2010
53	红云滩花岗岩体		花岗闪长岩	锆石 U-Pb	328.5±9.3	吴昌志等，2006
54	葫芦铜镍矿床	岩浆熔离型	基性–超基性岩	全岩 Re-Os	283±13	陈世平等，2005
55	黄山东铜镍矿	岩浆熔离型	黑云母橄榄苏长岩	锆石 U-Pb	274±3	韩宝福等，2004
56	黄山东铜镍矿	岩浆熔离型	铜镍矿石	矿石 Sm-Nd	314±14	李华芹等，1998
57	黄山东铜镍矿床	岩浆熔离型	铜镍矿石	硫化物 Re-Os	283±20	毛景文等，2002
58	黄山花岗岩体		钾长花岗岩	锆石 U-Pb	288±17	周涛发等，2010
59	黄山南铜镍矿	岩浆熔离型			C	刘德权等，1996
60	黄山铜镍矿	岩浆熔离型	西部闪长岩体	锆石 U-Pb	269±2	Zhou et al.，2004
61	黄山铜镍矿	岩浆熔离型	铜镍矿石	矿石 Sm-Nd	305.4±2.4	李华芹等，1998
62	尖山（铁）三矿	沉积型			S	刘德权等，1996
63	尖山（铁）一矿	沉积型			S	刘德权等，1996
64	碱泉铬铁矿	岩浆熔离型			Pt	刘德权等，1996
65	金窝子210金矿	动力变质热液型	含金石英网脉	石英流体包裹体	230±5.7	李华芹等，2005
66	金窝子金矿	动力变质热液型	含金石英脉	石英流体包裹体	228±22	李华芹等，2005
67	镜儿泉北山稀有矿	花岗伟晶岩型			C	刘德权等，1996
68	镜儿泉北稀有矿	花岗伟晶岩型	花岗伟晶岩脉	全岩+矿物 Rb-Sr	283.7	杨甲全，1994
69	镜儿泉花岗岩体		花岗岩	白云母 Ar-Ar	243±2	陈郑辉等，2006
70	镜儿泉花岗岩体		花岗岩	Rb-Sr	260±6.2	Gu et al.，1996
71	镜儿泉花岗岩体		花岗岩	Rb-Sr	260±6	车自成，1989
72	镜儿泉花岗岩体		花岗岩	锆石 U-Pb	376.9±3.1	周涛发等，2010
73	镜儿泉花岗岩体		花岗岩	锆石 U-Pb	430.5±14	杨甲全、张拓夫，1995
74	镜儿泉稀有矿	花岗伟晶岩型	花岗伟晶岩脉	锆石 U-Pb	252±0.3	杨甲全，1993

续表

序号	矿床名称	成因类型	测试对象	测定方法	年龄/Ma	资料来源
75	康古尔花岗斑岩体		花岗斑岩	Ar-Ar	261~252.5	陈文等,2007
76	康古尔花岗斑岩体		花岗斑岩	Rb-Sr	282±16	李华芹等,1998
77	康古尔塔格金矿	岩浆热液型	碳酸盐岩–石英	石英流体包裹体	250±9.6	李华芹等,2005
78	康古尔塔格金矿	岩浆热液型	多硫化物石英	石英流体包裹体	258±21	李华芹等,1998
79	康古尔塔格金矿	动力变质热液型	含矿石英脉	石英流体包裹体	282±9	李华芹等,2005
80	康古尔塔格金矿	动力变质热液型	含矿石英脉	黄铁矿+石英	290.4±7	李华芹等,1998
81	可可乃克铜矿	岩浆热液型	含铜黄铁矿体	矿石 Rb-Sr	357±26	李华芹等,2005
82	克孜尔塔格花岗岩体		花岗闪长岩	锆石 U-Pb	271.6	李少贞等,2006
83	克孜尔塔格花岗岩体		花岗闪长岩	Ar-Ar	276~252.5	王瑜等,2002
84	克孜尔塔格花岗岩体		花岗闪长岩	U-Pb	359.8	李文明等,2002
85	库姆塔格	岩浆热液型	矿体	辉钼矿 Re-Os	319±4.5	张长青等,2010
86	库姆塔格花岗岩体		花岗岩	锆石 U-Pb	298.1±2.1	本书
87	库姆塔格辉绿岩体		辉绿岩	锆石 U-Pb	305±5	本书
88	库姆塔格闪长岩体		闪长岩	锆石 U-Pb	307.4±3.3	本书
89	阔克塔克西铌钽矿	碱性正长岩型	霓辉正长岩	全岩 Rb-Sr	249±15	李华芹等,2005
90	刘家泉铅锌矿	夕卡岩型			C_1	李博泉等,1999
91	硫磺山金矿	潜火山热液型	矿化石英脉	石英流体包裹体	346±30	李华芹等,2005
92	硫磺山铜铅锌矿	斑岩型	矿化石英脉	石英流体包裹体	346±30	李华芹等,2005
93	垄东花岗岩体		二长花岗岩	单颗粒锆石稀释法	261	李永军等,2007
94	垄东花岗岩体		二长花岗岩	锆石 U-Pb	276.2±2.5	周涛发等,2010
95	麻黄沟金矿	火山热液型			C_1	王有标等,1999
96	马鞍桥铅锌矿	火山热液型	矿石	方铅矿 Pb-Pb	249±1	胡霭琴,1990
97	马头滩金矿	动力变质热液型			C_1	王有标等,1999
98	马庄山金矿	潜火山热液型	含金石英脉	石英流体包裹体	298±28	李华芹等,2005
99	内蒙古沙拉铜铅锌矿	岩浆热液型			C_3	李博泉等,1999
100	庙庙井东铅矿	岩浆热液型			Pt	李博泉等,1999

续表

序号	矿床名称	成因类型	测试对象	测定方法	年龄/Ma	资料来源
101	帕尔岗铁矿	火山喷气沉积型			D	刘德权等, 1996
102	平台山钒钛磁铁矿	沉积型			$\in$	刘德权等, 1996
103	坡十铜镍矿	岩浆熔离型	辉长岩	锆石 U-Pb	289±13	李华芹等, 2009
104	坡一铜镍矿	岩浆熔离型	辉长岩	锆石 U-Pb	278±2	李华芹等, 2006
105	恰特卡尔塔格岩体		蚀变辉长	锆石 U-Pb	277±1.6	李锦轶等, 2006a
106	且干布拉克稀土矿	碱性杂岩型	纯橄岩	锆石 U-Pb	862±0.12	新疆地质三队
107	且干布拉克稀土矿	碱性杂岩型	含蛭石超基性岩	锆石 U-Pb	862.9	黄存焕等, 1998
108	且干布拉克稀土矿	碱性杂岩型	磷灰石透辉石	锆石 U-Pb	900	新疆地质三队
109	清水铅锌矿	岩浆热液型			D_2	李博泉等, 1999
110	琼洛克黑钨矿	夕卡岩型	黑云母花岗岩	黑云母 Ar-Ar	282.6±1	胡霭琴, 1998
111	三岔口东铜矿	斑岩型			C	刘德权等, 1996
112	三岔口花岗斑岩体		斜长花岗斑岩	锆石 U-Pb	278±4	李华芹等, 2004
113	三岔口铜钼矿	斑岩型	石英闪长斑岩	全岩+矿物 Rb-Sr	269±17	芮宗瑶等, 1989
114	三岔口铜钼矿	斑岩型	斜长花岗斑岩	锆石 U-Pb	278±4	李华芹等, 2004
115	三工河铁矿	沉积型			J	陈哲夫等, 1997
116	沙泉子铁矿	火山沉积变质型			C	陈哲夫等, 1997
117	鄯善采石场花岗岩体		钾长花岗岩	单颗粒锆石 U-Pb	230.0±2.3	李文明等, 2002
118	石英滩花岗岩体		钾长花岗岩	锆石 U-Pb	342±11	周涛发等, 2010
119	石英滩金矿	火山热液型	含金石英脉	石英流体包裹体	237±12	李华芹等, 2005
120	石英滩金矿	潜火山热液型	含金石英脉	石英流体包裹体	244±9	李华芹等, 1998
121	石英滩金矿	动力变质热液型	含金石英脉	石英流体包裹体	276±12	李华芹等, 2005
122	石英滩金矿	动力变质热液型	含金石英脉	石英流体包裹体	289±9.9	李华芹等, 2005
123	石英滩闪长岩体		钾长花岗岩	单颗粒锆石 U-Pb	287±3	李华芹等, 1998
124	石英滩闪长岩体		钾长花岗岩	英云闪长岩 Rb-Sr	293±	李华芹等, 1998
125	双岔沟花岗岩体		花岗闪长岩	Rb-Sr	232	廖静娟等, 1993
126	双岔沟花岗岩体		花岗闪长岩	锆石 U-Pb	252.4±2.9	周涛发等, 2010
127	双峰岭金矿	绿岩型			Pt	王有标等, 1999
128	四顶黑山花岗岩体		黑云母花岗岩	锆石 U-Pb	386±5	李亚萍等, 2006
129	索尔巴斯套金矿	潜火山热液型	灰白色石英脉	石英流体包裹体	268±8.3	李华芹等, 2005

续表

序号	矿床名称	成因类型	测试对象	测定方法	年龄/Ma	资料来源
130	天湖东铅矿	岩浆热液型			Pt	李博泉等, 1999
131	天湖铁矿	火山沉积变质型	斜长角闪岩	全岩 Sm-Nd	1036±210	李华芹等, 2005
132	天目花岗岩体		钾长花岗岩	锆石 U-Pb	320.2±3.1	周涛发等, 2010
133	天宇铜镍矿床	岩浆熔离型	硫化物	硫化物 Re-Os	835±210	王虹等, 2007
134	铁厂沟铁矿	沉积型			J	刘德权等, 1996
135	铁岭Ⅰ号铜矿	岩浆热液型			C₃	刘德权等, 1996
136	铁岭铁矿	火山沉积变质型			C	刘德权等, 1996
137	铜沟铜矿	潜火山热液型	中基性岩脉	全岩 Rb-Sr	339±17	李华芹等, 2005
138	铜花山铜铅锌矿	火山热液型	铜花山组	全岩 Rb-Sr	340±3	张长年, 1986
139	土墩花岗岩		钾长花岗岩	锆石 U-Pb	246.2±2.6	周涛发等, 2010
140	土墩铜镍矿	岩浆熔离型			C	刘德权等, 1996
141	土屋花岗斑岩体		花岗斑岩	单颗粒锆石 U-Pb	302±13	李文明等, 2002
142	土屋花岗斑岩体		花岗斑岩	Ar-Ar	310.95±4.6	秦克章, 2000
143	土屋花岗斑岩体		花岗斑岩	锆石 U-Pb	333±2	刘德权等, 2003
144	土屋花岗斑岩体		花岗斑岩	锆石 U-Pb	334±3	陈富文等, 2005
145	土屋花岗斑岩体		花岗斑岩	Ar-Ar	347.3±2.1	秦克章, 2000
146	土屋铜钼矿	斑岩型	斜长花岗斑岩	锆石 U-Pb	334±3	陈富文等, 2005
147	土屋–延东铜钼矿	斑岩型	硫化矿石	辉钼矿 Re-Os	322±2.3	芮宗瑶等, 2002
148	维权花岗岩体		花岗闪长岩	Ar-Ar	276±2.8	毛景文等, 2002
149	维权花岗岩体		花岗闪长岩	锆石 U-Pb	290~280	李华芹等, 2003
150	维权花岗岩体		花岗闪长岩	锆石 U-Pb	297±3	王龙生等, 2005
151	尾垭钒钛磁铁矿	岩浆熔离型	辉长岩	锆石 U-Pb	214.1±1.6	李华芹等, 2005
152	尾垭花岗岩体		细粒花岗岩	锆石 U-Pb	237±8	Zhang et al., 2005
153	尾垭花岗岩体		石英正长岩	锆石 U-Pb	246±6	Zhang et al., 2005
154	尾垭辉长岩体		辉长岩	锆石 U-Pb	236±6	Zhang et al., 2005
155	尾垭闪长岩体		闪长玢岩	锆石 U-Pb	233±8	Zhang et al., 2005
156	尾垭稀有矿	花岗伟晶岩型	伟晶岩	黑云母 K-Ar	229.2	胡霭琴, 1980
157	乌兰美仁铁矿	火山沉积变质型			Pt	刘德权等, 1996
158	梧南金矿	动力变质热液			C₁	王有标等, 1999
159	梧桐沟铁矿	沉积型			S	刘德权等, 1996
160	西凤山Ⅱ号金矿	岩浆热液型	乳白色含金石英脉	石英流体包裹体	272±3	李华芹等, 1998
161	西凤山花岗岩体		钾长花岗岩	Rb-Sr	254	徐湘康、桑少杰, 1994
162	西凤山花岗岩体		钾长花岗岩	锆石 U-Pb	349.0±3.4	周涛发等, 2010
163	咸水泉花岗岩体		花岗闪长岩	锆石 U-Pb	369.5±5.6	唐俊华等, 2007

续表

序号	矿床名称	成因类型	测试对象	测定方法	年龄/Ma	资料来源
164	香山铜镍矿	岩浆熔离型	辉长岩体	锆石 U-Pb	279.6±1.1	Han，2010
165	香山铜镍矿床	岩浆熔离型	硫化物	镍黄铁矿 Re-Os	298±7.1	李月臣等，2006
166	小白石头钨矿	夕卡岩型	矿化黑云母花岗岩	全岩 Rb-Sr	244±5	李华芹等，2005
167	小尖山铜矿	火山热液型			C	刘德权等，1996
168	小热泉子铜矿	岩浆热液型	含铜石英脉	石英流体包裹体	264±20	李华芹等，2005
169	小热泉子铜矿	火山喷气沉积型	含铜石英脉	石英流体包裹体	298±14	李华芹等，2005
170	兴地 II 号铜镍矿	岩浆熔离型	基性–超基性岩	全岩 Sm-Nd	1210±83	李华芹等，1998
171	兴地南 4km 稀有矿	花岗伟晶岩型	伟晶岩	白云母 K-Ar	491.6	新疆区调一队
172	星星峡东 28 号铅矿	碳酸盐岩型			Pt	李博泉等，1999
173	牙曼萨拉铜铅锌矿	夕卡岩型			C₃	李博泉等，1999
174	雅满苏铁矿	火山沉积变质型	夕卡岩	石榴子石+绿帘石	352±47	李华芹等，2005
175	雅满苏铁矿	火山沉积变质型	辉石安山玢岩	全岩 Rb-Sr 等时线	374±44	李华芹等，2004
176	延东花岗斑岩体		花岗斑岩	锆石 U-Pb	333±4	陈富文等，2005
177	延东花岗斑岩体		花岗斑岩	Ar-Ar	341.21±4.9	秦克章，2000
178	延东花岗斑岩体		花岗斑岩	单颗粒锆石 U-Pb	356±8	秦克章，2000
179	延东铜钼矿	斑岩型	斜长花岗岩	锆石 U-Pb	333±4	陈富文等，2005
180	盐碱坡金矿	动力变质热液型			C₁	王有标等，1999
181	盐滩铜矿	火山热液型			C₃	刘德权等，1999
182	眼形山金矿	动力变质热液型			D₃	王有标等，1999
183	也格达坂铅锌矿	岩浆热液型			D₂	李博泉等，1999
184	永红山铜矿	火山沉积变质型			Pt	刘德权等，1999
185	榆树沟铅锌矿	岩浆热液型			D₂	李博泉等，1999
186	玉山铁矿	火山沉积变质型			Pt	刘德权等，1996
187	玉西银铅锌矿	岩浆热液型	硅化糜棱岩	全岩 Rb-Sr	261±25	李华芹等，2005
188	玉西银铅锌矿	动力变质热液型	含银石英脉	石英流体包裹体	310±14	李华芹等，2005
189	中坡山北铜镍矿	岩浆熔离型	角闪辉长岩	锆石 U-Pb	274±4	姜常义等，2005
190	中坡山铜镍矿	岩浆熔离型	超镁铁岩	全岩 Sm-Nd	C	李华芹等，2005

资料来源：陈毓川等，2010

1. 元古代

东天山及邻区元古代成矿作用在新疆占较大优势，形成了与裂解事件有关的绿岩型金矿床（如双峰岭金矿）、沉积变质型铅锌矿（如彩霞山、宏源、沙泉子铅锌矿）、火山沉积变质型和岩浆熔离型铁铜矿床（如玉山铁矿、乌兰美仁铁矿、天湖铁矿、永红山铜矿、天宇铜镍矿床、兴地 H 号铜镍矿、碱泉铬铁矿）及碳酸盐岩型有色金属矿床（如星星峡东28 号铅矿）；与会聚事件有关的岩浆热液型有色金属矿床（如庙庙井东铅矿、天湖东铅矿）、混合花岗岩型稀有金属矿床（如红柳井铌钽矿）及碱性杂岩型稀土矿床（如且干布拉克稀土矿）等（表2.1）。

2. 海西期

海西期是区内最重要、最活跃的成矿期。在泥盆纪—早石炭世，塔里木和准噶尔两个板块之间存在一个北天山次大洋，虽然该洋盆规模存在争议，但该洋盆向南俯冲，在其南北两个板块边缘分别形成阿奇山-雅满苏岛弧的构造和康古尔塔格-喀尔力克岛弧、岩石学标志是非常显著的。晚石炭世，北天山次大洋收缩闭合，使南北两板块沿康-黄断裂带对接碰撞，形成康-黄俯冲碰撞带，同时在碰撞带内或其附近形成巨型韧性剪切带。在海西中晚期构造演化中相继形成了区内金、铜、镍、钼等矿床。该期是东天山及邻区最重要的多金属成矿时期，矿种和成因类型多种多样。既形成了与裂解事件有关的次火山热液型磁海铁矿、火山喷气沉积型有色和黑色金属矿产（如沙泉子铁矿、铁岭铁矿、阿齐山铁二矿、雅满苏铁矿、小热泉子铜矿、帕尔岗铁矿及库姆塔格三号铁矿等）和岩浆熔离型铜镍矿床（如黄山铜镍矿、黄山东铜镍矿、黄山南铜镍矿、香山铜镍矿、葫芦铜镍矿、土墩铜镍矿、中坡山铜镍矿），也形成了与会聚事件有关的斑岩型铜矿（如三岔口铜矿、土屋铜矿、三岔口东铜矿）和与区域性韧性剪切活动有关的动力变质热液型贵金属矿（如石英滩金矿、康古尔塔格金矿、玉西银矿、盐碱坡金矿、马头滩金矿、梧南金矿、鸽形山金矿）等。此外，碱性正长岩型或花岗伟晶岩型稀有金属矿床（如阔克塔克西铌钽矿、镜儿泉一带的稀有矿）、火山及潜火山热液型有色及贵金属矿床（如八一泉金矿、红十井金矿、大青山金矿、白石滩金矿、麻黄沟金矿、铜花山铜铅锌矿、豹子沟铜铅锌矿、小尖山铜矿、彩华沟铜铅锌矿、盐滩铜矿、索尔巴斯套金矿、马庄山金矿、硫磺山金矿、铜沟铜矿）、岩浆热液型和夕卡岩型有色金属矿床（如玉西铅锌矿、铁岭I号铜矿、内蒙古沙拉铜铅锌矿、清水铅锌矿、榆树沟铅锌矿、也格达坂铅锌矿、卜尔萨克布拉克锡矿、如琼洛克黑钨矿、牙曼萨拉铜铅锌矿、阿拉塔格铁矿、刘家泉铅锌矿，可可乃克铜矿和小热泉子铜矿此时也发生矿化叠加和改造）等（表2.1）。

早石炭世以（铜-铅-锌）矿化为特色，主要形成了火山-次火山作用有关的热液型铜-铅-锌矿床，如铜花山铅锌矿及彩华沟铅锌矿，其形成与南天山边缘海盆的闭合有关。中天山雅满苏铁矿及南天山硫磺山斑岩型铅锌矿也形成于此时。

晚石炭世以火山-次火山热液型和岩浆熔离型成矿作用并重为特色，矿化类型多种多样，其成因与觉罗塔格带的拉张有关。其中，火山-次火山热液型矿床以铜-金矿化为主，形成了小热泉子铜矿床的早期矿体、马庄山金矿及石英滩金矿等。岩浆熔离型矿以黄山-镜儿泉铜镍矿化带规模最大，其中黄山和黄山东铜镍矿已成为新疆最具特色和规模的矿床类型之一。此外，东天山目前唯一成型的银矿床（玉西银矿）也形成于此时。

早二叠世是东天山的成矿高峰期，成矿作用主要与中酸性岩浆活动和动力变质热液活动有关。其中，岩浆热液型以金铜矿床为主，以矿化范围广为特点。形成了哈尔里克的索尔巴斯陶金矿、中天山的西凤山金矿、觉罗塔格三岔口铜矿和小热泉子石英脉型铜矿体等，其成因可能与碰撞造山后陆壳的纵向增生有关。动力变质热液成矿作用以金矿化为主要特色,矿床主要沿康古尔塔格韧性剪切带分布,如康古尔塔格金矿和石英滩金矿床中有多期的叠加矿化(李华芹等,1998),成矿与康古尔塔格构造带的韧性剪切活动有关。

3. 印支期

印支期主要是指在中晚海西期叠加的构造成矿活动期。对部分金矿、银矿等有重要的叠加加富作用,此时东天山地区受造山后岩浆活动的影响,导致成矿作用接近尾声,晚二叠世仅见有动力变质热液型叠加金矿化、沉积–改造型铅锌矿改造阶段、火山热液型铅锌矿化和稀有金属矿化,如康古尔塔格金矿化、彩霞山铅锌矿活化富集、马鞍山铅锌矿化以及镜儿泉地区矿化花岗岩伟晶岩(新疆地质六队,1994)的形成等。尾垭岩浆熔离型钒钛磁铁矿、白山斑岩型铜钼矿、尾垭花岗伟晶岩型稀有矿、小白石头泉夕卡岩型钨矿等,这些矿床的形成都与造山后岩浆侵入作用密切相关。此外,由于强烈的构造活动,形成了动力变质热液型金窝子及金窝子210金矿等(表2.1)。

内生金属矿床的成岩成矿年代学研究表明:东天山地区海西期成矿作用是比较强烈的,不仅涉及区域广,而且形成的矿种多样,由于该区板块碰撞造山作用发生在石炭纪晚期至二叠纪早期,三叠纪岩浆活动和构造变动显然是发生在后碰撞板内构造环境,印支期板内岩浆活动和相关的成矿作用与三叠纪大规模的陆内俯冲、推覆走滑和韧性剪切等构造事件密切相关,印支期成矿作用是继海西期成矿之后又一次成矿作用的峰期。

(二) 东天山内生金属矿产空间分布规律

东天山地区金属矿床在空间上分布比较集中,具有南铁中金北铜镍的总体特征;从地质构造环境上看,内生矿产主要产于准格尔地块和塔里木地块陆源的古生代活动带上。在空间上的展布规律受地壳演化一定阶段的地质构造环境和相应的地质成矿作用的控制(王登红等,2006)。与火山–沉积活动有关的热液铁矿床及铜–铅–锌主要分布于南天山及觉罗塔格南部,其成因可能与南天山洋盆向北俯冲的演化过程有关;而与钙碱性花岗岩浆活动有关的斑岩型铜铝矿和岩浆熔离型铜镍矿主要分布于觉罗塔格北部,其成因与陆壳的纵向生长、幔源岩浆的直接侵位有关;多数金矿床沿康古尔塔格韧性剪切带分布,除少数矿床与(次)火山热液活动有关外,多与韧性剪切活动密不可分(吴华,2006)。

根据东天山现有的大、中、小型金属矿床分布统计,总结出该区主要成型金属矿床在各板块单元中分布的类型,统计分析表明:

(1) 铁矿主要集中分布于塔里木板块北缘阿奇山–雅满苏岛弧和中天山地块内,从早古生代到晚古生代这两个单元基本为岛弧构造环境,火山活动频繁,有多次岩浆侵入,成矿叠加显著,形成多类型多成因铁矿,如尖山铁矿、阿奇山铁矿、红云滩铁矿、百灵山铁矿、赤龙峰铁矿、沙垅铁矿、雅满苏铁矿、天湖铁矿等。少数铁矿产于南天山和北山早古生代岛弧带中,如梧桐沟、帕尔岗和罗雅楚山铁矿等。

(2) 东天山金矿现已发现有两条主要成矿带。一条为近几年发现并确立的康古尔塔格金矿带(阿–雅岛弧北缘金铜带)。从西向东已发现有西滩(石英滩)金矿、麻黄沟金矿、康古尔金矿、马头滩金矿、大东山金矿、西凤山金矿、长城山金矿、翠岭金矿、苦水金矿、镜儿泉金矿等,构成一近东西向成矿带,主要产在阿–雅岛弧北缘的秋格明塔什–黄山巨型韧性剪切带内，北与康-黄碰撞带相邻，南距阿-雅岛弧主火山岩带 10 ~ 18km，正好位于东疆巨型韧性剪切带内的韧-脆性变形转换构造域。而韧-脆性变形转换及其剪切带是中、上地壳最常见的变形构造之一，也是最重要的成金带。康古尔金矿、西滩金矿、西凤山金矿等典型矿床研究表明，该带具有很好的大中型金矿成矿前景，是今后主要金成矿带之一。该金矿带的形成既与塔里木板块北缘阿-雅岛弧发展演化有关，也与塔里木板块与准噶尔板块之间的康-黄碰撞带构造演化紧密相关，尤其是与碰撞带相伴的巨型韧性剪切带时空演化极为密切。

另一条金矿带产于南天山弧后盆地和北山裂谷系内，以红山金矿、金窝子金矿、马庄山金矿等为代表。基本上经历了早古生代岛弧构造和其后的弧-陆碰撞及晚古生代弧后盆地构造演化，变形强烈，亦发育岩浆岩和韧性剪切带，成金作用明显，是今后值得大力开拓的弧构造环境，火山活动频繁，有多次岩浆侵入，成矿叠加显著，形成多类型多成因铁矿，如尖山铁矿、阿奇山铁矿、红云滩铁矿、百灵山铁矿、赤龙峰铁矿、沙坡铁矿、雅满苏铁矿、天湖铁矿等。少数铁矿产于南天山和北山早古生代岛弧带中，如梧桐沟、帕尔岗和罗雅楚山铁矿等。

（3）铜镍矿主要产在康-黄碰撞带内，以黄山、黄山东、土墩、香山、葫芦岩体等铜镍矿为代表，赋存于碰撞带内镁铁、超镁铁岩体内，现已发现有 30 多个岩体，铜镍矿化普遍，成矿与康-黄深断裂演化有关。另一条主要产于北山裂谷环境中带的坡十、坡一铜镍硫化物带，其铜镍硫化物找矿具有一定潜力。

（4）本区其他矿产成矿构造环境除上述铁、金、铜镍大型矿床空间分布与构造环境紧密相关外，区内具有大型前景的一些中型金属矿产，如银矿、铜矿、钼（锌）矿、稀土矿等的空间分布也表现出十分明显的板缘构造活动演化的时控和域控性。

准噶尔板块南缘的康-喀岛弧具有形成大中型铜矿的前景。现已发现有小热泉子铜矿、赤湖铜矿、铜山铜矿等，并有多处铜矿点、矿化点的发现，是今后工作的铜矿重点找矿靶区之一。而准噶尔板块和塔里木板块之间的康-黄碰撞带则是钼（锌）铜金等矿床形成的有利地带。阿-雅岛弧除铁、金矿床外，还具有显著的铜金铅锌锰矿化聚集特点。中天山地块除铁矿外，在不同的构造强烈活动区，也多形成银矿（如玉西银矿）、钨钼矿、金矿、铅锌矿等富矿段。

（三）区域成矿动力学模型

东天山作为古亚洲造山带或泛阿尔泰造山带的一部分，其动力地球学演化与相邻地区密切相连，就我国境内与中亚地区的天山而论，阿其克库都克断裂与吉尔吉斯斯坦的 Nikolaev 断裂相衔接，代表了志留纪末期的缝合带，马瑞士等（1993）也在库米什一带发现有蛇绿岩套。这条缝合带向北经哈萨克斯坦延伸到乌拉尔西部，在吉尔吉斯天山一侧，中天山南界的 Atibashi-Inylchek 断裂被认为是石炭纪末—二叠纪的缝合带，但在我国一侧这条断裂被论证为石炭纪—二叠纪缝合带还没有足够的证据。在我国的北天山与准噶尔地块之间的断裂带被认为是石炭纪末期的缝合线，向西可以延伸至哈萨克斯坦，可能与乌拉尔东部连接。这一缝合带向东至经度大约89°时出现分叉，北边与卡拉麦里大断裂连接，南边与康古尔大断裂衔接。由于沿卡拉麦里大断裂发现混杂堆积岩，马瑞士等（1993，1997）将其论证为缝合带，周济元等（1994）的工作证明准噶尔南缘断裂——吐-哈盆地南缘的康古尔断裂为古生代生物的分界线，北部为西伯利亚古生物群，南部为华夏古生物群。这一界线可能与华北克拉通北缘深大断裂连接。由此以来，可以推断在东天山石炭纪末期的缝合线可能位于康古尔断裂带，博格达–哈达里克为哈萨克–准噶尔板块内部的一个晚古生代裂谷带，后转为岛弧带。

在康古尔断裂与雅满苏断裂之间的干墩组为一套残留深海–半深海相沉积岩，碰撞对接后转化为大型韧性剪切带。在康古尔断裂和大草滩之间的小热泉子组、企鹅山组和梧桐窝子组长期被认为是石炭纪的岛弧，因此，它与雅满苏断裂以南的岛弧成为俯冲带之间的对称岛弧带。正是这种地体分布格局，周济元等（1994）、杨兴科等（1996）、张良臣（1995）和姜立丰等认为是板块双向俯冲的结果。芮宗瑶等（2002）和秦克章（2002）的最新测年资料表明康古尔断裂以北的火山岩系为泥盆纪的产物，与大草滩断裂北侧或土哈盆地南缘大南湖–头苏泉很可能为同一套火山岩组合，侵入其内的花岗质岩石为中晚泥盆世至早石炭世的产物。这些组合代表了晚古生代早期大洋板块向北俯冲而形成的岛弧或活动大陆边缘及岩浆活动带（图2.2）。而小热泉一带的安山岩–流纹岩和碎屑岩可能为一个弧后拉张盆地。土屋–延东斑岩岩浆在板块俯冲时沿岛弧侵位和相关的斑岩铜矿系统相伴产出，也可能由于隐

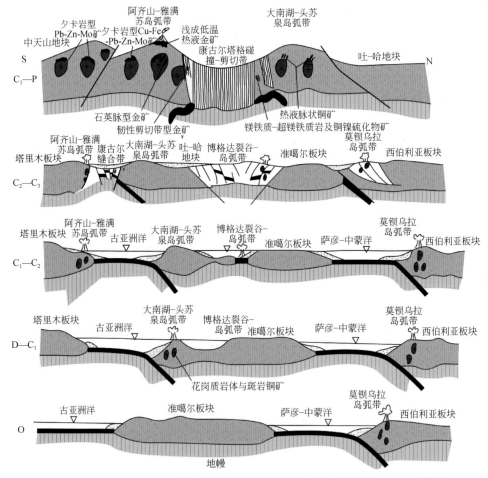

图2.2　东天山晚古生代地球动力学演化与成矿模式（据毛景文等，2002，修改）

伏岩体的作用，至少作为驱动流体运移的能源，导致小热泉热液铜矿形成于弧后盆地。从区域上看，向北俯冲事件仅仅出现在土哈盆地南缘，Chen 等（1999）研究表明石炭纪哈萨克斯坦–准噶尔板块沿准噶尔盆地南缘大断裂向塔里木板块俯冲的大陆边缘。在东天山地区，雅满苏–阿齐山正是早石炭世岛弧带的一部分，向西连续分布（图2.2）。位于其南侧的土古土布拉克流纹岩—安山岩及其碎屑岩和碳酸盐岩可能为弧后盆地的产物。晚古生代海洋在俯冲末期经过深海槽演化阶段后逐渐闭合，洋壳被掩埋于深处。在碰撞的同时，由于受力面非相互垂直而出现大型走滑。直到石炭纪—二叠纪期间开始伸展，并且侧向走滑仍然存在，因此有黄山等一系列镁铁质–超镁铁质岩浆的侵位，并伴随出现铜镍硫化物矿化。从野外观察，镁铁质–超镁铁质岩体形成之后，也受到剪切作用。在构造演化晚期，大量花岗质岩浆侵位，引致一系列金矿化，包括石英脉型、造山型和浅成低温热液型金矿和夕卡岩型银铜铅锌矿化的形成（图2.2）。

三、成矿系列划分

根据近年来的研究，在陈毓川等（2006）研究工作的基础上，对东天山地区金属矿床进行了成矿系列划分，初步划分出 3 个矿床成矿系列组、5 个矿床成矿系列和 19 个成矿亚系列。其中，新元古代的矿床成矿系列组研究程度非常低、找矿潜力巨大，尤其应该注意寻找火山喷流型（VHMS 型）矿床和铜–镍矿床；古生代有两个矿床成矿系列组，以晚古生代的矿床成矿系列组发育比较完整，对其研究程度也相对较高，是近期找矿的主要目标。

1. 前寒武纪的成矿系列组即东天山南部新元古代构造旋回矿床成矿系列组（Pt_3–9）

已经厘定出岩浆矿床成矿系列和沉积矿床成矿系列（还应该存在变质成因矿床成矿系列），前者包括以下几个方面。

（1）与基性–超基性岩浆作用有关的 Cu、Ni、Cr 矿床成矿亚系列（Pt_3–9^1），矿床式有碱泉式 Cr-Fe 矿和兴地塔格式 Cu-Ni 矿。

（2）与深源碱性岩浆作用有关的 REE、Nb、Ta、Zr 矿床成矿亚系列（Pt_3–9^2），矿床式有阔克塔格西式的 REE-Nb-Ta-Zr 矿床。

（3）与中酸性岩浆作用有关的 Ag、REE、白云母矿床成矿亚系列（Pt_3–9^3），矿床式有石英滩式的白云母矿床。

（4）与沉积–变质作用有关的 Pb、Zn、Fe、Cu 矿床成矿亚系列（Pt_3–9^4），矿床式有彩霞山铅锌矿、天湖式铁矿和西铅炉子式多金属矿床。

2. 早古生代的成矿系列组

天山–北山与加里东旋回岩浆、沉积作用有关的 V、U、Cu、Mn、硫铁矿、Au、Mo、Pb、Zn、Fe、稀有金属、W、Sn 矿床成矿系列组（Pz_1–3）。包括岩浆和沉积 2 个矿床成矿系列和 4 个成矿亚系列。

（1）与寒武纪黑色岩系有关的 V、U、Mn 亚系列（Pz_1–3^1）。矿床式有方山口式的 P-Mn-V 矿床、大水式的 P-U-V 矿床。

（2）与加里东旋回中晚期蛇绿岩（海相火山–沉积作用?）有关的 Cu、Cr、块状硫化物矿床亚系列（Pz_1-3^2）。矿床式有坎岭式的 Cu-Pb-Zn 矿床、可可乃克式的铜矿。

（3）与志留纪板块碰撞阶段花岗闪长岩或岛弧火山岩有关的 Cu、Mo、Au、Pb、Zn、Fe 矿床成矿亚系列（Pz_1-3^3）。矿床式有尤鲁巴依拉克式的 Sr-Hg 矿床、乔霍特式的铜矿、尖山-矿式的铁矿。

（4）与加里东后期幔源基性-超基性岩有关的 Cu、Ni 硫化物矿床成矿亚系列（Pz_1-3^4）。矿床式如黑山式的铜镍矿床。

3. 晚古生代的成矿系列组

东天山与海西旋回构造-岩浆作用有关的 Fe、Cu、Pb、Zn、Mo、W、Sn、Au、Ag、Ni、Co、V、Ti、蛇纹石、滑石矿床成矿系列组。包括岩浆、沉积和变质作用形成的 3 个矿床成矿系列和 7 个成矿亚系列。

（1）与泥盆纪—石炭纪海相火山-沉积作用有关的 Fe、Cu、Mn 矿床成矿亚系列（Pz_2-6^1）。矿床式如小热泉子的铜矿和莫托沙拉式的锰矿。

（2）与幔源基性侵入岩-喷出岩有关的 Fe、V、Ti、Cu、Co、Ni 矿床成矿亚系列（Pz_2-6^2）。矿床式如尾垭式的钒钛磁铁矿、磁海式的铁矿和雅满苏式的铁矿。

（3）与石炭纪残余海盆地蒸发作用有关的菱铁矿矿床成矿亚系列（Pz_2-6^3）。矿床式如库姆塔格式的石膏矿床。

（4）与海西中期中酸性侵入岩-次火山岩有关的 Fe、Cu、Pb、Zn、W、Mo、Sn、水晶、Au、Ag、稀有金属、硅灰石矿床成矿亚系列（Pz_2-6^4）。矿床式如东戈壁式、库姆塔格钼矿床、白山泉式的铁矿、沙泉子式的铁铜矿及土屋式的铜矿。

（5）海西晚期与造山期后构造-岩浆作用有关的 Au 矿床成矿亚系列（Pz_2-6^5）。矿床式如石英滩式的金矿和康古尔塔格式的金矿。

（6）与二叠纪陆相火山岩、侵入岩有关的 Ag、Cu 矿床成矿亚系列（Pz_2-6^6）。矿床式如水磨沟式的铜矿、玉西式的银矿。

（7）另外还有一个跨区域的矿床成矿系列，其中包括东天山 Cu-Ni 矿床成矿亚系列（Pz_2-6^7）。矿床式如黄山东式铜镍矿，坡十、坡一式铜镍矿床。

4. 中生代有两个矿床成矿系列组

天山-北山与印支期-燕山期花岗质岩浆作用有关的 Au、Cu、Mo、Pb、Zn 矿床成矿系列（Mz-2），包括 3 个亚系列。

（1）北山地区燕山期形成的 Au、Cu、Pb、Zn 矿床成矿亚系列（$Mz-2^1$）。矿床式如辉铜山-花牛山式的铜矿（194～192Ma）。

（2）北山地区印支期形成的 Au、Mo 矿床成矿亚系列（$Mz-2^2$）。矿床式如金窝子式的金矿（230～228Ma）、南金山式的金矿（250～232Ma）和白山式钼矿（229Ma）。

（3）西南天山地区形成于印支期的 Au-Sb（？）矿床亚系列（$Mz-2^3$）。矿床式以萨瓦亚尔顿式金矿（222.79Ma）为代表，主要分布于西南天山但可能波及东天山地区。

5. 天山山间盆地与陆相沉积-蒸发作用有关的 U、Cu、Fe 矿床成矿系列组（Mz_2-17）

该成矿系列组包括分布在东南天山（吐哈盆地）地区，与侏罗纪陆相沉积岩有关的 U、

Fe 矿床成矿亚系列，其矿床式如阿拉沟式的铀矿。

东天山地区不同时代形成的矿床成矿系列及亚系列的分布情况如图 2.3 所示。

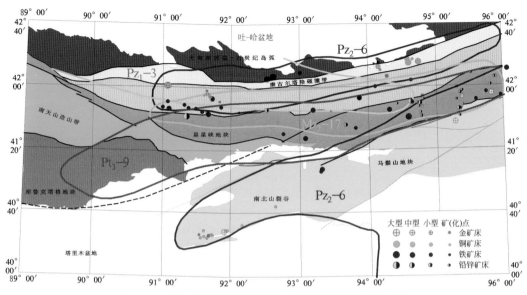

图 2.3　东天山地区不同时代形成的矿床成矿系列分布图

第二节　典型矿床研究

一、雅满苏海相火山岩型铁矿床

（一）区域地质背景

雅满苏铁矿床位于觉罗塔格晚古生代裂陷槽内。据刘德权等（1996）研究，该区自石炭纪初拉张形成岩浆型被动陆缘（又称裂陷槽），拉张阶段沉积由陆源碎屑岩、钙碱系列火山岩向双峰式火山岩建造演化（图 2.4），是区内铁矿形成的主要时期；晚石炭世初期转入汇聚，沉积复理石及中酸性火山岩建造，有钙碱性花岗岩建造生成；晚石炭世中后期固结，局部沉积磨拉石；二叠纪起转入稳定时期。

（二）成矿地质环境

雅满苏铁矿床赋矿地层为下石炭统雅满苏组中亚组，其下部（C_1y^{b-1}、C_1y^{b-2}）岩性为灰白色灰岩、大理岩夹玄武质火山角砾岩、玄武质火山集块岩及流纹质凝灰岩、流纹质玻屑凝灰岩，并有玄武玢岩（次火山岩相）；上部（C_1y^{b-3}—C_1y^{b-5}）岩性为流纹质玻屑凝灰岩（发育钠长石化）、流纹质晶屑凝灰岩、流纹质凝灰岩及玄武质晶屑凝灰岩、玄武质玻屑凝灰岩夹灰岩、砂屑灰岩，并有次火山岩相辉石安山玢岩、辉石闪长玢岩。磁铁矿体产于该亚组

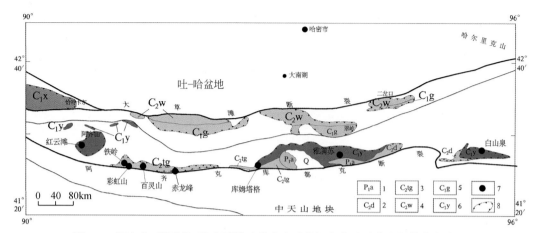

图 2.4　阿齐山-雅满苏-沙泉子铁矿带火山喷发沉积盆地及火山机构分布略图

（新疆吐哈盆地南缘 1∶20 万成矿预测综合研究报告，1991，修改与补充）

1. 二叠系阿奇克布拉克组；2. 底坎尔组；3. 土古吐布抗克组；4. 梧桐窝子组；5. 甘墩组；6. 雅满苏组；
7. 铁矿床；8. 推测火山盆地

上、下部之间的火山喷发不整合面之上，在 C_1y^{b-3} 岩性段底部的石榴子石夕卡岩夹复杂夕卡岩带中。区内岩浆活动主要是火山喷发形成的双峰式玄武质、流纹质火山岩系，为一套钾细碧岩、石英角斑岩建造，具有高钾、富钠、低钙的基本特征；其次是海西中期次火山岩相玄武玢岩、辉石安山玢岩、辉石闪长玢岩及同期细碧玢岩、辉绿岩及闪斜煌斑岩脉。矿床分布在雅满苏背斜南翼近轴部，总体为一向南倾的单斜构造，次一级断裂较发育，有近东西向、近南北向及北东向、北西向四组，其中以近东西向和近南北向为主，规模较大。

据李华芹等（2004）对区内辉石安山玢岩进行全岩 Rb-Sr 等时线法测年，获得年龄为 374 ± 44Ma；对石榴子石夕卡岩中的石榴子石和绿帘石进行 Sm-Nd 等时线法测年，获得年龄为 352 ± 47Ma。前者代表区内次火山喷发形成的时间，后者代表成矿作用发生的时间，表明成岩成矿作用发生于晚泥盆世—早石炭世；结合区内赋矿地层发现大量维宪期的动物化石，故矿床成岩成矿时代应属早石炭世的维宪期。

（三）矿体组合、分布及产状

含矿带呈近东西向展布，在长约 2900m、南北宽 100~200m 的石榴子石夕卡岩夹复杂夕卡岩带内，共发现大小矿体 22 个，其中出露地表矿体 13 个，以 Fe_1、Fe_2、Fe_3 号 3 个矿体规模较大，构成矿床的主矿体；其他矿体规模较小，长 16~56m，厚数十厘米至数米。矿体形态呈似层状、透镜状，平面呈侧列式，剖面呈斜列式。矿体产状与顶、底板围岩产状基本一致，走向近东西向，倾向近南，倾角 35°~60°。Fe_1 号矿体位于含矿夕卡岩带中段，产于赋矿地层上部 C_1y^{b-3} 岩性段底部石榴子石夕卡岩与火山喷发不整合面接触处，矿体呈似层状，顶板为石榴子石夕卡岩，底板为大理岩、玄武质火山角砾岩，矿体长 886m，平均厚 11m，沿倾向最大延伸 675m（已控制 572m）。Fe_2 号矿体位于 Fe_1 号矿体东段南 50m 处，产于石榴子石夕卡岩中，矿体呈似层状，其顶、底板均为石榴子石夕卡岩，矿体长 244m，平均厚 16m（中间有一夹层厚 5m），沿倾向延伸 234m。Fe_3 号矿体位于含矿夕卡岩带东段，主体产于石榴子石夕卡岩中，矿体呈似层状，顶板为石榴子石夕卡岩，底板为灰岩、流纹质凝灰岩（部分地段为石榴子石夕卡岩），矿体长 815m，平均厚 27m，沿倾向延伸 276m。Fe_2 号与 Fe_3 号矿体经开采在标高 990m 水平面上构成一体（图 2.5）。

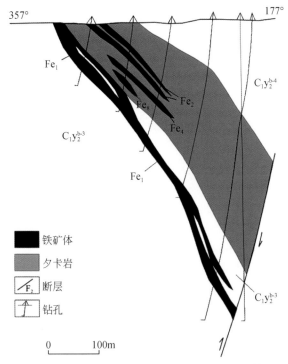

图 2.5 雅满苏铁矿 43 线勘探线剖面图（据姚培慧等，1993）

（四）矿石类型及矿物组合

矿石自然类型主要为石榴子石磁铁矿石，次为透辉石、绿帘石磁铁矿石。矿石工业类型有磁铁富矿、磁铁贫矿和赤铁富矿、赤铁贫矿。矿石中金属氧化物主要为磁铁矿（35%～95%）、假象赤铁矿、褐铁矿，次为赤铁矿、水锰矿、针铁矿、镜铁矿、穆磁铁矿；金属硫化物主要为黄铁矿（4%～35%），次为方铅矿、闪锌矿、磁黄铁矿、辉铜矿、白铁矿、斑铜矿、黄铜矿等。脉石矿物主要为石榴子石（10%～30%），次为绿泥石、绿帘石、黄钾铁矾、透辉石、透闪石、阳起石、钠长石、方解石、石英等。

铁矿石品位：富矿占总储量的 77%，其中 Fe_1 号矿体矿石 TFe 平均品位为 46.18%，其磁铁富矿的储量占探明储量的 73.7%，在走向上由西向东有逐渐变富的趋势，在倾向上其上部和下部较富、中部较贫，矿体厚度与 TFe 品位有同消长的规律。Fe_2、Fe_3 号矿体矿石 TFe 平均品位分别为 56.32%、53.44%，TFe 在矿体中的变化规律与 Fe_1 号矿体相似。

（五）矿石结构构造

矿石结构主要为半自形-他形粒状结构，次为交代结构、固熔体分离结构、似海绵陨铁结构；矿石构造主要为块状构造，次为条带状、浸染状构造。

（六）矿化阶段、分布及叠加改造

该矿床成矿可划分为两个主要矿化阶段，即火山喷溢沉积阶段和火山热液叠加与改造阶段。

早期火山喷溢沉积阶段：形成矿化层（贫铁矿）或矿浆喷溢形成富铁矿，其主要依据是铁矿体呈层状或似层状、透镜体状产出，与赋矿的火山岩及火山碎屑岩产状基本一致；铁矿石具有明显的层状及块状构造；铁矿物多为穆磁铁矿，说明其为喷溢沉积的赤铁矿物交代还原而成。此外，稳定同位素及部分稀土分析成果资料也说明该矿床的成矿物质和矿区火山岩浆同源于下地壳或上地幔。

晚期阶段是火山热液叠加与改造阶段：先是碱质交代（主要为钠长石化），带入钠、钾并带出铁，产生硅化、透辉石化、阳起石化，从而大量消耗了热水溶液中的 SiO_2、Mg^{2+}、Ca^{2+} 等，使铁质得以相对集中而成矿，并有铜多金属硫化物矿的后期叠加。经过热液作用后，改变了原矿层的基本面貌，生成的矿体有三类情况：一是呈层状、似层状、透镜状产在流纹质凝灰岩中，即在矿化层中富集，并保留了某些沉积特征；二是呈透镜状、囊状、不规则状产于挤压破碎带中，矿体仍产于含矿层内，但沿着构造有利部位富集；三是矿体远离原矿化层，沿节理或裂隙充填，矿体呈透镜状、脉状等。

该矿床铁矿化的分带性不甚明显，平面上有中部以氧化铁矿体为主，而东西侧有硫化物型黄铁矿、黄铜矿及铅锌矿化的分布特征；在剖面上仅依据矿区个别 700m 的深孔探索资料，在深部也发现有块状硫化物矿化的存在，其中在 21 线深部的块状硫铁矿体中，具有大量的气孔，形成蜂窝状构造。这种在矿体中呈层状产出的块状硫化物可能亦属喷溢沉积产物，说明铁矿浆与硫化物在形成过程中发生过不同相系组分的分异作用，初步显示矿床内可能存在上铁氧化物下多金属硫化物的分布规律。因此，矿区有可能进一步扩大远景，并注意寻找伴生的块状硫化物型多金属矿。

（七）矿化蚀变带划分及分布

矿化蚀变有钠长石化、绿泥-绿帘石化、透辉-石榴子石化、黄铁矿化、葡萄石化、高岭土化及碳酸盐化等，以前三者为主。钠长石化分布广泛而不够强烈，但在含矿带顶底部有加强的趋势；绿泥-绿帘石化常与石榴子石化、透辉石化及碳酸盐化叠加产出，并与金属硫化物相伴；石榴子石-透辉石化是矿区最主要的蚀变类型，在矿层顶板形成巨厚的石榴子石-透辉石交代蚀变带。

整个矿化蚀变经历了三个阶段：首先是炽热火山碎屑的自变质作用；之后是火山及潜火山期后水气热液的多次交代改造形成石榴子石夕卡岩；晚期有绿泥石、阳起石、绿帘石、碳酸盐化及金属硫化物叠加，形成复杂夕卡岩。矿化蚀变分带性不甚明显，矿体顶底板以石榴子石夕卡岩为主，含矿带顶部及东、西两侧，因晚期蚀变作用叠加而以复杂夕卡岩为主，含较多金属硫化物。

（八）成矿物理化学条件、成矿温度

据爆裂法测温资料，该矿床磁铁矿成矿温度为 300～500℃，石榴子石的形成温度为 280～290℃，细粒黄铁矿的形成温度为 210～250℃，粗粒黄铁矿的形成温度为 150～200℃。

氧同位素：磁铁矿 $\delta^{18}O_{固}$ = 3.33‰、$\delta^{18}O_{液}$ = 11.39‰，石榴子石 $\delta^{18}O_{固}$ = 6.15‰、$\delta^{18}O_{液}$ = 8.14‰，δD = −94.37‰，反映含矿热液水主要为地下水和变质水，说明铁矿浆是由深部岩浆房的射气和地下水的氧化反应形成的，即铁质以 $FeCl_3$、$FeCl_2$ 气体从岩浆房中析出，在上升过程中逐步与地下水发生氧化反应形成矿浆或熔体。此外，铁矿脉中方解石的 $\delta^{18}O_{H_2O}$ 为 8.31‰，正好落于原生岩浆水的范围（7‰~9.5‰），说明其属于后期火山热液叠加的产物。硫同位素：矿石中黄铁矿的 $\delta^{34}S$ 平均值为 1.95‰，接近于球粒陨石的同位素组成（卢登蓉等，1995）。稀土元素配分模式：矿石中磁铁矿与脉石矿物石榴子石和火山岩的稀土元素配分模式（略）相似（卢登蓉等，1996），均属重稀土富集型。李华芹等（2005）获得矿区辉石安山玢岩的初始 $^{87}Sr/^{86}Sr$ 值为 0.70516 和含矿夕卡岩具有高 $\varepsilon_{Nd}(t)$ 值（+3.6）相等，说明该矿床的成矿物质和矿区火山岩浆同源于下地壳或上地幔。石英包裹体成分：包裹体的流体中含有大量的 CO_2、CO、F_2、Cl_2、CH_4、H_2S 气体，较高的 F、Cl 盐，盐度为 29.75%（wt）；气∶液 = 1∶5.8。流体 pH = 6.23，Eh = 0.731（v），属于弱酸、弱氧化环境。

（九）矿床成因机制

该矿床成因有多种认识，20 世纪 50~70 年代认为属于典型的接触交代的夕卡岩型矿床。70 年代末刘德权等（1979）提出矿床成因类型属于火山喷溢沉积–热液加富的火山岩型铁矿床。80 年代以来的进一步深入研究，多趋向于属于与火山活动有关的火山岩型矿床，但其具体类型及其成因机制也有多种观点。矿床成因与火山活动直接有关，受基底断裂及火山机构所控制。其成矿机制是：早石炭世拉张期间，雅满苏火山喷发中心形成五个火山喷发旋回，在喷发间歇期，铁矿浆以 $FeCl_3$ 气体状态从岩浆房析出，上升过程中与地下水发生氧化反应，形成矿浆并喷出，于海盆中溢流成矿；后期火山热液叠加与改造，使部分铁矿石加富。其矿床的成矿模式如图 2.6 所示。

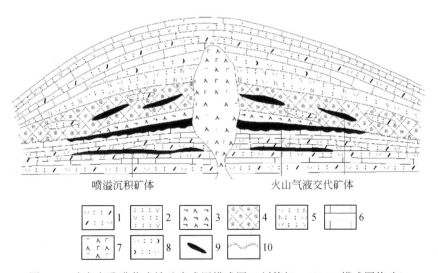

喷溢沉积矿体　　　　　　　　　　　　　火山气液交代矿体

图 2.6　哈密市雅满苏式铁矿床成因模式图（刘德权，1996，模式图修改）

1. 流纹质晶屑凝灰岩；2. 安山质沉凝灰岩；3. 钾细碧玢岩；4. 石榴子石夕卡岩（含凝灰岩残留体）；5. 流纹质凝灰岩（钠长石化）；6. 灰岩；7. 破火山口充填的次玄武玢岩；8. 流纹质玻屑凝灰岩；9. 铁矿体；10. 火山喷发不整合面（线）

二、黄山岩浆熔离型铜镍硫化物矿床

(一) 区域地质背景

黄山铜镍矿田位于觉罗塔格石炭纪裂陷槽东段，属塔里木地块北缘。自石炭纪初或更早开始裂解拉张，晚石炭世早期初期汇聚，晚石炭世中后期固结。固结后发生陆内堆叠作用，形成沿康古尔塔格-镜儿泉和尾垭以北两条韧性剪切带。晚石炭世末在新陆壳阶段的弛张期形成超岩石圈断裂，导致苦橄质拉斑玄武岩浆侵位，形成镁铁-超镁铁杂岩带。二叠纪起隆起稳定。

觉罗塔格镁铁-超镁铁岩带初期发现岩体集中分布在土墩-黄山-镜儿泉段，此段长150km，宽 10～26km，西端为土墩、二红洼岩体，中段为黄山岩体群，东端为葫芦岩体群。近年在觉罗塔格带西部，也发现若干黄山型岩体，个别已发现含铜镍矿化（红岭矿点、大草滩矿化点）。这使得黄山含铜镍镁铁-超镁铁岩带向西延伸了两三倍，总长度达到345km。主要岩体规模 1.5～5km×0.1～1.3km，面积为 0.75～4.2km^2。个别岩体（二红洼）达到 3～10km，面积为9km^2。岩体岩性大同小异，基本为（闪长岩相）辉长岩相-辉石岩相-橄榄岩相组成近同心圆状分带的复式岩体。岩相带间多为急变过渡，部分岩体有晚期贯入的末分异相（橄榄岩）。

黄山镁铁-超镁铁岩带是在挤压停止后，由于应力反弹，造成弛张性深断裂，导致上地幔物质减压上升的产物形成于陆内堆叠之后。黄山岩带岩体切穿康古尔塔格韧性剪切带，而本身基本没有糜棱岩化的现象。因此与康古尔塔格韧性剪切带形成的时间不同、地质作用不同、生成的矿化作用也不同：康古尔塔格韧性剪切带主要与金矿化有关，黄山镁铁-超镁铁岩带为岩浆性铜镍矿化。

(二) 矿床地质特征

黄山矿田出露地层中南部为下石炭统干墩组，为一套火山岩的浅变质凝灰岩、含碳硅质板岩、变余砂（砾）岩、灰岩、片岩、浅粒岩及细碧岩等，北部为下石炭统梧桐窝子组，整合于干墩组之上，为灰绿色、局部黄色-黄灰色玄武岩、细碧岩、角斑岩、石英角斑岩、凝灰岩、硅质岩等。矿区岩浆岩除镁铁-超镁铁杂岩体外，尚有形成时代在镁铁-超镁铁岩之前的石炭纪花岗岩类，包括汇聚期的闪长岩-花岗闪长岩，闪长花岗岩序列，以及固结期的钾花岗岩、少量花岗闪长斑岩脉体等花岗岩类主要分布在矿田南部。

矿田位于觉罗塔格复背斜东段，褶皱断裂构造均较发育，主构造线为北东东向，其次为近东西向及北西向构造。区内康古尔深断裂及其派生的干墩大断裂，均为北东东向，其次为北东向的山口断裂，香山断裂及近东西向的黄山断裂、黄山南断裂、鱼峰和北大沟断裂等，均成为土墩、黄山镁铁-超镁铁杂岩带的导岩导矿构造，形成黄山铜镍硫化物矿床成矿带。该岩带有土墩、黄山北（香山）、黄山南、黄山东及二红洼等多个镁铁-超镁铁杂岩体。本矿田由黄山岩体、黄山东岩体、香山岩体、黄山南岩体组成（图2.7），分别产出了黄山矿床、黄山东矿床、香山矿床和黄山南矿床。黄山矿田岩体与矿体生成年龄为290～314Ma，为晚石炭世。

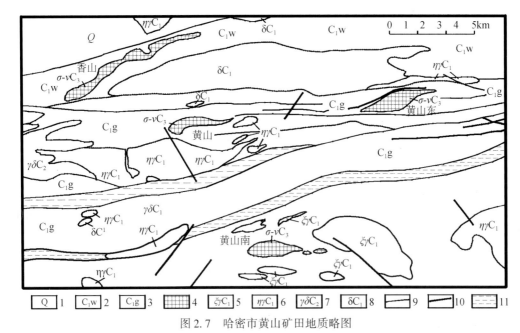

图 2.7　哈密市黄山矿田地质略图

1. 第四系松散沉积；2. 下石炭统梧桐窝子组；3. 下石炭统干墩组；4. 石炭纪末黄山超单元含铜镍镁铁–超镁铁岩；
5. 下石炭统钾长花岗岩；6. 下石炭统闪长花岗岩；7. 中石炭统花岗闪长岩；8. 下石炭统闪长岩；9. 地质界线；
10. 断裂；11. 康古尔塔格韧性剪切带

（三）矿 化 特 征

岩体地质：黄山矿床位于矿田中部，为本矿田中勘查程度最高的岩体，矿床产于黄山Ⅰ号岩体中。矿床内还有另外两个小的镁铁–超镁铁岩体。岩体围岩为下石炭统干墩组，为侵入接触，接触界面清楚，普遍有热变质形成的角岩及少量夕卡岩化和局部同化混杂作用。杂岩体为 4 个侵入阶段成岩，据岩石组合及相互关系可为 10 个岩相，第一侵入阶段形成角闪橄榄岩相（简称橄榄岩相）：第二侵入阶段形成黄山主岩体（Ⅰ号），包括角闪岩相、角闪辉长岩相、辉长苏长岩相、角闪二辉辉石岩相、角闪二辉橄榄岩相及角闪辉橄岩相等；第三侵入阶段形成隐伏的主含矿岩体；第四侵入阶段形成辉长闪长岩相。在矿区平面图上，自东而西依次为闪长岩相、辉岩相、苏长辉长岩相、二辉岩相、橄榄二辉岩相，其基性程度递增；在垂向上由上而下依次为苏长辉长岩相、二辉岩相、橄榄二辉岩相，其基性程度也递增。岩体各相带 m/f 值依次为 1.77、2.28、2.17、4.11、4.65、5.22、1.82。可见其镁铁岩 m/f 值为 1.77~3.17，平均为 2.41，超镁铁岩 m/f 值为 4.1~5.22，平均为 4.66。岩体按相带加权总平均成分为富镁的拉斑玄武岩成分，m/f 值平均为 3.61。与喀拉通克矿区岩体比较，铝、钠、钾低，镁、钙高，更接近上地幔成分，说明受地壳混染小。第三阶段侵入的主含矿岩体为盲岩体，位于Ⅰ号岩体西南部，长 700 余米，最宽 230 余米，最大延深 1200m，岩体受北东东向断裂控制，沿第二侵入阶段主岩体南侧侵入，切穿其不同岩相，形成向北陡倾的单斜状，岩体下部为辉橄岩夹纯橄榄岩，向上递变为辉橄岩夹橄榄岩，顶部为橄榄岩夹辉橄岩，总体上，下部基性程度较高，向上基性程度递减。岩体内硫化物含量相当丰富，局部地段全岩矿化。

　　根据矿体组合，分布及产状：矿床内已圈定 73 个矿体，分地表矿体及隐伏矿体，以后者为主，其中大型矿体 2 个（30 号及 31 号）、中型矿体 3 个（32 号、33 号及 44 号），均为盲矿体（图 2.8）。

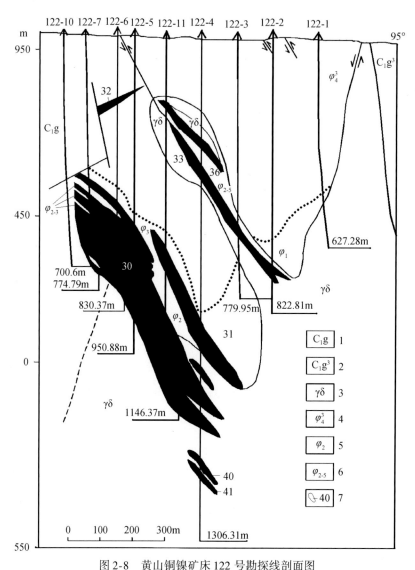

图 2-8　黄山铜镍矿床 122 号勘探线剖面图

1. 下石炭统干墩组第二岩性段；2. 下石炭统干墩组第一岩性段；3. 辉长闪长岩相；
4～5. 橄榄岩相；6. 角闪二辉辉石岩相；7. 矿体及编号

　　地表矿体：共圈出 3 个矿化带，Ⅰ号矿化带，位于Ⅰ号岩体北侧与围岩接触处，长 1050m，宽 1～5.7m，走向 95°，矿化带产于绿泥石–滑石千糜岩与白云母绿泥石片岩组成的蚀变带内，个别地段地表出现氧化镍矿。Ⅱ号矿化带，位于Ⅰ号岩体南侧主岩体与辉长闪长岩体接触带。长 550m，最大出露宽度为 10.99m，平均为 5.5m。矿化带呈 70°方向展布，产于绿泥石–滑石千糜岩及辉长闪长岩体中，是零星分布的原生镍铜硫化物经氧化作用形成氧化矿石。规模很小，其中10号矿体为特富矿体，规模较大（已采完），受F10断层控制。Ⅲ号矿化带，位于Ⅰ号岩体西南与围岩接触带。长350m，最宽11.65m，走向110°。矿化带赋存在绿泥石-滑石千糜岩中，为34号矿体的氧化带，但品位达不到工业要求。

隐伏矿体：为矿床主要矿体，储量占本矿床总储量的90%以上。按成矿作用可分为以下几类：①深熔贯入型矿体（30号及31号），为就地熔离矿体。共27个矿体，以44号最大，长150m，宽280m，厚1.74~11.19m，平均为6.98m，埋深为429.5~627.5m，由贫矿石组成，产于角闪二辉橄榄岩中。②熔蚀改造型矿体，是指主矿体深延部分因后期辉长闪长岩体侵位熔蚀、改造的矿体，共发现11个，其中37号、39号、40号矿体稍大。③后期热液叠加-贯入型矿体，沿断裂破碎带或辉长闪长岩体内部构造裂隙分布，共17个，多呈似层状、脉状和透镜体状。矿体长100~400m，倾斜延伸53~237m，厚1.51~6.1m。其中1号、2号、32号较大。多为硫化物贫矿。其中10号矿体浅而富，储量逾千吨，已开采完毕。

黄山镍铜矿床中，规模最大的矿体分布于矿区西南部，是由深源分异形成的富含镍铜硫化物的深熔-贯入型矿体，矿体赋存在主含矿岩体中，呈隐伏的岩墙状向北陡倾斜产出。倾向北北西—北北东，倾角45°~64°。含矿岩石类型较复杂，主要为方辉橄榄岩、方辉辉石岩和辉橄岩，偶见纯橄岩和辉长闪长岩。矿体埋深在500m以下，其镍铜储量占矿床总储量的88.52%。

矿石矿物以金属硫化物为主，少量氧化物，偶见硫砷化物。金属硫化物以磁黄铁矿、镍黄铁矿和黄铜矿为主，含量分别为>80%、14%、6%，次要矿物有紫硫镍矿、四方硫铁矿（马基诺矿）、黄铁矿、白铁矿、闪锌矿、针镍矿、墨铜矿、方硫镍矿和方黄铜矿等，稀少矿物有银镍黄铁矿、砷钼矿、辉砷镍矿和辉砷钴矿。表生矿物有孔雀石、镍华、黄钾铁矾、褐铁矿和石膏等。脉石矿物主要有橄榄石、辉石、角闪石、斜长石、金云母及蚀变形成的蛇纹石、滑石、阳起石、绿泥石、菱镁矿、方解石、石英等。蚀变有蛇纹石化、绿泥石化、滑石化、次闪石化、碳酸盐化，不均匀，外接触带有角岩化、绿泥石化等。

（四）矿化阶段划分及分布

据成矿作用先后可划为三个成矿期五个成矿阶段。①岩浆期：包括中间岩浆房中金属硫化物和深部熔离贯入成矿阶段；含矿岩浆侵位后的流动分异阶段；岩浆冷凝结晶硫化物就地熔离及沉聚和深部熔离贯入成矿阶段。②热液成矿期：在岩浆期后有热液活动和伴随，金属硫化物沿裂隙充填形成脉状、细脉状矿石或对先发期已成矿石的叠加，形成交代混染状矿石。③表生氧化期：出露地表的原生硫化物矿石，经风化形成氧化矿石。原生矿化的分带不甚明显，岩浆早期阶段硫化物形成上悬贫矿化体。由于结晶分异和重力熔离下沉聚集形成矿体下部浸染状、准块状矿，而形成下富上贫的矿化分带。岩浆深熔贯入的矿体，则受构造裂隙控制，或叠加在较贫的矿体上，形成贫中有富的分布格局。

（五）成矿物理化学条件

成矿温度：造岩矿物结晶温度为940~1600℃，六方磁黄铁矿形成的下限温度为325℃；黄铜矿形成温度为290~365℃，金属矿物结晶顺序为镍黄铁矿-磁黄铁矿-黄铜矿-黄铁矿。据矿物学试验证实，镍黄铁矿从黄铁矿中出熔温度为425~450℃。金属硫化物是在岩浆阶段造岩矿物晶出之后开始结晶，故形成海绵陨铁结构。粗粒自形镍黄铁矿形成较早，估计在600℃

左右；磁黄铁矿大量晶出较晚，但延续时间长，在 425～450℃时已晶出的磁黄铁矿析出镍黄铁矿；黄铜矿在 400℃以下大量晶出，在 300～350℃时形成黄铁矿、黄铜矿、少量磁黄铁矿以及一些热液蚀变矿物。成岩压力为 $2.5×10^3～2.6×10^3$ Pa，深度为 $8.25～8.58$ km。成岩阶段氧逸度为 $fo_2 = 10^{-11}～10^{-13}$。矿石中常见磁黄铁矿被黄铁矿和磁黄铁矿交代，通过热力学计算，求得当400℃时，$fo_2 = 10^{-28}$，300℃时，$fo_2 = 10^{-36}$，随着温度下降，氧逸度迅速降低，至200℃时，$fo_2 = 10^{-47}$。据磁黄铁矿组成与 fs_2-T 关系图，求得325℃时，$fs_2 = 10^{-11.5}$。随着成矿作用演化和温度降低，形成黄铁矿数量明显增加，表明硫的浓度逐渐增加。

（六）矿床成因机制

造山带汇聚-碰撞后，沿弛张性深断裂上升的、上地幔局部熔融分离出的橄榄质拉斑玄武岩浆，到达一定深度的中间岩浆房，经液态重力分离，不同成分的岩浆分层，上部比重较轻的偏酸性岩浆先上升侵位，同化围岩并发生就地分异作用，后期侵位是岩浆房底部比重最大的超镁铁质岩浆及熔离出的金属硫化物，向底部及外接触带运移富集。在构造活动协调作用下，脉动式分层上侵形成了与镁铁-超镁铁杂岩有关的、以深熔-贯入为主的多种成矿作用的镍铜硫化物矿床。成矿模式如图2.9所示，矿床成因类型为岩浆熔离型镍铜硫化物矿床。

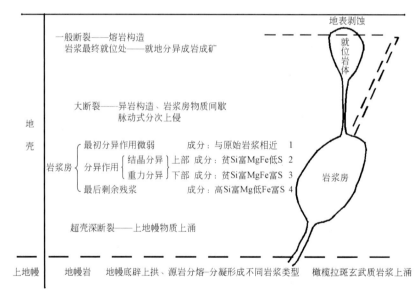

图 2.9　黄山铜镍矿床成矿模式示意图

（七）找矿标志

（1）觉罗塔格石炭纪裂陷槽，塔里木板块北缘。

（2）晚石炭世镁铁-超镁铁质基性-超基性杂岩体。

（3）平面上和剖面上具明显的岩相分带。平面上自东而西依次为闪长岩相、辉岩相、苏长辉长岩相、二辉岩相、橄榄二辉岩相，其基性程度递增；在垂向上由上而下依次为苏长辉长岩相、二辉岩相、橄榄二辉岩相，其基性程度也递增。

（4）孔雀石化、镍华、黄钾铁钒化、褐铁矿化、角岩化、绿泥石化。

（5）明显的铜镍铬钴组合化探异常。

（6）高磁、高重力、高极化物探综合异常。

三、康古尔塔格韧性剪切带型金矿床

（一）成矿地质背景

康古尔塔格金矿带处于塔里木板块北缘活动带阿奇山晚古生代岛弧带西部北缘，康古尔-黄山碰撞带的南侧（图2.10）。该区为早石炭世的海相火山-沉积盆地。中石炭世汇聚，形成了复理石及中酸性火山岩，并有大量花岗岩，石炭纪末形成了巨大韧性剪切带，控制了区域金矿的分布。

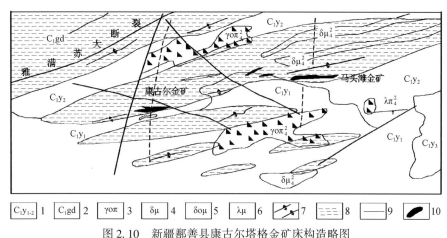

图2.10　新疆鄯善县康古尔塔格金矿床构造略图

1. 下石炭统雅满苏组第一、第二段；2. 下石炭统干墩组；3. 斜长花岗斑岩；4. 闪长玢岩；
5. 石英闪长玢岩；6. 流纹斑岩；7. 背斜、向斜；8. 韧性变形带；9. 断层；10. 金矿体

（二）成矿地质环境

容矿岩系为下石炭统雅满苏组（或阿齐山组）火山-沉积岩。其下部为中酸性火山碎屑岩夹少量熔岩；中部为凝灰岩、安山岩、英安岩、粗面岩；上部为灰岩、长石砂岩。金矿体赋存在中部岩层的火山碎屑岩与熔岩的过渡部位，围岩为安山岩、凝灰岩与凝灰角砾岩。赋矿地层 Au、Cu 含量高，为矿源层。矿床附近发育有浅成闪长玢岩、斜长花岗斑岩、石英正长斑岩（Rb-Sr 等时限年龄为 $282 \pm 16 Ma$）（李华芹，1998）；矿床外围发育有 I 型同变形期英云闪长岩体（锆石 U-Pb 年龄为 236Ma，锆石 Rb-Sr 等时限年龄为 $275 \pm 7 Ma$，黑云母 Rb-Sr 等时限年龄为 $248 \pm 1 Ma$）（李华芹，1998）。成矿受韧性剪切带控制，其处在韧性剪切带的边缘影响带。区内有三条北东东向长 1~6km，宽 10~100m 的糜棱岩带，金矿及多金属矿脉多分布于糜棱岩带内（图2.11）。金矿（化）带产于影响带边缘的脆韧性剪切带中，矿体产于剪切带雁列张扭性裂隙带之。矿区地球化学研究表明，Au 富集于上中部，Ag、Pb、Zn富集于中部，而 Cu 则富集于中下部。

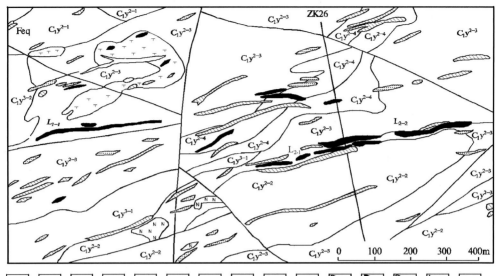

图 2.11　新疆鄯善县康古尔塔格金矿床地质示意图

1. 下石炭统雅满苏组第三段砂岩、粉砂岩；2. 下石炭统雅满苏组第三段第一层灰岩；3. 下石炭统雅满苏组第二段第四层英安岩；4. 下石炭统雅满苏组第二段第三层英安质凝灰岩；5. 下石炭统雅满苏组第二段第二层安山岩；6. 下石炭统雅满苏组第二段第一层英安质凝灰岩；7. 正长斑岩；8. 石英斑岩；9. 钠长斑岩；10. 石英脉；11. 铁硅化石英脉；12. 金及多金属矿体；13. 蚀变带；14. 地质界线；15. 断层

（三）矿体组合分布及产状

矿体呈脉状、似层状或扁豆状，产于破碎蚀变的糜棱岩或片糜岩中，平面、剖面均作雁列状分布（图 2.12）。单个矿体走向为北东东向，雁列轴近东西向。矿区共圈定五个金矿体，其中有三个主要矿体。L_{2-2} 号金矿体呈似层状，矿体长 480 ~ 540m，厚 1.12 ~ 5m，平均厚 2.62m，Au 品位为（5.54 ~ 9.2）×10^{-6}，Ag 品位为 $11.16×10^{-6}$；L_{2-1} 号金矿体为脉状，矿体长 120m，厚 1.05 ~ 10.26m，平均厚 5.17m，Au 品位为 $7.51×10^{-6}$，Ag 品位为 $2.39×10^{-6}$；L_{2-3} 号金矿体呈脉状，矿体长 160m，厚 0.8 ~ 3.67m，平均厚 2.32m，Au 品位为 $7.51×10^{-6}$，Ag 品位为 $15.57×10^{-6}$；矿脉向北倾，倾角 72° ~ 76°，矿脉延伸 150 ~ 250m，最

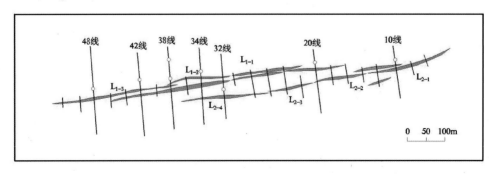

图 2.12　康古尔金矿马头滩矿床矿体平面分布图

大斜深600m以上。矿（化）带具有上金、下铜、中部富铅锌的特点，垂深200m以上以金为主，到垂深300m以下铜、铅、锌等有色金属增加。矿区平均品位：Au为8.84×10^{-6}，Ag为13.05×10^{-6}，Cu为0.51%，Pb+Zn为2.74%。图2.13为矿区26线地质剖面图。

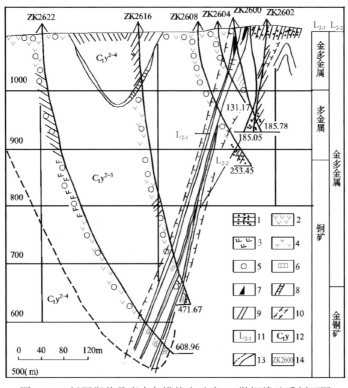

图2.13　新疆鄯善县康古尔塔格金矿床26勘探线地质剖面图

1. 凝灰岩；2. 安山岩；3. 英安岩；4. 粗面岩；5. 蚀变符号；6. 黄铁矿；7. 金矿体；8. 多金属矿体；9. 铜矿体；10. 强剪切带；11. 矿体及编号；12. 地层代号；13. 地质界线；14. 钻孔编号

（四）矿石类型及矿物组合

矿石类型以磁铁绿泥石英型为主，并有少量多金属硫化物石英脉型和黄铁矿石英脉，以及氧化矿石。矿石矿物已知30多种，主要为黄铁矿、磁铁矿，次为黄铜矿、方铅矿、闪锌矿、磁黄铁矿、赤铁矿，含金矿物以自然金为主，少量银金矿、银铜金矿。脉石矿物主要为石英、绿泥石、绢云母，次为方解石、铁白云石、重晶石、石膏等。氧化矿物主要为褐铁矿、黄钾铁矾、金黄铁矾、孔雀石、铅矾、胆矾、绿铜矿等。金矿物呈粒状、细脉状、片状、树枝状，分布于绿泥石、磁铁矿、黄铁矿和石英之间，粒度为0.003~0.83mm，以细粒和中粒金为主，常见明金。金矿物嵌布关系以粒间金和裂隙金为主，包裹金很少。

（五）矿石结构构造

矿石结构以粒状、碎裂状、交代状为主，并有环带、包裹、固溶体分解等结构。矿石构造为浸染状、细脉状、细脉浸染状、条带状、团块状、角砾状等构造。

(六) 矿化阶段划分及分布

原生矿可划分五个成矿阶段。第一阶段是金-黄铁绢英岩化阶段，为 $Au<1\times10^{-6}$ 的贫矿化阶段；第二阶段为金-磁铁矿-绿泥石矿化阶段，是 $Au>1\times10^{-6}$ 的主矿化阶段；第三阶段为金-石英-黄铁矿化阶段，是金的叠加弱矿化阶段；第四阶段为多金属硫化物-石英阶段，是多金属主矿化阶段；第五阶段为贫硫化物-石英-碳酸盐化阶段，是多金属叠加弱矿化阶段。

李华芹等 (1998) 通过研究提出两个成矿期：第一成矿期为动力变质热液期，包括第一、第二阶段，形成于晚石炭世末—早二叠世 (295～280Ma)，第二成矿期为岩浆热液期，包括第三至第五阶段，形成于晚二叠世—早三叠世 (260～250Ma)。

(七) 矿化蚀变带划分及分布

矿区共发现三条含金破碎蚀变岩带，长达 1000m 以上。蚀变分带明显，由工业矿体→矿化体→高背景带依次为：强磁铁矿绿泥石化→黄铁绢英岩化→绢云母化带。宽度依次为 6～8m、40～50m、>100m，反映蚀变、矿化层层叠加的分布特点。围岩蚀变主要有硅化、绿泥石化、黄铁矿化、绢云母化、碳酸盐化等。绿泥石化是该矿区特征性蚀变。

(八) 成矿物理化学条件

据姬金生等 (1997)、张连昌等 (1999)、杨前进等 (1998) 研究，矿物流体包裹体液相成分中阳离子以 Na^+ 为主，其次为 K^+，少量的 Mg^{2+}，阴离子以 Cl^- 为主，其次为 SO_4^{2-}，NO_3^- 和少量的 F^-，且成分中阴离子的浓度总和大于阳离子浓度总和。气相成分以 CO_2、H_2O 为主，并有 N_2、CH_4、H_2S。包裹体均一温度为 124～320℃，其中金主矿化阶段成矿温度为 193～320℃，平均为 240℃；多金属矿化阶段成矿温度为 124～181℃，平均为 150℃；主矿化阶段包裹体盐度为 12.18%～17.10%，平均为 14.6%，属中等盐度范围，至第五阶段，盐度减为 11.47%。推测成矿流体压力为 5.1×10^7～6.0×10^7Pa，晚期为 1.5×10^7Pa。主矿化阶段的 $Eh=-0.72$～1.13，$pH=4.6$～5.4。金矿主成矿期成矿流体具有中等盐度、弱酸性、还原性较强等特征。

矿物流体包裹体的氢氧同位素组成分析，主成矿阶段 $\delta^{18}O$ 为 2.91‰～2.98‰，δD 为 -45‰～66‰，属变质水及岩浆水组成范围；锶同位素 ($^{87}Sr/^{86}Sr$) 值 (0.7077～0.7106) 和氢氧同位素组成反映了康古尔金矿成矿流体为变质水、大气降水和岩浆水组成的混合热液。

硫同位素：矿石中黄铁矿 $\delta^{34}S$ 为 -0.91‰～3.3‰，变化范围不大，具陨石硫特征。容矿火山岩中黄铁矿 $\delta^{34}S$ 为 -3.12‰～1.3‰，属幔源火山岩组成范围，为上地幔来源。

氧同位素：矿石 $\delta^{18}O$ 为 1.13‰～13.2‰，平均为 11.5‰；围岩火山岩 $\delta^{18}O$ 为 8.4‰～10.3‰，平均为 9.65‰；沉积碎屑岩 $\delta^{18}O$ 为 14.0‰～16.2‰，平均为 15.25‰，说明矿石氧同位素组成与火山岩相近。

铅同位素：$^{206}Pb/^{204}Pb=18.146$～18.74，$^{207}Pb/^{204}Pb=15.534$～15.583，$^{208}Pb/^{204}Pb=37.968$～38.088，μ 值为 9.11～9.15，从同位素组成特征看属正常铅，组成变化范围小，铅源单一。在显生宙铅同位素演化动力学模式图上，组成范围位于地幔演化线与演化线之间，说明铅来源较深。

（九）矿床成因机制

矿床成因有韧性剪切带、破碎蚀变带、海相火山岩、变质热液等多种认识，表明成矿的复杂性，有待深入研究。一是从矿源层分析，区内中酸性火山岩层，厚度大，含金背景值高（含金平均值为 4.3×10^{-9}），特别是粗面岩含金平均值达 $(10 \sim 20) \times 10^{-9}$，为金矿的形成提供了矿源。二是矿体产于韧性剪切带内的破碎蚀变岩中，金矿与蚀变糜棱岩、片糜岩关系密切，矿带和矿体的分布均明显受断裂构造控制。三是围岩蚀变发育，金矿与硅化、磁铁绿泥石化和黄铁绢云岩化关系密切，磁铁矿、绿泥石、自然金组成的矿石是本矿床最具特色的金矿矿石类型。四是稳定同位素测试，硫同位素具深源性，氢氧同位素图解投影点落在变质水、岩浆水、大气水之内，说明成矿水是变质水、岩浆水和表水组成的混合水，成矿温度属于低温—中温阶段。五是金矿年代学研究成矿时代主要为二叠纪。因此，认为康古尔金矿是在有利成矿地质背景和充足物质来源的条件下，通过区内的构造-热事件，造就最佳的物理化学环境，从而促使金元素在脆韧性剪切带内的有利空间卸载，形成了金矿（图 2.14）。该矿床应为火山岩区剪切带蚀变岩型金矿床。

（十）找矿标志

（1）东天山觉罗塔格构造带秋格明塔什-黄山韧性剪切带的南部边缘。

（2）东西向展布韧性剪切变形带。脆韧性剪切带控制矿床（矿带），脆性张剪断裂控制矿体。

（3）石炭系中酸性火山岩建造，闪长玢岩、斜长花岗斑岩、石英正长斑岩等中酸性侵入体附近。

（4）强磁铁绿泥石化、黄铁绢英岩化、硅化。

（5）褐铁矿化、孔雀石化、黄钾铁矾化、铅矾等。

四、彩霞山沉积变质型铅锌矿床

（一）成矿地质环境

矿区出露地层为蓟县系卡瓦布拉克群第一岩性段的浅海相碎屑岩-碳酸盐岩建造。地层总体呈近东西向展布，向南倾斜，倾角一般为 $50° \sim 75°$；可划分为两个岩性层，二者呈断层接触。第一岩性层为粉砂岩、泥岩、硅质岩互层，夹大理岩透镜体，岩石受动力作用影响，多发生糜棱岩化；第二岩性层主要岩性为石英砂岩，局部夹大理岩透镜体。

矿区内构造形迹主要有断裂构造、单斜构造和韧性剪切带。总体呈单斜构造，地层向南倾斜，倾角一般为 $50° \sim 75°$。断裂主要为北东东向和北东向两组。韧性剪切带变形特征强烈，带内岩石发生糜棱岩化，主要构造有糜棱岩、糜棱岩化砂岩。

矿区侵入岩较为发育，主要为中-浅成侵入岩体和脉岩。中-浅成侵入岩体主要为石炭纪石英闪长岩、闪长玢岩、石英二长岩、辉长岩。脉岩为辉绿玢岩脉、闪长玢岩脉、闪长岩脉、石英闪长玢岩脉、石英闪长岩脉、二长花岗岩脉、石英脉。脉岩成群体产出，表现为明

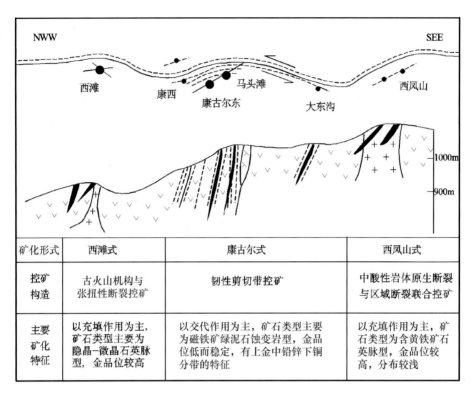

矿化形式	西滩式	康古尔式	西凤山式
控矿构造	古火山机构与张扭性断裂控矿	韧性剪切带控矿	中酸性岩体原生断裂与区域断裂联合控矿
主要矿化特征	以充填作用为主，矿石类型主要为隐晶-微晶石英脉型，金品位较高	以交代作用为主，矿石类型主要为磁铁矿绿泥石蚀变岩型，金品位低而稳定，有上金中铅锌下铜分带的特征	以充填作用为主，矿石类型为含黄铁矿石英脉型，金品位较高，分布较浅

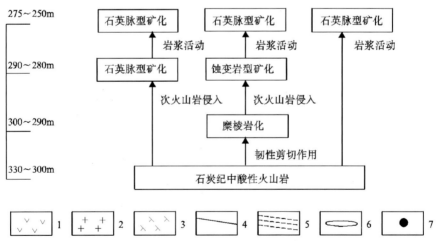

图 2.14　觉罗塔格成矿带内康古尔金矿带区域成矿模式图

1. 安山岩；2. 花岗斑岩；3. 石英斑岩；4. 金矿化；5. 剪切带；6. 断层；7. 金矿床

显的方向性。

　　区内变质作用类型主要为区域变质作用和动力变质作用。区域变质作用形成的变质矿物组合为黑云母、绢云母、绿泥石、石英，变质相带划分为低绿片岩相黑云母带。动力变质作用主要表现为沿断裂形成糜棱岩化带。

　　矿区矿化蚀变地段表现出极为明显的激电异常和重力异常。矿体部位显示异常宽度为

150~200m，极化率为6%~9%，并有剩余重力异常和局部异常对应。

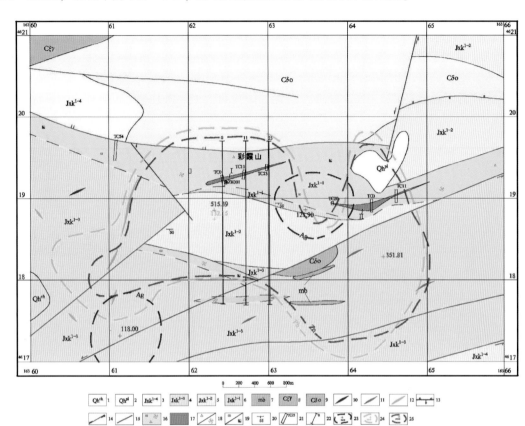

图 2.15　彩霞山铅锌矿矿区平面地球化学分带

1. 全新统盐渍地；2. 全新统洪积砂砾层；3. 蓟县系卡瓦布拉克群第一岩性段第四层糜棱岩；4. 蓟县系卡瓦布拉克群第一岩性段第三层；5. 蓟县系卡瓦布拉克群第一岩性段第二层灰岩、白云岩、大理岩；6. 蓟县系卡瓦布拉克群第一岩性段第一层钙质粉砂岩与钙质泥岩；7. 蓟县系卡瓦布拉克群大理岩；8. 石炭纪下长花岗岩；9. 石炭纪石英闪长岩；10. 酸性脉岩；11. 中性脉岩；12. 基性脉岩；13. 逆断层；14. 平移断层；15. 一般断裂；16. 破碎蚀变带；17. 铅锌矿体；18. 构造角砾、硅化；19. 黄铁矿化、褐铁矿化；20. 地层产状；21. 探槽位置及编号；22. 物探剖面位置及编号；23. 银异常及异常峰值；24. 铅异常及异常峰值；25. 锌异常及异常峰值

1:5 万化探成果显示（图 2.15），矿区异常元素组合为 Pb-Zn-Hg-Sb-Au-As-Mn-Ag，其中 Pb、Zn 为主成矿元素，Sb、Au、Ag 为伴生有益元素，Hg、As、Mn 为找矿指示元素。Pb、Zn、Au、Hg、Sb 具三级浓度分带特征，极大值分别为：Pb 为 772.90×10^{-6}、Zn 为 1773.35×10^{-6}、Au 为 12.40×10^{-9}、Hg 为 386.20×10^{-9}、Sb 为 7.05×10^{-6}，异常平均值分别为：Pb 为 74.94×10^{-6}、Zn 为 272.53×10^{-6}、Au 为 5.12×10^{-9}、Hg 为 56.88×10^{-9}、Sb 为 1.79×10^{-6}，具较强的富集特征。岩石地球化学测量成果显示，成矿元素在空间上的分带特征十分明显，水平（横向）分带由中心向外：Pb、Zn、Ag、Sb-Au、Cu、Sn-Mo-Bi、Co-Ni；垂直（轴向）分带向上而下：As、Au、Ag、Pb、Cu、Zn、Sb-Sn、Bi、Mo-Co、Ni。其中，Ag、As、Sb 元素异常与 Pb、Zn 元素异常套合很好，具有找矿指示意义。

（二）矿体组合分布及产状

矿区的五个矿带内共发现 108 个铅锌矿体，Ⅰ号带中的矿体规模较大，约占全区总资源量的 65%，Ⅱ号带次之，其余三个带的矿体规模相对较小。

Ⅰ号矿带：长度为 950m，宽 6～210m，延深大于 550m，容矿岩性为硅化粉砂岩和硅化白云石大理岩。总体呈 82°～262°延伸，南倾，倾角 80°（图 2.16）。其中有 6 个铅锌矿体，Ⅰ$_6$号规模最大，Ⅰ$_5$号次之。

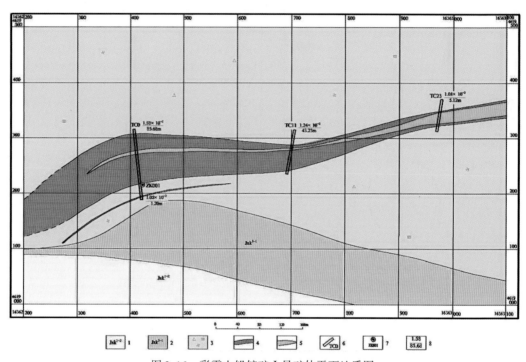

图 2.16　彩霞山铅锌矿Ⅰ号矿体平面地质图

1. 蓟县系卡瓦布拉克第一岩性段第二层粉晶灰岩、白云岩、大理岩；2. 蓟县系卡瓦布拉克第一岩性段第一层钙质粉砂岩、钙质泥岩、片理化粉砂岩夹透镜状大理岩；3. 构造破碎蚀变带；4. 铅锌矿体；5. 铅锌矿化体；6. 探槽工程及编号；7. 钻孔及编号；8. Pb+Zn 平均品位/真厚度

Ⅰ$_6$号矿体形态为厚大的板状体，似层状产出，长 600m，控制最大斜深 550m，一般厚 2.70～92.47m，平均厚度为 33.62m；平均走向 84°，向南倾斜，倾角 80°。单工程 Zn 品位 1.12%～2.83%，平均品位为 2.48%；伴生 Pb 单工程品位 0.11%～0.88%，平均品位为 0.67%。

Ⅰ$_3$号矿体透镜状产出，长 400m，控制最大斜长 200m；总体走向 84°～264°，倾向南，矿体倾角 80°～85°，平均倾角 83°。一般厚 1.85～38.13m，平均厚度为 13.58m。单工程 Zn 品位为 1.26%～2.47%，平均品位为 1.78%；伴生 Pb 单工程品位 0.21%～0.78%，平均品位为 0.44%。

Ⅱ号矿带：走向延伸约 1300m，走向 75°左右，南倾，倾角 70°～75°，出露宽度为 100～350m，延深约 150m；主要容矿岩性为硅化白云石大理岩，少量互层状粉砂岩、硅质岩、泥岩。其中有 46 个铅锌矿体，II$_1$-④号规模最大（图 2.17）。

II$_1$-④号矿体呈透镜状产出，长度为 300m，倾向上控制最大斜深 150m，总体走向 75°~255°，倾角 48°~61°，平均倾角 55°。矿体倾角东段陡于西段、浅部陡于深部。一般厚 0.22~32.04m，平均厚度为 12.02m。Zn 品位为 1.07%~10.54%，平均为 3.37%；Pb 品位为 0.02%~8.26%，平均为 0.74%。

III、IV、V 号矿带各主矿体特征较为接近，硫化矿长 250~350m，厚 4.30~14.89m。各矿体主要呈透镜状、似层状产出。矿体走向呈北东东向，倾向南，倾角 65°~73°。各矿体 Zn 平均品位为 2.38%~3.64%，Pb 平均品位为 0.46%~1.55%。

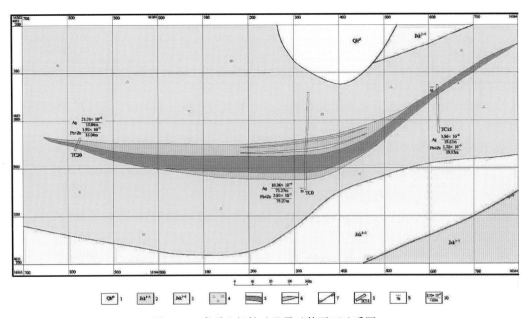

图 2.17　彩霞山铅锌矿 II 号矿体平面地质图

1. 全新统洪积砂砾层；2. 蓟县系卡瓦布拉克第一段第三层粉砂岩、石英砂岩在理岩透镜体；3. 蓟县系卡瓦布拉克第一岩性段第二层粉晶灰岩、白云岩、大理岩；4. 构造破碎蚀变带；5. 富铅锌矿体；6. 铅锌矿体；7. 平移断层；8. 探槽工程及编号；9. 产状；10. 平均品位/真厚度

（三）矿石类型及矿物组合

矿石类型为含方铅矿、闪锌矿、黄铁矿、白云石、透闪石蚀变岩型。按自然类型分为氧化矿石、混合矿石和原生矿石，其中混合矿石含量很少。氧化矿石类型含菱锌矿、方铅矿、白铅矿、黄钾铁矾、褐铁矿等，为褐红色白云石大理岩，占总矿石量的 10% 左右；原生矿矿石含磁黄铁矿、黄铁矿、方铅矿、闪锌矿等，为碎裂状白云石大理岩，占总矿石量的 90% 左右，少量为强硅化黄铁矿化含碳质粉砂岩。原生矿矿石中，金属硫化物呈细脉状、网脉状沿岩石裂隙充填。

矿石中金属矿物有黄铁矿、磁黄铁矿、方铅矿、闪锌矿。非金属矿物有白云石、透闪石、方解石、石英、阳起石。

（四）矿石结构构造

氧化矿石结构多呈他形粒状结构、细粒状结构、微细粒状结构，矿石构造多呈土状构造、交代环边构造等。

硫化矿石结构多呈粒状变晶结构、他形粒状结构、半自形晶粒状结构、交代残留结构，矿石构造多具脉状构造、网脉状构造、角砾状构造、稀疏浸染状构造等。

（五）矿化阶段划分及分布

依据矿床特征分析，彩霞山铅锌矿床形成经历了热液成矿期、动力变质变形期和表生成矿期三个期次。

热液成矿期：与侵入岩浆活动和断裂活动相伴的热液活动形成多阶段的热液成矿作用。共分为五个矿化阶段：即透闪石–石墨阶段、黄铁矿阶段、毒砂–磁黄铁矿阶段、黄铁矿–闪锌矿阶段、硫盐–方铅矿阶段。

动力变质变形期：热液成矿作用结束后，由于动力变质变形作用，固态矿石遭受强烈的剪切变形，形成一系列与剪切变形有关的矿石矿物组合和组构。

表生成矿期：热液成矿期和动力变质变形期结束后，矿床又经历了抬升剥蚀暴露在地表，遭受表生氧化作用形成氧化矿石及其相关的氧化矿物、次生硫化物和对应的矿石结构、构造。

（六）矿化蚀变带划分及分布

矿区内由于成矿作用主要表现为有益组分充填式成矿，所以矿化蚀变地表横向分带性特征不明显。垂向分带具有一定的规律：地表硅化强，往地下逐渐减弱，绿泥石化增强。主要矿化蚀变有硅化、透闪石化、白云石化、闪锌矿化、方铅矿化、黄铁矿化、绿泥石化、绢云母化、磁黄铁矿化、绿帘石化，其中碳酸盐化、硅化、透闪石化、滑石化、绿泥石化、黄铁矿化等与成矿关系密切。

区内近矿围岩蚀变分带不明显，但蚀变矿化集中发育，地表已经发现五条破碎蚀变带，均位于卡瓦布拉克组第一岩性段含碳质互层状粉砂岩、硅质岩、泥岩夹白云石大理岩透镜体之中，展布受北东东向断裂及石炭纪闪长岩岩体的控制。

（七）成矿物理化学条件

流体包裹体集中发育在方解石和石英中，原生包裹体以气液两相包裹体为主，大小一般集中在 $5 \sim 10 \mu m$，最大可达 $30 \mu m$，气液比一般为 $5\% \sim 30\%$，最大可达 60%，形态以负晶形和不规则状为主。类型主要有单一盐水液相包裹体、气液两相包裹体、含 CO_2 气液两相包裹体，以及少量的富气相和含油气包裹体。单相盐水溶液包裹体（L_{H_2O}）为主要包裹体类型，大多呈圆状、长条形、椭圆形和不规则状，呈零星或线状分布，大小一般为 $2 \sim 5 \mu m$，大者为 $5 \sim 10 \mu m$；气液两相盐水包裹体（$V_{H_2O} + L_{H_2O}$），形态特征为椭圆形、圆形和不规则状，大多呈零星或小群分布，流体包裹体大小一般为 $2 \sim 5 \mu m$，一般为均一到液相（L_{H_2O}）。

成矿温度以低温为主，温度范围为 $72 \sim 486 ℃$，主要集中在 $140 \sim 240 ℃$，另外存在一些中温流体包裹体,均一温度集中在240~380℃(图2.18),说明成矿流体以低温流体热液为主,后期可能有中高温热液对成矿有一定的影响。成矿以中低盐度为特征,盐度范围多集中在0.18%~15.37%,大多数为2%~10%,温度和盐度在一定程度上存在正相关关系(图2.19)。从空间分布特征来看,矿体范围流体的均一温度显著高于其他地层,因此深部找矿可以根据流体包裹体均一温度的变化规律,推断矿体深部的延伸方向(图2.20)。同时地层岩性也存在一定的影响,如左下方高温区域对应于闪长玢岩岩体,岩体中流体温度显著升高。成矿流体的盐度与均一温度类似,矿体对应部位盐度较高,说明相对围岩来说,成矿流体温度、盐度较高。其他区域的碳酸盐岩围岩不同,下部高盐度区域对应的是粉砂岩的地层,这一地层的盐度受到沉积岩母源岩性的控制,其碎屑岩可能来自高盐度的岩类(图2.21)。因此,温度、盐度变化规律指示矿体的展布规律,但受地层岩性影响。

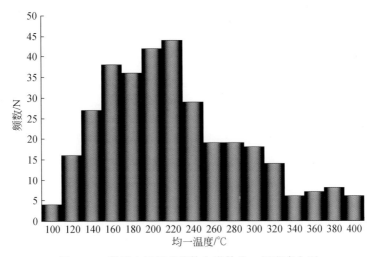

图2.18 彩霞山铅锌矿流体包裹体均一温度直方图

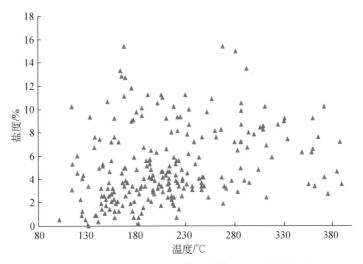

图2.19 彩霞山铅锌矿流体包裹体温度盐度散点图

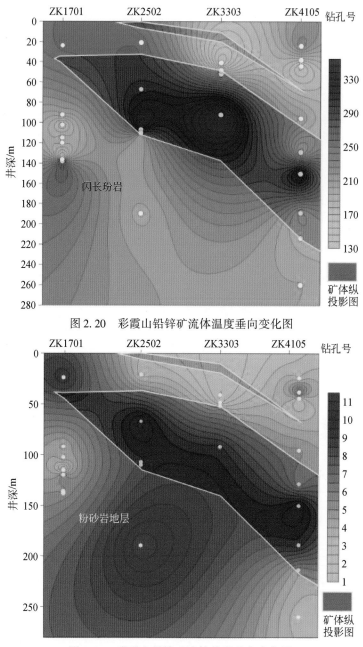

图 2.20　彩霞山铅锌矿流体温度垂向变化图

图 2.21　彩霞山铅锌矿流体盐度垂向变化图

气液两相包裹体激光拉曼测试结果显示, 流体包裹体中液相成分以 H_2O 为主 (拉曼峰值为 3427.9 ~ 3465.8cm^{-1}), CO_2 次之 (拉曼峰值为 1386cm^{-1}), 其次为 H_2S、CH_4、Cl^-、SO_4^{2-}、CO_3^{2-}; 气相成分则以 CO_2 为主, H_2S、CH_4 次之。单液相包裹体中成分仍以 H_2O、CO_2 为主 $[w(H_2O) > w(CO_2)]$。流体包裹体群体组分的测试结果显示, 流体中含量最高的阴离子为 SO_4^{2-}、Cl^-, 含量较高的阳离子分别为 Ca^{2+}、Mg^{2+} 和 Na^+ (图 2.22), 与上述流体包裹体均一温度、盐度所反映的中低盐度、中低温均一流体等特征是一致的 (高晓理等, 2006)。

Ca^{2+}、Mg^{2+}、SO_4^{2-}含量较高是受地层中碳酸盐岩的影响，Cl^-和Na^+含量较高可能与热液流体活动有关。Mg^{2+}含量与矿体存在一定的对应关系，这与铅锌矿床的直接容矿围岩白云岩有关。围岩白云岩化作用可能是成矿热液流经含矿地层发生水岩相互作用的结果。

对部分钻孔而言，随着埋藏深度的增加，深部矿体与岩矿石流体包裹体组分之间出现了一定的对应关系，如在靠近矿体，流体包裹体中的F^-、Cl^-、NO_3^-等阴离子显著增加，阳离子中Mg^{2+}、Ca^{2+}、Na^+等也有升高的趋势（图 2.23）。因此在这些离子含量显著升高的部位，可能是深部勘探的重点找矿部位。在矿体埋深较浅的情况下，岩矿石流体包裹体组分与矿体之间的对应关系并不十分明显，可能是由于浅部岩矿石受到地表风化淋滤作用的影响，流体成分发生变化，使得不同岩性的流体趋于均衡。因此，浅部矿体用流体包裹体组分进行矿体预测时需要进行综合考虑。

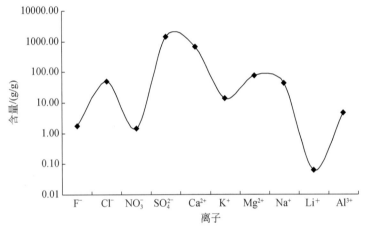

图 2.22　彩霞山铅锌矿流体组分含量变化图

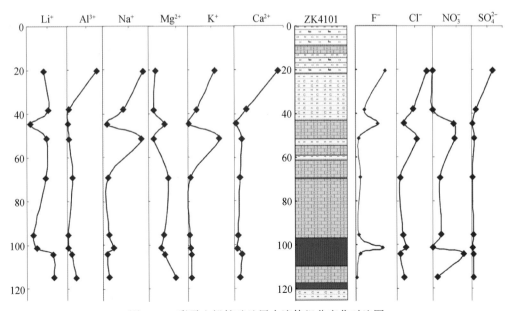

图 2.23　彩霞山铅锌矿地层中流体组分变化对比图

(八) 成矿时代分析

彩霞山铅锌矿床成因问题尚存在争论，在一定程度上是由于其成矿年龄的不确定导致的。因此我们对彩霞山铅锌矿床的成矿时代进行了大量分析，先后对矿区内Ⅰ号、Ⅱ号矿体中的闪锌矿、黄铁矿的固体相、流体相以及混合相等进行了 Rb-Sr 法定年分析，其测试结果见表 2.2。从表 2.2 可以看出，彩霞山铅锌矿床的成矿年龄跨度很大，且不同相态之间的年龄结果存在很大差异。通过我们认真分析，发现硫化物不同相态测年结果存在一定的规律性。对于闪锌矿和黄铁矿而言，流体包裹体相（即溶液相）的测年结果普遍出现较低的测年结果，尤其是黄铁矿的流体相测年等时线出现负值结果，这说明硫化物流体相 Rb-Sr 法定年存在不确定性，究其原因主要是测试结果中的 $^{87}Rb/^{86}Sr$ 值太低，所有结果都集中在一个很小的范围内，本底测量误差对测年结果影响较大，因此很难获得一个可靠、可信的测试结果。相比较而言，闪锌矿和黄铁矿的硫化物相测试结果要乐观得多，测试结果显示，硫化物相测试结果中的 $^{87}Rb/^{86}Sr$ 值一般是流体相的 10～700 倍，因此硫化物相计算结果受计算误差影响较小，其测试和计算结果在一定程度上更具有实际意义，可以大致代表硫化物形成的年龄。

表 2.2　彩霞山铅锌矿 Rb-Sr 法年龄分相测定结果

样号	样品名称	$w(Rb)/10^{-6}$	$w(Sr)/10^{-6}$	$^{87}Rb/^{86}Sr$	$^{87}Sr/^{86}Sr$	2σ
S-3-50-1	闪锌矿溶液相	0.3258	7.268	0.1295	0.7264	
S-3-50-3	闪锌矿溶液相	0.06456	9.839	0.01895	0.7222	
S-3-50-7	闪锌矿溶液相	0.0533	5.475	0.02811	0.72223	
S-3-50-8	闪锌矿溶液相	0.2285	5.259	0.01254	0.7186	
S-3-50-9	闪锌矿溶液相	0.06301	5.076	0.03584	0.72143	
S-3-50-1	闪锌矿硫化物相	255100	7994	95.17	1.06288	
S-3-50-3	闪锌矿硫化物相	0.06689	0.05572	3.471	0.73534	
S-3-50-7	闪锌矿硫化物相	0.0951	0.06887	3.99	0.73249	
S-3-50-8	闪锌矿硫化物相	0.03873	0.06321	1.769	0.723	
S-3-50-9	闪锌矿硫化物相	0.1331	0.0768	5.011	0.73643	
S-3-50-1	闪锌矿	2.599	7.037	1.067	0.72876	0.00002
S-3-50-3	闪锌矿	0.2044	9.611	0.0614	0.72249	0.00005
S-3-50-5	闪锌矿	0.2564	8.767	0.08443	0.72232	0.00001
S-3-50-6	闪锌矿	0.07945	5.9	0.03888	0.72377	0.00009
S-3-50-7	闪锌矿	0.1356	6.779	0.05775	0.72214	0.00005
S-3-50-8	闪锌矿	0.03069	5.615	0.01578	0.71838	0.00005
S-3-50-9	闪锌矿	0.1736	5.817	0.08616	0.72218	0.00004
S-2001-119.6a	闪锌矿	0.01411	0.9131	0.0446	0.71707	0.00002
S-2001-119.6b	闪锌矿	0.004036	1.78	0.006542	0.71619	0.00003
S-2001-121-4	闪锌矿	0.06079	3.379	0.05192	0.71709	0.00001
S-Ⅱ702-47	闪锌矿	0.02786	20.87	0.003853	0.71808	0.00007
S-Ⅱ702-103.3	闪锌矿	0.009623	1.336	0.0208	0.72085	0.00002
S-Ⅱ702-107.3	闪锌矿	0.1281	18.24	0.02028	0.72039	0.00001
S-Ⅱ702-117.9	闪锌矿	0.2264	2.453	0.2664	0.72348	0.00002

样号	样品名称	$w(\text{Rb})\,/10^{-6}$	$w(\text{Sr})\,/10^{-6}$	$^{87}\text{Rb}/^{86}\text{Sr}$	$^{87}\text{Sr}/^{86}\text{Sr}$	2σ
H-3-50-3	黄铁矿	0.4935	8.000	0.1781	0.7226	0.00006
H-3-50-5	黄铁矿	2.187	4.315	1.463	0.72239	0.00009
H-3-50-7	黄铁矿	0.7855	4.140	0.5479	0.7243	0.00006
H-3-50-8	黄铁矿	1.061	6.881	0.4451	0.72095	0.00005
H-3-50-9	黄铁矿	0.6037	6.084	0.2865	0.72316	0.00007
H-3-50-3	黄铁矿	0.6516	7.761	0.2424	0.72289	0.00006
H-3-50-5	黄铁矿	2.829	5.097	1.603	0.72315	0.00002
H-3-50-3	黄铁矿溶液相	0.1361	8.281	0.04744	0.72247	0.00015
H-3-50-5	黄铁矿溶液相	0.9559	4.201	0.6569	0.72016	0.00009
H-3-50-7	黄铁矿溶液相	0.2033	4.223	0.139	0.72266	0.00012
H-3-50-8	黄铁矿溶液相	0.5289	6.919	0.2206	0.71982	0.00002
H-3-50-9	黄铁矿溶液相	0.1821	6.282	0.08372	0.72237	0.00004
H-3-50-3	黄铁矿硫化物相	0.4342	0.3214	3.903	0.7297	0.00004
H-3-50-5	黄铁矿硫化物相	0.1786	0.3908	13.23	0.74771	0.00006
H-3-50-7	黄铁矿硫化物相	0.6713	0.2321	8.365	0.73781	0.00003
H-3-50-8	黄铁矿硫化物相	0.5047	0.5098	2.859	0.72768	0.00006
H-3-50-9	黄铁矿硫化物相	1.605	0.831	5.581	0.73286	0.00009

测试和计算结果显示，第一次闪锌矿全矿物测试结果为 1399±1600Ma，第二次分相分析闪锌矿全矿物测试结果为 487±330Ma，$(^{87}\text{Sr}/^{86}\text{Sr})_i = 0.7215\pm0.0019$，对应的闪锌矿流体相测试结果为 3554±3300Ma，$(^{87}\text{Sr}/^{86}\text{Sr})_i = 0.7198\pm0.0030$，硫化物相的测试结果为 254±15Ma（图 2.24），$(^{87}\text{Sr}/^{86}\text{Sr})_i = 0.7189\pm0.0045$。黄铁矿的全矿物测试结果为 5±140Ma，$(^{87}\text{Sr}/^{86}\text{Sr})_i = 0.7227\pm0.0017$，对应的黄铁矿流体相测试结果为 −278±520Ma，$(^{87}\text{Sr}/^{86}\text{Sr})_i = 0.7224\pm0.0023$，硫化物相的测试结果为 134±4Ma（图 2.25），$(^{87}\text{Sr}/^{86}\text{Sr})_i = 0.72225\pm0.00027$。其中，闪锌矿流体相测试结果的等时线年龄超出围岩地层年龄，不可能代表闪锌矿的形成时代，与其相对应，受流体相的影响，闪锌矿全矿物的测试结果受到流体包裹体中 Rb、Sr 的含量影响，其测试结果带有很大的不确定性，因此不能代表闪锌矿的形成年龄。同样黄铁矿的流体相等时线测试结果为负值，也不能代表黄铁矿的形成年龄，相应地受到流体包裹体的影响黄铁矿全矿物的等时线年龄 5±140Ma 也不能代表黄铁矿的形成年龄。相比较而言，虽然闪锌矿和黄铁矿硫化物相的等时线年龄结果并不在误差范围内，但它们均获得了较好的等时线年龄，考虑到黄铁矿的形成温度跨度范围很大，低温到高温情况下均可形成，因此推测部分黄铁矿可能在较低的温度条件下即可发生活化作用，区域范围内印支期的构造运动虽然不是区内最主要的构造岩浆事件，但这一构造岩浆事件仍可在一定程度上对成矿期形成的黄铁矿起到活化、改造的作用。故此推断闪锌矿硫化物相的等时线年龄可能代表闪锌矿的形成年龄，即铅锌矿床改造阶段的年龄。虽然闪锌矿全矿物的测试结果在很大程度上不能完全代表闪锌矿的形成年龄，但是就闪锌矿全矿物而言，测试结果中仍可能保留其成因信息。例

如，在第一次测试过程中闪锌矿全岩等时线年龄为1399±1600Ma，这一年龄与围岩地层的形成年龄之间存在一定的对应关系。此外，在第二次分相测试闪锌矿全矿物所有测点的等时线年龄结果为487±330Ma，这一结果除了受到流体包裹体的影响外，在一定程度上可能受到围岩地层的影响。从野外地质现象观察也可看出，铅锌矿化严格受围岩地层岩性的控制，尤其受到碳酸盐岩地层的控制，且部分矿石具有明显的条带状构造，具有明显的同沉积特征，而另一些矿石具有孔隙充填的后生特征，因此认为彩霞山铅锌矿存在多阶段矿化的可能性，在晚元古代沉积成岩阶段具有同沉积成矿特征，晚海西期构造岩浆阶段矿化具有后期热液充填成矿特征。

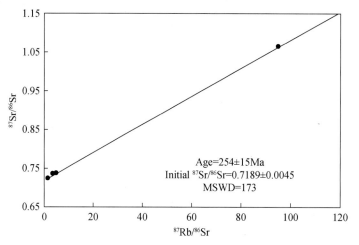

图 2.24   彩霞山闪锌矿硫化物相等时线年龄

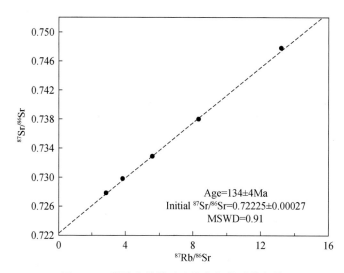

图 2.25   彩霞山黄铁矿硫化物相等时线年龄

(九) 矿床成因机制

彩霞山铅锌矿床产于蓟县系卡瓦布拉克群第一岩性段浅海相一套正常沉积碎屑岩–碳酸

盐岩之中，矿体受断裂破碎带及断裂构造裂隙控制，呈脉状产出，表现出含矿热液沿裂隙充填的成矿特征。热液蚀变和矿物组合均表现出中-低温组合特征。

成矿机理为含矿中低温热液沿构造破碎蚀变带交代卡瓦布拉克组碳酸盐岩和碎屑岩，矿床类型为构造角砾岩化粉砂岩、碳酸盐岩容矿的层控-热液改造型矿床。矿石中层纹状构造的出现，多数专家认为其成因可能为沉积岩容矿的 SEDEX 型（陈毓川等，2007）。通过成矿年代学研究发现，闪锌矿的年龄结果显示成矿作用受到沉积地层和后期岩浆热液活动的影响。彩霞山铅锌矿床在元古宇星星峡群成岩过程中，碳酸盐岩成矿元素高背景含量的特征为成矿提供了丰富的物质基础。与矿床形成有关的构造岩浆活动有多期，主要为海西期，海西期构造岩浆活动时代大致在俯冲碰撞阶段，区域走滑断裂强烈活动时期，构造岩浆活动为成矿作用提供了充分的能源和部分物源，驱动地层中不同来源的流体（以建造水为主、辅以岩浆水）沿剪切断裂带循环，萃取地层（和基底?）中古老的多期活化成矿物质，在容矿地层的有利部位成矿。成矿时代可能有元古代和晚海西两期，前者为沉积期，后者为改造期。闪锌矿硫化物相的形成年龄代表了矿床形成年龄的上限，矿床形成可能在 254Ma 之前，黄铁矿硫化物相的形成年龄可能代表了成矿后构造运动引起的后期热事件年龄；从有用组分来源和含矿岩性的专属性来看，彩霞山铅锌矿床具有层控特征。矿床成因应划归为沉积-变质（改造）型矿床。

经综合研究，将整个成矿过程主要分四期（图2.26），分述如下。

（1）成矿物质准备期：在长城系星星峡组基底基础上，蓟县系卡瓦布拉克群浅海相碎屑岩-碳酸盐岩建造，以盖层形式沉积。该沉积层中的碳酸盐岩中富含 Pb、Zn 成矿有用物质，为成矿物质来源做好了准备。

（2）成矿物质开始活化期：自早古生代开始，矿区所处的大地构造单元进入活跃期，南北向挤压应力作用强烈，以矿区北部的阿其克库都克大断裂为主要构造线，其次级断裂在矿区内发育。卡瓦布拉克群地层发生褶皱变形。沿断裂带岩石发生强烈的韧-脆性变形，在此构造作用过程中，成矿母岩（白云石大理岩）中有用组分开始活化。

（3）主成矿期：至早石炭世末期，南北向挤压应力进一步作用，沿阿其克库都克大断裂一带包括矿区在内，I 型钙碱性岩浆强烈活动，并沿断裂低压带以底蚀形式侵入。随着岩浆活动、构造活动以及相伴的变质作用等，由岩浆水和建造水（为主）组成的热卤水溶液强烈循环，萃取地层中有用组分活化迁移，于断裂构造形成的破碎带和张性裂隙中以充填形式沉淀成矿。在成矿末期，热液继续活动使部分矿石发生塑性形变。

（4）矿体剥蚀-表生期：随着俯冲造山作用的持续，地壳继续抬升，矿体遭受剥蚀出露地表。地壳抬升过程中，岩浆活动减弱，主要为钙碱性中-基性脉岩沿低压带穿插于地层和矿体之中，在穿插过程中由于热液混染作用致使脉岩局部出现弱的铅锌矿化现象。局部断裂构造持续活动和脉岩的穿插，破坏了已经形成的矿体形态。在近地表附近，矿体遭受表生作用形成氧化矿石。

（十）找矿标志

（1）构造单元为星星峡-卡瓦布拉克中间地块（现称为巴伦台-星星峡离散地体）。

（2）蓟县系卡瓦布拉克群第一岩性段灰褐-褐红色白云石大理岩是最主要的岩石标志。

（3）地表出露的褐铁矿化、黄钾铁矾化、方铅矿化、铅矾是地表最明显的矿化标志。

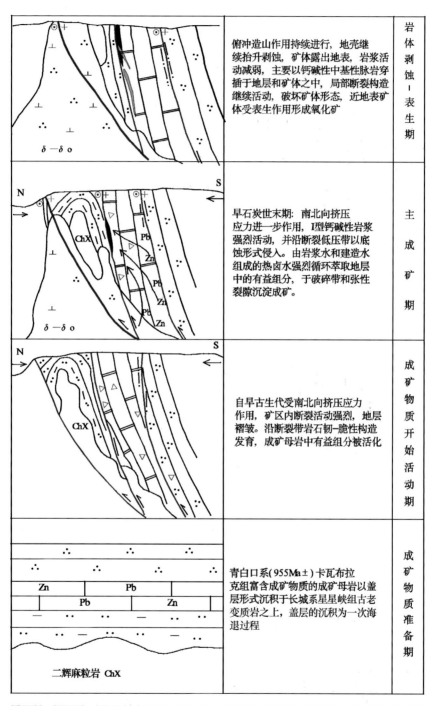

图 2.26　彩霞山铅锌矿中–低温热液充填式成矿模式

1. 碳酸盐岩；2. 粉砂岩、泥岩；3. 石英砂岩；4. 长城系星星峡组；5. 阿奇克库都克断裂；6 矿区内近东西向断裂；
7. 糜棱岩化；8. 碎裂岩化；9. 铅锌矿体；10. 中–基性岩脉

（4）石炭纪钙碱性中-酸性侵入岩体发育地段，其外接触带 200~1200m 是找矿的有利位置。

（5）阿其克库都克大断裂的次级断裂发育位置，是铅锌矿体赋存的最佳空间。

（6）矿床指示元素组合为铅、锌、银、砷、锑等中-低温元素。

（7）矿床具有明显的高密度特征，其次为低阻、高极化特征。

五、哈密市库姆塔格斑岩型钼矿

（一）区域地质背景

库姆塔格钼矿位于塔里木板块（Ⅰ）、中天山地块（Ⅱ）、星星峡隆起区（Ⅲ）的中东部，阿其克库都克-沙泉子断裂以南，阿拉塔格-尖山子大断裂以北的地区。区内出露有中元古界长城系星星峡群、蓟县系卡瓦布拉克群变质岩系，被大量海西期中酸性岩体所侵入，零星分布的上二叠统大热泉子组砂砾岩不整合覆于其上，地层走向受区域构造线控制，呈北东东向分布。阿其克库都克-沙泉子断裂以北，分布有上古生界下石炭统雅满苏组、中石炭统沙泉子组、下二叠统阿其克布拉克组的火山岩-碎屑岩建造，有零星的海西晚期中酸性岩株侵入，古近系、新近系红层（桃园组）不整合其上。阿拉塔格-尖山子断裂以南，分布有中元古界青白口系天湖群变质岩系，其中也有海西期中酸性岩侵入。

区内地质构造复杂，岩浆岩发育。隆起区的地质构造极为复杂，褶皱、断裂发育，断裂规模巨大，沿深大断裂岩石变质作用强烈。星星峡隆起区内发育着图兹雷克隆起、尖山子复背斜、星星峡倒转背斜等次级构造单元。褶皱多以紧密线状和倒转为主，常被次一级褶皱所复杂化并受到岩体、断裂的破坏，形态极不完整。

区内岩浆岩分布广，以酸性-中性侵入岩为主体，岩性较复杂，其中以花岗岩出露最广，其次为闪长岩。岩浆活动集中在海西期，而以海西中期表现最为频繁剧烈，海西早期次之，晚期最弱。海西早期岩浆活动以闪长岩为主，呈岩株状产出，岩性组合为灰绿色闪长岩、云英闪长岩、蚀变细晶闪长岩、暗红色片麻状花岗闪长岩。海西中期岩浆岩遍布全区，从酸性到中性均有出露，主要在沙泉子深大断裂与尖山子大断裂之间最为发育，规模也最大，岩体呈岩基、岩株状产出。可分为三次侵入，第一次侵入（δ_4^{2a}）呈岩株状产出，岩性组合为灰绿色闪长岩、石英闪长岩。第二次侵入（γ_4^{2b}、$\gamma\delta_4^{2b}$）是本区最主要的岩浆岩，分布范围广，规模大，分布于区内的中、南部。岩性组合为黑云母花岗岩、二长花岗岩、花岗岩和花岗闪长岩。第三次侵入（γ_4^{2c}）出露规模较小，呈岩枝状产出，岩性组合为二云母花岗岩、二长花岗岩。海西晚期岩浆岩在区内出露的规模较小，呈小岩株状产出，主要为第一次、第二次侵入的产物（δ_4^{3a}、γ_4^{3b}）。岩性组合为闪长岩、石英闪长岩、肉红色钾长花岗岩。

（二）矿床地质特征

库姆塔格钼矿区内除出露第四系沉积物外，未见其他沉积地层出露，仅在矿区外围出露有小面积的前寒武系变质基底地层（主要为元古宙的大理岩地层）。出露面积最广的岩石为海西期的岩浆岩，岩浆岩从酸性到基性均有，其中分布范围最广的为花岗岩体，出露在矿区周围，其次可见海西早期侵位的苏长辉长岩、辉橄岩、灰绿色辉长岩、石英闪长岩、蚀变细晶闪长岩及海西中期侵位的肉红色、灰白色黑云母花岗岩及后期脉岩（图2.27）。

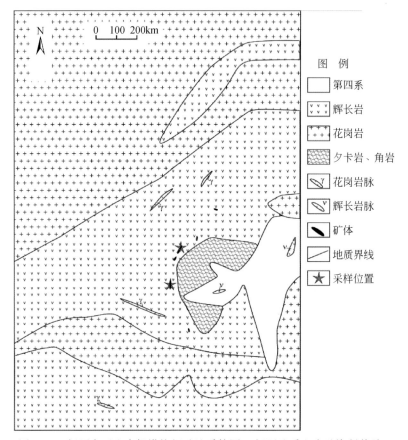

图2.27　新疆东天山库姆塔格钼矿地质简图（新疆地质六大队资料修编）

图 例
- 第四系
- 辉长岩
- 花岗岩
- 夕卡岩、角岩
- 花岗岩脉
- 辉长岩脉
- 矿体
- 地质界线
- 采样位置

辉长岩、辉橄岩呈岩株状分布于矿区中部；辉长岩呈岩基状分布于矿区中西部，浅灰绿色，一般具中粗粒粒状结构、块状构造；花岗岩分布于矿区东部、北部，呈岩基状产出，侵入于基性岩体中，二者接触部位形成角岩，局部见夕卡岩、角岩（图2.27）。另外区内见有多条花岗岩脉产于辉长岩中，在第四系地层中零星出露多条辉长岩脉。

矿体中辉钼矿、黄铜矿呈稀疏浸染状分布于辉长岩中，含矿辉长岩致密坚硬，呈脉状"侵入"于无矿辉长岩中，含矿辉长岩与闪长岩之间呈断层接触关系。目前已发现矿化体7条，围绕辉长岩与夕卡岩、角岩接触带呈向北西突出的弧形展布（图2.27），矿化体呈透镜状，倾向南东，倾角较陡，一般长3~10m，宽0.8~1.5m，构成一长约600m的铜、钼矿化带，矿石品位为0.061%~0.11%，平均为0.076%。主要金属矿物有辉钼矿、黄铜矿、黄铁矿、磁铁矿等，氧化矿物有孔雀石等，脉石矿物主要为石英，围岩蚀变主要有孔雀石化、绿泥石化，在夕卡岩带内见有绿帘石化、石榴子石化、硅化、磁铁矿化等。

基性岩的分布面积较小，主要分布于矿区的中部，呈近东西向脉状产出，侵入于北东向展布的灰绿色闪长岩、石英闪长岩体内，岩脉的西北和东南两侧均为北东向的肉红色、灰白色黑云母花岗岩。钼矿化体位于辉长岩体中东部，矿体围绕辉长岩与夕卡岩、角岩接触带展布。在辉长岩脉内部存在几条呈北东向和北西西向展布的小花岗岩脉。辉长岩主要由辉石和长石组成，普遍发生绿泥石化，岩石中金属矿物有辉钼矿、黄铜矿、黄铁矿、磁铁矿、孔雀石等，主要分布于硅酸盐矿物的裂隙和颗粒之间，含量为 1%～5%。其化学成分显示辉长岩的 SiO_2 含量为 43.95%～46.93%，具有明显高的 Al_2O_3、CaO 含量，其含量分别可高达 20.25% 和 17.11%，TFe 含量较低。微量元素方面，辉长岩并不具备基性岩的 Cu、Ni、Cr 异常，而具有 Mo、U、Th、Pb、Zn 等非基性岩特征，这些元素含量明显高于周围闪长岩和花岗岩的含量（表 2.3），这些异常元素组合是区域范围内寻找 Mo 矿的有利元素组合。

表 2.3　库姆塔格钼矿岩体微量元素特征分析　　　　　　（单位：μg/g）

样品原号	岩性	V	Rb	Sr	Co	Mo	U	Th	Pb	Cu	Zn	W	Cr	Ni
TC1-1	闪长岩	161	54.3	495	19.9	0.60	0.89	1.87	8.42	44.9	103	0.63	61.3	33.6
TC1-2	辉长岩	42.4	99.5	445	22.5	5.17	2.54	2.31	3.50	21.0	198	1.13	44.0	33.9
TC1-6	辉长岩	52.5	50.1	473	24.1	934	2.60	2.49	14.4	173	334	1.49	47.1	30.2
TC2-2	辉长岩	124	28.1	432	15.9	48.6	1.38	2.19	4.26	5.76	169	1.02	57.9	31.3
TC2-3	闪长岩	161	49.5	499	22.0	1.09	0.42	1.67	6.12	37.7	123	0.57	64.1	34.0
KMTG-B2	花岗岩	21.5	1.02	36.0	24.5	3.52	3.56	3.01	1.13	14.2	281	2.13	65.3	40.1

（三）测 试 结 果

由于目前库姆塔格钼矿尚处于勘探阶段，矿区范围内仅剥露几条探槽，根据野外实际矿化情况，选择 1# 和 2# 穿过含矿辉长岩脉的探槽，沿着探槽在不同的矿化地段分别取样，得到五件含辉钼矿样品。样品于辉长岩脉内呈不等距分布。其中 TC1-3、TC1-5、TC1-6 采自 1# 探槽，TC2-1、TC2-2 采自 2# 探槽，所有样品均为含稀疏浸染状辉钼矿的辉长岩（图 2.28）。

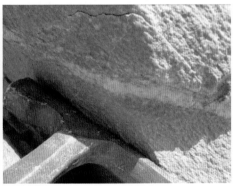

图 2.28　库姆塔格钼矿化点探槽取样位置和含辉钼矿辉长岩照片
★ 为采样位置

由表 2.4 可以看出，五件辉钼矿样品获得近似相等的 Re-Os 模式年龄值（314.7±4.4）～（323.2±4.8）Ma，所有样品年龄值接近。采用 Isoplot 软件作等时线和加权平均值，对获得的五个数据进行等时线计算，得到等时线年龄为 318±27Ma（2σ），MSWD=4.1，初始 [187]Os 为 4±72ng/g（图 2.29）。加权平均年龄为 319.7±4.5Ma（1.4%），置信度为 95%，等时线年龄与模式年龄加权平均值非常接近（图 2.29）。标准物质模式年龄测量值为 220.7±

3.6Ma，其标准值为 221.4±5.6Ma，测定结果与标准值之间在误差范围内结果一致。测试结果中 Re 的含量值为 164.7~307.7μg/g（表 2.4），实验标准物质的测定值为 281μg/g，标准值为 283.8μg/g，在误差范围内。说明仪器具有很好的稳定性，本次测定结果是可靠的。

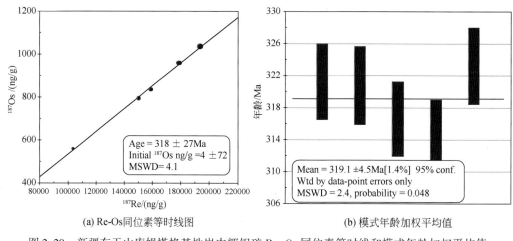

(a) Re-Os 同位素等时线图　　　　　(b) 模式年龄加权平均值

图 2.29　新疆东天山库姆塔格基性岩中辉钼矿 Re-Os 同位素等时线和模式年龄加权平均值

表 2.4　库姆塔格钼矿辉钼矿 Re-Os 同位素测试结果

原样名	样重/g	Re/(μg/g)		普 Os/(ng/g)		^{187}Re/(μg/g)		^{187}Os/(ng/g)		模式年龄/Ma	
		测定值	2σ	测定值	2σ	测定值	2σ	测定值	2σ	测定值	2σ
TC1-5	0.01065	284.3	2.6	1.558	0.229	178.7	1.6	959	8.2	321.3	4.8
TC1-3	0.00552	307.7	2.7	1.786	0.36	193.4	1.7	1036	10	320.8	4.9
TC1-6	0.00552	238.9	1.8	3.099	0.36	150.1	1.1	794	7.7	316.6	4.7
TC2-1	0.00538	252.7	2	5.041	0.373	158.8	1.2	834.9	6.9	314.7	4.4
TC2-2	0.00538	164.7	1.3	8.715	0.612	103.5	0.8	559	5.4	323.2	4.8
GBW04435 测定值	0.0105	281	3.3					650.7	5.2	220.7	3.6
GBW04435 标准值		283.8	6.2					659	14.4	221.4	5.6

矿区范围内的含矿辉长岩、闪长岩围岩和矿体北侧的花岗岩体分别获得年龄数据为 305.5±3.4Ma、307±3.3Ma 和 298.5±1.6Ma（图 2.30~图 2.32），三者之间的形成年龄在误差范围内具有一致的和谐年龄值，尤其是闪长岩和辉长岩之间的年龄值具有较高的一致性，两者可能为同一岩浆分异产物，花岗岩略晚于中基性岩的形成，它们之间的时间间隔不长，有可能是同源岩浆结晶分异的结果。至于辉钼矿的形成年龄早于围岩中基性岩的形成，可能存在多种解释，一是由于辉钼矿本身结晶特征（3R 标型和 2H 标型差异）导致对测年结果的异常，使得年龄结果偏老，目前国内许多矿区的年龄结果存在这一问题，杜安道（2007）和李超等（2009）曾指出辉钼矿的粒度对辉钼矿测年过程中的失偶现象直接导致测年结果的失败；二是在岩浆上侵过程中是否存在岩浆结晶分异前的"岩浆期前"热液众所周知，岩浆期后热液是岩浆结晶后期的重要热液事件，通常在岩浆上升侵位的过程中，随着温度、压力的逐渐下降，导致分异作用和气液分离的现象，由于气相组分较液相组分具有更强的活化、迁移的能力，较

之液相组分更早向地表迁移，从而形成早于岩浆结晶作用的岩浆期前热液，通常岩浆期前热液的存在是金属矿物富集成矿的重要条件；此外由于库姆塔格矿区地处星星峡地块，普遍发育前寒武系的碳酸盐岩，这一古老基底的存在，可能在一定程度上影响辉钼矿测年结果，尤其是当辉钼矿中硫来自围岩地层时。Re、Os 含量的不确定度包括样品和稀释剂的称量误差、稀释剂的标定误差、质谱测量的分馏校正误差、待分析样品同位素比值测量误差。模式年龄的不确定度还包括衰变常数的不确定度（1.02%），置信水平为 95%。计算公式：$t = [\ln (1+^{187}Os/^{187}Re)] / \lambda$，式中，$\lambda (^{187}Re) = 1.666 \times 10^{-11}/a^{-1}$ （Smoliar et al.，1996）

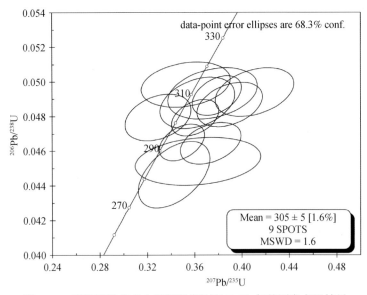

图 2.30　库姆塔格钼矿含钼辉长岩锆石 U-Pb 年龄测定点及结果

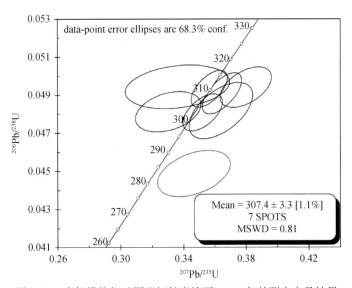

图 2.31　库姆塔格钼矿围岩闪长岩锆石 U-Pb 年龄测定点及结果

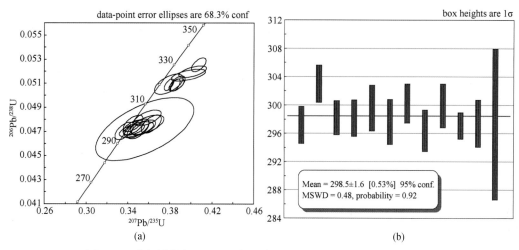

图 2.32　库姆塔格钼矿矿区北侧花岗岩锆石 U-Pb 年龄测定点及结果

（四）讨　　论

　　一般认为东天山矿产资源主要是在晚古生代形成的（李华芹等，1998；毛景文等，2002；秦克章等，2002；韩春明等，2002）。近年来，在东天山地区获得了一些燕山期岩浆活动与成矿作用的信息（李华芹等 2004，2005；陈富文等，1999），显示在晚古生代早中石炭世和早二叠世为成矿最高峰（杨兴科等，1999；王登红等，2006），陈衍景（2002）和毛景文等（2002）认为在中生代期间，特别是燕山期发育比较强烈的地壳运动和重要的成矿作用。根据王登红等（2006）的数据统计，从整体上看东天山地区具有南铁北铜东镍中间金的矿床分布特征。本区除了出露燕山期的岩浆岩外，同时出露有海西期的中酸性甚至基性火山岩，那么这些海西期的岩浆活动能否导致成矿作用的发生呢？答案是肯定的，东天山地区内已发现的多个矿床与海西期岩浆活动有关。例如，土屋-岩东斑岩铜矿辉钼矿 Re-Os 年龄为 322.7±2.3Ma（芮宗瑶等，2002），小热泉子铜矿 Rb-Sr 年龄为 290～310Ma（陈衍景，2002）。但以往研究表明，海西期铜多金属成矿作用事件主要集中分布在阿奇山-雅满苏岛弧带和土屋-黄山岛弧带内（毛景文等，2002；韩春明等，2002），那么，海西期铜钼铅锌多金属成矿作用是否在整个东天山地区具有普遍意义呢？通过成矿年代学的研究，我们给出了在中天山隆起地块区内存在海西期成矿作用事件，本次库姆塔格钼矿的成矿时代为 318Ma，为早-中石炭世，这一成矿年龄结果与东天山北部一些含铜矿床的测年结果在误差范围内一致，这在一定程度上说明，海西期的成矿作用在中天山地块上同样可能存在一期成矿事件，海西期成矿作用事件在东天山大部分地区具有普遍性。

　　在库姆塔格矿区范围内，出露范围最广的为花岗岩体，主要的含矿岩体为辉长岩，辉长岩体内发育多条花岗岩脉，在花岗岩体内同样存在多条辉长岩脉。那么基性和酸性两种岩浆活动哪一期才是与成矿最为密切的岩浆活动呢？这一问题的解决不仅是研究矿床成因和成矿规律的关键因素，同时也是确定下一步勘探方向的关键问题，本书试图从地质角度来进行初步探讨。矿体中辉钼矿呈稀疏浸染状产于辉长岩中，且含矿辉长岩的年龄（305.5±3.4Ma 和 307±3.3Ma，SHRIMP U-Pb 年龄）（图 2.28～图 2.30）与辉钼矿的年龄在误差范围内一致，这一现象十分特殊，与传统的钼矿床的形成与中-酸性岩浆岩有关的成矿专属性认识存在较大的差异，导致这种成矿专属性的认识受到怀疑。然而，从野外地层分布特征来看，矿区范围内发育大面积花岗岩体，且在矿体附近发生角岩化和夕卡岩化的现象，说明矿区范围内存在一定范围的接触交代蚀变作用，虽然花岗岩形成年龄尚未确定，根据规模和分布特征分析，该酸性岩浆活动可能对区内的成矿作用起到一定的作用。此外，花岗岩体在东天山地区广泛发育，加里东期、海西期和印支-燕山期均有酸性岩浆活动，加里东期以花岗岩浆侵入作用为主，海西期岩浆活动自泥盆纪始，石炭纪形成高潮，二叠纪处于低潮，印支-燕山期旋回岩浆活动大多属于构造后阶段产物，分布比较局限，故在东天山地区与海西期花岗岩岩浆活动有关的成矿作用也广泛发育。本书通过对库姆塔格辉钼矿 Re-Os 年龄的测定，获得其成矿等时线年龄为 318±27Ma，加权平均年龄为 319.1±4.5Ma，与孙桂华等（2006）获得的东天山阿其克库都克断裂南侧花岗岩和花岗闪长岩的年龄为 318±5Ma 和 350±7Ma，尤其是花岗岩的年龄相一致。根据库姆塔格矿成矿年龄与基性岩和花岗岩侵入时间一致的特征，推测库姆塔格辉钼矿的形成与其直接围岩辉长岩有着直接的成因联系，同时矿区周围大面积分布的花岗岩对于成矿具有一定的贡献，花岗岩和辉长岩接触部位及其两者之间的角岩、夕卡岩带是寻找钼矿体的有利部位。同时，这为在东天山地区古老变质基底范围内寻找海西期成矿的铜钼多金属矿床的勘查工作拓宽了思路。辉长岩与成矿有着直接成因关系，但辉长岩对于辉钼矿成矿专属性及钼元素的地球化学特征仍存在许多疑问。同时对于库姆塔格钼矿的形成与花岗岩之间的关系尚不十分明确，需要加强对花岗岩进行年代学研究工作，这样才能对矿床的形成过程有一个全面的认识。

新疆东部东天山构造带是一较典型的以晚古生代（海西末期）为主体的碰撞造山，经历了多阶段陆内造山和成盆改造演化，并于中新生代定型的一个构造带（芮宗瑶等，2002）。在早石炭世末期，受南北向挤压应力作用，沿阿其克库都克大断裂一带（包括矿区在内）I 型钙碱性酸性岩浆强烈活动，并沿断裂低压带以底蚀形式侵入。随着岩浆活动、构造活动以及相伴的变质作用等，岩浆带来的热量与区内古老变质岩系和火山岩系发生作用，在库姆塔格钼矿区岩体与碎屑岩接触部位发生角岩化作用，形成角岩；在岩体与碳酸盐岩接触部位发生夕卡岩化作用，形成含辉钼矿的夕卡岩矿物；在岩体与辉长岩接触部位可能由于热液作用在基性岩中尤其是石英脉和裂隙发育部位发育辉钼矿和铜矿化，构成矿区内的主要矿化体。

第三节　综合信息编图

一、火山岩型铁矿

1. 概述

火山岩型铁矿包括两类，一类是火山变质改造型，是火山成因的矿床或矿化体受后期热事件改造而发生的接触变质以及混合岩化等改造结果。分为受区域变质改造的火山沉积型（如天湖铁矿床和玉山铁矿床）和受接触变质的火山沉积型（如雅满苏、黑峰山、沙泉子铁矿）。受区域变质改造的火山沉积型铁矿产于东天山地块中，赋矿层位为青白口系天湖群绿片岩-角闪岩相的火山岩-沉积岩建造，如天湖铁矿的矿体呈似层状和透镜状产于该岩群上段白云石大理岩与绿泥石英片岩、黑云斜长片麻岩的互层带中。该区海西期花岗岩、闪长岩等十分发育，使矿床不仅发育区域变质并叠加有夕卡岩化-热液蚀变。接触变质的火山沉积型分布于阿齐山-雅满苏弧后盆地地区。铁矿体呈层状产于玄武粗安质凝灰岩与灰岩互层中，其中含凝灰质不纯灰岩发生夕卡岩化，形成透辉石、石榴子石夕卡岩。例如，雅满苏铁矿床赋存于早石炭世中晚期雅满苏组，为一套杂色（红褐色-灰绿色）的富含碱金属的火山岩类。矿石矿物由磁铁矿、假象赤铁矿及少量镜铁矿、黄铁矿、黄铜矿组成。矿体呈似层状、透镜状沿层分布，矿石呈细粒块状、条带状以及浸染状构造。沿含矿带有钠长花岗斑岩呈岩床和岩脉群侵入向深部有变大复合的趋势。矿体及围岩发生强烈夕卡岩化改造。黑峰山和沙泉子铁矿产于中石炭世底坎儿组为一套玄武岩-玄武安山岩-安山岩-英安岩-流纹岩类火山岩-碎屑岩夹碳酸盐岩组合。矿体呈似层状、透镜状产于火山碎屑岩中。黑峰山含矿岩石为粗面质基-中性凝灰岩。

　　阿齐山一带的接触变质火山矿床有如下特征：①铁矿体呈似层状、透镜状沿层分布，赋存于火山岩与沉积岩的过渡层位。②含矿火山岩的岩石地球化学特征与矿化作用密切有关，含矿火山岩除沙泉子铁铜矿床外，均以粗面质岩类占优势，即使是流纹岩类其含碱量也在8%以上；铁矿化与高碱高钾岩石关系密切，赤龙峰、雅满苏、黑峰山等铁矿床含矿火山岩，均以高碱、高钾为主。沙泉子铁铜矿床的含矿火山岩则以正常钙碱性玄武安山岩、安山岩、英安岩、流纹岩为主，火山岩以中酸性长英质岩占优势。③矿床普遍受到后期（海西晚期）侵入岩浆活动的改造，发生夕卡岩化作用改造，矿石受到磁铁矿化，重结晶和后期硫化物叠加，形成高硫矿石。④对于火山成因的铁矿床来说，除了应具有富铁、富碱的镁铁质火山岩浆作用外，还需要有良好的沉积环境，即良好沉积盆地和稳定沉积环境。

　　另一类是火山沉积型，以库姆塔格层状菱铁矿矿床最具代表性。这类矿床介于内生和外生矿床之间，既有火山喷气-热液成分的参与，又有典型的沉积作用特征，往往由火山作用提供成矿物质，经过沉积作用和成岩作用而成矿，目前已发现的矿床以库姆塔格、菱铁滩矿床为代表。矿床的主要特征为：①矿化空间位置一般远离火山喷发中心；②产于火山碎屑岩或夹于正常沉积岩中，可见到典型热水沉积硅质岩；③矿体呈层状、似层状、透镜状产出，受一定层位控制，但沿走向、倾向都不太稳定，矿体具有多层性，与围岩呈整合接触；④围岩蚀变较弱，主要发育硅化、碳酸盐化等低温蚀变组合；⑤矿石矿物主要为赤铁矿、菱铁矿，次为镜铁矿、褐铁矿等，以块状、条带状、纹层状构造为主，因氧化作用地表主要为褐铁矿矿石组成，向深部逐渐过渡为菱铁矿矿石。

2. 区域构造建造编图

　　此类铁矿通常在空间上、时间上与火山作用密切相关。但火山岩型铁矿的成矿地质条件复杂多样，根据火山活动的不同阶段，其喷发方式和火山岩组合不同，可以形成火山喷溢-沉积型、火山热液交代型、次火山热液充填交代型、次火山矿浆贯入型、火山-沉积型等多种矿化类型。

　　已知此类铁矿主要与古生代，特别是晚古生代的中基性-中酸性的火山-次火山和火山碎屑岩有关。赋矿地层主要为下石炭统雅满苏组、上石炭统马头滩组、下石炭组土古吐布拉克组、阿齐山组和中石炭世底坎儿组等；建造类型有海相火山熔岩-碎屑岩建造、海相火山碎屑岩-碳酸盐岩建造和海相火山碎屑岩建造（图 2.33）。

东天山地区典型火山岩型铁矿主要有雅满苏铁矿、红云滩铁矿、百灵山铁矿、赤龙峰铁矿等。

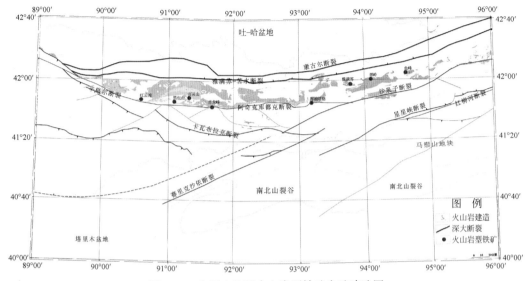

图 2.33　东天山地区火山岩型铁矿含矿建造图

3. 地球物理编图

东天山地区海相火山岩型铁矿主要分布在雅满苏断裂和阿奇克库都克断裂之间靠近阿奇克库都克断裂一侧的岛弧带内以及北山裂谷，代表性矿床为雅满苏铁矿、磁海铁矿，受双峰式火山岩建造和火山机构控制，因此地球物理编图的主要任务是推断火山机构以及隐伏的火山岩建造。其中火山机构的地质结构虽然多种多样，但是所产生的磁（重力）异常形态和强度却大致相同，通常火山口相的岩石往往具有较高的剩磁，在火山口周围形成强度较大、具有一定分布规律的环状且有正负局部异常伴生的正磁场区或负磁场区，在磁场平面等值线磁场图中表现为圆状或椭圆状，当其熔岩未喷出地表，在火山颈形成玢岩，如具有很强的剩磁，则往往形成孤立分布的负磁异常或以负异常为主的磁异常，否则可能形成正异常。复式火山构造由多期火山喷发导致，在磁场图中多呈环中有环的嵌套式环状磁场特征。对于不同的火山构造，应采取不同的圈定方式，如裂隙式喷发的火山构造，可根据磁场等值线平面图上异常梯度带来圈定；圆形、椭圆形或复式中心式喷发火山构造，可根据磁场等值线平面图上环状磁异常的外侧梯度带来圈定；孤立分布的负磁异常或以负异常为主的磁异常反映的火山构造（可能为火山角砾岩筒），可根据磁场等值线平面图上磁异常梯度带来圈定；火山岩建造则在航磁平剖面图上表现为正负的跳跃场，基性越大，整体磁场强度越高，反之，整体磁场强度越弱。地球物理推断火山机构和火山岩建造编图如图 2.34、图 2.35 所示。

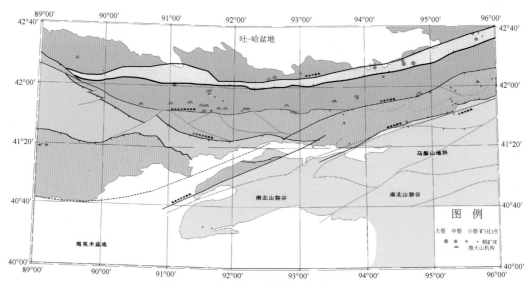

图 2.34　地球物理推断火山机构分布图

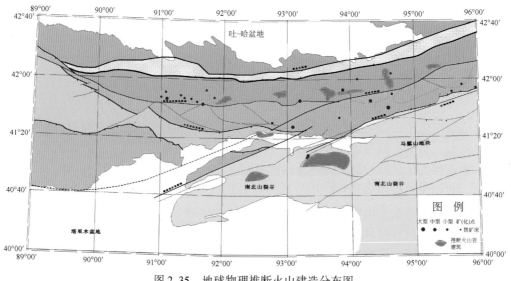

图 2.35　地球物理推断火山建造分布图

4. 地球化学编图

区域上该类矿床的 Fe、Mn、V、Co、Cu 的含量相对较高，但分布不均匀（图 2.36）。在含量总体高的背景上，各元素呈现明显的高值区（带），高值区（带）常常是铁矿集中分布区，异常区带明显，铜异常的叠加具有典型性。

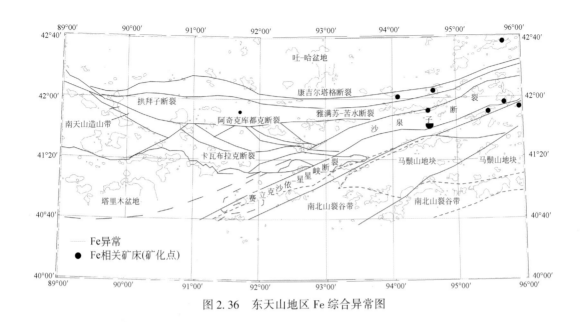

图 2.36　东天山地区 Fe 综合异常图

二、岩浆熔离型铜镍硫化物矿

1. 概述

铜镍硫化物矿床在时空和成因上与镁铁质-超镁铁质岩密切相关。在康古尔断裂北部的黄山-土二红洼、香山、黄山南、黄山东以及镜儿泉地区的红石岗、黑石梁、葫芦东、串珠、马蹄等十多个岩体。已经查明黄山东、黄山、香山、土墩和葫芦岩体伴随着工业矿体，其他岩体也有不同程度的铜镍矿化。岩体在地表露头都比较小，但侵入通常呈现多阶段或同一岩浆分离出岩性差异比较明显的岩相。一般可分为橄榄岩、二辉橄榄岩、辉石岩、辉长岩和闪长岩。在地貌上，闪长岩往往形成突起的山包，而超镁铁质岩为负地形，辉长岩介于两者之间。岩相之间多为逐渐过渡关系，局部似乎也呈现出侵入接触。大多数矿体分布于岩体的底部，赋矿围岩均为超镁铁质岩体，以二辉橄榄岩和辉石岩为主。倪志耀（1992）研究表明这套与矿化有关的岩石组合为同源岩浆经深部分异作用形成的复式岩体。其岩浆源为上地幔榴石二辉橄榄岩经部分熔融形成的拉斑玄武岩浆系列，以富镁、贫碱、低钙为特征。各类岩石的稀土配分型式类似，曲线比较平坦，类似于典型的拉斑玄武岩。

关于这套岩体的成岩时代已经有比较多的测年数据，毛景文等（2002）获得 Rb-Sr 等时线年龄为 285Ma；李华芹等（2005）测得全岩 Sm-Nd 等时线年龄为 320±38Ma，而矿石的 Sm-Nd 等时线年龄为 314±14Ma；秦克章（2002）对香山岩体进行了单颗粒锆石年龄精测，获得 286±1.2Ma 的数据。这说明铜镍矿及其镁铁质-超镁铁质岩石形成于石炭纪中晚期。

前人已经对黄山东等铜镍硫化物矿床进行过不少研究，一般认为在深部岩浆房或在浅部岩浆房未经历充分结晶分异作用和熔离作用。但是，有两个现象应该注意：第一，无论是岩浆在深部充分分异后再多次侵位还是在浅部岩浆房的结晶分异而形成清楚的岩相，都表明岩浆经历了程度比较高的结晶分异作用；第二，岩浆侵位虽然早于大型剪切带，但热液脉状矿化很少，说明该动力学过程并未引起或未明显引起物质的再分配。因此，这一地区贫铜镍硫化物矿化可能与源区成矿物质不充足有关。正是足够时间的结晶分异作用，才导致金属硫化物熔离和堆积在岩浆房下部呈悬浮式矿体产出。

2. 区域构造建造编图

研究区已知的铜镍硫化物矿床主要分布于觉罗塔格、北山、库鲁克塔格三个成矿带内（图2.37）。前两者为石炭纪，后者为晚元古代。均为沿该构造带汇聚之后、固结成新陆壳之初形成的弛张性深断裂侵入的含铜镍的镁铁–超镁铁岩体。

岩体平面呈菱形、透镜状及长条状。剖面呈漏斗状、透镜状、单斜体或岩盆状等。岩体规模一般较小，面积在$1km^2$以内者居多，个别可达$6km^2$。岩性为复杂连续分异系列，常见多期侵位。其酸性端为闪长岩，基性端为橄榄岩。通常为闪长岩–辉长苏长岩–（角闪）橄榄苏长岩–辉石岩–橄长岩–（含长角闪）橄榄岩组合。矿化通常产于各杂岩体的基性端元内。本类型矿床点有兴地塔格Ⅱ号铜镍矿床（小型）、黄山铜镍矿床（大型）、黄山东镍矿床（大型）、香山铜镍矿床（大型）、葫芦铜镍矿床（中型）、黄山南铜镍矿床（小型）、土墩铜镍矿床（小型），以及中坡山Ⅰ号、红岭铜镍矿点。

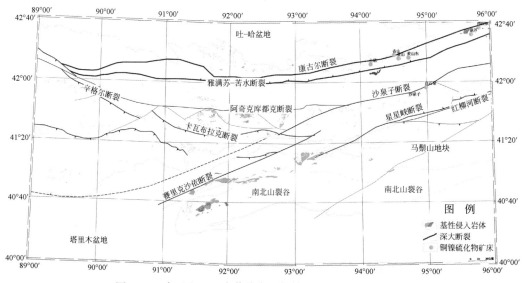

图2.37　东天山地区岩浆熔离型铜镍硫化物矿含矿建造图

3. 地球物理编图

东天山地区与基性–超基性岩有关的岩浆熔离型镍铜硫化物矿床主要分布在康古尔–黄山深大断裂带以及阿奇克库都克等深大断裂带附近，其他隐伏深大断裂也有可能形成铜镍矿，目前已经发现的比较典型的矿床有黄山东、图拉尔根以及白石泉等。控制该类矿床产出的主要因素为切穿地壳的弛张性深大断裂，以及赋存于深大断裂和次级断裂的基性–超基性岩体。断裂构造在航磁（重力）异常图上表现为多种形式。例如，不同磁（重力）场区的分界线往往是规模较大的断裂或断裂带，它们是划分大地构造单元的重要依据；磁（重力）异常梯度带往往使上下两盘发生错动，形成台阶状磁性体的断裂；串珠状磁（重）性异常带往往反映存在充填各种岩浆岩体的深大断裂；线性异常带（可以是正异常、负异常或正负交替出现的异常）往往反映具有明显方向的断裂；磁（重力）异常的突变带和错动带往往预示着是由于断裂作用而形成的；雁行状异常带和放射状异常带往往是由于复杂的构造作用所形成与岩浆活动有关的断裂带或破碎带，它们一般是中小断裂。以上各种类型的磁（重力）异常特征是提取构造信息的重要依据，磁（重力）场区分界线的中间位置或者以上各种磁（重）异常的中间位置往往是断裂构造的中心线，可据此将构造信息提取出来。基性和超基性岩体一般同步显示高的磁力和重力异常，异常强度和规模都较大；中性岩体一般显示磁力高，重力弱高或无异常显示，异常规模通常较大。重磁推断深大断裂及次级断裂和晚石炭纪—早二叠纪的基性-超基性岩体如图 2.38 所示。

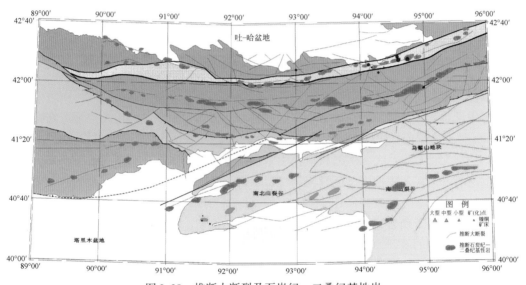

图 2.38 推断大断裂及石炭纪—二叠纪基性岩

4. 地球化学编图

1∶20 万区域化探具有明显的 Au、Ag、Cu、Pb、Zn、As、Sb、Bi、W、Mo 组合异常（图 2.39）。Au、Ag、Cu、Pb、Zn 具有明显的浓集中心和分带现象，是东天山地区重要的"异常强度高、分布范围大、元素组合全"综合异常之一。其中，Au 元素以 $2×10^{-9}$ 圈定异常面积约 $80km^2$，形成三个浓集中心，极大值分别为 $13×10^{-9}$、$61×10^{-9}$、$69×10^{-9}$。Cu 极大值为 $819×10^{-6}$。

三、韧性剪切带型金矿

1. 概述

在研究区内，韧性剪切带型金矿化广泛出现，是一种最重要而且找矿前景最佳的成矿类

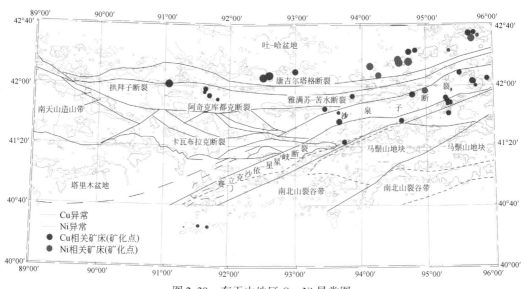

图 2.39　东天山地区 Cu-Ni 异常图

型。韧性剪切带型金矿主要发育在研究区的中部地区，沿雅满苏大断裂分布。康古尔、马头滩、红石中型金矿和企鹅山、盐碱坡小型金矿是韧性剪切带型金矿的代表，最近在康古尔矿床西 30km 处又发现前景较好的康西金矿，与前者受同一剪切构造带的控制。这类矿床的特征为：韧性剪切带规模巨大，一般长上百千米到几百千米，宽度数千米到数十千米，深可达几千米，这与一般矿床中的小型断裂或韧性剪切带相区别；韧性剪切带有强烈的变形，具有不同尺度的变形标志，如糜棱面理、S-C 组构、劈理、拉伸线理等；糜棱岩有初糜棱岩、糜棱岩、超糜棱岩、千糜岩等；金矿与韧性剪切带关系密切，金产于糜棱岩中，矿体多呈脉状产于韧性剪切带内的破碎蚀变岩中，金矿与蚀变摩棱岩、片糜岩关系密切，矿带和矿体的分布均明显受断裂构造的控制，围岩蚀变发育，金与硅化、磁铁绿泥石化和黄铁绢云岩化、钠长石化等关系密切；金矿的流体具有多源性，稳定同位素显示成矿流体是变质水、岩浆水和大气降水组成的混合水；金矿形成与韧性剪切带相伴而生，成矿时代主要为二叠世。

2. 区域构造建造编图

康古尔塔格金矿带处于塔里木板块北缘活动带觉罗塔格晚古生代岛弧带秋格明塔什-黄山韧性剪切带的南侧。早石炭世为海相火山-沉积盆地。中石炭世汇聚，形成了复理石及中酸性火山岩，并有大量花岗岩，石炭纪末形成了巨大韧性剪切带，控制了区域金矿的分布（图 2.40）。容矿岩系为下石炭统雅满苏组（或阿齐山组）火山-沉积岩。其下部为中酸性火山碎屑岩夹少量熔岩；中部为凝灰岩、安山岩、英安岩、粗面岩；上部为灰岩、长石砂岩。金矿体赋存在中部岩层的火山碎屑岩与熔岩的过渡部位，围岩为安山岩、凝灰岩与凝灰角砾岩。赋矿地层中 Au、Cu 含量高，为矿源层。

3. 地球物理编图

韧性剪切带型金矿是东天山地区的重要金矿类型，代表性矿床为康古尔金矿。该类矿床

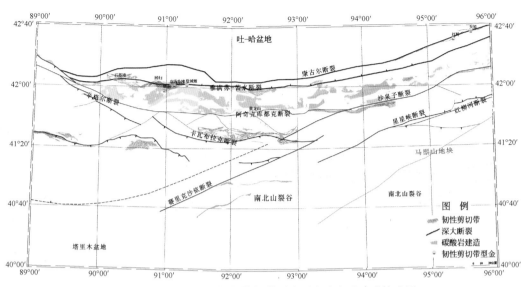

图 2.40　东天山地区韧性剪切带型岩型金矿含矿建造构造图

是由韧性剪切成矿作用形成的，严格受韧性剪切带控制，与韧性剪切带具有空间、时间和成因上联系的金矿床。因此寻找韧性剪切带型金矿的前提，便是寻找韧性剪切带这一大型变形构造。作为动力变质作用的产物，其在地质上常常表现为拉伸线理，剪切褶皱，石英波状消光以及矿物动态重结晶等而形成动力变质岩石糜棱岩，宏观上则表现为大型变形构造，在物化遥综合信息上，以遥感影像较为明显，如岩体变形，各类弧状构造等，在物探异常上，常表现为重磁梯度带，因此推断韧性剪切带范围如图 2.41 所示。

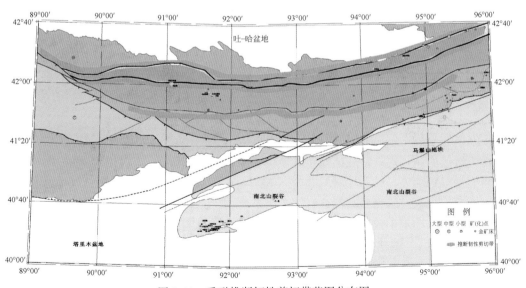

图 2.41　重磁推断韧性剪切带范围分布图

4. 地球化学编图

1∶20万区域化探在石英滩一带圈出了长约80km、宽5.10km的Au及Y、Sn、Li、Be等元素异常集中区（图2.42）。成矿元素简单，以Au为主，反映地质背景的Y、Sn、B、Be、Sb、Cr、Ni、Li、U组合异常较明显。

在石英滩金矿一带，圈定了一个面积约32km²的Au异常浓集区，Au极大值为71×10⁻⁹。此外，尚有其他十余处Au高含量点（为30×10⁻⁹、13×10⁻⁹等），但未发现工业矿床。

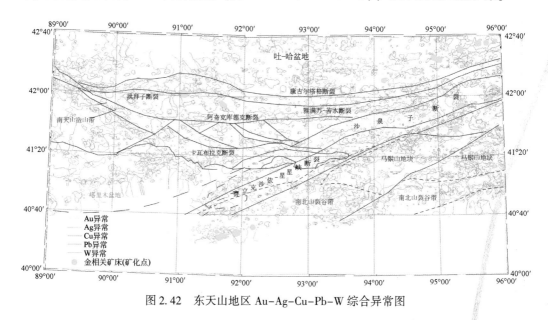

图2.42　东天山地区Au-Ag-Cu-Pb-W综合异常图

四、沉积变质型铅锌矿

1. 概述

沉积变质型铅锌矿是指在沉积成岩过程中形成矿源层（体）和贫矿层的基础上，经后期热液改造，使成矿物质溶解、活化、迁移，在有利的容矿构造部位重新沉淀富集形成的矿床。分布于星星峡地体，受老地块南北缘深大断裂控制。主要控矿地层为长城系星星峡群、蓟县系卡瓦布拉克群，矿化与碳酸盐岩建造关系密切，主要赋矿岩石为大理岩、白云质大理岩、灰岩等，少数产于千枚岩、片岩、片麻岩中。已发现有彩霞山铅锌矿床（超大型）、宏源铅锌矿床（小型）、铅炉子铅锌矿床（小型），以及吉源多金属矿、沙泉子铅锌矿、平顶山铅矿、黄羊泉西铅矿、红星山铅矿等一系列矿点、矿化点（图2.43）。矿体多产于断裂破碎带、层间破碎带或平行层理的裂隙和节理中，形态上主要为层状、似层状、透镜状、扁豆状、细脉状和囊状，如彩霞山铅锌矿产于阿其克库都大断裂次级断裂-彩霞山断裂破碎带中的蚀变岩中，呈透镜状顺破碎带展布。岩浆活动与成矿关系密切，大部分矿区都分布有海西期的中酸性侵入岩，岩浆活动对该类矿床的形成起着叠加富集成矿的作用。在铅炉子、彩霞山等矿区，明显可见多次热事件对矿石的交代蚀变痕迹。

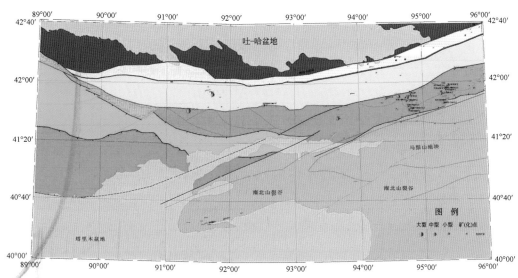

图 2.43 东天山地区铅锌矿床分布图

此类矿床常具有多矿种伴生的特点，常形成 Pb-Zn-Ag 组合（彩霞山、玉西）、Cu-Pb-Zn-Ag 组合（吉源）等。铅锌矿金属矿物组合主要为方铅矿、闪锌矿、黄铜矿、黄铁矿、磁黄铁矿等，脉石矿物主要为白云石、透闪石、方解石、石英、萤石、阳起石等。围岩蚀变主要为硅化、透闪石化、白云石化、黄铁矿化、绿泥石化、绿帘石化等。玉西银（铅锌）矿区主要为银、铅、锌、铜、金组合，金属矿物主要为辉银矿、脆银矿、角银矿、自然银、方铅矿、闪锌矿、黄铁矿、黄铜矿、黝铜矿、辉钼矿等，脉石矿物主要为白云石、石英、方解石、绢云母等，局部为重晶石、明矾石和萤石。

2. 区域构造建造编图

区内该类型铅锌矿的主要控矿地层为长城系星星峡群、蓟县系卡瓦布拉克群（图 2.44），矿化往往与含镁碳酸盐岩建造关系密切，主要赋矿岩石为大理岩、白云质大理岩、灰岩等，少数产于千枚岩、片岩、片麻岩中。已发现的矿床有彩霞山铅锌矿床（超大型）、宏源小型铅锌矿床、铅炉子小型铅锌矿床，以及吉源多金属矿、沙泉子铅锌矿、平顶山铅矿、黄羊泉西铅矿、红星山铅矿等一系列矿点、矿化点。矿体多产于断裂破碎带、层间破碎带或平行层理的裂隙和节理中，形态上主要为层状、似层状、透镜状、扁豆状、细脉状和囊状。例如，彩霞山铅锌矿即产于阿其克库都大断裂次级断裂-彩霞山断裂破碎带中的蚀变岩中，呈透镜状顺破碎带展布。岩浆活动与成矿关系密切，大部分矿区都分布有海西期的中酸性侵入岩。

3. 地球物理编图

沉积变质型铅锌矿在东天山地区分布比较广泛，典型矿床主要有彩霞山铅锌矿、宏源铅锌矿等，该类矿床受特定的层位控制主要分布在中天山地块的变质建造范围内的大理岩内，因此重磁解译的重要目标是推断隐伏的变质建造，尤其是大理岩的分布，由于中天山地块长

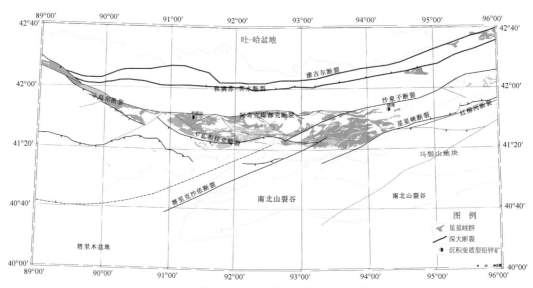

图 2.44　东天山地区沉积变质型铅锌矿含矿建造构造图

期处于隆升状态，剥蚀较好，因此，出露较好，通过低磁、高重力的特点，推断隐伏变质建造分布如图 2.45 所示。

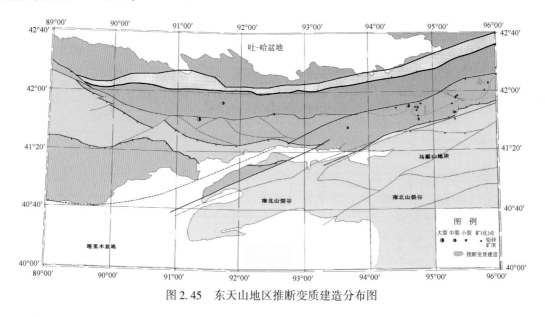

图 2.45　东天山地区推断变质建造分布图

4. 地球化学编图

依据 1：20 万化探成果，长度达 100km 的百灵山岩体周围分布着 29 个以 Au、Cu、Pb、Zn、Ag 为主的化探综合异常，异常面积为 2228km^2，将岩体外接触带全部覆盖，形成宽度为 10～18km 的巨型异常环带，异常环带展开长度达 200km。异常环带内，单元素 Pb 面积为 212km^2，平均值为 50.79×10^{-6}，最高值为 580×10^{-6}；Zn 面积为 696km^2，平均值为 121.14×

10^{-6}，最高值为 879×10^{-6}。东天山地区相似异常特征解译区如图 2.46 所示。

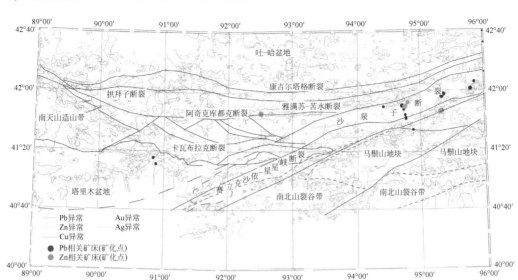

图 2.46　东天山地区 Pb-Zn-Cu-Au-Ag 综合异常图

五、斑岩型钼矿

1. 概述

东天山钼矿床主要集中分布于康古尔、雅满苏、白山一带，北以吐-哈盆地南缘康古尔-黄山断裂为界，南以卡瓦布拉克-星星峡断裂为界，西起赤湖经库姆塔格、苦水、干墩至白山地区，钼矿既有独立钼矿床也有伴生钼矿床，伴生钼矿床主要与斑岩型铜矿伴生，如土屋-延东铜钼矿床、灵龙、赤湖、三岔口铜钼矿床，其钼元素已达到中型矿床规模。其次是与钨、锡矿伴生。目前，已知独立钼矿为哈密市白山大型钼矿和最近发现的东戈壁大型钼矿以及库姆塔格钼矿点（图 2.47）。钼矿床的分布具有一定的分带特征，北带以黄山-白山铜镍钼金矿床为特征，矿床多与基性-超基性岩有关的铜镍硫化物矿床相伴生，南带以雅满苏独立的钼矿床为主，矿床的形成往往与中酸性岩活动有关。黄山-白山铜镍钼金矿带出露地层以干墩组（梧桐窝子组）、雅满苏组火山岩为主，以康古尔-黄山断裂为中心，两侧的火山岩、沉积相和建造、矿场种类等具有相似性，断裂带有基性-超基性岩、中酸性岩分布，康古尔-黄山断裂是构造-岩浆-成矿作用较为重要的控岩控矿构造。雅满苏地区成矿带出露地层以雅满苏组火山岩和前寒武系变质基底的碳酸盐岩为主，区内出露泥盆纪、石炭纪中酸性侵入岩，并以阿奇克库都克-沙泉子断裂为界，其北以石炭系火山岩和中酸性侵入岩为主，其南以前寒武系变质岩和泥盆纪、石炭纪中酸性侵入岩为主。阿奇克库都克-沙泉子断裂是与构造-岩浆-成矿作用有关的重要控岩、控矿因素。

就东天山地区钼矿成矿时代来说，由表 2.5 可知，东天山地区钼矿床成矿时代主要集中在两个时期，一是与东天山 300Ma 左右的主碰撞期，与区域内的构造-中酸性斑岩体有关的

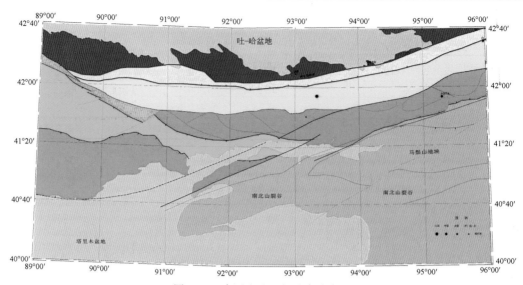

图 2.47　东天山地区钼矿床分布图

铜钼多金属矿床，代表矿床为土屋-延东钼多金属矿床、赤湖铜钼多金属矿床、库姆塔格钼矿床；另一期是印支运动与花岗斑岩有关的钼铼多金属矿床，代表矿床为白山矿床。成岩年龄和成矿年龄在误差范围内基本保持一致，说明东天山地区钼矿床与中酸性岩体之间存在密切的成因联系，主要矿床类型应属于斑岩型钼矿床。

表 2.5　东天山地区钼矿区岩体、成矿时代表

矿区名称	岩体/矿体	矿物	方法	年龄/Ma	误差	MSWD	参考文献
赤湖	斑岩体	锆石	U-Pb	322	10	0.292	吴华等，2006
白山	斜长花岗斑岩	锆石	U-Pb	235.7	5.5		李华芹等，2006
白山	斜长花岗斑岩	锆石	U-Pb	245.7	2.7		李华芹等，2006
白山	黑云母斜长花岗岩	锆石	U-Pb	239	8	1.15	李华芹等，2006
白山	矿体	辉钼矿	Re-Os	229	2	1.18	李华芹等，2006
库姆塔格	矿体	辉钼矿	Re-Os	319	4.5	4.1	张长青等，2010
库姆塔格	辉绿岩	锆石	U-Pb	305	5	1.6	本书实测资料
库姆塔格	闪长岩	锆石	U-Pb	307.4	3.3	0.81	本书实测资料
库姆塔格	花岗岩	锆石	U-Pb	298.5	1.6	0.48	本书实测资料
库姆塔格	花岗岩	锆石	U-Pb	298.1	2.1	18	本书实测资料
土屋	斜长花岗斑岩	锆石	U-Pb	334	3	1.3	陈富文等，2005
延东	斜长花岗斑岩	锆石	U-Pb	333	4	1.42	陈富文等，2005
土屋-延东	矿体	辉钼矿	Re-Os	322	2.3	0.51	芮宗瑶等，2002
三岔口	斜长花岗斑岩	锆石	U-Pb	278	4	0.78	李华芹等，2004

资料来源：陈毓川等，2010。

在吐-哈盆地南缘和中天山一带形成早古生代岛弧带，其火山-侵入岩带特征较明显，火山活动在奥陶纪—志留纪皆有发生。在吐-哈盆地南缘和中天山有中奥陶世玄武岩、安山岩和流纹岩出露，在吐-哈盆地南缘有中-晚志留世细碧岩、角砾熔岩、安山玄武岩、流纹岩和霏细岩。岩浆侵入活动主要分布在中天山一带，岩性为黑云母二长花岗岩和黑云母花岗岩，侵入时代为奥陶纪—志留纪（马瑞士等，1997）。早泥盆世初，随着大草滩洋的闭合，东天山进入板块碰撞-板内伸展阶段，形成泥盆纪—石炭纪的卡拉麦里洋和康古尔塔格洋。卡拉麦里洋在泥盆纪—石炭纪期间是向北单向俯冲于西伯利亚板块之下，因此，其俯冲-闭合过程对东天山影响有限（李锦轶，2004）。而康古尔塔格洋板块则沿康古尔-黄山断裂向南北两侧俯冲，在康古尔-黄山断裂以北形成大南湖-头苏泉晚古生代岛弧和博格达-哈尔里克晚古生代弧后盆地（李锦轶等，2002；李锦轶，2004），在康古尔-黄山断裂以南形成阿奇山-雅满苏晚古生代岛弧带（张良臣等，1995；左国朝等，2006）（图2.47）。大南湖-头苏泉晚古生代岛弧带主要发育泥盆纪—石炭纪安山质-玄武质钙碱性火山岩，出露泥盆纪—石炭纪石英闪长岩、花岗闪长岩和闪长岩等侵入岩。在该晚古生代岛弧带分布的斑岩铜钼矿有土屋-延东大型铜钼矿、灵龙小型铜钼矿和赤湖小型铜钼矿，其成矿时代为晚石炭纪—二叠纪，成矿主要与晚古生代康古尔塔格洋板块碰撞作用有关。阿奇山-雅满苏晚古生代岛弧带主要发育石炭纪中酸性、中基性火山岩和火山碎屑岩，出露石炭纪花岗闪长岩和闪长岩。晚石炭世末—早二叠世初，康古尔塔格洋闭合，东天山地区进入板块碰撞-板内伸展阶段，由于板内幔根的部分熔化，造成深源斑岩岩浆侵位，形成三岔口小型斑岩铜钼矿。三叠纪受特提斯洋裂解扩张的远程作用，天山地区处于挤压-堆叠环境，在局部伸展环境下，深源斑岩岩浆侵位，形成白山中型斑岩钼铼矿。

2. 区域构造建造编图

斑岩型钼（铜）矿是指与中-酸性浅成-超浅成斑岩体有关的细脉-浸染状硫化物钼（铜）矿床。东天山地区目前已知的矿床（点）均与铜矿相伴生。本区斑岩铜钼矿主要分布于东天山大南湖成矿带，产有土屋-延东大型铜矿床，三岔口铜矿中型铜矿床，以及赤湖铜钼矿、灵龙铜矿等一系列矿点。赋矿岩石类型有石英闪长玢岩、斜长花岗斑岩、花岗斑岩、花岗闪长斑岩、英安斑岩、二长斑岩、长英质爆破角砾岩等（图2.48）。土屋-延东矿区，主要为闪长玢岩、花岗斑岩、斜长花岗斑岩、安山玢岩、石英闪长玢岩等，通常呈岩枝、岩脉状产出，走向多为北东东-南西西向，与区域构造线方向基本一致，侵入时代为早石炭世（330~360Ma）。

3. 地球物理编图

斑岩型钼多金属矿床是东天山地区重要的钼矿床类型之一，比较典型的矿床主要有白山、东隔壁等，斑岩体是矿床的主要含矿建造，有时在围岩内也有一定的储量，斑岩体、孔雀石化以及钼铜金钨锡异常往往是找矿的主要标志，其中，由于斑岩体面积一般较小，重磁很难反映，但是作为一种非继承性的岩体，它们往往是洋壳俯冲作用的结果，因此往往在其下部或周围有较大的花岗岩岩体相伴随，因此，根据区域重磁低异常可在一定程度上圈定和斑岩体相伴随的花岗岩（图2.49），为进一步寻找斑岩型矿床提供一定的依据。

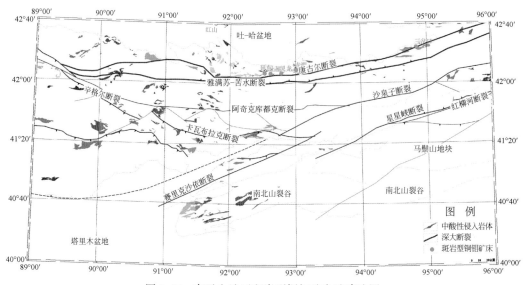

图 2.48　东天山地区斑岩型铜钼矿含矿建造图

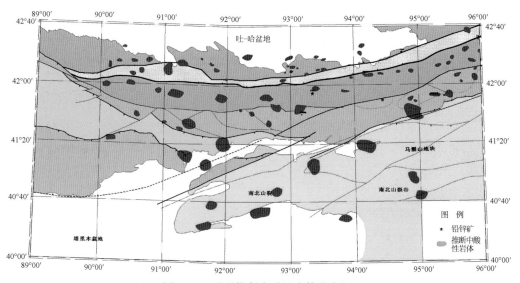

图 2.49　重磁推断中酸性岩体分布图

4. 地球化学编图

成矿元素 Cu、Mo 异常强、规模大，分布与矿化区一致，伴生元素 Au、Bi、Pb、As、Sb、Hg、W 等异常在矿化区周边分布（图 2.50）。

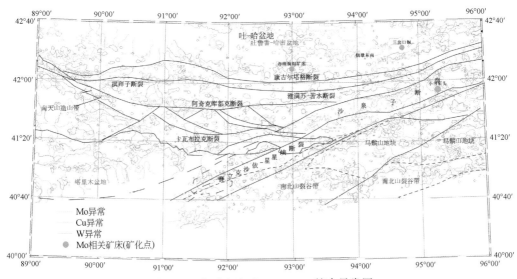

图 2.50　东天山地区 Mo-Cu-W 综合异常图

第四节　资源潜力评价

一、东天山火山岩型铁矿

1. 区域预测要素

根据前文综合研究，总结出东天山地区火山岩型铁矿的区域预测要素，见表 2.6。

表 2.6　新疆东天山火山岩型铁矿区域预测要素表

	预测要素	要素说明	识别标志的分类
区域成矿地质环境标志	大地构造环境	觉罗塔格石炭纪裂陷槽（陆缘裂谷带）	必要
	主要控矿构造	以火山岩为主的复合构造，包括火山岩构造、沉积岩构造和侵入岩构造	必要
	主要赋矿地层	以下石炭统（雅满苏组、干墩组、白山组）为主，其次为上石炭统（沙泉子组、梧桐窝子组、吐古土布拉克组）	必要
	控矿沉积建造	以海相火山岩建造为主，其次为海相沉积建造（海相火山-沉积建造、海相沉积建造、滨海古砂矿建造）	必要
	控矿侵入岩	晚石炭世闪长岩-花岗闪长岩-二长花岗岩建造（铁岭岩体 Rb-Sr 等时线年龄为 315.7Ma），控制岩浆热液型矿床	必要
	区域变质作用及建造	区域变质程度低，多属低绿片岩相变质建造，局部地区发育绿片岩相变质建造	次要

预测要素			要素说明	识别标志的分类
区域成矿地质特征标志	区域成矿类型和成矿期的识别标志		①早石炭世海相火山岩型 Fe（Cu、Pb、Zn、Co）矿床；②晚石炭世海相火山岩型和沉积岩型 Fe（Mn、V、Ti）矿床；③早二叠世岩浆热液型 Fe（Cu、Pb、Zn）矿床	必要
	海相火山岩型铁矿床的主要识别标志		石炭纪海相火山岩建造（早石炭纪世双峰式火山岩建造、晚石炭纪钙碱性火山岩建造）	必要
			火山盆地和古火山构造	必要
			矿石以磁铁矿-赤铁矿-黄铁矿石建造为主	重要
			区内铁矿带广泛发育绿泥石化及夕卡岩化	次要
			矿床式主要有海相火山矿浆喷溢-热液加富型铁矿（雅满苏式、沙泉子式、阿齐山式）、火山喷发-沉积型铁矿（红铁山式）、火山-次火山热液交代型（百灵山式、红云滩式）、火山-次火山矿浆充填交代型（黑峰山式）	重要
	海相沉积岩型铁矿床的主要识别标志		石炭纪海相沉积岩建造（早石炭世类铁硅质岩建造和滨-浅海相砂砾岩建造、晚石炭世火山-沉积岩建造）	必要
			海相沉积盆地（火山-沉积盆地、滨-浅海盆地、中深海盆地）	必要
			矿石以菱铁矿-赤铁矿-褐铁矿石建造（库姆塔格式）、赤铁矿-软锰矿石建造（铁岭第二铁矿区式）、钒钛磁铁矿-磁铁矿石建造（鱼峰式）为主	重要
			区内铁矿带广泛发育后期热液阶段的硅化、碳酸盐化（去白云岩化）、绿泥石化等	次要
			矿床式主要有火山-沉积型铁矿（库姆塔格式、菱铁滩式）、海相沉积（类铁硅质建造）型铁矿（翠岭999高点式）、海相沉积（复理石建造）型铁矿（铁岭第二铁矿区式）、滨-浅海相古砂矿沉积型（鱼峰式）	重要
	岩浆热液型铁矿床的主要识别标志		晚石炭世闪长岩-花岗闪长岩-二长花岗岩建造（成矿时期为早二叠世）	必要
			断裂和侵入体构造裂隙	必要
			矿石为磁铁矿-赤铁矿-镜铁矿-黄铜矿石建造	重要
			区内铁矿带广泛发育绿帘石化、绢云母化、绿泥石化、硅化、夕卡岩化等	次要
			岩浆热液型（鄯善铁岭一号式、双井子式）	重要
区域地球物理特征标志	区域主要岩矿石物性	沉积岩及变质岩类	具有中等密度、无-弱磁性，形成重、磁背景场，少量角岩、大理岩等引起局部重力高	次要
		火山岩类	具有中-高密度、无-弱-中等磁性，其中中基性火山岩引起局部重力高、高磁背景场和局部异常带	次要
		侵入岩类	从酸性-超基性密度增高、磁性增强。酸性岩类引起局部重力低及低背景磁场，中基性-超基性岩类引起局部重力高及局部高磁异常	次要
		铁矿石类	铁矿具高密度，磁铁矿具强磁性，引起局部重力高，磁铁矿具有明显的局部高磁异常	重要
	区域地球物理场	重力场	铁矿主要位于区域重力高值区或重力次级梯度带上	重要
		磁场	铁矿体主要围绕正磁异常体带上，少数铁矿体分布在负的弱磁场区。磁铁矿类矿床局部异常明显，而赤铁矿、褐铁矿类非磁性矿产无明显局部异常	必要

续表

预测要素	要素说明	识别标志的分类
区域地球化学场特征标志	铁锰钒钴铜的含量相对较高，分布不均匀，在含量总体高的背景上，各元素呈现明显的高值区（带），高值区（带）常常是铁矿集中分布区，异常区带明显，铜异常的叠加具有典型性	重要
区域遥感特征标志	热液型铁矿与海相火山岩型铁矿所在区域的影像色调深地貌阴影多。沉积型铁矿所在区域影像色调浅，见有平行影纹，地形成的阴影少。铁矿与主成分分析提取的铁染蚀变异常关系较为密切	次要
区域重砂特征标志	磁铁矿、赤铁矿、氧化黄铁矿、褐铁矿普遍出现，铁矿区含量有增高趋势	次要

2. 定位预测

根据所选择的预测要素，以火山岩建造构造图为底图，结合航磁、重力、遥感推断火山构造、火山岩体，结合已发现的矿化信息等，在工作区共圈定预测区 64 个，如图 2.51 所示。

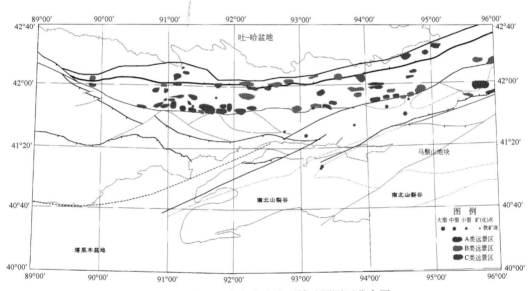

图 2.51　东天山海相火山岩型铁矿预测区分布图

3. 定量预测

根据示范区的具体情况，体积法在实际应用中分为绝对体积法和相对体积法。模型区研究程度高，有成型的矿床，并具有一定的规模，而预测概念模型是在总结提取已知矿床的关键预测要素的基础上建立起来的，因此，模型区资源量估算可以直接采用绝对体积法。预测区是采用已建立区域预测概念模型进行相似类比而圈定的，其或多或少与预测概念模型有所差别，因此，估算预测区资源量时，还必须求出各预测区与预测概念模型的相似程度，这样使预测的资源量更为客观，符合实际情况，采用相对体积法更为合理。绝对体积法和相对体积法计算公式如下。

绝对体积法计算公式：

$$Q = S_1 \times H \times K_1 \times D_1 \times P \tag{2.1}$$

相对体积法计算公式：

$$Q = S \times H \times K \times D \times F \times P \tag{2.2}$$

式中，Q 为预测区总资源量；S_1 为模型区含矿建造面积；S 为预测区含矿建造面积；H 为推算深度；K_1 为模型区含矿率；K 为预测区含矿率；D_1 为模型区矿石体重；D 为预测区矿石体重；F 为相似系数；P 为置信度。

在实际操作中其估算过程体现在以下几个步骤。

（1）圈出预测区确定预测类型：采用综合信息法，依据一定的地质规律，确定各预测类型模型区，圈出预测区，综合各典型矿床建立比例尺对等的概念模型，根据不同预测类型的概念模型，确定各预测区的预测类型。

（2）求体重：计算模型区、预测区的矿石体重 D_1 和 D，其中 D_1 为各模型区的平均体重，D 由各典型矿床的平均体重预期探明资源量加权求得（表5.10）。其计算公式如下：

$$D = \sum (Q_2 D_1) \div \sum Q_2 \tag{2.3}$$

式中，Q_2 为模型区探求资源量。

（3）求含矿率：计算模型区、预测区的含矿率 K_1 和 K，其中 K_1 和 K 分别由下列公式求得

$$K_1 = (V_1 \div V) \times 100 \tag{2.4}$$

式中，V_1 为模型区矿石体积，$V_1 = Q_2 \div D_1$；V 为模型区含矿建造体积，$V = S_1 \times H_1$，H_1 为模型区矿体控制最大垂深。

$$K = \sum (Q_2 K_1) \div \sum Q_2 \tag{2.5}$$

根据示范区的实际地形情况，地势平坦，相对高差不大，因此计算中涉及的深度均为地表至地下的直接垂深。

（4）求相似系数：采用相似类比趋同法，对比各预测区与相应概念模型的相似程度，求相似系数。利用已知矿床（点）与概念模型各要素的对应关系，计算其权重，采用二态取值，各要素与矿床（点）对应情况用 1 和 0 表示，1 表示矿床（点）存在要素，0 表示矿床（点）与要素不对应。然后将预测区与综合概念模型类比，与矿床成因相关的各要素与预测区的对应情况，并赋予每个要素一个权重，计算预测区与概念模型的相似程度，求得相似系数。其权重与相关系数计算公式如下：

$$权重 = 矿床(点)要素总得分 \div 矿床(点)总数 \tag{2.6}$$

$$T = (要素1 \times 权重1 + 要素2 \times 权重2 + \cdots + 要素n \times 权重n) \tag{2.7}$$

$$F = T \div T_{max}; \tag{2.8}$$

式中，T 为预测区有利度；F 为相似系数；T_{max} 为典型矿床概念模型得分。

置信度通常按 90%、50% 和 10% 来考虑，即估算资源量置信度分别为：A 类预测区 90%、B 类预测区 50%、C 类预测区 10%。

（5）计算资源量：由于模型区和预测区分别采用两种不同的计算方法，因此二者将分开计算。将上面求出的数据分别带入绝对体积法和相对体积法计算公式，对模型区、预测区

矿产资源进行定量预测。模型区采用绝对体积法计算（表2.7），预测区采用相对体积法计算，并将各预测类型资源量相加汇总即为整个示范区预测资源量。

表2.7　体积含矿率计算表

矿产类型	典型矿床	所在模型区面积 S_1/km^2	最大见矿垂深 H_1/m	含矿地质体体积 V/m^3	探明矿石资源储量 $Q_2/$万t	矿石体重 D_1 /(t/m³)	矿体体积 V_1/m^3	含矿率 $K_1/\%$	预测区含矿率 $K/\%$
火山岩型海相	雅满苏铁矿	40.40	572	23107504313	3579.0	4.075	8782822.09	0.038	0.046
	红云滩铁矿	45.06	425	19149122655	3229.5	3.870	8344961.24	0.044	
	百灵山铁矿	13.74	240	3298417065	1306.5	4.390	2976082.00	0.090	
	白山泉铁矿	48.76	565	27547303638	4406.4	3.050	14447213.11	0.052	
	赤龙峰铁矿	179.02	220	39384276718	1275.4	3.910	3261892.58	0.008	

注：$V = S_1 \times H_1$；$V_1 = Q_2 \div D_1$；$K_1 = (V_1 \div V) \times 100$；$K = \sum (Q_2 K_1) \div \sum Q_2$。

表2.8　东天山火山岩型铁矿定量估算结果　　　　　　　（单位：万t）

预测资源量	查明资源量	334_1资源量	334_2资源量	334_3资源量
105734.78	17366.44	65850.78	14597.58	7919.98

二、岩浆铜镍硫化物型矿床

1. 区域预测要素

总结东天山地区岩浆熔离型铜镍硫化物矿床的区域预测模型，见表2.9。

表2.9　岩浆铜镍硫化物型铜镍矿区域预测模型

标志分类		信息显示
地质	大地构造位置	区内深大断裂的两侧
	地层、岩性	含矿基性-超基性岩体主要侵位于上石炭统梧桐窝子组
	构造	早期基性岩体受向斜核部的脆-韧性变形带控制；晚期超基性岩体受到以早期岩体为"核"的压力影构造的张性"阴影区"控制
	岩浆岩	基性-超基性岩体
	围岩蚀变	蚀变较强但不均匀，主要类型有蛇纹石化、滑石化、绿泥石化、碳酸盐化、次闪石化。蚀变分带不明显
	矿化	磁黄铁矿、镍黄铁矿、黄铜矿、紫硫镍矿、黄铁矿
地球物理	区域地球物理特征	重力梯度带上，高磁异常带与背景磁场的过渡带
地球化学	区域地球化学特征	位于1:20万区域化探Cu高背景带南侧，矿区有含量较低的Zn、As、Sb异常，Zn极大值为306×10^{-6}

2. 定位预测

圈定黄山式基性-超基性岩浆熔离型铜镍（银）矿床的一个必要要素是基性-超基性岩体。根据对于该类型矿床的研究以及在综合信息分析中各类信息之间的相关关系可知，矿体几乎全部赋存在基性-超基性岩体当中，该类岩体在重磁异常图上主要表现为中等或小规模的磁异常，在化探异常图上主要表现为 Cu、Ni 组合异常。在工作中统计了每个磁异常的元素地球化学的组成、每个航磁异常的可能对应地质体。例如，黄山铜镍矿床的航磁异常表现为 100～200nT 中等磁异常，处在高磁异常的边部，磁异常和铜、镍等铁铜元素吻合较好，不对应金、银、铅、镉化探异常。据此，确定了圈定黄山式铜镍矿床远景区的规则：有中等或小规模磁异常；有铜镍化探异常；有超基性杂岩体。共圈定黄山式基性-超基性铜镍（银）矿的远景区 119 个，其分布如图 2.52 所示。

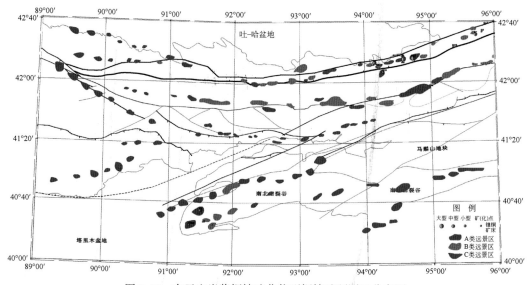

图 2.52　东天山岩浆铜镍硫化物型铜镍矿预测区分布图

3. 定量预测

根据全国矿产地数据库中数据，建立起该类矿床的品位-吨位模型，如图 2.53 所示。概率为 90% 的矿床数的确定：矿田级远景区内如果有 1 个已知矿床，做过一定量的工作，证明有一定的储量，但该储量没有上储量表，则概率为 90% 的矿床数为 1。目前工作区内已知矿床有 5 个，因此工作区内概率为 90% 的矿床数为 5。

概率为 50% 的矿床数的确定：基于预测区优选的结果，该概率下矿床对应于 A 类预测区，区内有几个 A 类预测区，概率为 50% 的矿床数就是几。根据特征分析结果，工作区内共有 6 个 A 类预测区，因此，决定了工作区内概率为 50% 的矿床数为 6。

概率为 10% 的矿床数的确定：对应于 B 类和 C 类预测区。工作区内 B 类预测区 28 个，C 类预测区 85 个，因此，区内对应概率为 10% 的矿床数为 113 个。

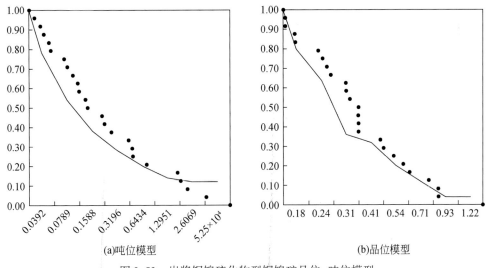

(a)吨位模型   (b)品位模型

图 2.53 岩浆铜镍硫化物型铜镍矿品位-吨位模型

4. 东天山地区基性-超基性岩浆熔离型铜镍（银）矿资源量估算

在以上品位-吨位模型的建立、矿床数估计的基础上，通过蒙特卡洛模拟，估算铜资源量为 453 万 t，镍资源量为 448 万 t，具体结果如表 2.10、图 2.54 所示。

表 2.10 东天山岩浆熔离型铜镍硫化物矿床资源量估算结果

研究区	东天山地区			
矿种	Cu，Ni			
矿点的分布采用德尔菲方法				
专家名称	CH			
分组数	114			
在一定概率的资源量（Cu）				
矿化类型	基性-超基性岩型			
概率	矿点数	品位/%	矿石量/t	资源量
0.9	5.35882	0.178062	170629	5928.66
0.5	6.78242	0.321714	3.62×10^6	226225
0.1	79.1601	0.624243	5.98×10^7	7.57×10^6
均值	35.3747	0.307209	2.38×10^6	4.53×10^6
均值的概率	0.186828	0.38794	0.163994	0.149932
伴生元素	Ni			
分组数	15			
在一定概率资源量分布的结果（Ni）				
概率	矿点数	品位/%	矿石量/t	资源量
0.9	64441.6	1757.62	1.55×10^6	1.76×10^{12}
0.5	5.46×10^{19}	0.00446533	8.58×10^6	226225

概率	矿点数	品位/%	矿石量/t	资源量
0.1	1.72×10^{38}	0.0110025	4.77×10^7	7.57×10^6
均值	38.1344	0.574757	2.04×10^7	4.48×10^6
均值的概率	0.499435	0.341067	0.312242	0.0844517

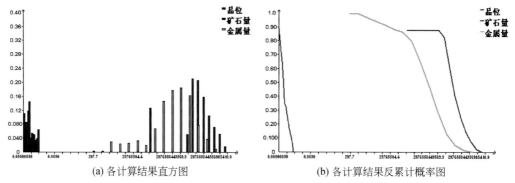

(a) 各计算结果直方图　　　　　　　　(b) 各计算结果反累计概率图

图 2.54　资源量估算结果

三、韧性剪切带型金矿

1. 区域预测要素

东天山地区韧性剪切带型金矿区域预测要素总结表，见表 2.11。

表 2.11　韧性剪切带型金矿的区域预测模型

标志分类		信息显示
地质	大地构造位置	区内任何深大断裂带的边缘，尤其是阿奇山岛弧带与康古尔–黄山碰撞带的接触带附近
	地层、岩性	下石炭统雅满苏组海相火山–沉积岩系
	构造	受康古尔–黄山韧性剪切带控制，矿床产于韧性剪切带的边缘影响带，剪切带内的雁列张扭性裂隙带中可能是赋矿的较好部位
	岩浆岩	矿床附近的中酸性岩体（岩脉）均可能与成矿有一定联系
	蚀变特征	发育硅化、绿泥石化、黄铁矿化、绢云母化、碳酸盐岩化等； 蚀变分带由内向外依次为：强磁铁矿、绿泥石化→黄铁绢英岩化→绢云母化带
	矿化	黄铁矿（褐铁矿）化、多金属矿化、磁铁矿化
地球物理	目标物及其物性	含金属硫化物和磁铁矿的金矿（化）体，具有相对高磁、高极化、低电阻率特征
	区域地球物理特征	相对稳定的重力块体上及局部重力高的边缘。区域航磁低–负背景场，局部磁异常的高值向低值的过渡边缘
地球化学	区域地球化学特征	1:20 万区域化探的 Au、Cu、Ag、Pb、Zn、As、Sb、Bi、W、Mo 等元素组合异常；Au 元素的高值点

标志分类		信息显示
遥感	遥感解译构造	位于遥感解译深大断裂构造边部
	遥感蚀变	与羟基蚀变异常位置相吻合

2. 定位预测

根据区域预测要素圈定预测区时，将金元素空间区域性异常作为必要要素，深大断裂的两边 5km 缓冲区、构造交汇部位、羟基异常部位等作为重要因素，共圈定金矿预测区 95 个，如图 2.55 所示。

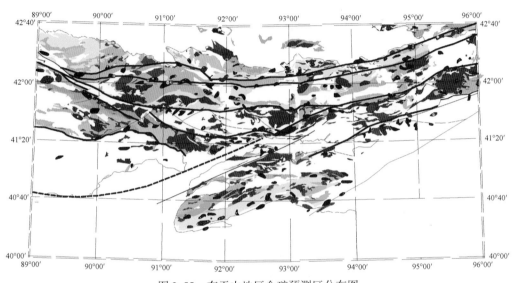

图 2.55　东天山地区金矿预测区分布图

3. 定量预测

项目采用地质体积法对破碎蚀变岩型金矿进行了定量预测。

1）典型矿床参数估算

面积：矿体为脉群，因此，矿床面积采用所有矿体投影到地表后的外边界来界定，如图 2.56 中蓝色边界线所示，面积为 0.388km²。

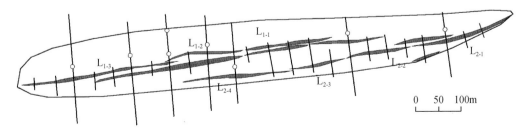

图 2.56　康古尔金矿矿体平面分布图

延深：根据全国 2008 年储量库中的数据（依据 2001 年提交的详查报告），矿脉群最大延深为 510km。

查明资源储量：根据全国 2008 年储量库中的数据，康古尔金矿的查明资源量为 10797.64kg。

平均品位：Au 为 3.41 ~ 3.61g/t，取平均值 3.51g/t。

矿石体重平均为 2.87t/m³。

则典型矿床的体积含矿率 = 查明资源储量/（面积×延深）

$$= 10797.64kg/(388000m^2 \times 510m)$$

$$= 0.0000546kg/m^3$$

2）典型矿床深部及外围预测资源量及其估算参数

典型矿床深部资源量根据下面公式确定：

$$深部预测资源量 = 平面投影面积 \times 预测延深 \times 体积含矿率 \tag{2.9}$$

矿床勘查资料表明，深部金矿化逐渐减弱，铜矿化加强，因此深部无金的预测资源量。

典型矿床外围预测资源量根据下面公式确定的确定：

$$外围预测资源量 = 外围预测区脉体平面投影面积外边界 \times$$

$$预测延深 \times 体积含矿率 \times 相似系数 \tag{2.10}$$

根据该矿床外围蚀变带所包占面积为 572020m²；因此，康古尔金矿外围预测资源量 = 572020m²×510m×0.0000546kg/m³ = 1592847kg。鉴于已知矿床外围的成矿特征与已知区类似，相似系数约为 0.5，因此矿床外围预测资源量应为 1592847kg×相似系数 0.5 = 7964.24kg。

康古尔典型矿床的总资源量 = 查明资源储量 + 预测资源量 = 10797.64kg + 7964.24kg = 18761.88kg。

则该典型矿床的含矿系数 = 矿区总资源量/体积总和 = 18761.88kg/489616200m³ = 0.0000383kg/m³

3）模型区预测资源量及其估算参数

选择康古尔所在预测区作为模型区，该区内只包括康古尔一个矿床，模型区的含矿系数的确定公式为

$$模型区含矿系数 = 资源总量 /（模型区总体积 \times 含矿地质体面积参数） \tag{2.11}$$

含矿地质体面积参数为 1，则该模型区含矿系数为

模型区含矿系数 = 18761.88kg/（105247800×510×1）m³ = 3.495×10^{-7}kg/m³。

4）各预测区资源量估算

由于金矿可以赋存于多种成矿环境和地层中，因此，本次预测选择位于深大断裂 5km 范围内的预测区为破碎蚀变岩型金矿的预测范围，则工作区中此类预测区有 95 个。

各预测区资源量估算公式为

$$Z_{预} = S_{预} \times H_{预} \times K_s \times K_m \times \alpha \tag{2.12}$$

式中，$Z_{预}$ 为预测区预测资源量；$S_{预}$ 为预测区面积；$H_{预}$ 为预测区延深（指预测区含矿地质体延深）；K_s 为含矿地质体面积参数；K_m 为模型区矿床的含矿系数；α 为相似系数。

估算结果见表 2.12。

表 2.12　东天山工作区破碎蚀变岩型金矿预测量

最小预测区 ID	$S_{预}/km^2$	$H_{预}/m$	K_s	$K_m/10^{-7}$（kg/m^3）	α	$Z_{预}/kg$
3	42.243278	510	1	3.495	0.211	1588.757
4	55.575224	510	1	3.495	0.319	3160.016
6	24.815872	510	1	3.495	0.076	336.171
7	21.65468	510	1	3.495	0.111	428.442
8	48.671213	510	1	3.495	0.192	1665.677
10	12.524176	510	1	3.495	0.025	55.809
11	6.09588	510	1	3.495	0.019	20.645
12	61.513432	510	1	3.495	0.1625	1781.725
13	22.092126	510	1	3.495	0.109	429.221
15	36.377692	510	1	3.495	0.099	641.930
16	12.300007	510	1	3.495	0.121	265.282
18	17.55523	510	1	3.495	0.219	685.280
19	24.044695	510	1	3.495	0.157	672.878
20	44.218221	510	1	3.495	0.298	2348.740
21	32.507765	510	1	3.495	0.048	278.129
22	21.822997	510	1	3.495	0.25	972.460
23	42.216959	510	1	3.495	0.358	2693.936
24	30.087096	510	1	3.495	0.148	793.705
25	35.718565	510	1	3.495	0.188	1196.931
26	20.137713	510	1	3.495	0.087	312.282
27	24.125191	510	1	3.495	0.138	593.427
28	82.145831	510	1	3.495	0.188	2752.712
31	15.549978	510	1	3.495	0.119	329.833
32	72.251504	510	1	3.495	0.097	1249.212
34	27.487777	510	1	3.495	0.185	906.418
36	36.50222	510	1	3.495	0.201	1307.774
37	26.437242	510	1	3.495	0.221	1041.420
39	55.461258	510	1	3.495	0.362	3578.620
40	19.890926	510	1	3.495	0.062	219.818
41	22.184755	510	1	3.495	0.162	640.600
43	25.141872	510	1	3.495	0.0355	159.090
44	69.888127	510	1	3.495	0.042	523.203
45	91.852123	510	1	3.495	0.0355	581.212
48	35.786531	510	1	3.495	0.087	554.953
51	105.2478	510	1	3.495	1	18761.88
53	24.624223	510	1	3.495	0.188	825.159

最小预测区 ID	$S_{预}/km^2$	$H_{预}/m$	K_s	$K_m/10^{-7}$ (kg/m³)	α	$Z_{预}/kg$
54	59.2724	510	1	3.495	0.119	1257.236
59	22.016148	510	1	3.495	0.097	380.654
60	24.698732	510	1	3.495	0.215	946.521
61	94.16111	510	1	3.495	0.305	5119.043
62	17.554341	510	1	3.495	0.215	672.729
66	33.49339	510	1	3.495	0.195	1164.156
67	38.715744	510	1	3.495	0.029	200.126
73	23.467526	510	1	3.495	0.155	648.360
76	25.679888	510	1	3.495	0.204	933.772
78	37.356377	510	1	3.495	0.189	1258.473
79	13.801567	510	1	3.495	0.222	546.133
80	20.604095	510	1	3.495	0.219	804.294
81	25.670552	510	1	3.495	0.099	452.989
82	21.205262	510	1	3.495	0.193	729.488
83	40.735489	510	1	3.495	0.0355	257.762
84	22.134452	510	1	3.495	0.017	67.071
85	38.907006	510	1	3.495	0.217	1504.891
86	32.144874	510	1	3.495	0.177	1014.150
87	22.027382	510	1	3.495	0.198	777.402
90	32.876377	510	1	3.495	0.357	2092.038
91	27.085718	510	1	3.495	0.097	468.306
92	62.345639	510	1	3.495	0.371	4122.848
94	30.763738	510	1	3.495	0.175	959.609
95	47.288143	510	1	3.495	0.155	1306.476
96	75.03184	510	1	3.495	0.237	3169.650
98	51.804335	510	1	3.495	0.171	1578.991
99	21.167527	510	1	3.495	0.165	622.546
101	25.34972	510	1	3.495	0.185	835.915
102	21.497111	510	1	3.495	0.149	570.931
103	35.858116	510	1	3.495	0.075	479.365
104	46.481841	510	1	3.495	0.107	886.512
105	39.237723	510	1	3.495	0.2091	1462.430
106	73.628514	510	1	3.495	0.271	3556.581
107	13.78255	510	1	3.495	0.07	171.967
108	25.696765	510	1	3.495	0.219	1003.090
109	18.879998	510	1	3.495	0.099	333.161

续表

最小预测区 ID	$S_{预}$/km²	$H_{预}$/m	K_s	K_m/10^{-7}（kg/m³）	α	$Z_{预}$/kg
110	15.226653	510	1	3.495	0.193	523.816
111	25.960416	510	1	3.495	0.035	161.956
112	8.511005	510	1	3.495	0.017	25.790
113	20.803131	510	1	3.495	0.027	100.117
114	16.109368	510	1	3.495	0.219	628.840
115	15.104083	510	1	3.495	0.099	266.531
116	13.375801	510	1	3.495	0.193	460.145
120	67.532067	510	1	3.495	0.267	3213.947
121	35.119239	510	1	3.495	0.171	1070.431
122	17.875088	510	1	3.495	0.165	525.714
124	41.485997	510	1	3.495	0.279	2063.113
138	23.836112	510	1	3.495	0.027	114.714
143	57.495881	510	1	3.495	0.123	1260.547
147	8.539535	510	1	3.495	0.029	44.142
资源量小计						107168.817

东天山预测区破碎蚀变岩型金矿的预测资源量为 107168.817kg，减去已知资源量 18761.88kg，潜在资源量为 88406.937kg。

四、沉积变质型铅锌矿

1. 区域预测要素

将东天山地区沉积变质型铅锌矿的预测要素总结，见表 2.13。

表 2.13　层控热液型铅锌银矿预测模型

标志分类		特征
地质	构造单元	巴仑台-星星峡离散地块
	地层、岩性	卡瓦布拉克组第一段，主要岩性为粉砂岩、泥岩、硅质岩互层，夹灰岩、大理岩透镜体
	构造	阿其克库都克深大断裂南侧衍生的次级斜交断裂为主要控矿容矿断裂
	岩浆岩	海西中期侵入的石英闪长岩、闪长岩、闪长玢岩、石英二长岩、辉长岩和花岗闪长岩
	围岩蚀变	硅化、透闪石化、白云石化、绿泥石化、绢云母化、绿帘石化
	矿化	方铅矿、闪锌矿、黄铁矿、磁黄铁矿
地球物理	磁法	低磁（$-50 \sim +100$nT）
	激电（中梯）	低阻（$10 \sim 150\Omega \cdot m$）、高极化（$6\% \sim 10\%$）

续表

标志分类		特征
地球 化学	区域地球化学特征	以 Zn、Pb、Au、Ag、Cu 为主的元素组合异常包含所有矿化蚀变带
	矿区地球化学特征	Pb、Zn、Ag 元素组合异常基本与地表矿体对应
地表直接标志		碳酸盐岩、灰黑色块状方铅矿、褐铁矿化、黄钾铁矾化

2. 定位预测

本次工作在东天山地区圈定沉积变质型铅锌矿预测区 43 个（图 2.57），主要位于卡瓦布拉克–星星峡古老地块中，该地块中目前已发现铅锌矿床（点）20 余处，如位于该带东部的沙泉子铅锌矿、宏源铅锌矿、铅炉子铅矿、梧桐大泉南铅矿、刘家泉西铅矿等，位于西部的彩霞山铅锌矿（已具大型规模）、路白山玉银铅锌矿、吉源铅锌矿等，位于中部的玉西银铅锌矿等，表现出很好的寻找层控–热液型铅锌矿的潜力。

部分预测区位于库鲁克塔格地块中，区内前寒武地层分布广泛，地球化学组合异常较好，目前已发现莫合尔山铅锌矿点一处，产于星星峡群古老基底地层中。

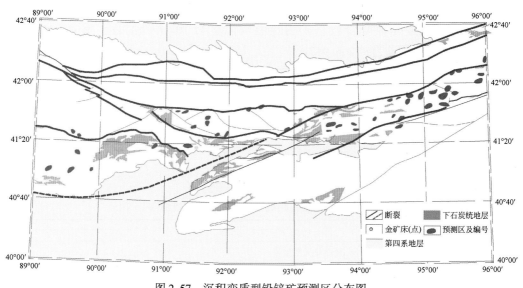

图 2.57　沉积变质型铅锌矿预测区分布图

3. 定量预测

本书采用地质体积法对沉积变质型铅锌矿进行了定量预测。

1）已查明资源储量及其估算参数

查明资源储量：主要指目前工程控制实际查明的全部资源储量，即 333 类以上级别的资源量。

矿床面积：通常指矿床面积，即矿体、矿带，或者是脉状矿体聚集区段边界范围的面积。

矿体延深：大多指经普查或者勘探的矿床经某勘探线钻孔控制最大见矿垂深。

品位、体重：指估算查明资源储量时实际采用的品位和体重。

体积含矿率为查明资源储量／（面积×延深）。

2）典型矿床深部及外围预测资源量及其估算参数

查明资源储量、延深、品位、体重等数据来源于 2008 年 9 月新疆地质矿产勘查开发局第一地质大队编写的"新疆鄯善县彩霞山铅锌矿床普–详查及深边部探矿总结报告"；面积为该矿点各矿体、矿脉聚积区边界范围的面积，采用新疆鄯善县彩霞山铅锌矿地形地质图（比例尺 1∶1000），在 MapGIS 软件下读取数据（图 2.58）。选取Ⅰ号矿脉为模型区计算模型区的体含矿率。由 MapGIS 统计结果得到该矿脉的含矿地质体面积为 91743.44m²，矿脉目前已控制的深度为 600m，333 类以上的 Pb＋Zn 资源量为 628639t，体积含矿率 = 628639／（91743.44×600）= 0.01142t/m³。

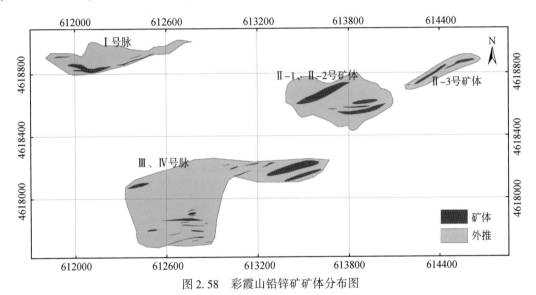

图 2.58 彩霞山铅锌矿矿体分布图

已查明矿体的下延部分，结合内该矿床勘探情况以及矿区物化探资料，可确定其预测深度。其中，Ⅰ号矿脉、Ⅲ号矿脉、Ⅳ号矿脉的延深由穿过这三个矿脉的可控源音频大地电磁法剖面确定，红色低阻部分为成矿建造蚀变大理岩带。分析可知，Ⅰ号矿脉可向下延伸至地表下 800m 深，Ⅲ号矿脉、Ⅳ号矿脉可延伸至地表下 1050m 深。根据最新勘探资料，在Ⅱ号矿脉 752m 深处，发现了方铅矿化，因此，该矿的预测深度可达 752m。采用Ⅰ号矿脉的体积含矿率 0.01142t/m³ 来计算深部资源量。

预测面积分两个部分，一部分为该矿点各矿体、矿脉聚集区边界范围的下延面积（按上下面积基本一致），另一部分为已知矿体附近含矿建造区预测部分，在 MapGIS 软件下读取数据，然后依据比例尺计算出实际平面面积（m²）。

已知矿体的下延部分：查明资源面积×（总延深–查明矿体延深）×体积含矿率（t）。然后将各矿体下延部分推测资源量求和即得典型矿床深部预测资源量表（表 2.14）。体积含矿率采用Ⅰ号脉体积含矿率 0.011488t/m³。

表 2.14　彩霞山铅锌矿深部预测资源量表

矿脉号	含矿地质体面积/m³	预测深度/m	推深/m	体积含矿率/(t/m³)	深部预测/t
Ⅰ	91743.44	800	200	0.01142	209546.3
Ⅱ-1、Ⅱ-2	168152.4	752	112	0.01142	215078.1
Ⅱ-3	36663.66	752	112	0.01142	46895.25
Ⅲ、Ⅳ	378146.4	1050	450	0.01142	1943334
合计					1995761

3）模型区预测资源量及其估算参数

选择彩霞山铅锌矿所在预测区作为模型区，该区内只包括彩霞山一个矿床，据模型区的含矿系数的确定公式式（2.11），则

模型区含矿系数=资源总量/（模型区总体积×含矿地质体面积参数）

模型区面积为 44.582739km²，含矿地质体面积参数为 1，则该模型区含矿系数为

模型区含矿系数=7455598.55t/（44582739×2000×1）= $8.36×10^{-5}$t/m³。

4）各预测区资源量估算

由于层控-热液型铅锌矿主要赋存于卡瓦布拉克-星星峡地块和库鲁克塔格地块的古老地块中，东天山工作区中此类预测区有 43 个。

各预测区资源量估算公式如式（2.12）所示。则估算结果见表 2.15。

表 2.15　东天山工作区层控热液型铅锌矿预测资源量表

最小预测区 ID	$S_{预}$/km²	$H_{预}$/m	K_s	K_m/10^{-5}（t/m³）	α	$Z_{预}$/t
7	29.131051	2000	1	8.36	0.017	82802.10
8	29.133243	2000	1	8.36	0.013	63324.02
9	28.558951	2000	1	8.36	0.066	315153.74
13	55.74574	2000	1	8.36	0.062	577882.64
25	42.198847	2000	1	8.36	0.066	465672.72
26	50.975149	2000	1	8.36	0.014	119322.63
27	50.538495	2000	1	8.36	0.079	667552.87
30	36.950723	2000	1	8.36	0.105	648706.89
32	11.837794	2000	1	8.36	0.084	166259.45
34	46.001252	2000	1	8.36	0.032	246125.10
35	20.862421	2000	1	8.36	0.172	599969.85
37	34.562371	2000	1	8.36	0.105	606776.99
38	78.369038	2000	1	8.36	0.032	419305.70
40	51.50289	2000	1	8.36	0.167	1438084.30
41	50.208601	2000	1	8.36	0.058	486902.93
44	32.508883	2000	1	8.36	0.165	896855.06
47	33.476595	2000	1	8.36	0.059	330239.91

续表

最小预测区 ID	$S_{预}/km^2$	$H_{预}/m$	K_s	$K_m/10^{-5}$（t/m^3）	α	$Z_{预}/t$
48	33.424933	2000	1	8.36	0.013	72652.43
50	44.582739	2000	1	8.36	1	7455598.55
51	12.212308	2000	1	8.36	0.083	169477.53
53	16.45682	2000	1	8.36	0.107	294419.09
54	44.643434	2000	1	8.36	0.081	604614.96
56	21.680336	2000	1	8.36	0.108	391494.84
58	29.55097	2000	1	8.36	0.041	202577.81
59	30.515767	2000	1	8.36	0.041	209191.69
60	58.372632	2000	1	8.36	0.023	224477.79
61	35.906077	2000	1	8.36	0.06	360209.76
62	36.004311	2000	1	8.36	0.063	379255.01
64	24.981217	2000	1	8.36	0.145	605644.62
63	20.148851	2000	1	8.36	0.067	225715.49
65	25.760131	2000	1	8.36	0.059	254118.54
67	34.631592	2000	1	8.36	0.079	457441.77
68	19.479598	2000	1	8.36	0.065	211704.27
70	23.32605	2000	1	8.36	0.01	39001.16
71	13.420692	2000	1	8.36	0.07	157075.78
72	26.45639	2000	1	8.36	0.01	44235.08
73	20.187781	2000	1	8.36	0.035	118138.89
74	17.790976	2000	1	8.36	0.019	56518.37
77	33.991181	2000	1	8.36	0.01	56833.25
80	43.358465	2000	1	8.36	0.136	985936.81
81	44.890198	2000	1	8.36	0.146	1095823.60
82	17.837478	2000	1	8.36	0.008	23859.41
90	32.746159	2000	1	8.36	0.013	71177.05
资源量小计						22898130.45

　　东天山预测区沉积变质型铅锌矿的预测资源量为 22898130.45t，减去该类型矿床已知的资源量为 5110604 万 t，则潜在 Pb+Zn 资源量为 1778.76 万 t。

五、斑岩型钼矿

　　目前，新疆东天山地区已经发现多个钼矿床，如白山斑岩型钼矿、小白石头夕卡岩型钨钼锡多金属矿，以及近几年来新发现的库姆塔格钼矿和东戈壁钼矿，这些钼矿床的发现为进一步在该地区寻找新的矿床提供了思路。这些矿床的产出大部分为两种情况，一种与中酸性岩体和变质基底有关，往往在区域上受深大断裂控制，表现为一定的钼异常或与其他元素的组合异常，如库姆塔格和小白石头等；另一种主要是与火山岩或浅成侵入岩有关，火山构造热液活动对钼元素的富集起到了重要作用，在区域上也表现为钼异常及其组合异常，如白山和东戈壁等。

鉴于在东天山地区已发现的成形的钼矿很少，且研究程度很低，规律总结存在一定困难，因此，本书暂没有进行全区定量预测，仅进行了定位预测，圈定了 36 个钼矿远景区，并对其中一个预测区进行了踏勘查证，结果证明预测效果良好。

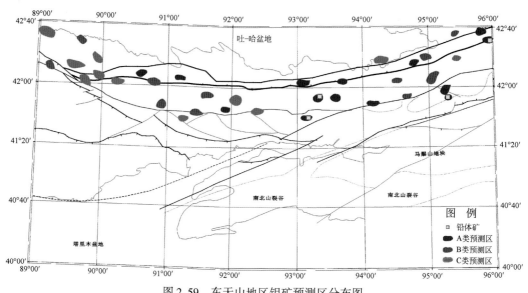

图 2.59　东天山地区钼矿预测区分布图

第三章　秦祁昆成矿域成矿规律
及矿产预测示范研究

第一节　秦祁昆成矿域地质特征

秦祁昆专题研究区范围：按国土资源部地质找矿区域部署成矿带概念，自西向东包括西昆仑成矿带、阿尔金成矿带、祁连成矿带、东昆仑成矿带和陕西境内以西的秦岭成矿带中西段（图 3.1）。研究区地理坐标：东经 73°00′ ~ 110°30′，北纬 32°00′ ~ 39°00′。

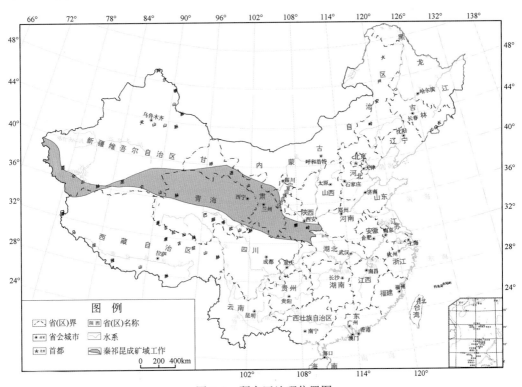

图 3.1　研究区地理位置图

行政辖区隶属于新疆维吾尔自治区南端的克孜勒苏克尔柯孜自治州、喀什地区、和田地区和巴音郭楞蒙古自治州、青海省北部、甘肃省南部、宁夏回族自治区西南部、内蒙古自治区西南部和陕西省南部，横跨六省（区），面积近 100 万 km²，约占全国陆地面积的 1/10 以上。其北部自西往东大致以库地断裂、北阿尔金断裂、祁连山北缘断裂、秦岭北缘栾川断裂为界，分别与塔里木和华北地区陆块南缘相邻；南部则以康西瓦断裂、阿尼玛卿断裂和勉-略断裂为界，与羌塘地块和扬子陆块北缘相接。专题研究区处于中国西部南北分界的山地，也是青藏高原的北缘，整体属于我国经济落后地区。总体上西段山势陡峻，其中西昆仑、阿尔金高山处海拔为4000~5000m，局部达5000m以上，人烟稀少，交通自然地理条件明显低于东段；东段总体海拔相对较低，交通自然地理条件也相对较好，人口相对较稠密，但较平原地区自然条件仍艰苦。

秦祁昆成矿域在构造上处于中国大陆南北分界的中央造山带的中西段，是中亚构造域与特提斯构造域交汇部位和地球动力学研究十分关注的地区（图3.2）。在中国大陆演化进程

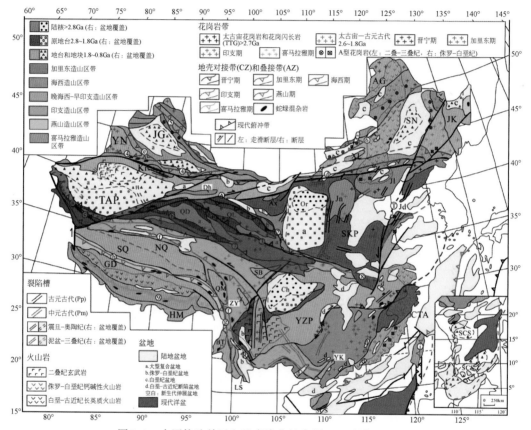

图3.2　中国构造单元和地壳演化轮廓图（王鸿祯，2006）

海西期和燕山期花岗岩分布广泛，图中未标出。构造单元：额尔古纳地块（AG）；阿拉善陆核（Ax）；保山-腾冲地块（BT）；川中地块（Ch）；华夏陆（CTA）；敦煌陆核（Dh）；冈底斯陆核（GD）；喜马拉雅地块（HM）；胶东陆核（Jd）；准噶尔地块（JG）；佳木斯-兴凯地块（JK）；冀辽陆核（Jl）；集宁陆核（Jn）；库鲁克塔格陆核（Kr）；兰坪-思茅地块（LS）；北羌塘地块（NQ）；鄂尔多斯陆核（Or）；祁连地块（QL）；昌都地块（QM）；松潘-碧口地块（SB）；南海地块（SCS）；中朝地台（SKP）；松嫩地块（SN）；南羌塘地块（SQ）；塔里木地台（TAP）；锡林浩特地块（XL）；伊宁地块（YN）；扬子地台（YZP）；中咱-义敦地块（ZY）。地壳对接消减带（CZ）：①. 江山-绍兴（JSCZ）（晋宁期）；②. 祁连-秦岭（QQCZ）（加里东期）；③. 南祁连（SQCZ）（加里东期）；④. 南天山（STCZ）（海西期）；⑤. 额尔齐斯-阿尔曼泰（EACZ）（海西期）；⑥. 贺根山（HGCZ）（海西期）；⑦. 木孜塔格-玛沁（MMCZ）（印支期）；⑧. 凤县-舒城（FSCZ）（印支期）；⑨. 雅鲁藏布江（YZCZ）（喜马拉雅期）。地壳叠接消减带（AZ）：a. 西昆仑（WKAZ）（晋宁期）；b. 东昆仑（EKAZ）（晋宁期）；c. 库地（KDAZ）（晋宁期）；d. 翁都儿庙（OSAZ）（加里东期）；e. 北天山（NTAZ）（海西期）；f. 金沙江（JSAZ）（印支期）；g. 昌宁-孟连（CMAZ）（印支期）；h. 班公-怒江（BNAZ）（燕山期）；i. 利吉（LJAZ）（喜马拉雅期）。走滑断裂：A. 阿尔金；T. 郯庐；R. 红河。

中占有不可替代的特殊地位，并存在许多重大的亟待解决的科学命题。例如，中央造山带的基底及其构造归属，西昆仑、阿尔金、东昆仑、祁连和秦岭造山带的形成、构造转换及其之间的关系，以及塔里木、华北和扬子等几大陆块相互作用关系问题等。当然，也更是区域成矿和矿产勘查极其关键的地区。《国务院关于加强地质工作的决定》明确提出的 16 个重要成矿区带。其中的秦祁昆成矿域便占据昆仑-阿尔金和秦岭两个重要成矿带。不仅是国家矿产勘查部署的首选区域之一，也是解决国家重要矿产资源大型接替基地的重要潜在地区。

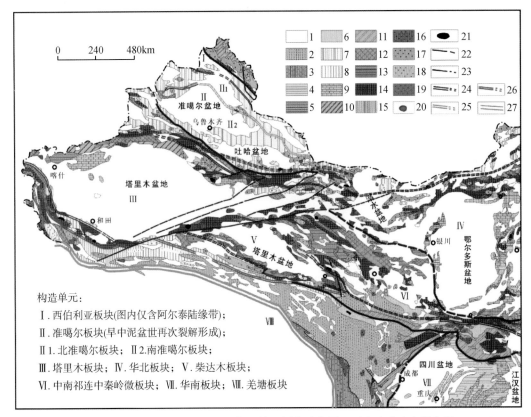

图 3.3　秦祁昆成矿域大地构造格局及构造单元划分示意图（西安地质矿产研究所，2006）

1. 中新生代陆相沉积组合；2. 特提斯洋北缘三叠纪陆相沉积组合；3. 特提斯洋北缘三叠纪火山弧建造；4. 晚古生代克拉通盆地沉积组合；5. 晚泥盆世—中三叠世新克拉通盆地沉积组合；6. 晚古生代板哪裂陷盆地沉积组合；7. 晚古生代裂谷建造；8. 石炭纪—中二叠世洋盆沉积组合；9. 南华纪—早古生代克拉通盆地沉积组合；10. 志留纪—早中泥盆世陆缘沉积组合；11. 南华纪—早古生代陆缘沉积组合；12. 南华纪—早古生代大陆裂谷-洋盆沉积组合；13. 变质的华南型前泥盆纪沉积组合；14. 元古宙变质及浅变质岩类；15. 中新太古代深变质岩系；16. 中生代花岗岩类；17. 晚古生代花岗岩类；18. 早古生代花岗岩；19. 元古宙花岗岩类；20. 基性岩类；21. 超基性岩类；22. 具有大规模大陆岩石圈消减的断裂带；23. 大型断裂带；24. 早古生代缝合带；25. 中泥盆世末期缝合带；26. 中二叠世末期缝合带；27. 三叠纪末缝合带

　　秦祁昆成矿域在构造范围上与中央造山带概念的地域基本吻合，中央造山带概念是于1993 正式提出的（姜春发，1993）。秦祁昆成矿域位于中国大陆中部呈东西向展布，北与古亚洲构造域相接，南与古特提斯构造域相邻，两大构造域在该区域的相汇作用，形成了独特的区域构造格局。它夹持于华北和华南板块之间，主要由昆仑山、阿尔金山、祁连山、秦岭、北大巴山和大别山组成，是一个多类型、多旋回的复杂造山带，具有复杂漫长的地质发展过程。中央造山带，有狭义和广义之分。广义包括西昆仑、东昆仑、阿尔金、祁连山、西秦岭、东秦岭和大别山七个造山带，狭义上不包括阿尔金、祁连山和柴达木等（姜春发等，2000）。本专题研究区为广义中央造山带概念范围，但主要研究陕西省境内以西地区（图3.3）。

秦祁昆成矿域所在中央造山带研究成果主要反映于全国或亚欧大陆以及青藏高原的研究中，新近的有任纪舜等（1999）的《从全球看中国大地构造：中国及邻区大地构造图简要说明》、马丽芳等（2002）的《中国地质图集》和大量的论文。姜春发等（2000）出版的《中央造山带开合构造》，系统对中央造山带进行了阐释，提出中央造山带有北、中、南三带之分：北带为古生代造山带，属于古亚洲构造域；中带为前寒武纪变质杂岩带和花岗岩带，属古老基底残块，古生代演化为岩浆弧；南带为印支期造山带，属特提斯构造域。祁连山、阿尔金在一般认识上归属于古生带造山的古亚洲构造域。

中央造山带以往大部分研究成果，是对中央造山带组成的秦岭造山带、祁连造山带、阿尔金造山带和昆仑造山带等的专门论述。秦岭造山带，主要为张国伟等（1988）的"秦岭造山带的形成及其演化"；祁连造山带，夏林圻等（1996，1998，2001）的"北祁连山海相火山岩岩石成因"、"祁连山及邻区火山作用及成矿"、"北祁连山构造-火山岩浆-成矿动力学"和冯益民等（1996）的"祁连山大地构造与造山作用"；昆仑造山带，主要为姜春发等（1992）的"昆仑开合构造"和李荣社等（2008）的"昆仑山及邻区地质"等；阿尔金造山带，崔军文等（1996）的"阿尔金断裂系"等。更多的研究成果，主要散见于国内外重要学术刊物。

本书在查阅以上大量资料的基础上，结合区域地球物理、地球化学、遥感影像特征以及专题研究成果，系统梳理了秦祁昆成矿域地质构造特征，提出了构造演化认识，并分别对祁连、昆仑-阿尔金、秦岭造山带的演化特征进行了论述。

一、区域地球物理、地球化学及遥感影像特征

（一）区域地球物理特征

1. 区域航磁特征

按磁异常展布形态和特征（图3.4）。可将秦祁昆地区磁场特征划分为四种类型。

图3.4　秦祁昆成矿域航磁△T短波异常图

（1）巨大磁异常带：主要位于祁连山（含柴达木）一带。磁异常特征主要表现为具一定方向的条带状和串珠状强磁异常带，反映了区域火山沉积建造和镁铁质建造的磁性、岩性特征和基底构造的走向。

（2）团块状强磁场区：以塔里木盆地较明显。磁异常以宽阔的正磁场为主，反映了盆地基底为强磁性的深变质结晶岩系。

（3）负背景磁场区：主要位于柴达木盆地、塔里木盆地。磁场多表现为变化的低磁场区，局部地区有宽缓升高的磁场。反映了区域岩性主要为碎屑岩、碳酸盐岩和少量中酸性火山岩的物性组合。

（4）哈密–且末北东向磁异常带：位于塔里木地块的东南侧，呈北东向展布，与背景负磁场区的界线清晰明显，反映阿尔金断裂带特别是南缘断裂带有关镁铁质岩石建造和古老基底变质岩系的物性特征。

2. 区域重力场特征

秦祁昆成矿域在区域上表现为与三江成矿区相连的反 S 形大型区域重力梯度带（图 3.5），布格重力异常变化总趋势是由东至西、由北至南逐渐减小（图 3.6）。其中在青藏高原北缘沿昆仑山—阿尔金山—祁连山一线存在一条近东西向展布的 S 形巨型重力梯级带。西端沿帕米尔高原的南北两侧延伸至邻国，在区内总长约 2600km，宽度为 240km，布格异常值为 $-150 \times 10^{-5} \sim -450 \times 10^{-5} \mathrm{m/s^2}$；以此重力梯级带为界，异常值呈两个明显台阶：第一台阶为新疆、甘肃、陕西的重力高值区，异常值为 $-15 \times 10^{-5} \sim -200 \times 10^{-5} \mathrm{m/s^2}$，反映莫霍面深度为 38～56km；第二台阶为青藏高原低值区，异常值为 $-200 \times 10^{-5} \sim -500 \times 10^{-5} \mathrm{m/s^2}$，反映莫霍面深度可超过 70km。

图 3.5　秦祁昆反 S 形大型区域重力梯度带示意图（孙文科等，2001）

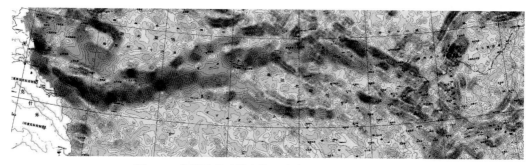

图 3.6　秦祁昆成矿域布格重力水平导数模量异常图

　　由上两个台阶所反映的重力梯度带大体位于昆仑山—阿尔金山—祁连山东西一线。该重力梯级带是我国大陆南北构造带的重要分界线。

　　在重力异常特征上，区内主要造山带的重力异常多表现为梯级带或串珠状重力低异常。大型盆地则多出现与盆地分布形态相近似的局部重力高异常。而盆地周围往往出现环绕盆地的弧形波浪状重力低异常。

（二）区域地球化学特征

　　除塔里木盆地、柴达木盆地以能源（煤、石油、天然气、地热）和盐类沉积矿产为主，未开展地球化学调查外，区内的一些主要成矿区带均已完成以固体金属矿产为主的区域地球化学调查工作。从水系沉积物中 15 种元素测量的平均值可以看出，全区 Au、Co、Cu、Ni、Pb、Zn 含量同全国高寒区水系沉积物中含量相当；Ag、Hg、Sn 元素的平均值低于全国平均含量；而 W、Mo 元素则明显高于全国平均值。与地壳中元素平均值对比，水系沉积物中 Ag、Cu、Hg、Sn、Zn 无明显富集或贫乏，Au、Co、Cr、Ni 等元素，特别是 Co、Cr、Ni 等铁族元素明显贫乏，不及地壳平均值的 50%；Mo、Pb、Sb、W 等元素明显富集。尤其是 Mo、Sb、W 元素富集达地壳均值的 2～5 倍。由上说明，秦祁昆地区相对表现以稀有金属、贵金属和多金属异常为主要地球化学特征，并在实际找矿工作中发挥了应有的效果（图 3.7、图 3.8）。

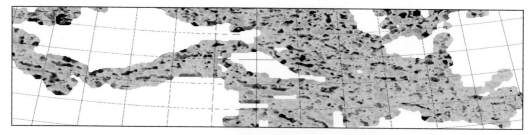

图 3.7　秦祁昆成矿域金元素地球化学色块异常图

（三）区域遥感影像特征

　　通过多源遥感数据在秦祁昆成矿域地质分析中的应用，获得了秦祁昆成矿域遥感影像特征及相关信息。本书以美国 Landsat 卫星的 TM、ETM+遥感数据和美国国家航空航天局

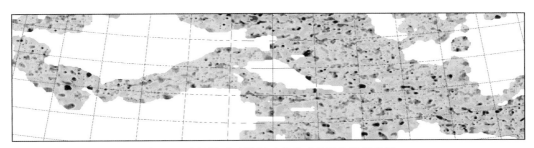

图 3.8　秦祁昆成矿域铜元素地球化学色块异常图

（NASA）利用 Landsat 卫星 TM/ETM+等数据进行正射校正后 742 波段 RGB 合成的 GeoCover 遥感数据，空间分辨率分别为 30m 和 14.25m；MODIS 遥感数据，空间分辨率为 500m；FY3 卫星 MERSI 遥感数据，分辨率为 250m；并结合常规的和 1：25 万全国 DEM 高程数据、土壤类型、地质数据等信息。

TM、ETM+遥感数据是美国陆地资源卫星 Landsat-5、Landsat-7 对地遥感观测数据。该数据包含 7 个多光谱波段和 1 个全色波段，波段范围覆盖了从可见光到红外区域的较大范围，获得的光谱信息较为丰富，是我国遥感应用研究的主流产品，具有较高的性价比。TM、ETM+多光谱数据空间分辨率为 30m（其中 6 波段分别为 120m 和 60m），7 号星及加载的 ETM+传感器全色波段可获得空间分辨率为 15m 的数据。选用研究区经过预处理的 Landsat 卫星的 TM 遥感影像进行主要构造解译。影像的空间的分辨率高达 5m，确保了图像的高清晰度和显示效果的层次感。图像的色彩比较丰富，但色调相差不大。植被、水体等遥感地质解译标志清晰可见，植被呈浅绿色、深绿色，主要分布在研究区的东部；而面积大一点的水体，主要是湖泊，则呈深黑色调，如青海省境内的青海湖、哈拉湖，新疆维吾尔自治区境内的阿雅克库木湖、阿其克库勒湖等。由于植被和水体的走向可以一定程度上指示区域构造的走向，给研究区的构造解译提供了可靠的参考。另外，研究区西部和中部影像中的青色色调，尤其是西部连续的带状特征，显示了积雪的覆盖，指示了研究区部分山体的走向，也为构造的解译提供了重要的帮助。除了这些显著的解译特征。影像色调由褐色到黄色到灰色的过渡也较好显示了研究区地形和地貌的空间变化特征。总之，所选用图像具有较高的可解译性。

断裂构造解译标志的建立是断裂构造信息提取的关键环节。解译标志是断裂构造地物本身的相关特征信息或者及其有内在联系的相关信息在图像上的直接或间接反映。本书主要应用的地质断裂构造解译标志有色调、形状、纹理、类型四种。

不同解译标志特征在不同断裂构造带上，表现出的强弱不同。例如，有的断裂构造带在遥感图像上以色调表现，有的以纹理表现。但是，多数识别遥感图像中断裂构造信息过程是综合利用多种断裂构造遥感解译标志进行综合判断的，很少单独使用一种解译标志。

按照以上工作方法和流程，从而提取得到区域内的断裂构造信息。

秦祁昆成矿域断裂带发育，走向多变，有直线延展的，也有弧形变化的。根据所表现的影像特征，研究区主断裂带按走向总体可分为四大组，西部的西北-东南走向，南部的东北-西南走向、南部及东部的西北-东南走向、南部的主体东西走向，东部略带弧形（图 3.9）。

图 3.9　秦祁昆成矿域断裂构造遥感解译图

1. 汾渭断裂带

该断裂带主体位于秦祁昆成矿域东侧，黄河向东拐弯的东北部，影像上呈浅褐色—紫色的色调，总体呈弧形。为北侧强烈下陷的同生断裂，边缘零星可见早期次级断裂，东段走向NE40°，西段走向 60°～70°。

2. 油房沟–皇台断裂带

该断裂带主体位于秦祁昆成矿域东侧，向东、西分别延入豫、甘。影像上表现为深红色色调，两侧是绿色的植被覆盖区。该断裂带为多期活动复合断裂。控制北秦岭北带早古生代—中生代断陷沉积。中生代以来，以逆冲推覆为主。

3. 北川–映秀断裂带

该断裂带主体位于秦祁昆成矿域的东南部，走向东北–西南，影像特征比较明显，主要表现为：影像的色调在断裂的西北边为绿色，而在其东南侧为浅紫色；其东南侧的水系到了断裂附近有明显的改道；而且影像显示的地形地貌特征也不同，东南侧较为平坦，而西北侧为典型的山区。该断裂带为逆冲推覆断裂带，为龙门山主中央断裂，北起广元，南达泸定，北入陕西，南接箐河断裂带。

4. 阿拉善南缘–龙首山断裂带

近东西向、北倾，由古生代开始至中新生代长期活动，伴有大规模岩浆活动，是槽台的分界线。

5. 阿尼玛卿断裂带

该断裂带主体位于秦祁昆成矿域东南部，走向北西–东南，在遥感影像上呈紫红色—粉红色的色调，该断裂带是一条重要的区域性构造分区断裂，它西入新疆，东进甘肃。其北侧是以二叠系为主体的布青山群，南侧为巴颜喀拉山群。

6. 武山–天水断裂带

该断裂带走向南西–北东东，向西延入新疆，向东在后红泉北与另一断裂交汇。

7. 龙首山断裂带——六盘山东侧断裂带

该断裂带主体位于秦祁昆成矿域东北部，在影像上呈浅紫色调，其西南部呈绿色色调，而东北部呈灰白色、浅紫色，可能西南部植被覆盖较好的缘故。由近东西向转为北西–南东向，倾向南西，倾角55°~70°，逆断层。向西被阿尔金走滑断裂所截，向东延入青海。

8. 黑河断裂带

该断裂带主体位于秦祁昆成矿域东北部，在影像上呈紫红色，并有随水系分布的绿色植被覆盖，走向西北–东南，两端延入甘肃，由叠瓦状逆冲断层组成，沿断裂带超基性岩分布较多，并有带状兰片岩分布。

9. 扎陵湖、鄂陵湖北断裂带

该断裂带主体位于秦祁昆成矿域东南部，走向西北–东南，两者有较多的水体分布，绿色植被分布的趋势与其走向近平行。该断裂带是青南的一条重要成矿断裂带。其西段断裂束紧密，并有蓝片岩出露，东段分叉，主断裂不清。

10. 宗务隆山–青海湖南断裂带

该断裂带主体位于秦祁昆成矿域中东部，走向北西–东南，向西延入新疆。影像特征主要表现为：色调为浅灰色、浅绿色，其北侧水系与之垂直分布，而且微地貌特征较南部丰富。

11. 安南坝–肃北–石包城断裂带

该断裂带主体位于秦祁昆成矿域北部，浅黄色、浅绿色色调，两侧水系较多，色调的多变反映出该断裂带区域地形、地貌比较复杂，走向北西–南东，多倾向北东，局部南倾，倾角60°~70°，逆断层。向西被阿尔金走滑断裂所截，向东延入青海。

12. 木孜塔格–鲸鱼湖断裂带

该断裂带主体位于秦祁昆成矿域中西部，走向西北–东南，其显著的影像特征是两侧有较大面积的水体发育，尤其是南部，而且水体的走向多与其走向近一致，另外，两边积雪和植被的分布也显示了类似的特征，向东沿木孜塔格山北坡延至琼鱼湖后延入青海省。

13. 阿尔金断裂带

该断裂带主体位于秦祁昆成矿域的西北部，走向东北–西南，影像特征比较明显，南侧主要为深灰色、浅灰色色调，微地貌发育，而北侧由于水系的分布特征表现为浅蓝色、浅黄色、浅绿色色调，该断裂带横亘于西藏、新疆、青海、甘肃四省区之间，它西起西藏拉竹龙，东至甘肃金塔，阿尔金断裂带由多条断裂构成，总体呈北东向展布，主断裂是由多条次级断裂组合而成，直线状延展，断层面倾角平均在 70°以上，东西两段向东南倾斜，中段向西北倾斜。

14. 拉竹笼断裂带

该断裂带主体位于秦祁昆成矿域的西部，影像的蓝色和黑色色调反映其两侧积雪和水体分布的差异，该断裂是阿尔金断裂的西南延伸部分，大致由 2 ~ 3 条近于平行、规模不等的断裂组成，将新疆境内的昆仑山从中部截成东西两段。

15. 康西瓦断裂带

该断裂带主体位于秦祁昆成矿域的西北部，呈弧形，灰色偏黄色色调，两侧微地貌发育，青色积雪与浅绿色植被与之平行分布，水系密集，长约数千公里。断裂带宽 3 ~ 5km，早期以韧性剪切为主，中期以脆性变形为主，表现为由南向北的逆冲，为板块缝合带断裂。

二、区域地质构造背景

（一）区域地质构造特征

1. 区域地质构造格架

秦祁昆成矿域或中央造山带处于塔里木、华北和羌塘、扬子几大陆块间，是分割中国南北大陆的纬向巨型造山带。其间以镶嵌着阿中（阿尔金中间地块）、柴达木、中祁连、昆中等前寒武纪微型陆块，呈条块状构造为特征。按地壳结构形成演化及构造配置形式，目前一般认为中央造山带有北、中、南三带之分（姜春发等，2000）。北带为古生代造山带，属于古亚洲构造域。中带为前寒武纪变质杂岩带和花岗岩带，属古老基底残块，古生代演化为岩浆弧。南带为印支期造山带，属特提斯构造域。而祁连山、阿尔金一般归属于古亚洲构造域的古生代造山带。

从构造展布形式上看，秦祁昆成矿域空间上有一种局部紧束和部分扩散的特征（图3.2）。塔里木地块南抵使西昆仑造山带呈紧束构造结，鄂尔多斯和四川地块相抵使西秦岭呈紧束的构造结形式。而北邻阿拉善地块，南依松潘-甘孜褶皱带的北祁连和东昆仑造山带则表现为向北扩散的特征。其间又由于中祁连、柴达木、化隆等一些中间地块的存在和阿尔金走滑断裂的出现，以及祁连-昆仑地区又形成北祁连、南祁连、东昆仑、阿尔金的多条相互平行和交切的造山带的配置格局。

秦祁昆中央造山带边界缝合带所围限的前寒武纪地块，主要有西昆仑布伦阔勒群地块、阿尔金阿中地块、祁连中祁连地块、欧龙布鲁克地块、柴达木地块、东昆仑万宝沟群地块、秦岭北秦岭地块、中秦岭地块和散布的碎块等（图 3.10）。随着 1∶25 万区域地质调查获取的新资料的解释和与全球超大陆的对比分析，产生了诸多与以往不同的认识。这些微陆块及其碎块与塔里木、华北和扬子陆块之间的关系仍是研究的重点。陆松年等（2006a）认为塔里木陆块更接近于扬子陆块，而相别于华北陆块。认为华北陆块和扬子陆块在中元古代末—

新元古代早期未曾发生过汇聚，早古生代开始靠拢，北秦岭微地块由扬子陆块组成拼贴于华北陆块的南缘，印支期勉−略洋的消亡，华北陆块才与扬子陆块对接，也就是说印支造山运动才真正形成了中国大陆的雏形。由此，秦祁昆中央造山带的前寒武纪地块基本属于塔里木陆块和扬子陆块的分子，阿拉善地块南缘的龙首山隆起及中祁连微地块，也有趋于华南陆块的认识。

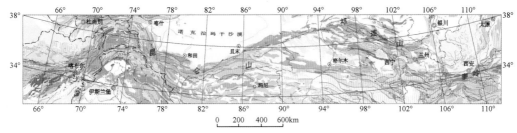

图 3.10　秦祁昆中央造山系地质图

　　尽管目前对秦祁昆原始古陆归属关系和界线存在较大分歧和争议，但按多数研究者的观点，出露于库地、昆南、阿尼玛卿、勉略一带蛇绿岩是一条重要板块构造缝合带，并以昆南断裂带为标志，北为欧亚大陆或古亚洲构造域，南为特提斯构造域。同时，姜春发等（2000）曾提出过，在长城纪之前有中国原地台［Columbia（哥伦比亚）大陆］的存在。这样，从中新元古代开始的大陆裂解事件［Rodinia（罗迪尼亚）大陆］以及到震旦纪—早古生代局部发育成有限洋盆及其后的整个古生代时期的汇聚、消亡、碰撞造山应是主宰秦祁昆造山带的主要构造热事件和动力学、运动学基础。其中的北祁连−北秦岭造山带是秦祁洋发育演化和消亡挤压拼合过程形成的沟−弧−盆系造山带（夏林圻等，1996，1998，2001）。南祁连造山带主要是新元古代—早古生代南祁连洋消亡碰撞造山过程的产物，并以超高压变质的形成和产出为重要标志（杨经绥等，2001）。而柴达木盆地南缘和昆南断裂带以北的东昆仑造山带，则认为是柴达木盆地古老基底的活动陆缘部分（邓晋福等，2004）。同样，对西昆仑和阿尔金造山带亦认为是塔里木盆地古老基底活动陆缘出露部分（车自成等，1998；刘永江等，2001；伍跃中等，2007）。

　　还有另一种观点认为昆中断裂带向东可与泽库−武山−山丹断裂带相连，为早古生代华北与华南板块的对撞带（高延林等，1987；赵茹石等，1994）。

　　现有的构造演化认识是，秦祁昆中央造山带新元古代末震旦纪—早古生代洋盆的存在是普遍的，只是洋盆是大陆裂解而成，还是原分离的陆块汇聚而成的有限洋盆，存在争议，目前尚无共识。传统的认识是古元古代即有中国原地台存在，即 Columbia 超大陆的组成，长城纪 1800～1600Ma 裂解，中元古代末—新元古代早期响应于 Rodinia 超大陆的汇聚形成，又有中国古地台的形成，然后于南华纪开始再次裂解（姜春发等，2000）。秦祁昆中央造山带新元古代末震旦纪—早古生代洋盆的证据，北秦岭松树沟蛇绿岩的形成时限最早，在 983Ma 以前，但为 Sm−Nd 法测年数据。北祁连、柴北缘、东昆仑、西昆仑均属震旦纪—早古生代的洋盆（图 3.11、图 3.12），但延续的时限上有所差异。

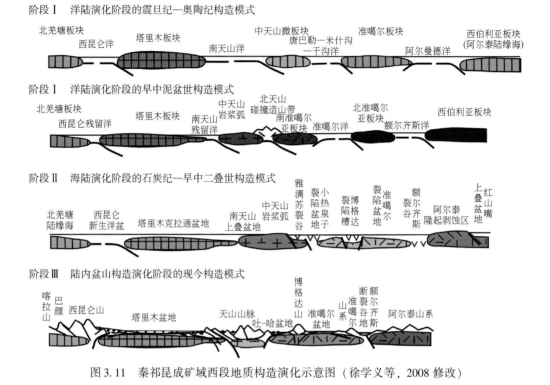

　　图 3.11　秦祁昆成矿域西段地质构造演化示意图（徐学义等，2008 修改）

2. 区域断裂系统格架

　　研究区断裂构造以北西向展布为主体，北东向断裂除阿尔金区域主干断裂外，其他断裂一般规模较小，依据断裂对不同级别构造单元的控制作用，分别对一级巨型断裂带（系）及二级主干断裂带进行了梳理总结。

　　1）巨型断裂带（系）

　　（1）龙首山–青铜峡–固原–宝鸡–洛南断裂带。该断裂带为华北陆块与祁连造山带、秦岭造山带的分界断裂，总体呈"Z"形展布，其中龙首山–青铜峡段呈近东西向南略凸的弧形，青铜峡—宝鸡段近南北向展布，以自西向东为主导的中、高角度多层次叠瓦状复合逆冲推覆构造为特点。宝鸡—洛南呈东西向展布，切穿白垩纪地层，多被新近系碎屑沉积物覆盖而成隐伏断裂。该构造带开始形成于加里东期，经印支期、燕山期、喜山期进一步强化并最终定型。

　　（2）大滩–玛沁–略阳–洋县–高川断裂带。该断裂带分布于青海省大滩、玛沁，陕西略阳、洋县、紫阳高川，四川成口，湖北房县一带，总体呈北西西、近东西向弧形展布；向西与昆南断裂相接，为中央造山系与松潘–甘孜造山带、扬子陆块的分界断裂，规模大，为多期活动断裂；沿断裂带发育较多不同时代的超基性岩、基性岩；在青海布青山–德尔尼有蛇绿岩、蛇绿混杂岩、蓝片岩出露；在玛沁–略阳段，断裂控制了石炭–二叠系地层沉积，并使两侧地层发生不同规模的褶断形成构造岩片；断裂带两侧在基底性质、变形变质存在明显差异。现今表现为构造破碎带、逆冲推覆褶断带。磁场图上反映北侧为东昆仑带状强异常

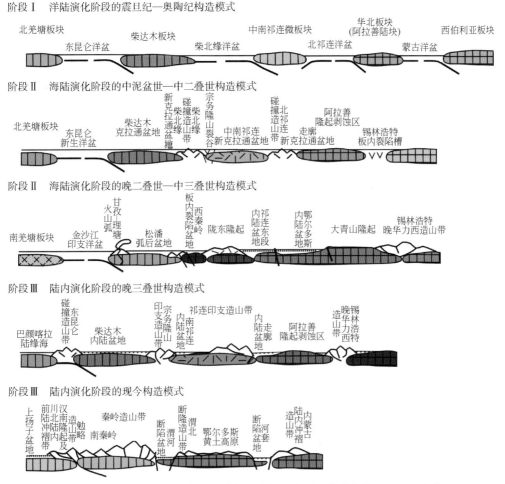

阶段Ⅰ　洋陆演化阶段的震旦纪—奥陶纪构造模式

阶段Ⅱ　海陆演化阶段的中泥盆世—中二叠世构造模式

阶段Ⅱ　海陆演化阶段的晚二叠世—中三叠世构造模式

阶段Ⅲ　陆内演化阶段的晚三叠世构造模式

阶段Ⅲ　陆内演化阶段的现今构造模式

图 3.12　秦祁昆成矿域中东段地质构造演化示意图（徐学义等，2008，修改）

区，南侧为平静异常区，大地电磁测深反映断裂深度直抵软流圈，总体向北倾的岩石圈或超岩石圈断裂。

该断裂带的洋县—高川段，为秦岭造山带与扬子陆块分界断裂，向东经钟宝与襄樊-广济断裂相交；断裂带宽 10~100m，为断层破碎带，断层面呈"S"形，产状多变，倾角 40°~76°。断裂地貌特征明显，航片影像清楚，具多期活动特点。其中印支期由北向南挤压，形成强烈挤压破碎带。喜马拉雅期断裂再次复活，沿前期断裂带中形成一系列光滑面，宽 5~10cm 的断层泥和碳化带，产状 205°∠60°。

（3）阿尔金断裂系。阿尔金断裂系分布于阿尔金山-敦煌地区，呈北东向展布，包括罗布泊-星星峡断裂、库木库都克-柳园断裂、三危山断裂、阿尔金东缘断裂，为塔里木陆块、阿尔金造山带、祁连造山带分界断裂系；断裂带向南延入昆仑造山带中，向北被疏水盆地新近系碎屑沉积覆盖，可能与鼎新-乌兰陶勒盖断裂相接。

阿尔金断裂系现今表现为一个极其复杂的走滑断裂系，总体上为左形，实际上内部仍存在右形活动。阿尔金断裂带内一些重要的构造线，以及一些重要的地质体，如榴辉岩、蛇绿岩、前南华纪变质基底都和其东邻的祁连山、柴北缘、柴达木地块和东昆仑山相连接。因此，阿尔金的现状可能是中新生代以来形成的楔状体格局。早古生代是否为当时洋盆中的转换断裂，尚有待于进一步研究。

有关阿尔金断裂的研究，一种观点多认为阿尔金是一条长期发育、多期活动的构造带，从早古生代或晚古生代就开始活动，甚至中新元古代就开始发育（郑剑东，1992；崔军文等，1999），另一种则主张阿尔金断裂是古近纪的晚渐新世（27～29Ma）或始新世晚期（33～37Ma）才开始强烈左旋走滑（葛肖虹等，1998）的新生代构造，是由于印度大陆与亚洲大陆碰撞致使受力方地壳破裂物质蠕散的结果。就目前的研究，阿尔金构造带其实是两个概念的组成，应区别开来研究。一个是新生代发育起来的阿尔金大型左行走滑断裂，大家都普遍赞同；另一个是走滑之前的阿尔金构造带，实际是塔里木陆块与柴达木地块相隔的早古生代构造缝合带。

2）主干断裂带

（1）柴北缘断裂带。柴北缘断裂带分布于柴达木盆地北缘，呈北西向展布；沿断裂带出露有新元古代蛇绿岩和早古生代蛇绿岩。说明柴北缘断裂带可能是南华纪—晚奥陶世柴北缘洋闭合的缝合带。柴北缘断裂带可能向东延伸没于西秦岭三叠纪沉积盆地之下，向东在天水一带可能同商丹断裂带相连接，构成一支分隔华北陆块群和华南陆块群的区域性大断裂。

（2）北祁连南缘断裂（中祁连北缘断裂）。北祁连早古生代结合带与中祁连地块的分界断裂，为韧性变形断裂，具多期活动的特点。

该韧性变形带由于新生界地层大面积的覆盖，出露不全，但总体上呈北西西-南东东走向、北北东倾向的空间展布特征，受后期构造叠加改造，通渭陇阳一带走向近南北，倾角较大；葫芦河地带，构造面理南倾。剪切带延伸长度>75km，平面出露宽度20～30km，向西呈变窄趋势，可能与白银地区瞭高山断裂构造带相连，向东延入邻区秦祁结合部。该韧性剪切带总体表现为强变形与弱应变域不规则条带状配置格局。

（3）宗务隆山-贵德-武山断裂。该断裂分布于宗务隆山、青海湖南缘、甘肃天水一带，呈北西向展布，早古生代属南祁连地块与欧龙布鲁克地块的分界断裂，晚期属祁连造山带与宗务隆造山带的分界断裂，被渭河断裂叠加改造。

前人曾认为该断裂属中央造山系（秦祁昆造山带）缝合带位置，在天俊南沿断裂有基性、超基性岩分布，现今表现为巨大的构造破碎带；重力布格图上大柴旦以东呈北西向梯度带，以西为磁场分界线，南侧为正异常区，北侧为负异常区，遥感带状影响特征明显，为一条断面近直立微向南倾，自西向东逐渐变深的岩石圈断裂。

（4）龙门山断裂系。龙门山断裂系分布于东南陕西勉县、宁强一带，呈北东向展布，由西部边界阳平关-勉县断裂，东部边界宽川铺断裂组成，为松潘-甘孜造山带与扬子陆块的分界断裂；沿断裂有基性、超基性岩及蓝片岩分布，两侧围岩多呈构造推覆岩片、褶皱构造，布格重力异常断裂两侧差异明显，遥感带状影像特征清晰，为一岩石圈断裂。

3. 主要缝合带

秦祁昆中央造山带中，迄今已辨认出六条重要的早古生代缝合带（图3.13）：①西昆仑库地-喀拉塔什早寒武世—早志留世蛇绿岩带（527.7±2.9～428±19Ma）（肖序常等，2003；张传林等，2004）；②阿尔金红柳沟-北祁连中新元古代—中寒武世蛇绿混杂岩带（448.6±

3.3Ma）（陆松年等，2006），红柳沟位于阿南中部，与柴北缘蛇绿岩相接，反映了阿尔金走滑断裂，顺时针走滑位移的距离；③南阿尔金-柴北缘晚寒武世蛇绿岩带（496.3±6.2Ma）（袁贵邦等，2002），南阿尔金蛇绿岩位于红柳沟蛇绿混杂岩的南边；④昆中清水泉早寒武世蛇绿混杂岩带（518±3～522.3±4.1Ma）（Yang et al.，1996；陆松年，2002）；⑤北秦岭二郎坪中奥陶世陆弧火山岩带（469.7±7Ma）（陆松年，2003）；⑥中秦岭商州-丹凤晚寒武世洋弧火山岩带（499.8±4Ma）（陆松年等，2006a）。可以看出，秦祁昆中央造山带中寒武纪是洋壳发育的重要时期，而奥陶纪岛弧火山岩、大陆岩浆弧广泛发育，志留纪洋盆闭合形成陆-陆、陆-弧碰撞造山，泥盆系不整合于下古生界之上。但东西、南北洋盆打开和闭合的时限有所差异，东段洋盆打开得早，西段晚，而闭合时西段晚于东段，即西段洋盆持续的时间更长。

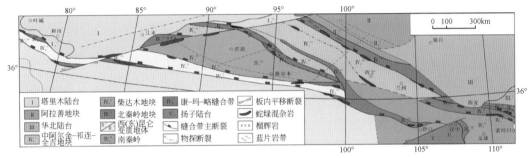

图3.13　秦祁昆成矿域地质构造框架及蛇绿岩分布示意图（陆松年等，2006a，修改）

中央造山带中段北带北祁连洋盆的认识再次引起争议，由于玉石沟-川刺沟蛇绿岩所代表的中寒武世—早奥陶世洋盆的时限，是依据 Sm-Nd 等时线和 Rb-Sr 等时线年龄（521.48±23.79～495.11±13.78Ma，寒武纪）和生物化石确定的，尚无锆石 U-Pb 法年龄，但李文渊等（2006）在厘定玉石沟-川刺沟洋盆向北俯冲诱发的北侧弧后盆地洋壳岩石辉石玄武岩中，获得锆石 U-Pb 法下交点年龄为 454±15Ma（晚奥陶世），因此认为玉石沟-川刺沟洋盆发育于晚奥陶世以前应没有问题，至于在镜铁山微陆块熬油沟的中元古宙朱龙关群火山岩，所测定的年龄甚多，最近陆松年等（2006b）又从其中辉长岩中测得 SHRIMP U-Pb 年龄为 503.7±6.4Ma（中寒武世晚期），反映了对这一问题认识的复杂性。北祁连洋盆向南，柴北缘蛇绿岩、昆中清水泉蛇绿岩所代表的洋盆时限上接近于北祁连。只是柴北缘蛇绿岩俯冲超高压变质带的锆石 U-Pb 法年龄为晚志留世（420Ma）（Song et al.，2003），表明碰撞的时间较晚。

秦祁昆中央造山带南界康西瓦-德尔尼-勉略晚古生代—早中生代缝合带，近年来也研究较为深入并争议颇多。康西瓦断裂习惯上被认为是塔里木陆块的南部边界（张良臣，1985），以北为塔里木板块的南缘隆起带，以南是特提斯构造域；姜春发等（2000）认为康西瓦断裂是西昆仑地块和喀喇昆仑地块海西期的缝合带，以北属于华北-塔里木北方型"硬基底"，以南则为扬子-羌塘南方型"软基底"。但陆松年等（2006b）调查认为康西瓦断裂是一条新断裂，古老的边界早已被改造。德尔尼蛇绿岩多认为是早二叠世新生洋盆的产物，但杨经绥等（2004）测得熔岩 SHRIMP U-Pb 年龄为 308.2±4.9Ma（晚石炭世），因此可能是一晚石炭世—早二叠世的洋盆。

中央造山带内部的对比和联系是普遍关注的重大地质问题，已有多种方案和模式来解释，"多岛洋"是近年来的主要认识。但就秦岭、祁连和昆仑造山带的相连问题上，还存在许多疑难有待解决。华南陆块北缘秦岭造山带中有两条早古生代的缝合带，而塔里木陆块东缘的祁连、东昆仑造山带中有多达 4~5 条早古生代缝合带，难以对应认识，也就难以重塑其当时"多岛洋"的东西展布格局。

（二）构造演化认识

秦祁昆成矿域依据地层、构造、岩浆岩和变质热事件信息等资料，至少经历了五个发展阶段，现概要论述为以下几个方面。

1. 太古宙—古元古代古陆核及陆块形成阶段

在 2500Ma 以前，地球表面经历了漫长而复杂的演化，到了新太古代末在秦祁昆地区形成了一些陆核，阿尔金山北部阿克塔什塔格花岗片麻岩获单颗粒锆石 U-Pb 年龄为 3605±43Ma（李惠民，2001），同时 Sm-Nd 同位素测定也获得 3528Ma 和 2978Ma 钕模式年龄，是目前为止在我国西部地区获得的最老年龄，表明存在始太古的初始陆核。在塔里木盆地西南缘铁克里克发现有中、新太古代古老变质侵入体，赫罗斯坦岩群的古侵入体获得 2977±140Ma 的岩浆结晶年龄（肖序常等，2012，未刊）；在祁漫塔格山，辉长岩中获 3383Ma，斜长角闪岩中获 2753Ma 钕模式年龄；东昆仑格尔木东白日其利也发现有 Sm-Nd 年龄为 3282Ma 的表壳岩系（青海省地质图说明书，2005）；东昆仑小庙岩群碎屑锆石 SHRIMP U-Pb 测定获 3206±14Ma 的 $^{207}Pb/^{206}Pb$ 年龄信息（1:25 万阿拉克湖幅），反映小庙岩群的源区存在太古宙陆核的可能。在欧龙布鲁克陆块出露于察汗河一带的太古宙表壳岩石组合，Sm-Nd 同位素年龄值为 3456Ma（青海省地调院，2005），代表古老的陆核碎块。上述事实表明在 2500Ma 前后，出现了大面积的陆核及一些陆核残片。

除上述同位素年代学信息之外，太古宙地层也有其特征的变质建造组合。在阿尔金地区若羌河上游的喀拉乔喀片麻岩、亚干布阳片麻岩、盖里克片麻岩等具有 TTG 岩套的岩石地球化学特征；阿尔金岩群、库浪那古岩群、布伦阔勒岩群中发育有（纹层）磁铁石英岩；白沙河岩群在天台山地区出露有二辉麻粒岩、角闪麻粒岩，在金水口至加鲁河出露有二辉麻粒岩、浅粒岩；阿尔金岩群在不同区段也出现有麻粒岩；白沙河岩群、阿尔金岩群发育的石榴夕线黑云片麻岩和夕线红柱黑云斜长片麻岩等都是太古宙大陆地壳组成的标志性特征。

到了古元古代，在这些陆核的周围发育了古裂谷，如古元古代的北大河岩群（Pt_1b）、托赖（岩）群（Pt_1t）、达肯大坂（岩）群（Pt_1d）、湟源群（Pt_1h）、秦岭岩群（Pt_1q）都是以古裂谷火山-沉积建造为特征。

2. 长城纪—青白口纪古大陆裂解与超大陆汇聚阶段

邓晋福等（1998）将该阶段地质演化概括为古大陆裂解与元古宙岩石圈形成，并依据全球玄武质岩浆活动规律（Carmichael et al.，1974；GSC et al.，1980；Middlemost，1994）认为它是地球演化历史上第二次长期放热-冷却大事件。

研究区显然经历了裂解和再次拼合的过程。初始裂解作用的物质记录包含了长城纪的火山岩和同时期的浅海-滨浅海相被动大陆边缘沉积。典型的火山岩有塔里木南缘铁克力克山的赛拉加兹塔格岩群细碧角斑岩建造（1764Ma，Rb-Sr 等时线）、阿尔金长城纪巴什库尔干岩群碎屑岩夹层中的板内玄武岩、昆仑山北部的小庙岩群（ChX）大陆板内玄武岩等，代表了初始裂解的岩浆事件。阿尔金地区的巴什库尔干岩群（ChB）b 组为滨海相、浅海相成熟度较高的碎屑岩；昆仑山东部小庙岩群以石英质岩石为主，有石英岩、云母石英片岩、变长石石英岩夹大理岩等，原岩成熟度高，为浅海陆缘碎屑岩沉积；喀喇昆仑地区的甜水海岩群（ChT）同样为成熟度较高的石英质岩石。均代表了裂解初期与岩浆作用同时或稍后阶段在比较稳定地区的沉积响应。

　　研究区在蓟县纪依然处于拉张裂解作用阶段。随着裂解作用的进一步加剧，在阿尔金地区出现了 1400～1100Ma 的镁铁质-超镁铁质层状杂岩体，在昆仑地区（特别是昆中地区）出现了 1550～1200Ma 的镁铁质-超镁铁质层状杂岩体及类蛇绿岩的岩石组合。阿尔金地区的代表性杂岩体有英格里克岩体群（1379Ma）（1∶25 万瓦石峡幅）和木纳布拉克岩体（1118Ma）（1∶25 万且末一级电站幅）。昆中地区的代表性岩体有清水泉岩体群（1279Ma，郑健康等，1989；1331Ma，解玉月等，1998；1372Ma，冬给错纳湖幅，2002）和扎那合惹岩体群（1480Ma，解玉月，1998）等。这些基性-超基性岩体群，大多具有层状杂岩的岩石组合、包体和岩石地球化学、含矿性等特征，反映是长城纪裂解作用进一步加剧的产物。除此之外，昆仑、阿尔金地区还存在 1300～1000Ma 的以大陆板内玄武岩为主的火山岩，在东昆仑邻近昆中断裂带发育有裂谷玄武岩。与之相伴的沉积响应是，在阿尔金、昆仑、喀喇昆仑等地区发育了大量蓟县系被动大陆边缘浅海至碳酸盐台地沉积。除沉积响应外，昆仑山南部苦海地区还识别出一期区域动力热流变质事件（1454～1132Ma），据苦海岩群二云石英片岩中白云母 bo=8.991Å，确认区域动力热流变质为低压变质作用，这与研究区处于伸展减薄、热流值升高的地质背景相一致。

　　青白口纪为汇聚阶段，尽管研究区晋宁期造山带遗迹残缺不全，无法恢复主要结合带的位置，但仍保留有该期汇聚作用的物质和变形、变质记录。其中岩浆作用有沿塔里木地块南缘西昆仑、秦岭、阿尔金、柴北缘、东昆仑等地带普遍出露有 800～1000Ma 的钙碱性花岗岩及花岗质片麻岩；阿尔金南部青白口纪地层中出现岛弧拉斑玄武岩；除此之外，仍有少量基性-超基性杂岩分布于祁漫塔格山南部与木孜塔格山之北地区。沉积响应记录，在中昆仑及其以北地区均见有青白口系与下伏蓟县系间的不整合现象。变质热事件信息，无论是昆中构造混杂岩带以北的小庙岩群，还是南部的苦海岩群均具有 915～746Ma 的变质年龄，而且小庙岩群变质岩经历了晋宁早期随温度、压力缓慢上升，后期温度基本不变、压力迅速降低的变质过程，这也与该阶段的汇聚、俯冲、造山以及造山后快速抬升的地质过程相吻合。总之，昆仑、阿尔金以及塔里木南缘的铁克力克均经历了青白口纪的汇聚事件，其与全球 Rodinia 超大陆的聚合在时限上比较一致，应是 Rodinia 超大陆汇聚在我国西部的响应。

　　值得指出的是，上述的岩浆建造，沉积地层结构、组成，变质、变形特征等均与华北、塔里木等典型克拉通有显著差异，反映二者该阶段地壳成熟度不同；结合秦岭、祁连、昆仑（均有太古宙—古元古代基底）围绕稳定克拉通边缘分布的事实（图 3.14），可能也反映包含有微小结晶基底块体的显生宙造山带在中元古代阶段是陆壳增长的主要地段。

3. 南华纪—早古生代洋陆转换阶段

南华纪—震旦纪含冰成岩系的沉积是研究区范围内统一的新元古代超大陆上的第一个沉

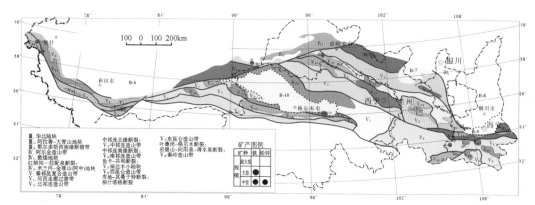

图 3.14　秦祁昆成矿域前南华纪构造单元划分及金属矿床分布图

积盖层。就在盖层沉积的同时也开始孕育着超大陆裂解。在西昆仑，库地蛇绿岩的同位素年龄为 916.6~651.53Ma，而库地北超基性岩体又被 500Ma 的花岗岩侵入（新疆国家 305 项目办公室，2001），则说明西昆仑洋盆在南华纪—震旦纪已经形成。在秦祁接合部位的秦安葫芦河一带出露的葫芦河群（ZOH），是一套大洋沉积组合，所提供的时代下限信息是含有震旦纪；在商丹带出露的丹凤群（Pt_3OD）也是一套大洋盆地沉积组合，包含有新元古代沉积；在白银地区的白银岩群（ZB）时代为震旦纪，是大陆裂谷底部的双模式火山岩组合；在柴北缘，据杨经绥等（2004）报道，在柴北缘的绿梁山、鱼卡一带发现新元古代蛇绿岩，分析了其中六个洋壳岩石，获取的 Rb-Sr 同位素等时线年龄值为 768±39Ma，Sm-Nd 同位素等时线年龄值为 780±22Ma，时代属于南华纪范畴；据张以第等（1997）[1] 综合研究认为在东昆仑也存在着新元古代—寒武纪的大洋沉积组合，其中辉绿岩的 Rb-Sr 等时线年龄有 718±35Ma 的数据，辉石闪长岩 K-Ar 同位素年龄有 589Ma 的数据。上述情况表明，就在南华纪—震旦纪含冰成岩系沉积的同时，沿西昆仑、北祁连、商丹带、柴北缘及东昆仑已经开始裂解，甚至有些地段已经出现了大洋盆地。

到了寒武纪沿北祁连已经形成颇具规模的大陆裂谷，该大陆裂谷的轴线大致沿北祁连西端的肃北县城附近，向东经昌马一带、玉门石油河中游一带、断续向东再经祁连县野牛沟、清水沟、郭米寺、百经寺等地，一直伸展到甘肃省白银地区，东西长达 800km 左右。

大陆裂谷转化成大洋盆地的时期互不相同，有早有晚，具有非等时性，然而到了早古生代早中期，已经形成波澜壮阔的洋陆格局，出现了两个大洋体系：古亚洲大洋体系和秦祁昆大洋体系，以及夹持于这两个大洋体系中的一些大型陆块。塔里木陆块和阿拉善-华北陆块构成境内古亚洲大洋体系和秦祁昆大洋体系的分界陆块群。而华南陆块群北部边缘则成为秦祁昆大洋体系的南部边界。而阿尔金在当时可能是一个巨大的转换断裂系，使北天山洋向东转换成红柳构-牛圈子-洗肠井洋盆，使南天山洋向东转换成辉铜山陆间裂谷，使西昆仑洋向东转换成东昆仑洋；使北祁连洋向西转换成红柳构-牛圈子-洗肠井洋盆。属于秦祁昆大洋体系的有北祁连-北秦岭洋、柴北缘洋、西昆仑洋和东昆仑洋。其中夹持有中南祁连-中秦岭陆块、欧龙布鲁克地块和柴达木陆块（图 3.15）。

---

① 张以第等，1997，青海省昆仑-柴达木盆地北缘区域地质及金/银/铜/铅/锌矿产图及说明书（1：50 万）。

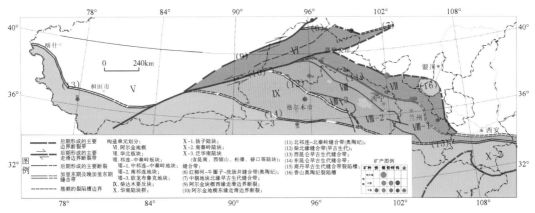

图 3.15　秦祁昆成矿域南华纪—早古生代构造单元划分及金属矿床分布图

在上述洋盆中从构造格局到演化历程上研究得较详细的是北祁连洋。俯冲碰撞期的构造岩浆活动，俯冲阶段除了形成弧火山岩、岛弧扩张脊型及弧后盆地扩张脊蛇绿岩外，还造就了以花岗质岩浆侵入体为主体的岩浆弧。值得一提的是中祁连北缘的岩浆弧与花岗岩型钨矿的成矿作用有一定的关联性，目前在中祁连山西段已发现有钨矿。超大陆裂解及洋盆演化阶段的成矿作用贯穿于整个阶段，在大陆裂谷期有以白银和郭米寺为主的铜铅锌多金属硫化物矿床形成和鹰咀山一带的硅质岩型锰矿；在大洋盆地演化期有蛇绿岩型铬铁矿、金矿及铜矿生成，如玉石沟铬铁矿、玉石沟蛇绿岩型金矿、九个泉铜矿、老虎山铜矿、红沟铜矿、祁连山西段岩浆弧中的花岗岩型钨矿等。

志留纪时期基本继承了奥陶纪的构造格局，祁漫塔格山一带堆积鸭子泉火山岩、白干湖组深色碎屑岩等弧后盆地沉积系统。志留纪末期，昆中洋盆两侧的陆块主体完成了拼合，弧后盆地在其之前相继关闭。

4. 晚古生代—早中生代碰撞后板内伸展阶段

秦祁昆地区在碰撞造山期后到陆内造山作用之前经历了一个相当长的板内伸展阶段。这个阶段的基本特征是广泛发育以陆表海为主的板内裂陷盆地及裂谷盆地，沉积盆地的基底是碰撞造山作用形成的新生大陆地壳。大陆动力学表现为大陆地壳的伸展，但尚没有出现全面强烈的裂解作用。

板内伸展阶段并非是持续不断的伸展，而是伸展和挤压交替。形成了具有不同特色的两个地（区）带：①西东昆仑带以北地区，除了继承性的克拉通盆地外，以发育板内伸展盆地和新克拉通盆地为特征，仅在局部地带出现板内裂谷；从晚石炭世开始在北祁连-北秦岭带开始向陆内阶段转化，到早二叠世整个北祁连-北秦岭带已经转化成内陆盆地，而中国中部区到了中三叠世末才全面进入陆内演化阶段。②在西东昆仑-阿尼玛卿-勉略带，以发育新生洋盆和板内裂谷为特征。该带经历过中二叠世末的碰撞造山作用，晚二叠世受特提斯洋扩张的影响，部分地带成为特提斯洋北部的边缘海或弧后盆地，直到晚三叠世末的印支运动才进入陆内演化阶段。因此，具体到秦祁昆地区，不同的区段所经历的地质演化过程存在一定差异（图 3.16），因此本书根据西北地区的地质演化差异将祁连-秦岭以及东、西昆仑分别进行论述。

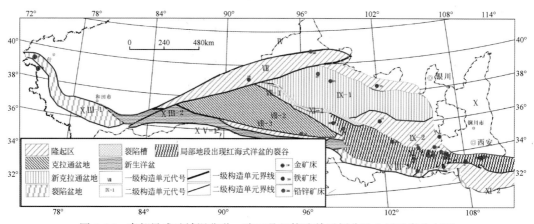

图 3.16　秦祁昆成矿域泥盆世—晚三叠纪构造单元划分及金属矿床分布图

1) 祁连-秦岭地区

祁连-秦岭地区经历了四个时期伸展与挤压交替的演化，全面进入陆内造山阶段。

中泥盆世—早石炭世为伸展期：这一时期在祁连-秦岭地区出现残留洋、新克拉通盆地、继承性克拉通盆地、板内伸展裂陷盆地、裂谷并存的复杂格局。西秦岭及南秦岭则在早泥盆世末或者是中泥盆世之初开始了板内伸展阶段的裂陷盆地沉积。同时存在晚泥盆世—早石炭世早期的进积型沉积充填序列。到了早石炭世板内伸展达到鼎盛时期，形成了祁连新克拉通盆地、宗务隆山—秦岭板内裂陷体系；此时塔里木仍继续着继承性克拉通盆地相沉积，而阿尔金、阿拉善、鄂尔多斯、北秦岭、湟源-陇东、褒河-北大巴山等地区（带）则处于隆起剥蚀状态。上述单元构成了中部区复杂的海陆格局。

晚石炭世—中二叠世为挤压期：在北祁连及中祁连北部新克拉通盆地相转化成以羊虎沟组为代表的海陆相碎屑沉积。在中南祁连大部分地区仍然继续着新克拉通盆地相沉积。在北秦岭出现陆相碎屑含煤沉积。宗务隆山继续着板内裂谷沉积。西秦岭板内伸展裂陷盆地，于晚石炭世盆地趋于封闭，反映在东扎口组沉积上，下部层位是含假希氏蜓的碳酸盐岩和碎屑岩，上部层位出现含植物化石的含煤碎屑岩。南秦岭晚石炭世四峡口组为一套以含碳碎屑岩为主的沉积组合，其中含植物化石，同样反映了盆地在狭缩。欧龙布鲁克出现海陆相含煤碎屑沉积。虽然有所变化，但海陆格局基本上并未发生根本的转变。到了早二叠世初，走廊带、北祁连地区已经全面转化成内陆盆地，提前进入陆内演化阶段。中南祁连大部分地区继续着新克拉通盆地相沉积，一直持续到中三叠世末。宗务隆山继续着板内裂谷相沉积，一直持续到二叠纪末。欧龙布鲁克及柴北缘同柴达木一起上升隆起，未接受沉积。西秦岭和南秦岭继续着板内伸展裂陷盆地相沉积。这一时期盆地内基本上缺乏岩浆喷发活动。到了中二叠世，西秦岭及南秦岭继续着板内伸展裂陷盆地相沉积。在中二叠世末，在西秦岭及南秦岭仍然继续着板内伸展裂陷盆地相沉积。至此，海水仅残留在宗务隆山以及西秦岭及南秦岭地区，其余地区不是隆起，就是内陆盆地。

晚二叠世—中三叠世伸展期：这次伸展在西秦岭表现最为明显和强烈。在晚二叠世—早三叠纪初，西秦岭表现为一个较强的板内伸展，形成了以十里墩组为代表的含滑塌堆积的陆源浊流沉积；这次较强的板内伸展与峨眉山地裂运动（罗志立，1984）相关。几乎在中部区所囊括的无论是陆相或者是海相的沉积盆地中，晚二叠世沉积都同早三叠世沉积呈连续过渡，沉积充填序列表现为退积型，反映大陆地壳伸展的动力学背景。早三叠世和中三叠世拉丁期继续着从晚二叠世开始的板内伸展运动。在宗务隆山板内裂谷直接转化成板内伸展裂陷盆地相沉积；在中南祁连新克拉通盆地遍及中西段；在西秦岭板内伸展盆地波及全区；在南秦岭地区的镇安金鸡岭一带也有早中三叠世沉积，整合覆于二叠纪沉积之上。

中三叠世晚期挤压期：中三叠世晚期，西秦岭在盆地沉积充填序列上是一个由退积型向进积型的转换期，拉丁期以后深水相及半深水相浊流沉积逐渐变成浅水相浊流沉积，并出现海相磨拉石。这种现象在同仁县城以北的隆务河剖面上表现最为明显。沉积充填序列的转换反映了大陆动力学条件由伸展到挤压的变化，标志着盆地沉积即将结束和陆内造山作用的开始。同样情况也出现在宗务隆山和南秦岭。到中三叠世末发生早印支期陆内造山作用，不仅在宗务隆山及秦岭出现早印支期陆内造山带，而且使中部区全面卷入到一次规模宏大的构造运动中。而在中南祁连，受早印支运动的影响，于晚三叠世早期出现海陆相沉积，到晚三叠世晚期全部转化成内陆盆地相沉积。

2）东、西昆仑地区

东、西昆仑地区经历了四个时期伸展与挤压交替演化，于早侏罗世全面进入陆内叠覆造山阶段。

中晚泥盆世—早二叠世伸展期：中晚泥盆世在西昆仑出现了板内大陆地壳伸展，形成了中晚泥盆世具有伸展裂陷特征的碎屑岩+火山岩建造；这一时期沿勉略带发生裂谷作用，形成三河口群火山岩建造。到了早石炭世沿东西昆仑也出现新生的大陆地壳裂解，形成新生洋盆；而此时阿尼玛卿带大陆地壳伸展形成板内裂谷。晚石炭世中部区的挤压事件并未对该带造成影响，且海相火山喷发反而有加强的趋势，这可能与其南部特提斯洋的扩展相关。西昆仑洋有争议，最近罗金海等（2004）认为西昆仑一带海相火山岩演化序列属于裂谷而非大洋。

中二叠世挤压期及中二叠世末的碰撞造山事件：从中二叠世开始，在西东昆仑呈现较为明显的进积型沉积充填序列。到中二叠世末沿东西昆仑发生碰撞造山作用。这次碰撞造山作用使新生洋盆和阿尼玛卿-勉略板内裂谷闭合，并造成晚二叠世陆相粗碎屑岩不整合在先期生成的地质体之上。

晚二叠世—早中三叠世伸展期：昆仑地区（昆北、昆中）早、中三叠世地层角度不整合于前三叠纪地层之上，沉积层序特点反映由滨浅海—半深海斜坡相演变的震荡变化，并于中三叠世末期，结束了海相沉积。其中西昆仑的赛力亚克达坂组碎屑沉积为山间磨拉石建造。昆仑、秦岭之间的洪水川组、闹仓坚沟组沉积序列记录的水体变化是由浅变深，再由深变浅，火山岩主体显示为岛弧-碰撞构造环境的产物，反映前陆盆地沉积的特征。

晚三叠世挤压期：昆仑构造带上三叠统与下伏地层间的角度不整合、大量发育的三叠纪碰撞型中酸性侵入岩等充分体现了印支运动的广度和强度，它不仅使整个研究区结束了洋的演化历程，而且也完成了中国大陆陆块群的主体拼合。

板内伸展阶段还是一个重要的成矿阶段。除在西秦岭的西和、成县、凤县、太白一带形成与中晚泥盆世板内伸展盆地中热水沉积作用相关的超大型铅锌矿田外，还是一个重要的成煤时期，在晚石炭世、晚三叠世都有可供开采的煤层。在东西昆仑地区，以火山岩型和与酸性岩浆有关的夕卡岩型、斑岩型等为主，矿种主要是以铁、铜、钨锡、铅锌等为主的多金属矿。构造蚀变岩型金矿成矿作用也在东昆仑地区有着重要的意义。

5. 陆内演化阶段

中三叠世末的早印支造山运动彻底结束了秦祁昆地区残存的板内伸展阶段的构造格局，早印支运动表现为挤压造山。造山作用最强烈的地带是西秦岭、南秦岭宗务隆山等地区，其次是北祁连-北秦岭及中南祁连，而鄂柴达木及阿尔金所受影响较小。在造就陆内造山带和碰撞造山带的同时，形成了西秦岭、南秦岭、中南祁连、柴北缘、东昆仑等印支期花岗质侵入岩浆岩带。

在大规模的挤压造山期后是一个以走滑断裂活动为特征的大陆地壳内部各块体之间的均衡调整期，借以达到动力学上的平衡状态，其结果是形成陆内造山带内部一系列的走滑盆地，而在稳定的地块上表现为盆地基底的构造沉降。这一时期从早侏罗世开始，一直持续到早白垩世末。在北祁连、中南祁连、柴北缘、西东昆仑等陆内造山带内部形成一系列侏罗纪—白垩纪的走滑盆地（图 3.17）。西秦岭陆内造山带中大型的徽成凤太走滑盆地及一系列中小型走滑盆地都是在这一时期形成的。

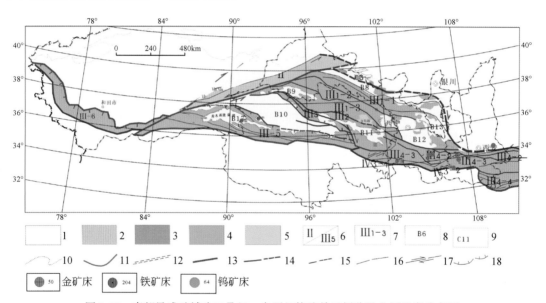

图 3.17　秦祁昆成矿域晚三叠纪—白垩纪构造单元划分及金属矿床分布图

1. 内陆盆地；2. 走滑造山系；3. 大型稳定陆块；4. 秦祁昆造山系；5. 青海湖；6. 一级、二级构造单元；7. 三级构造单元；8. 盆地编号；9. 大型稳定陆块上的隆起、断隆和断褶带；10. 盆地边界线；11. 褶皱轴线；12. 大型韧性剪切带；13. 一级单元边界断裂；14. 二级单元边界断裂；15. 三级单元边界断裂；16. 一般断裂；17. 走滑断裂；18. 逆冲逆掩断裂

关于印度同欧亚大陆碰撞的时代仍存争议。碰撞发生在 40Ma，目前已被广大地学家所接受。贾承造等（2003）认为碰撞开始于 70~65Ma 的晚白垩世末的马斯特里赫特期，全面碰撞可能出现在 55~50Ma 的始新世初的伊普里斯期。争议的症结在于对碰撞事件标志认识不同，前者以海相前陆盆地的封闭作为碰撞事件发生的标志，而后者则以蛇绿岩不再出现的时代上限作为碰撞事件发生的开始时间。本书认为碰撞造山事件是一个相对较长的过程，不再出现蛇绿岩就标志着洋盆两侧的陆壳基底已经发生碰撞，可作为碰撞造山作用的开始时

间。随之出现的前陆盆地是碰撞造山作用过程的沉积学响应和地质记录。前陆盆地的全面封闭时间标志着碰撞造山作用的结束。

三、祁连造山带

位于秦祁昆成矿域中北部的祁连造山带,北西以阿尔金深断裂,北东以龙首山深断裂和牛首山-固原深断裂为界,南以德令哈-天水深断裂与柴达木北缘成矿带相邻。南东与北秦岭加里东造山带相接。其中又以北祁连北缘深断裂、中祁连北缘深断裂和中祁连南缘深断裂将整个祁连造山带分为走廊过渡带、北祁连加里东造山带、中祁连中间隆起带和南祁连加里东造山带(任纪舜等,1980;程裕淇等,1994)。汤中立(2006)则分祁连造山带为华北板块河西走廊边缘海盆北祁连缝合带的中祁连离散型岛弧地体和南祁连弧后盆地等(图3.18)。

其中的走廊过渡带(边缘海盆)呈北西西向窄条状展布。早古生代可能曾是较宽阔的陆缘海盆。并于北部发育寒武纪浅海陆棚相碎屑岩、复理石建造,南部发育碳酸盐岩和火山岩。奥陶纪时火山活动增强;南缘发育中基性火山岩,并出现扩张型洋壳(蛇绿岩),及发育总厚近万米的寒武-奥陶系沉积。志留纪时海盆开始萎缩,形成笔石页岩相,晚期出现砂页岩建造。并于泥盆纪发生强烈造山隆升,发育泥盆系典型的磨拉石建造。

该过渡带北为龙首山陆缘带,并以龙首山深断裂与华北地台之龙首山断隆相邻。断隆带由前长城系(主要为古元古界)一套深变质火山-沉积岩系构成。其下部为碳酸盐岩-基性火山岩或碎屑岩-磁铁石英岩-基性火山岩建造;上部为中酸性火山碎屑岩建造。可代表华北地台南缘的最早(古元古代)活动遗迹或克拉通化过程。直至蓟县纪始又复沉降,开始次稳定型陆源碎屑沉积,其后,除缺失青白口纪沉积外,从蓟县纪到震旦纪一直处于一种相对稳定环境的台地相碎屑岩、碳酸盐岩沉积。至晚古生代则转为碎屑岩(含煤)建造和磨拉石建造。

所分的北祁连加里东造山带(海槽)是一个较为典型的早古生代沟-弧-盆系造山带,实际上它也是由诸多华北型基底断块和早古生代蛇绿混杂岩带拼合而成的造山带。在基底断块中,部分还发育中-新元古界具某些蛇绿混杂岩特征的一套强烈蚀变的基性火山熔岩、火山碎屑岩,夹凝灰质板岩、碳酸盐岩、硅质岩和碧玉岩组合(朱龙关群下部熬油沟组);而位于其上的桦树沟组为千枚岩、变质粉砂岩和细砂岩组成的复理石建造,厚约2400m,且在上部碳酸盐岩、变质石英砂岩、火山碎屑岩中以产镜铁山式铁铜矿层为重要特征。其后的蓟县系—震旦系则为稳定型的类复理石和碳酸盐岩建造,火山岩少见或不发育。与此不同,东部白银地区的新元古代—早寒武世(605.5±2.9~522.4±44.1Ma)时期则产出有主动大陆裂谷环境的双峰式火山岩(夏林圻等,1996)。这似乎揭示北祁连洋可能是在新元古代—早寒武世大陆裂谷基础上发展起来的。

往南的中祁连隆起带,主要由古元古界变质基底、中-新元古界盖层及晋宁期和加里东期花岗岩类组成,早古生代时处于隆升、剥蚀状态,但在西段沿断裂带有厚度不大的碎屑岩、泥灰岩沉积。在该带上产有与加里东期花岗岩类有关的铜、钨、钼、铅、锌矿床。

再南的南祁连加里东造山带主要以发育下志留统和部分奥陶纪系的一套巨厚杂砂岩、砂页岩和中酸性火山岩为特征,仅在东部拉鸡山地区发育有中-上寒武统至下-中奥陶统蛇绿

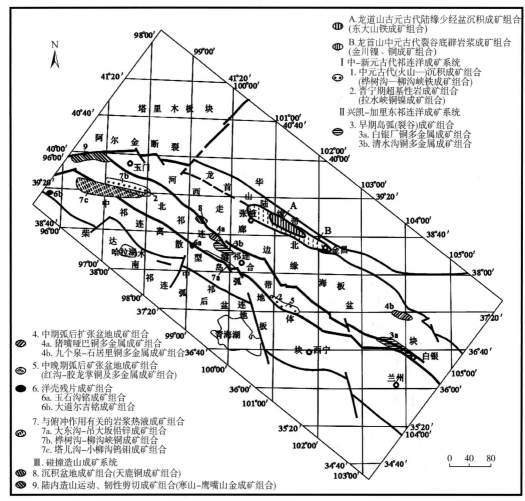

图 3.18 祁连成矿省及北邻龙首山地区构造格架及成矿系统

(汤中立，2002，成矿系统名称稍作修改)

岩组合。表明南祁连造山带可能是北祁连洋双向俯冲和柴达木北缘洋向北俯冲的共同作用下的弧后盆地。

四、昆仑-阿尔金造山带

范围包括东昆仑、西昆仑和阿尔金造山带，在西部西昆仑地区的库地断裂和东昆仑地区的昆南缘断裂（秀沟-玛沁断裂）为界，南属巴颜喀拉印支造山带，北以塔里木和柴达木盆地山前断裂与两盆地相邻，东以北北西向鄂拉山断裂与（西）秦岭造山带相接。

由于库地蛇绿岩的识别与争议（汪玉珍，1983；郝杰等，2005），昆仑地质演化已越来越倾向于两期大的构造裂解拼合事件的认识（肖序常等，2010），将昆仑-阿尔金山构造置于全球超大陆聚合和裂解背景下分析认识，应存在加里东期和印支期两期碰撞造山作用，并在位置上存在部分叠合。即在地质历史上，应该有两期大洋的形成和闭合。

第一期，响应于罗迪尼亚超大陆裂解，新元古代晚期到早古生代早期，塔里木-华北陆块与柴达木-松潘-扬子陆块之间形成西昆仑-阿尔金-祁连-北秦岭洋，即库地-红柳沟-祁连山-丹凤洋（图3.19）。同时，在柴达木陆块与羌塘陆块（印度大陆）之间形成祁漫塔格洋（古东昆仑洋）。伴随原始冈瓦纳大陆的形成，在奥陶纪—志留纪，塔里木-华北陆块与柴达木-松潘-扬子陆块碰撞，形成西昆仑-阿尔金-祁连-北秦岭碰撞造山带；柴达木陆块与羌塘陆块碰撞形成古昆仑碰撞造山带。

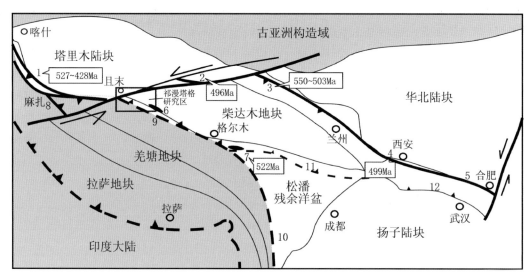

图3.19 昆仑-阿尔金地质构造背景图（肖序常等，2010；陆松年等，2006b）

1. 西昆仑库地加里东期缝合带；2. 阿尔金红柳沟-拉配泉加里东期缝合带；3. 祁连山加里东期缝合带；4. 北秦岭丹凤加里东期缝合带；5. 大别山北加里东期缝合带；6. 祁漫塔格加里东期蛇绿岩残片；7. 布青山加里东期蛇绿岩残片；8. 苏巴什蛇绿岩带；9. 木孜塔格-鲸鱼湖-阿尼玛卿华里西-印支期蛇绿岩；10. 金沙江印支期缝合带；11. 勉略印支期缝合带；12. 南秦岭-大别南印支期缝合带

第二期，晚古生代早期，冈瓦纳大陆裂解，以松潘-甘孜为中心产生三叉裂谷系，塔里木-柴达木等连成的华夏大陆与冈瓦纳大陆之间形成古特提斯洋，可能沿古昆仑造山带为基底，发育于其上。中生代早期，响应于潘吉亚泛大陆汇聚，形成古特提斯印支碰撞造山带。叠合于第一期上。总之，早古生代末两个大洋闭合，形成早古生代加里东期缝合带；中生代早期，一个晚古生代洋闭合，形成中生代印支期缝合带。新生代，印度大陆向欧亚大陆碰撞，远程效应，西昆仑在加里东造山带上发育成巍峨的山脉，东昆仑由于阿尔金断裂的左行走滑，而发育于印支期造山带之上。这种区域上的构造演化和相应的地质体配置，决定了祁漫塔格远景区复杂的构造格局。

五、秦岭造山带

秦岭造山带范围习惯上以徽（县）-成（县）盆地（及宝成铁路）和南阳盆地分为西秦岭、东秦岭和大别三段，后者被郯庐断裂带错移至苏鲁造山带。南北向秦岭造山带又以丹凤缝合带分为北秦岭和南秦岭，前者与祁连造山带属同一构造地层区，后者与西秦岭属同一构造地层区。

尽管目前对秦岭造山带某些基础地质问题认识还存在较大分歧或不统一，诸如，东秦岭地区秦岭造山带北界的划定，东西秦岭是以徽成盆地或是以佛坪突起为分界，以及晚古生代勉略宁缝合带的东延和扬子地块北缘与南秦岭造山带的界线等。不过，总体上说，以宝鸡–山丹和勉略宁两大断裂或缝合带将秦岭造山带分为南、北秦岭和巴山褶皱或造山带的认识还是较一致的。其中的北秦岭和华北地块的界线，一般多趋向于以栾川–铁炉子断裂为界，以北为华北地块南缘的陆缘褶皱山系，以南至山丹断裂间为北秦岭造山带。

属华北地块南缘陆缘褶皱山系部分，以小秦岭地区较典型。主体由太古宇太华群为古老结晶基底和元古宇宽坪和陶湾活动陆缘盖层沉积及中新界断陷盆地陆相沉积构成。已知太华群是我国重要金矿产地，而地块南缘的燕山期陆缘火成弧则是钼多金属的重要成矿带。

位于凤县–丹凤–桐柏断裂带以北的北秦岭造山带，主体由中–新元古界的秦岭群和早古生代二郎坪群的一套蛇绿混杂岩或俯冲杂岩构成，是华北地块和秦岭微陆块间的重要缝合带，与此相关的矿产有基性–超基性岩岩浆型铬铁矿（松树沟）、铜镍矿（金盆）、海相火山岩型硫化物铜矿（铜峪）和热液蚀变岩型金矿等。

而构成秦岭造山带大部分的南秦岭造山带是在中–新元古代古老基底或隆起的基础上发育起来的一些中–晚古生代裂陷盆地沉积。其间可以佛坪隆起分为东西两大沉陷盆地（车自成等，2002），即旬（旬阳）–镇（镇安）和合作–礼县盆地，两盆地均以热水沉积型铅锌、汞锑及金银成矿系列为其主要特征。

夏林圻等（2009）通过华南及邻区元古宙裂谷火山岩系的研究，提出发育于南秦岭中–东段的新元古代武当群、郧西群、耀岭河群、西乡群和碧口群"乃是 Rodinia 超级古大陆裂谷化–裂解作用的深部地球动力学的地表响应"。这样，所属南秦岭造山带又可以石泉–安康断裂分为北部秦岭和南部巴山弧两个不同构造单元。而其南巴山弧的南界大体从湖北的房县经陕西镇坪、高川过西乡向西到勉县–宁强与龙门山断裂相接。以南归属华南或扬子地块。按沉积建造和岩浆作用类型、性质，尽管巴山弧也为一种在古老隆起基底的裂陷盆地沉积（如平利、安康和十堰隆起等），但与北部白河–旬阳–镇安的中–晚古生代裂陷盆地有所不同，其内的时代地层主要是一套早古生代（Z–S）含锰、磷、铅锌、重晶石等沉积矿产的黑色岩系沉积，并广泛发育有加里东期含钛磁铁矿的碱性–基性超基性岩墙状侵入体为重要特征。往南属扬子地块在陕西范围主要涉及城巴断裂以西的西乡、南郑、宁强所辖部分地区。并以西乡、南郑一带的前寒武纪古老隆起为基底（汉南隆起），其上发育一套从震旦纪—寒武纪的含冰碛岩的镁质碳酸盐岩台缘相沉积和黑色岩系为特色，并赋存马元型（密西西比型）铅锌矿而备受关注。这也包括扬子地块周缘某些黑色岩系有关的锰、磷、铅锌、钒、铀类矿产。

第二节　秦祁昆成矿域成矿特征

横亘中国大陆中部的秦祁昆造山带或中央造山带，不仅有独特的成矿系列或系统，在我国占有着相当重要的资源优势。该成矿带主体包括西昆仑、阿尔金、东昆仑、祁连和秦岭成矿带。

一、区域成矿特征

（一）秦岭成矿带

秦岭成矿带主体位于陕西和甘肃省南部地区，地理坐标：东经 101°20′~111°00′，北纬 31°40′~35°45′。面积约 16 万 km²。秦岭造山带不但是我国有色金属、贵金属工业的重要矿产资源基地，也是我国最具成矿潜力和找矿远景的地区之一，已发现众多的铜、钼、铅、锌、银、金、汞、锑、铀等金属及非金属矿床（图 3.20）。

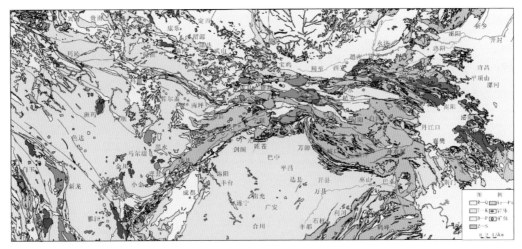

图 3.20　秦岭成矿带金属矿床地质分布图（据姚书振等，2006）

秦岭造山带的形成大体经历过四个不同发展演化阶段。长城纪前为古陆核形成和克拉通化发育演化过程，中新元古代为大陆裂解和部分洋盆发育演化阶段；中–晚古生代却存在两种不同的构造或动力学机制，一种是山丹断裂和勉略宁断裂或两条缝合带所代表的洋–陆碰撞挤压造山机制，另一种是广泛发生在中南秦岭地区于一些古老隆起基底上发育起来的中–晚古生代裂陷盆地的伸展动力学机制，而中生代以后则进入陆内造山演化阶段（图 3.21）。

与此过程相关的成矿作用或成矿事件也大体存在四个对应时段，早期成核阶段以古元古代鱼洞子群的硅铁建造中的铁矿为代表；中新元古代—早古生代的成矿事件分岩浆型钒钛磁铁矿床（毕机沟）、铬铁矿床（松树沟）、铜镍矿（金盆）和火山岩型铜金多金属矿床等（铜峪），以及与黑色岩系有关的锰、磷、铅锌、铀、金等沉积型矿产，这应当是秦岭造山带较优势和特色矿产系列之一。另一个峰期时段是以中–南秦岭地区的中–晚古生代伸展裂陷海盆沉积型铁矿（大水沟）、铅锌矿（白河、旬阳、镇安）、银铅矿和热液型汞锑矿、金矿成矿事件较为典型，也应是秦岭造山带较优势的成矿系列之一。而第四个峰期时段的成矿作用主要是与燕山期中的岩浆作用密切相关，并以华北地块南缘燕山期陆缘火成弧的钼、铜–铅锌多金属成矿系列尤为重要。

属秦祁昆成矿域的秦岭成矿带东与环太平洋成矿域相叠交，矿产种类和矿床类型繁多，成矿具有多样性，已查明矿产 100 余种，发现金属矿床数百处，在已探明的矿床中，金、

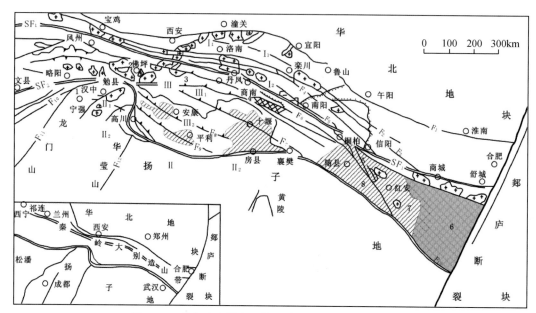

图 3.21　秦岭造山带主要构造单元（张国伟等，1996）

华北板块南部（NC）：I₁. 造山带后陆冲断带；I₂. 北秦岭厚皮叠瓦逆冲构造带；Ⅱ. 扬子板块北缘（YZ）：Ⅱ₁. 造山带前陆冲断带；Ⅱ₂. 巴山–大别山南鹿巨型逆冲推覆前锋逆冲带；Ⅲ. 秦岭微板块（QL）：Ⅲ₁. 南秦岭北部晚古生代断陷带；Ⅲ₂. 南秦岭南部晚古生代隆升带；SF₁. 商丹缝合带；SF. 勉略缝合带

铅、锌、银、铜、汞、锑等矿种具有比较明显的优势。其中，铅锌多金属矿床产于西秦岭地区中南部。金矿床则集中在西秦岭及小秦岭地区。现已发现了上百个有重要经济价值的大、中、小型金及金多金属矿床，以及数量更多的矿点和矿化点，已成为我国重要的金矿资源基地。此外，在碧口地体中新元古代与裂谷、岛弧火山及岩浆侵入活动有关的铜多金属矿床也颇具特色。银常与铜、铅、锌、金、砷等伴（共）生，而独立的银矿床主要集中于东秦岭地区。按成矿类型、成矿背景条件及时空展布，秦岭成矿带可进一步划分为东秦岭成矿带和西秦岭成矿带。

位于西秦岭北部甘肃合作–礼县地区的金银矿产，总体呈北西向展布。出露地层主要有早元古代秦岭岩群中深变质岩系及早古生代丹凤群陆缘裂谷火山岩–陆源碎屑沉积岩。含矿地层为丹凤群绿泥钠长片岩、绿泥绿帘石英片岩等。区内北西向、北西西向断裂十分发育，侵入岩主要为海西–印支期中酸性岩体。绿片岩、北西向断裂和中酸性侵入岩是三个重要的成矿控制因素。区内相应发育有 Au、Ag、Sb、As、Cu、Pb、Zn 组合异常及 Au 元素异常数十处。特别是在温泉岩体东、西外接触带，娘娘坝、李子园、夏家坪、墁坪、太阳寺等地的 Au、Ag、As、Pb、Zn 地球化学异常发育地带，具有良好的找矿前景。目前在该带中已相继发现了天水市柴家庄、吊坝子、墁坪等石英脉型金矿。矿石矿物以银金矿为主，次为自然金，伴生有黄铁矿、黄铜矿等。金品位相对较高。成矿受北西向、北东向两组断裂控制，成因类型为变质热液型，含黄铁矿的石英脉是重要的找矿标志。另外，在该成矿亚带中还有天水市黑沟金矿、西安河金矿、花崖沟金矿、太阳寺金银铅多金属矿床等数处，规模可达中–大型。矿石矿物有黄铁矿、黄铜矿、自然金等。成矿与岩体外接触带、岩浆热液和断裂关系密切。控矿断裂为北西向、北东向两组断裂。成因类型为岩浆热液型，工业类型为构造蚀变岩型。潜在成矿条件较好，是金银成矿的有利地段。

分布于西秦岭中部的兴海-岷县-宕昌-两当断裂以南的汞锑矿产。出露地层为三叠系隆务河群复理石相沉积的杂砂岩、泥岩夹碳酸盐岩。已知金矿有鹿儿坝大型金矿床，枣子沟及岷县多纳小型金矿床。金矿化与砂岩、板岩内的构造破碎带有关。化探元素组合以 Au、Ag、As、Sb 为主。区内岩浆岩不发育，成矿作用与地下热卤水有关，类型为地下热水溶滤型，其断裂破碎带是区内重要的找矿标志。所见锑矿以西和崖湾大型锑矿床为代表，次为宕昌水眼头小型锑矿床等。矿石矿物以辉锑矿为主，成因类型为岩浆热液型。区内发育锑各类化探异常十余处，是西秦岭中、低温元素成矿有利的地区。

位于舟曲-成县-徽县大断裂以南的铁、金矿产，与北西向复背斜展布范围近一致。出露地层主要为泥盆系白龙江群、下泥盆统迭部群、中泥盆世舟曲群的含炭黑色岩系夹粉砂岩组合，次为中泥盆统古道岭组浅变质碳酸盐岩夹板岩组合及石炭系地层等。圈定的化探异常近十处，主要集中于西段地区。金矿主要有舟曲九原金矿床和坪定金矿床。区内岩浆活动不发育，矿化主要与变质再造作用有关，受断裂控制，成因类型为变质热液型。西秦岭地区的黑色岩系是典型的中低温微细粒浸染型砷汞金矿富集带的主要含矿岩系。常形成砷金、汞金、锑金、铀金等不同元素组合的金矿床。具工业规模的汞矿有马家山中型汞矿床、徽县大地坝汞矿点等。此外还有徽县以南的小型菱铁矿及淋滤型褐铁矿床多处。

北秦岭 Au、Cu、Mo、Sb 石墨蓝晶石红柱石金红石矿产，赋矿地层为前寒武纪—早古生代变质火山-沉积岩系。成矿以火山-沉积和韧（脆）性剪切成矿作用为主。成矿持续时间长，可从前寒武纪至燕山期。主要成矿期为加里东期、印支期。矿产以 Au、Ag、Cu 为主，共（伴）生 Pb、Zn、W、Mo、Sb 等。局部还发育燕山期陆相火山岩型金矿化。

南秦岭主要产出有 Au、Pb、Fe、Hg、Sb 稀有稀土钒蓝石棉重晶石矿产，出露地层为早古生代—三叠系。以沉积-层控矿床为主，尤以热水喷流沉积型矿床更甚，是构成北部中秦岭铅多金属矿带和西部铜多金属矿带的重要矿床类型。而西部燕山期花岗岩的成群分布则控制着南秦岭地区的热晕型金矿带和部分热水溶滤型金矿床的产出。位于中南部的 Hg、Sb、Au 矿床，是南秦岭较特色的 Hg-Sb-Au 矿带。东西两端的早古生代含碳建造也有相关金矿床产出。按时代，印支-燕山期是该带的主成矿期。

（二）祁连山成矿带

位于秦祁昆成矿域中部的祁连成矿带（陈毓川，1999），空间上与祁连造山带一致，西起当金山口，并以北东东向阿尔金断裂为界，东南延伸至陕、甘交界的天水、宝鸡一带，与秦岭造山带相接。南北夹持于华北地台与柴达木地块之间。自元古宙以来，经历了多次裂解与造山过程，各时代地层发育齐全，建造类型复杂多样，构造-岩浆作用事件强烈，呈现多期多样性，岩石变质变形强烈，是我国铜、铅、锌、钨、铁、镍、金等为主的重要成矿带和矿产资源产地，素有"中国的乌拉尔"之称。

祁连造山带地史曾经历了成核、克拉通化、大陆裂谷、洋壳增生削减俯冲、弧-陆碰撞、陆-陆碰撞和陆内推覆等构造作用等复杂的成陆演化过程。为各种矿产的形成提供了极好的物源和时空条件，已成为我国重要金属成矿带之一。按成矿期，可从前晋宁到印支期。其中加里东期是该区的成矿高峰时段，次是海西期、晋宁期和前晋宁期。以铜、铁、铅锌、金、钨为优势矿种，产有铜、铅锌、铁、钨、钼、铬、锰、金、银等多种矿产。例如，白银厂大型铜多金属矿床、镜铁山大型沉积变质（热液叠加）铁铜矿床、大道尔基岩浆分异型铬铁矿床、塔尔沟黑钨矿矿床、拉水峡岩浆铜镍矿床和寒山、鹰嘴山金矿床以及新发现的小柳沟夕卡岩型钨（钼、铜）矿床和石居里沟（雪泉）塞浦路斯型铜（锌）矿床等。

北祁连铜铅锌金铁锰钨钼铬矿产，分布范围与北祁连造山带大体一致，北以龙首山-固原断裂和青铜峡-罗山-蒿店断裂为界，北西段被阿尔金深断裂所截，南大体以北祁连南缘断裂为界，与中南祁连成矿带相邻，向东延入北秦岭成矿带。长约 1050km，宽 120～250km。带内以早古生代海相火山沉积建造和古生代中酸性侵入岩发育为特征，前者以形成块状硫化物矿床为特色矿产，后者以形成与中酸性侵入岩有关的钨、钼、铅锌等矿产为专属性；与前寒武纪火山沉积建造有关的铁矿主要出现在西段，为同生层控型矿床。

北祁连成矿带另一个重要特点是矿产具有分段集中的特征。按目前矿床（点）的空间相对集中程度，大体可把北祁连成矿带自西向东分为七个矿化集中区：香毛山、镜铁山、肃南、祁连、门源、银灿、白银。其中除镜铁山一带以铁铜矿床为主外，其余矿集中心区均以块状硫化物矿床为主要成矿特征。在区与区距离上，除银灿到白银的距离较大外，其余均近乎相等。一般在 10～20km 范围内，最小为 7km（即南子海至红沟矿床），最大为 34km（直河铜矿至银灿铜矿）。另一方面，据世界上有关对比资料，在一个矿集区，矿床和矿床间距离大体上为 1～3km，这同北祁连成矿带一些典型矿田基本相似。例如，在白银矿田群内点间距为 3km 左右。大柳沟矿床（点）间距为 1～2km。日本黑矿也为 1～2km。说明北祁连成矿带不仅矿集中心间具有等距性，而且在一个矿田中，矿床之间也有等距性成矿特点。

中南祁连金铅锌铜镍钨铬矿产，范围以北祁连南缘断裂为界，北西至阿尔金南缘断裂，南界在青海湖以西以柴达木北缘（南）断裂带为界，以东以宗务隆-青海湖-天水断裂带为界，并与秦岭成矿带相接。长约 1280km，宽 50～270km。位置同中祁连和南祁连两构造单元相当。

按构造背景和矿种成矿组合，自北而南大致可将中南祁连带分为南、中、北三个带。其中，北带成矿元素以钨、钼、金和铌钽等为主，空间位置上与中祁连相当。成矿类型较单一，主要以与中酸性岩浆作用有关的夕卡岩型、热液型，以及砂页岩型为特征；中带为金、铬、铜、镍、稀土、钨、铅、锌等，位置上与南祁连相当。矿床类型主要有热液型、夕卡岩型、岩浆型。其中岩浆型铜镍矿主要产于化隆地块中；南带主要为金、铅、锌、铬、钨、银、铜等。空间上大体上与柴北缘相当，类型有构造蚀变岩型、喷气-沉积型、海相火山岩型、斑岩型、岩浆岩型等。像北祁连成矿带一样，中南祁连成矿带的矿床和异常产出，在纵向上亦显一定的等距性，尤其是钨矿方面较为明显。例如，小鄂博头 130km 至野马河，野马河 60km 至塔儿沟，塔儿沟 200km 至南尕日岛，南尕日岛 200km 至大黑山，大黑山 150km 到乐都下寨，后 160km 到后长川。而在横向上也有呈北东向串状展布的特点，如苏干湖北-小鄂博头、大柴旦-塔儿沟、尕子黑-龙门-南尕日岛等，其形成可能与北东向断裂构造有关。

按时代，该带金属矿床主要形成于两大成矿构造期，即加里东期和海西-印支期。其中，加里东期相对以夕卡岩型、石英脉型、喷气沉积型、岩浆型矿床为主，矿产主要有铅、锌、钨、钼、铜（镍）等，而海西-印支期则以斑岩型、夕卡岩型、构造蚀变岩型矿床为特征，矿产以铜、金、钨为主。

(三) 昆仑-阿尔金成矿带

昆仑-阿尔金成矿带横跨古亚洲和特提斯两大构造域，分阿尔金造山带、柴达木陆块和东、西昆仑造山带三大构造单元。地质构造复杂，岩浆活动较频繁，为成矿事件奠定了较优越的地质构造条件。

昆仑-阿尔金成矿带具有优越的地层沉积建造、构造-岩浆和变质作用方面的成矿条件，已形成一批有价值的重要矿床。其中西昆仑成矿带已发现矿产信息300余处，包括成型矿床19处，矿点、矿化点280多处。成矿期主要有早古生代、石炭纪和古元古代。类型有分布在赛拉加兹和柳什塔格北坡、昆盖山北坡和上其汗一带与火山岩有关的铜矿；民丰县城以南的帕西木一带和乌孜别里山口一带的破碎蚀变岩型金矿点；铅锌矿主要产于卡兰古、塔木一带。在西昆仑地区较优势矿种为铁、铜、铅、锌。矿床类型有沉积型铅锌矿、火山岩型铜矿、沉积变质型铁矿等。代表性铁矿床有契列克其层碳酸盐型铁矿、赞坎沉积变质型铁矿、吉尔铁克沉积变质型铁矿等，铅锌以塔木海相细碎屑岩热水沉积型铅锌矿较典型。东昆仑成矿带发现矿产种数达30余种，矿产地140多处。其中，铁、铜、铅、锌等矿产主要分布于昆北的祁漫塔格和都兰地区，而金、铜、钴则分布于昆中及昆南地区。在成矿期上，东昆仑东段具有北早南晚的特点，同主要构造运动时期相近，祁漫塔格以印支期为主，加里东期、海西期次之，优势矿种主要有Cu、Pb、Zn、W、Sn、Co、Sb、Fe、Au等。矿床类型主要是夕卡岩型、斑岩型铜多金属、岩浆热液型、火山热液型等，代表性矿床有德尔尼海相火山岩型铜钴矿、肯德可克夕卡岩型铁铜矿、黄羊岭热液型锑矿、乌兰乌珠尔斑岩型铜锡矿等。

二、成矿区带划分

本书在研究过程中贯穿动态地质演化的思想，结合不同时期在不同构造单元成矿作用的特点，分别研究其地质构造特点、成矿特点，研究地质作用与成矿作用的关系，总结成矿规律。

成矿区带是具有较丰富矿产资源及其潜力的成矿地质单元。在某一成矿区带内往往具有主导的成矿地质环境、地质演化历史及与之相应的区域成矿作用，其内各类矿床组合有规律地集中分布。成矿区带的划分主要依据区域成矿的地质构造环境及区域成矿作用的性质、矿种及其他有关的矿化信息。

(一) 划分依据及原则

在上述构造单元划分研究基础上，依据陈毓川等对全国Ⅲ级成矿区带的划分，将秦祁昆成矿域包括陕西省范围以西按照西昆仑、阿尔金、东昆仑和秦岭成矿带依次划分了成矿亚带。

在成矿区带划分中，Ⅲ级成矿区带界线主要依据《中国成矿区带划分方案》一书，划分界线上有所改动，去掉了Ⅲ级成矿区带中的亚带名称和界线。Ⅳ级成矿亚带划分遵循大地构造单元与成矿地质背景相结合的原则，以新疆维吾尔自治区、甘肃省、青海省、陕西省矿产资源潜力评价划分的Ⅳ级成矿区带为基础，主要考虑地层构造相或含矿建造、矿产自然分布、构造环境等因素进行划分。

本书划分中继续沿用徐志刚等（2008）对全国Ⅱ级成矿省、Ⅲ级成矿区带的冠名和编号，而在划分界线上有所改动。Ⅳ级成矿亚带命名采用地理名称+区域优势矿种或矿物组合主次顺序+主成矿时代；编号是在全国Ⅲ级成矿带的编号基础上，由北往南、自西向东依次顺序编号。

（二）划 分 结 果

根据前人研究成果及上述原则，将秦祁昆成矿域划分为 3 个Ⅱ级成矿省、12 个Ⅲ级成矿带和 49 个Ⅳ级成矿亚带（图 3.22）。

1. Ⅱ-5. 阿尔金-祁连成矿省

1）Ⅲ-19. 阿尔金（陆缘地块）Fe-Pb-Zn-Cu-Au--Ag-Ni-V-Ti-Cr-RM-REE-石棉-玉石-白云母-白云岩-石英岩-盐类成矿带（An-Є，Pz_1，C）

Ⅳ-19①. 红柳沟-喀腊大湾（裂陷槽）Fe-Pb-Zn-Cu-Au-Cr-REE-Ag-白云母-昆仑玉-盐类矿带（Pz_1，C，Q）。

Ⅳ-19②. 阿尔金（陆缘地块）Fe-Au-RM-石棉-玉石-白云母-白云岩-石英岩-石膏矿带（An-Є，Pz_1）。

Ⅳ-19③. 迪木那里克-苏巴里克（裂陷槽）Fe-Cu-Ni-V-Ti-石棉-煤-硫铁矿矿带（Pz_1，C，J，Q）。

2）Ⅲ-20. 河西走廊 Fe-Mn-萤石-盐类-凹凸棒石-石油成矿带

Ⅳ-20①. 山丹-永昌-中卫 Fe-Au-Cu-W-Ag-Pb-Zn-煤-萤石-重晶石-硫成矿亚带（Pz_1，Pz_2）。

Ⅳ-20②. 嘉峪关-康隆寺 Cu-Fe-Au 成矿亚带（Pz_1）。

3）Ⅲ-21. 北祁连 Cu-Pb-Zn-Fe-Cr-Au-Ag-硫铁矿-石棉成矿带（Pt_2，Pt_3-Pz_1）

Ⅳ-21①. 九个泉-景泰-靖远 Cu-Pb-Zn-Au-W 成矿亚带（Pz）

Ⅳ-21②. 昌马-峨堡-天祝 Cu-Au-Pb-Zn-Mn 成矿亚带（Pz）。

Ⅳ-21③. 肃北-香毛山 Au-Cu-Pb-Zn-Mn 成矿亚带（Pz_1）。

Ⅳ-21④. 柳沟峡-小柳沟 Fe-Cu-W-Pb-Zn-Mo-Au 成矿亚带（Pt，Pz，Mz）。

Ⅳ-21⑤. 野牛沟-黄藏寺 Cu-Pb-Zn-Au-Ag-Mn 成矿亚带（Pz_1）。

Ⅳ-21⑥. 石青硐-白银厂 Cu-Pb-Zn-Au-Ag-Mn 成矿亚带（Pz_1）。

Ⅳ-21⑦. 玉石沟-川刺沟 Cu-Pb-Zn-Cr-Au 成矿亚带（Pz_1）。

4）Ⅲ-22. 中祁连 Au-硫-重晶石-磷成矿带（Pt，Pz_1）

Ⅳ-22①. 红沟-炭山岭 Cu-W-Pb-Zn-Au 成矿亚带（Pz_1）。

Ⅳ-22②. 会宁-庄浪 Cu-Pb-Zn-Au 成矿亚带（Pz_1）。

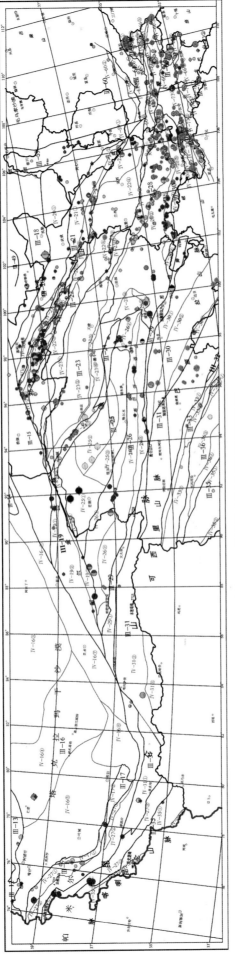

图 3.22　秦祁昆成矿域成矿区带划分图

Ⅳ-22③. 别盖–硫磺山（龚岔大坂–南尕日岛）Cr–W–菱镁矿–硫–煤成矿亚带（Pz，Mz）。

Ⅳ-22④. 花石掌–河桥镇 Au–萤石–硫成矿亚带（Pt_2）。

5）Ⅲ-23. 南祁连 Au–Ni–Ree–煤–磷成矿带（Pt，Pz）

Ⅳ-23①. 党河南山 Au–Cu–Pb 成矿亚带（Pz_1）。

Ⅳ-23②. 哈勒腾河–青海湖 Au–Pb（Zn）–盐类成矿亚带（Pz，T）。

Ⅳ-23③. 拉脊山 Cr–Ni–Au–Ree–Fe–磷成矿亚带（Pz_1）。

Ⅳ-23④. 日月山–化隆 Cu–Ni–W 成矿亚带（Pz_1）。

Ⅳ-23⑤. 宗务隆 Pb（Zn）–Cu（Au）成矿亚带（Pz_2）。

Ⅳ-23⑥. 苏干湖–全吉山 Pb（Zn）–盐类成矿亚带（Pt）。

2. Ⅱ-6. 昆仑（造山带）成矿省

1）Ⅲ-24. 柴达木北缘 Pb–Zn–Mn–Cr–Au–白云母成矿带（C，Vm-l）

Ⅳ-24①. 阿卡腾能山晚加里东期 Cu–Au–石棉成矿带。

Ⅳ-24②. 俄博梁海西期 W–Bi–Ree 成矿带。

Ⅳ-24③. 赛什腾山—阿尔茨托山加里东期、印支期 Pb–Zn–Au–W–Sn–Cu–Co–Ree 成矿带。

2）Ⅲ-25. 柴达木盆地（地块）Li–B–K–Na–Mg 盐类–石膏–石油–天然气成矿区（Kz）

Ⅳ-25①. 盆地西部新生代硼–锶–芒硝–钾镁盐–油气成矿区。

Ⅳ-25②. 盆地中部新生代硼–锂–钾镁盐–油气成矿区。

Ⅳ-25③. 盆地南部新生代湖岩–天然碱–油气成矿区。

3）Ⅲ-26. 东昆仑（造山带）Fe–Pb–Zn–Cu–Co–Au–W–Sn–V–Ti–盐类成矿带（Pt，O，C，P，Q）

Ⅳ-26①. 祁漫塔格（复合沟弧带）W–Sn–Pb–Zn–Fe–V–Ti–Cu 成矿亚带（Pt，O，Pz_2）。

Ⅳ-26②. 布尔汗布达（地块）–伯喀里克–香日德 Au–Pb–Zn–Fe–Cu–盐类–石墨–稀有–稀土成矿带（Pt，O，Pz_2，Q）。

Ⅳ-26③. 东昆仑南部（拗褶带/增生楔）Cu–Co–Au 成矿亚带（Pt_3，Є，I）。

Ⅳ-26④. 都兰海西期 Fe–Co–Cu–Zn–Pb–Sn–Sb–Bi 硅灰石成矿带。

4）Ⅲ-27. 西昆仑北部（地块及裂谷带）Fe–Cu–Pb–Zn–Mo–硫铁矿–水晶–白云母–玉石–石棉成矿带（Pt，Pz_2）

Ⅳ-27①. 北昆仑（裂谷带）Fe–Cu–Au–硫铁矿矿带（Pz_2）。

Ⅳ-27②. 中昆仑（中央地块）Fe–Cu–Pb–Zn–Mo–水晶–白云母–玉石–石棉矿带（Pt，Pz_2）。

5）Ⅲ-29. 喀拉米兰（阿尼玛卿、复合沟弧带）Cu–Zn–Au–Ag–Pt–石棉–石墨–煤–蛇纹岩–盐类成矿带（Vl，I-Y）

Ⅳ-29①. 喀拉米兰–布喀大阪（复合沟弧带）Cu–Zn–Au–Ag–Pt–石棉–石墨–煤–蛇纹岩–盐类矿带（Vl，J，Q）。

Ⅳ-29②. 布青山–积石山海西期 Cu–Co–Au–Sb 成矿带。

3. II–7. 秦岭–大别（造山带）成矿省

1) III–28. 西秦岭 Pb–Zn–Cu（Fe）Au–Hg–Sb 成矿带

IV–28①. 宗务隆山–太白海西–燕山期 Pb–Zn– Au–Ag–Cu–Mo–灰岩成矿带。

IV–28②. 同仁–凤县印支–燕山期 Pb–Zn– Au–Cu–Sb–Hg 成矿带。

IV–28③. 满丈岗印支期 Au–Ag–Cu–Pb–Zn–W–Bi 成矿带。

IV–28④. 智益–铜峪沟海西期 Cu–Pb–Zn–Sn 成矿带。

IV–28⑤. 西倾山–白水江印支–燕山期 Au–Sb–Hg–Sn–Cu–石墨–滑石成矿带。

2) III–66. 东秦岭 Au–Ag–Mo–Cu–Pb–Zn–Sb–非金属成矿带

IV–66①. 黄牛铺–库峪 Au–Pb–Zn–Cu–Mo–W 成矿带。

IV–66②. 太白–杨斜稀有金属–白云母–红柱石–夕线石–石墨成矿亚带。

IV–66③. 栾庄–王皇实 Fe–Cu–Sb 成矿亚带。

IV–66④. 王家河–丰北河 Au 成矿亚带。

IV–66⑤. 山阳–柞水海西、燕山期 Fe–Ag–Cu–Pb–Zn–金红石成矿亚带。

IV–66⑥. 镇安–旬阳海西、燕山期 Pb–Zn–Au–Hg–Sb 成矿亚带。

IV–66⑦. 白水江–白河石墨–滑石–蓝石棉成矿亚带。

IV–66⑧. 北大巴山裂谷带下古生代 Fe–Pb–Zn–Cu–Au–Mn–V–重晶石–黄铁矿成矿亚带。

（三）IV级成矿带的主要特征

以下对秦祁昆成矿域划分的 IV 级成矿亚带主要地质特征进行简述。

1. III–19. 阿尔金（陆缘地块）Fe–Pb–Zn–Cu–Au–Ag–Ni–V–Ti–Cr–RM–REE–石棉–玉石–白云母–白云岩–石英岩–盐类成矿带（An–€；Pz_1；C）

1) IV–19①. 红柳沟–喀腊大湾（裂陷槽）Fe–Pb–Zn–Cu–Au–Cr–REE–Ag–盐类矿带

位于阿尔金山北部，构造上属北缘裂陷槽。呈北东走向，长 200km，宽 10～30km。从红柳沟—安南坝分布着蓟县系及青白口系变质碳酸盐岩–碎屑岩建造。拉配泉群为裂谷型奥陶纪双峰式火山岩建造，从碱性系列的高铝玄武岩到流纹岩，呈现出由钙碱系列向碱性系列演化的特征，形成显生宙初期，为陆内裂陷槽。超基性岩成带分布具明显特征。该区侵入岩多为加里东期、海西中期花岗岩类岩基。走向断裂构造十分发育，蛇绿岩呈岩片、岩块产出，形成较大的蛇绿混杂岩带。内以金、铅、锌、铜、铁、铬为主。带内已发现铁矿产地 9 处，其中中型矿床 3 处，小型矿床 1 处，主要铁矿化类型有与中元古代沉积变质岩系有关铁多金属矿化（英格布拉克、喀拉大湾及白尖山三个中型铁矿床）及与奥陶纪汇聚阶段花岗岩建造有关铁矿化（拉配泉小型铁矿床）。

2) IV–19③迪木那里克–苏巴里克（裂陷槽）Fe–Cu–Ni–V–Ti–石棉–煤–硫铁矿矿带

阿尔金地块东南缘，呈北东东走向，长 550km（一半延入青海省），宽 10～30km。受阿尔金断裂控制，形成南缘裂陷槽。地层以奥陶系为主，还有中上元古界及侏罗系。蛇绿岩由强烈蛇纹化纯橄榄岩、方辉橄榄岩、超镁铁质、镁铁质堆晶岩、辉绿岩墙群组成。侵入岩有中上元古代、加里东期、海西中晚期的花岗岩类。该带断裂构造复杂，蛇绿岩支离为蛇绿混杂岩带。带内以铁、铜、金、石棉矿为主。带内已发现铁矿产地 6 处，其中大型矿床 1 处，小型矿床四处，是新疆铁矿重要富集区。主要铁矿化类型有与奥陶纪沉积变质作用有关的铁矿化（迪木那里克、苏巴里克、迪木那里克西 3 处铁矿床），与石炭纪构造-岩浆作用有关的铁矿化（花石山小型铁矿床）及与早-中侏罗世含煤建造有关的菱铁矿（艾西菱铁矿点）。迪木那里克沉积变质型大型矿床远景大，有较大的资源潜力。

2. Ⅲ-20. 河西走廊 Fe-Mn-萤石-盐类-凹凸棒石-石油成矿带

1）Ⅳ-20①. 山丹-永昌-中卫 Fe-Au-Cu-W-Ag-Pb-Zn-煤-萤石-重晶石-硫成矿亚带（Pz_1，Pz_2）

该亚带位于北祁连山北侧走廊过渡带，与龙首山南缘紧邻。出露地层主要有中上寒武统大黄山组和石炭系、二叠系。大黄山组岩性为长石石英砂岩及板岩，具复理石或类复理石特征，为陆缘裂陷盆地沉积。区内岩浆活动强烈，主要见于永昌以南及武威莲花山、百大坂一带，岩性主要为花岗闪长岩、二长花岗岩等。矿产主要为金（银）、铜、铅、锌、钨等，代表性矿床（点）为曹家口金（银）矿床、馒头山钨矿点和毛家圈铜矿点等，其形成与加里东期中酸性岩浆活动有关，属热液型，形成时代为加里东晚期。

2）Ⅳ-20②. 嘉峪关-康隆寺 Cu-Fe-Au 成矿亚带（Pz_1）

该亚带西起榆树沟山，向东到苏优河一带。地层主要为下奥陶统阴沟群火山-沉积岩系，为弧后盆地环境，其次为志留系和上泥盆统沉积岩系。带内岩浆活动较弱。已发现的矿产主要有金、铅、铜等。成因类型主要为海相火山岩型、热液型、沉积型等。以嘉峪关市榆树沟山铜矿点、肃南县苏优河银洞沟含铜黄铁矿点、临泽县倪家营金矿床和肃南县黄白刺沟铜矿点（砂页岩型）等为代表。

3. Ⅲ-21. 北祁连 Cu-Pb-Zn-Fe-Cr-Au-Ag-硫铁矿-石棉成矿带（Pt_2，Pt_3-Pz_1）

1）Ⅳ-21①. 九个泉-景泰-靖远 Cu-Pb-Zn-Au-W 成矿亚带（Pz）

该亚带西北起红口子，东南到正北村一带。北祁连造山带在晚奥陶世末发生碰撞造山，在造山带北部残留海盆中形成了一套志留系浅海相碎屑岩沉积，其上部紫红色碎屑岩与绿色碎屑岩之间出现含铜砂岩层。天鹿铜矿床是该矿层的代表，其层位稳定，向东西方向延展。

向东经石居里、九个泉，向东到大岔牧场一带。带内下-中奥陶统火山岩发育（阴沟群和中堡群），由于弧后拉张强烈，在九个泉一带形成弧后扩张脊蛇绿岩套，并有碰撞形成的高压俯冲杂岩带出露。该段分布的主要矿产是与基性火山岩有关的块状硫化物矿床，成矿元素为铜、锌，伴生钴、金、银等，构成与中基性火山活动有关的成矿系列。目前已发现比较典型的矿床有九个泉铜矿床、石居里铜矿床和错沟铜矿床等。

经古浪、景泰，该段地层主要为下中奥陶统中堡群火山沉积岩系，其次为志留系、上泥盆统、石炭系沉积地层，以及蓟县系海原群变质岩系。带内基性-超基性岩少见，中酸性侵入岩在毛藏寺一带较为发育，其次是南华山一带，岩性主要为二长花岗岩、花岗闪长岩、石英闪长岩，呈岩基、岩脉产出，为加里东中期的产物。发现的矿产主要是金、铜、铅、锌等。成因类型主要为热液型、沉积型、砂矿型等。主要矿床有宁夏柳沟热液型金矿，景泰县阳凹山沉积型铜矿和武威市黄羊河砂金矿等。在毛藏寺花岗岩基中有与正长斑岩有关的干沙河稀土矿床产出。

猪嘴哑巴、银硐沟到靖远一带，主要地层为下-中奥陶统中堡群火山-沉积岩系，其次是志留系、二叠系沉积地层。火山岩为弧后盆地火山作用的产物，在老虎山一带有弧后扩张脊蛇绿岩套产出，侵入岩主要是加里东期石英闪长岩。该亚带已发现银硐沟、猪嘴哑巴两处小型铜锌矿床。该段成矿特征总体上与错沟、大岔牧场一带相似，但以铜品位低、锌品位高以及硫化物矿体顶部出现磁铁矿体与之相区别。

2）Ⅳ-21②. 昌马-峨堡-天祝 Cu-Au-Pb-Zn-Mn 成矿亚带（Pz）

该亚带沿走廊南山分布，西起寒山，中经民乐扁都口附近，东到峨堡一带，地层以下-中奥陶统火山岩系为主体，系岛弧火山作用的产物，它与北部的弧后盆地的界线有些地段不十分明显。带内加里东期和海西期中酸性侵入岩发育，以岩株、岩脉、岩基的形式产出。带内矿种主要为金、铜、铅、锌及其伴生组分。金矿类型以构造蚀变岩和热液型为主，分别以寒山和童子坝等为代表。车路沟金矿点产于斜长花岗斑岩中，是一个与斜长花岗斑岩有关的金（铜）矿床。铜矿均为矿点和矿化点，以热液型为主。

经直河、永登石灰沟，东到白银厂北部一带，再向东伏没于陇东黄土高原之下。地层仍以下-中奥陶统火山岩系为主体。早奥陶世火山活动强烈，火山机构发育。侵入岩少见，仅北部有加里东期二长花岗岩、花岗闪长岩及少量基性-超基性岩呈岩株状、岩脉状产出。带内矿种主要为金、铜及其伴生组分铅、锌等。铜矿床以海相火山岩型为主，多为小型矿床（银灿）和矿（化）点（直河）等，但有很好的成矿信息和找矿前景。此外，在该亚带的东部有白垩纪陆相砂页岩型铜矿产出，以静宁县通边和庄浪县店峡为代表；金矿类型以热液型为主，以青分岭等为代表。冷龙岭一带产于酸性火山岩中的银灿铜矿床，在赋矿岩系、矿石组合上与东部的白银和西部的郭米寺矿田相似，其成矿时代可能属寒武纪；产于闪长玢岩中的浪力克矿床，从矿体产出特征、矿石组构、矿石组分上，具有斑岩铜矿的成矿特点。

3）Ⅳ-21③. 肃北-香毛山 Au-Cu-Pb-Zn-Mn 成矿亚带（Pz₁）

该亚带西起肃北，经鹰嘴山，东南到玉门昌马附近。在空间分布上相当于北祁连海沟俯冲杂岩带的西段。该亚带由基性-超基性岩块、基性火山岩、硅质岩及砂岩和板岩互层组成，发育蓝闪片岩带。带内发现的主要矿产为金、铜等，矿床类型为构造蚀变岩型、热液型等。较为重要的矿床为鹰嘴山构造蚀变岩型金矿床，其形成与北祁连碰撞造山阶段初期的构造热事件有关，其次为与基性-超基性岩热液有关的铜矿床（点），如凤凰山、香毛山等，从成矿特征上看，与别子型矿床有许多相似之处。带内有锰、铬等矿点产出。

4）Ⅳ-21④. 柳沟峡-小柳沟 Fe-Cu-W-Pb-Zn-Mo-Au 成矿亚带（Pt，Pz，Mz）

该亚带出露的地层为朱龙关群火山-沉积岩系，是铁、铜、铅锌、钨等矿产的赋矿岩系，该亚带是西北地区铁矿产的重要基地，主要有镜铁山、柳沟峡铁铜矿床，九个青羊和古浪峡铁矿床等，铁矿成因属沉积变质成因（热水沉积），但对铜矿体的成因存在分歧，即同生和后生之说，后者强调了矿床的后生特征，而忽略了变质作用的研究。铅锌矿床以大东沟和吊大坂为代表，本书把其厘定为喷气-沉积型，其成矿时代为前寒武纪。本带的另一个显著特点有钨钼矿产出，以小柳沟大型钨钼矿床为代表。

5）Ⅳ-21⑤. 野牛沟-黄藏寺 Cu-Pb-Zn-Au-Ag-Mn 成矿亚带（Pz₁）

该亚带西起野牛沟，向东经扎麻什，到黄藏寺一带。中寒武统黑茨沟组细碧角斑岩类及其同质火山碎屑岩类广泛发育，系双峰型火山岩组合，为大陆裂谷作用的产物。该亚带的北部为俯冲杂岩带，由基性-超基性岩块、火山岩岩片、放射虫硅质岩以及滑塌、浊流等复理石沉积组成的混杂堆积，发育蓝闪片岩带。火山机构和环形构造，断裂构造密集分布，超基性-酸性侵入岩分布普遍。矿产种类主要为铜、铅、锌、金、银等，下柳沟、湾阳河、下沟、郭米寺多金属矿床等均产于酸性火山岩系中；该亚带砂金（铂）矿产主要沿黑河两岸分布。带内与超基性岩有关的铬铁矿、与火山-沉积有关的锰矿床分布较多，是铬锰的重要赋矿带之一。

6）IV-21⑥. 石青硐-白银厂 Cu-Pb-Zn-Au-Ag-Mn 成矿亚带（Pz₁）

该亚带西起石青硐，东到白银厂。带内中寒武统黑茨沟组细碧角斑岩类及其同质火山碎屑岩类发育，系双峰型火山岩组合，为大陆裂谷作用的产物，火山活动具长期多次喷发特点，以中心式喷发为主，爆发强度高，火山机构发育，环形构造清楚。矿产种类主要为铜、铅、锌、金、银等。白银厂大型铜多金属矿床、小铁山多金属矿床等均产于酸性火山岩系中。在火山岩系与沉积岩夹层部位和（或）不同岩相、不同岩性变化部位，尤其是酸性火山岩变为基性火山岩的部位，矿化较富。该类矿床在空间上常与铁矿床、锰矿床共生，构成与酸性火山活动有关的成矿系列。

7）IV-21⑦. 玉石沟-川刺沟 Cu-Pb-Zn-Cr-Au 成矿亚带（Pz₁）

该亚带分布于玉石沟、川刺沟一带。地层以早奥陶世基性火山岩为主，如玄武岩、细碧岩及枕状熔岩，与基性-超基性岩构成相对完整的洋脊蛇绿岩。带内矿产主要为铜、金、铅、锌等。矿床类型为海相火山岩型和构造蚀变岩型。前者以产于基性火山岩中的阴凹槽铜锌矿床为代表；后者以20世纪90年代以来区内陆续发现一些金矿床（点），如川刺沟金矿床为代表，矿化多处在基性超基性岩体中韧脆性剪切构造地带，以构造蚀变带发育为特征，其矿床类型多属构造蚀变岩型。此外，区内超基性岩发育，与其有关的矿产有铬铁矿、石棉、滑石等。

4. Ⅲ-22. 中祁连 Au-硫-重晶石-磷成矿带（Pt，Pz₁）

1）IV-22①. 红沟-炭山岭 Cu-W-Pb-Zn-Au 成矿亚带（Pz₁）

该亚带大致沿大坂山分布，向东南经互助花石峡到炭山岭一带。该亚带地层主要是晚奥陶世海相火山-沉积岩系，形成于陆缘裂谷环境。前寒武系片麻岩、斜长角闪片岩、大理岩、石英岩等呈断块、岩片出露。中酸性侵入岩发育，岩石类型有闪长岩、二长花岗岩、花岗闪长岩等。矿床类型主要有海相火山岩型（红沟）、构造蚀变岩型金矿床（松树南沟）等。在前寒武纪地层与加里东期二长花岗岩、花岗闪长岩的接触带，发育钨的化探异常和重砂异常，并形成夕卡岩型钨矿点（花石峡钨钼矿点、朱岔钨矿点），且钨的化探异常和钨矿物的重砂异常与其套合，其成矿条件与小柳沟矿床相似。在天祝大滩的辉长岩中有岩浆型钒钛磁铁矿产出。

2）IV-22②. 会宁-庄浪 Cu-Pb-Zn-Au 成矿亚带（Pz₁）

该亚带西起会宁，东到庄浪一带，再向东延入北秦岭的铜峪地区。该带地层主要是奥陶系海相火山-沉积岩系，形成于陆缘裂谷环境（夏林圻等，1998）。其次是前寒武系变质岩系。海西期花岗岩在该带也有出露。上述地层和岩体多被新生界地层覆盖。矿床类型主要有海相火山岩型（蛟龙掌）和热液型（杨坪）等。

3）IV-22③. 别盖-硫磺山（龚岔大坂-南尕日岛）Cr-W-菱镁矿-硫-煤成矿亚带（Pz，Mz）

该亚带西起大黑山，经大通、乐都，东到榶材涝池一带。主要以古老基底之上广泛发育有晋宁期、加里东期以及海西期中酸性侵入岩为特点，加里东期岩体规模大，如大黑山和什川岩体等，钨、钼、铜、铅、锌矿产的形成多与其有关。地层主要为中、古元古宇地层（托赖岩群、湟源群、兴隆山群），为一套变质程度不一的变质岩系。上古生界为台型盖层沉积，以碎屑岩为主。中新生代为内陆湖沼–湖泊相沉积。主要的矿床（点）有黄崖口铅锌矿床、大黑山钨矿点、大峡钨矿点、棺材涝池铅锌矿点、后长川钨矿点等。白钨矿重砂异常发育，面积大，强度高，与前寒武系地层和侵入其中的花岗岩相扣合，已发现与钨有关的矿产均产于其中。

4）Ⅳ-22④. 花石掌–河桥镇 Au–萤石–硫成矿亚带（Pt_2）

该亚带位于地中南祁连成矿带西北部，西起当金山口，经大道尔吉、野马河、塔儿沟、东到南尕日岛一带。加里东期岩浆岩发育，从超基性、基性到中酸性岩均有分布，钨、钼、铜（镍）、铬铁矿，铅、锌矿产与其有关。地层主要为元古宇地层（北大河岩群、托赖岩群、托莱南山群等），为一套变质程度不一的变质岩系。中酸性侵入岩发育，主要为加里东期，其成因比较复杂，既有 S 型也有 I 型，系北祁连洋盆向南俯冲的产物，早期阶段形成 I 型或 I 型+S 型，晚期碰撞造山形成 S 型花岗岩。

主要的钨矿床（点）有野马河钨钼矿床、塔儿沟钨矿床、石硐沟银多金属矿床、南尕日岛铌钽矿点等。黑钨矿和白钨矿重砂异常发育，面积大，强度高。钨矿床以塔儿沟大型夕卡岩型钨矿床为代表。在塔儿沟钨矿床的外围东南部有石硐沟银铅矿床产出，构成了一个从中高温到低温的完整成矿系列。铜主要产于辉长岩–闪长岩中，属岩浆热液型，以查干布尔嘎斯铜矿为代表，有较好的找矿前景；金则以近年来新发现的夏吾特金矿点为代表，矿体产于前长城系地层中北东–南西向构造蚀变破碎带中，为蚀变岩型，该矿点的发现对中祁连隆起带内找金有指导意义；铬铁矿成矿条件好，在超基性岩中产有西北地区最大的大道尔吉铬铁矿矿床。

5. Ⅲ-23. 南祁连 Au–Ni–Ree–煤–磷成矿带（Pt，Pz）

1）Ⅳ-23①. 党河南山 Au–Cu–Pb 成矿亚带（Pz_1）

该亚带内出露地层为下古生界奥陶系和志留系，由火山岩、灰岩、碎屑岩、板岩等组成。加里东晚期的岩浆活动形成了一些岩株、岩枝和小岩体。区内的矿产主要为金、铜、镍、铅等。其中金矿是该亚带的优势矿种，已发现黑刺沟、贾公台金矿床和狼岔沟、东洞沟等一批金矿（化）点，以产于下古生界奥陶系、志留系地层中与碎屑岩或火山碎屑岩有关的蚀变岩型金矿和产于中酸性侵入岩体内外的石英脉型金矿为特征。该区金地球化学块体发育，是祁连地区面积最大的块体之一。

2）Ⅳ-23②. 哈勒腾河–青海湖 Au–Pb（Zn）–盐类成矿亚带（Pz，T）

该亚带西起土尔根大坂北缘，经宗务隆山北坡，东至青海湖一带，南界为宗务隆–青海湖–天水断裂带，北部为哈拉湖–木里断裂，为早古生代断陷带。地层主要为下志留统巴贡噶尔组，岩性为硬砂岩、板岩夹硅质岩及灰岩透镜体，局部地段见中酸性火山岩。二叠系滨浅海相碎屑岩–碳酸盐岩组成盖层沉积。加里东中晚期和海西早期二长花岗岩、花岗闪长岩大面积分布，侵入于志留系地层中，并有钨矿化产出。发现的矿产为铜、铅（锌）、钨、砂金等，类型主要为热液型（以哲合隆铅矿床为代表）、砂页岩型（以加油铜矿点为代表）和石英脉型（以龙门钨矿点为代表）。

3）Ⅳ-23③. 拉脊山 Cr-Ni-Au-Ree-Fe-磷成矿亚带（Pz_1）

该亚带位于中南祁连成矿带的中南部，与拉鸡山、雾宿山裂谷相一致，平面上呈"S"形狭长带状。该亚带是在前寒武系基底上由拉张作用生成的陆内裂谷带。加里东早期主要为基性-超基性侵入岩，多分布于上寒武统中基性火山碎屑岩层内，受断裂控制，呈北西-北西西向展布，其产状与围岩片理一致，岩体以含铁、镍为特征。加里东中期以中性-中酸性侵入岩为主，次为酸性岩及碱性岩，多沿东西向断裂带呈串株状分布，与断裂一起控制了本区铜、铁、铅、锌、金等多金属硫化物矿产的分布。该亚带成型矿床主要为与铁质超基性岩有关的元石山中型镍钴铁矿床、上庄特大型磷铁（稀土）矿床；与中酸性火山岩有关的岩浆热液型金矿床（点）如尼旦沟、天重峡等。

4）Ⅳ-23④. 日月山-化隆 Cu-Ni-W 成矿亚带（Pz_1）

该亚带北以拉脊山南缘断裂为界，南以宗务隆-青海湖-天水断裂带为界，与日月山-化隆隆起带相一致。新太古界-古元古界化隆岩群变质岩系广泛分布，岩性为结晶片岩、石英岩、混合岩等，为铜镍矿床的围岩。化隆岩群的上覆地层主要是古近系、新近系。与古生界或中生界地层绝大部分为断层接触关系，是一个长期剥蚀地带。加里东期基性-超基性岩较发育，岩体规模一般较小，多数小于 $0.1 km^2$，呈透镜状、扁豆状、脉状产出，角闪岩、角闪辉石岩往往与铜镍硫化物矿化有成因联系。主要为拉水峡和裕龙沟铜镍矿床和沙家、官庄沟、冶什春等铜镍矿点，是以岩浆型铜镍为主的成矿亚带，亦是祁连成矿带铜镍矿产最重要的分布区。

5）Ⅳ-23⑤. 宗务隆 Pb（Zn）-Cu（Au）成矿亚带（Pz_2）

该亚带西起大柴旦镇鱼卡以北，向东经绿草山，德令哈北山至青海南山西北端，发育晚古生代、早中三叠世地层以及石炭纪蛇绿岩地体和具有岛弧性质的二叠纪—早三叠世中酸性火山岩。宗务隆构造带经历了由陆内裂陷、洋盆发育和俯冲-碰撞造山的演化过程，既不同于其南侧的柴北缘构造带也不属于北侧的南祁连造山带，而是在柴北缘和南祁连造山带共同构建的加里东陆块上发育起来的、具有完整板块旋回的印支期造山带。铅矿物重砂异常发育。其矿床类型主要有三类：一是产于石炭系—下二叠统火山-沉积岩中，以沉积岩为容矿岩石的喷气沉积型铅锌（铜）矿产，如蓄积山铅锌矿床；二是热液型，如乌兰县滚艾尔沟铜矿点；三是砂金型，如巴音河金矿点。此外该亚带内有受北西西向断裂控制的金矿化产出，如大柴旦北和赛什格让赫等金矿化点，形成于海西晚期—印支期造山过程中。

6）Ⅳ-23⑥. 苏干湖-全吉山 Pb（Zn）-盐类成矿亚带（Pt）

该亚带以古元古界达肯大坂岩群为结晶基底。德令哈以西沉积有震旦纪—奥陶纪和石炭纪—早二叠世稳定型地层，以及边缘部位的早三叠世活动型地层；德令哈以东局部有活动型寒武系和晚泥盆世含火山岩的磨拉石地层出露。海西期—印支期的造山作用在该亚带产生强烈的构造岩浆活动，形成花岗闪长岩、二长花岗岩、斜长花岗岩及花岗闪长斑岩等岩体。断裂构造有北西西向、北东向和近南北向三组，在古元古界地层中发育北西西向和南北向的韧性剪切带。带内已发现钨铜矿（床）点多为热液型、夕卡岩型和斑岩型，分别以布赫特山铁铜矿点、朵子黑小型钨矿床和龙尾沟铜矿点为代表，与岩浆作用有密切的联系。之外，带内有构造蚀变岩型金矿产出，如求律特金矿点。在该亚带的西部，苏干湖的北部，分布大面积的钨化探异常，异常呈东西向展布，与元古宇达肯大坂岩群和加里东期花岗岩套合，对钨成矿极为有利。在第四纪时，带内盐类矿产发育，有大柴旦硼、钾、锂及小柴旦湖硼、钾、镁等大型矿床。

6. Ⅲ-24. 柴达木北缘 Pb-Zn-Mn-Cr-Au-白云母成矿带（C，Vm-l)

1）Ⅳ-24① 阿卡腾能山晚加里东期石棉（铜、金）成矿带

地处柴达木盆地西北的阿尔金山南坡，对应于东昆仑晚加里东造山带的阿卡腾能山造山亚带，主要组分为造山期含基性、超基性岩体的寒武系—奥陶系，以及同造山期形成的花岗岩类侵入岩体；其上被造山期后的侏罗纪—第四纪的陆相地层覆盖。

2）Ⅳ-24② 俄博梁海西期（钨、铋、稀土）成矿带

本成矿带位于阿尔金山东段，东西长约150km，宽20~30km。区内以往地质工作比较薄弱，矿产地质工作程度很低，发现的矿产地也很少，尤其是金属矿产全区仅发现几处矿（化）点。该成矿带对应的是与柴达木盆地毗邻的阿尔金山南坡以俄博梁命名的元古宇古陆块体。它是秦祁昆造山系生成时因古陆裂解不完全而留下的块体，主体组分为古元古界和中元古界（含元古界中晚期的闪长岩和花岗闪长岩侵入体），以及加里东晚期—燕山期包括闪长岩和英云闪长岩在内的花岗岩类侵入岩体，其上的盖层为侏罗系、古近系与第四系。

3）Ⅳ-24③. 赛什腾山-阿尔茨托山加里东期、印支期 Pb-Zn-Au-W-Sn（Cu-Co-稀土）成矿带

本带位于柴达木盆地东北缘，西起大柴旦，东止茶卡盐湖，长约350km，宽20~40km，总体呈北西西向展布，四周被断裂围限。该区地质矿产工作程度较低。与东昆仑造山带北缘的欧龙布鲁克—乌兰元古宙古陆块体构造单位相对应，是秦祁昆造山系生成时古陆解体留下的三大块体中位居中部的主块体之一。块体基础组分的古元古界含矿性不佳，但中元古界（下部碎屑岩组合、上部碳酸盐岩组合）和新元古界（碎屑岩、碳酸盐岩组合）均有铁质岩石和铁矿层产出，产出沉积变质型铁矿产地两处。

岩浆活动受深断裂控制就位于元古宙地层，与围岩产状基本一致。以基性岩为主，少量超基性岩，呈脉状、透镜状产出，基性岩为辉长岩、角闪岩，超基性岩为铁镁质超基性岩，成岩时代为元古代。含与超基性岩有关的岩浆熔离型磁铁矿，岩浆型矿产地2处，以王家琪铁矿床为代表。侵入岩有元古宙、加里东期、海西期、印支期，以海西期和印支期为主，接触交代型铁矿产地14处，集中于布赫特山一带，代表性矿产地为霍德森沟口。热液型铁矿产地7处，以阿移项铁矿床为代表。

7. Ⅲ-26. 东昆仑（造山带）Fe-Pb-Zn-Cu-Co-Au-W-Sn-V-Ti-盐类矿带（Pt，O，C，P，Q)

Ⅳ-26①. 祁漫塔格（复合沟弧带）W-Sn-Pb-Zn-Fe-V-Ti-Cu 矿带（Pt，O，Pz_2)。

该带位于塔里木陆块东南缘的库木巴彦山、祁漫塔格山一带，其北西以阿尔金南缘断裂为界，与阿尔金山成矿带相邻，南以昆中断裂为界。向西由于断裂交汇使该带尖灭于且末南，北部被柴达木中-新生代盆地所覆。构造上属古生代复合沟弧带。该带以钨、锡、铅、锌、铁、铜矿及多金属矿产为主，是近年来新发现的一个远景很大的重要钨、锡矿带。近年发现的有白干湖钨锡矿床、维宝铅锌矿床、卡尔却卡铜矿床、肯德可克铁钴多金属矿床、野马泉铁矿、尕林格铁矿等。

8. Ⅲ–27–①. 西昆仑北部（地块及裂谷带）Fe–Cu–Pb–Zn–Mo–硫铁矿–水晶–白云母–玉石–石棉成矿带（Pt，Pz$_2$）

Ⅳ–27②. 中昆仑（中央地块）Fe–Cu–Pb–Zn–Mo–水晶–白云母–玉石–石棉矿带（Pt，Pz$_2$）。

该带位于塔里木盆地西南缘，占据西昆仑山主脉，成弧形延伸，境内长 940km，宽 20～40km，面积约 38400km²。研究程度较低，为前寒武纪基底出露区，构造上属中央地块。本带以铁、铜、铅、锌、玉石矿为主，并有稀有金属、白云母、水晶等多种矿产。

带内已发现铁矿产地 8 处，其中小型矿床 2 处，主要铁矿化类型包括：与石炭–二叠纪活化钾长花岗岩建造有关的铁矿化（库地小型铁铜矿床及松吉拉铁矿点），与二叠纪构造–岩浆作用有关的铁、金矿化（苦阿–怡特能萨依铁金矿点），与燕山期构造–岩浆作用有关的铁、锰、铜、钼矿化（康达尔大坂小型铁锰矿床及维杨本铁铜钼矿点）及与燕山期镁铁–超镁铁岩建造有关的铁、钛、钒矿化（叶明拉合钒钛磁铁矿点）等。

9. Ⅲ–28. 西秦岭 Pb–Zn–Cu（Fe）Au–Hg–Sb 成矿带

1）Ⅳ–28①. 宗务隆山–太白海西–燕山期 Pb–Zn–Au–Ag–Cu–Mo–灰岩成矿带

该成矿带主要分布于晚古生代地层，燕山期岩浆岩十分发育，形成北西西向分布的构造岩浆岩带。沉积–改造型铅锌矿和金矿赋存层位，产有厂坝、页水河等铅锌矿床（点）20 多处，沿中石炭统及泥盆系形成一条规模很大的铅锌矿化带和化探异常带，成矿条件好。大型金矿 1 处（李坝），中型金矿 4 处，小型金矿 2 处和 5 处矿点。尚产有与花岗岩有关的晶质铀矿、热液型铜及多金属矿点及菱铁矿。带内砷矿产地 10 多处。铁矿和硫铁矿分布较广泛，分布在仁安、铁沟、美仁、宝石山、卡加沙格、牙日尕、岗以等地，矿床成因类型主要有热液型和夕卡岩型。

2）Ⅳ–28②. 同仁–凤县印支–燕山期 Pb–Zn–Cu–Au–Sb–Hg 成矿带

本成矿带北起青海南山向东经倒淌河至尖扎县以南的当顺向东延入甘肃省境内；南界西起冬给错纳湖以东的那尔扎，沿阿尼玛卿山北坡向东延入甘肃省内。区内已知金属矿产有铁、锰、铜、铅、锌、银六种，矿床（点）成因类型以接触交代（夕卡岩）型（如区内西段的黑马河铁矿点、东段的赛门卡亚铜矿点、克鲁沟铜矿点等）为主；次为热液型（如梅尕龙洼铜矿化点）。绝大部分矿产地产于下三叠系碎屑岩夹大理岩与印支期中酸性岩体接触带的外带中。东部为罗汉堂、谢坑一带出露除古近系、第四系外，最老地层为在双朋西附近呈不整合伏于三叠系之下的二叠统布青山群上岩组（P$_1$bq²），其他地区则全为下、中三叠统隆务山群（T$_1$ln）及古浪堤群（T$_2$gl）所覆。

10. Ⅲ–66. 东秦岭 Au–Ag–Mo–Cu–Pb–Zn–Sb–非金属成矿带

1）Ⅳ–66①. 黄牛铺–库峪 Au–Pb–Zn–Cu–Mo–W 成矿亚带

该亚带相当于陇县–北宽坪构造地体，包括草滩沟–云家山构造拼接地体。与海相火山岩有关的铜铅锌矿，北秦岭古生代弧后盆地中海相基性火山岩建造为主要控矿因素，矿床类型主要为火山喷发–沉积型铜锌矿床，眉县铜峪铜矿床为代表矿床；与中酸性侵入岩有关的铁多金属、钨钼萤石矿产于蟒岭、牧护关花岗岩夹持的宽坪岩群分布区，成矿与区域性断裂旁侧的次级断裂及花岗岩关系密切，矿床类型主要为接触交代型、夕卡岩型、爆破角砾岩型、中温热液型，皇台铁铜矿床、南台钨钼矿床、龙庙铅锌矿床为代表矿床；与活化区地下热水有关的锑金矿产于秦岭岩群含石墨大理岩底部的层间裂隙与横向断裂交汇处，断裂旁侧裂隙是主要控矿构造，矿床类型主要为热液（水）型，蔡凹锑矿床为代表矿床。

2）Ⅳ-66②. 太白-杨斜稀有金属白云母-红柱石-夕线石-石墨成矿亚带

相当于秦岭变质构造地体。与花岗岩重熔作用有关的稀有金属、白云母矿产于秦岭岩群的花岗伟晶岩带中，与花岗岩的重熔作用和混合岩化有关，成矿与伟晶岩规模，分异程度有关，伟晶岩脉受断裂带控制，矿床类型主要为伟晶岩型，峦庄白云母矿床为代表矿床；与动力变质作用有关的石墨、夕线石、红柱石矿分布于秦岭岩群中，成矿受沉积建造与区域变质作用控制，矿床类型主要为沉积变质型，寺沟红柱石矿床、庚家河石墨矿床为代表矿床。

3）Ⅳ-66③. 栾庄-王皇实 Fe-Cu-Sb 成矿亚带

该亚带位于丹凤栾庄、商南王皇实一带。属于北秦岭构造带东南部。区内矿产分别有铁、铜、锑等。

4）Ⅳ-66④. 王家河-丰北河 Au 成矿亚带

相当于商丹加里东结合带。成矿与热液活动、变质作用、构造运动有关，受韧脆性剪切带控制；矿床类型主要为构造蚀变岩型、微细浸染型；马列鞍桥金矿床为代表矿床。

5）Ⅳ-66⑤. 山阳-柞水海西期、燕山期 Fe-Ag-Cu-Pb-Zn-金红石成矿亚带

相当于刘岭前陆缘海盆地山阳-柞水地区。东起陕豫边界，向西经山阳、柞水、宁陕东江口，西至宁陕新场，全长150km，宽约30km，面积约 $4.0 \times 10^3 km^2$。它实际上是凤县-太白成矿区的东延部分，只不过它们之间被元古宙长角坝岩群和宁陕花岗岩基隔断成两段而已。成矿带的北界为商丹加里东结合带，南界为板岩镇-镇安-旬阳坝断裂。成矿带的地质构造特征与凤县-太白成矿区相似，处于秦岭裂陷槽的中段和东段。出露地层主要为中泥盆统池沟组、牛耳川组，中上泥盆统的青石垭组（古道岭组），上泥盆统的星红铺组、桐峪寺组，它包括了习惯上所称的北带泥盆系和中带泥盆系分布区。区内地层除泥盆系外尚有九里坪组、袁家沟组、四峡口组，在东川地区有少量下寒武系—奥陶系。青石垭组是区内的主要赋矿地层。区内构造表现为一系列向北倾斜的断裂和线形直立和向北倒转的褶皱，具有板块俯冲前缘强烈挤压的变形特征。区内岩浆侵入活动北强南弱，沿商丹加里东结合带的南侧有大面积的深成重熔花岗岩，主要有柞水岩体、东江口岩体群和晚古生代石英闪长岩。区内矿产以铅、锌、银、铜、铁、重晶石为主，省内最大的铁矿床（大西沟菱铁矿床）和最富的铅银矿（银硐子）位于矿带的中段，是最有代表性的矿床，并以它们为中心组成一条近东西向长约100km，西段以铁（黄铁矿）为主，东段以铅锌为主的铁多金属矿带。

6）Ⅳ-66⑥. 镇安-旬阳海西湖、燕山期 Pb-Zn-Au-Hg-Sb 成矿亚带

该亚带位于镇安县的南部和旬阳县的北部，西起宁陕县，东到陕鄂边界，北以镇安-板岩镇断裂为界，与山阳-柞水成矿带为邻，南到安康断裂，即习惯上所称南带泥盆系的分布范围，面积约 $2.0 \times 10^3 km^2$。区内出露地层主要为泥盆系和志留系，泥盆系平行不整合或超覆于下伏的志留系之上，其上沉积有石炭系、二叠系和三叠系。本区构造总体为一大的复向斜，由一系列南北向排列的复背斜、复向斜组成，自北而南有金鸡岭复向斜、公馆-双河复背斜、南羊山复向斜等。区内断裂发育，以北西向为主，南羊山断裂为区内最大断裂。区内矿产以汞锑金为主，并有铅锌铜（白）钨和黄铁矿。

7）Ⅳ-66⑦. 白水江-白河石墨滑石蓝石棉成矿亚带

该亚带西起陕甘边界的白水江，东到陕鄂边界的白河县，尚包括商南县南部的一部分，长约500km，宽约50km，面积约$2.5×10^4km^2$，为省内一条下古生代的巨型成矿带，矿种以非金属为主。区内地层自太古宇—下元古界均有出露，太古宇的马道杂岩、佛坪岩群分布于西段的留坝县以南和佛坪县城周围；古元古界的陡岭杂岩、中新元古界青白口系的耀岭河岩组及震旦系除在宁陕县东西两侧少量出露外，主要分布在东段靠近陕、豫省界的商南县南部；下古生界的寒武系、奥陶系分布于东段的武当古陆边缘，志留系则遍及全区，是成矿带内分布最广，面积最大的地层并以西段最为发育。侵入岩主要分布于成矿带的西段和中段，而东段几乎没有较大岩体出露。主要岩体有勉县以北的光头山岩体、洋县以北的华阳岩体、留坝岩体、胭脂坝岩体和宁陕县的宁陕岩体群。它们都是面积上千平方千米的大岩基。其成因分别为陆壳重熔型和陆壳交代型。本区构造复杂，大地构造单元包括南秦岭造山带古生代伸展盆地叠加印支期冲褶带，佛坪古陆核杂岩印支活化热隆区以及一系列的逆冲岩片。构造形态表现为复背斜、复向斜、复单斜、倒转线型褶皱、花边褶皱等。区内矿产有铁、滑石、石墨、白云母、蓝石棉、金红石等，分别产于不同时代的地层中。

8）Ⅳ-66⑧. 北大巴山裂谷带下古生代 Fe-Pb-Zn-Cu-Au- Mn-V-重晶石-黄铁矿-石煤成矿亚带

相当于白水江北大巴山裂谷带的紫阳-岚皋地区和牛山、平利、卡子街加里东浅层隆滑体。位于陕西省东南部，西起石泉县南部，经紫阳县、岚皋县、平利县、镇坪县，东至陕鄂边界并延至湖北省的竹溪县，向南进入重庆市的城口县，面积约$1.2×10^4km^2$。牛山、平利两个变质核杂岩区出露地层为武当岩群（Pt_2）及耀岭河岩组（青白口系），它们组成了本区的构造基底。下古生界遍布全区，南部主要为寒武-奥陶系（原洞河群），北部为志留系，均为碳硅质岩。区内褶皱和断裂发育。北部由两个复背斜夹一复向斜，南部为一复向斜，次级褶皱以紧密线状为主，长轴走向北西西。区内断裂以北西向为主，多为深大断裂。岩浆活动强烈，北部以火山岩为主并有少量花岗岩侵入，断裂附近分布有基性、超基性岩；南部高滩、兵房街一带有大量基性岩脉贯入和少量超基性岩侵入。辉绿岩呈岩床状或岩脉，长度大，宽度小，多顺层侵入，岩相分异程度较低，常成群平行排列，组成岩脉密集区。以瓦房坝-曾家坝断裂为界将区内的矿产分为南北两条矿带。北带为安康-平利重晶石成矿带，以沉积型重晶石矿床为主，并有金红石、黄铁矿等，它们大致分布在牛山和平利变质核杂岩区周边的寒武-志留系中，变质核杂岩区的内部有铜矿化；南带为紫阳（高桥）-镇坪（双坪）铁钛（钛磁铁矿）、磷灰石成矿带，以产于基性岩中的钛磁铁矿和磷灰石为主。

三、成矿系列及成矿谱系

（一）成矿系列划分

在"中国成矿体系与区域成矿评价"成果报告和本书区域成矿特征及成矿区带划分研究的基础上，对秦祁昆成矿域的矿床成矿系列进行了初步汇总及综合研究，以地质历史时期和构造单元为主线，初步厘定出秦祁昆成矿域主要矿床的18个矿床成矿系列，24个矿床成矿亚系列，48个矿床式（表3.2～表3.5，图3.22）。

　　本书提出的矿床成矿系列是在各时代成矿作用研究及区域成矿研究基础上，经综合研究之后提出的。由于在确定具体矿床成矿系列的各种要素时，常常会受到研究程度的制约而出现多种不同的解释，会影响到对有些矿床成矿系列的厘定，出现不同的意见。集中和统一之后的厘定也不一定完全正确，只能作为目前工作程度下的阶段性成果，随着今后研究工作的深化再不断调整和完善。

　　本书的划分借鉴"中国成矿体系与区域成矿评价"成果报告中对于矿床成矿系列的编号采用了统一的方式，即以地质时代的代号为基础，在横线之后加阿拉伯数字，在数字右边以上角标数字表示亚系列，如 Pt-1^1 表示元古宙的第一个系列中的第一个亚系列。有的矿床成矿系列形成于某个主要时代，但其中个别亚系列的时间延续范围可能略有不同或当成矿时代有争议时，则在亚系列中加以区别。对于多期次和多成因的矿床，取其主要的成矿时代和主要的成矿作用，但在论述中加以指出。在成矿系列名称中金属矿种一般以元素符号命名，以重要者在前（表 3.1）。

表 3.1　元古宙主要矿床成矿系列的初步厘定

代号	矿床成矿系列	矿床成矿系列或亚系列	矿床式	相关地质体
Pt-1	铁克里克陆缘地块与变质火山沉积岩系有关的 Fe、Au、Pb、Zn 矿床成矿系列	Pt-1^{2}塔木陆缘盆地中生代与碳酸盐有关的 Pb、Zn、Au 矿床成矿亚系列	塔木 Pb-Zn	卡拉巴西塔克组
		Pt-1^{1}布穹陆缘地块元古宙与中深变质火山-沉积岩系有关的 Fe、Mn、Au、矿床成矿亚系列	皮山布穹 Fe	喀拉喀什群
Pt-2	西昆仑北部地块及裂谷带与元古宙沉积变质作用有关的 Fe、Cu、Pb、Zn、Mo 矿床成矿系列		布伦口 Fe-Cu-Zn	布伦阔勒群
Pt-3	阿尔金陆缘地块晚元古代与岩浆作用有关的 Fe、Au、Cr 矿床成矿系列	Pt-3^{1}与海相火山-沉积变质作用有关的 Fe、Cu、Au、Ag 矿床成矿亚系列	喀拉大湾 Fe	拉配泉组
			迪木那里克 Fe	阿帕-芒崖蛇绿混杂岩带
Pt-4	东昆仑造山带与古元古代地质作用有关的 Fe、Pb、Zn、Cu、Co、Au、W、Sn 矿床成矿系列	Pt-4^{2}东昆仑南部拗褶带-增生楔与晚元古代地质作用有关的 Cu、Co、Au 矿床成矿亚系列	驼路沟 Co-Au　督冷沟 Cu-Co	纳赤台群
		Pt-4^{1}布尔汗布达地块金、铅、锌、铁、铜矿成矿亚系列	开荒北 Au	闹仓坚沟组
Pt-5	龙门山-大巴山台缘拗陷 Fe、Cu、Au、Pb、Zn、Mn 矿床成矿系列	Pt-5^{2}文县东-康县震旦纪、燕山-喜马拉雅期锰金（钼钴）重晶石成矿亚系列	天台山 Mn	含锰白云岩
			文县安坝 Au	文县弧形构造
		Pt-5^{1}汉南-碑坝元古宙 Fe、Cu 矿成矿亚系列	鱼洞子 Fe	鱼洞子岩群

　　资料来源：陈毓川等，2007。

表 3.2　早古生代主要矿床成矿系列的初步厘定

代号	矿床成矿系列	矿床成矿系列或亚系列		矿床式	相关地质体
Pz_1-1	河西走廊陆缘裂陷盆地与加里东期构造旋回有关的 Fe、Mn、萤石矿床系列			银水沟 Au	大黄山组
				黑山 Fe	墩子沟群
Pz_1-2	北祁连弧后盆地环境与加里东期岩浆活动有关的 Cu、Pb、Zn、Fe、Cr、Au、Ag 矿床成矿系列	沉积成矿系列	Pz_1-2^4 与中志留统磨拉石建造有关的 Cu 矿床成矿亚系列	天鹿 Cu	志留纪旱峡群
		构造流体成矿系列	Pz_1-2^3 与加里东后期造山过程构造-蚀变岩有关的 Au 矿床成矿亚系列	寒山 Au 鹰嘴山 Au	蚀变岩型金矿
		岩浆成矿系列	Pz_1-2^2 与加里东中晚期花岗岩有关的 W、Mo 成矿亚系列	小柳沟 W	朱龙关群
			Pz_1-2^1 与加里东期陆缘裂谷海相火山作用有关的 Cu、Pb、Zn、Au、Ag 块状硫化物矿床成矿亚系列	白银厂式 Cu-Zn	古火山机构
Pz_1-3	中祁连陆缘裂谷环境与加里东期岩浆作用有关的 Cu、Pb、Zn、Au 矿成矿系列	Pz_1-3^2 与加里东中晚期花岗岩有关的 W、Mo 成矿亚系列		塔尔沟 W	北大河岩群
		Pz_1-3^1 与加里东早期基性-超基性岩有关的铬铁矿成矿亚系列		大道尔吉式 Cr	大道尔吉岩体
Pz_1-4	南祁连与加里东期构造旋回有关的 Au、Ni、REE 矿成矿系列	Pz_1-4^2 与加里东后期造山过程构造-蚀变岩有关的 Au 矿床成矿亚系列		黑刺沟 Au	蚀变岩型金矿
				贾公台 Au	石英脉型金矿
		Pz_1-4^1 与加里东后期幔源基性-超基性岩有关的 Cu、Ni 硫化物矿床成矿亚系列		拉水峡 Cu-Ni	化隆岩群
Pz_1-5	柴达木北缘加里东期 Pb、Zn、Mn、Cr、Au、矿床成矿系列	Pz_1-5^2 与加里东后期造山过程构造-蚀变岩有关的 Au 矿床成矿亚系列		滩间山 Au	万洞沟群
		Pz_1-5^1 与加里东期陆缘裂谷海底喷气作用有关的 Pb、Zn、Au、Ag 矿床成矿亚系列		锡铁山 Pb-Zn	滩间山群

资料来源：陈毓川等，2007。

表 3.3　晚古生代主要矿床成矿系列的初步厘定

代号	矿床成矿系列	矿床成矿系列或亚系列	矿床式	相关地质体
Pz_2-1	黄羊岭陆缘活动带与青藏高原逆冲、走滑及派生伸展构造有关的 Sb、Hg、Au 多金属矿床成矿系列		黄羊岭 Sb	黄羊岭组
Pz_2-2	东昆仑祁漫塔格复合沟弧带与古生代构造-岩浆活动有关的 W、Sn、Pb、Zn、Fe、Au 矿床成矿系列	Pz_2-2^3 与印支期花岗岩类有关的 Fe 多金属矿床成矿亚系列	野马泉 Fe 肯德可克 Fe 蟠龙峰 Fe	狼牙山组
		Pz_2-2^2 与海西期花岗岩类有关的斑岩型 Cu、Mo、Pb、Zn 矿床成矿系列	乌兰乌珠尔 Cu 卡尔却卡 Cu-Mo 维宝 Pb-Zn	滩间山群
		Pz_2-2^1 与加里东期花岗岩岩浆热液有关的石英脉-夕卡岩型 W、Sn 矿床成矿亚系列	白干湖 W-Sn	金水口群

续表

代号	矿床成矿系列	矿床成矿系列或亚系列	矿床式	相关地质体
Pz₂-3	都兰海西期 Fe、Co、Cu、Pb、Zn、Sn 矿床成矿系列		小卧龙 Sn-Fe 什多龙 Pb-Zn	滩间山群
Pz₂-4	阿尼玛卿复合沟弧带与海西期构造旋回有关的 Cu、Co、Zn、Au 矿床成矿系列		德尔尼式 Cu-Co-Zn-S	阿尼玛卿超基性岩带
Pz₂-5	西秦岭与海西期—燕山期岩浆构造活动有关的 Pb、Zn、Cu（Fe）、Au、Hg、Sb 矿成矿系列	Pz_2-5^2 产于三叠系及更老碎屑岩和碳酸盐岩中的 Hg、Sb 矿床成矿亚系列	崖湾式 Sb 苦海式 Hg	三渡水组
		Pz_2-5^1 与海底热水喷流沉积有关的 Pb、Zn、Ag、Fe、Cu 矿床成矿亚系列	厂坝-李家沟 Pb-Zn 大西沟 Fe 八卦庙 Au	泥盆系细碎屑岩、碳酸盐岩和热水沉积岩
Pz₂-6	东秦岭山阳-柞水海西期、燕山期 Au、Pb、Zn、Ag、Mo、Cu、Sb 成矿系列	Pz_2-6^2 与陆内造山过程中构造-岩浆-热液作用有关的 Au 矿床成矿亚系列	金龙山 Au	微细浸染型金矿
		Pz_2-6^1 与热水喷流沉积有关的 Pb、Zn、Ag 矿床成矿亚系列	南沙沟 Pb-Zn 银洞子 Ag-Pb	双河镇组 大西沟组

资料来源：陈毓川等，2007。

表 3.4　中生代矿床成矿系列的初步厘定

代号	矿床成矿系列	矿床成矿系列或亚系列	矿床式	相关地质体
Mz-1	金堆城元古宙—早古生代上叠盆地燕山期与构造-岩浆活动有关的 Mo、Au、Fe、Cu、Pb 矿成矿系列		金堆城式 Mo	熊耳群
			小秦岭式 Au	太华群

资料来源：陈毓川等，2007。

表 3.5　新生代矿床成矿系列的初步厘定

代号	矿床成矿系列	矿床成矿系列或亚系列	矿床式	相关地质体
Kz-1	柴达木盆地新生代 Li、B、K、Na、Mg、盐类矿床成矿系列		尖顶山锶 大柴旦式盐湖	盐湖沉积

资料来源：陈毓川等，2007。

（二）成矿谱系

在成矿系列划分的基础上，以秦祁昆成矿域区域地质构造特征及构造演化认识为纲，初步厘定了秦祁昆成矿域矿床成矿谱系图（图3.23）。秦祁昆成矿域经历了结晶基底形成，秦昆洋形成演化、秦祁洋形成演化、古特提斯洋形成演化、滨太平洋、印支-燕山成矿旋回和特提斯喜马拉雅成矿旋回的叠加改造等区域成矿作用的演化。加里东旋回、海西旋回是成矿域区域成矿作用的高峰期，燕山成矿旋回主要出现在秦岭-大别成矿省，也就是从海西成矿旋回以后，区域成矿作用出现南北分野的趋势，北侧的古亚洲成矿域以海西成矿旋回和燕山成矿旋回为主，南侧的滨太平洋成矿域和特提斯成矿域以燕山和喜马拉雅成矿旋回为主。秦祁昆成矿域自身的区域成矿作用具有过渡性，组成了"南连北相"的成矿格局（朱裕生等，2007）。

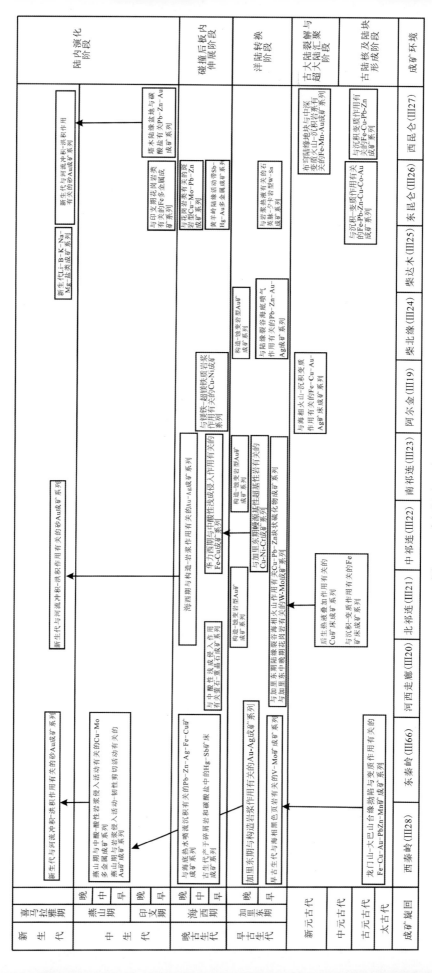

图 3.23 秦祁昆成矿域成矿谱系图

秦岭–大别成矿省夹持在华北陆块与扬子陆块之间，有"大陆造山带"之称。在印支–燕山期成矿省内出现大规模的推覆作用和走滑移动。造就的成矿地质构造环境比其他成矿省更具特殊性。区内成矿物质来源具深源性，如镁铁–超镁铁质碱性岩、双峰式火山岩类以及中酸性岩浆作用。成矿作用具有两大高峰：一是中新元古代—早古生代时期，另一为中生代时期，成矿两大高峰与大规模陆内俯冲碰撞及受深断裂控制和中酸性火山–岩浆活动有关。特别是中泥盆统海相火山喷流–沉积作用形成了厂坝式铅锌矿床，在西成、凤太、山阳沉积盆地中，同类矿床分布广泛。在封闭或半封闭的断陷盆地或生物礁洼地中，受台地相和斜坡–盆地相控制，盆地边缘断裂和层间断裂为主要导矿构造。另外，区内成矿的继承性、叠加作用明显。

祁连成矿省内长城纪产铁为主，中寒武世形成铁及少量锰矿，寒武–奥陶纪以海相火山岩型铜锌为主，其次为多金属矿床和金矿床，中祁连隆起区产塞浦路斯型铜锌矿，志留系地层中赋存有沉积型铜矿（天鹿）。海西期形成热液型金矿床，如寒山、滩间山等。中、新生代矿产甚少。区域成矿演化中，中、新元古代基底形成阶段的典型矿床有镜铁山式铁铜矿床、寒武–志留纪是成矿内岛弧发育阶段，形成白银厂式铜锌矿床、大东沟式铅锌铜矿床、塔尔沟式钨钼矿床、海西—印支造山阶段形成了滩间山、寒山、鹰嘴山等金矿床。

昆仑成矿省在新元古代出现的陆缘活动成矿地质环境，形成了与海相山喷发–沉积有关的 Fe、Cu、Co、Pb、Zn 矿床，主要有清水河铁多金属、上其汗块状硫化物矿床等。海西期造山作用造就的构造–岩浆带成矿地质控制了成矿省内成矿作用的高峰期。主要形成接触交代型矿床。与铁矿石共伴生的铅、锌、钴、金、银、锡、铜矿具有较好的找矿前景，构成了祁漫塔格重要的铁多金属成矿带。

第三节　典型矿集区成矿与构造响应

秦祁昆造山带东、中、西三段存在不同的构造演化历史，形成了不同的成矿类型。只是印支期以后在陆内构造环境下，才连为一体，形成了贯穿东西的构造山脉；秦祁昆成矿域前寒武纪构造演化还处于深入研究阶段；构造结的意义受到了重视。不同的地质构造环境控制矿床的形成与改造，使成矿表现多期、多样性。反之，重要的成矿事件研究又能对构造环境的认识起到深化作用。秦祁昆造山带中有几处重要成矿显示，如塔什库尔干一带铁矿集区、祁漫塔格多金属矿集区、扬子陆块北缘马元铅锌矿集区、祁连–龙首山铜镍远景区等，代表了独特的成矿构造环境，成矿与构造之间存在一定的响应关系。

一、塔什库尔干一带铁矿集区

西昆仑塔什库尔干一带相继发现了赞坎、吉尔铁克、老并等磁铁矿床（点），矿体厚 5~27m，相连成带，延长 200 余千米的富磁铁矿带，平均 TFe 品位为 46%。上述矿区均有大型矿床规模远景，资源量在 10 亿 t 左右。西昆仑地区大规模的"铁"成矿事件，使得我们对塔什库尔干块体的地质演化特征应加以重视，帕米尔构造结的形成演化可能是一个重要原因。

（一）典型矿床研究

1. 成矿地质背景

塔什库尔干一带铁矿的地质背景基本相似，因此一起加以阐述。总体属于喀喇昆仑造山带之塔什库尔干陆块，北东侧以康西瓦结合带和西昆仑构造带相接，南西侧以塔阿西结合带和明铁盖陆块相接。该带地质构造复杂，岩浆作用强烈，成矿地质条件非常有利。

区内地层属羌北-昌都-思茅地层区之喀喇昆仑分区，主要有古元古界布伦阔勒群，中-上志留统达坂沟群等（图3.24）。

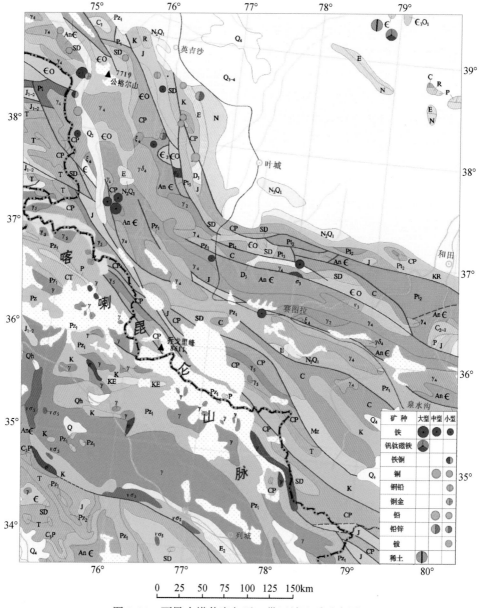

图 3.24　西昆仑塔什库尔干一带区域地质矿产图

布伦阔勒群为一套受中–深区域变质作用的富含石榴子石、夕线石的变质岩岩系，变质程度达高角闪岩相，塔什库尔干一带的铁矿均赋存于该层位中（图3.25）。因岩浆岩广泛侵入，亦不乏接触变质作用叠加，主要岩石类型有角闪斜长片麻岩、石榴斜长角闪片麻岩、黑云斜长片麻岩等，总体表现为由下至上大理岩、石英岩逐渐增多的趋势。有较多的花岗伟晶岩脉、花岗闪长岩脉、石英岩脉呈顺层或斜切贯入其中。该套地层岩石中片麻理及脉体揉皱较强，构造置换强烈，原始构造形态已难以恢复。褶皱表现为一系列片麻理的平卧褶皱、斜卧褶皱以及片内无根褶皱等，并形成一系列复式背向形构造。塑性流变特征明显，石英脉体拉长，部分地段显示较清楚的变晶糜棱结构，见石英多晶条带、长石旋转碎斑等，表现其遭受过强烈的韧性剪切变形。岩石中有大量长英质脉，花岗质岩脉亦强烈揉皱，呈不规则肠状或拉断成石香肠状。断裂也多为走向断裂，构造走向与区域构造线方向一致。总体已成层状或片状无序的构造岩石地层单元，片褶厚度大于5874m。布伦阔勒群原岩为一套中基性火山岩–碎屑岩–碳酸盐岩建造。从岩石组合和沉积建造综合分析，认为布伦阔勒群形成于海相沉积，火山活动强烈，具多旋回喷发特征，并形成从下至上由火山岩–碎屑岩–碳酸盐岩组成的两个以上的海进–海退沉积序列构成的旋回层序。中–上志留统达坂沟群主要为千枚岩、绿片岩、变砂岩、变质火山岩、结晶灰岩、大理岩等。

该带中酸性侵入活动强烈，以酸性侵入岩占绝对优势，次有少量碱性岩和中性岩。时代分前晋宁期、燕山期和喜马拉雅期等，以燕山期最为强烈和频繁，次为喜马拉雅期，前晋宁期较弱。其中，前晋宁期除走克本岩体由细粒二长花岗岩组成外，主要为花岗闪长岩体，侵入地层为古元古界布伦阔勒群。燕山期主要为灰白色细粒英云闪长岩，灰白色片麻状细粒（黑云）二长花岗岩，细粒石英闪长岩，中细粒花岗闪长岩，二长花岗岩序列，与铁、铜多金属矿化关系密切。喜马拉雅期侵入岩主要为二长花岗岩类。

区域构造以古元古界布伦阔勒群内发育的紧密褶皱、平卧褶皱和无根褶皱及塑性流变为主要特点，原始构造形态难于恢复。脆性断裂仅少量可见。岩石强烈塑性变形，石英、长石旋转碎斑，石英脉体被拉长成香肠状十分明显。

2. 赞坎磁铁矿床

矿区位于塔什库尔干县达布达尔乡南东22km的乔普卡里莫一带，面积约21.88km²。

矿区出露地层为古元古界布伦阔勒群（Pt₁b），呈单斜层产出，总体走向300°左右，倾向北东，倾角一般为43°~56°，局部倾角较陡，可达60°以上。岩性自下而上为大理岩、白云石英片岩、闪长（玢）岩、磁铁矿层、黑云石英片岩、磁铁矿层、黑云石英片岩、磁铁矿层、石英片岩、二云石英片岩。矿区内地层总体呈单斜层状分布，该套地层岩石中片麻理及脉体揉皱较强，构造置换强烈。含一系列片麻理的平卧褶皱、斜卧褶皱等，并形成一系列复式背向形构造；塑性流变特征明显，表现其遭受过强烈的韧性剪切变形。断裂也多为走向断裂，构造走向与区域构造线方向一致。西部被大面积第四系下更新统砂砾石层和河谷相全新统砂砾石覆盖。

矿区内岩浆岩主要有二长花岗岩、辉绿岩、黑云母闪长岩、黑云母闪长玢岩等。产出上，二长花岗岩出露在矿区中部的1号铁矿体上盘。岩石呈灰白色，中粒结晶结构，块状构造，主要矿物为石英、长石，含少量黑云母、角闪石等；矿区中部见有一条辉绿岩脉，平行围岩片理产出，岩脉长约100m，宽约10m，岩石呈灰绿色，具斑状结构，块状构造，主要矿物成分为辉石和斜长石，少量黑云母；而黑云母闪长玢岩分布在铁矿体底板，呈灰绿色，细粒结晶结构，块状构造；主要矿物成分为斜长石、黑云母，少量石英，微量磁铁矿、磷灰石等。

矿区古元古界布伦阔勒群变质程度较深，为高角闪岩相。矿物主要有石榴子石、夕线石、透辉石、阳起石、黑云母、白云母、透闪石、绿帘石、绿泥石等。

按矿石宏观结构构造，铁矿石可分为致密块状铁矿石、条带状铁矿石、浸染状铁矿石三种自然矿石类型。矿石中主要有用组分为磁铁矿，偶含少量黄铜矿。该矿区矿石主要为磁铁矿石和少量含铜磁铁矿石。

综上，该矿床成因应为沉积变质型，并受后期岩浆作用影响，局部形成夕卡岩化和接触交代作用，使磁铁矿进一步富化。按目前揭露控制情况来看，矿体规模大，品位富，远景有望达到超大型矿床规模。

3. 吉尔铁克磁铁矿床

矿区位于塔什库尔干县达布达尔乡南东约11km的吉尔铁克沟一带，隶属塔什库尔干县达布达尔乡管辖。

矿区内出露地层为古元古界布伦阔勒群，呈单斜层产出。走向总体为北西300°，倾向北东，倾角一般为40°~60°，局部地段倾角变缓，小于30°。岩性自下而上为石英片岩、含绿泥石二云石英片岩、黑云石英片岩、磁铁矿层、黑云石英片岩。该套地层岩石变形变质强烈，片麻理及脉体揉皱、构造置换、平卧褶皱、斜卧褶皱等极为发育，塑性流变特征明显，原结构构造难以寻觅，唯火山岩中残留有杏仁状构造特征。主要变质矿物有石榴子石、透辉石、阳起石、黑云母、白云母、透闪石、绿帘石、绿泥石等，变质程度属高绿片岩相-角闪岩相。

矿区大面积出露有印支期花岗岩，面积约2km²，岩石为中-粗粒等粒结晶结构，块状构造（局部矿物具定向）。主要为石英、长石、少量角闪石。

按矿石宏观结构构造特点，矿石可分为致密块状铁矿石、条带状铁矿石、浸染状铁矿石三种自然矿石类型。矿石有用组分主要为磁铁矿，局部含少量黄铜矿和黄铁矿。故铁矿石类型主要为磁铁矿石。

依据矿床特征与赞坎铁矿基本一致，其成因亦基本相同。目前所发现两个磁铁矿体，有扩大为大型矿床的潜力。

4. 老并磁铁矿床

老并铁磁矿床位于塔什库尔干县马尔洋乡北西约13km的老并一带，面积约12km²。

矿区内出露地层为古元古界布伦阔勒群（Pt_1b），呈单斜层产出。走向为275°~300°，倾向北东，倾角一般为43°~56°，局部地段倾角较缓，在20°以下。其岩性和变形变质及结构构造特征，大体与赞坎、吉尔铁克两矿区相同。矿区岩浆岩有辉石岩、闪长岩、闪长玢岩、二长花岗岩等。

按矿石宏观结构构造特点，矿石分致密块状铁矿石、条带状铁矿石、浸染状铁矿石三种自然矿石类型。矿石主要有用组分为磁铁矿，局部地段矿石含少量黄铜矿和黄铁矿。矿石工业类型主要为磁铁矿石。而2号和4号铁矿体为含钒磁铁矿石。

项目组通过对该矿床点进行野外调研，发现其矿石类型可能并非典型的磁铁石英岩型，局部地段显示矿体围岩为超镁铁质、镁铁质岩和大理岩，后期形成透闪石化大理岩、透辉石岩和透闪石岩等，为后期热液作用叠加的结果，这期热液作用促使围岩中的铁质析出而形成磁铁矿化，热液活动和花岗细晶岩脉可能存在一定联系，矿床成因类型属沉积变质加改造型铁矿。按目前对四个磁铁矿体初步揭露控制，有成中-大型矿床远景规模。

（二）塔什库尔干地区铁成矿与构造响应

前人多以西昆仑地区明显的断裂带或缝合带将西昆仑地区划分出不同的构造单元，但认识上存在分歧。姜春发等（1992，2000）分别以西昆北断裂带、西昆中断裂带和西昆南断裂带为界将西昆仑造山带划分为西昆仑北带、西昆仑中带和西昆仑南带；潘裕生等（2000）分别以奥依塔格-库地-苏巴什缝合带、麻扎-康西瓦缝合带为界将西昆仑造山带划分为北昆仑地体、南昆仑地体和塔什库尔干-甜水海地体；Wang（2004）也基本赞同此观点，只是将塔什库尔干-甜水海地体视为喀啦昆仑-羌塘地体；丁道桂等（1996）分别以库地南-盖孜西韧性剪切带和康西瓦-布伦口韧性剪切带为界将西昆仑造山带划分为北带、中带和南带。另外，李兴振等（2002）、肖文交等（2000）和金小赤等（1999）均对西昆仑造山带的大地构造单元划分提出过各自的见解。根据已有资料分析来看，昆北带实际上包括铁克里克陆缘隆起带和西昆北大洋闭合带，昆中带包括公格尔-喀拉塔什中间地块和上其汗早古生代岛弧带，昆南带包括了阿尾河-木孜塔格晚古生代陆缘活动带和阿克赛钦-林济塘陆缘活动带。

西昆北断裂带内发育大量蛇绿岩带（库地-苏巴什蛇绿岩带），反映当时昆北带和昆中带之间已经发育为大洋，塞浦路斯型块状硫化物矿床的存在也反映这点，这和东昆北带为弧后盆地存在明显区别，西昆北断裂带向南倾，可见俯冲带也向南倾，闭合属内部造山过程。而西昆南断裂带闭合前则为古特提斯洋，在此时期发育较多与之有关的热水喷流型菱铁矿矿床；这个古特提斯洋最终在晚三叠纪—早侏罗纪闭合，使喀啦昆仑-羌塘地体与西昆南地体南缘发生碰撞，为边缘造山过程。可见西昆仑造山带经历了内部造山过程和边缘造山过程，这和东昆仑造山带典型的边缘造山过程存在重大区别。简言之，西昆仑中间地块可能相当于柴达木地块，西昆南存在结晶基底，西昆北为大洋，这和东昆仑地区的东昆北、昆中和昆南带的意义有差异，西昆仑相当于东昆仑和祁连造山带造山作用的叠加。

这种复杂的地球动力学演化过程，必将伴随着大量的不同类型成矿作用的发生，尤其是西昆北和西昆南地区均明显发育有与大洋有关的成矿作用，如块状硫化物型铜矿和热水喷流沉积型菱铁矿矿床等，这是东昆仑地区所不具有的，这也从一个侧面反映出西昆仑造山带和东昆仑造山带性质的不同，需要我们在进一步的工作当中对其加以重视。

通过对塔什库尔干一带典型铁矿床的研究分析可以看出，这些磁铁矿矿体均赋存于喀拉昆仑构造带塔什库尔干微陆块古元古代布伦阔勒群底部的硅铁建造之中（图3.25），矿体和地层一起发生了强烈的变质变形。塔什库尔干微陆块处于秦祁昆西端帕米尔构造结的东翼，境外有众多同类磁铁矿床产出，塔什库尔干块体的归属就成为寻找该类型铁矿的关键所在，有人认为是构造结挤压溢出物质，不可能东延很远。布伦阔勒岩群主体为一套高角闪岩相（局部含麻粒岩相）的高级变质、强变形的无序岩石组合，既有变质表壳岩系，也存在典型的硅铁建造和大量的古老变质侵入体，张传林等在西昆仑西段布伦阔勒群孔兹岩系碎屑继承锆石 LA-ICP-MS 测年研究获得了 2200Ma 的年龄（张传林等，2007），显示其为古元古界；

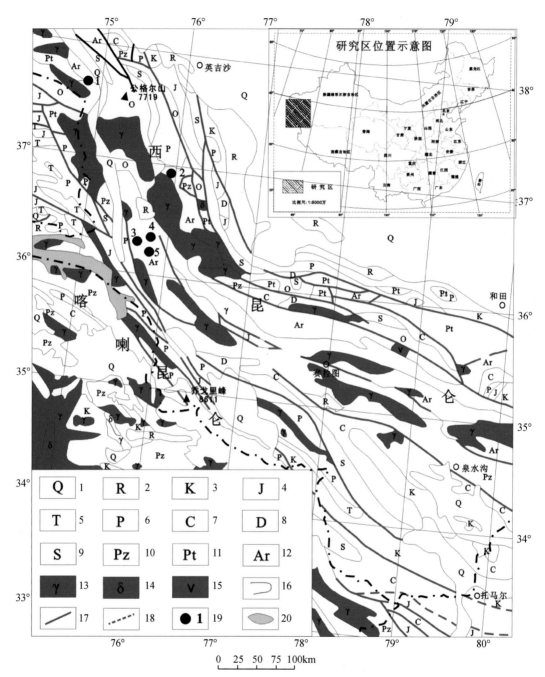

图 3.25　西昆仑布仑口磁铁矿区域地质图

1. 第四系；2. 古近系、新近系；3. 白垩系；4. 侏罗系；5. 三叠系；6. 二叠系；7. 石炭系；8. 泥盆系；9. 志留系；10. 古生界；11. 元古界；12. 太古界；13. 酸性侵入岩；14. 中性岩；15. 基性岩；16. 地层界线；17. 实测断层；18. 推测断层；19. 新发现矿床/矿点及编号（1. 切列克其铁矿；2. 塔合曼铁矿；3. 吉尔铁克铁矿；4. 老井铁矿；5. 赞坎铁矿）；20. 湖泊另达布达尔布伦阔勒岩群流纹岩 LA-ICP-MS 锆石 U-Pb 测年获得了 2481±14Ma 的成岩年龄及 2016±39Ma 的变质事件年龄（何世平，2008，未发表数据），属古元古代，是塔什库尔干微地块的结晶基底。另据刘良等（2011，未发表数据），获得赞坎铁闪长玢岩锆石 U-Pb 年龄 904±5Ma 和 558±4Ma 两个集中区，测点均位于具有岩浆振荡环带的锆石部位，最晚一期岩浆年龄为 558±4Ma，限定成矿时代的上限可能晚于 558Ma，另在一粒锆石包裹体中发现磁铁矿，该部位锆石年龄为 904Ma，暗示该矿床的形成可能还有元古宙（约 904Ma）含矿物质再富集的贡献。因此，综合以上分析认为，塔什库尔干一带铁矿床是在古元古代沉积变质型的基础上，受到后期岩浆活动叠加而形成的。

（三）找矿潜力分析

据 1：400 万新疆布格重力异常图，西昆仑地区是我国除青藏高原外重力最低的地区，最低的布伽重力异常在喀喇昆仑山至泉水沟一带，异常强度为 520×10^{-5}m/s^2，而塔什库尔干一带又恰是喀什-塔什库尔干重力异常梯度带所处位置的一部分，该梯度带在较短的距离内地壳厚度变化较大，是由巴楚-塔克拉玛干地幔隆起区向帕米尔地幔拗陷区地壳厚度发生急剧变化的地区。

据 2001 年"青藏高原中西部航磁调查"资料，西昆仑地区总体为升高、变化磁场区（图 3.26），与藏北高原稳定的磁场背景区形成明显的区别。其特征是沿西昆仑造山带出现一条强度较大、梯度强烈变化的北西向正磁异常带。异常强度一般为 200~300nT，梯度变化为 20~30nT/km。异常带大体以中部阿塔孜-塔吐鲁沟北东方向为界，北西段与南东段有明显的差别。北西段塔什库尔干地区以正负相伴的条带正磁异常和负值不大的磁异常为主，而南东段从阿塔孜经康西瓦至卡拉孔木达坂则为强度较大的北西向线状磁异常带。异常宽度为 40~60km，向北西延伸至区外，向南东止于卡拉孔木达坂。

自大调查以来，在西昆仑塔什库尔干地区含磁铁矿的古元古界布伦阔勒群层位走向上延伸稳定，在老并磁铁矿区中、东段尚有较好的找铁远景。据 2008 年 1：5 万航磁资料，在赞坎、苏巴什一带已圈定重要航磁异常约 40 处。其中，可能与沉积变质型铁矿有关的航磁异常约 10 处，与中基性侵入岩有关的航磁异常约 20 处。另据 1：50 万化探资料，在达布达尔、西若达坂一带，V、Ti、Fe、Cr、Ni、Co、Mn、Mo、W、Au、U、Th 等元素组合异常与地层分布空间位置关系密切，有较好的找矿指示性。并与已知矿点基本吻合。通过异常查证，将进一步扩大铁矿的找矿远景。就此，依据布伦阔勒群含铁建造展布，航磁和化探异常综合特征，可初步划分出五个找矿靶区。

老并磁铁矿北延带找矿靶区：航磁异常长 10km，宽 1.5~3km，异常强度最高为 822nT，异常区位于布伦阔勒群含铁建造中、深变质岩和少量的浅变质岩内。侵入岩为元古宙二长花岗岩。已知老并铁矿位于航磁异常东南端。

赞坎南铁矿找矿靶区：航磁异常长 9000m，宽 1500~2000m，极大值为 700nT，异常处于燕山期正长花岗岩与元古宇布伦阔勒群的接触带上。已知赞坎铁矿位于航磁异常西北端。

欠孜拉夫找矿靶区：包括哈东和欠孜拉夫两处局部航磁异常。其中，哈东的热克金矿南异常长 1000m、宽约 1000m，极大值为 100nT；欠孜拉夫金矿东异常异常长 3000m、宽约 1000m，极大值为 100nT。两异常均位于白垩系碎屑岩中，内有燕山期花岗岩发育，1：10 万化探有 As、Sb、Sn、Mo 元素异常显示。

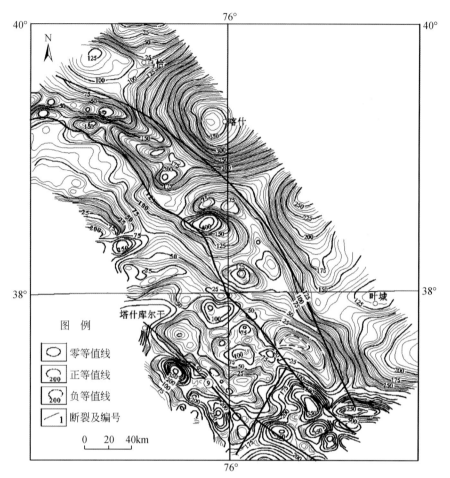

图 3.26　西昆仑西北段航磁异常等值线平面图

(熊盛青等，2001，修改；单位：nT)

　　藏戈尔找矿靶区：航磁异常长 3000m、宽 1200m、极大值为 800nT。异常处于古元古界布伦阔勒岩群与新元古界二长花岗岩的接触带附近，成矿环境与老并铁矿类似。

　　西若大坂找矿靶区：航磁异常长 3000m、宽 1200m。异常强度为 600nT，异常区内出露志留系温泉沟组碎屑岩。

二、祁漫塔格矿集区

　　祁漫塔格矿集区作为秦祁昆造山带中西段构造演化过程中的一个重要的构造结，它所造就的大量成矿物质的聚集，与不同方向构造带的交织有着重要关系，其漫长、复杂的构造转换过程，导致了多期次、多成因的成矿历程。自 20 世纪 90 年代，祁漫塔格及相邻地区相继发现了 50 余处矿（床）点，特别是近年发现的白干湖钨锡矿床、维宝铅锌矿床、卡尔却卡铜矿床、肯德可克铁钴多金属矿床、野马泉铁矿、尕林格铁矿等（邢延安、陈殿义，2004；李洪茂等，2005，2006；潘维良等，2005，2008；伊有昌等，2006；李世金等，2008），使得该区域找矿工作取得历史性突破，显示出巨大的找矿潜力，引起地学界的广泛关注和重视。

（一）典型矿床研究

1. 白干湖–戛勒赛钨锡矿带

1）成矿地质背景

白干湖–戛勒赛钨锡矿带位于黑山–祁漫塔格钨锡成矿带，柴达木微陆块南缘的祁漫塔格加里东褶皱系（李洪茂等，2006），北界为阿尔金断裂带，与阿尔金陆缘地块相邻，南界为昆中断裂带，与东昆仑–南秦岭褶皱系相接（图3.27）。白干湖、戛勒赛钨锡矿体均主要赋存于长城纪小庙岩群绢云石英片岩中，小庙岩群为中浅变质岩系，为一套陆源碎屑岩–碳酸盐岩沉积建造，夹少量偏基性火山凝灰岩，呈北东向条带状分布。本区岩浆活动强烈，具多期次侵入、同源演化的特点，其岩石系列为石英闪长岩–英云闪长岩–中粗粒、中细粒二长花岗岩–似斑状二长花岗岩–中粗粒钾长花岗岩，沿白干湖断裂两侧呈岩基、岩株状产出，岩体内钨、锡等矿化发育。

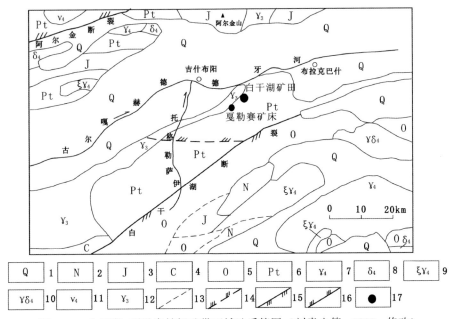

图3.27　白干湖–戛勒赛钨锡矿带区域地质简图（刘贵忠等，2007，修改）

1. 第四系；2. 新近系；3. 侏罗系；4. 石炭系；5. 奥陶系；6. 下元古界；7. 海西期花岗岩；8. 海西期闪长岩；9. 海西期碱长花岗岩；10. 海西期花岗闪长岩；11. 海西期辉长岩；12. 加里东期花岗杂岩；13. 未确定性质的构造形迹；14. 左行扭动构造形迹；15. 左行岩石圈断裂；16. 左行超岩石圈断裂；17. 钨锡矿

贯穿全区的白干湖断裂成为矿区的主构造（图3.27），表现为2500～5000m宽的左旋韧性剪切带、挤压片理化带，呈舒缓波状，走向北东–南西，倾向南东，倾角一般为70°～80°，具多期活动及继承性的特征，既是导矿构造，也是容矿构造。该区脆性构造亦较发育，多属白干湖断裂构造的次级构造，多与其平行或呈锐角相交产出，靠近白干湖断裂带较密集，规模不等，主要为南东倾向的压扭性断裂。区内褶皱构造发育，具多期变形之特点，褶皱轴走向北东，多与白干湖断裂相平行，晚期褶皱形态多呈宽缓状。

2）矿床地质特征

白干湖–戛勒赛钨锡矿带由白干湖钨锡矿田和戛勒赛钨锡矿床组成，戛勒赛钨锡矿床位于白干湖钨锡矿田西南 20km 处。

根据矿体所处的空间位置、赋存层位及矿石类型，将白干湖钨锡矿田由西南到北东划分为巴什·尔希、白干湖、柯可·卡尔德三个矿区（图 3.28），76 条矿体；戛勒赛钨锡矿床由西南到北东划分为阿拉雅尔、阿瓦尔两个矿区，7 条矿体。白干湖钨锡矿田、戛勒赛钨锡矿床地质特征基本一致，具体如下。

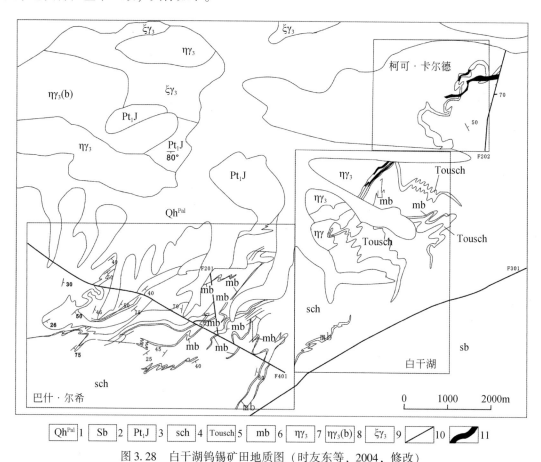

| Qh^{Pal} | 1 | Sb | 2 | Pt_1J | 3 | sch | 4 | Tousch | 5 | mb | 6 | $\eta\gamma_3$ | 7 | $\eta\gamma_3(b)$ | 8 | $\xi\gamma_3$ | 9 | ╱ | 10 | ◣ | 11 |

图 3.28　白干湖钨锡矿田地质图（时友东等，2004，修改）

1. 第四系；2. 白干湖组；3. 金水口群；4. 绢云石英片岩；5. 电气石石英片岩；6. 透闪石大理岩、石英透闪石岩；7. 二长花岗岩；8. 似斑状二长花岗岩；9. 钾长花岗岩；10. 断层；11. 钨锡矿体

巴什·尔希矿区发现矿体 45 条，产于下元古界金水口群绢云石英片岩中，矿体长 200~720m，厚度 1.15~22.47m，平均品位 WO_3 0.08×10^{-2}~1.64×10^{-2}，Sn 0.12×10^{-2}~0.84×10^{-2}，矿石类型主要为石英脉型和似夕卡岩型。白干湖矿区发现 8 条矿体，矿体产于二长花岗岩和金水口群接触带上，矿体长 180~800m，平均厚度 1.66~13.29m，平均品位 WO_3 0.08×10^{-2}~1.07×10^{-2}，Sn 0.09×10^{-2}~0.14×10^{-2}，矿石类型主要为似夕卡岩型。柯

可·卡尔德矿区查明了矿体23条，其中隐伏矿体6条，主要分布于140~160线、赋存于金水口群地层及英云闪长岩中、矿体形态呈板状及似板状、总体走向为45°、倾向南东、倾角为22°~42°、厚度为1.25~43.07m，厚度变化系数为68%~122%；矿石品位WO_3 0.09× 10^{-2} ~0.48×10^{-2}，平均品位为0.29×10^{-2}，矿石类型主要为云英岩型和石英脉型。

阿拉雅尔钨锡矿床已发现矿体2条，产于下元古界金水口群绢云石英片岩中，矿体长300m，厚度为0.18~0.28m，平均品位WO_3 0.09×10^{-2} ~0.10×10^{-2}，矿石类型主要为石英脉型。阿瓦尔钨锡矿床东西两段已发现矿体5条，控制矿体长1200m，厚度为0.55~2.32m，矿体品位WO_3 0.08×10^{-2} ~1.155×10^{-2}，矿石类型主要为石英脉型、云英岩型和似夕卡岩型。

矿石常见结构有他形粒状结构、中-粗粒自形-半自形粒状结构、胶状结构、交代结构、角砾状结构、交代残留结构；构造以浸染状构造、脉状构造为主，块状构造、角砾状构造次之。矿石矿物有黑钨矿、白钨矿、锡石、钨华、黄铜矿、蓝辉铜矿、孔雀石等，以黑钨矿、白钨矿、锡石、黄铜矿、兰辉铜矿为主。脉石矿物主要为石英、白云母、透闪石，次之为黑云母透闪石、透辉石、符山石、方解石、绿柱石、电气石等。与钨、锡矿床有关的蚀变种类主要有夕卡岩化、硅化、碳酸盐化、云英岩化、电气石化、黄铁矿化、黄铜矿化等。

3）石英脉型钨锡矿石流体包裹体研究

以白干湖-戛勒赛钨锡矿带石英脉型矿石石英中的流体包裹体为研究对象，对其岩相学特征、显微测温数据、激光拉曼成分以及氢氧同位素进行了分析。矿石样品主要采自柯可·卡尔德矿区、巴什·尔希矿区、阿尔瓦矿床西段，均属于主成矿期石英脉型矿石。

根据室温条件下流体包裹体的相态和充填度特征，白干湖-戛勒赛矿带石英脉型钨锡矿石石英中的原生包裹体类型主要分为以下三种：Ⅰ类为富液相气液两相气液包裹体；Ⅱ类为含CO_2、CH_4三相包裹体；Ⅲ类为单相H_2O溶液包裹体。显微测温结果表明，白干湖-戛勒赛钨锡矿带不同类型包裹体的温度范围和峰值温度存在一定差异。

流体包裹体激光拉曼探针分析结果表明，Ⅰ类流体包裹体的液相成分主要是水溶液，气相成分含有部分CO_2及CH_4。Ⅱ类包裹体的气相成分较复杂，以CO_2、CH_4为主，次为H_2S、N_2及少量的H_2；液相组分以H_2O为主，次为CO_2及少量的CH_4、H_2S。单个包裹体激光拉曼成分指示成矿流体中含有较多的CO_2，表明CO_2是矿床成矿流体的重要组分；石英脉型矿所携带的流体是一种富CH_4等还原性挥发分的流体。氢氧同位素分析表明，白干湖-戛勒赛钨锡矿带不同矿区氢、氧同位素组成基本稳定，均显示出岩浆水的特征，未见明显其他来源流体的混合。

白干湖-戛勒赛钨锡矿带石英脉型矿石同时存在富液相气液两相和含CO_2、CH_4三相包裹体，气液两相包裹体与CO_2相所占比例不同的含CO_2三相包裹体密切共生于同一石英颗粒中，表明其捕获时成矿流体处于一种不均匀的状态（张文淮等，1993；Shepherd, et al., 1985），反映了初始均一的$NaCl-H_2O-CO_2$流体发生以CO_2逸失为特征的流体不混溶作用（相分离作用），原始均匀的$NaCl-H_2O-CO_2$溶液分离成富$NaCl-H_2O$流体及富CO_2流体。

在流体不混溶过程中捕获的流体包裹体，其捕获端元组分的流体包裹体均一温度基本代表了成矿作用的温度（张文淮等，1996）。白干湖-戛勒赛钨锡矿带的Ⅰ类富液相气液两相和Ⅱ类含CO_2、CH_4三相包裹体是捕获于富$NaCl-H_2O$相及富CO_2相两个端元流体的代表，前者均一温度峰值主要为220~260℃，后者完全均一化温度峰值变化范围为260~280℃，平均值为 311℃。两种包裹体均一温度并不一致，造成这一现象的可能原因是成矿过程中随压力波动，流体发生多次不混溶作用的结果（Jbrahim et al.，1991）。在这种情况下，Ⅰ类包裹体均一温度应低于其捕获温度值。因此，本矿床主成矿阶段的最高温度约为 311℃，而 220～260℃基本代表了该主成矿阶段的温度下限。这与我国柿竹园超大型钨矿床大规模成矿作用主要发生在 250～350℃（龚庆杰等，2004，2006）以及小柳沟钨矿的 225～276℃（周宏，2004）一致。可见，白干湖-戛勒赛钨锡矿带石英脉型钨矿与国内热液型钨矿床的成矿物理化学条件类似，成矿流体为中高温（220～311℃）、中盐度 [w（NaCl）为 10%～14%]、低密度的 $NaCl-H_2O-CO_2$ 体系。

4）成岩成矿时代

白干湖钨锡矿床主矿体与区内的花岗岩岩浆作用密切相关，二长花岗岩、含白钨矿英云闪长岩岩石化学特征基本一致，均属钙碱性系列、强过铝质，说明二者具有良好的亲缘性，为同源岩浆演化系列；各岩体岩石全碱总量较高（$>8×10^{-2}$），反映其岩浆源于深部地壳。稀土元素总量较高，轻重稀土比值为 2.85～9.54，$\delta Eu=0.14～0.71$，多数样品的稀土配分曲线略向右倾，轻重稀土分馏明显，显示轻稀土富集，样品具明显的 Eu 负异常。岩石总体具 S 型花岗岩的特征。同时获得白干湖钨锡矿床与钨锡成矿作用关系密切的含白钨矿英云闪长岩（BKN-01）的 U-Pb 年龄为 429.5±3.2Ma，二长花岗岩（BKN-03）的锆石 U-Pb 年龄为 430.5±1.2Ma，结合水草沟粗粒钾长花岗岩的锆石 U-Pb 年龄（432.3±0.8Ma），初步认为白干湖钨锡矿床花岗岩的形成时代为早志留世，推测白干湖-戛勒赛钨锡矿带的成矿时代同为加里东期。

5）矿床成因探讨

白干湖钨锡矿床钨锡矿体主要赋存于二长花岗岩与大理岩的接触部位，部分直接赋存于长英质岩脉中，地面磁测结果显示矿区深部存在大面积的隐伏岩体或岩株并经钻探工程所证实。可见，加里东期岩浆活动对于白干湖钨锡矿床的形成具有十分重要的作用。

祁漫塔格地区小庙岩群地层具有较高的 W、Sn 背景值（W 为 $0.56×10^{-6}$，Sn 为 $3.3×10^{-6}$），可见在地层沉积形成时期，伴随陆源沉积及局部火山喷发作用的同时，大量的 W、Sn 元素相对集中沉积于特定的层位，形成富钨、锡的矿源层。加里东期，壳幔源岩浆间歇性上侵，经历了不同的分异演化，并不断萃取围岩中 W、Sn 等成矿元素，沿着白干湖断裂长期活动所形成的裂隙上侵，形成石英闪长岩-二长花岗岩复式岩株，在矿区残余岩浆沿着断裂裂隙形成长英质岩脉，W、Sn 等金属元素在岩体与大理岩接触带等有利部位富集，形成夕卡岩型及云英岩型钨锡矿体。随着岩浆分异作用的进一步演化，富含 CO_2、CH_4 等挥发性成分的深部含矿流体，在强大内分压作用下，沿构造裂隙上升至地壳浅部的过程中，由于体系温度、压力降低，原来均一的 $NaCl-H_2O-CO_2$ 体系发生不混溶作用，引起 $NaCl-H_2O$ 和 CO_2 相分离，形成了富液相气液两相和含 CO_2、CH_4 三相包裹体。CO_2 不断逸出，碳酸根和重碳酸根分解，破坏了成矿流体内物理化学体系的平衡，引起了成矿溶液 pH、Eh、f_{O_2}、f_{S_2} 等条件显著变化，导致 WO_4^{2-} 与 Ca^{2+} 在适当物理化学条件下沉淀形成石英脉型矿体。

综上研究，白干湖、戛勒赛一带钨锡矿床属于岩浆-高温热液型钨锡矿。

2. 维宝-虎头崖铅锌矿床

维宝、虎头崖均赋存于蓟县系狼牙山组中，成矿地质背景及成矿特征十分相似，因此本书将二者进行了地质、硫同位素地球化学以及成矿时代的对比研究，最终探讨了其成因。

1）成矿地质背景

维宝铅锌矿位于塔里木–华北板块南部，区内经历了加里东期、海西–印支期构造运动，建造复杂，岩浆活动强烈（杨自安等，2008）。矿区出露地层主要为蓟县系狼牙山组浅变质碳酸盐岩夹碎屑岩建造，少量古元古代—长城纪金水口群的中深变质岩和青白口系正常沉积碎屑岩，其上被大面积晚三叠世陆相火山岩所覆盖，侵入有印支期的花岗岩。

虎头崖地区位于柴达木准地台之南缘，所处大地构造位置隶属青海省东昆仑祁漫塔格裂陷槽。与成矿关系密切的是石炭系上统缔敖苏组和蓟县系狼牙山组的含碳灰岩、浅紫红色、浅灰色生物碎屑灰岩、生物鲕状灰岩。区内的岩浆活动强烈，岩浆演化经历了加里东期、海西期、印支期、燕山期四个阶段，其中海西期—印支期的岩浆活动与成矿关系最为密切。

2）矿床地质特征

维宝铅锌矿体呈层状–似层状产于狼牙山组后期气液交代作用而形成的夕卡岩（图3.29）中，矿体顶底板均有较厚和强烈的大理岩化。铅品位为0.3%～12.26%；锌品位为0.5%～10.75%；伴生铜品位为0.2%～2.96%。矿石矿物主要为黄铁矿、方铅矿、闪锌石等。

虎头崖地区矿体主要产于F21断裂上盘的狼牙山组中，主矿体受层位控制明显，位于大理岩、灰岩与硅质岩、含铁石英砂岩不同岩性接触界面，顶板为大理岩，底板为含碳灰岩。矿体形态简单，主要为似层状、层状和脉状、透镜状，铜平均品位为1.48%；铅平均品位为7.17%；锌平均品位为6.09%。矿石矿物主要为方铅矿、闪锌矿、黄铜矿等。

3）硫同位素地球化学

本次研究在美国印第安纳大学稳定同位素实验室利用Finnigan MAT252质谱仪进行了维宝、虎头崖铅锌矿中的硫同位素测试。维宝铅锌矿床闪锌矿的δ^{34}S为0.53‰～2.41‰，平均1.47‰；方铅矿的δ^{34}S为0.49‰～1.83‰，平均1.33‰；黄铜矿的δ^{34}S为1.40‰～1.94‰，平均1.64‰。虎头崖铅锌矿床闪锌矿的δ^{34}S为3.51‰～9.81‰，平均6.89‰；方铅矿的δ^{34}S为4.25‰～9.97‰，平均7.70‰。两个矿床的δ^{34}S值变化范围均很小，说明硫化物中硫可能为单一来源。另外，两个铅锌矿床的δ^{34}S$_{方铅矿}$和δ^{34}S$_{闪锌矿}$差别很小，均小于1‰，说明形成温度非常高，大于400℃，这与闪锌矿中常见固溶体分离出黄铜矿等矿相学事实一致。维宝铅锌矿床的δ^{34}S值接近地幔硫的范围，而虎头崖的δ^{34}S值略高于地幔硫的值，对比景忍东夕卡岩型铜锌矿床的δ^{34}S值（闪锌矿平均为1.3‰，方铅矿平均为3.72‰，黄铜矿平均为1.85‰），说明维宝铅锌矿的硫以岩浆硫为主，而虎头崖铅锌矿床的硫以岩浆硫为主，有少量海水硫酸盐硫的混入。

4）成岩成矿时代

维宝、虎头崖铅锌矿区内均未见明显花岗岩出露，但矿区外围均有大量花岗岩体分布，推测其与夕卡岩的形成有十分密切的关系，因此本书选择了虎头崖矿区外围景忍一带大面积出露的花岗闪长岩（HTN-01）、花岗岩（JRN-01）进行了地球化学以及LA-ICP-MS锆石U-Pb年龄研究，结果显示二者岩石地球化学特征存在一定差异：HTN-01花岗闪长岩属钙碱性系列、准铝质，稀土元素总量较高，轻重稀土比值平均为10.17，δEu平均为0.68，多数样品的稀土配分曲线略向右倾，轻重稀土分馏明显，显示轻稀土富集，样品具明显的Eu负异常，岩石总体具S型花岗岩的特征；JRN-01花岗岩属钙碱性系列、准铝–过铝质，稀土元素总量较低，轻重稀土比值平均为22.92，δEu平均为0.84，多数样品的稀土配分曲线

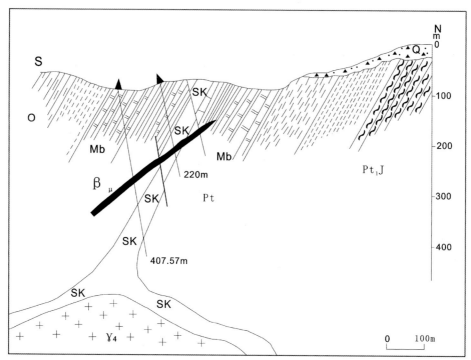

图 3.29　维宝铅锌矿床剖面示意图（杨自安等，2008）

Pt_1J. 古元古代金水口群；Pt. 新元古代蓟县系；o. 奥陶系祁漫塔格群；Q. 第四系；
γ. 海西期花岗岩；β_μ. 辉绿岩；Mb. 大理岩；SK. 夕卡岩矿体；▲. 钻孔

略向右倾，轻重稀土分馏明显，显示轻稀土富集，样品具明显的 Eu 负异常，岩石总体也具 S 型花岗岩的特征。

同时获得虎头崖矿区外围景忍一带花岗闪长岩（HTN-01）的 U-Pb 年龄为 224.27±0.61Ma、花岗岩（JRN-01）的 U-Pb 年龄为 429.4±1.6Ma，可见在虎头崖外围存在加里东期、印支期两期主要的岩浆活动，维宝、虎头崖铅锌矿的形成时代仍需进一步进行研究，但与岩浆活动关系密切。

5）矿床成因探讨

综上可见，维宝、虎头崖铅锌矿床均属于层状热液矿床。成矿过程大致为：蓟县纪时东昆仑地区处于一种拉张的伸展背景之中，在虎头崖矿区狼牙山组中可见细凝灰岩，发育重晶石及热水沉积硅质岩（张爱奎等，2010），表明蓟县纪狼牙山组形成时接收了深源的热水沉积，形成了矿源层或矿层，这与微量元素测定表明其铅、锌等含量明显高于地壳克拉克值一致。当维宝、虎头崖一带花岗质岩体侵位于狼牙山组时，岩浆期后气液向岩体的顶部及边部集中，在早期高温阶段（超临界状态）流体通过扩散渗滤交代作用形成干夕卡岩；其后因温度降低沿接触带上升的接近临界状态的流体与围岩（包括干夕卡岩）交代形成湿夕卡岩矿物组合及少量磁铁矿；同时，岩浆热液淋滤狼牙山组的铅、锌等成矿元素，形成含矿热液；随着温度的下降，进入石英硫化物阶段，含矿热液在夕卡岩中进一步交代形成层状铅、锌等硫化物。

3. 野马泉铁多金属矿床

1）成矿地质背景

野马泉铁多金属矿位于青海格尔木、乌图美仁乡西，老茫崖南。矿区位于柴达木准地台之南缘，所处大地构造位置在区域上隶属祁漫塔格断褶带。矿区地层自老至新有下古生界滩间山群、泥盆系上统牦牛山组、石炭系上统缔敖苏组、二叠系下统打柴沟组及第四系。与成矿关系密切的地层是下古生界滩间山群及石炭系上统缔敖苏组。王秉章等（2012）在滩北雪峰、乌兰乌珠尔一带玄武岩中取得的锆石 LA-ICP-MS U-Pb 年龄为 440.2±2.4Ma；在流纹岩中取得的锆石 LA-ICP-MS U-Pb 年龄为 450±1Ma；同时在滩间山群碎屑岩组中的玄武岩中采用 Sm-Nd 等时线法测年获得 493.7Ma 的年龄，从目前所获得的同位素年代学数据看，滩间山群的时代应为 439.8～493.7Ma。矿区成矿前存在平移断层及逆断层，平移断层造成各异常内成矿围岩差异，在成矿过程中由于岩性差异，导致接触交代作用程度的差异，从而造成矿体不连续和矿体规模的差异。北西西向断层组具多期活动和继承性，控制了矿区的地层走向、褶皱形态、矿产分布及次一级构造的展布，为矿区南、北矿带的主要控矿构造。北东向、北西向共轭断层组在垂向上沟通了北西西向断层和层间构造，更利于矿液运移及交代作用进行，为矿区主要导矿构造。层间构造和节理为矿体提供了良好的沉淀场所，为矿区主要储矿构造。扭性断层为成矿后的构造，但对矿体破坏作用较小。侵入岩为含黑云母闪长岩及钾长花岗岩，二者与围岩接触带见有矿体和夕卡岩（王存等，2007）。

2）矿床地质特征

野马泉矿区出露的 14 处地磁异常分为南、北两个磁异常带，与磁异常相对应有南、北两个矿带。

北矿带：分布于矿区北部覆盖区，上覆第四系砂砾层厚 40～70m，地表基本无露头，包括的磁异常有 M3、M4、M5、M7、M8、M11、M12、M13、M14。矿带为花岗岩体侵入于早古生代滩间山群形成的接触交代变质带，岩体在近接触带蚀变明显，但蚀变范围较小，一般为 30～40m，主要为绿泥石化、绿帘石化、黏土化、硅化，局部见阳起石化、透辉石化，远离接触带蚀变很弱，以硅化、黏土化为主。南矿带：位于矿区中南浅山区，地表风成砂覆盖严重，厚度一般为 5～20m，沟谷地段覆盖深度可达 50m 以上，包括磁异常 5 个，即 M1、M2、M6、M9、M10。矿带为花岗闪长岩、钾长花岗岩与石炭系大理岩接触带，矿带南侧为印支期花岗闪长岩体和燕山期钾长花岗岩体，北侧为上石炭统缔敖苏组。

矿体产于岩体与下古生界滩间山群及石炭系上统缔敖苏组碳酸盐岩外接触带夕卡岩中，平面上主要位于接触面转折部位的内侧，剖面上主要位于舌状岩体凹陷带及岩体顶部，矿化类型从岩体到外接触带具明显分带现象，自岩体向外接触带为 Sn、Mo、Co→Fe、Cu→Fe、Zn、Pb。主矿体均位于接触带 50～150m 范围内，远离接触带铁矿体规模逐渐变小，而出现多金属矿化。

已发现的矿石类型复杂，主要有磁铁矿矿石、闪锌矿矿石、方铅矿矿石、黄铜矿矿石、方铅矿-闪锌矿矿石、黄铜矿-磁铁矿矿石、方铅矿-闪锌矿-磁铁矿矿石。矿石多呈他形-半自形粒状结构、交代残留结构，浸染状构造为主，次为致密块状、条带状、斑杂状、团块状、草束状、放射状及不规则脉状构造。

3）成岩成矿时代

野马泉地区有大面积花岗岩体分布，与铁多金属的形成有十分密切的关系，因此本书选择了野马泉矿区 M1 异常与铁铜成矿关系密切的正长花岗岩（YMN-01、YMN-02）、M13 异常与铁锌成矿关系密切的隐伏二长花岗岩（YMN-03）进行了地球化学以及 LA-ICP-MS 锆石 U-Pb 年龄研究，结果显示二者岩石地球化学特征存在明显差异：

正长花岗岩（YMN-01、YMN-02）属钙碱性系列，稀土元素总量较高，轻重稀土比值平均为 33.36，δEu 平均为 0.32，多数样品的稀土配分曲线略向右倾，轻重稀土分馏明显，显示轻稀土富集，样品具明显的 Eu 负异常，岩石总体具 A 型花岗岩的特征；隐伏二长花岗岩（YMN-03）属钙碱性系列，稀土元素总量较正长花岗岩低，轻重稀土比值平均为 28.8，δEu 平均为 0.62，多数样品的稀土配分曲线略向右倾，轻重稀土分馏明显，显示轻稀土富集，样品具明显的 Eu 负异常，岩石总体也具 I 型花岗岩的特征。说明野马泉正长花岗岩与二长花岗岩并非同源岩浆演化而来，属于不同构造阶段演化的产物。

同时，获得野马泉矿区正长花岗岩、二长花岗岩的锆石 U-Pb 年龄分别为 212.9±1.1Ma（YMN-01）、219.0±1.1Ma（YMN-02）、395.1±3.3Ma（YMN-03），可见在虎野马泉矿区存在海西早期、印支期两期主要的岩浆活动，均与铁多金属成矿关系密切。整个祁野马泉地区尽管海西早期岩体在地表出露规模远没有印支期岩体规模宏大，但是，海西早期岩体对铁多金属成矿作用的贡献也应该引起足够重视。

4）矿床成因探讨

根据野马泉矿床铁多金属矿体大多数赋存于岩浆岩体外接触带夕卡岩中，矿石矿物种类繁多，脉石矿物复杂，有典型接触交代矿物，围岩蚀变以夕卡岩化为主，矿床的形成经历了典型夕卡岩矿床的成矿阶段；且矿区磁铁矿电子探针分析显示，其 TiO_2 为 0~0.04%，Al_2O_3 为 0.04~2.49%，MgO 为 0.01~2.8%，显示存在接触交代磁铁矿的趋势；又根据徐国风等（1987）对各种成因类型磁铁矿床中磁铁矿的化学成分进行的讨论，认为接触交代矿床磁铁矿的 TiO_2 含量一般为 0.07%~0.40%，MgO 含量较高，Al_2O_3 含量较低。野马泉铁多金属矿床磁铁矿与之相似，说明野马泉铁多金属矿床属于夕卡岩型矿床。

根据野马泉矿区内各类岩石微量元素含量统计，Cu、Pb、Zn、Ag 在夕卡岩、角岩中含量较高，Au、Bi、Sn、Co 在夕卡岩、花岗闪长岩中较高，Mo 在花岗闪长岩中较高，Ni 在角岩、硅质岩中较高，而碳酸盐岩中各元素含量较低，初步说明成矿元素主要来源于岩浆岩，围岩可能提供了较少部分成矿物质。结合上述研究在野马泉矿区存在海西早期、印支期两期与成矿关系密切的岩浆活动。作者认为在野马泉一带，海西早期、印支期，携带大量金属的岩浆，海西早期主要为 Fe、Zn，印支期主要为 Fe、Cu，接触交代围岩，分别形成以 Fe-Zn、Fe-Cu 为主的不同类型的矿体。

4. 卡尔却卡铜钼矿床

卡尔却卡铜钼矿床位于昆中陆块的西段。矿区出露地层主要为奥陶-志留纪滩间山群，四周均被岩体包围，呈不规则状孤岛状残留体分布。主要岩性是玄武安山岩，夹白云岩、大理岩、板岩及千枚岩。与晚二叠世似斑状二长花岗岩、晚三叠世花岗闪长岩呈侵入接触（图 3.30）。

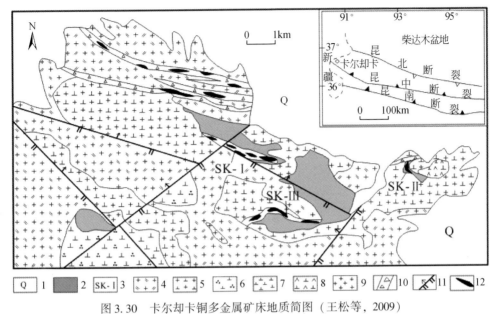

图 3.30　卡尔却卡铜多金属矿床地质简图（王松等，2009）

1. 第四系；2. 滩间山群；3. 夕卡岩；4. 似斑状黑云母二长花岗岩；5. 花岗闪长岩；6. 石英闪长岩；
7. 闪长岩；8. 闪长玢岩；9. 花岗岩；10. 破碎蚀变带；11. 断层；12. 矿体

　　矿区岩浆侵入岩分布广泛，以中酸性岩为主，其中晚二叠世似斑状二长花岗岩分布面积最大。根据岩石化学分析，晚二叠世似斑状二长花岗岩具有富硅富钾富碱贫钛铁镁钙的特点，表明岩石属 S 型花岗岩，具同碰撞花岗岩的特征。晚三叠世花岗闪长岩属中-高钾钙碱性系列偏铝质岩石，具 I 型花岗岩的特征，微量元素特征显示出壳内重熔型花岗岩的特征。

　　矿化范围东西长约 15km，南北宽约 8km，共圈出蚀变带 5 条。其中，含铜蚀变带 3 条、含金蚀变带 2 条、夕卡岩带 1 条，铜平均品位为 0.41%~3%，单样最高品位为 7.57%。矿石矿物为黄铜矿、斑铜矿、辉铜矿、黝铜矿、赤铜矿、铜蓝、黄铁矿、磁铁矿、针铁矿、闪锌矿、赤铁矿、硬锰矿、磁黄铁矿和褐钇铌矿；脉石矿物主要有石英、钾长石、斜长石、绢云母和高岭土。矿石结构构造为他形粒状变晶结构、半自形粒状结构、填隙结构和侵蚀结构。以稀疏浸染状构造、稠密浸染状构造和星点状构造为主，次有块状构造、脉状构造和网脉状构造。矿石类型为黄铜矿化碎裂似斑状黑云母二长花岗岩矿石、黄铜矿化石英脉矿石、黄铜矿-斑铜矿化夕卡岩矿石、黄铜矿化安山岩矿石；黄铁矿化碎裂大理岩金矿石。

　　前人获得与夕卡岩型铁铜多铅锌金属矿化具有密切成因联系的花岗闪长岩锆石 SHRIMP U-Pb 测年为 237±2Ma（王松等，2009），属印支期岩浆活动的产物。丰成友等（2009）对其中的索拉吉尔夕卡岩型铜钼矿床辉钼矿进行了 Re-Os 同位素定年，获得模式年龄和等时线年龄结果一致为 239±11Ma，表明铜钼成矿作用发生于中三叠世。但最近陈博等（未发表数据）研究首次厘定卡尔却卡似斑状黑云母二长花岗岩形成年龄为 410.1±2.6Ma，由于该岩体紧邻矿体，且岩体内有不同程度的矿化，在Ⅶ号夕卡岩带内，从矿体到该岩体，矿化程度逐渐减弱，说明该矿体的形成与该岩体的侵入有关，岩体和该矿体的成矿时代为加里东晚期。综合以上认为卡尔却卡铜多金属矿成矿作用不仅与印支期中酸性侵入岩有关，也与加里东晚期酸性侵入岩有关。

综上，矿床成因初步认为属斑岩型铜（钼）矿床。矿床产出于昆中陆块的花岗岩带北缘。该花岗岩带为一多期岩浆活动形成的复合岩浆弧，在海西-印支期以及加里东期，构造-岩浆活动剧烈，岩浆从深部带来成矿物质，在向上迁移、冷凝过程中含矿热液发生物理化学条件变化，使成矿物质发生沉淀，形成斑岩型矿床。在后期构造活动中，受到热液改造和叠加。

5. 肯德可克铁钴多金属矿床

肯德可克铁钴多金属矿床产于祁漫塔格早古生代弧后裂陷带中部的加里东火山盆地中，出露地层以上奥陶统滩间山群和石炭系为主，其中前者由碳酸盐岩、碎屑岩夹火山岩组成，后者为一套碎屑岩-碳酸盐岩建造。区内构造复杂，褶皱、断裂均较发育，较大褶皱分布于矿区中部，为一宽缓的向斜，两翼不对称，北陡南缓，枢纽呈波状起伏，由东向西翘起（伊有昌等，2006；李月隆等，2007）。断裂构造以东西向为主，次有北东向和北北西向。矿区内仅见有海西期的深灰色细-中粒闪长岩岩株，印支期—燕山早期的肉红色石英正长斑岩脉、石英闪长玢岩脉、闪长玢岩脉等。

矿区矿化范围东西长2200m，南北宽约650m，分南、北两个矿带。从上而下垂向上分为三层：第一层为变泥硅质岩夹大理岩，在硅质岩夹碳质板岩中赋存铅锌矿；第二层为变泥质硅质岩夹碳质板岩和夕卡岩化硅质岩、杂砂岩，钴铋、金矿体主要赋存于该岩层中，有10层，累计厚达27.09m；第三层为大理岩、白石质大理岩，其底部与硅质岩、角岩接触部位有透镜状、扁豆状磁铁矿、铁锌矿或含铜磁黄铁矿层。矿石构造以浸染状、团块状、斑杂状、不规则细脉状、条带状、角砾状为主，也可见层纹状、放射状等构造。

矿区内围岩蚀变主要有硅化、石榴子石夕卡岩化、绿泥石化、碳酸盐化。其中，同矿体关系密切的是夕卡岩化和硅化。自矿体往外侧蚀变分带明显：矿体—夕卡岩化—硅化（碳酸盐化、绿泥石化）。

矿区内石英正长斑岩中测定同位素年龄为214～161Ma（印支期—燕山期）。矿区内石英正长斑岩中测定同位素年龄为214～161Ma（印支期—燕山期）。铁矿石近矿围岩（含矿金云母夕卡岩）中提取金云母，测定同位素年龄为214Ma（伊有昌等，2006）。肯德可克矿床受特定的层位（海底热水沉积岩系）、构造（特别是多期次活动的脆、韧性断裂构造）和特有的地球化学环境、含碳质层位共同控制，其成因可归结为热水沉积-叠加改造型矿床。

（二）祁漫塔格地区多金属成矿与构造响应

祁漫塔格地区地处古亚洲构造域与特提斯构造域结合部位（于文杰等，1986），处于东昆仑造山带北部与阿尔金构造带茫崖-阿帕构造混杂岩带，和吐拉地块相邻；东北部以祁漫塔格北缘隐伏断裂与柴达木陆块相接；南部以鲸鱼湖-阿尼玛卿缝合带为界，与华南板块的可可西里-松潘甘孜中生代前陆盆地相隔（图3.31）。

祁漫塔格地区从构造角度认识应该是秦祁昆中央造山带的一个重要的"构造结"（李文渊等，2008），是北东向阿尔金构造带与近东西向东昆仑构造带相交的部位，应该是阿南断裂与昆中断裂相接构成的一块特殊地质汇聚体。阿尔金构造带、东昆仑构造带和柴达木地块的形成演化与相互拼贴关系，决定了该地区的地质体组成与归属。从现构造划分看，以阿南断裂为界，北西属阿尔金构造带的组成，主要由前寒武系构成为特点，分布有与元古宙有关

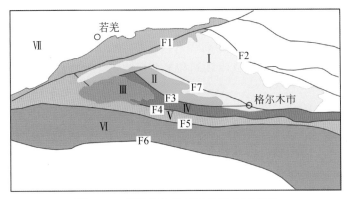

图 3.31　祁漫塔格及邻区构造分区略图

I. 柴达木陆块；II. 祁漫塔格早古生代裂陷盆地；III. 库木库里新生代断陷盆地；IV. 昆中地块；V. 昆南俯冲碰撞杂岩带；
VI. 可可西里-松潘甘孜边缘前陆盆地；VII. 塔里木地块；F1. 阿尔金南缘断裂；F2. 柴北缘断裂；F3. 阿达滩北缘活动断
裂；F4. 昆中断裂；F5. 昆南断裂；F6. 西金乌兰-金沙江断裂；F7. 祁漫塔格北缘隐伏断裂

的迪木那里克沉积变质型磁铁矿；东南则属于东昆仑构造带，从前寒武系到古生界和中新生界的岩层都有，发育有与中元古代大陆裂谷环境有关的维宝 SEDEX 型铅锌矿。区内岩浆作用发育，阿南断裂附近既发育有与早古生代蛇绿岩有关的镁质镁铁-超镁铁岩体，又产出有中奥陶世含岩浆型钛磁铁矿矿体的镁铁-超镁铁杂岩（马中平等，2009）。但区内分布最为广泛的是中酸性侵入岩，从新元古代的晋宁期到新生代的燕山期均有分布（伍跃中等，2009），但以古生代和中生代为主，且与成矿关系密切，产出有白干湖钨锡矿、野马泉铁矿等。区内火山岩主要是晚奥陶世、晚泥盆世和晚三叠世的产物，岩性从基性到酸性均有分布，东部鸭子泉和西部吐拉一带发现有疑似蛇绿岩，并有块状硫化物铜矿产出。

这种不同时代地质体的镶嵌关系，代表了多期地质作用叠加的结果。由于地质工作程度较低的缘故，该区的地质演化认识，存在较多分歧：其一，阿尔金构造带的形成时限问题。一种观点多认为阿尔金是一条长期发育、多期活动的构造带，从早古生代或晚古生代就开始活动，甚至中新元古代就开始发育（郑剑东等，1991；崔军文等，1999），另一种则主张阿尔金断裂是古近纪的晚渐新世（27~29Ma）或始新世晚期（33~37Ma）才开始强烈左旋走滑（Rumelhart et al.，1997；葛肖虹等，1998）的新生代构造，是由于印度大陆与亚洲大陆碰撞致使受力方地壳破裂物质蠕散的结果。一旦将阿尔金断裂定义为新生代走滑断裂构造，就彻底改变了阿尔金构造与中生代以前发育起来的东、西昆仑构造带关系问题。东、西昆仑构造带是从新元古代开始到中生代多次共同裂解拼合起来的叠合造山带（郝杰等，2003），只是在新生代被阿尔金切断左行走滑了，阿尔金地块其实是塔里木陆块东南界向东南陡倾的一个裸露出的构造岩片。可见阿南断裂北西的前寒武系，与断裂东南的物质组成地质归属不同。其二，昆仑造山带的地质单元划分和构造演化问题。由于库地蛇绿岩的识别与争议（汪玉珍，1983；郝杰等，2005），昆仑地质演化已越来越倾向于两期大的构造裂解拼合事件的认识，即新元古代中期响应于罗迪尼亚超大陆的裂解，在塔里木-柴达木陆块与喀喇昆仑-羌塘陆块之间产生古昆仑洋，新元古代晚期古昆仑洋向中昆仑地块下俯冲形成岛弧岩浆系，于早古生代早期两陆块发生碰撞构成原始冈瓦纳大陆的组成部分，并于奥陶纪中期，古昆仑碰撞造山带经剥蚀夷为平地，海侵形成碳酸盐岩和碎屑岩。泥盆纪晚期伴随原始冈瓦纳大陆的分裂，塔里木–柴达木陆块分离，与现在南中国海"多陆洋"的面貌一样（郝杰等，2005），至少分裂出了中昆仑陆片和阿其克陆片，在陆片北东侧形成了奥依塔格海槽和祁漫塔格海槽，在南侧则产生了乌鲁克库勒湖和木孜塔格–鲸鱼湖大洋（印支大洋），二叠纪早期响应于潘吉亚大陆的聚合，乌鲁克库勒湖和木孜塔格–鲸鱼湖大洋向北俯冲，奥依塔格海槽和祁漫塔格海槽亦向北俯冲，于三叠纪末，大洋闭合形成昆仑造山带，而在此前二叠纪末，奥依塔格海槽已经闭合，祁漫塔格海槽则于三叠纪末才闭合，使阿其克陆片与柴达木陆块碰撞，形成了祁漫塔格碰撞造山带。需要指出的是，后期的碰撞造山可能是叠加在早古生代早期碰撞造山基础上的产物，因此构成了复杂的地层岩石格局。白垩纪末—古近纪初期的古新世，印度大陆向北东碰撞，使喀喇陆块向北下插，昆仑造山带南部向南推覆；到古近纪中期始新世，塔里木陆块向南下插，昆仑造山带北部向北推覆，使昆仑造山带形成 V 字形造山结构，形成了巍峨的山系，古近纪晚期渐新世腿覆构造区域停止。阿尔金走滑断裂是北西向的推覆构造区域趋于结束才开始活动的。

漫长的地史演化过程中，祁漫塔格地区经历了多期次、多阶段的复杂构造–岩浆活动，成矿地质条件优越（图 3.32），矿产资源较为丰富，矿产种类主要有铁、铜、铅、锌、钴、钨、锡、金、钼等，矿产地 60 余处；其中，铁、铜、铅、锌、钴、钼、钨和锡主要分布于昆北及昆中成矿亚带内，不同地段的成矿特征和成矿类型也相差较大。主要矿床类型包括：①以肯德可克、尕林格和野马泉为代表的叠加改造型铁锌多金属矿床，包括两个主要的含矿层位，即上奥陶统滩涧山群上亚群和下石炭统；②以虎头崖、四角羊沟等矿床为代表的夕卡岩型铅锌矿床，主要产于下石炭统碳酸盐岩与印支期或海西晚期中酸性岩浆岩的接触带附近；③以卡尔却卡和乌兰乌珠尔为代表的岩浆气液型铜多金属矿床，与海西期—早印支期中酸性岩浆岩有关，包括接触交代夕卡岩型、斑岩型和热液脉型等；④以白干湖矿床为代表的加里东期岩浆热液型钨锡矿床，主要含矿岩系为长城纪小庙岩群中低级变质岩系，片岩及绿片岩相岩石，包括石英片岩、二云石英片岩、石英透闪石等；⑤以维宝为代表的层控夕卡岩型铅锌矿床，产于元古宇蓟县系狼牙山组浅海相碎屑–碳酸盐岩系中。

（三）找矿潜力分析

祁漫塔格地区属于阿尔金、东昆仑、柴达木地块西端相互交织的部位，也应属秦祁昆造山带内部的一个构造结，具有多期不同类型构造活动和成矿发育的历史，成矿地质条件优越，该地区以往地质矿产调查工作程度相对较低，仅发现了一些中型和小型铁、铜、多金属、砂金矿床和矿点，且主要在青海省境内，类型多为夕卡岩型矿，较成型的如野马泉锌铁矿、肯德可克钴金铁矿、尕林格铁矿、虎头崖铅锌矿、巴克特多金属矿、景忍东铁锡矿等。2000 年开始，先后发现了白干湖特大型钨锡矿、维宝大型铅锌矿、卡尔却卡大型铜钼矿、乌兰乌珠尔大–中型铜多金属矿、驼路沟大型钴矿等一批可供进一步勘查的矿产地，而且还圈定了一大批异常和找矿线索。显示该成矿带具有极好的有色金属、黑色金属及贵金属的找矿潜力。戛勒赛、白干湖一带发育与加里东期中酸性岩浆活动关系密切的钨锡矿体，W、Sn 元素化探异常分布较多（刘子峰等，2007），充分展示了研究区钨、锡矿产资源的成矿潜力和找矿前景。

鸭子泉、维宝一带广泛分布有异常强度较大的以 Pb、Zn、Ag、Cu 元素等多金属为主的化探异常，地球物理场处于强烈变化的航磁异常变化带和区域重力异常的重力梯级带的转折

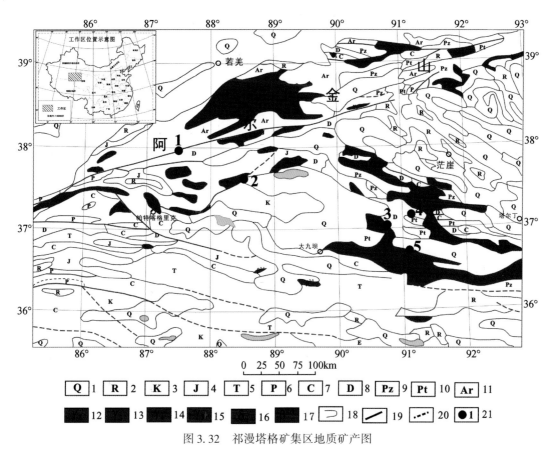

图 3.32　祁漫塔格矿集区地质矿产图

1. 第四系；2. 古近系、新近系；3. 白垩系；4. 侏罗系；5. 三叠系；6. 二叠系；7. 石炭系；8. 泥盆系；9. 古生宇；10. 元古宇；11. 太古宇；12. 元古宙酸性侵入岩；13. 加里东期酸性侵入岩；14. 海西期酸性侵入岩；15. 印支–燕山期酸性侵入岩；16. 海西期中性岩；17. 古生宙—元古宙玄武岩；18. 地层界线；19. 实测断层；20. 推测断层；21. 新发现矿床/矿点及编号（1. 长沙沟铜镍矿点；2. 白干湖钨锡矿床；3. 肯德可克铁矿床；4. 维宝铅锌矿床；5. 卡尔却卡铜矿床）

区中，结合区内已取得的地质找矿线索及成果，在鸭子泉—维宝地区的狼牙山组地层中具有寻找以层控型为主的铅锌（多金属）矿床（维宝式）的潜力；在区内的印支期、燕山期岩浆岩与白沙河组或狼牙山组或石炭–二叠系等时代的碳酸盐岩的接触部位具有寻找以夕卡岩型为主的铁、铜多金属矿床（蟠龙峰式、阿尼亚拉式）的潜力；在区内的印支期、燕山期岩浆侵入活动的区域同时有 Cu、Pb、Sn 等元素的组合化探异常分布区，具有找到以斑岩型铜为主的多金属矿床（乌兰乌珠儿式、阿达滩）的潜力。

　　野马泉、肯德可克一带经后期陆内复合造山（晚海西–印支期、燕山期）的叠加改造，为铁多金属矿床成矿提供了丰富的 Pb、Zn、Au、Co、Bi 等元素来源，成矿地质条件优越，矿（化）点分布普遍，断裂构造发育，化探异常分布较多，又有成型矿床出现，具有铁多金属的找矿潜力。

三、扬子陆块北缘马元铅锌矿集区

近年来，在扬子地台发现多处赋存在震旦系灯影组碳酸盐岩中的层控-改造型铅锌矿床（点），如陕西南郑县的马元-白玉铅锌矿田，神农架地区的冰洞山铅锌矿床，黄陵背斜地区的凹子岗、白鸡河铅锌矿床以及房县以南青峰断裂带内的朝阳、贵子沟、老公峪等多个铅锌矿床，其中最为典型的是马元铅锌矿集区。这一新发现引起学者的广泛关注，而扬子陆块北缘及南秦岭新元古代的构造演化及后期的重要构造事件梳理就为理解马元及其周缘 MVT 型铅锌矿床的形成提供了必要的基础。

（一）马元铅锌矿床研究

1. 成矿地质背景

马元铅锌矿床位于扬子陆块北缘被动大陆边缘的基底隆起的周缘（图3.33）。区域由基底和盖层组成，基底由中、晚元古代火地垭群中、深成变质火山碎屑岩系及晋宁-澄江期中酸性侵入岩、基性杂岩等构成。盖层由上震旦统—下寒武统稳定陆缘碳酸盐岩-碎屑岩系构成，基底和盖层之间不整合接触。分布于碑坝地区的同时代的火地垭群火山岩系和碑坝侵入杂岩体，岩石均属碱性系列，且都显示双模式成分特征，说明它们应属弧后盆地拉张环境中的岩浆活动产物（Gao et al.，1990）。晋宁运动之后，古地理面貌发生巨大变化，扬子地块基本稳定下来，震旦纪早期为碎屑岩，晚期以碳酸盐岩为主，代表盖层发育阶段的滨浅海沉积（车自成等，2002）。震旦系与寒武系之间、寒武系与奥陶系之间、志留系与二叠系之间等存在多个不整合面，反映这个时期区内为一个动荡的沉积环境。

所以该区至少经历了晋宁-澄江期弧后盆地拉张环境和灯影期稳定陆缘滨浅海碳酸盐岩沉积环境两种不同的构造演化历史，是区内成矿的重要条件。该区自震旦系灯影组沉积之后，主要经历了加里东期至海西期以升降运动为主以及印支期的全面褶皱造山运动。因此加里东期—印支期的构造运动是该区成矿的主要构造动力条件。

2. 矿床地质特征

马元铅锌矿区内构造总体上为一个大型穹隆构造，其核部主要由火地垭群及晋宁-澄江期中酸性、基性杂岩体构成；翼部为上震旦统—下寒武统地层，后者往往发育宽缓的复式向斜构造，上震旦统灯影组含矿地层则构成这一穹隆翼部宽缓复式向斜构造的底部地层单元。含矿层位的分布明显受穹隆翼部的控制。区内褶皱构造较发育，主要表现为舒缓复式向斜、背斜；断裂构造比较发育，多呈北东东-南西西向展布。并伴有次级呈近南北向斜切或横切地层的平移断层，对含矿角砾岩及矿体呈短距离错动。区内基底隆起产生的穹隆构造是重要的控矿构造，一方面它控制了含矿地层的分布，另一方面由于穹隆构造的产生，引起翼部灯影组厚层白云岩发生层间滑动及滑脱，形成网脉状、角砾状白云岩。

矿床的赋矿地层为震旦系灯影组第三岩性段厚层白云岩、砾屑白云岩、角砾状白云岩，其中角砾状白云岩为主要的赋矿岩石。铅锌矿化主要赋存于震旦系灯影组第三岩性段（$Z_2 dn^3$）角砾状白云岩中（图3.34），顺层产出，受层间破碎带控制。矿体呈似层状、透镜状产于灯

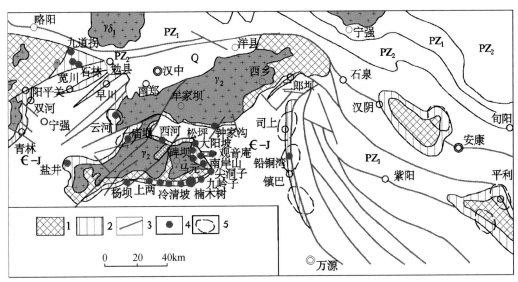

图 3.33 马元铅锌矿田地质构造及铅锌矿分布图（据侯满堂等，2007）

1. 前震旦系基底变质火山岩系；2. 上震旦统灯影组；3. 区域性断裂；4. 铅锌矿产地；5. 铅锌化探异常

影组角砾状白云岩层中，具膨大狭缩、分枝复合的特点。

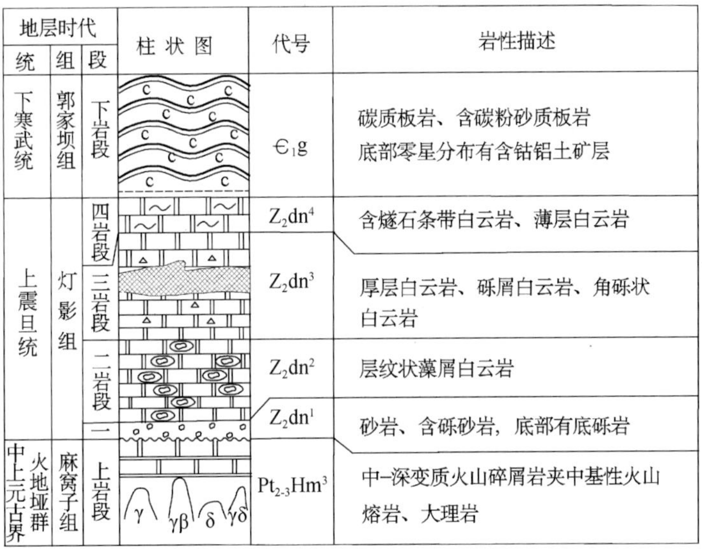

地层时代			柱状图	代号	岩性描述
统	组	段			
下寒武统	郭家坝组	下岩段		ϵ_1g	碳质板岩、含碳粉砂质板岩底部零星分布有含钴铝土矿层
上震旦统	灯影组	四岩段		Z_2dn^4	含燧石条带白云岩、薄层白云岩
		三岩段		Z_2dn^3	厚层白云岩、砾屑白云岩、角砾状白云岩
		二岩段		Z_2dn^2	层纹状藻屑白云岩
		一		Z_2dn^1	砂岩、含砾砂岩，底部有底砾岩
中上元古界	火地垭群	麻窝子组	上岩段	$Pt_{2-3}Hm^3$	中-深变质火山碎屑岩夹中基性火山熔岩、大理岩

图 3.34 马元铅锌矿地层柱状示意图（据李强等，2009）

矿石中金属矿物主要为闪锌矿、方铅矿、菱锌矿、异极矿，少量黄铁矿、磁黄铁矿；脉石矿物以白云石、重晶石、方解石、石英为主，次有沥青质、萤石等。

矿石构造以角砾状为主，局部为块状、脉状、网脉状、团块状、浸染状。角砾状矿石的矿化只发生在胶结物中，白云岩角砾和矿脉两侧的白云岩干净，矿化和蚀变现象弱。角砾成分较单一，主要为白云岩和硅质白云岩。角砾大小不一，棱角明显，未见明显蚀变现象，反映了成矿流体胶结脆性碎裂的白云岩的角砾及沿白云岩中张性裂隙充填的特征。

矿石结构以自形中细粒状填隙结构为主，次有他形粒状结构。富矿地带常见有矿液充填产生的对称条带或栉状结构特点。

围岩蚀变以广泛的沥青化为主，次有重晶石化、硅化、萤石化。后者主要表现为与矿体相伴的脉状充填特点，对围岩及角砾无明显交代蚀变现象；前者也主要表现为气液填充特点，一般在矿体上盘较为广泛。

3. 矿床地球化学特征

1）碳氧同位素特征

围岩角砾状白云岩的碳氧同位素变化范围分别为 $\delta^{13}C_{PDB}$ 为 $-0.53‰\sim1.33‰$，平均为 $0.096‰$，$\delta^{18}O_{SMOW}$ 为 $23.57‰\sim26.89‰$，平均为 $24.96‰$。马元矿石中热液白云石碳氧同位素变化范围分别为 $\delta^{13}C_{PDB}$ 为 $-2.51‰\sim0.93‰$，平均为 $-0.62‰$；$\delta^{18}O_{SMOW}$ 为 $17.55‰\sim19.57‰$，平均为 $19.24‰$。粗晶脉状方解石样品碳氧同位素变化范围分别为 $\delta^{13}C_{PDB}$ 为 $-4.24‰\sim-1.2‰$，平均为 $-2.368‰$，$\delta^{18}O_{SMOW}$ 为 $18.57‰\sim21.25‰$，平均为 $19.744‰$。赋矿角砾状白云岩的 $\delta^{13}C$ 变化范围表明马元铅锌矿赋矿角砾状白云岩为海相沉积成因（郑永飞等，2000）。

胶结物中热液白云石和粗晶脉状方解石的碳氧同位素总体上都低于围岩白云岩的碳氧同位素组成，在 $\delta^{18}O_{V-SMOW}$ 与 $\delta^{13}C_{V-PDB}$ 关系图解上，表明马元铅锌矿的碳主要来自海相碳酸盐岩的溶解，即矿石中脉石矿物方解石和白云石中的碳来源于震旦系碳酸盐岩的溶解。震旦系地层中的有机碳对其影响不明显。

2）稀土元素地球化学特征

胶结物白云石、赋矿层中角砾状白云岩、粗晶脉状方解石、闪锌矿以及基底凝灰质千枚岩和上覆寒武系碳质板岩的稀土元素显示：除了基底岩石和盖层岩石外，白云岩、闪锌矿、白云石和方解石总体上稀土总量较低，具有 $\sum REE_{闪锌矿}<\sum REE_{白云岩}<\sum REE_{白云石}<\sum REE_{方解石}$ 的特点。其中脉状晶簇状白云石的稀土总量变化范围为 $0.67\times10^{-6}\sim4.03\times10^{-6}$，平均为 2.62×10^{-6}；脉状方解石变化范围为 $2.15\times10^{-6}\sim65.28\times10^{-6}$，平均为 29.59×10^{-6}；闪锌矿变化范围为 $0.09\times10^{-6}\sim0.64\times10^{-6}$，平均为 0.25×10^{-6}；含矿层中角砾状白云岩变化范围为 $0.46\times10^{-6}\sim1.54\times10^{-6}$，平均为 0.9×10^{-6}。

马元地区稀土元素相对北美页岩标准化值表现出了明显的 δEu 正异常的规律。矿石矿物闪锌矿具有十分明显的 δEu 正异常，脉状晶簇状白云石和粗晶脉状方解石也具有明显的 δEu 正异常。Eu 正异常可作为高温热流体参与水–岩反应的标志。

综上所述，稀土元素 Eu 的正异常存在，说明了成矿流体具有大于 200℃ 的较高温度，或者具有极强的还原环境。方解石及白云石具有较围岩角砾状白云岩高得多的稀土总量，说明盆地循环流体可能深达基底或者起源于深处。稀土元素具有向流体演化晚期富集的特点。

3）微量元素地球化学特征

共分析 18 件样品，主要包括 8 件白云石、5 件方解石、5 件白云岩，通过与大陆上相应元素地壳丰度的对比，如大多数 MVT 型铅锌矿，除 Pb、Zn 外，还有 Ge、Cd、In、Ga 等稀散元素以及 Cu、Co、Ni 异常。闪锌矿中 Cd、Cu、Pb 富集明显。Cs、In、Ga 富集较弱。而 Co、Ni、Ba、Sr、Rb、Y 在脉石矿物方解石和白云石中相对富集。

4）流体包裹体特征

马元地区矿物流体包裹体非常发育，以气液两相包裹体为主，气液比主要为 5% ~ 10%。成矿流体主要为 $NaCl-H_2O-CaCl_2$、$NaCl-H_2O-MgCl_2$ 和 $NaCl-H_2O$ 三种化学体系。成矿流体的盐度主要集中在 7.9% ~ 22.17%，属于中-高盐度。该区成矿演化历史较长，温度变化范围为 100 ~ 370℃，平均温度为 150 ~ 250℃。石英形成的温度较高，为 190 ~ 310℃，属成矿早期产物；闪锌矿主要形成于 100 ~ 300℃；重晶石的成矿温度较低为 100 ~ 200℃；方解石主要形成于 150 ~ 250℃。

激光拉曼分析显示，马元铅锌矿床中液相组分以盐水为主，含少量 CH_4 和 CO_2，气相成分总体较为单一，主要为 CH_4、CO_2 和少量 H_2S。

5）硫、铅同位素地球化学特征

马元铅锌矿区 19 件硫化物样品 $\delta^{34}S = 12.94‰ ~ 19.4‰$，平均值为 18.51‰；3 件重晶石样品 $\delta^{34}S = 32.2‰ ~ 33.48‰$，平均值为 33.0‰。研究表明震旦纪灯影期古海水硫酸盐的 $\delta^{34}S = 20.2‰ ~ 38.7‰$（张同钢等，2004），早寒武世海相硫酸盐的 $\delta^{34}S = 30‰$。对比这些事实，可能指示了导致硫化物沉淀的 H_2S 由海相硫酸盐还原形成，硫源于震旦系-寒武系或盆地卤水。矿石中硫化物表现出 $\delta^{34}S_{黄铁矿} > \delta^{34}S_{闪锌矿} > \delta^{34}S_{方铅矿}$ 的明显趋势，反映成矿流体中硫同位素达到平衡，属于同期矿化的产物。

马元铅锌矿石中 5 个硫化物样品的铅同位素组成 $^{206}Pb/^{204}Pb = 17.62 ~ 18.02$，$^{207}Pb/^{204}Pb = 15.49 ~ 15.63$，$^{208}Pb/^{204}Pb = 37.57 ~ 38.35$，侯满堂等（2007）基于此，用豪特曼斯公式计算的模式年龄值为 4.20 亿 ~ 6.37 亿年。可能指示成矿金属来源于震旦系—寒武系地层。

6）石英氢、氧同位素特征

李厚民等（2007）共测得两件石英样品氢、氧同位素值，$\delta^{18}O_{V-SMOW}$ 分别为 21.8‰ 和 24.6‰，δD_{V-SMOW} 分别为 -92‰ 和 -113‰。马元锌矿石英的氧同位素组成与灰岩及泥质沉积岩的类似，表明成矿物质来自沉积地层。石英包裹体水的氢同位素组成落入大气降水的氢同位素组成范围内，而与岩浆水和变质水的相去甚远。马元铅锌矿的成矿流体可能与大气降水有关。

7）锶同位素

李厚明等（2007）研究发现，闪锌矿中包裹体中流体的锶初始比值 $^{87}Sr/^{86}Sr$ 值为 0.71059 ~ 0.71067，明显高于幔源锶的比值 0.7035，也高于灯影组海水锶 $^{87}Sr/^{86}Sr$（0.7083）的值。表明成矿流体来自于地壳。

4. 成矿模式及时代探讨

1）成矿物质来源

马元铅锌矿中热液白云石的碳氧同位素组成特征表明，其物质来源于沉积碳酸盐岩，就近取材于围岩白云岩；沥青碳同位素组成表明其可能来源于灯影组下段富藻白云岩层。闪锌矿硫同位素组成表明其来源于沉积地层中的蒸发沉积岩，与岩浆热液无关；锶初始比值也表明成矿物质来源于地壳，无深部岩浆来源的信息。石英氢、氧同位素组成表明成矿物质可能由大气降水从沉积地层中活化而来。因此，马元铅锌矿的成矿物质来自围岩。

马元铅锌矿中热液白云石及方解石的稀土组成特征表明，成矿围岩不可能为成矿流体提供高于其自身的稀土总量的成矿流体，因此，成矿物质有来自于具有较高稀土总量的基底物质。而且，基底岩石及澄江期含霓石碱性花岗岩中不仅稀土总量高，同时也较震旦系地层具有更高的铅锌成矿物质，可以为本区成矿提供大量的成矿物质。

2）成矿流体的性质

马元铅锌矿中热液石英、白云石、方解石、重晶石及闪锌矿中的流体包裹体分析结果表明，包裹体主要为含甲烷的富液相的盐水包裹体。成矿流体主要为 $NaCl-H_2O-CaCl_2$、$NaCl-H_2O-MgCl_2$ 和 $NaCl-H_2O$ 三种化学体系。通常，$NaCl-H_2O-CaCl_2$ 和 $CaCl-H_2O$ 体系在油田里分布广泛，是地层封闭性好的一种标志，也是油层水常见的一种水流体，$MgCl_2$ 属深层水咸水或者海水，其一般不是含油标志。上述高盐度的 $NaCl-H_2O$、$NaCl-H_2O-CaCl_2$ 和 $NaCl-H_2O-MgCl_2$ 体系，属于过渡型流体，可能由古油田水与深层水混合而成。流体包裹体中氢同位素表明可能有大气水参与。

包裹体气相组分以 CH_4、CO_2 为主，少量 H_2S。早期矿物石英包体中 CH_4 含量相对较高，中晚期沉淀的闪锌矿、白云石、方解石和重晶石中 CO_2 和 H_2S 含量较高。反映流体早阶段具有较强的还原环境。马元矿床闪锌矿、白云石和方解石稀土元素的 Eu 正异常，也反映了成矿流体具有较强的还原性质。

成矿温度为中低温 $100 \sim 370℃$，主要成矿温度区间为 $150 \sim 250℃$。成矿流体的盐度主要集中在 $7.9\% \sim 22.17\%$，属于中、高盐度。

3）有机质的作用

矿物包裹体气相组分中以 CH_4 为主，而且矿石中可见到大量沥青与闪锌矿共生，反映了有机质与成矿作用关系密切。本区沥青碳同位素变化范围窄，$\delta^{13}C_{PDB}$ 为 $32.1\% \sim 33.4\%$（李厚民，2007），因此，推断本区高成熟度的有机质是在较短的时间内达到成熟的，可能是在成矿阶段由热液提供的热能，使其在较短时间内达到成熟。

4）沉淀机制（硫酸盐热化学还原作用）

MVT 型矿床的还原硫通常被认为是由硫酸盐热化学还原作用（TSR）生成的。从 TSR 作用所需的温度条件、大量的沥青及甲烷等有机质的存在，以及硫化物的硫同位素特征等方面，本区均支持这一观点。本区的硫酸盐 TSR 还原证据有以下几点：

（1）成矿流体温度变化范围为 $100 \sim 350℃$，具备 TSR 所需的高温条件下；

（2）前面已经讨论，流体包裹体及地层中均有大量的有机物质分布；

（3）硫化物的硫同位素变化范围窄，分馏效应小，$\delta^{34}S$ 平均值为 18.51%，较震旦纪及早寒武世海相硫酸盐的 $\delta^{34}S$ 的平均值（约 30%）偏轻了 -11.49%，显著小于 -20%，符合 TSR 成因的硫同位素特点；

（4）热液白云石及方解石的 $\delta^{13}C$ 变化为 $-4.24\% \sim 0.93\%$，变化范围不大，前面已经讨论，初步判断热液白云石及方解石的碳可能主要来源于地层中碳酸盐的热分解，来源于由 TSR 生成的有机碳的证据不足；

（5）早期矿物石英包裹体中 CH_4 含量相对较高，晚期沉淀的方解石和重晶石中 CO_2 和 H_2S 含量较高。可能反映了随着成矿作用的进行，CH_4 不断被消耗，CO_2 和 H_2S 不断被生成的过程，也就是说硫酸盐热化学还原反应消耗了一定量的烃类，也说明了成矿过程可能是流体混合的过程。

5）成矿时代探讨

李厚民等（2007）利用闪锌矿 Rb-Sr 等时线法获得的成矿年龄为 $482 \pm 28 \sim 486 \pm 12Ma$，

即成矿作用可能发生于早奥陶世。虽然该等时线获得的年龄的可靠性有待于进一步验证（3个数据点确定的等时线），但结合的大地构造演化背景，自震旦系灯影组沉积之后，主要经历了加里东期至海西期的升降运动以及印支期的全面褶皱造山运动。

在早寒武世末或中寒武世初至早奥陶世早、中期甚至中奥陶世，大巴山地区发生了早古生代期间最早也是最强烈的一次隆升作用。在这段地质时期里，地壳的隆升导致大巴山西段整体上升成陆并与汉南古陆连成一体，造成汉南古陆在地质历史上所能扩展到的最大范围。它的最西端可能和龙门山古陆相连。此次隆升作用在碑坝地区较周围地区相对隆升的时间最长。因此，很可能是这次隆升活动导致了碑坝古陆周缘震旦系上统灯影组角砾岩的形成并伴随了成矿作用的发生。

6）成矿模式

依据成矿流体的物化性质、矿物组合特征以及碳、氧、硫等同位素特征分析认为，矿质沉淀作用可能是深层高温的无机流体与低温具有还原性质的有机流体的混合作用的结果。

扬子北缘震旦系盆地沉积岩成岩后的地下卤水，在循环过程中下渗到深部基底岩系，并不断被加热（可能存在异常的地热梯度），在其流经过程中不断萃取基底和盖层岩石中的Pb、Zn等成矿元素以及无机盐类，Pb、Zn等金属组分主要以氯配合物或硫代硫酸盐配合物形式进行迁移，形成了具有较高温度、高矿化度的成矿流体。加里东期南北大陆开始俯冲汇聚作用，扬子板块北缘前沿不均匀隆升，在碑坝古陆隆升过程中，导致其周缘震旦系上统灯影组构造角砾岩的形成，同时，盆地流体在构造应力和重力势驱动下由盆地深部向边缘流动，当成矿流体运移到构造角砾岩带或破裂裂隙带中时，盆地中的古石油也运移到同一带中，二者在破碎带中发生流体混合，古石油在成矿热液的热力作用下变质为固体沥青和CH_4。同时，当两种流体混合时，与金属一起运移的SO_4^{2-}与有机质相遇，导致硫酸盐被还原为硫化氢，造成金属在破碎带中沉淀。白云石及方解石的大量沉淀可能与温度的降低以及构造带中压力降低导致的CO_2气体的逸出有关（图3.35）。马元铅锌矿床属于MVT型铅锌矿床。

（二）扬子北缘马元铅锌成矿与构造响应

秦岭成矿带位于秦祁昆中央山系东段，南北纵跨华北、秦岭、扬子三个地块和商-丹（甘南为武山-天水断裂带）、勉-略（甘南为文县-玛曲断裂）两条板块缝合带即两带三块的古构造格局。区内岩石建造均具有前寒武纪结晶基底和中晚元古代以来沉积盖层的双层结构。区域构造的基本特征是三个地块总体呈现北西西-近东西向展布，又以造山带主造山期南北边界断裂及内部几条主干断裂为主界面，形成一系列近东西走向的逆冲推覆构造系。秦岭造山带在早前寒武纪结晶基底各岩块、地块发展演化基础上，自中新元古代以来逐渐发生、发展与演化而成，期间经历了中新元古代、新元古代晚期至中生代初期和中生代以来三个大的不同构造演化阶段，不同构造演化阶段具有不同动力学体制。

综合研究，根据区内地质构造特征分析认为，从晚元古代震旦纪开始，扬子地台北缘开始进入相对稳定的被动大陆边缘演化阶段，广泛发育了很厚的具被动陆缘特征的沉积建造。其中在晚震旦世，形成了分布非常广泛的陡山沱组和灯影组碎屑岩-碳酸盐岩岩层，这也是目前在扬子地台北缘发现的层控型铅锌矿床（点）的主要赋矿层位。灯影组碳酸盐岩的分布明显受晚震旦纪古陆及陆表海分布的控制，在除了陕川交界的扬子地台北缘外，一些次级

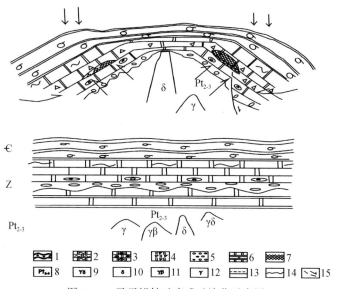

图 3.35　马元铅锌矿床成矿演化示意图

1. 碳质板岩；2. 含硅质条带白云岩；3. 层纹状屑白云岩；4. 角砾状白云岩；5. 底砾岩；6. 大理岩；7. 矿体；8. 火地
垭群；9. 花岗闪长岩；10. 闪长岩；11. 黑云母花岗岩；12. 花岗岩；13. 平行不整合；14. 角度不整合；15. 推测断裂

古穹隆构造区的周缘，如汉南碑坝、神农架、武当山和黄陵古穹隆等的周缘分布的震旦系灯影组碳酸盐岩也发现了大量的 MVT 型铅锌矿床（点）。

扬子陆块北缘马元铅锌矿代表了扬子地块北缘晚震旦世稳定的碳酸盐岩台地环境，垮塌堆积的角砾岩为成矿物质提供了成矿物质聚集的环境。印支期是最重要的成矿改造，叠加成矿的构造活动。这与秦岭南缘的构造活动历程的认识是一致的。

（三）找矿潜力分析

已知马元 MVT 型铅锌矿是扬子地台北缘及周缘较为优势的矿产之列，在大部分地区的灯影组、陡山沱组（观音崖组）、列古六组、开建桥组、苏雄组等都有铅锌矿床（点）的发现和产出。而在扬子地块北缘的南郑马元、云河-庙坝，宁强的阳平关-宽川铺-勉县阜川，司上-镇巴，镇坪等均存在寻找马元型铅锌矿的潜力条件。

（1）南郑碑坝-马元铅锌找矿远景区：位于南郑碑坝、马元一带，区内碑坝隆起周缘有大面积灯影组地层出露，赋矿控矿砾屑白云岩发育，灯影组地层出露区 1∶5 万水系沉积物测量有明显带状展布的铅锌异常分布，$Zn>80×10^{-6}$，区内已发现数十处铅锌矿床（点）。其中的楠木树已探明为一大型铅锌矿床，展示出有形成大型—超大型铅锌矿矿集区的资源潜力和极好条件。据目前南矿带、东矿带和北矿带资源量，南矿带五个矿段的铅锌资源量可达 500 万 t。东矿带两个矿段为 150 万 t。马元地区预测铅锌资源量总计为 650 万 t。

（2）云河-庙坝铅锌矿找矿远景区：该带位于汉南古陆西南边缘，大致呈近南东向沿汉南花岗岩体的西侧展布，带长大于 50km，宽 500～3000m，出露地层为震旦系灯影组的藻屑白云岩、条带状白云岩。在云河杨寺沟地表矿化角砾岩带长大于 3000m，与化探异常部位基本一致，宽 5～60m，带内已发现两条铅锌矿体，长分别为 360m 和 120m，平均厚分别为

6.5m 和 3.2m，平均锌品位为 1% ~ 5%，平均铅品位为 3% ~ 8%。该带向南经庙坝可延入四川盐井，控矿条件基本和碑坝-马元铅锌矿矿区类似，有形成大型铅锌矿的条件。

（3）阳平关-宽川铺-阜川铅锌找矿远景区：位于宁强阳平关、宽川铺、勉县阜川一带，大致呈北东向展布。控矿的灯影组地层断续出露，大部分属隐伏盲矿找矿区，是铅锌矿产出的可能地段；成矿环境和条件与南郑碑坝-马元铅锌矿矿区相近，亦是一个潜在的找矿远景区。

（4）司上-镇巴铅锌矿找矿远景区：沿司上-镇巴隆起带呈近南东向展布，长大于60km，宽 300 ~ 2000m，出露地层为震旦系灯影组的藻屑白云岩、条带状白云岩、砾屑白云岩。在构造带中见有较强的沥青化和重晶石化。有铅重砂异常三处，重晶石重砂异常一处，矿点（铅铜湾）一处。显示该区有较好的成矿条件。

（5）镇坪铅锌矿找矿远景区：区内有灯影组白云岩出露，存在铅锌矿化和以铅锌为主的化探综合异常。

四、祁连-龙首山铜镍矿远景区

经项目组多年研究，认为金川铜镍成矿作用，绝不是一个孤立的成矿事件，而是一个重大的地质事件；结合地质背景的综合研究，提出在中段祁连山及邻区，存在超地幔柱活动的大规模壳幔物质交换活动响应的物质组成，至少包括祁连山、阿尔金造山带南部基底的范围。因此，祁连-龙首山地区早于金川岩体的前寒武纪地质体，都具有侵入金川同期含矿侵入体的可能。但前提是必须出露，或隐伏的不是太深，才有工业意义。金川成矿作用所代表的大规模岩浆-构造事件，必然对秦祁昆造山带前寒武纪构造演化产生重大影响。基于此，在对金川矿床进行深入研究的基础上，对祁连-龙首山地区与铜镍有关的化隆基性-超基性岩带进行了时代、地球化学的系统对比研究，取得了一些研究成果。

（一）金川超大型铜镍矿床成矿地质事件

1. 金川矿床的成矿时代探讨

众多学者通过 Sm-Nd、Re-Os 和 SHRIMP U-Pb 等不同年代学方法对超大型铜镍矿床成岩、成矿时代进行了大量的研究，但由于采集的样品及选用测试方法的区别，得到的结果有较大的差异，并未取得一致的认识。汤中立等（1992）Sm-Nd 等时线年龄为 1508±31Ma；张宗清等（2004）Sm-Nd 等时线法全岩年龄为 970±310Ma。硫化物矿石 Re-Os 等时线法得到的年龄介于 1408±34Ma 和 827±8Ma 之间（张宗清等，2004；杨刚等，2005；闫海卿等，2005；Keays et al.，2004；Yang et al.，2008）。近年来，对金川超基性侵入岩中的锆石和斜锆石进行 SHRIMP 分析分别得到 827±8Ma 和 812±26Ma 的 U-Pb 年龄（李献华等，2004；Li et al.，2005）；而对金川超镁铁质岩中闪长质岩墙的锆石的 SHRIMP U-Pb 年龄为 828±3Ma（Li et al.，2005）。闫海卿等（2005）同样采用锆石的 SHRIMP U-Pb 等时线法对金川超镁铁质岩测得的锆石年龄为 837Ma，但他们研究认为这个年龄代表后期变质年龄，而不是初始的岩浆年龄。最近，田毓龙等（2007）对金川超镁铁质岩体中的锆石采用 LA-ICP-MS 得到的 U-Pb 年龄为 807.3±3.7Ma。综上所述，对于金川铜镍硫化物矿床成岩、成矿时间的厘定还有很大的争议，也是进一步对成岩成矿机制的重要制约，具有非常重要的意义。因此，本书通过对锆石和斜锆石的（锆石和斜锆石来自同一块样品）高精度 ID-TIMS U-Pb 法对其年代学进行制约。

本书通过 ID-TIMS 法对橄榄二辉岩中锆石和斜锆石的 U-Pb 同位素进行分析。单颗粒锆石测试得到的 7 个数据中有 6 个是相似的，位于谐和曲线之下，符合 U 衰变的不确定性，其 U-Pb 谐和年龄为 832.20±0.89Ma，$^{206}Pb/^{238}U$ 的加权平均年龄为 831.8±0.6Ma。其中一个锆石的分析投点相对较低（图 3.36），表明尽管有严格的锆石样品前处理，但是仍有少量的 Pb 丢失，致使得到的 $^{206}Pb/^{238}U$ 年龄偏年轻，这可能与溶蚀时间不足有关。斜锆石样品分析结果与上述 Pb 丢失样品重合，不和谐度约为 0.8%，$^{207}Pb/^{206}Pb$ 年龄为 833.4±5.2Ma，介于锆石分析结果误差范围内。

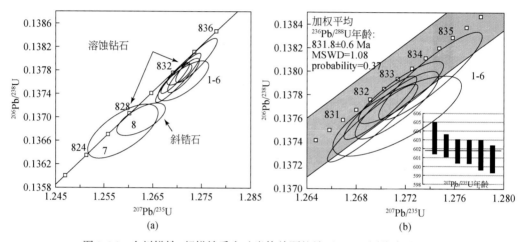

图 3.36　金川镁铁-超镁铁质含矿岩体单颗粒锆石 U-Pb 同位素谐和图

综上所述，二辉橄榄岩的锆石 U-Pb ID-TIMS 年龄为 831.8±0.6Ma，与金川超镁铁质岩体的锆石 LA-ICP-MS U-Pb 年龄（807.3±3.7Ma）和 SHRIMP U-Pb 年龄（827±8Ma）相近（李献华等，2004；Li et al.，2005；田毓龙等，2007）。同时较相对切穿金川超镁铁质侵入体的闪长岩脉（Li et al.，2005）年龄（828±3Ma）要早，其形成时间相当于 Rodinia 超大陆裂解的时间。

2. 金川矿床惰性气体同位素研究

金川 Cu-Ni-PGE 硫化物矿床橄榄石、辉石和硫化物中 He、Ne 和 Ar 丰度和同位素组成为成矿岩浆作用过程中的流体提供了来源。主要包括以下几个方面。

（1）金川 Cu-Ni-PGE 硫化物矿床 $^3He/^4He$ 低，$^{20}Ne/^{22}Ne-^{21}Ne/^{22}Ne$ 分布于大洋中脊玄武岩与大陆地壳演化线之间，He、Ne 和 Ar 同位素组成具有地幔、地壳和大气来源组分混合的特征，地壳和大气来源组分的比例较高。

（2）$^3He/^4He$ 与 $^{40}Ar/^{36}Ar$ 指示为大陆壳端元（CC）与上地幔端元（UM）混合形成的一混合组分（MC），再与大气成分（air）混合的特征，硅酸盐矿物（尤其是橄榄石）和硫化物的 $^3He/^4He$ 极低，且从橄榄石、斜方辉石到单斜辉石逐渐降低，表明较高比例的混染地壳流体组分可能在深部岩浆房橄榄石结晶初期就已混入成矿岩浆中，且在岩浆结晶过程中持续加入。

（3）橄榄石和硫化物中放射性成因 He＊ 和 Ne＊ 同位素贡献极低，可以反映成矿岩浆和硫化物熔浆的原始特征。硫化物 ^{3}He/^{4}He（平均 0.456Ra）高于硅酸盐矿物（0.239Ra），利用扣除放射性 ^{40}Ar＊ 的 Ar 同位素计算得到的硫化物中大气成分混入的比例（平均 3.95%）明显低于硅酸盐矿物（平均 54.91%），硫化物熔体的分离发生在岩浆分异的早期。

（二）区域岩体特征与铜镍成矿

以金川超大型铜镍矿床为代表的巨量金属富集，是大规模岩浆事件的结果。绝不可能仅局限在金川一处，金川只是若干个成矿地区典型表现的一个结果，类似于这样的成矿事件还会存在很多。在以金川为代表的大规模岩浆事件，会波及祁连山等邻近地区。通过地质资料对比与分析，发现南祁连化隆一带存在基性-超基性岩带，具有类似的构造地质背景与铜镍成矿条件。

日月-化隆铜镍矿集区自发现拉水峡铜镍硫化物矿床以来，陆续发现多处成矿潜力较好的铜镍矿点，如裕龙沟小型铜镍矿床及乙什春、沙加、亚曲矿点等，受人关注。因此，本书对日月-化隆基性-超基性岩带的地质背景、岩体地质和时代特征以及铜镍成矿规律进行了系统研究，取得了一定的进展。

1. 化隆基性-超基性岩体年代学及成因

位于青海省东部的日月山-化隆基性-超基性岩带，主要出露于拉脊山以南、黄河以北，西起青海湖东南的裕龙沟（元者寺附近），经贵德县的阿什贡，东到化隆县的塔加。长约160km，平均宽20km，呈西窄东宽的楔形。带内所发现一定规模的基性-超基性岩侵入体，多数与铜镍成矿关系密切。

1）岩体地质

日月山-化隆岩带内共有基性-超基性岩体 84 个，岩体规模小，其出露密度亦小，分布零散，是一个个孤立的岩体或小岩体群。单个岩体多数长几十至百余米，最大者长 1300m、宽 10~78m，小者长度仅几米。岩体面积均小于 0.05km^2，带内较大的裕龙沟岩体面积仅有 0.039km^2。岩体形态多呈短轴状，平面形态为透镜状及脉状，次为巢状、团块状、不规则状、等轴状、椭圆状等。岩体总的展布方向以北西向为主，倾向以北东为主，倾角中等。岩带内的岩体类型总体属基性-超基性杂岩类，而各岩体的岩石类型主要是橄榄岩、辉石岩、角闪石岩及辉长岩等。

角闪石岩型岩体：全部或绝大部分由角闪石岩或黑云母角闪石岩、辉石角闪石岩、橄榄角闪石岩所组成，代表岩体有裕龙沟、拉水峡、拉木北等，是岩带内重要的成矿岩体类型。

橄榄岩型岩体：由橄榄岩组成，有少量的二辉辉石岩、角闪石岩、紫苏辉长岩，代表岩体有阿什贡、尕吾山村等。

辉石岩型岩体：由二辉辉石岩及紫苏辉长岩组成。代表岩体有加家、沙加、刘什东等。

辉石岩型-辉长岩型岩体：由单辉辉石岩、辉长岩或其中一种岩石组成。该岩体类型是岩带内主要的岩体类型，代表岩体有亚曲、乙什春、下什塘和沙加等。

2）成岩时代探讨

　　以往研究认为化隆一带基性–超基性岩形成于晋宁期（青海第九地质大队，1992）。本书采集了亚曲辉石岩（09YQ-01）及裕龙沟角闪岩（09YL-01）样品在加拿大多伦多大学进行了 ID-TIMS 锆石 U-Pb 年龄测定，分别获得锆石 U-Pb 年龄为 440.74±0.33Ma（MSWD=1.1）（图3.37）和 442.4±1.6Ma（MSWD=0.59）（图3.38），重新厘定其为加里东期岩体。

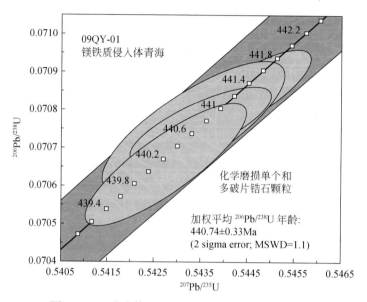

图 3.37　亚曲岩体 ID-TIMS 锆石 U-Pb 谐和曲线图

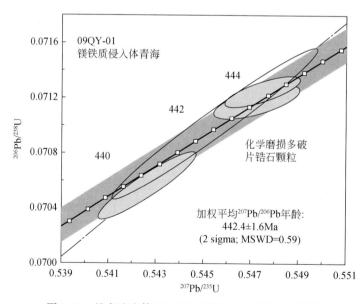

图 3.38　裕龙沟岩体 ID-TIMS 锆石 U-Pb 谐和曲线图

3) 地球化学特征

依据 SiO_2 含量，拉水峡、裕龙沟岩体为基性岩，亚曲岩体属于中-基性岩。拉水峡岩体的 m/f 为 0.5~1.9，平均为 1.1；裕龙沟岩体 m/f 为 0.8~4.5，平均为 3.0；亚曲岩体的 m/f 为 1.0~2.3，平均为 1.5，均属于铁质系列。

岩体稀土元素均具轻稀土富集型特征，显示明显的 Eu 负异常，说明岩浆演化过程中发生了大量斜长石等的分离结晶作用。岩体微量元素特征基本一致，总体上显示出相容元素（如 Ni、Cr、Co、V）含量高，不相容元素（如 Rb、Ba、Th、U 等）含量低的特点。微量元素蛛网图中具有 Nb、Ta 负异常，可能与热液蚀变和地壳混染有关。岩体微量元素相关性非常好，结合其他微量元素特征，说明其可能是同源岩浆形成。但 Nb、Ta 亏损程度与 ΣREE 的不同，说明母岩浆在上升形成各岩体的过程中遭受了不同程度的同化混染作用。

带内其他岩体与亚曲岩体类型及铜镍成矿特征均相似，因此推测其与亚曲、裕龙沟等均为加里东期岩体。岩体岩石地球化学、稀土元素、微量元素特征说明岩体母岩浆遭受了陆壳物质混染作用。岩体的岩石地球化学特征反映出与俯冲相关的地球化学特征，如 Nb、Ta、Ti 的亏损，以及所有岩石均属于钙碱性系列等，且轻稀土（LREE）和大离子亲石元素（LILE）相对富集，适度亏损高场强元素，应属于后碰撞伸展环境中岩浆系统（Wang et al.，2004）。结合岩石地球化学特征以及区域地质构造演化，对化隆一带基性-超基性岩体的成矿环境进行了重新认识，认为区内的基性-超基性岩体是拉脊山小洋盆在晚奥陶纪闭合之后进入陆内造山阶段，在后碰撞伸展环境中所形成的。

2. 成矿特征研究

从目前该区已发现的铜镍矿床、矿点可以看出，区内与铜镍矿有关的基性-超基性岩，主要赋存在元古宇关藏沟组下岩段和中岩段底部。因此，与此类岩体有关的铜镍矿，也主要受此层控制。

拉水峡铜镍矿的含矿岩性是二辉橄榄岩，沙加铜镍矿点的含矿岩性是苏长岩，乙什春铜镍矿点的含矿岩性是暗色苏长岩。因此，本区铜镍矿与国内其他同类矿床一样，都是与较基性的岩浆岩有关，受苏长岩、二辉橄榄岩等较基性的岩石控制。

1) 拉水峡铜镍矿床

（1）矿区地质。

拉水峡矿区共有两个具工业价值的矿体（图 3.39）。一号矿体规模较大，主要产于角闪岩体与片麻岩接触带的岩体一侧，部分矿体进入片麻岩中，与岩层产状稍斜交；矿体走向长 150m，倾向延深 200m，厚 14.17~23.37m，呈不规则状、透镜状，贯入角闪石岩和片麻岩的断裂或裂隙中，呈北西西向展布；Ni 平均品位为 4.2%，平均含 Cu 0.65%、Co 0.13%。二号矿体规模次之，产于化隆群石英角闪片岩的层间，赋存于北西向和北东向断裂交汇处，长 30m，宽 38.21m，延深 23m，为一近南北向产出的、上宽下窄的楔形体；Ni 平均品位为 2.7%，平均含 Cu 0.45%、Co 0.01%。同时，拉水峡矿床也伴生铂族元素，Pt 品位为 0.124%，Pd 品位为 0.124%，在光片中也发现黄铜矿中有砷铂矿。

原生矿石仅出现于一号矿体，可分为四种类型：块状、角砾状、浸染状以及脉状矿石。二号矿体矿石全为氧化矿石，多呈较松软块状、土状、浸染状构造，鳞片变晶结构，镍则呈吸附状态存在于氧化的硅酸盐矿物中，Ni/Cu 和 Ni/Co 值变化不大；与一号矿体对比，铜含

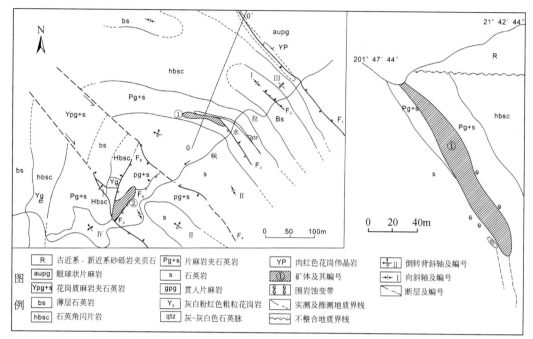

图 3.39　拉水峡矿床地质平面及剖面图（据张照伟等，2012）

量普遍增高，一般 Ni/Cu>1，局部地段 Ni/Cu<1。

围岩蚀变以黄铁矿化、绿泥石化为主，次有碳酸盐化、绿高岭土化、褐铁矿化、黑云母化、次角闪石化、叶蜡石化等。

（2）金属硫化物矿物学特征。

拉水峡矿床中紫硫铁镍矿晶体呈他形粒状或页片状，晶体粒径为 0.1~0.5mm，为交代镍黄铁矿或镍黄铁矿分解的产物，常见交代镍黄铁矿假象，矿物表面有许多黑点，其裂隙被黄铁矿充填，有时也被黄铜矿细脉充填。拉水峡矿床中块状矿石 Fe 含量为 20.68%，明显低于浸染状矿石的 24.32%；而块状矿石 Ni 含量为 31.98%，Cu 含量为 2.01%，均明显高于浸染状矿石（Ni 含量为 25.52%，Cu 含量为 0.44%），Co 含量略有增加，表明热液叠加使得 Cu、Ni 等元素进一步富集。

铜镍矿石中黄铜矿一般含量在 22%~25%，块状矿石中可高达 40%~60%。黄铜矿呈他形粒状，粒径在 0.01~0.4mm，常交代黄铁矿呈不规则状产出或呈细脉状充填紫硫镍铁矿裂隙。拉水峡矿床不同类型矿石中黄铜矿主元素 S、Fe、Cu 含量变化范围较小；微量元素中，块状矿石 As 含量较高，为 0.03%~0.23%，平均为 0.07%，浸染状矿石中不含 As；Ag 含量亦同块状矿石中 Ag 的含量最高，为 0.01%~0.08%，平均为 0.03%；块状矿石中含有一定含量的 Zn，与热液叠加有关。

（3）矿床地球化学。

拉水峡矿床不同类型矿石中稀土元素总体变化趋势较为一致，均具有 Eu 负异常。块状矿石的 $\sum$ REE 为 40.36×10^{-6} ~ 136.40×10^{-6}，平均为 79.89×10^{-6}；浸染状矿石的 $\sum$ REE 为 33.69×10^{-6} ~ 137.72×10^{-6}，平均为 72.11×10^{-6}，明显小于块状矿石。所有样品的稀土元素均属轻稀土富集型，但块状矿石的 LREE/HREE 平均为 10.15，高于浸染状矿石的 9.71，可

能与热液作用有一定的联系。

拉水峡矿床矿石的 $(La/Yb)_N$ 均较高，块状矿石为 11.07~22.22，平均为 16.99；浸染状矿石为 6.44~26.62，平均为 15.95。表明矿石均受到热液蚀变作用影响，但块状矿石影响相对较大，导致 REE 分馏程度明显高于浸染状矿石。

拉水峡矿床矿石有益组分主要为 Ni、Cu、Co，次为 S、PGE 等，主成矿元素含量随硫化物含量的增多而增高，其与硫化物含量呈正比关系。拉水峡矿床 Ni 平均含量为 10.18%，Cu 平均含量为 4.26%，Co 平均含量为 0.17%。拉水峡矿床块状矿石中 Cu 含量为 3.90%~9.46%，平均为 6.53%，明显高于浸染状矿石（平均 0.47%），可能与热液作用对金属硫化物矿物组合的改变，铜矿物的明显增多有关。

从拉水峡矿床不同类型矿石 100% 硫化物 Cu、Ni 含量分布图中可以看出，不同类型矿石 100% 硫化物 Cu、Ni 含量，岩浆期浸染状矿石与热液期浸染状矿石构成两个端元，一个分布在低 Ni 边缘附近区域，反映了岩浆熔离成矿特征；另一个则呈渐变偏离岩浆期矿石分布范围，Cu 含量较高，可能为热液成矿作用对原矿改造的结果。

拉水峡矿区不同类型矿石样品中的 PGE 含量，除一件样品外，各类矿石的铂族含量均较高，块状矿石 Ir、Ru、Rh、Pt、Pd 的平均含量分别为 $195.00×10^{-9}$、$364.8×10^{-9}$、$163.6×10^{-9}$、$118.28×10^{-9}$、$888.20×10^{-9}$，而浸染状矿石 Ir、Ru、Rh、Pt、Pd 的平均含量分别为 $233.67×10^{-9}$、$467.07×10^{-9}$、$166.13×10^{-9}$、$4.12×10^{-9}$、$569.57×10^{-9}$；总体上，块状矿石的 Pt、Pd 含量高于浸染状矿石，但 Ir、Ru、Rh 的含量却低于浸染状矿石，可能与热液叠加使得 Pt、Pd 进一步富集有一定的关系。

铂族元素原始地幔标准化分布模式图与原始地幔相比，IPGE（Os、Ir、Ru）富集，PPGE（Rh、Pt、Pd）中 Pt 部分亏损。块状矿石以及浸染状矿石 ∑PGE 含量均较高，为 $1960.77×10^{-9}$~$3069.33×10^{-9}$，平均为 $2460.46×10^{-9}$。

拉水峡矿床块状矿石 Pt/Pd 值除一个样品较高外，其余均较低，平均为 0.02，浸染状矿石平均为 0.18，均小于原始地幔。块状矿石的 (Pd+Pt)/(Os+Ir+Ru) 值为 0.40~2.00，平均为 1.13，明显高于原生浸染状矿石，可能与热液作用所引起的 Pt、Pd 局部富集有关。

拉水峡块状矿石 Pd/Ir 值为 0.91~8.77，平均为 4.85；浸染状矿石 Pd/Ir 值为 1.67~3.19，平均为 4.85，2.48；均大于原始地幔 Pd/Ir 值 1.22，说明均经历了一定程度的演化，但块状矿石受热液作用影响，Pd/Ir 值略高于浸染状矿石。

拉水峡矿床块状矿石 Cu/Pd 值为 42.69~195.98，平均为 99.61，而浸染状矿石更低，为 3.76~16.78，平均为 11.84，均小于原始地幔值，表明岩浆中 Pd 相对 Cu 更强烈富集，易于形成 PGE 矿床，这与拉水峡矿床伴生大量铂族元素一致。

本书收集了以往有关拉水峡矿床的 S 同位素数据。拉水峡矿床金属硫化物的硫同位素变化范围很小，说明成矿物质均一化程度很高；$δ^{34}S$ 分布范围在 0.84‰~3.25‰，平均为 1.84‰，与正常幔源硫的范围（0±3‰）基本一致，反映其硫化物中的硫以地幔为主，有少量地壳硫加入。

（4）成因探讨。

根据矿床矿石结构、矿物组合以及矿床地球化学特征，拉水峡矿床形成大致可划分为三个阶段。

第一阶段为岩浆熔离贯入阶段，在此阶段岩浆熔离为硅酸盐和硫化物熔融体，在硅酸盐矿物结晶后，富含铂族元素金属的硫化物熔体中发生硫化物凝结，在岩体底部形成浸染状铜镍矿石，伴生铂族元素，主要金属硫化物矿物组合为磁黄铁矿、黄铜矿、镍黄铁矿、砷铂矿等。

第二阶段为岩浆期成矿作用后，随着温度的下降，进入热液作用阶段，基性-超基性岩及其含铂铜镍矿体都受到较强烈的叠加改造。分散于基性-超基性岩和含铂铜镍矿体中成矿元素都重新活化，形成改造型成矿流体，蚀变的造岩矿物交代原生金属硫化物，其原生硫化物组合发生改变，以紫硫镍铁矿、黄铁矿、黄铜矿为主。硫化物活化迁移，使铜明显富集，且使部分矿石中的硫化物呈细脉状产出。

第三阶段为表生氧化阶段，形成含镍高岭石、含镍绿泥石、孔雀石等各种氧化矿石。

2）区域铜镍成矿特征

日月-化隆铜镍矿带的铜镍（铂族）矿床均与基性-超基性岩体密切相关。铜镍矿床矿石的δ³⁴S值为0.8‰~4.32‰，集中分布于0~3‰，平均为2.12‰，与正常幔源硫的范围（0±3‰）一致，接近于陨石硫，表明矿石中的硫主要来自地幔，没有明显地壳硫的加入。因此，导致硫不饱和的可能是富硅组分的同化混染作用。

据以往研究，认为芬兰Keivinsta矿床的γOs(t)值（+130~+170，壳源Os>28%）；加拿大Sudbury（+430~+814，壳源Os>80%）；澳大利亚Kimberley岩体（+950~+1300，壳源Os>70%）。裕龙沟、拉水峡、亚曲以及沙加的Re-Os同位素（表3.6）说明：化隆一带铜镍矿床（点）遭受了一定程度地壳的混染，但混染程度存在很大差别；拉水峡矿床中的Os以幔源为主，裕龙沟、沙加矿床（点）的Os为壳幔混合来源，而亚曲矿床的Os以壳源（>80%）为主，只有少部分来自地幔。

表3.6　化隆一带铜镍矿床Re-Os同位素表

矿床（点）	t/Ma	Re/Os	平均	(¹⁸⁷Os/¹⁸⁸Os)i	平均	γOs	平均
裕龙沟	442.4	0.61~7.08	2.73	0.2851~0.4768	0.3592	123.4~273.6	181.4
拉水峡	440.7	1.02~1.44	1.22	0.2148~0.2356	0.2229	68.3~84.6	74.6
亚曲	440.7	11.21~19.50	15.58	1.6530~2.1930	1.9202	1144.2~1604.2	1404.6
沙加	440.7	1.65~3.75	2.93	0.4120~0.5410	0.4683	222.8~323.9	267.0
金川	831.8	4.21~16.49	8.88	0.5580~1.3720	0.8739	337.2~975.0	584.7
地幔				0.105~0.152			
地壳					3.63		

综上研究，表明拉水峡、裕龙沟、亚曲等铜镍硫化物矿床是由同源岩浆演化而成的，岩浆演化过程中发生了显著的同化混染作用，由于其硫同位素主要来自地幔，没有明显地壳硫的加入。因此在同化混染作用过程中富硅组分加入到岩浆中，对硫化物的饱和也起到了十分重要的作用。通过岩浆中分离结晶作用和持续的同化混染作用，使得岩浆中硫达到过饱和，并以硫化物熔体的形式从硅酸盐熔体中熔离出来，加之铜镍等金属元素在硫化物中高的分配系数，会优先进入到硫化物熔体相。由此可见，分离结晶作用和富硅组分地壳围岩的混染可能是化隆一带铜镍硫化物矿床形成的主要因素。在岩浆分异的早期，就已发生硫化物熔体的分离，Ni、Co、Cu、PGE进入硫化物液相中，而使岩浆储库上部的基性硅酸盐岩浆亏损。

富矿岩浆直接贯入，就形成了拉水峡这样高矿化率的铜镍矿床，而含矿岩浆在上升过程中由于地壳混染程度的不同，致使形成不同品位的裕龙沟、亚曲等低品位铜镍矿床。

（三）找矿潜力分析

虽然依据目前的研究工作，化隆一带的基性–超基性岩体与金川岩体并非同一时期，但是根据最近几年西安地质调查中心在青海化隆一带所开展的调查评价工作，表明青海化隆地区具有铜镍成矿的有利地质条件，并已经发现拉水峡、乙什春、沙加等铜镍矿床（点），只因该区中新生界表壳岩系覆盖面积大，岩体出露不全，由于以往找矿评价工作手段较单一，找矿效果不佳。

通过 2009～2010 年 1∶5 万高精度磁测，区内异常值普遍偏低。总体表现东部、东南部为负异常，西部、西北部表现为正异常。初步圈定可能由基性–超基性岩体引起的十处 1∶5 万磁异常，并与已知矿点较吻合，分别为乙什春–沙连堡异常、下什塘异常、亚曲异常、化隆东异常、拉水峡–关藏沟异常、利仁异常、去马异常、如吉异常、麦日许麻异常、科却异常，经初步钻孔验证，在乙什春–沙连堡异常、亚曲异常均发现铜镍矿化，因此该区具有一定的铜镍找矿潜力，区内圈定的多处 1∶5 万磁异常是进一步工作的重点地区。

第四节　祁漫塔格矿集区矿产预测示范

一、预测矿种及成矿类型划分

根据该专题任务书的要求，选择祁漫塔格地区作为示范。祁漫塔格地区属于阿尔金、东昆仑、柴达木地块西端相互交织的部位，也应属秦祁昆造山带内部的一个构造结，具有多期不同类型构造活动和成矿发育的历史，成矿地质条件优越，矿产资源较为丰富，矿产种类主要有铁、铜、铅、锌、钴、钨、锡、金、钼等。该地区以往地质矿产调查工作程度相对较低，仅发现了一些中小型铁、铜、多金属矿床和矿点，且主要在青海省境内，类型多为夕卡岩型矿，较成型的如野马泉铁锌矿、肯德可克铁钴金矿、尕林格铁矿等。主要的夕卡岩型成矿带野马泉、肯德可克一带经后期陆内复合造山（晚海西–印支期、燕山期）的叠加改造，为铁多金属矿床成矿提供了丰富的 Pb、Zn、Au、Co、Bi 元素等来源，成矿地质条件优越，矿（化）点分布普遍，断裂构造发育，化探异常分布较多，又有成型矿床出现，具有铁多金属的找矿潜力。2000 年开始，随着 1∶25 万区域地质调查、1∶20 万区域化探、1∶5 万物化探普查、1∶5 万区域地质矿产调查等地质矿产勘查工作的广泛开展，取得找矿工作重大突破，先后发现了蟠龙峰铁多金属矿、阿尼亚拉铁多金属矿、攀岩峰铁矿等一批可供进一步勘查的矿产地，而且还圈定了一大批异常和找矿线索，显示该成矿带具有极好的铁矿找矿潜力。

据此，在该示范区选择铁矿为预测矿种，并根据目前铁矿的成矿特征，选择沉积变质型、夕卡岩型、海相火山型为预测类型，共涉及预测区三个：迪木那里克–苏巴里克沉积变质型铁矿预测区、蟠龙峰–肯德可克式夕卡岩型铁矿预测区、巴什考贡–英格布拉克海相火山岩型铁矿预测区。前两者均属于祁漫塔格矿集区，而后者位于阿尔金北缘成矿带，具典型海相火山型铁矿，本节也进行了预测工作，因此一并在此论述。

（一）迪木那里克–苏巴里克沉积变质型铁矿预测区

预测工作区位于新疆阿尔金断裂南侧，古尔嘎断陷盆地北侧，经度 87°00′~91°00′，纬度 37°30′~38°30′。大地构造位置属于阿尔金弧盆系（Ⅱ级），阿帕–芒崖蛇绿混杂岩带（Ⅲ级），迪木那里克铁矿床、苏巴里克铁矿点均赋存于此构造带中，产于阿帕–芒崖蛇绿混杂岩带内，前者产于蛇绿混杂岩带内的复理石建造内，后者产于硅质岩–灰岩建造内。区内出露地层以青白口纪—奥陶系蛇绿混杂岩为主。区内岩浆活动频繁，以古生代岩浆侵入活动为主，中酸性、中基性脉岩发育广泛。

（二）蟠龙峰–肯德可克式夕卡岩型铁矿预测区

预测工作区位于青海省西部与新疆维吾尔自治区东南部交界处，柴达木盆地西南缘，东昆仑山脉西段，预测区拐点坐标（38°00′、90°00′，38°00′、93°00′，37°00′、93°00′，37°00′、94°30′，36°00′、94°30′，36°00′、90°00′）。大地构造位置位于东昆仑弧盆系之祁漫塔格结合带，出露的地层有新元古代—古元古代白沙河组以活动型细碎屑沉积为主的中–高级变质岩系，伴有一定的火山活动，形成了与火山岩有关的含铁硅质岩建造和硫化物沉积。狼牙山组海相浅变质镁质碳酸盐岩、白云岩、灰岩、结晶灰岩夹粉砂岩、砂岩，构成本区结晶基底，奥陶–志留纪滩间山群为安山岩、绿片岩、凝灰岩夹含千枚岩和大理岩，是该区铁、铅锌、铜、金矿的重要赋存层位。

（三）巴什考贡–英格布拉克海相火山岩型铁矿预测区

预测工作区位于青藏高原北缘，阿尔金走滑断裂系北段与祁连山西段交汇复合部位，范围：38°30′~39°20′、89°30′至新疆与青海省界，涉及塔里木陆块区（Ⅱ）和秦祁昆造山系（Ⅲ）两个一级构造单元，敦煌陆块（Ⅱ-2）、阿尔金弧盆系（Ⅲ-1）两个二级构造单元，阿尔金北缘陆块（Ⅱ-2-3）、红柳沟–拉配泉蛇绿混杂岩带（Ⅲ-1-1）、阿中地块（Ⅲ-1-2）和阿帕–芒崖蛇绿混杂岩带（Ⅲ-1-3）四个三级构造单元。本书铁矿预测主要是在红柳沟–拉配泉蛇绿混杂岩带（Ⅲ-1-1）构造单元内，属于阿尔金北缘构造带中段的太古界隆起区的阿尔金陆缘断块中部，在新元古代为古陆，早古生代陆块裂解，进入板块构造演化阶段，奥陶纪以出现较大面积深海火山岩为特征，早古生代末期的加里东期，该区进入板块俯冲阶段，最后发生板块碰撞。伴随着板块碰撞作用，该区发生了大规模的岩浆活动、地壳缩短和韧性剪切变形。

二、预 测 成 果

（一）迪木那里克–苏巴里克沉积变质型铁矿预测

1. 典型矿床成矿要素特征

该预测区共选取沉积变质型典型铁矿床两个，迪木那里克矿床、苏巴里克矿床，各典型铁矿床成矿要素特征见表 3.7、表 3.8。

表3.7　新疆且末县迪木那里克沉积变质型铁矿床成矿要素表

特征描述	成矿要素	描述内容	成矿要素分类
		沉积变质型矿床	
地质环境	岩石类型	主要为绢云千枚岩、绢云石英千枚岩、碳质千枚岩、石英岩、含碳泥灰岩	必要
	岩石结构	鳞片变晶结构、变余粉砂泥状结构，千枚状构造、变余层状构造	次要
	成矿时代	奥陶纪	重要
	成矿环境	弱还原的条件下和中–碱性的介质环境	必要
	构造背景	陆侧火山岩围限的沉积盆地（陆侧裂陷槽）	必要
矿床特征	矿物组合	主要为磁铁矿和磁赤铁矿，及少量的钛铁矿；脉石矿物主要为石英、阳起石、黑云母、绿泥石、磷灰石、黄铁矿等	必要
	结构构造	细–微粒结构，条带状构造、块状构造	次要
	蚀变	氧化作用，低温、低压区域变质作用，并经受了轻微的后期热液改造。磁赤铁矿交代磁铁矿普遍	重要
	控矿条件	陆侧火山岩围限的沉积盆地，浅海–半深海弱还原环境，赋铁矿岩层为细碎屑岩–碳酸盐岩建造	必要
	风化	黄铁矿风化形成矾类矿物，磁铁矿转石	次要

表3.8　新疆若羌县苏巴里克沉积变质型铁矿床成矿要素一览表

特征描述	成矿要素	描述内容	成矿要素分类
		受变质的海相火山–沉积矿床	
地质环境	岩石类型	主要为灰色及青灰色的钙质、碳质千枚岩，变质中粒钙质砂岩，有部分矿体顶板为结晶灰岩	必要
	岩石结构	鳞片变晶结构、变余砂状结构，千枚状构造	次要
	成矿时代	奥陶纪	重要
	成矿环境	弱还原条件下中–碱性的介质环境	必要
	构造背景	裂陷槽陆侧火山岩围限的沉积盆地	必要
矿床特征	矿物组合	矿石矿物以赤铁矿为主，镜铁矿、磁铁矿次之；脉石矿物以碧石、微晶状石英为主，黑云母、角闪石、绢云母、滑石为次	必要
	结构构造	致密块状构造、板状构造、条带状构造	次要
	蚀变	经受了轻微的后期热液改造及低温、低压区域变质作用	重要
	控矿条件	陆侧火山岩围限的沉积盆地，浅海氧化–弱还原环境，铁矿层主要赋存在由碎屑岩相、泥质岩相过渡到碳酸盐岩相的海进层序中	必要

2. 区域成矿要素特征

在分析典型矿床的基础上，按照区域成矿地质环境和区域成矿地质特征两大方面进行总结，得出区域成矿要素，见表3.9。

表 3.9　新疆且末县迪木那里克–苏巴里克沉积变质型铁矿区域成矿要素表

区域成矿要素			描述内容	成矿要素分类
区域成矿地质环境	板块构造位置		秦祁昆造山系阿尔金弧盆系阿帕–茫崖构造蛇绿混杂岩带	必要
	主要控矿构造		洋脊蛇绿岩成矿构造、海盆成矿构造	必要
	主要赋矿地层		奥陶纪	必要
	控矿沉积建造		类复理石岩建造、碎屑岩–碳酸盐岩建造、中基性火山岩建造	必要
	控矿侵入岩		元古宙蛇绿岩的镁铁质堆晶杂岩	必要
	区域变质作用		低绿片岩相–绿片岩相	次要
区域成矿地质特征	区域成矿类型与成矿期		元古宙–早奥陶世超镁铁质–镁铁质岩建造 Fe、Cu、Ni、Au、石棉矿床成矿亚系列	必要
			奥陶纪活动大陆边缘火山–沉积–气液建造 Fe、Cu、硫铁矿矿床成矿亚系列	必要
	沉积变质型成矿要素	含矿建造	类复理石岩建造、碎屑岩–碳酸盐岩建造、中基性火山岩建造	必要
		沉积盆地	古陆边缘的中基性火山岩围限的弱还原环境浅海–半深海海盆	必要
		矿石建造	细–微粒条带状、块状磁铁矿建造	重要
		矿床式	且末县迪木那里克铁矿、苏巴里克铁矿	重要

3. 物探信息提取

通过对该预测区重磁资料的分析应用（图 3.40），迪木那里克–苏巴里克预测工作区位于阿尔金巨型布格重力梯级带的中东部，布格重力异常走向自西向东由北东向逐渐转为近东西向，以巨型密集的布格重力异常梯级带为主，西部布格重力异常值西北部高南部低。对比地质特征，区内岩浆活动沿深大断裂较为强烈，次级断裂构造发育，认为局部重力高异常为沿深大断裂分布的中基性–超基性侵入岩体及老地层中的火山岩等高密度地质体引起，具一定幅值的局部重力低异常大部分对应于新生界覆盖部位。

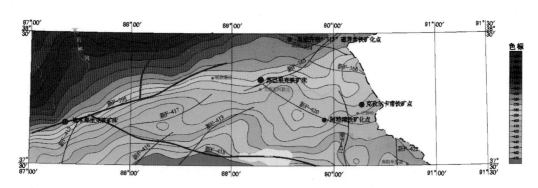

图 3.40　迪木那里克–苏巴里克预测工作区布格重力异常等值线平面图

根据航磁异常分布特征（图 3.41），本次预测区共划分了 10 条断裂构造。以北东向为主，其次为北西向、近东西向。其中北东向断层包括反映深大断裂的磁场分区界线和反映地层的次级磁场区界线；而北西向和近东西向断裂一般反映磁场走向水平错动，属于后期断裂。

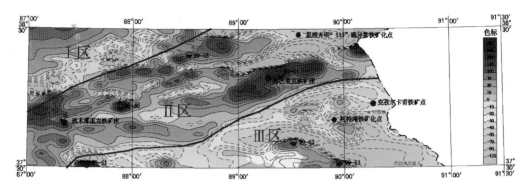

图 3.41　迪木那里克–苏巴里克预测工作区航磁异常场分区图

4. 矿产预测

1）定位预测变量的优选

根据每个预测工作区的构造地质背景，对沉积变质型铁矿控矿特征进行了系统的研究和总结，在区域上通过横纵对比，最终确定沉积变质型铁矿预测区圈定的要素组合，见表 3.10。

表 3.10　沉积变质型铁矿带预测区原始要素变量组合

矿产预测类型	赋矿地层或建造	矿床（点）	构造要素	蚀变要素	物探要素	化探要素	遥感要素
迪木那里克式	奥陶纪祁漫塔格岩群中下部的中基性火山岩建造	已知矿床（点）2km 缓冲区	北西向断裂 2km 缓冲带	碳酸盐化、褐铁矿化、黄铁矿化	航磁大于 100nT 异常等值线、甲乙类航磁异常点 2km 缓冲区	Fe、Mn 累加异常	遥感铁染二级异常
苏巴里克式	奥陶纪茫崖构造蛇绿杂岩带中			碳酸盐化、褐铁矿化、黄铁矿化	航磁大于 150nT 异常等值线、甲乙类航磁异常点 2km 缓冲区、布格重力异常		

2）预测区优选

根据本区的实际情况，使用特征分析法进行优选，预测工作区中共优选出海相火山岩型最小预测区 4 个（表 3.11）。

表 3.11　综合信息地质单元法最小预测区统计表　　　　　（单位：个）

预测工作区名称	预测类型	A类最小预测区数量	B类最小预测区数量	C类最小预测区数量	合计
迪木那里克-苏巴里克预测工作区	沉积变质型	2	2	0	4

3）资源量定量估算

选择利用体积法进行预测区资源量的定量预测（表 3.12）。

表 3.12　沉积变质型铁矿体积法资源量汇总表

预测区编号	预测区名称	预测区面积/km²	查明资源储量/万t	预测资源量/万t	总资源量/万t
CB-A-1	迪木那里克	21.00	8580.00	7537.92	16117.92
CB-A-2	苏巴里克	12.80	172.00	1118.24	1290.24
CB-B-1	玉岭	60.00		22861.57	22861.57
CB-B-2	河肃	55.66		12584.92	12584.92

5. 预测区地质评价

根据铁矿成矿特点、有无已知矿床（点）、磁法和化探异常以及估算资源量大小将预测区划分为 A、B、C 三类。在本工作区内共划分出四个铁矿预测区，其中，A 类两个，B 类两个。详细预测区级别划分及综合特征见表 3.13。

表 3.13　预测区级别及综合特征汇总表

成矿远景区及编号	预测区编号	预测区面积/km²	预测区综合特征	资源量/万t		
				预测总量	查明量	预测量
迪木那里克铁成矿远景区	CB-B-1（玉岭）	60	含矿地质体为奥陶纪祁漫塔格岩群中下部的中基性火山岩建造；有较为明显的铁锰累加异常、航磁异常（大于100nT）和甲类航磁异常点3处；有沉积变质型铁矿点1处	28053.68	0.00	28053.68
	CB-B-2（河肃）	55.66	含矿地质体为奥陶纪祁漫塔格岩群中下部中基性火山岩建造；铁锰累加异常明显，有甲类航磁异常点4处；有沉积变质型铁矿点1处	20351.37	0.00	20351.37
苏巴里克铁成矿远景区	CB-A-2（苏巴里克）	12.80	含矿地质体为奥陶纪茫崖构造蛇绿杂岩带中，具有遥感异常特征和航磁异常（150nT）；有沉积变质型铁矿点1处	1290.24	172.00	1188.24

预测区（编号 CB-A-1）位于新疆迪木那里克-苏巴里克沉积变质型铁矿预测工作区中，面积 38.58km²。构造位置隶属于阿尔金弧盆系阿帕-芒崖蛇绿混杂岩带内。自早古生代阿尔金南缘残余洋盆再次拉张，产生多期次海相火山喷发，沉积了厚度较大的中基性火山岩

层，构成奥陶纪祁漫塔格岩群中下部主体，亦是重要含矿层位。处于迪木那里克-苏巴里克 Fe、Cu、Au、石棉矿带西段的迪木那里克铁铜远景区中，其中有较为明显的铁锰累加异常、航磁异常（大于100nT）和甲类航磁异常点2处，遥感解译蚀变特征较为明显；有大型铁矿床1处。含矿带呈北西-南东向展布，长约4500m，宽1000～1500m，共有50个矿体，均产于奥陶纪祁漫塔格群中亚群第二岩性段灰绿色绢云千枚岩、灰绿色绢云石英千枚岩及黑灰色含碳泥灰岩中。

综合预测认为，该区具有较好的找矿前景。奥陶纪祁漫塔格群中亚群第二岩性段是重要的找矿区段。有关资料显示，迪木那里克铁矿深部及外围工作程度仍较低，矿区控制深度在450m以浅，若进一步工作，向下、向外延伸勘查，扩大储量希望相当大。

（二）蟠龙峰-肯德可克式夕卡岩型铁矿预测

1. 典型矿床及区域成矿要素特征

通过典型矿床和其他同类型矿床（点）的详细研究，分析各种地质要素与成（控）矿的关系，区分成矿要素与非成矿要素，对区分出来的成矿要素列表总结，并按照成（控）矿意义进行要素分类。通过归纳总结，肯德可克式铁矿与蟠龙峰式夕卡岩型铜铁矿床成矿要素见表3.14、表3.15。

表3.14 肯德可克式夕卡岩型铁矿成矿要素表

成矿要素		要素特征描述	要素分类
成矿时代	沉积地层时代	寒武-奥陶纪、石炭纪	必要
	成矿时代	印支期—燕山期早期	必要
构造位置	大地构造单元	东昆仑弧盆系之祁漫塔格结合带	重要
沉积建造/沉积作用	地层分区	东昆仑地层分区之柴达木南缘地区小区	必要
	岩石地层单位	滩间山群、大干沟组、缔敖苏组	必要
	岩石类型	滩间山群为碳酸盐岩夹硅质岩，缔敖苏组为碳酸盐岩，大干沟组为复成分砂岩粉砂岩	必要
	蚀变特征	以石榴子石透辉石夕卡岩和钙镁橄榄石夕卡岩为主，石榴子石透辉石夕卡岩与磁铁矿成矿密切	必要
	沉积建造类型	硅质团块-条带碳酸盐岩建造、生物屑泥晶灰岩建造、白云质灰岩-白云岩建造、硅质泥岩-硅质岩建造	必要
岩浆建造/岩浆作用	岩石名称	黄灰色钠长霏细斑岩、肉红色石英正长斑岩	重要
	侵入岩时代	晚三叠世—早侏罗世	必要
	岩体形态	肉红色石英正长斑岩、灰色钠长霏细斑岩等呈小岩株状，脉岩以深灰色闪长玢岩为主	重要
	岩浆构造旋回	印支-燕山旋回	必要

续表

成矿要素		要素特征描述	要素分类
成矿构造	褶皱构造	石拐子组、大干沟组、缔敖苏组地层组成近东西向向斜——肯德可克向斜	重要
	断裂构造	以东西向、北东向、北北西向断裂组为主，东西向断裂及地层间不整合面控制矿体就位。东西向断裂组，以逆断层为主，走向近东西，规模较大；北东向断裂组，主要为平推断层；北北西向断裂组，地表均被掩盖	必要
成矿特征	矿体形态	矿体形态多呈似层状、透镜状、扁豆状	重要
	矿体产状	矿体产状与地层产状基本一致，矿体走向基本为东西向	重要
	矿体规模	规模最大矿体为58号，长1650m，最厚113.02m，最小矿体为128号矿体，长100m，最厚仅0.15m，全区长100m的矿体112个，占矿体总数的77%	重要
	矿带形态	横向上分南北两个矿带。其中磁铁矿石、锌铁矿石、铅矿石、铁硫矿石、锌矿石主要分布于南矿带；硫铁矿石、铜矿石分布于北矿带	次要
	蚀变带规模	围岩蚀变大致分三个带，由下往上为钙镁橄榄石夕卡岩带，石榴子石透辉石夕卡岩带，绿泥石化、碳酸盐化带	必要
	矿石矿物成分	磁铁矿	重要
	矿石矿物组合	矿石矿物有磁铁矿、磁黄铁矿、闪锌矿、方铅矿、黄铁矿、黄铜矿、辉铋矿、毒砂、辉钼矿、自然铋、方钴矿、辉砷镍矿、自然金、碲铋矿等	重要
	矿床共生组分	共生组分有铅、锌、铜、硫	重要
	矿床伴生组分	伴生组分有镉、银、金、钴、铋	重要
	成矿期次	矿床的形成主要经历了夕卡岩期、热液期及表生期三个成矿期，成矿以前两期为主。夕卡岩期以细粒磁铁矿的大量生成及含水硅酸盐矿物——绿泥石、符山石、金云母、阳起石等的生成为标志；热液期以形成粗粒磁铁矿和大量的金属硫化物（磁黄铁矿、黄铁矿、方铅矿、闪锌矿、黄铜矿等）的形成为标志；表生期仅在近地表矿体产生少量赤铁矿、褐铁矿、铜蓝、孔雀石、白铅矿等氧化矿物	重要
	蚀变矿物组合	蚀变矿物组合为钙镁橄榄石、透辉石、钙铁石榴子石、方解石等以及绿泥石、符山石、金云母、阳起石等	重要

表 3.15　若羌县蟠龙峰式夕卡岩型铜铁矿床成矿要素表

成矿要素 特征描述		描述内容 夕卡岩型铜铁矿床	成矿 要素分类
地质环境	岩石类型	主要为石榴子石夕卡岩、透辉石夕卡岩、透闪石夕卡岩、绿帘石夕卡岩；夕卡岩化大理岩、硅化大理岩、混合片麻岩、混合岩、蚀变二长花岗岩等	必要
	岩石结构	他形粒状变晶结构、纤状变晶结构、鳞片粒状变晶结构等	次要
	成矿时代	晚三叠世	重要
	成矿环境	矿体赋存于晚三叠世二长花岗岩接触带的夕卡岩带中；赋矿地层主要为古元古界白沙河岩组大理岩段	必要
	构造背景	大地构造位置处在东昆仑弧盆系的祁漫塔格蛇绿混杂岩带中	重要
矿床特征	矿物组合	矿石矿物主要为磁铁矿、黄铜矿，其次有黄铁矿、磁黄铁矿、黝铜矿、闪锌矿、方铅矿、赤铁矿、褐铁矿、孔雀石等。脉石矿物主要有石榴子石、透辉石、透闪石、绿帘石、方解石、石英等	重要
	矿石结构构造	多具半自形-他形粒状结钩；块状构造、浸染状构造为主	次要
	矿化蚀变	以夕卡岩化、绢云母化、碳酸盐化、硅化及钾长石化为主，以磁铁矿化、黄铁矿化、黄铜矿化、闪锌矿化、方铅矿化为特征	重要
	控矿条件	夕卡岩带沿侵入岩体的接触带分布；矿体受夕卡岩带控制	必要
	风化	磁铁矿出露地表产生赤铁矿、褐铁矿化；黄铜矿形成孔雀石	次要

2. 物探、遥感信息提取

（1）由于青海省对于肯德可克式铁矿重力工作程度相对较低，现有资料比例尺太小，在预测工作区中重力异常与已知矿床之间没有明显的空间对应关系，故未利用，但预测工作区重力推断地质构造图有用，推断的与成矿有关的地层和沉积盆地在铁矿预测中起了重要作用。通过预测工作区区域磁场特征、局部异常特征及矿与磁异常的空间关系分析研究，认为本区矿与围岩之间具有明显的磁性差异，磁法寻找本类型矿床效果较好。本区磁法解释推断的甲类异常 53 处、乙类 91 处，确定甲乙类磁异常为本区的重要预测要素。预测工作区有一些异常则与某种地质体密切相关，它们可能主要与出露岩性有关，仅部分可能与矿化蚀变信息有关。通过遥感矿产地质解译区内的夕卡岩型铁多金属矿成矿要素主要为元古宇三叠系的碳酸盐岩、中生代中酸性岩浆活动、发育线性构造以及构造块体，带、环、线或块要素齐全，则对成矿和聚矿十分有利（图 3.42）。

（2）蟠龙峰式铁床预测工作区位于阿尔金巨型布格重力梯级带的东南部，布格重力异常整体呈北西西走向特征，异常值北高南低；东北部为少量不完整的布格重力高值区，为全区的最高值区（图 3.43）。预测工作区为祁漫塔格低缓磁场背景区，磁场变化局限于 100nT 以下，宽缓、梯度变化小。根据航磁异常的分布特征由北向南划分为分为东、中、西三个磁场分区（图 3.44）。

依据该区地质构造单元划分成果，全区推断的五条断裂，北西向断裂为该区主要断裂，控制了该区火山岩地层和岩浆岩的分布。

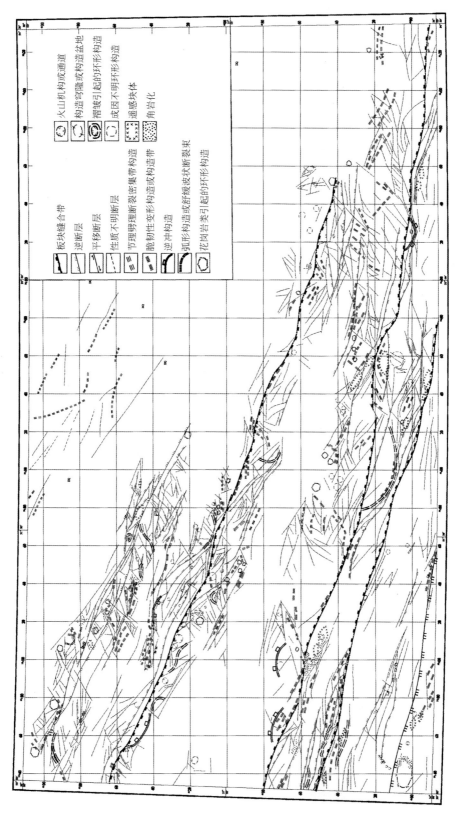

图 3.42　青海省皆德可克式铁矿祁漫塔格地区预测工作区遥感解译图

图例：

板块缝合带　火山机构或构造通道

逆断层　构造穹隆或构造盆地

平移断层　褶皱引起的环形构造

性质不明断层　成因不明环形构造

节理剪理断裂密集带构造　遥感块体

脆韧性变形构造或构造带　角岩化

逆冲构造　弧形构造或舒缓波状构造束

花岗岩类引起的环形构造

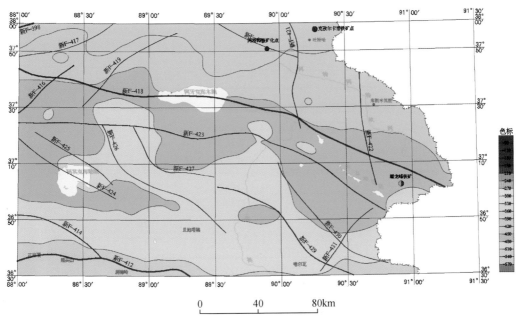

图 3.43　蟠龙峰-攀岩峰预测工作区布格重力异常图

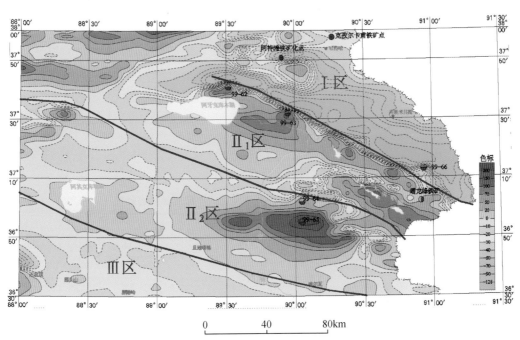

图 3.44　蟠龙峰-攀岩峰预测工作区航磁△T等值线平面图

3. 矿产预测

（1）定位预测变量的优选（表3.16）。

表 3.16　夕卡岩型铁矿因素叠加法预测区圈定模型

序号	要素	
	肯德可克式	蟠龙峰式
1	1:5万地磁矿质异常	等值线大于90nT的航磁异常分布范围（局部尖峰正异常和线性升高正异常区）
2	$T_2—J_1$侵入岩外缓冲区（半径2km）	发育绿泥石化、硅化及夕卡岩化
3	25万航磁推断岩体	断裂和侵入体构造裂隙
4	碳酸岩盐建造	晚三叠世花岗闪长岩-二长花岗岩建造为主、白沙河岩组碳酸盐岩建造

（2）预测区优选。根据本区的实际情况，使用特征分析法进行优选，预测工作区中共优选出夕卡岩型最小预测区9个（表3.17）。

表 3.17　夕卡岩型铁矿预测区统计表

序号	所属预测工作区名称	预测区级别	预测区数量	预测区面积/km²
1	肯德可克式夕卡岩型铁矿	A	14	760.17
		B	17	599.35
		C	18	466.84
2	蟠龙峰式夕卡岩型铁矿	A	3	36.26
		B	3	16.01

（3）资源量定量估算。采用上述体积法计算公式，对预测工作区进行定量预测，资源量计算结果见表3.18、表4.19。

表 3.18　蟠龙峰式夕卡岩型铁矿预测工作区资源量统计表

预测区编号	预测区名称	预测区面积/km²	查明资源量/万t	预测资源量/万t	预测总量/万t
XK-A-15	花石山	16.13		1458.44	1458.44
XK-A-16	阿尼亚拉	4.91		381.22	381.22
XK-A-17	蟠龙峰	15.22	437.5	1058.32	1495.82
XK-B-18	灵马沟	6.36		270.86	270.86
XK-B-19	伊阡巴达	3.44		135.23	135.23
XK-B-20	攀岩峰	6.21		271.25	271.25

表 3.19　肯德可克式夕卡岩型铁矿预测工作区资源量统计表

最小预测区编号	预测区名称	预测区面积/km²	查明资源量/万 t	预测资源量/万 t	预测总量/万 t
XK-C-1	祁漫塔格北	6.345		1538.767	1538.767
XK-C-2	奶头山北	4.247		1460.819840	1460.819
XK-C-3	奶头山东	17.000		2709.734	2709.734
XK-C-4	赛力克色南	7.434		2709.734	2709.734
XK-C-5	尕林格北	13.003		2165.999	2165.999
XK-B-1	鸭子沟西	21.034		2793.187	2793.187
XK-A-1	尕林格	51.166	6123	6123.000	6123.000
XK-B-2	喀雅克登塔格	34.265		2793.187	2793.187
XK-A-2	巴音郭勒河	86.425	265.3	4513.439	4778.739
XK-A-3	红山	28.517		4229.093	4229.093
XK-A-4	野马泉地区	90.368	3000	3000.000	3000.000
XK-A-5	肯德可克	21.841	7108	7108.000	7108.000
XK-B-3	尕林哈	75.940		3258.974	3258.974
XK-B-4	尕林格	28.528		3336.921	3336.921
XK-B-5	野马泉铁矿西南	11.951		3058.126	3058.126
XK-C-6	别里赛北南西	39.727		2709.734	2709.734
XK-C-7	它温查汗	66.969		2430.893	2430.893
XK-A-6	牛苦头	51.891	161	161.000	161.000
XK-C-8	野马泉西	10.753		2430.893	2430.893
XK-B-6	肯得可克	37.839		3058.126	3058.126
XK-B-7	木乎得尔夏日	40.827		3601.860	3601.860
XK-C-9	那陵格勒河中游	89.005		2430.893	2430.893
XK-B-8	凯木都	22.041		3058.126	3058.126
XK-A-7	肯得阿勒大湾	56.489		3969.660	3969.660
XK-B-9	干沟南	56.282		3601.860	3601.860
XK-C-10	哈是托	21.666		1881.653	1881.653
XK-B-10	长山	40.573		3601.860	3601.860
XK-B-11	中汉斯特沟	21.238		3058.126	3058.126
XK-A-8	全红山沟	58.010	122	4229.093	4351.093
XK-C-11	二道沟	60.272		2430.893	2430.893
XK-A-9	河尔格头山	46.911	102.71	4229.093	4331.803
XK-A-10	卡尔却卡	44.846		3969.660	3969.660
XK-A-11	亚门涛鲁埃	35.261		3969.660	3969.660
XK-A-12	月雾山	58.126		3969.660	3969.660
XK-C-12	东大沟西	22.486		1803.661	1803.661
XK-C-13	拉林灶火河中游	8.374		2088.007	2088.007

续表

最小预测区编号	预测区名称	预测区面积/km²	查明资源量/万 t	预测资源量/万 t	预测总量/万 t
XK-B-12	小灶火河南	40.414		2715.240	2715.240
XK-A-13	红卫山	41.569		3685.314	3685.314
XK-A-14	拉陵灶河	88.751		3969.660	3969.660
XK-B-13	五七沟	21.612		3136.073	3136.073
XK-C-14	拉陵灶河	20.301		2430.893	2430.893
XK-C-15	小灶火河南	25.309		2430.893	2430.893
XK-B-14	拉陵高里	42.052		3136.073	3136.073
XK-C-16	尕羊沟	7.787		2430.893	2430.893
XK-B-15	查可里图南东	23.836		2715.240	2715.240
XK-B-16	哈沙托	67.498		3342.473	3342.473
XK-B-17	巴嘎贴皮希	13.424		2715.240	2715.240
XK-C-17	口口尔头河东	15.772		2088.007	2088.007
XK-C-18	努可图郭勒河	30.388		1803.660	1803.660

4. 预测区地质评价

（1）最小预测区圈定结果，总体与区域成矿地质背景和高磁异常吻合程度高，空间定位效果较好。

（2）预测区优选，已知矿床分布均在 A 级预测区内，矿致异常在 A 级和 B 级预测区内，说明预测区优选 A、B、C 分级较合理。

（3）野马泉地区定位预测结果，其成矿有利区可作为该区进一步工作的预测区，夕卡岩型铁多金属矿定位预测结果可进一步圈定如下成矿远景区：尕林格一带铁多金属矿远景区、肯德可克、野马泉一带铁多金属矿远景区。

（4）蟠龙峰预测区成矿地质条件良好，蟠龙峰铁矿区东西两侧分别发现了伊阡巴达铁矿和攀岩峰铁矿，而且蟠龙峰铁矿区两侧均存在区域化探异常以及较为明显的等值线大于90nT 的航磁异常分布范围（局部尖峰正异常和线性升高正异常区）。因此在矿区外围含矿地层中仍有找到铁矿的可能。

因此，该区经综合预测认为仍具有扩大资源储量的远景。

（三）巴什考贡-英格布拉克海相火山岩型铁矿预测

1. 典型矿床成矿要素特征

以英格布拉克式海相火山岩型铁矿为代表的巴什考贡-英格布拉克火山岩型铁矿预测工作区，主要包括英格布拉克和喀腊大湾海相火山岩型铁矿。其中，英格布拉克式海相火山岩型铁矿是工作研究的重点。各典型铁矿床成矿要素特征见表 3.20、表 3.21。

表 3. 20 新疆若羌县英格布拉克海相火山岩型铁矿成矿要素表

成矿要素		描述内容	成矿要素分类
特征描述		海相火山–沉积变质型铁矿床	
地质环境	岩石类型	主要为千枚岩、板岩、硅质板岩、结晶灰岩、变钠长霏细岩、变英安岩、火山凝灰岩及千糜岩夹铁矿层	必要
	岩石结构	鳞片变晶结构–显微粒状变晶结构，千枚状构造、千糜状构造、块状构造	次要
	成矿时代	中元古代	必要
	成矿环境	海底火山喷发中心地带，赋矿地层为元古宇蓟县系卓阿布拉克组下岩性段	必要
	构造背景	阿尔金北缘深大断裂控制	必要
矿床特征	矿物组合	金属矿物主要为磁铁矿、假象赤铁矿、赤铁矿、褐铁矿、少量菱铁矿，脉石矿物以石英为主，铁白云石、铁碧玉次之	重要
	结构构造	自形–半自形晶结构，他形晶或粒状变晶结构，块状构造、浸染状构造为主，网脉状、角砾状、皮壳状构造次之	次要
	蚀变	主要为磁铁矿化、赤铁矿化、褐铁矿化、黄铁矿化、硅化（玉髓化）、水云母化及绿泥石化等	重要
	控矿条件	受阿尔金北缘断裂构造控制，卓阿布拉克组碳酸盐岩夹层中的火山碎屑岩为含矿的有利部位；矿区内区域变质作用及岩浆作用，对铁元素进一步富集形成矿体起到了重要的聚矿作用	必要

表 3. 21 新疆若羌县喀腊大湾海相火山岩型铁矿床成矿要素表

成矿要素		描述内容	成矿要素分类
特征描述		火山喷溢沉积–岩浆热液改造加富海相火山岩型铁矿床	
地质环境	岩石类型	中厚层状大理岩、石榴子石夕卡岩、透闪石岩、阳起石岩、玄武岩、千枚岩夹薄层大理岩；二长花岗岩、斜长花岗岩、石英闪长岩、辉绿岩	必要
	岩石结构	隐晶质结构、变晶粒状结构、变余凝灰结构	次要
	成矿时代	寒武纪—奥陶纪（玄武岩全岩 Rb–Sr 等值线年龄为 440~560Ma）	必要
	成矿环境	火山活动中心附近喷溢沉积。赋矿地层为中–上奥陶统拉配泉组。侵位有石炭纪花岗岩（云母 K–Ar 等时线年龄为 320Ma）	必要
	构造背景	塔里木南缘活动带、红柳沟–拉配泉奥陶纪裂谷带，喀腊大湾向斜南翼	必要
矿床特征	矿物组合	金属矿物以磁铁矿为主，少量赤铁矿、钛铁矿、黄铁矿、黄铜矿。脉石矿物以纤闪石、绿帘石、方解石为主，次为铁铝榴石、透闪石、角闪石、阳起石、绿泥石	重要
	结构构造	半自形–他形细粒、微细粒结构；浸染状构造、块状构造为主，其次是条带状构造、斑块构造	次要
	蚀变	主要为绿泥石–绿帘石化、钠长石化、透闪石化、石榴子石–透辉石夕卡岩化，其次是黄铁矿化、碳酸盐化	重要
	控矿条件	受基底断裂及火山机构控制；矿体分布在碳酸盐岩与玄武岩接触界面处	重要
	风化	磁铁矿直接出露地表，矿石氧化微弱，有少量的赤铁矿、褐铁矿和黄钾铁矾	次要

2. 区域成矿要素特征

通过总结巴什考贡–英格布拉克研究典型矿床成矿模式，总结出该地区海相火山岩型铁矿区域成矿要素，见表 3.22。

表 3.22　巴什考贡–英格布拉克海相火山岩型铁矿区域成矿要素表

区域成矿要素		描述内容	成矿要素分类
区域成矿地质环境	大地构造位置	秦祁昆造山系之阿尔金弧盆系	必要
	主要控矿构造	阿尔金北缘深大断裂、早古生代上叠火山盆地、蓟县纪陆缘海盆地	必要
	主要赋矿地层	主要为上寒武统塔什布拉克组，其次为蓟县系木孜萨依组	重要
	控矿建造	浅变质海相碎屑岩夹碳酸盐岩、火山岩建造；浅变质海相碎屑岩夹碳酸盐岩建造	重要
	控矿侵入岩	与主要类型铁矿的成矿关系不密切	次要
	区域变质作用	以绿片岩相变质为主	重要
区域成矿地质特征	区域成矿类型和成矿期	蓟县纪沉积变质型铁矿	重要
		蓟县纪岩浆热液型铁矿	次要
		晚寒武世海相火山岩型铁矿	重要
		奥陶纪岩浆热液型铁矿	次要
	海相火山岩型铁矿　控矿构造	拉配泉早古生代上叠火山盆地	必要
	含矿建造	上寒武统塔什布拉克组上段浅变质海相碎屑岩夹碳酸盐岩、基–酸性火山岩建造	重要
	围岩蚀变	部分铁矿区有夕卡岩化	次要
	矿石建造	以磁铁矿–赤铁矿建造为主	重要
	矿床式	海底火山热液–沉积型（英格布拉克、喀腊大湾铁矿）	重要

3. 物探信息提取

通过对该预测区重磁资料的分析应用，对比地质资料，认为该预测区重力场特征与地质展布特征较为一致，区内局部重力高异常大多与沿阿尔金山深大断裂两侧分布的中基性—超基性侵入岩及古老地层中相对高密度的地质体有着密切关系，中西部的局部重力低异常与酸性侵入岩及新生界洼地有关（图 3.45）。同时该区属阿尔金强磁异常变化区（图 3.46）。磁异常东部延伸到青海省境内，西部在若羌县北部被北东方向的磁异常截断。北部为正磁异常区，南部为负磁异常区，磁异常东西走向，西部磁异常呈条带状，东部磁异常呈团块状展布。英格布拉克铁矿、喀拉达湾铁矿均位于高磁异常区中，局部异常不够明显，难以预测。根据磁异常推断断裂构造 11 条，以东西向为主，其次为北东向、北西向。从断裂分布特征上看，具有东部收敛，西部发散的构造特征。而已知的英格布拉克–喀腊大湾火山岩区铁矿就产在东部断裂带的收敛处，预示着该地区构造和岩浆活动强烈，对后期成矿元素的富集成矿提供了条件。

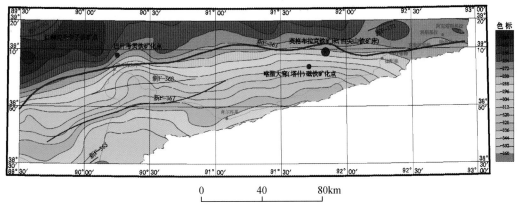

图 3.45　英格布拉克–喀拉达湾预测工作区布格重力异常图

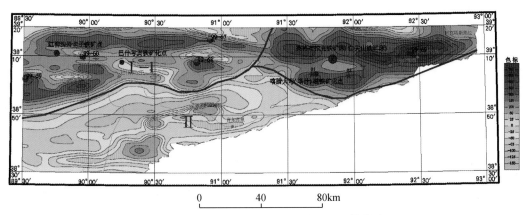

图 3.46　英格布拉克–喀拉达湾预测工作区 ΔT 等值线平面图

4. 矿产预测

1）定位预测变量的优选

通过使用匹配系数法发现各变量对于预测该类型矿床均显示出比较重要的特征，变量在其重要性上没有表现为有明显的拐点出现，因此，以上通过初步选择出的变量均参与预测区的优选，优选变量见表 3.23。

表 3.23　预测区优选的原始要素组合

预测工作区名称	要素名称		
巴什考贡–英格布拉克预测工作区	火山岩型矿床（点）	近东西向断裂	航磁异常	重力异常

2）预测区优选

根据实际情况，使用特征分析法进行优选，预测工作区中共优选出海相火山岩型最小预测区 9 个（包括未采用 MRAS 图的最小预测区 4 个）（表 3.24）。

表 3.24 综合信息地质单元法最小预测区统计表　　（单位：个）

预测工作区名称	预测类型	A 类 最小预测区数量	B 类 最小预测区数量	C 类 最小预测区数量	合计
巴什考贡–英格布拉克 预测工作区	海相火山岩型	3	2	4	9

3）资源量定量估算

采用体积法计算公式，对预测工作区进行定量预测，资源量计算结果见表 3.25。

表 3.25 火山岩型铁矿体积法资源量计算表　　（单位：万 t）

预测工作区名称	预测资源量	查明资源量	总资源量
巴什考贡–英格布拉克预测工作区	7899.74	2496.70	10396.44

5. 预测区地质评价

巴什考贡–英格布拉克火山岩型铁矿预测工作区共划分出火山岩型最小铁矿预测区 9 个。详细统计见表 3.26。现将该预测工作区内重要预测区地质综合特征进行简要叙述如下。

表 3.26 火山岩型铁矿预测区及综合地质特征一览表

预测区编号	地质特征
HH–C–1	预测区出露的地层为上寒武统塔什布拉克组上段碎屑岩–千枚岩–石英岩建造，局部有火山岩夹层，铁矿主要与火山岩夹层有关。侵入岩有奥陶纪花岗闪长岩，区内分布有铁化探异常，无重力推断的中基性岩体，无磁异常，无铁矿点分布
HH–C–2	预测区出露的地层为上寒武统塔什布拉克组上段碎屑岩–千枚岩–石英岩建造，局部有火山岩夹层，铁矿主要与火山岩夹层有关。侵入岩有奥陶纪花岗闪长岩，区内分布有铁化探异常，无重力推断的中基性岩体，无磁异常，无铁矿点分布
HH–C–3	预测区出露的地层为上寒武统塔什布拉克组上段碎屑岩–千枚岩–石英岩建造，局部有火山岩夹层，铁矿主要与火山岩夹层有关。侵入岩有志留纪钾长花岗岩，区内无化探异常分布，有重力推断的中基性岩体和重力异常，航磁异常分布在预测区的北东侧，区内无铁矿点分布
HH–C–4	预测区出露的地层为上寒武统塔什布拉克组上段碎屑岩–千枚岩–石英岩建造，局部有火山岩夹层，铁矿主要与火山岩夹层有关。无侵入岩分布，区内上寒武统下段的大面积分布的玄武岩–安山岩–流纹岩建造处于预测区的东南侧，有铁化探异常分布，有重力推断的中基性岩体和重力异常，无铁矿点分布
HH–A–1	预测区出露的地层为上寒武统塔什布拉克组上段碎屑岩–千枚岩–石英岩建造，局部有火山岩夹层，铁矿主要与火山岩夹层有关。区内侵入岩发育，大面积分布的上寒武统下段的玄武岩–安山岩–流纹岩建造处于预测区的北侧，有重力异常和航磁异常分布，有中型铁矿床一处
HH–A–2	预测区出露的地层为上寒武统塔什布拉克组上段碎屑岩–千枚岩–石英岩建造，局部有火山岩夹层，铁矿主要与火山岩夹层有关。区内侵入岩发育，大面积分布的上寒武统下段的玄武岩–安山岩–流纹岩建造处于预测区的西南侧，有重力异常和航磁异常分布，有中型铁矿床一处

续表

预测区编号	地质特征
HH-B-1	预测区出露的地层为上寒武统塔什布拉克组上段碎屑岩-千枚岩-石英岩建造，局部有火山岩夹层，铁矿主要与火山岩夹层有关。区内侵入岩发育，大面积分布的上寒武统下段的玄武岩-安山岩-流纹岩建造处于预测区的南北两侧，有重力异常和航磁异常分布，有火山岩型铁矿点一处
HH-C-5	预测区出露的地层为上寒武统塔什布拉克组上段碎屑岩-千枚岩-石英岩建造，局部有火山岩夹层，铁矿主要与火山岩夹层有关。区内侵入岩发育，大面积分布的上寒武统下段的玄武岩-安山岩-流纹岩建造处于预测区的南北两侧，有重力异常和航磁异常分布，无铁矿点
HH-C-6	预测区出露的地层为上寒武统塔什布拉克组上段碎屑岩-千枚岩-石英岩建造，局部有火山岩夹层，铁矿主要与火山岩夹层有关。区内侵入岩发育，大面积分布的上寒武统下段的玄武岩-安山岩-流纹岩建造处于预测区的南北两侧，有航磁异常分布，无铁矿点

第四章 冈底斯成矿带优势矿产资源潜力评价及示范研究

第一节 冈底斯成矿带成矿地质背景

一、地质构造格架

工作区属青藏高原东特提斯构造域，属冈瓦纳大陆北缘冈底斯-喜马拉雅弧盆系，冈底斯带中东段，西至昂仁县，东至工布江达县（图4.1），北以念青唐古拉南缘断裂、洛巴堆-米拉山口断裂为界，南以雅鲁藏布江缝合带北界断裂为界，为一个自早侏罗世开始演化的多

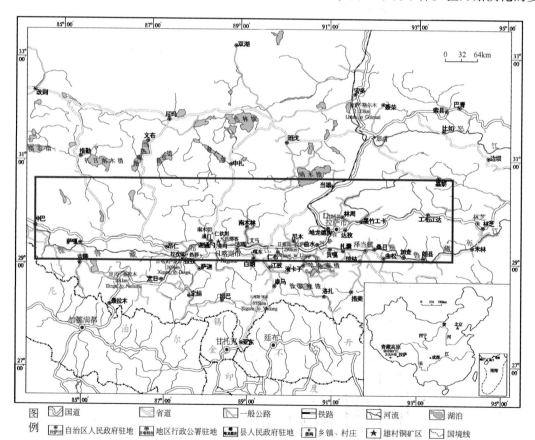

图4.1 研究区交通位置图（红色框为研究区）

期叠加陆缘弧盆系。大致以念青唐古拉东界断裂南延线（至仁布西）为界，东西地质结构明显不同。西部为弧前盆地（日喀则）＋岩浆弧，东部为岩浆弧＋弧后盆地（林周或叶巴）。

为了对比和关联分析，本书在冈底斯带中东段东部地区对研究区域向北做了拓展，延伸至狮泉河–嘉黎以南的旁多–松多印支褶皱带（即前人所谓弧背断隆带），西部地区则仅关注到念青唐古拉断隆带（即前人所谓弧背断隆带）南缘。

研究区自北而南可划分为下列大地构造单元（图4.2）。

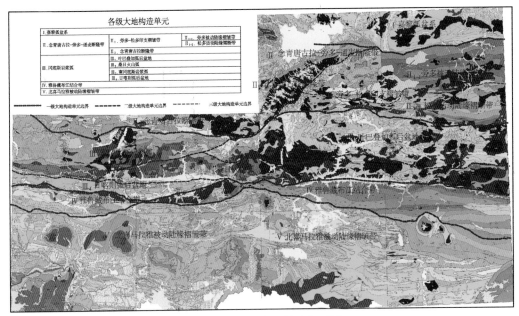

图4.2　研究区大地构造分区图

（1）Ⅰ. 嘉黎弧盆系（T_3—K_1）。

（2）Ⅱ. 念青唐古拉–旁多–通麦断隆带。

Ⅱ$_1$. 旁多–松多印支褶皱带。①Ⅱ$_{1-1}$. 旁多被动陆缘褶皱带；②Ⅱ$_{1-2}$. 松多活动陆缘褶断带。

Ⅱ$_2$. 念青唐古拉–南木林断隆带。

（3）Ⅲ. 冈底斯岩浆弧。

Ⅲ$_1$. 叶巴叠加弧后盆地（J_1—K）；

Ⅲ$_2$. 桑日火山弧（J_3—K_1）；

Ⅲ$_3$. 南冈底斯岩浆弧（K_2—E_2）；

Ⅲ$_4$. 日喀则弧前盆地（K）。

（4）Ⅳ. 雅鲁藏布江结合带。

（5）Ⅴ. 北喜马拉雅被动陆缘褶皱带。

各主要大地构造单元地质构造特征体现在以下几个方面。

（一）旁多–松多印支褶皱带

位于念青唐古拉山以东，嘉黎深断裂带以南，嘎贡杠–达玛杠断裂以北地区。西起旁多山地，经松宗、门巴、工布江达，东延至通麦地区。本带即前人所称冈底斯弧背断隆带（周详、曹佑幼，1984），隆格尔–念青唐古拉复合古岛弧带（潘桂棠等，2006），工布江达–察隅褶皱带（西藏地调院，2007，1∶25 万拉萨幅、泽当幅）。主要由元古宇、石炭系、二叠系、三叠系及印支期、燕山期、喜马拉雅期花岗岩组成。

1. 地层与沉积

区域西侧于晚新生代伸展隆升剥露的元古宇念青唐古拉岩群，为角闪岩相变质火山–沉积岩系，被视为冈瓦纳陆壳基底。

区内大致以拉多岗–日阿–领布冲断裂（当雄幅）和得其木–错弄错断裂（门巴幅）为界，分为南、北两带。北带（旁多带）以低绿片岩相变质的石炭–二叠系沉积岩系广泛分布为特征。发育下石炭统诺错组（C_1n）、上石炭统—下二叠统来姑组（$C_2—P_1l$）、下二叠统乌鲁龙组（P_1w）、中二叠统洛巴堆组（P_2l）等地层。诺错组为黑色板岩、粉砂岩、含砾板岩、砂岩互层系，夹凝灰岩及薄层泥质灰岩，浊积岩相发育，形成于被动陆缘的大陆斜坡–深海盆地环境，厚可达 2924m。来姑组下部为滨–浅海相含砾砂岩、粉砂岩、黑色板岩，上部为深海相含砾泥质粉砂岩、粉砂质泥岩夹薄板状泥质灰岩，厚 417.8～4384m。诺错组、来姑组砂岩的成分成熟度和结构成熟度均由南向北增高（1∶25 万当雄幅），暗示南侧存在构造活动区，北侧有相对稳定的陆壳断块存在。区域以东地区，诺错组、来姑组中夹多层大陆裂谷拉斑玄武岩及少量流纹岩，构成双峰火山组合，表明属于陆缘裂谷（陷）构造环境。下二叠统乌鲁龙组为潮坪相钙质泥岩、薄层生物碎屑灰岩、砂岩互层，厚 223.7m；洛巴堆组为台地相碳酸盐岩，厚大于 1000m，说明陆缘裂陷已由深海–半深海环境抬升为浅海环境。

旁多—松多一线以南的南带（松多带）地区，广泛分布可能属晚古生代的松多群高绿片岩相变质岩系及中二叠世—三叠纪浅变质沉积地层。

松多群划分为，岔萨岗岩组、马布库岩组和雷龙库岩组。岔萨岗岩组为高压相系蓝闪绿片岩相变质的绿帘绿泥钠长片岩、阳起石片岩、角闪绿帘石片岩、斜长角闪片岩，局部夹少量绢云母石英片岩及大理岩透镜体，原岩为低钾、中钛的深海洋脊拉斑玄武岩建造；马布库岩组为含石榴子石钠长石白云母石英片岩、二云母石英片岩、石英云母片岩，夹少量绿帘白云母石英片岩、阳起石片岩；雷龙库岩组以含石榴子石石英岩为主，夹少量含石榴子石绢云钠长石英片岩、角闪绿帘片岩；后两个岩组的原岩为陆源碎屑岩夹少量基性火山岩，变质相为绿片岩相–低角闪岩相，属中–低压相系。松多群实际为一套强烈变形的构造岩，各岩组间均为断层接触，岩组内普遍发育同斜倒转褶皱，顺层掩卧褶皱、折叠层、无根褶皱及广泛分布的挤压型韧性剪切带。

松多群中最为特别的是呈构造岩片产出的榴辉岩，分布于米拉山口断裂与得布约断裂之间的门巴、松多、加兴一带，形成走向东西、长达 60km 以上的榴辉岩带。榴辉岩呈规模不大的构造透镜体产出，与围岩构造接触，多产在松多群不同岩性组的构造接触带位置。岩体产状多近直立，北侧地层南倾，南侧北倾，倾角中等。岩体中心为新鲜的具块状构造的金红石榴辉岩、石英榴辉岩、多硅白云母榴辉岩等，边缘已退变质成石榴角闪片岩或斜长角闪片岩。榴辉岩的矿物组合为石榴子石+绿辉石+金红石+多硅白云母+（石英），形成的温压条件为 $T=730℃$，$P=2.7GPa$，接近于柯石英和石英转变线，其原岩为典型的 MORB 型大洋玄武岩（杨经绥等，2007）。在岔萨岗岩组绿片岩中还夹有少量透镜体产出的蛇绿岩、滑石蛇纹岩、次闪石蛇纹岩等超镁铁岩（1∶25万拉萨幅-泽当幅报告），因此松多榴辉岩带可能代表古大洋蛇绿岩带（杨经绥等，2007）。

松多岩群的原岩时代，有中新元古代（1∶250万中国地质图）、前奥陶纪（1∶25万门巴幅）、石炭-二叠纪（杨经绥等，2007），及岔萨岗岩组为前奥陶纪，其余属石炭纪—二叠纪（1∶25万拉萨-泽当幅）等不同认识。认为属前奥陶纪或中新元古代的主要依据是，1∶25万下巴（沃卡）幅获松多群绿片岩中的Sm-Nd等时线年龄为1576Ma和466Ma，石英片岩Rb-Sr年龄为507.7Ma，1∶25万拉萨-泽当幅获岔萨岗岩组的Sm-Nd等时线年龄为900±13Ma和950±42Ma，认为466Ma和507.7Ma代表泛非期变质年龄，其余为原岩年龄，并将松多群或岔萨岗岩组与波密群对比。

杨经绥等（2006，2007）采用SHRIMP锆石U-Pb法对松多群榴辉岩及其围岩时代进行研究。获得榴辉岩的变质年龄为（242.2±15.2）~（291.9±2.8）Ma，平均年龄为261.7±5.3Ma，属早二叠世；榴辉岩的直接围岩含石榴子石云母石英片岩的24粒锆石年龄为（2618±58）~（518±9.6）Ma；其中有11粒锆石为500~600Ma，样品06y537-5浑圆状锆石由708±14Ma的岩浆锆石核与566±10Ma的变质锆石边组成；榴辉岩的间接围岩石榴子石石英岩碎屑锆石年龄为（3226±92）~（557±10）Ma，也以500~600Ma为主。因此松多群的年代应晚于500Ma，早于榴辉岩变质年龄，结合区域地质认为松多群时代可能为石炭纪—二叠纪。此外，由于在围岩中未测到早二叠世变质年龄，反映除岔萨岗岩组外的松多群未经历高压变质事件。

此外，曾令森等（2009）获得榴辉岩的石榴子石-绿辉石-全岩Sm-Nd等时线年龄为239±3.5Ma，李化启等（2008）获得贡布帕拉沟口松多群韧性剪切带中及其两侧三个含白云母绿片岩的白云母Ar-Ar坪年龄分别为231.9±2.2Ma、223.3±2.9Ma和216.74±2.4Ma，对应的反等时线年龄分别为232.9±4.1Ma、225.4±4.6Ma和218.5±8.1Ma。据上述，松多榴辉岩的高压变质时代为261.7~239Ma，折返退变质和松多群区域变质时代应为230~220Ma。230~220Ma发生的区域变质作用，应与区域碰撞造山作用有关，代表松多榴辉岩带南北两个地体碰撞造山时代。

松多变质岩带及其南侧，中二叠世—三叠纪浅变质火山沉积岩系分布广泛。中二叠统洛巴堆组（P_2l）除以碳酸盐岩沉积为主外，与旁多以北地区不同，于中上部出现大量片理化隐晶质玄武岩、致密块状玄武岩、杏仁状玄武岩、角砾玄武熔岩、玄武质凝灰岩、安山质角砾凝灰岩等火山岩。在墨竹工卡唐家乡剖面火山岩厚480m，向北在林周县勒青拉剖面火山岩厚度>150m。上二叠统蒙拉组（P_3m）/列龙沟组（P_3l）平行不整合于洛巴堆组之上，为滨-浅海岩相碎屑岩夹灰岩、安山质凝灰岩，底为厚3m的底砾岩，厚397~6397m。早-中三叠世查曲浦组（$T_{1-2}c$）与列龙沟组整合接触，其上被却桑温泉组（J_3q）不整合覆盖；下部为灰岩、砂岩、凝灰质砂岩及硅质岩，厚大于314m；上部为厚大于881m的英安岩、安山岩、辉石安山岩、安山质角砾岩、安山质凝灰岩、流纹岩，顶部夹杏仁状玄武岩；形成于岩浆弧环境。整个早-中三叠世早期为深水相沉积，后期逐渐由滨岸灰岩沉积转变为陆相火山岩。上三叠统麦龙岗组（T_3m）为台地相碳酸盐岩夹砂岩、泥岩，厚2546~3097m，与下伏查曲浦组平行不整合，与上覆甲拉浦组（T_3-J_1j）断层呈平行不整合接触。甲拉浦组为海陆交互相砂页岩、灰岩，底为灰褐色石英质砾岩（厚30m），夹薄煤层及粗安岩、杏仁状安山岩、中酸性凝灰岩，含瑞替期—里阿斯期植物群，厚大于468m，其上被中侏罗世却桑温泉组底部的滨岸河流相碎屑岩角度不整合覆盖。

上述资料说明,松多变质带及其南侧地区,中二叠世—三叠纪,以海相碎屑岩、碳酸盐岩与火山岩交替出现为特征。从中二叠世到早-中三叠世,火山岩从中基性为主向中酸性为主演变,壳源成分逐步增大。这些火山岩均属钙碱性系列或岛弧拉斑玄武岩系列。形成于活动大陆边缘环境,且从早期到晚期具有由初始岛弧→早期岛弧→成熟岛弧及陆缘弧的发展演变过程(耿全如等,2007;王立全等,2008)。岛弧火山岩的存在,表明区域南部应为中二叠世—中三叠世岛弧或活动陆缘。这个岛弧带很可能与松多变质带中的石炭纪—二叠纪 MORB 型洋脊玄武岩及高压变质榴辉岩代表的洋壳俯冲有关,后者深俯冲高压变质年龄为 261.7~239Ma,与岛弧火山岩年代一致。从而构成自北而南的沟-弧系。虽然后期逆冲推覆使松多榴辉岩叠覆至岛弧带上,甚至达岛弧带南侧,但其根带应在岛弧带北侧的松多群变质岩系中。

区内缺乏侏罗纪—早白垩世沉积,推测印支褶皱造山后处于隆起剥蚀状态。晚白垩世,局部接受以设兴组为代表的滨浅海相→陆相的碎屑沉积。古-始新世,形成年波组和帕那组为代表的火山-沉积岩系。

2. 侵入岩

本区的侵入岩广布,以中酸性侵入岩为主,其时代有晚三叠世、侏罗纪、白垩纪、古近纪、新近纪。

1)晚三叠世侵入岩

晚三叠世侵入岩分布于区域南侧。在门巴、仲达一带,有黑云母角闪花岗闪长岩、黑云母二长花岗岩及黑云母花岗岩,侵入于松多岩群及二叠系蒙拉组(P_3m)等中,并切割松多群片岩,花岗闪长岩的角闪石 Ar–Ar 高温坪年龄为 215.2±1.1Ma,黑云母花岗岩和二长花岗岩的岩浆锆石 SHRIMP U–Pb 年龄分别为 209.5Ma 和 207.5±5.4Ma(1:25 万门巴幅报告;和钟铧等,2006)。向西,林周县宁中白云母花岗岩的白云母 K–Ar 年龄为 196.23±2.8Ma 和 188.66±2.74Ma,岩石已蚀变,其形成时代应早于 196Ma(1:25 万当雄幅),应属晚印支花岗岩。更西,越过念青唐古拉山,在冈底斯中段的南木林县洛扎乡、仁堆乡一带分布有晚印支期花岗闪长岩和二云母花岗岩,侵入于石炭系、二叠系地层中,花岗岩锆石 LA–ICP–MS、U–Pb 年龄分别为 202±1Ma 和 205±1Ma(张宏飞等,2007)。

上述岩石的 A/CNK 值为 0.86~1.36,K_2O/Na_2O 多数大于 1,花岗闪长岩属于 I 型花岗岩,二长花岗岩属于 I 型或 I–S 型花岗岩,白云母花岗岩和二云母花岗岩的 A/CNK 值分别为 1.22~1.36 和 1.16~1.20,属过铝质 S 型花岗岩。在构造环境判别图上投入于岛弧、陆缘弧及同碰撞和后碰撞构造环境。鉴于同碰撞造山的变形变质作用发生于 230~220Ma,这些花岗岩应形成于同/后碰撞环境,与地壳急剧缩短增厚密切有关。因此,具 I 型或 I–S 型特征的花岗闪长岩及二长花岗岩,可能与地壳增厚过程中下地壳中基性岩部分熔融有关,而非洋壳俯冲的产物(张宏飞等,2007)。

2)侏罗纪花岗岩

侏罗纪花岗岩分布于本带东部门巴北、科里儿、桑木一带。侵入于石炭纪-二叠系来姑组等中。中侏罗世黑云母花岗岩、花岗闪长岩,呈岩株状侵入,面积 31km²,黑云母 K–Ar 年龄为 161.16Ma。晚侏罗世花岗岩规模大,面积达 1253km²,为巨斑黑云母花岗岩、二云母花岗岩及黑云母二长花岗岩,二云母花岗岩的锆石 SHRIMP U–Pb 年龄为 139.2Ma。这些花岗岩，均为过铝质花岗岩，形成于同/后碰撞构造环境，与班公湖-怒江洋的闭合有关。

3）白垩纪花岗岩

白垩纪花岗岩分布广泛，多为岩株、岩瘤等小岩体侵入于晚三叠世、侏罗纪花岗岩及石炭-二叠纪地层中。其中早白垩世花岗岩有花岗闪长岩、二长花岗岩、含石榴子石二云母花岗岩、巨斑黑云母花岗岩及少量闪长岩、石英闪长岩、石英二长闪长岩、辉长岩等。巨斑黑云母花岗岩的锆石 SHRIMP U-Pb 年龄为 123.4Ma（门巴幅），花岗闪长岩黑云母 K-Ar 年龄为 123.76±2.61Ma，全岩+矿物 Rb-Sr 等时线年龄为 129.6±7.8Ma（当雄幅）。晚白垩世有黑云母二长花岗岩、花岗闪长岩、巨斑黑云母花岗岩、二云母花岗岩及正长花岗岩。分布于门巴、金达一带。门巴花岗岩黑云母 K-Ar 年龄为 65.31~81.54Ma，金达含斑花岗闪长岩锆石 SHRIMP U-Pb 年龄为 68.8Ma。白垩纪花岗岩，除少量为准铝质的 I 型、I-S 型花岗岩外，主要为过铝质的 S 型花岗岩，形成于同/后碰撞构造环境。

4）古近纪花岗岩

古近纪花岗岩分布于区域南部羊八井、旁多、扎雪、门巴、金达一带，东西向展布。以岩株及岩基为主，侵入于中生代花岗岩及旁多群、来姑组、帕那组等中。岩石类型有二长岩、石英二长岩、二长花岗岩、钾长花岗岩、斜长花岗岩、花岗闪长岩等。K-Ar 年龄分别为 57.59Ma（角闪石，金达花岗闪长岩）、54.42Ma（黑云母，扎雪北石英二长斑岩）、52.40±0.79Ma（黑云母，旁多吉目雄石英二长岩）、52.40±0.76 Ma（黑云母，羊八井二长花岗岩）属古新世—始新世。岩石化学、地球化学特征显示，以壳幔混源的 I 型、I-S 型为主，部分为过铝质壳源 S 型花岗岩，形成于火山弧和同碰撞造山环境，与雅鲁藏布江洋壳向北俯冲、碰撞造山有关。

5）新近纪花岗岩

新近纪花岗岩分布于区域西部念青唐古拉山地区，面积达 1454km²。以二长花岗岩为主，并有花岗闪长岩、钾长花岗岩，属壳源 S 型花岗岩。普遍遭受韧性伸展剪切变形，片理化、糜棱化强烈。同位素年龄为 26.6~8Ma，主要形成于 18~8Ma。形成于碰撞造山后的隆升伸展构造环境。

3. 构造变动

石炭-二叠系地层变形强烈，形成一系列东西走向的复背斜、复向斜及逆冲推覆构造和逆冲型韧性剪切带，伴有同斜倒转褶皱、直立褶皱。但北带的石炭-二叠系地层褶皱中等，以转折端宽缓的直立褶皱为主。逆冲断层和褶皱轴面的倾向，大致以日阿-领布冲-扎雪-门巴韧性剪切带为界，南侧北倾、北侧南倾为主，构成自内向南、北两侧背冲的旁多-松多逆冲推覆构造扇。在北侧推覆于中生代嘉黎蛇绿岩带上；在南侧逆冲推覆于上侏罗统—古近系及渐新世—中新世（大竹卡组）等地层之上。

鉴于松多群韧性剪切带变形时代为 230~220Ma，扎雪-门巴韧性剪切带内参与变形的片麻状花岗岩的侵入年龄为 209±6.9Ma（SHRIMP 锆石 U-Pb、1:25 万门巴幅）、旁多山地石炭-二叠系来姑组板岩和下二叠统昂杰组板岩的全岩 K-Ar 变质年龄分别为 203.43±3.07Ma 和 180.2±2.64Ma（1:25 万当雄幅）；北带门巴幅分布于由诺错组构成的色日荣-巴嘎韧性剪切带的晚侏罗世的花岗岩（SHRIMP 锆石 U-Pb 年龄为 193.2Ma）也发生糜棱化、碎裂化，当雄幅日阿-领布冲韧性剪切带内的白垩纪和始新世花岗岩也发生糜棱岩化；区域上晚三叠世诺利期沉积地层与下伏二叠系为不整合接触（潘桂棠等，2006）；以及石炭纪—三叠纪地层逆冲于上侏罗统—古近系及大竹卡组（E_3N_1d）之上，表明变形作用发生于晚三叠世到新近纪；推覆扇构造是多期变形的结果。大致上，主变形期为晚三叠世（230～200Ma），以南北两地体碰撞拼贴为特征，形成日阿-领布冲-扎雪-门巴韧性剪切带，及全区地层的广泛褶皱变形，奠定了构造变形基本格局，嘉黎蛇绿岩中橄长岩 SHRIMP 锆石 U-Pb 年龄为218.2±4.6Ma（和钟铧等，2006）及雅鲁藏布江洋形成于晚三叠世，两个洋盆的扩张，导致南北地体碰撞拼贴为一体，形成印支褶皱造山带。随后的变形发生于燕山期和喜马拉雅期。燕山期变形发生于晚侏罗世—早白垩世，伴随班公湖-怒江洋及嘉黎弧后洋盆的关闭而发生，使本区北带印支褶皱的石炭-二叠系地层向北逆冲推覆，伴有色日荣-巴嘎韧性剪切带形成。喜马拉雅期变形主要发生于始新世—渐新世，并延续至新近纪，是与雅鲁藏布江洋盆关闭、印度陆块-欧亚陆块碰撞有关，表现为古近纪花岗岩糜棱岩化，南带的石炭-二叠系和三叠系地层向南逆冲推覆于古近纪—新近纪典中组（E_1d）、帕那组（E_2p）及大竹卡组（E_3—N_1d）等之上，推覆构造扇最终形成。

4. 小结

综合上述资料，本带地质构造特征体现在以下几个方面。

（1）具北冒（地槽）、南优（地槽）的构造岩相的分布格局。北带（旁多带）石炭系-二叠系诺错组—洛巴堆组，深海-半深海碎屑岩、浊积岩及浅海碳酸盐岩建造发育，缺乏火山岩，具冒地槽型沉积特征，形成于被动陆缘环境；南带（松多带）石炭-二叠系松多群深海洋脊玄武岩、中二叠世—中三叠世洛巴堆组—查曲浦组岛弧火山岩系发育，具优地槽型沉积特征，形成于活动陆缘环境。

（2）石炭纪—早二叠世初，伸展裂陷作用强烈，形成由诺错组、来姑组及可能同期异相的松多群组成的被动陆缘裂谷系。强烈的伸展导致以松多群岔萨岗岩组为代表的洋脊拉斑玄武岩喷溢，标志着洋壳盆地的形成。

（3）早中二叠世—早中三叠世，岔萨岗洋壳向南俯冲，形成高压变质的深俯冲型榴辉岩，南带转变为活动大陆边缘，由初始洋内弧向成熟岛弧及陆缘弧演变。

（4）晚三叠世，北带旁多被动陆缘地体与南带松多活动陆缘地体碰撞造山，同/后碰撞花岗岩广泛侵入，岩层褶皱变形、变质，形成印支褶皱造山带。

（5）印支褶皱造山后，以隆升为主，局部有陆相、海陆交互相沉积。受班公湖-怒江洋于侏罗纪—白垩纪向南和雅鲁藏布江洋壳于古新世—始新世向北的双向俯冲及陆-陆碰撞造山作用的影响，燕山期和喜马拉雅期同/后碰撞花岗岩侵入活动强烈。并经历多期变形后最终于古近纪形成自内向南北两侧逆冲推覆的旁多-松多推覆构造扇。

上述演化过程，示于图4.3～图4.5中。

（二）冈底斯燕山—喜马拉雅期岩浆弧

位于旁多-松多印支期褶皱带与雅鲁藏布江喜马拉雅期结合带之间，东西向延伸，研究区内长达600km 以上，宽50～80km。

冈底斯岩浆弧，以古-中元古代冈底斯岩群（$Pt_{1-2}G$）角闪岩相变质火山-沉积岩系为古陆壳基底。零星分布于南缘，并有时代可能有寒武纪的片麻状黑云母花岗侵入。代表陆壳基

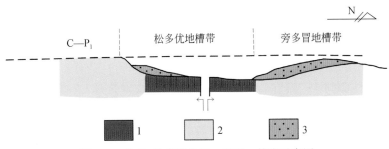

图4.3　旁多-松多带伸展、裂离、扩张示意图
1. 洋壳；2. 陆壳；3. 诺错组、来姑组沉积碎屑

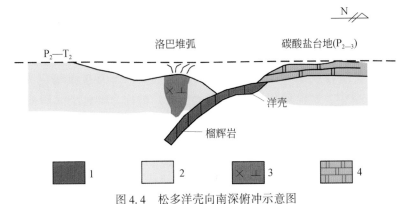

图4.4　松多洋壳向南深俯冲示意图
1. 洋壳；2. 陆壳；3. 洛巴堆岩浆弧；4. 碳酸盐岩

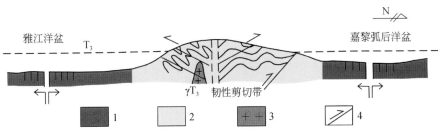

图4.5　雅江洋和嘉黎洋扩张，松多洋闭合示意图
1. 洋壳；2. 陆壳；3. 印支期花岗岩；4. 断裂及滑动方向

底经历了广泛出现于冈瓦纳陆壳的泛非期构造-热事件。

　　带内未发现古生代地层，显示其于古生代隆起。造弧作用始于早-中侏罗世，直至晚白垩世，是经历了多期造弧事件形成的复合岩浆弧。主要的造弧时代有早-中侏罗世，晚侏罗世—早白垩世，晚白垩世。

1. 早-中侏罗世造弧事件——叶巴-雄村弧盆系

　　叶巴张裂弧，分布于念青唐古拉—雄村一线以东，奴玛-沃卡脆韧性剪切带以北的冈底斯弧北部地区，包括拉萨市东的达孜县叶巴沟、墨竹工卡县甲玛、驱龙、沃卡、桑日县白马松多、加查县弄果嘎一带。东西向延伸，区内长达250km，宽30~50km。由早-中侏罗世叶巴组弧火山-沉积岩系构成。其岩性为浅变质的玄武岩、玄武质熔结凝灰岩、英安岩、酸性凝灰岩、火山角砾岩及砂砾岩、板岩、大理岩等，厚达5107m以上。达孜县叶巴组英安岩锆石SHRIMP U-Pb年龄为181.7±5.2Ma（耿全如等，2006）；锆石U-Pb变质年龄为131.9±5.5Ma（耿全如等，2006）；墨竹工卡县叶巴组二段流纹岩锆石LA-ICP-MS、U-Pb年龄为174.4±1.4Ma（董彦辉等，2006），时代为早-中侏罗世。

据耿全如等（2005）研究，叶巴组火山岩的SiO_2集中于41%~50.4%和64%~69.9%两个区间，中性岩极少，构成双峰火山岩组合。玄武岩和英安岩均属钙碱性系列，具相似的稀土和微量元素特征，ΣREE分别为（60.3~135）$\times 10^{-6}$和（126.4~167.9）10^{-6}，轻、重稀土分馏较明显，LREE、LILE富集，HREE、HFS亏损，$\varepsilon_{Nd}(t)$分别为0.96~10.03和-1.42~1.08，Nb/Nb^*为0.24~0.61和0.24~0.42，初始锶比值分别为0.7043~0.7064和0.7038~0.7049。两者起源于俯冲带之上地幔楔不同程度的部分熔融，形成于拉张的成熟岛弧环境。可能与雅鲁藏布江洋盆东段初始向北低角度俯冲有关（潘桂棠等，2006）。

近年来，在冈底斯岩浆带南缘的雄村矿区，在原1:25万拉孜幅定为桑日群比马组（K_1b）岛弧火山岩系中，发现有早-中侏罗世火山岩，被称为雄村组（唐菊兴等，2010a），由安山质、英安质凝灰岩及基性凝灰岩、凝灰质砂岩、粉砂岩、角闪石英闪长玢岩等组成，构成雄村大型铜金矿床的主要围岩。岩浆锆石SHRIMP U-Pb年龄测定结果，含矿凝灰岩加权平均年龄为176±5Ma（NSWD=0.63，n=9），与成矿有关的含眼球状石英斑晶的石英闪长玢岩加权平均年龄为173±3Ma（MSWD=1.16，n=16），雄村铜金矿Ⅱ号矿体四件辉钼矿的Re-Os模式年龄为169.3~176.8Ma，加权平均年龄为173.2±4.71Ma（MSWD=5.6），表明雄村组岛弧火山岩时代应为早-中侏罗世。

尽管早-中侏罗世雄村弧的东西延伸情况，因冈底斯花岗岩的大规模侵吞而难觅踪迹。但在日喀则以东、谢通门-沃卡断裂以南的米林、朗县、加查、桑日等地的冈底斯岩带中，残存有冈底斯群构成的元古宙陆壳基底岩系，可能与雄村火山岩一并构成规模较大的早-中侏罗世岛弧。于是位于谢通门-沃卡断裂以北的叶巴张裂岛弧应属雄村岛弧的弧后张裂盆地，只不过弧后张裂作用尚未使洋壳出现，而是初始的以过渡壳为基底的弧后盆地，构成叶巴-雄村弧盆系，是雅鲁藏布江洋壳于早-中侏罗世向北俯冲消减的直接证据（图4.6）。

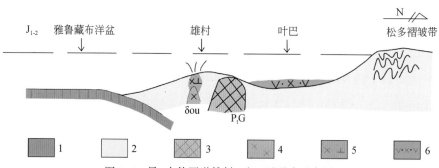

图4.6　早-中侏罗世雄村-叶巴弧形成示意图

1. 洋壳；2. 陆壳；3. 冈底斯群；4. 花岗闪长岩；

5. 桑日群弧火山岩；6. 滨-浅海相碎屑岩及碳酸盐岩

2. 晚侏罗世—早白垩世造弧事件——桑日弧盆系

桑日火山弧分布于冈底斯岩浆弧中段南缘的谢通门、尼木、曲水、乃东、桑日一带，北以谢通门-奴玛-沃卡脆韧性剪切带与叶巴弧为界，南以冈底斯断裂为界，西止于雄村附近，东西向延伸达400km。由晚侏罗世—早白垩世桑日群安山岩、英安质熔岩、碎屑熔岩、火山碎屑岩、弧缘碎屑岩、碳酸盐岩等组成，厚度>4000m。下部麻木下组为碳酸盐岩夹火山岩、碎屑岩，上部比马组火山岩、火山碎屑岩夹灰岩、泥岩、砂岩。碳酸盐岩中，角砾状、条带状构造发育，层间常见褶曲、撕裂、包卷、褶断等沉积构造，具典型的滑塌堆积组合特征，可能为弧前斜坡碎屑流的碳酸盐浊积岩。

火山岩的SiO_2含量为53.29%～65.87%，平均为59%；Na_2O+K_2O平均为5.19%，$Na_2O>K_2O$；里特曼指数为1.09～3.68，平均为1.85；碱度指数AR=1.33～2.3，平均为1.75；属钙碱性系列安山岩。稀土和微量元素与岛弧/山弧火山岩相似（1：25万拉萨-泽当幅）。分布于桑日群弧南部的麻木下组中的安山岩，具高Sr、高Sr/Y、高（La/Nb）$_N$及低Y、Yb和HREE含量的特点，与埃达克岩成分特征相似，而北部的桑日群上部的比马组火山岩Nb、Ta、Zr、Hf、Sm、Ti等高场强元素相对于大离子亲石元素（Rb、Ba、Sr）明显亏损，显示正常岛弧火山岩地球化学特点，进而证实桑日群弧火山岩是雅鲁藏布江洋壳向北俯冲的岩石记录，并且有可能是在早-中侏罗世雅鲁藏布江洋盆俯冲消减的增生楔基底上发育起来的（潘桂棠等，2006）。桑日弧中，还发育了早白垩世闪长岩-石英闪长岩-英云闪长岩-花岗闪长岩为主的俯冲有关的I型花岗岩建造。

谢通门-奴玛-沃卡脆韧性剪切带以北的桑日火山弧北侧地区，分布有晚侏罗世—早白垩世的却桑温泉组（J_3s）、多底沟组（J_3d）、林布宗组（$J_3—K_1l$）、楚木龙组（K_1c）、塔克那组（K_1t）等。却桑温泉组为滨浅海砾岩、砂岩夹黏土岩、沉凝灰岩，厚大于218m；多底沟组为浅海相灰岩、泥质灰岩夹泥岩，厚大于724m；林布宗组为潮坪相泥岩、粉砂岩、砂砾岩，夹凝灰岩和煤层，厚112～1495m；楚木龙组为前滨-后滨相砂岩、粉砂岩，厚370～1220m；塔克那组为滨岸-近滨相及台地相砂泥岩、灰岩，厚259～660m。这套滨-浅海相碎屑岩、碳酸盐岩系，所含生物群与桑日群相似，为同期异相沉积，空间上分布于桑日火山弧的后方，堆积在早-中侏罗世叶巴弧后盆地之上，是以叶巴弧为基底的桑日火山弧的弧后盆地，构成弧盆系（图4.7）。

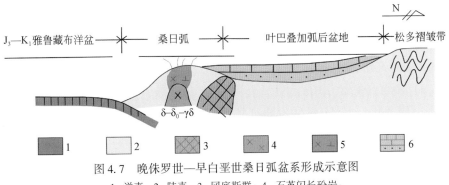

图4.7　晚侏罗世—早白垩世桑日弧盆系形成示意图

1. 洋壳；2. 陆壳；3. 冈底斯群；4. 石英闪长玢岩；

5. 雄村组弧火山岩；6. 叶巴组双峰式岛弧玄武岩-流纹岩

3. 晚白垩世造弧事件——南冈底斯陆缘弧及日喀则弧前盆地

晚白垩世，雅鲁藏布江洋壳向北俯冲消减，在念青唐古拉山一线以西的冈底斯中段，于雅鲁藏布江结合带与隆格尔–念青唐古拉断隆带之间，形成规模巨大的南冈底斯陆缘火山–岩浆弧（潘桂棠等，2006）和日喀则弧前盆地。念青唐古拉一线以东的冈底斯东段，则叠置于叶巴弧盆系与桑日弧盆系之上，但缺乏弧前盆地带。

1）南冈底斯陆缘岩浆弧

在南冈底斯陆缘弧，上白垩统设兴组是一套紫灰色、紫红色砂岩、泥岩、生物碎屑灰岩系，自东向西由淡水湖相向滨浅海相演变，且厚度有向西减薄趋势，东段（拉萨–泽当幅）为935～1252m、中段（日喀则幅）为592m、西段（拉孜幅）为525.78m。主要属晚白垩世的旦师庭组（K_2—E_1d），由安山岩、角闪安山岩、玄武岩、辉石安山岩及火山角砾岩、集块岩、安山质凝灰岩、含火山豆凝灰岩、粗安岩等组成，角度不整合在桑日群比马组之上。在南木林县孜东乡厚达5119m。安山岩的Rb–Sr年龄为73.24±18.54Ma，K–Ar年龄为65.1±2.6Ma及52.8±1.4Ma，主要应属晚白垩世。岩石化学、稀土和微量元素特征表明属钙碱性系列，形成于岛弧环境。

晚白垩世中酸性岩浆侵入活动强烈，以分布广、规模大、近东西向带状展布为特征，构成冈底斯岩带主体。大致以仁布为界，东西两端存在差异。

在仁布以西地区，晚白垩世岩体，由石英二长岩、石英二长闪长岩、花岗闪长岩等组成。黑云母K–Ar年龄分别为95.0±2.5Ma（茶穷石英二长岩）、73.2±1.2Ma（增布英云闪长岩）和69.1±2.8Ma（达堆花岗闪长岩），侵位时代为晚白垩世。岩体普遍富含暗色闪长质深源包体，含量一般为20%～30%，最高达50%。岩石SiO_2多在63.91%～71.26%，（CaO+Na_2O+K_2O）>Al_2O_3>（Na_2O+K_2O）（分子比，以次铝质为主，少数含刚玉分子，具过铝质特征，里特曼指数在1.53～2.92，属钙碱性岩类，岩体平均$Na_2O>K_2O$；微量元素Be、Li、Ba、Zr、Nb、Th等贫化，Co、Ni、Cu、Ag、As、Bi、Sc、U、Cr、Mn、Sr、Hf等富集；$\sum REE$=（90.38～118.82）×10^{-6}，$\sum Ce/\sum Y$=2.16～3.1，$(Ce/Yb)_N$=3.34，δEu=0.73～1.28，稀土曲线为向右倾斜的轻稀土富集型，总体具幔源为主壳幔混源的I型花岗岩特征，并向I–S型演化，在构造环境判别图上投入碰撞前火山弧环境。最近Wen等（2008）发现有同位素年龄为82.7±1.6Ma（SHRIMP锆石U–Pb）的晚白垩世埃达克质花岗闪长岩，进一步证实其形成于岩浆弧环境。

在仁布以东的冈底斯东段的1：25万拉萨幅、泽当幅地区，晚白垩世中酸性侵入岩广布，呈岩基、岩株产出，有88个岩体，面积达5228.3km²。侵入于塔克那组等地层中，被典中组（E_1d）不整合覆盖，由黑云母二长花岗岩、斑状黑云二长花岗岩组成。同位素年龄分别为78.2Ma、58.5Ma、56Ma和50.2Ma，属晚白垩世晚期—始新世早期。岩石平均SiO_2=70.67%，Al_2O_3=14.04%，Na_2O+K_2O集中于6.03%～8.56%，Na_2O/K_2O大于1和小于1各占一半。CIPW标准矿物组合为Q+Or+Ab+Au+Dl+Hf，部分出现C分子，显示铝过饱和。δ值多为1.76～2.25，属钙碱性系列。微量元素以Rb、Th、Co、Sm强烈富集及Ba、Nb、Zr、Sr亏损为特征，Bi偏高，Cu、Pb、Zn、W、Mo偏低。$\sum REE$=（93.69～207.68）×

10^{-6}，$\sum Ce/\sum Y = 3.33 \sim 11.87$，$\delta Eu = 0.44 \sim 0.95$，稀土分布为右倾的轻稀土富集型，与华南 S 型花岗岩稀土配分型式基本一致，在 ACF 图解上，主要在 S 型花岗岩区内及其附近，部分投入 I 型区。Ta-Yb 及 Nb-Y 判别图上，多投入同碰撞花岗岩区，形成于同碰撞构造环境。

近年发现在冈底斯东段米林县城至里龙乡一带，雅鲁藏布江结合带北侧，广泛分布有镁质、钙碱性、准铝质紫苏花岗岩，形成于安第斯型大陆岩浆弧环境，LA-ICP-MS 锆石 U-Pb 年龄为 87.0 ± 1.0Ma（MSWD=2.8，$n = 22$）（张泽明等，2009），属晚白垩世早期。表明东段在晚白垩世早期为俯冲型花岗岩，晚期转变为同碰撞花岗岩。

晚白垩世中酸性侵入岩在东西两端的不同，是雅鲁藏布江洋壳俯冲碰撞的时限沿走向不同所致。仁布以东洋壳俯冲消减作用发生于早-中侏罗世和晚侏罗世—晚白垩世早期，洋盆闭合、陆-弧碰撞造山作用在晚白垩世晚期已经开始，形成同碰撞型花岗岩。仁布以西地区，洋壳俯冲消减作用主要发生于晚白垩世，形成碰撞前的俯冲型花岗岩，洋盆闭合、陆-弧碰撞造山作用发生于古-始新世。

2）日喀则弧前盆地

日喀则弧前盆地位于冈底斯南缘断裂与雅鲁藏布江结合带之间，由中-晚白垩世日喀则群弧前复理石沉积组成。主体分布于日喀则以西地区，以东地区可能因后期破坏已难觅踪影。盆地北侧，日喀则群不整合覆盖在冈底斯岩基上。南侧则直接覆盖在雅鲁藏布江洋壳蛇绿岩的枕状玄武岩之上。盆地的基底自北而南由岛弧壳向洋壳转变，显示弧前盆地特征。日喀则群为长石砂岩、粉砂岩、粉砂质页岩韵律互层系，夹沉凝灰岩、砾岩、灰岩，厚约4000m。碎屑源于北侧岛弧及活动陆缘，部分源于南侧蛇绿岩。古水流方向以由北向南为主，中部地区发育东西向水流，少量源于南侧蛇绿岩。沉积相为深海海底扇浊积相（图4.8）。

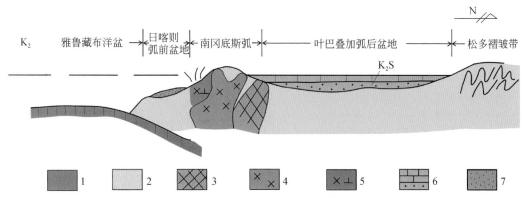

图4.8　晚白垩世造弧事件，南冈底斯岩浆弧形成示意图
1. 洋壳；2. 陆壳；3. 冈底斯群；4. 花岗岩；5. 旦师庭组弧火山岩；
6. 设兴组碎屑岩及碳酸盐岩；7. 深海沉积物

4. 古近纪碰撞造山事件

1）区域性角度不整合与磨拉石盆地

区域性角度不整合，是碰撞造山作用的直接标志。在冈底斯带有两个重要的区域性角度不整合面，一个为古-始新世林子宗火山岩系之下的不整合面，另一个为始新统秋乌组、渐-中新统大竹卡组之下的不整合面。

林子宗火山岩系，包括典中组、年波组和帕那组，为一套陆相火山-碎屑沉积岩系，构成火山-磨拉石建造，厚达5000m，普遍以角度不整合覆盖在海相侏罗纪—晚白垩世火山-沉积岩系及燕山期中酸性侵入岩之上，不整合面展布长达1500km。下伏最新地层为上白垩统设兴组。整个下伏地层变形强烈，同斜倒转褶皱及轴面劈理发育，伴有低绿片岩相区域变质；上覆林子宗火山岩系，变形相对微弱，以弯滑等厚褶皱为主，基本未发生区域变质。周肃等（2004）对林周盆地的林子宗火山岩系进行了系统的$^{40}Ar/^{39}Ar$测年，林子宗群典中组底部安山岩的年龄为64.47Ma；因此林子宗群与设兴组间不整合面的时代应为65Ma左右，代表印度-亚洲大陆碰撞，冈底斯带碰撞造山作用开始发生的时代。

林子宗群内部，各组的Ar-Ar年限为：典中组为65～60Ma，属古新世；年波组为54Ma，属始新世早期；帕那组为48.73～43.9Ma，属始新世中期。典中组与年波组间、年波组与帕那组间，均为低角度不整合接触。但都是局部的，次一级的喷发不整合或超覆不整合，不具有区域性构造意义（莫宣学等，2007）。

秋乌组、大竹卡组，为陆相磨拉石沉积，分布在冈底斯岩浆弧南侧与雅鲁藏布江结合带之间的前陆盆地中。秋乌组为灰紫色厚层复成分砾岩、中粗粒石英长石砂岩、含砾粗砂岩，夹灰色粉砂岩、页岩和煤；厚374～594m，高角度不整合在同位素年龄为64.5Ma的花岗岩及比马组（K_1d）之上，富含始新世植物化石。考虑到冈底斯带始新世早-中期年波组、帕那组火山喷发强烈，而秋乌组未发现火山岩，秋乌组应形成于林子宗火山活动之后的喷发活动仃歇期，秋乌组的时代可能为始新世晚期。大竹卡组角度不整合在秋乌组、比马组之上，为杂色复成分砾岩、砂岩、粉砂质页岩组成陆相磨拉石建造，下部夹凝灰岩，厚可达1130m以上。秋乌组和大竹卡组均为冲洪积扇相、河流三角洲相、辫状河流相，砾岩的砾石成分复杂，有硅质岩、碎屑岩、灰岩、火山岩、基性-超基性岩、花岗岩等，源于两侧造山带。是雅鲁藏布江碰撞造山带和冈底斯带碰撞后隆升的岩石记录，形成于后碰撞造山环境。因此，发生于始新世中、晚期之交的秋乌组之下的不整合面代表印度-亚洲大陆碰撞作用基本结束，时限为45Ma或40Ma左右，自此进入以隆升、伸展、走滑为主的构造发展时期。

2）同碰撞火山岩

同位素年龄为65～40Ma的林子宗火山岩，为同碰撞火山岩（莫宣学等，2003，2007）。火山岩的岩石类型有安山岩、玄武安山岩、玄武粗安岩、钾玄岩、安粗岩、歪长粗面岩、英安岩、流纹岩及相应的火山碎屑岩，熔岩与火山碎屑岩的比例为3∶7。其中，典中组（E_1d）以辉石安山岩为主，厚2400m；年波组（E_2n）以灰岩、凝灰质碎屑岩为主，上部为钾玄岩、玄武粗安岩与火山角砾集块岩互层，厚700m；帕那组（E_2p）以流纹质岩为主，厚>2000m。典中组平均的质量分数SiO_2为60.5%、Al_2O_3 16.18%、K_2O+Na_2O为5.43%、K_2O为1.89%、K_2O/Na_2O为0.51、A/CNK多数<1，属钙碱性系列，具大陆边缘弧火山岩特征。年波组平均质量分数SiO_2为71.58%、Al_2O_3为12.65%、K_2O+Na_2O为5.15%、K_2O为2.37%、K_2O/Na_2O为2.4，岩石成分点落在超钾质和钾玄质岩范围内的达70%；岩石中A/CNK>1.1的占50%以上，表明地壳物质对岩浆的影响已相当明显，特别是钾玄岩的出现，是陆内岩浆作用的重要标志。帕那组火山岩，平均质量分数SiO_2为74.17%、Al_2O_3为13.44%、K_2O+Na_2O为8.10%、K_2O为5.25%、K_2O/Na_2O为1.77，最高达3.48，岩石成分点全部落在钾玄质岩及超钾质岩区，A/CNK>1.1的强过铝质岩占60%以上，显示出大陆碰撞及地壳加厚的构造环境。稀土元素和微量元素具有陆缘弧火山岩和陆内火山岩的双重特征。并由典中组到帕那组弧火山岩特征逐渐减少，陆内火山岩特征逐渐增强。Nd、Sr、Pb同位素组成，显示具有地幔、地壳、海洋地幔与大陆地幔相互混合的特征。暗示从新特提斯洋壳俯冲体制向大陆碰撞体制转变的地球动力学环境（莫宣学等，2003，2007）。

3）同碰撞花岗岩

古-始新世花岗岩，是冈底斯岩基带的重要组成；仅在日喀则幅范围内，古-始新世花岗岩出露面积达 $2447.6km^2$，岩体 68 个。岩石类型复杂多样，以石英闪长岩、石英二长岩、花岗闪长岩、二长花岗岩为主，还有辉长岩、辉长闪长岩、英云闪长岩、闪长岩及正长花岗岩等岩类，以中性、中酸性为主，晚期以酸性为主。这套侵入岩的黑云母 K-Ar 年龄数据众多，均在 $63.2\pm2.5Ma$ 和 $41.0\pm1.5Ma$ 之间，主要集中在 50Ma 左右。岩石的里特曼指数多为 $1.8\sim3.3$，属钙碱性岩，A/CNK 多数<1.1，属次铝质岩，晚期岩石中可见刚玉分子，为过铝质岩。总体具有从早期到晚期，由 I 型花岗岩向 I-S 过渡型花岗岩演化趋势。形成于火山弧（E_1）到同碰撞（E_2）构造环境，与同期的火山岩相似。岩体的突出特征是普遍含数量不等、大小不一的暗色镁铁质、闪长质细粒深源包体，一般占岩体的 15%～20%，局部可达 30%～40%，构成浆混岩，是碰撞造山过程中岩浆底侵作用和岩浆混合作用的产物。莫宣学等（2005）对谢通门、南木林、尼木、曲水一带约200km范围内成套地采集辉长岩、辉绿岩、花岗岩等主岩及其中的暗色微粒深源包体样品，进行锆石 SHRIMP U-Pb 定年，获得 $47\sim52.5Ma$ 的年龄范围，主要集中在 50Ma 左右，表明岩浆底侵和岩浆混合作用基本上是同时发生的。

在冈底斯带东段1:25万拉萨幅、泽当幅范围内，古新世花岗岩，分布局限，岩体规模小，呈岩株、岩瘤状产出，面积为 $340.6km^2$；侵入的最新地层为典中组。岩石类型为白云母二长花岗岩和正长花岗岩，岩石平均 $SiO_2=72.69\%$，K_2O+Na_2O 集中在 6.30%～8.65%，$K_2O>Na_2O$，$A/CNK=0.88\sim1.37$，CIPW 标准矿物组合为 Q+Or+Ab+Au+C+Hy，属过铝质花岗岩；δ 值主要集中于 $1.85\sim2.45$，属钙碱性系列。微量元素蛛网图为 Rb、Th、Ce、Sm 高度富集，Ba、Zr 强烈亏损，二长花岗岩中 Pb、W、Sn、Si 普遍较高。$\sum REE = (36.9\sim200.13)\times10^{-6}$，$\sum Ce/\sum Y=0.7\sim8.43$，δEu 集中于 $0.05\sim0.80$，稀土曲线为向右缓倾的轻稀土富集型，与华南 S 型花岗岩相似。在 ACF 图上集中于 S 型花岗岩区，形成于同/后碰撞构造环境。这套岩石未获可靠的同位素年龄数据，仅有一批反映后期蚀变的 K-Ar 年龄为 $29.7\sim13.18Ma$。

4）同碰撞构造变形

雅鲁藏布江洋盆关闭、印度-亚洲大陆板块碰撞，导致地壳强烈缩短，表壳岩石强烈变形。在冈底斯岩浆弧南北两侧分别形成规模巨大的雅鲁藏布江逆冲推覆构造扇和旁多-松多逆冲推覆构造扇（图4.9），两者均具有逆冲断层和褶皱轴面内倾的几何学特征，构成扇状或花状的背冲式褶皱断裂构造带，由于冈底斯群古老地壳基底和大量花岗质岩的存在，变形相对微弱，构成由韧性剪切带显示的背形、向形构造；岩浆弧北侧弧后盆地堆积的中生界及古-始新统林子宗群等火山-沉积岩系，也发生强烈变形，形成自内向南北两侧逆推的林周逆推覆构造扇，并控制了驱龙、甲玛等矿床的形成。地壳强烈的缩短，还使处于高位的旁多-松多推覆扇南翼自北向南逆推到处于低位的林周推覆扇北翼之上，出现不同逆冲推覆扇叠置的宏伟构造景观。

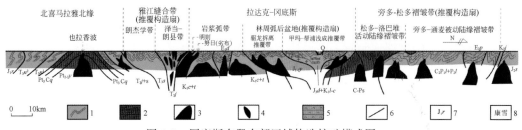

图 4.9　冈底斯东段东部区域构造控矿模式图

1. 沉积岩；2. 核杂岩；3. 侵入岩；4. 超基性岩；5. 火山岩；6. 断层；

7. 地层代号；8. 代表性矿床（点）

5. 新近纪碰撞造山后隆升伸展

晚始新世以后，主要在新近纪，进入高原隆升、伸展及走滑构造发育时期，主要表现在以下几个方面。

（1）山间断陷盆地发育。这些盆地方向、规模不一，但普遍为地堑或半地堑式伸展断陷盆地，接受了以碎屑岩为主的陆相沉积。

（2）地壳中沉积盖层与结晶基底广泛伸展拆（剥）离，形成以念青唐古拉为代表的变质核杂岩穹隆和大规模的韧性伸展剥离构造系，以及喜马拉雅地区的藏南拆离构造系、拉轨岗日、康马、隆子一带的核杂岩构造。

（3）岩浆侵入活动重新活跃。在经历了 40～20Ma 的岩浆活动停歇期后重新活跃起来，其特点与此前的岛弧、陆缘弧和同碰撞造山的岩浆活动明显不同，表现为：侵入活动为主，喷发活动微弱；深成侵入少见，以浅成-超浅成侵入为主；含矿性高，尤富 Cu、Mo、Au、Pb、Zn 等成矿元素，构成规模巨大的含矿斑岩带，形成驱龙、冲江、雄村-洞嘎等铜钼、铜金、铜铁矿床。勘查揭露的含矿斑岩带，呈东西向展布，长达 450km 以上，宽 30～50km。由二长花岗斑岩、石英二长斑岩、正长花岗斑岩等含矿斑岩组成，普遍具有埃达克岩的地球化学特征（侯增谦等，2003）。锆石 SHR IMP U-Pb 定年表明，斑岩形成年代为18～12Ma，高峰为 15Ma，辉钼矿 Re-Os 测定的成矿年龄为 16.8～14.5Ma（Hou et $al.$，2004），形成于后碰撞伸展构造环境。

（三）雅鲁藏布江结合带

雅鲁藏布江结合带，位于昂仁-仁布断裂（北界）与拉孜-印多江断裂（南界）之间。由形成于洋中脊的 MORB 型蛇绿岩（变质橄榄岩、镁铁质-超镁铁质堆晶杂岩、辉绿岩墙群、枕状玄武岩）、放射虫硅质岩、深海浊积碎屑岩等组成，构成规模巨大的洋壳型蛇绿混杂岩带。过去认为蛇绿岩的形成时代为侏罗纪—白垩纪，主体为晚侏罗世—早白垩世。近年的区域地质调查发现在硅质岩、硅泥质岩中，除晚侏罗世—早白垩世晚期的放射虫组合外，还发现有大量晚三叠世和早侏罗世—晚三叠世放射虫组合。K-Ar 同位素测年获得蛇绿岩伴生的洋岛辉长岩为 190.02±19.12Ma、洋岛玄武岩为 168.49±17.41Ma、岛弧型玄武岩为 157.96±32.03Ma；Rb-Sr 等时线测年获得泽当蛇绿岩玄武岩下部为 173.27±10.90Ma（李海平等，1996），在墨脱获得雅鲁藏布超镁铁质岩的 Ar–Ar 为 200±4Ma 的辉石冷却年龄。因此，雅鲁藏布洋盆的扩张历史至少始于晚三叠世。

冈底斯岩浆弧的造弧事件和碰撞造山事件，直接反映了雅鲁藏布江洋盆的向北俯冲消减和关闭的过程。俯冲作用发生于早–中侏罗世、晚侏罗世—早白垩世和晚白垩世，洋盆闭合、碰撞造山主要发生于古新世—始新世中期。从冈底斯弧东西走向变化表（表4.1），可以看出洋盆的俯冲、碰撞作用时间沿走向不同，早–中侏罗世和晚侏罗世—早白垩世的俯冲作用只发生在雄村以东地区，以西地区缺乏同期俯冲证据；晚白垩世俯冲作用主要发生在日喀则以西地区，以东的地区此时处于俯冲造山到碰撞造山的转变时期。洋盆闭合、碰撞造山作用也是东早西晚，日喀则以东至墨脱一带大致在 70Ma 左右已开始发生，日喀则以西则在 65Ma 以后。这种沿洋盆走向的变化，反映了雅鲁藏布江洋盆中有规模较大的北北东–南北向转换断层存在，将统一的洋盆切割成不同的小型洋壳板块，不同地段的洋壳板块由于洋脊扩张速率不同，洋盆规模不同，以及可能的俯冲倾斜角度和敛合速率的差异，均可能导致俯冲、碰撞造山作用时限和强度在走向上的变化，这些都有待今后进一步探索。

表4.1　冈底斯岩浆弧沿走向变化

事件	西←雄村	仁布→东
J_{1-2}	无	←雄村–叶巴弧盆系→
J_3—K_1	无	←桑日弧盆系→
K_2	以俯冲型花岗岩为主体的南冈底斯陆缘岩浆弧发育	早期俯冲型、晚期同碰撞型花岗岩
	日喀则弧前盆地	无

（四）区域主要的构造演化事件

（1）石炭纪—二叠纪冈瓦纳大陆北部被动陆缘伸展裂离与扩张，松多洋盆形成。

（2）中二叠世—中三叠世松多洋盆向南俯冲与洛巴堆岛弧形成。

（3）晚三叠世雅鲁藏布江洋盆和嘉黎弧后洋盆扩张与松多洋盆闭合，松多活动陆缘与旁多被动陆缘碰撞造山。

（4）早–中侏罗世，雄村以东的雅鲁藏布江洋壳向北俯冲，雄村–叶巴弧盆系形成。

（5）晚侏罗世—早白垩世，雄村以东的雅鲁藏布洋壳向北俯冲，桑日弧盆系形成。

（6）晚白垩世早期，雅鲁藏布江洋壳全线向北俯冲；晚期，日喀则以东雅鲁藏布江洋盆闭合，开始碰撞造山，日喀则以西雅鲁藏布江洋广泛向北俯冲，冈底斯岩浆弧形成。

（7）古新世—始新世中期，雅鲁藏布江洋盆全线关闭，北喜马拉雅被动陆缘–冈底斯活动陆缘碰撞造山，雅鲁藏布江结合带形成。

（8）新近纪高原隆升、伸展，含矿斑岩广泛侵入和冈底斯金属矿带形成。

二、构造演化与成矿作用

班公湖–怒江缝合带内古特提斯洋壳残余的发现表明班公湖–怒江缝合带所代表的特提斯洋在晚古生代至中生代可能是一个连续演化发展的大洋。古生代晚期到三叠纪冈底斯古岛弧不可能与雅鲁藏布新特提斯洋向北的俯冲有关，因为那时还没有出现雅鲁藏布新特提斯洋。至于班公湖–怒江特提斯洋最终的关闭时间，目前看来不能以局部观察点，如东巧上侏罗—下白垩统莎木罗组与蛇绿岩的不整合、丁青中侏罗统与蛇绿岩的不整合、觉翁上三叠统确哈拉组与蛇绿岩的不整合等来推论，而应以洋陆转换过程中大区域弧盆系演化、弧–弧碰撞、弧–陆碰撞的岩石学记录以及是否发育大区域的前陆磨拉石盖层确定。最近区域地质调查研究在扎加藏布下游塔仁本发现的早白垩世（大约 110Ma）近百余平方千米的洋岛（王忠恒等，2005）。因为洋壳和洋岛的存在，表明班公湖–怒江特提斯洋在早白垩世中晚期并没有如早期认为的已经消亡。我们认为，班公湖–怒江特提斯洋的彻底关闭可能是以冈底斯构造带内广泛分布的晚白垩世竟柱山组磨拉石和冈底斯弧–弧、弧–陆碰撞的岛弧造山作用最终定型为标志。

地学界的广泛共识是冈底斯带的陆壳基底和古生代盖层具有与喜马拉雅相似的结构特征，它们都是冈瓦纳大陆北缘的一部分。研究表明：冈底斯带具活动大陆边缘构造背景的弧火山活动始于石炭纪，代表了冈瓦纳大陆群的印度陆块北缘的构造体制发生从被动大陆边缘到活动大陆边缘的重大转换。晚石炭世到二叠纪，由于以班公湖–怒江缝合带为代表的特提斯大洋向南俯冲，使冈底斯构造带大致在甲岗—雷拉普冈日一线以东发生来姑–洛巴堆陆缘岛弧火山作用。冈瓦纳大陆群北缘在中生代时期进一步发育成典型的多岛弧–盆系统。研究区中生代—新生代侵入岩浆活动类型复杂，有俯冲型花岗岩、同碰撞花岗岩、碰撞后浅成斑岩、A 型花岗岩和淡色花岗岩等，具多期侵入的特点，其同位素年龄介于 130～20Ma。特别是冈底斯构造带南缘在晚白垩世至始新世受雅鲁藏布江洋壳向北俯冲、消亡和随后弧–陆碰撞作用的影响而形成的弧火山–深成岩浆带，规模宏大，东西延伸达 2000km 以上，其岩浆岩面积约占整个青藏高原岩浆岩总面积的 83%（李廷栋，2002）。印度大陆与欧亚大陆沿雅鲁藏布江结合带的弧–陆碰撞作用是冈底斯成矿带晚古生代以来特提斯演化和青藏高原形成过程中影响最为广泛和强烈的构造–热事件，随着这一碰撞事件的发生，青藏高原由特提斯弧–盆系统构造体制演化阶段转入了全新的陆内汇聚和高原隆升构造体制演化阶段。

结合班公湖–怒江缝合带内古特提斯洋壳残余的发现、冈底斯古岛弧的发育和雅鲁藏布新特提斯开启的时代以及相关的多岛弧盆系的形成，我们认为冈底斯构造带构造演化经历了以下主要构造演化历史。

1. 晚古生代活动大陆边缘演化阶段及其成矿作用

冈底斯构造带属冈瓦纳大陆北缘的重要组成部分（尹集祥，1997；潘桂棠等，1997）。从晚古生代的石炭纪开始，由于以班公湖–怒江缝合带为代表的古特提斯洋壳向南的俯冲，冈底斯构造带已逐步转化为冈瓦纳大陆北缘的活动大陆边缘。冈底斯复合造山带分别发生了第一次和第二次造弧作用。主要表现在石炭纪—二叠纪冈底斯构造带中部的当雄、工布江达一带，于来姑组—洛巴堆组中发育具伸展构造环境"双峰式"特征的弧火山活动和一套隆–凹相间，以深水盆地相碳酸盐岩和碎屑岩沉积组合为特征的裂谷盆地沉积组合（潘桂棠等，1997；李光明等，2000），以诺错组和洛巴堆组中的玄武岩为代表，同时在喜马拉雅色龙以西出现二叠纪裂谷型拉斑玄武岩，印度陆块北缘不同构造部位表现出的不同构造环境有可能受控于特提斯大洋岩石圈向南的斜向俯冲作用。在这一构造背景下的成矿事件目前仅具有少量的线索，主要表现为在冈底斯中部的念青唐古拉地区发育以晚二叠世洛巴堆组时期的火山喷流成矿事件，经后期燕山晚期或喜马拉雅期岩浆活动的叠加，形成了林周县勒青拉铁多金属矿、嘉黎县蒙亚啊铅锌矿、工布江达县亚贵拉银铅锌矿和洞中松多银多金属矿等矿床的赋矿围岩，该套含矿岩系具喷流特征。

2. 中生代多岛-弧盆系统演化阶段及其成矿作用

在雅鲁藏布江成矿区中南部的冈底斯构造带在中生代时期受班公湖-怒江洋盆向南的俯冲作用，逐步发育典型的多岛弧-盆系，自北而南形成一系列的弧后盆地和岛弧带（李光明等，2000），其中雅鲁藏布江洋盆是该弧-盆系统中规模最大，也是最具影响力的弧后盆地。因此，在中生代时期班公湖-怒江特提斯洋壳中生代时向南的俯冲消减，与雅鲁藏布江弧后洋盆自早中侏罗世时向北的俯冲消减，两者双向俯冲消减作用以及冈底斯弧盆系统内平行于班公湖-怒江和雅鲁藏布江碰撞带的或分支复合的弧间裂谷盆地反向俯冲、弧-弧碰撞的动力学过程对冈底斯构造带的构造-岩浆成矿作用具有决定性的影响和制约作用。

初步研究表明冈底斯构造带在中生代多岛-弧盆系统演化阶段发生了至少四次以弧火山作用为代表的造弧作用。

早-中三叠世时，冈底斯带继承了晚古生代构造演化趋势，但大部分区域隆升，表现为陆缘弧上的查曲浦弧火山活动，以及雅鲁藏布弧后初始裂陷盆地的形成。那曲北西一带中三叠世放射虫硅质岩、玄武岩及海底滑塌碳酸盐重力流沉积，可能代表与特提斯大洋向南俯冲系统相关的弧前岩石组合。

晚三叠世时，羌塘-三江多岛弧造山带增生到扬子大陆边缘构成亚洲大陆板块的一部分，与印度板块发生相互作用，同时由于受特提斯大洋向南俯冲的制约，在冈底斯带-喜马拉雅带发生了一系列地质事件群，包括冈底斯陆块与印度陆块的分离、隆格尔-工布江达岩浆弧的成型、伯舒拉岭火山岩浆弧的发育、嘉黎-波密弧间裂谷盆地、确哈拉弧前盆地的发育、雅鲁藏布弧后洋盆的扩张、喜马拉雅大陆边缘裂谷带的碱性玄武质火山活动等。

早-中侏罗世时，冈底斯带东段南侧发育具有双峰式火山活动特征的叶巴火山弧，暗示雅鲁藏布弧后洋盆东段初始向北的低角度俯冲，而拉贡塘弧火山岩浆活动可能是受班公湖-怒江特提斯洋向南低角度俯冲制约的张性弧构造背景下的产物。另外，可能受特提斯洋向南俯冲的影响，嘉黎-波密弧间裂谷盆地扩张成洋，伯舒拉岭岛弧成型。

晚侏罗世时，冈底斯地区呈现出复杂的多岛弧盆系格局。冈底斯南缘桑日增生弧与冈底斯北部同时代的则弄火山岩浆弧、班戈火山岩浆弧及其间的纳木错-嘉黎弧间裂谷盆地进一步扩张成有限小洋盆，揭示了班公湖-怒江特提斯洋向南与雅鲁藏布新特提斯洋向北的双向俯冲。这种动力学背景与东南亚马来西亚半岛-沙捞越-加里曼丹西部及苏门答腊中北部发育的二叠纪火山岩浆弧系统具有相似性。如在苏门答腊地区与朝向亚洲的俯冲系统有关，而在加里曼加地区则与朝向印度洋的俯冲系统有关（Simandjuntak and Barber, 1996）。这种双向俯冲的地球动力学系统在多岛弧盆系构造区内可能是一种普遍现象，并延续到弧后洋盆俯冲、萎缩消亡、弧-弧碰撞或弧-陆碰撞全过程。

早白垩世时，冈底斯带存在同样的双向俯冲系统，班公湖-怒江特提斯洋后退或俯冲导致东恰错增生弧的形成。纳木错-嘉黎弧间裂谷双向俯冲消亡，班公湖-怒江特提斯洋后退式俯冲导致东恰错增生弧的形成。沿隆格尔-念青唐古拉复合古岛弧带东部出现了与地壳增厚事件有关的淡色花岗岩的侵位。

晚白垩世时，班公湖–怒江特提斯洋最终消亡，亚洲大陆与冈底斯复合岛弧发生强烈的弧–陆碰撞，在弧后前陆区发育狭窄但巨厚的磨拉石沉积。雅鲁藏布弧后洋盆进一步向北俯冲，南冈底斯火山岩浆弧增生在隆格尔–念青唐古拉复合古岛弧带南侧，并叠置于叶巴火山弧和桑日火山弧之上，地壳开始发生了强烈的横向增生造弧作用，相应地，在其弧后位置则发育设兴组海陆交互相沉积，在其弧前位置发育日喀则深海浊积岩、海底扇沉积及与浊积岩建隆过程有关的弧前陆棚碳酸盐沉积。

白垩纪末—始新世时期发生的大陆碰撞事件，表现为南冈底斯大陆边缘俯冲造弧的科迪勒拉型造山作用，后陆褶皱–逆冲带、班公湖–怒江走滑拉分带的形成、特提斯残余海的彻底消亡以及横断山走滑转换造山带的再生。

中生代的晚三叠世—白垩纪时期的多岛–弧盆系统演化阶段各弧后盆地或弧后洋盆以多种形式（如俯冲、碰撞、充填等）发生消减和闭合，经弧–弧碰撞或弧–陆碰撞等造山作用形成了纳木错–九子拉、雅鲁藏布江等多条弧–弧碰撞结合带。特别是受雅鲁藏布江弧后洋壳向冈底斯的俯冲消减和洋壳消亡后碰撞造山作用的影响，在冈底斯南缘引起大规模的弧火山活动和深成岩浆侵入活动，形成了目前青藏高原中规模最为宏大的弧火山–深成岩浆侵入岩带。

冈底斯多岛弧–盆系统演化阶段的成矿作用主要发生在各火山–岩浆弧带和弧后盆地中。在那曲弧后扩张盆地中，晚三叠世有可能具喷流特征的块状硫化物成矿信息。早中侏罗世在叶巴火山弧–岩浆内的叶巴组火山岩系中上段的 Pb 元素平均值达 64.44×10^{-6}，超出地壳平均丰度值的四倍，并在火山弧内形成众多的 Cu-Mo、Pb-Zn-Ag 矿化线索。与弧间盆地的俯冲和弧–弧碰撞作用有关的深成岩浆侵入活动还在岩浆弧内形成一系列岛弧型火山和与侵入岩浆活动有关的复合型火山–热液型以及夕卡岩型铜金矿床。例如，在念青唐古拉复合火山岩浆弧内的当雄县拉屋热液型和夕卡岩型铜锌矿床、昂张夕卡岩型铅锌矿床等，在谢通门县的洞嘎、雄村、则莫多拉、普钦木、汤白等地区的系列铜金矿床就是其中的典型代表。

另外在班公湖–怒江碰撞结合带北侧的唐古拉地区，晚三叠世—中侏罗世时期的前陆盆地演化过程中，在当曲、碾廷等地的中侏罗统雁石坪群中形成一套与沉积作用有关的菱铁矿化和砂页岩型铜矿化，经白垩纪碰撞型岩浆作用叠加，形成了当曲、碾廷等地的系列铁矿床和巴青、索县等地的铜矿床。

3. 弧–陆碰撞作用阶段及其成矿作用

研究表明，雅鲁藏布江洋盆是冈瓦纳大陆北缘中生代弧–盆系统中的一个次级洋盆，具有弧后洋盆的性质（潘桂棠等，1997，2004；李光明等，2000）。关于沿雅鲁藏布江缝合带发生的印度大陆与欧亚大陆碰撞的起始时间及其碰撞过程，不同的研究者提出过不同的认识与看法。潘桂棠等（1990，2004）认为，青藏高原的主碰撞带是在中生代中晚期和新生代印度岩石圈板块与亚洲大陆岩石圈板块之间的碰撞，在范围上包括了班公湖–怒江结合带与雅鲁藏布结合带之间包括冈底斯多岛弧盆系和藏南拆离系的全面汇聚碰撞的构造区域，其碰撞过程包括了初始碰撞、主碰撞和后碰撞三个阶段。初始碰撞阶段：弧–弧、弧–陆之间的首次接触，在初始碰撞以后，沉积环境可以没有发生质的改变，仍可残留陆表海或残留海盆继续接受沉积。主碰撞阶段：弧–弧、弧–陆、陆–陆之间的全面汇聚碰撞。后碰撞：盆山转换、被动大陆边缘转换为前陆盆地、弧后盆地转化为弧后前陆、前陆逆推带形成以及相关的沉积、岩浆和变质事件群，后碰撞阶段以开始出现磨拉石、二云母花岗岩及前陆逆冲带等各种强烈陆内变形为标志。

因此，可以认为，印度大陆和欧亚大陆之间的初始碰撞是运动着的弧-弧、弧-陆之间的首次碰撞，随之而来的陆-陆连续碰撞具有一个漫长的时间过程，是地球系统中层圈相互作用的体现。就作用对象而言，由于碰撞前的接触部位不同，印度和欧亚大陆之间的初始碰撞可以发生在弧-陆、陆-陆之间；从接触方式上看，两大陆的初始接触可能是点接触，也可能是线或面接触；从发展过程来看，可分为初始碰撞、主碰撞和后碰撞三个阶段。每一个阶段都有对应的沉积学、岩石学、构造事件响应。初始碰撞以弧-陆、陆-陆之间的首次接触为标志，在初始碰撞以后，沉积环境可以没有发生质的改变，仍可残留陆表海或残留海盆继续接受沉积；主碰撞是运动着的不同对象（包括陆-陆、陆-前缘弧、弧-弧等）之间的全面汇聚碰撞。在全面汇聚碰撞之后，沉积环境将会发生根本性的转变（如被动边缘盆地转化为前陆盆地，弧后盆地转化为弧后前陆盆地），沿碰撞带前方前缘弧发生广泛而强烈的岩浆活动；后碰撞是以开始出现磨拉石、二云母花岗岩及前陆逆冲带等各种强烈陆内变形为标志。

研究表明，印度大陆与欧亚大陆之间的碰撞作用始于白垩纪末期（约65Ma），这一碰撞的物质记录以冈底斯南缘火山岩-花岗岩带碰撞型花岗岩开始大量侵位、林子宗群早期弧火山岩的发育和日喀则弧前盆地的消亡以及雅鲁藏布江弧后洋盆转化为藏南残留海盆地等为标志。钟大赉和丁林（1996）认为，印度大陆与欧亚大陆沿雅鲁藏布江缝合带发生的碰撞作用过程具有从东往西逐渐迁移的趋势，碰撞作用首先发生于雅鲁藏布江缝合带东段的南迦巴瓦地区，随后碰撞作用沿雅鲁藏布江缝合带逐渐向西迁移，冈底斯火山-岩浆岩带的碰撞型岩浆活动时代从东到西逐渐变新的趋势，就是这一地质过程的具体表现。王成善等（1998）进一步认为，印度大陆与亚洲大陆沿雅鲁藏布江缝合带由东向西碰撞过程的穿时性可达10Ma左右。王鸿祯等（2000）、万晓樵等（2003）从沉积学和生物地层学的角度通过对雅鲁藏布江结合带及藏南地区白垩系—古近系的古生物组合、层序地层特征和沉积类型等进行的研究，亦认为印度大陆与欧亚大陆的碰撞发生在白垩纪末期—古近纪（约65Ma）。

冈底斯火山岩-花岗质侵入岩浆带的规模宏大，构成了冈底斯岩浆带的主体，其岩浆岩的分布面积约占整个青藏高原岩浆岩总面积的83%（李廷栋，2002）。对冈底斯火山岩-花岗质岩带的年代地质学研究表明，侵入岩主体的发育时间为65～45 Ma，其中以50 Ma左右为岩浆活动的最高峰（西藏地质志，1993）。与此同时，在冈底斯构造带南缘还发育了一套以林子宗群为代表的钙碱性-钾玄岩系列为特征的火山岩组合，其底部呈不整合覆盖于上白垩统设兴组紫红色碎屑岩之上，其上与上覆地层新近系乌郁群亦呈不整合接触。在区域上这套火山岩分布广、厚度大、岩石类型复杂。据莫宣学等（2007）研究成果，林子宗群火山岩的 $^{39}Ar-^{40}Ar$ 法同位素年龄介于64～48Ma，与冈底斯南缘碰撞型花岗岩形成的时代（50～45Ma）相吻合。

由于受到碰撞后伸展阶段成矿作用的叠加经历及青藏高原隆升阶段强烈的剥蚀作用的影响，对弧-陆碰撞作用阶段的成矿作用的研究长期以来未得到足够的重视。近年随着研究程度的逐步深入，这一阶段的成矿作用已引起广大研究者和勘探者的广泛关注。目前的调查评价和研究进展表明，冈底斯成矿带中的系列铜铁矿床和金矿床的形成与弧-陆碰撞作用阶段的成矿作用密切有关。本书在对桑日火山弧中的克鲁铜金矿、冲木达铜金矿和朗达铜矿等矿床开展的研究工作发现，该类夕卡岩型铜金矿床均产于雅鲁藏布江陆-陆碰撞带北侧的碰撞型中酸性侵入体（同位素年龄主要为 45 ~ 55Ma）外围桑日群中的夕卡岩中（原岩主要为中厚层含泥质层纹状碳酸盐岩和钙碱性火山岩），矿化以铜金为主，具有夕卡岩层位稳定、铜金品位较富的特点，矿区外围还发育有独立的金矿化体（品位为 2 ~ 8g/t），尽管多数研究者认为其成矿时代可能较其北带的冈底斯斑岩铜矿要早，但缺乏关键的成矿年龄数据。本书选择冲木达矿区进行了详细研究，在夕卡岩矿床中采集辉钼矿样品由国家地质实验中心进行了 Re-Os 同位素定年，获得了关键性的同位素定年数据，冲木达矿区 6 件样品的等时线年龄为 41.4±8.4Ma。

另外在拉萨盆地北部的林周一带经研究确认存在碰撞期斑岩，朱弟成等（2004）对其中的锆石采用单颗粒 U-Pb 同位素定年（SHR IMP），获得到 58.7 ~ 60Ma 的成岩、成矿年龄。此外本书还在朗达铜矿区的黑云二长花岗岩获得中黑云母的 Ar-Ar 年龄为 47.6Ma。这些精确同位素定年数据的取得，已初步揭示出冈底斯成矿带中存在有碰撞期的成矿纪录。

4. 陆内挤压-伸展作用阶段及其成矿作用

印度大陆于晚白垩世至始新世中期与欧亚大陆发生碰撞后，欧亚大陆与印度大陆发生焊接拼合，形成统一的新大陆。由于印度大陆和欧亚大陆板块间的持续挤压，引起高原岩石圈不同圈层间发生强烈的物质和能量交换，青藏高原进入到一个新的构造体制演化阶段，即陆内挤压作用阶段，表现在雅鲁藏布江弧后洋盆逐渐消亡而演化成藏南残留海盆地，直到始新世晚期，冈底斯地区、雅鲁藏布江地区及藏南喜马拉雅地区才发生全面的海退，青藏高原才全面结束了最后的海相沉积历史（潘桂棠等，1990）。徐钰林（2000）通过对雅鲁藏布江以南的定日地区古近系遮普惹组上页岩段中的海相钙质超微化石的研究，确定藏南残留海盆地中最高的海相层位的年代为 38Ma。

但是印度板块与欧亚板块之间的相互作用并没有因为碰撞作用的发生而停止，青藏高原转入到一个新的演化阶段，即挤压-伸展构造体制演化阶段。在冈底斯地区，由于印度板块向北的持续挤压，地壳显著加厚，其内部物质在调整过程中，冈底斯陆块上地壳的岩片向南逆冲到日喀则群弧前盆地或雅鲁藏布江蛇绿混杂岩之上，其年龄限定在 30 ~ 24Ma（Yin et al.，1994，1999；Harrison et al.，1999），在逆冲带的后缘还形成谢通门-南木林等一系列的近东西向的大型脆韧性剪切带，其形成时间为 42 ~ 40Ma（熊清华，1999），如冈底斯南缘谢通门-南木林韧性剪切带东西延伸达 200km 以上，宽 2 ~ 8km，剪切带塑性变形特征明显，发育糜棱、残斑结构构造，并具从早期塑性变形到晚期的脆性变形特征。中新世以来（23 ~ 8Ma），由于碰撞造山带山根的拆沉和加厚地壳的减薄，高原壳幔物质和能量再度发生大规模的调整和交换，在这一深部地质作用过程的影响下，青藏高原南部地区的上部地壳发生大规模的侧向伸展作用，伸展作用在冈底斯地区和喜马拉雅地区分别有不同的表现。

在冈底斯地区，伸展作用除形成一系列近南北向的裂谷盆地外，还伴生一套与伸展作用有关的以壳幔混合源为源区的火山活动和深成岩浆活动。其中火山岩主要发育在乌郁盆地和麻江盆地中，火山岩由粗面岩和粗安岩等组成，具钾质-超钾质火山岩特征，岩石以高度富集 K 与大离子亲石元素 Rb、Th、U 等，亏损 Nb、Ta、Ti、P 等高场强元素为特征，属加厚地壳的下部局部熔融的产物（赵志丹等，2001），K-Ar 同位素年龄为 10.3Ma 和 18.5Ma（1∶20 万谢通门幅、南木林幅区调报告）。

与火山岩加厚地壳下部岩石局部重熔形成的钾质-超钾质火山岩同源，在冈底斯南缘还发育有一系列高侵位的斑岩体，含矿斑岩的岩石类型较多，有石英二长斑岩、黑云母二长花岗斑岩、二长花岗斑岩和黑云母花岗闪长斑岩和似斑状二长花岗岩等，但总体上含矿斑岩的岩性主要有两种，即：以厅宫铜矿为代表的二长花岗斑岩（包括厅宫、冲江、白容、拉抗俄等矿区）、以驱龙铜矿为代表的石英二长花岗斑岩（包括驱龙、达布等矿区），二者都可以形成大型斑岩铜矿床。在岩石地球化学特征方面，斑岩体的 $w(SiO_2)$ 多变化于 64.0% ~ 67.39%，$w(Al_2O_3)$ 变化于 13.15% ~ 15.10%，属于典型的中酸性花岗质岩石。碱质 $w(Na_2O)$ 在 0.81% ~ 2.27% 的正常范围内变化，$w(K_2O)$ 明显富集，变化于 4.88% ~ 6.89%，为高钾花岗质岩石。斑岩岩石在微量元素地球化学特征上表现为高度富集大离子不相容亲石元素如 Rb、Ba、Th 和 Sr 等，而高场强元素如 Nb 和 Ta 则明显亏损。稀土总量变化于 68.09 ~ 104.53ppm，轻重稀土元素分馏明显，$(La/Yb)_N$ 变化于 16.12 ~ 29.46，缺少明显的负铕异常，稀土曲线为平滑的右倾型，不仅与三江地区的玉龙斑岩铜矿十分相似，也与南美科迪勒拉山地区智利西部的斑岩铜矿带一致。目前不同的研究者对冈底斯构造带的含矿斑岩所获的同位素定年数据均显示，冈底斯斑岩铜矿床的成岩、成矿年龄较为接近，如驱龙铜矿和厅宫铜矿单颗粒锆石的离子探针（SHRIMP）同位素年龄分别为 $17.58±0.74Ma$ 和 $17.0±0.8Ma$，代表了含矿斑岩中锆石的结晶年龄，亦可代表斑岩的成岩年龄；驱龙、厅宫、冲江、拉抗俄铜矿床中全岩或单矿物 Ar-Ar 法和 K-Ar 法同位素年龄介于 12.00 ~ 16.8Ma，代表了斑岩体矿化蚀变发生的年龄；辉钼矿 Re-Os 法同位素年龄介于 15.75 ~ 16.22Ma，可代表斑岩铜矿的成矿年龄。

在藏南喜马拉雅地区，伸展作用在构造上主要表现为岩石圈一系列东西向不同层次拆离断层的发育，形成藏南拆离系（STDS），并形成一系列近东西向排列、受深层拆离断层围限的变质核杂岩体，主要的变质核杂岩体有拉轨岗日、也拉香波、康马、然巴等。在变质核杂岩中由于地壳减压或拆离断层带间的摩擦生热，引起中、上地壳物质的局部熔融，形成大量 S 型淡色花岗岩的侵位（主要岩性有白云母花岗岩、二云母花岗岩和白云母二长花岗岩等）。淡色花岗岩同位素年龄主要介于 23 ~ 8Ma，其时代与冈底斯地区由加厚地壳下部局部熔融形成的钾质-超钾质火山岩和斑岩的年龄基本一致。

陆内挤压以及碰撞后的伸展作用阶段的成矿作用长期以来一直备受广大研究者的重视（毛景文等，1999；侯增谦等，2003；潘桂棠等，2003；李光明等，2003）。毛景文等（2002）、韩春明等（2002）通过对东天山地区构造体制演化及其成矿作用的关系研究发现，东天山地区土屋等斑岩铜矿床的形成与海西期造山带碰撞后的伸展作用有关。侯增谦等（2003）通过对冈底斯斑岩铜矿床含矿斑岩常量元素和微量元素地球化学特征的研究，提出西藏冈底斯成矿带的系列斑岩铜矿床的含矿斑岩具有埃达克岩属性特征的亲和性，形成于青藏高原主碰撞带碰撞后的伸展构造环境。

本书的研究表明，在冈底斯成矿带的昂仁县朱诺至工布江达县吹败子长约 550km 的范围内，集中了朱诺、驱龙、厅宫、冲江、达布和拉抗俄等大-中型斑岩铜钼（金银）矿床以及甲玛、知不拉、新嘎果、帮浦、勒青拉等系列大-中型夕卡岩型铜多金属矿床，斑岩铜矿床和夕卡岩型铜多金属矿床的成矿年龄主要为 13.5 ~ 16.2Ma，与青藏高原主碰撞带碰撞后的伸展阶段的时代相一致，它们在成矿时代上具有大致类似的矿床地质特征，相同的成矿机理和一致的成岩、成矿年龄，在空间上二者密切共生，二者具有"贯通式"的时间和空间关系，在成矿机理上受控于统一的地球动力学背景和深源浅成的中酸性岩浆成矿过程，因此二者应属于统一的斑岩-夕卡岩成矿系统。是在碰撞后高原深部岩石圈拆沉、软流圈物质上涌，中上地壳伸展的构造背景下，由加厚地壳下部或上地幔的局部熔融的花岗质岩浆沿近南北或近东西向的断裂通道上侵，在形成斑岩矿床的同时，自岩浆活动中心向外迁移的含矿气液，在岩体外接触带或层间滑脱带与钙质围岩发生交代形成夕卡岩。

在藏南喜马拉雅成矿带的藏南拆离系（STDS）内的大型拆离断层带和淡色花岗岩与围岩的接触带附近，由于各类流体活动强烈，构造条件有利，是 Au、Sb、Pb、Zn、W、Sn 等成矿元素发生活化和再聚集的有利部位，马扎拉锑（金）矿床、扎西康锑多金属矿床、车穷桌布锑矿床和哲古锑（金）矿床等众多锑、金矿床均位于该地区多层次的拆离断层旁侧的次级断裂中，构成了藏南著名的锑、金多金属成矿带。

5. 青藏高原形成阶段及其成矿作用

现今的青藏高原，面积约 260 万 km^2，平均海拔达 4000m 以上，有"世界屋脊"和"第三极"之称。青藏高原的快速隆升与最终形成，是晚新生代特别是第四纪以来影响全球生态和环境重大的地质事件。关于青藏高原的隆升机制，国内外的科学家从不同的角度进行过解释。李廷栋（1995）认为青藏高原地壳的加厚、缩短，是在压应力作用下通过不同层次物质以不同的运动形式实现的，可以将高原隆升的过程和机制概括为陆内汇聚-地壳分层加厚-重力均衡调整的过程。邓晋福等（1994），赖绍聪（2000）通过对青藏高原南北两侧白云母/二云母花岗岩和钾玄岩系列火山岩的岩石学对比研究和空间分布特征，提出了表征青藏高原造山隆升过程中以冈底斯-羌塘造山带为核心，南部陆内俯冲，北部大型稳定陆块阻挡的地球动力学模型。肖序常（1998）认为高原地壳缩短、加厚和隆升受到印度、扬子和塔里木三大力源控制，青藏高原的隆升是受多因素制约，经多阶段和多层次的不均匀隆升而形成的。钟大赉等（1996）认为青藏高原的隆升，经历了三次重要的抬升事件，并将青藏高原的隆升的过程划分 45～38Ma、25～17Ma、13～8Ma、3Ma 至今四个阶段，每个地体的抬升时限和幅度均不相同，高原的形成是整体隆升与局部快速抬升相叠合。王成善等（1998）强调青藏高原的形成并非一蹴而就，而是多期脉动性隆升的结果，它具多块断性、多阶段性和受多因素控制的特点。

关于青藏高原的形成和隆升机制，本书在此不对其进行过多的讨论。但有目共睹的是，青藏高原内部的地球物理场和岩石圈结构构造自成体系，与高原周边存在很大的差异，青藏高原形成后，成矿活动仍十分活跃，主要表现在以下几个方面：首先，青藏高原在形成过程中，发生过多次夷平，在高原面上形成多级区域性夷平面，在冈底斯成矿带北部和唐古拉地区的系列河谷或阶地中，形成的现代和古砂金矿床，如申扎县崩纳藏布砂金矿和班戈县卡足砂金矿、安多县砂金矿等。另外，青藏高原地区中新世以来，特别是第四纪大规模的热泉活动，形成了一系列与第四纪或中新世热泉活动有关的地热和金、锑、铯等矿产。例如，在藏南和冈底斯等地区，由于第四纪的热泉活动，从地下带来金、锑、铯等成矿物质，在热泉附近的泉华中形成热泉型金矿、锑矿和铯矿床，错美县古堆铯矿、那曲县谷露铯矿和羊八井地热田等就是其中的典型代表。近年来，侯增谦等（2008）通过对错美县扎西康等锑矿床的研究，还认为，第四纪的热泉活动对锑矿床的形成亦有重要的影响。

三、区域矿产特征

(一) 基本特点

冈底斯及其南北邻成矿带在构造上属于印度大陆与亚洲大陆碰撞造山带的一部分，复杂的特提斯演化和印度-亚洲大陆碰撞造山作用，造成了区内多期次的构造-岩浆活动和多期次、多类型、大规模的成矿作用，形成了全国知名、找矿勘探地位不断上升的巨型成矿带。经过10年勘查，在原有基础上陆续发现了一批矿床级矿产地、大量有进一步工作价值的矿点和总量不菲的矿产资源量。其中部分矿床规模已达特大型，部分特色矿产资源储量较大且质量好。但由于地域大、自然条件差，目前地质勘查程度仍然较低，查明的矿床与优越成矿条件相较明显偏少且分布不均。

由于大地构造背景和岩浆活动的差异，在班公湖-怒江和雅鲁藏布江两条碰撞结合带的南北两侧，金属矿产的成矿作用存着明显的差异。班公湖-怒江结合带以北的唐古拉前陆复合盆地中，成矿作用主要与沉积作用和S型花岗质岩浆作用有关。主要的花岗质侵入岩目前还可能隐伏在深部。地表出露的花岗岩呈岩株或小型岩基状侵入于侏罗纪海相地层中，在岩体外围形成一系列的沉积-改造型铁矿床和与岩浆-热液有关的铁铜多金属矿床；雅鲁藏布江缝合带南侧的喜马拉雅带，经历了以伸展作用为主的热动力学过程，因而中上地壳的重熔岩浆、成矿元素和天地水热交流活动较为强烈频繁，形成一系列以淡色花岗岩、中基性脉岩和浅成中低温热液作用为主的锑金铅锌及热泉型铯等矿产；而在夹持于雅鲁藏布江结合带和班公湖-怒江结合带的冈底斯带，由于经受过两侧特提斯大洋的相向俯冲和大陆碰撞造山作用，早期俯冲、后期大陆碰撞和后碰撞伸展作用的热动力学过程叠加，造就了全带复杂的地质构造和多期资源多类型的大面积火山-侵入岩浆活动，为多种矿产的成矿提供了甚为优越的条件。目前研究认为，成矿物质来源丰富，但以来自壳幔混源成矿元素为主，既有I型花岗质岩浆热液的影响，又有S型花岗质岩浆热液的影响，故矿床类型的多样性是冈底斯成矿带的一大特色。

资料表明：冈底斯成矿带金属矿产资源丰富，目前已发现铜、铁、有色金属、贵金属等各类矿床（点）1600余处，主要的优势矿种有铜、钼、铅、锌、银、铁、锑、金和铬等，其中尤以铜、富铁、银铅锌、锑和铬、金等最有远景。主要的矿床类型有：斑岩型铜钼矿、夕卡岩型铜铁金多金属矿、VMS型银多金属矿、SEDEX型铅锌矿、MVT型铅锌矿、破碎蚀变岩型金（铜）矿、沉积-改造型菱铁矿、砂岩型铜矿、热液型脉型铜多金属矿、浅成低温热液型金锑矿和岩浆型铬铁矿等。各矿床（点）在成矿时代上和空间分布上严格受地质构造演化和岩浆活动的控制。也就是说，冈底斯构造带特定的大地构造演化和陆陆碰撞过程控制着特定成矿地质作用的发生与发展，孕育了特定的成矿系统，控制了特定的矿床系列，从而也控制着特定矿种、矿床类型的形成与时空定位。

冈底斯成矿带中东段是主要的矿化集中区，可划分为南、中、北三个成矿亚带。南亚带位于冈底斯南缘，主要发育夕卡岩型铜多金属和金矿床，矿床规模多为中-小型。矿体赋存于碰撞期中酸性侵入岩与上侏罗统—下白垩统桑日群比马组火山-沉积岩系接触带附近夕卡岩中。代表性矿床主要有克鲁、冲木达、劣布铜金矿，桑耶寺铜矿和娘古处金矿等；中亚带位于南冈底斯主体和冈底斯断隆带中段，主要发育斑岩或斑岩–夕卡岩复合型铜钼及铁矿床，矿床规模主要为中–大型，个别为特大型，主矿体常产于斑岩体内或与围岩的接触带附近，受后碰撞期斑岩与侏罗系—白垩系碳酸盐岩地层的控制，代表性矿床主要有驱龙、甲玛、厅宫、冲江、白容、拉抗俄、达布、得明顶、汤不拉、则学、吉如、雄村、仁钦则、洞嘎、恰功等。此外，破碎蚀变岩型锑金矿（弄如日等）也达到中型规模；北亚带主体位于冈底斯断隆带中东段和中冈底斯地域，矿床类型较复杂，主要有斑岩型、夕卡岩型和喷流沉积–改造型等多各矿床类型。矿床规模主要为中–大型，个别为特大型，主矿体多表现出一定的层控性，受石炭–二叠系地层中层状夕卡岩的控制，代表性矿床主要有亚贵拉、龙玛拉、蒙亚啊、拉屋、勒青拉、洞中松多和帮浦等。

冈底斯带的中西段由于地质工作程度偏低，目前仅有隆格尔和尼雄夕卡岩型铁矿、朱诺斑岩型铜矿及扎布耶茶卡盐湖锂矿等几处大中型矿床。但成矿地质背景与中东段相似，地域较中东段大一倍，而且中晚新生代高钾富碱岩浆活动较中东段频繁，随着矿产资源勘查工作的加强，发现更多矿床的前景是光明的。其中雄村、洞嘎和普钦木构成一个铜金矿集区，矿床类型为斑岩型与浅成热液叠加的复合型铜金矿床。雄村矿区闪长玢岩的年龄为 173 ~ 161 Ma（唐菊兴等，2009a，2010a）（SHRIMP、Re-Os 法），大型花岗岩基年龄为 48Ma（K-Ar 法），蚀变水白云母年龄为 38.68±0.76Ma（Ar-Ar 法），已控制铜储量 200 万 t、金储量 200t。

资料分析和综合研究认为，冈底斯成矿带的区域矿产具有以下显著特点。

1. 成矿地质条件优越，矿产勘查工作程度低

冈底斯成矿带独特的地质演化历史和长期的构造–岩浆活动，造就了带内优越的成矿地质条件。尽管目前已发现了一批重要的矿产地，而且初步揭示出有色金属、黑色金属和盐湖类矿产具有很大远景。但是目前发现的矿床（点）与成矿带广袤的国土面积和优越的成矿条件很不相称，仅少数矿产地进行过预查以上评价，大多数矿产地仅开展过踏勘工作，一批重要物化探异常尚未进行查证。因此，无论是在区域上还是在矿区评价上都还具有巨大找矿潜力，只要加大地勘投入，进一步的找矿突破是完全可能的。

2. 资源潜力巨大，优势明显

冈底斯成矿带矿产资源丰富、矿种齐全、潜力巨大。西藏已发现的 100 种矿产资源中，根据探明矿产资源量储量的多少在全国进行排序，储量在全国排序前 10 位的有 18 种，其中铬铁矿排名第一位、铜第二位、硼第四位、金第十位。据近几年在西藏地区开展的公益性和商业性地质工作所取得的成果和进展上看，由于在冈底斯成矿带一批潜力巨大的铜、铅锌矿床的相继发现，有可能打破我国原有的资源格局和资源配置，西藏的铜、铅锌有可能分别上升到全国第一位和第二位，金可能上升到前五位。

3. 矿种齐全、分布广、共伴生矿较多

截至 1999 年年底，西藏自治区发现 100 余种矿产，占全国已发现的 171 种矿产的 58.48%，因矿产资源的勘查程度低，能上储量表的矿种只有 34 个。其中冈底斯构造带已发现的 1000 余处的矿产地中，上储量表的矿区只有 30 余处，不及发现矿产地的 5%。另外，冈底斯成矿带的矿床类型较多，伴生矿产资源量占很大比例。例如，在斑岩型铜矿床中，伴生的有益组分就有钼、金、银、铅、锌等。出现这一特点的主要原因是部分矿床的多期性和成因多样性导致矿石类型较多,多个矿种(有益组分)共(伴)生在一起。这一方面提高了矿床的综合利用价值和某些矿种的矿产品价位,另一方面又使得矿床的选冶条件复杂化。

4. 矿业起步较晚,开发潜力较大

冈底斯成矿带由于地处边远高海拔的地理区位和欠发达的交通能源条件,加上生态环境脆弱,矿业发展水平一直处于相对落后状态。尽管十年西部大开发使西藏基础设施有很大发展,已发现的大型矿床较多,但由于多数大中型矿床位于高海拔深山中,受气候、交通、能源、人力和勘查程度等条件的限制,只有极少数区位条件较好和具特色矿种(如铬铁矿、铅锌矿、硼砂等)、且品位较富的矿区有小规模开采。在开采的矿床中,也以开采浅部的高品位矿石和出售原矿为主,矿产品的深加工能力低。至于多数矿区和已开发矿区中深部及中低品位矿体,则尚未进入到开发阶段,特别是中低品位矿石的开发及矿产品加工潜力巨大。

(二) 主要优势矿种与主要矿床类型

1. 铜矿

铜是人类最早发现和利用的金属之一,我国从公元前 2000～2500 年的青铜器时代开始,历史上的货币就多用铜或铜的合金制成。在司马迁的《史记·孝武本纪》中就有"黄帝采首山铜,铸鼎于荆山下"的历史记载。铜矿是冈底斯成矿带的主要优势矿种之一,也是西藏开发利用较早的矿种。据史料记载,大昭寺、罗布林卡等寺庙园林中的绿色彩绘,其颜料就取自于厅宫矿区的孔雀石。

西藏自治区的铜矿主要产于冈底斯成矿带中,在班公湖-怒江成矿带和唐古拉成矿带中也有产出。主要的成矿类型为斑岩型,次为夕卡岩型和热液充填交代型。

冈底斯成矿带的斑岩型铜(钼)矿床是由于印度大陆壳驮着新特提斯洋壳俯冲到亚洲大陆壳之下,在下地壳的底部由榴辉岩的脱水和部分熔融,形成含矿壳幔混源的埃达克质岩浆高侵位的产物。这类岩浆具有高 fo_2、富挥发分、低初始锶值的特征。班公湖-怒江成矿带的斑岩型铜(钼)矿床的成矿背景和成矿机理还有待进一步研究。

根据矿床(点)的成矿地质特征与成矿条件、工业意义与开发利用前景,冈底斯成矿带铜矿工业类型主要可分为斑岩型、夕卡岩型、热液脉型和砂岩型等。其中斑岩型矿床的铜资源量约占全带总量的 75% 以上,而且矿石具有可选性能好,多可进行露天开采,共(伴)生钼、金等亦可综合利用的特点,经济价值可观。主要的矿床有驱龙铜矿、厅宫铜矿、冲江铜矿、雄村铜矿和达布铜矿等。其中驱龙铜矿经过普查-详查评价,目前控制的资源量(333+334)约 900 万 t,远景资源量可达 1000 万 t 以上。夕卡岩型铜矿床是除成矿带中斑岩铜矿床外居第二位的矿床类型,矿床规模通常属中-小型,但具有品位富、分布广、共(伴)生金铅锌等有益组分可综合利用、矿石易选和开发经济效益显著等特点。目前主要的矿床有甲玛铜矿、知不拉铜矿、冲木达铜矿、克鲁铜矿和舍索铜矿等。它们的矿体中除铜以外,通常共生有品位相对较高的金、铅、锌、钼和银、镉等有益组分,部分矿床(如冲木达、克鲁等)金的平均品位可达 2～3g/t,甚至出现独立的金矿体,甲玛等矿床的铅锌更一度被单独开采。热液型铜矿床的矿床规模通常属中-小型,但个别可达大型以上,主要的矿床有雄村铜矿、则莫多拉铜矿、拉屋铜矿等。矿床中除铜以外，通常伴生或共生有银、金、铅、锌和锑等有益组分，在一些矿区（如雄村铜矿）金的平均品位可达 0.5～1.0g/t，甚至出现独立的金矿。砂泥岩型铜矿床的矿床规模通常属小型或以下，主要的矿床有查吾拉铜矿、戈雄弄巴铜矿等，矿床中伴生的有益组分主要有银和金等。在西藏特定的自然和交通条件下，砂泥岩型铜矿床因具有规模较小，选矿困难等不利因素，目前尚难以开发利用。在现阶段的开发利用的条件下，夕卡岩型铜矿床因具有品位富、共（伴）生有用组分多的特点，而显得更为重要。大型以上的斑岩铜（钼）矿床在交通、能源基础条件在得到改善后亦可以开发利用。

2. 铅锌矿

铅锌矿以其易于识别、经简单冶炼即可获火枪铅弹之特点，从近代起即成为西藏先民探采的矿种之一。至今在拉萨河流域不少矿产地及所在冲沟中常见的采矿老硐和古炼渣就是证明。冈底斯成矿带铅锌矿的主要类型有夕卡岩型、脉型、充填交代型和热卤水沉积型等，近年又发现了以碳酸盐岩为主岩的 MVT 型铅锌矿床。其中脉型和充填交代型的矿（点）床最多，其次是夕卡岩型，斑岩型矿点数量较少且尚无中型以上矿床发现，热水沉积型数量虽较少，但一般规模大，往往形成大-中型矿床。层状碳酸盐岩型目前只有一个，但其规模可达大型以上。

脉型铅锌矿是指沿断裂及旁侧次级断裂或节理裂隙贯入的含铅锌或多金属石英脉、重晶石脉和方解石脉矿体。矿石成分较简单，矿石矿物主要是方铅矿、闪锌矿及其氧化物，其次有黄铁矿和辉银矿，少量矿（点）有辉锑矿、毒砂及砷的硫化物；脉石矿物主要是石英，少数矿点有石英、方解石或重晶石为主。矿石品位多为中-低品位。矿床规模一般仅达小型。

充填交代型铅锌矿，铅锌矿亦赋存于断裂破碎带或层间破碎带中，矿体一般由含矿石英细脉、细网脉、块状硫化物脉及矿化蚀变破碎岩块组成，主要集中于洞中松多-蒙亚啊铅锌矿集中带，矿床规模变化较大，既有大-中型，也有小型和矿点。有益化学成分中，除铅、锌外，一般含银较高，有的矿（点）脉还有铜或金伴生，综合利用价值较高。

夕卡岩型铅锌矿是研究区重要的铅锌矿床类型，具有矿体规模不大但数量较多、矿体赋存部位和延展缺乏规律及矿石品位较高等传统夕卡岩矿床的特点。其成矿需具备灰岩和侵位其中的花岗岩类两大条件。矿床规模一般仅能达中-小型，矿石除铅、锌品位较高外，常伴生或共生铜、银，可综合利用。目前冈底斯地区的青都和帮浦等小规模开采的矿山多为这种类型。

热水沉积层状铅锌矿：生成于拉张背景的水下碳酸盐岩沉积层中和碳酸盐岩与砂泥质沉积界面上，与海底喷流作用有关，主矿体规模大，呈层状、似层状赋存在夕卡岩中，与围岩产状一致或基本一致。矿石有益成分有铅、锌、银、铜、锑等，铅、锌品位一般不高但个别矿床亦有高品位富矿，矿床规模可达中-大型。

3. 铁矿

富铁矿在研究区主要为夕卡岩型一种类型。由于交通和能源条件的限制，冈底斯成矿带铁矿的评价工作起步较晚。但近年来通过初步的评价工作，富铁矿已成该带的重要优势矿产。其勘查评价工作可大致为两个阶段。

第一阶段（1951~1999年）：国有地质队伍及相关的科研单位在冈底斯成矿带内开展少量的找矿与矿点评价工作，在拉萨市郊、林周县西部和班戈-申扎等地区发现了一批富铁矿点和矿化点，并对矿床类型和成矿规律进行了初步总结，评价了拉萨铁矿、多底沟铁矿等夕卡岩型富铁矿。第二阶段（1999年至今）：地质大调查工作开展以来，国家地勘单位在成矿带内的铁矿找矿评价和研究工作取得了突出进展，有远景的矿产地不断发现，勘查程度不断深入，评价了尼雄铁矿、恰功铁矿、甲龙铁矿、所曲铁矿等一批中-大型富铁矿床，获得的富铁资源量大幅度增加。特别是措勤县尼雄铁矿的发现和初步评价，展现了一个特大型富铁矿田的雏形。经初步估算，以措勤县尼雄铁矿为代表的冈底斯西段富铁矿矿集区的富铁矿资源潜力大于4亿t。与此同时，民营企业亦开展了堆龙、多底沟、新嘎果等多个夕卡岩型富铁矿的评价工作，并取得重要进展。

4. 金矿

金矿作为西藏传统的优势矿产之一，砂金矿点遍布全区，藏北地区目前发现的砂金古采场数量之多、规模之大令人惊叹，而岩金矿床（点），特别是冈底斯成矿带中的岩金矿床为零，矿点极少，对独立岩金矿的评价和研究工作更加凤毛麟角。到20世纪90年代，西藏才开始对藏北屋素拉、藏东各贡弄和冈底斯成矿带的南冈底斯中西部的洞嘎-雄村、马攸木及东部的娘古处等岩金矿点先后开展普查评价，而砂金则随着崩错藏布砂金矿床的发现和民间资本的涌入，勘查评价与开采曾盛极一时。2000年开始的十年地质大调查早中期，虽然金矿的勘查单位与勘查投入大增，但与铜矿、铅锌矿和富铁矿的评价工作取得的突出进展相比，仍不相称，除发现有马攸木、弄如日、洞嘎和娘古处等少数金矿床和矿（化）点外，岩金矿的找矿评价工作一直未取得大的进展。2004年，西藏自治区政府为了对高原地区十分脆弱的生态环境进行保护，已全面禁止了对砂金矿的评价和开采。在这一背景条件下，加强岩金矿的评价和研究，已成为政府和地学界关注的重要问题。

现有资料显示，冈底斯成矿带内的金矿类型较多，分布较广泛，主要成矿集中区（带）有三个，即班公湖-怒江成矿集中区，除色当、索那、扎西错和拉日曲等系列代表性的砂金矿床外，还有铁格山、多不杂、屋素拉、罗卜日俄末等岩金矿点；北冈底斯拉青与桑日夕卡岩型和班戈-那曲成矿集中区，有卡足等砂金矿、马里勇石英脉型金矿；南冈底斯谢通门-墨竹工卡成矿集中区岩金矿的成矿类型众多，包括伴生金和独立金矿。夕卡岩型铜多金属矿床中伴生的金矿有克鲁、冲木达和甲玛等矿床，夕卡岩型铁矿床中伴生金以恰功等为代表。斑岩型铜矿伴生金，通常金含量在0.2~0.3g/t。独立金矿中，雄村和洞嘎普是破碎蚀变岩型中温热液铜金矿床的典型代表。破碎蚀变岩型浅成热液金矿床有弄如日和娘古处等，弄如日金矿经过详查评价，目前已取得较大的进展，目前已控制金资源量约7t，为在冈底斯东段金矿的评价起到了先驱作用。此外，冈底斯南邻的藏南地区除已发现一系列砂金矿外，岩金矿床的评价也取得一定的进展。发现有浪卡子、马扎拉、扎西康、查拉浦、邦布、加查金矿等。

第二节　成矿规律及成矿系列

一、矿床时空分布规律

冈底斯成矿带及南北邻区具有非常优越的成矿地质条件，因而矿种和矿产地多、矿床类型多样。目前成矿带内已发现各类矿床、矿点、矿化点 1600 余处。主要的矿种有铜、钼、铁、铅、锌、银、金、锑、铬等。主要矿床类型有斑岩型、夕卡岩型、热液脉型、火山热液-沉积改造型、岩浆熔离型等。这些矿床在空间分布上总体具有南北成带、带内有区、区内相对集中的特点。自南而北，空间上大致具有以 Au、Sb 为主→Cr、Au 为主→Cu（Mo）、Au 为主→Pb、Zn、Fe、Cu 为主→Fe（Cu）、Pb、Zn、Sn 为主→Cu（Fe）、Sb、Au 为主→Cr、Cu 为主→Fe、Cu、Sb 为主的分带特征。

矿床是成矿地质作用的产物与物质记录。矿床的空间分布受区域构造演化与构造背景、沉积环境、岩石组合（岩浆岩带、地层岩相带、变质蚀变带）、区域地球化学场、成矿地质流体的形成、聚集、运移与沉淀，以及控矿构造形迹等诸多地质因素的综合控制。简明地说，即矿产的空间分布规律是构造、岩浆岩、地层、地球化学场等因素对矿床空间分布综合控制的结果。

（一）构造演化对矿床空间分布的控制

区域地质构造演化过程孕育了特定的成矿地质背景与成矿条件，从而控制着特定成矿地质作用的发生与发展，是控制特定矿床类型空间定位的最主要的因素。冈底斯成矿带经历了晚古生代活动大陆边缘、中生代多岛弧-盆系统、新生代陆内汇聚与高原隆升等多个不同的地质构造演化阶段和构造体制的转化。复杂的构造演化过程造就了冈底斯成矿带具备矿床类型多样的成矿地质条件。在不同时期的地质构造演化阶段和不同的构造体制下，冈底斯成矿带均有不同矿种、不同类型的矿产地形成。在活动大陆边缘构造体制下，冈底斯成矿带有火山热液-沉积型铁矿、火山热液沉积-改造型铁、铜、铅、锌多金属矿床，及块状硫化物矿床的形成；在弧后洋盆发育阶段，有岩浆熔离型铬铁矿床的形成；在弧-盆系统构造体制下，有火山热液沉积-改造型铜、铅、锌多金属矿，夕卡岩型铜、铅、锌多金属矿，富铁矿的形成；在陆内汇聚与高原隆升的构造背景下，有斑岩型铜矿，夕卡岩型铜、铅、锌矿，夕卡岩型富铁矿、热液型铜金矿、锑矿和热液型铜以及铅、锌多金属矿等的形成。

在冈底斯成矿带及邻区，区域构造带空间展布对矿产的空间分布的控制作用十分突出。总体具有以下特点：在班公湖-怒江结合带以北的唐古拉中前陆复合盆地，主要发育中生代地层，一系列中酸性岩株或小型岩基状侵入其中，成矿作用主要以沉积作用和岩浆期后的热液成矿作用为主，形成沉积型铁矿，并在岩体外围形成一系列的沉积-改造型铁矿床和与 S 型花岗质岩浆作用有关的岩浆-热液型铁铜多金属矿床。雅鲁藏布江缝合带南侧的喜马拉雅构造带，由于新生代伸展断裂带发育和 S 型花岗岩侵入作用强烈，主要发育与伸展断裂作用和与 S 型花岗岩侵入活动有关的中低温锑、金矿产的成矿过程。而在雅鲁藏布江缝合带以北和班公湖-怒江结合带以南的冈底斯成矿带内，由于地质构造演化历史极其复杂、多样，孕育了沉积、火山喷发、岩浆侵位、多期次的俯冲、碰撞造山和伸展等多种地质过程及其叠加，导致其成矿作用多样，形成斑岩型铜矿、火山热液-沉积（改造）型铜多金属矿、夕卡岩型铁铜（多金属）矿以及岩浆热液型金、锑矿等多类型、多矿种的各类矿产。雅鲁藏布江和班公湖-怒江两条板块碰撞结合带内则主要发育与岩浆熔离作用有关的铬铁矿床。

不同级别的构造区带、构造形迹对矿床空间展布具有不同的控制作用，主要表现在以下几个方面。

（1）一级成矿区带的分布主要受区域地质构造演化的控制，一级成矿区带的空间分布与同级区域大地构造（区）带，特别是区域构造-岩浆带、构造-沉积盆地带、构造-岩相带的空间展布基本对应。在冈底斯成矿带及邻区内，一级成矿区带基本呈近东西向展布，自南而北可以划分出藏南锑、金多金属成矿带，雅鲁藏布江铬、金成矿带，南冈底斯铜、钼、铁多金属成矿带，中冈底斯铅、锌、铜成矿带、北冈底斯铁、锑、锡多金属成矿带、东巧-索县金多金属成矿带，唐古拉铁、铜、锑成矿带等多个成矿区带。这些成矿区（带）总体上具有东西成带、南北分区、分段集聚的空间展布特征。

（2）二级成矿区带的分布与次级构造-岩浆带、构造-岩相带或特定的构造演化阶段中的特定地质事件相对应。例如，分布于南冈底斯花岗岩基内的冈底斯斑岩铜（钼）矿带主要与新生代陆内汇聚构造体制下形成的、年龄为 12～22Ma 的、以高钾为特征的中酸性小型斑岩体有关。雅鲁藏布江结合带内的铬铁矿床主要与蛇绿岩带内的岩体（带）有关，而分布于北喜马拉雅构造带的藏南锑矿、金矿带主要与新生代陆内伸展构造体制下的中低温热液活动有关。

（3）区域性的断裂构造往往控制着岩浆的侵位和成矿流体的运移，不但是重要的导矿构造，也控制矿田或矿集区的空间分布。矿田或矿床集中区规模的成矿带的分布常与特定的构造带（如剪切带、断裂构造带）或岩相组合（如中酸性侵入体与围岩间的接触变质带）有关。

在控矿构造上，冈底斯成矿带的斑岩-热液成矿系统的时空结构受碰撞造山后构造体制转换期的伸展构造制约已成共识。研究表明，冈底斯斑岩-夕卡岩-浅成中低温热液成矿系统形成于碰撞后由挤压背景向伸展构造体制的转换时期，但这一构造体制转换的成矿动力学机制是南北向伸展作用所引起，已受到广泛的重视（侯增谦等，2003；丁林等，2006）。但是，在冈底斯带斑岩侵位区也的确存在一些呈东西展布的伸展型韧性剪切带或脆韧性剪切带以及张性正断层，并在地球物理和地球化学特征上均有反映，它们对区域上含矿斑岩体的展布、对矿区矿化蚀变带的展布及矿体的产出等均有一定的控制作用。因此，我们认为成矿过程还受东西向伸展构造的共同制约。通过对勒青拉铁铅锌矿区、甲玛铜多金属矿区和驱龙-知不拉斑岩-夕卡岩矿区、厅宫斑岩铜矿区以及冈底斯成矿带多条重要地质剖面的研究，发现东西向伸展构造形迹及其表现的一些关键证据。例如，在勒青拉铁铅锌矿区，东西向的伸展构造不仅是矿区主要的断裂构造，而且控制了矿区脉状铅锌矿体的分布和产出。

在驱龙-甲玛矿集区以及厅宫等斑岩铜矿区也发育一系列的近东西向的伸展构造，厅宫斑岩铜矿区近东西向的彭岗曲张性断裂，对矿区构造具有重要的影响，这些伸展构造对含矿斑岩体的产出以及铜矿体也具有重要的控制作用。

因此，我们认为冈底斯斑岩-夕卡岩-浅成中低温热液成矿系统的形成受控于伸展构造，成矿富集区除明显受控于南北向伸展构造的制约外，还受到近东西向伸展构造的制约，二者的交汇部位控制了主要成矿富集区的分布和产出。尤其是甲玛–驱龙、厅宫–冲江、洞嘎–雄村三大矿集区的形成主要是受控于东西向伸展构造与南北向伸展构造带的交汇部位。

（4）矿床、矿点、矿化点的分布与定位主要受低级别的褶皱、断裂等构造形迹，特别是多种构造形迹的交叉、重叠及复合部位的控制。例如，冈底斯带含铜斑岩体主要受北东向、北西向、近东西向低级别断裂构造或南北向断裂与近东西向断裂构造的交汇部位的控制；弄如日锑金矿床主要受南北向断裂构造的控制等。

构造控矿规律总结为以下几个方面。

1. 纵向构造控制矿带的基本展布

纵向构造即与构造单元长轴方向平行的构造，既可以是各构造单元的边界构造，也可以是构造单元的内部构造。纵向构造既控制了构造单元的走向，也控制各次地质构造事件产物的展布，自然亦控制区域矿带的展布。

研究区构造单元呈近东西向，各期弧岩浆带、不同类型盆地呈近东西向；巨型推覆构造扇、韧性剪切带也呈近东西向。与早–中侏罗世雅鲁藏布江洋向北俯冲造弧事件相关的雄村式矿床，沿冈底斯南缘雄村弧展布，依据零星出露的冈底斯群，向东应可追索至桑日一带。以晚侏罗世、晚白垩世造弧事件形成的岩浆岩为围岩的朱诺、吉如、达吉、浦桑果、冲江、厅宫、达布等矿床，呈东西向展布；受松多洋闭合碰撞作用控制的勒青拉、蒙亚啊、洞中拉、沙让、亚贵拉等矿床，沿松多推覆构造扇呈东西向展布；受雅鲁藏布江洋闭合碰撞作用控制的成矿作用，也沿各相关构造单元带间及其内部南北向间排列的东西向强变形带发生，呈东西向带状。

2. 横向构造

横向构造是苏联构造地质学家西里村于 20 世纪 50 年代研究青藏高原地质时提出的概念，指与构造单元总体走向大角度相交的线性（状）构造，所列举的典型事例就是念青唐古拉。

实际上，横向构造是一种与纵向构造匹配的不容忽视而又广泛存在的重要构造。依据其定义，应包括大洋盆地及陆缘的转换断层，是石油地质在研究盆地构造时非常重视的所谓调节构造。包括研究区在内的青藏高原地区，横向构造广泛发育，被认为是中新世以来表壳伸展产物的北北东向裂陷（谷）构造就是一种横向构造。研究区内北北东向的念青唐古拉、申扎–谢通门地堑是已经受到关注的大型横向构造带，莫宣学等（2007）将其与俯冲板片撕裂相联系，曾庆高（私人交流）则认为念青唐古拉是一个久已存在的转换构造。无论怎样，申扎–谢通门、念青唐古拉线状构造的存在是不容置疑的。

研究表明，无论是地层反映的形状，还是构造反映的形状，有小必有大，有大必有小。既然研究区存在明显的北北东向申扎–谢通门、念青唐古拉两条横向构造，那么，其间及其外延展区域必定存在规模或大或小的类似横向构造。矿区的地球物理、地球化学异常呈北北东向展布，研究区所在区域的地球物理、地球化学异常（群）、岩浆岩体群亦呈北北东向展布，表明我们有关横向构造的推断是正确的。

横向构造虽不如纵向构造显化，但同样可沟通深部和浅部，对构造–岩浆–成矿热液活动产生重大影响，导致岩浆活动、成矿显示呈沿其延伸方向展布的趋势，甚至横跨纵向构造所决定的纵向基本分带，模糊带间关系，呈纵横带状交织格局。

在本书编制的研究区矿产分布图上，可识别出8条受横向构造控制的北北东向矿化带（图4.10）。

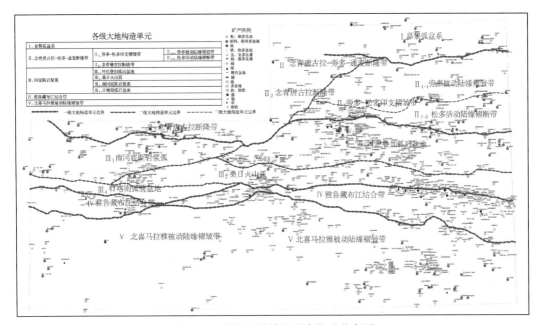

图4.10　研究区纵横向联合控矿分布图

3. 纵横向联合控制矿化集中分布

纵向构造、横向构造均在不同程度上沟通深部和浅部，是构造岩浆-成矿热液的运移通道。在纵向构造和横向构造的交错部位，常常出现大量同期与不同期次矿化聚集，形成矿化集中区。

研究区矿化显示具有东西成带、北东成条、跨带穿时特征，正是纵横向构造联合控制的结果。其中的成团矿化就是纵横向构造交叉结点控制的矿化集中区（图4.10）。

4. 大型推覆构造扇对矿产产出有重要控制作用

本书在研究区内共初步厘定了雅鲁藏布江结合带推覆构造扇、林周弧后盆地-驱龙-甲玛-帮浦双重叠置推覆构造扇、松多结合带多阶段演进三个大-巨型推覆构造扇。

雅鲁藏布江结合带推覆构造扇北扇缘总体控制程巴、冲木达等矿床产出，其下盘（非原地系统）褶皱构造则控制了努日（劳布）等矿床产出。

驱龙-甲玛-帮浦双重叠置推覆构造扇，南部上层扇体前部控制了甲玛矿床的产出，下层扇体前部则控制了驱龙、知不拉、拉抗俄等矿床的产出；北部扇体前部与松多推覆构造扇南扇交叠部位则控制了帮浦等矿床的产出。

松多多期演进推覆构造扇北部扇体近根部位置控制了蒙亚啊、龙马拉、亚贵拉、沙让等矿床的产出。松多推覆构造扇轴部则控制了洛巴堆、直孔、日乌多等矿床（点）的产出。

由上可见，大型推覆构造带对研究区矿床的产出有重要控制作用。

5. 大型推覆构造扇扇间轴部是重要的矿床产出部位

大型推覆构造扇代表了表壳强烈变形带，其间相对刚性块体，将依构造等规律，发生较强烈变形，产生破裂、褶皱乃至韧性剪切带。这些部位也常常成为后期构造岩浆-成矿热液的重要场所。

雅鲁藏布江推覆构造扇与驱龙-甲玛-帮浦推覆构造扇间弧岩浆带控制了冲江、厅宫、白荣、达布、新嘎果等矿床的产出。

松多推覆构造扇之北旁多-通麦带腹地，则有拉屋等矿床产出。

6. 褶皱相关构造是重要容矿构造

通过矿区填图调查发现，褶皱相关构造，如轴面劈（节）理带、横张节理带、背斜虚脱部，以及褶皱引发的不同岩性层间破碎带，是研究区重要的容矿够造。

在甲玛矿区，林布宗组与多底沟组层间破碎带和推覆形成的牛马塘次级背斜虚脱部控制了 I 号矿体。

在洞中拉、龙玛拉、蒙亚啊矿区，松多推覆构造扇北扇体推覆引起的背斜轴面劈理带控制了已发现矿体的展布（图4.11）。在洞中拉矿区，还发现矿体有沿褶皱横张节理带（北西向）展布的现象。

在努日（劣布）矿区，北区矿体主要受褶皱引起的不同岩性层间破碎带控制，中区矿体受次级背斜转折部控制。

图4.11　洞中拉3号矿体，褶皱轴面节理带控矿

7. 推覆-滑覆断裂常为重要屏蔽容矿构造

推覆面常具有一定的屏蔽功能，其下方往往构成容矿构造。在程巴矿区，成矿岩体及矿体就产于雅鲁藏布江结合带推覆扇北扇体推覆断层下盘。在甲玛矿区滑覆体前部滑覆带控制了铜山 II 号矿体的产出。

8. 构造演化控矿规律

念青唐古拉南缘断裂、洛巴堆–米拉山口断裂以北的念青唐古拉–旁多通麦断隆带（即所谓的弧背断隆带），在晚古生代为冈瓦纳大陆北部被动陆缘的裂陷（谷）带。该裂陷（谷）带具有东强西弱的特点，在念青唐古拉以东地区出现松多洋盆。晚三叠世，伴随着雅鲁藏布江洋的扩张，班公湖–怒江洋扩张，裂谷带西段褶皱封闭，形成念青唐古拉–南木林断隆带；东段松多洋向南俯冲碰撞关闭，相应形成旁多被动陆缘褶皱带（北）和松多活动陆缘褶皱带（南）。其中，松多活动陆缘褶皱带呈花状推覆构造扇，且北扇体南缘来姑组—洛巴堆组沉积褶断系构成洞中拉、蒙亚啊、龙玛拉等矿床的控矿构造。二者可合称旁多–松多印支褶皱带。

早侏罗世，雅鲁藏布江洋东段向北俯冲，在冈底斯东段南缘形成陆缘岩浆弧。岩浆弧向西可追索至谢通门县雄村一带，并形成雄村铜金矿床的赋矿围岩，故称雄村岩浆弧。雄村岩浆弧之北，念青唐古拉以东则形成配套的林周–叶巴弧后盆地。林周–叶巴弧后盆地北侧基底为松多洋向南俯冲形成的麦隆岗陆缘岩浆弧。早期形成的松多构造扇南部扇体前部被梯状正断层破坏。林周–叶巴弧后盆地与雄村岩浆弧构成早–中侏罗弧盆系，称为雄村–林周–叶巴弧盆系。

晚侏罗世，雅鲁藏布江洋东段再次强烈俯冲，在与雄村岩浆弧同位地域进一步叠加发育岩浆弧，以桑日一带为盛，故称桑日弧，林周弧后盆地得以继承发展，并持续至白垩纪。

白垩纪，雅鲁藏布江洋盆全面俯冲，直至始新世全面碰撞，形成广泛分布的南冈底斯岩浆弧（K_2—E_2），在冈底斯中东段先期弧盆系进行叠加改造，在仁布以西则发育（昂仁）日喀则弧前盆地。

古新世—始新世雅鲁藏布江洋全面碰撞，在雅鲁藏布江结合带，形成南北方向花状推覆构造扇，扇北缘推覆断裂，直接构成程巴式矿床的控矿构造，下盘沉积岩系褶皱系则构成冲木达、明则、努日等矿床的控矿构造。

碰撞作用导致林周–叶巴弧后盆地同生断裂性质反转逆冲，沉积岩系发生近底拆离，叶巴组火山沉积系普遍发生低角闪岩相–高绿片岩相韧性变形，叶巴组以上沉积岩系向南北盆缘发生辗掩覆，甲玛–帮浦形成花状推覆构造扇，其南侧扇体前部局部高位岩块发生向北滑覆形成叠置于扇面的滑覆体，滑覆体前部因后期侵蚀分割而成飞来峰，该推滑构造系构成了甲玛矿床的控矿构造；其北侧扇体与早期形成的松多扇体构造南扇体交叠部则构成帮浦等矿床的控矿构造。作为上述构造扇底板的拆离变形变质的叶巴组火山沉积岩系，受上部推覆作用影响，也沿与弧后盆地基底拆离面，发生褶皱推掩，形成更深层次推覆，与上覆推覆构造扇共同构成驱龙–甲玛–帮浦双重叠置推覆构造扇。下部推覆构造扇南扇体前部褶断系构成驱龙、知不拉等矿床的控矿构造。

碰撞作用，导致林周–叶巴弧后盆地北侧先存松多推覆扇复活。南部松多群（CPS）可推覆至侏罗纪—白垩纪弧后盆地沉积系之上。北部近根的燕山期硅英岩体节理也发生轴面南倾的斜歪–同斜褶皱，但向北强度迅速减弱；岩体与上覆松多群间强烈片理化；下盘的来姑组—洛巴堆组沉积褶皱系几尽共轴改造，相伴洞中拉、蒙亚啊、龙玛拉等矿床构造–岩浆–成矿。

代表印度板块与欧亚板块最后狠命一击的碰撞作用，不仅新生成系列的大型推覆构造扇，改造先存推覆构造扇，而且导致扇间刚性块体（如南冈底斯岩浆弧）发生破裂，在大致中轴部位形成较强破裂变形带（南冈底斯岩浆弧腹地的韧性变形带，广泛的后期岩浆成矿活动与此密切相关），还同时打通沟联深部和浅部的构造通道，为碰撞晚、后期构造-岩浆-成矿热液在地壳浅部运移活动创造条件。

印度-欧亚狠命一击的碰撞作用，不仅导致地壳浅部结构重建，而且必然引发碰撞带、先存碰撞带下地壳拆离俯冲作用，造成地幔软流圈的上涌与局部环流（钟康惠，2005），为其后浅部地壳的构造-岩浆-成矿活动准备深部动因。这一动因和印度洋迄今为止的扩张推动，是青藏高原以喜马拉雅地区为代表的不平衡和不安分的根本原因。

印度-欧亚狠命一击的碰撞导致能量消耗所造成的环境松弛，为大量而广泛晚碰撞或后碰撞构造-岩浆-成矿热液，沿稍早形成的构造空间贯入，成岩成矿提供了环境条件。这种晚碰撞或后碰撞岩浆活动应是导致甲玛、知不拉、程巴、冲木达等冈底斯带夕卡岩型矿床夕卡岩化（矿化）的直接原因。

印度-欧亚狠命一击的碰撞之后，区域再无突发性重大事件发生，包括冈底斯在内的青藏进入持续递变、阶段发展的时期。

渐新世，碰撞焊合后的青藏，因印度洋的持续扩张，南北水平方向的挤压、垂直（铅直）方向的不平衡所构成的格局得以保持，就冈底斯而言，深部岩石圈碰撞拆离俯冲所致的软流圈局部环流、底侵作用持续发展，暗流涌动，表壳隆升（大竹卡组等磨拉石建造得以形成）、走滑作用，蠢蠢欲动，由此而衍生不同深度不同源区的减压熔融普遍发生，衍生的岩浆-热液在碰撞形成和打通的通道系统中各寻其道上侵就位，一种群聚明显、强度不高、规模不大，构造-岩浆-成矿热液活动广泛发生，导致在碰撞形成和改造的推覆构造扇扇体或扇下，扇中轴部之有利部位（扩容空间与深部导通部位）普遍发生 25~30Ma 源区不同的矿液发生矿化或叠加矿化。

中新世，总体隆升完成后的青藏，表壳普遍伸展，壳体减压事件频发，不同时期形成的地质体纷纷衍生出岩浆-成矿热液，竞相借道上侵，准同位叠生。缺失了强大动力推进散兵游勇，虽未导致大规模高强度的岩浆侵入与喷发，但却导致了相关的矿床以钼、铜、铅、锌、金为代表（冈底斯东段不同矿床辉钼矿 Re-Os 年龄，普遍为 13~20Ma）的高强度叠加成矿，相伴不同类型岩脉或岩枝就位。

（二）地层对矿床空间分布的控制

与沉积作用有关的矿产形成于特定的沉积环境下。其空间展布受特定的沉积环境、沉积相带、沉积组合和沉积界面的控制。此外，一些地层既是矿床定位的场所，也为成矿提供物源，是重要的矿源层。

冈底斯成矿带及邻区的火山热液-沉积型铜矿、沉积-改造型铁矿等矿床类型受地层控制非常明显。例如，南冈底斯火山岩浆弧南部中生代火山沉积盆地中发育的克鲁、冲木达等火山热液-沉积型铜矿床主要受桑日群比马组（K_1b）火山-沉积岩系的控制；发育于唐古拉地区当曲、碾廷等地的沉积-改造型铁矿主要受中侏罗统雁石坪群雀莫错组的控制；分布于中冈底斯地区的勒青拉、洞中松多、拉屋、则学等地的夕卡岩型铅、锌、铜矿与中二叠统洛巴堆组或下拉组及上二叠统蒙拉组中碳酸盐岩密切相关。蒙亚阿、昂张、亚贵拉、龙玛拉等层控型银铅锌矿床则是石炭系来姑组火山喷流-沉积的产物；南冈底斯甲玛矿床中的铅锌多金属矿体主要产于上侏罗统多底沟组灰岩与下白垩统林布宗组板岩、砂岩的岩性界面的过渡部位；发育于藏南被动大陆边缘中生代盆地的热水喷流沉积型锑矿（如沙拉岗）也受该区晚侏罗世—早白垩世深水细碎屑沉积的地层控制。冈底斯成矿带的夕卡岩型铁（铜）矿床、夕卡岩型铜、铅、锌（金银）多金属矿床和喷流沉积型银铅锌矿床具有重要地位。由于接触交代成因夕卡岩型矿床的形成与碳酸盐岩及钙质含量较高的岩层关系极为密切，因此，区内重要的含碳酸岩盐的地层层位，如中二叠统洛巴堆组、上二叠统蒙拉组、上侏罗统多底沟组及下白垩统郎山组、塔克那组等层位对区内夕卡岩型矿床的空间分布具有控制作用。

（三）岩浆岩（带）对矿床空间分布的控制

不同类型的岩浆岩具有不同的成矿专属性。因此，特定的岩浆岩带对特定的矿床类型具有空间分布上的控制作用。在冈底斯成矿带内，岩浆岩的成矿专属性对矿床的空间分布的控制非常明显。例如，冈底斯地区的斑岩铜（钼）矿与年龄为 $12 \sim 22Ma$ 的高钾、浅成侵入的中酸性侵入体有关；班公湖-怒江及雅鲁藏布江板块结合带内的铬铁矿床的分布主要受超基性岩体分布的控制；申扎、班戈、嘉黎等地的钨、锡矿产主要与碰撞期 S 型花岗岩有关；藏南地区锑矿的分布也与地壳重熔形成的 S 型花岗岩有一定关系；研究区的夕卡岩型铁、铜多金属矿床的分布亦受本区中新生代的中酸性岩浆岩带的分布控制。

（四）蚀变带对矿床分布的控制

蚀变带是含矿流体与围岩相互作用，或晚期含矿流体对早期已固结岩石、矿体改造的产物。蚀变带对许多矿床的分布具有控制作用，如斑岩型铜矿的分布主要受钾硅化带的控制。与侵入体有关的接触交代成因的夕卡岩型矿床在空间分布上主要受接触交代（蚀变）变质岩带的控制。沿断裂破碎带发生的硅化、绢云母化、碳酸盐化、绿泥石化、高岭土化等线型蚀变带是破碎蚀变岩型或热液脉型铜、金、铅锌矿体的围岩蚀变和找矿标志。线状或面型云英岩化蚀变则严格控制着锡、钨、钼等矿体的分布及矿化的强弱。

（五）矿床的时间分布规律

结合地质构造演化、构造-岩浆活动与成矿作用、成矿物源和岩石、矿石地球化学特征等综合分析，仅就目前资料的初步研究表明，冈底斯成矿带自晚古生代以来经历了多次构造事件、岩浆事件和沉积事件的叠加和特提斯构造演化，各主要构造演化阶段（即时间）都伴有成矿事件。下面分三个成矿阶段，七个时期进行描述。

1. 成矿物质初始富集阶段

从石炭纪开始到二叠纪，冈底斯成矿带逐渐转化为活动大陆边缘，冈底斯复合造山带在石炭纪和二叠纪分别发生了第一次和第二次造弧作用。这一阶段的成矿事件主要与两次造弧作用的火山-岩浆作用有关。成矿纪录在研究区内仅有零星发现，主要表现为在念青唐古拉复合火山岩浆弧中发育与上二叠统洛巴堆组和上石炭统—下二叠统来姑组沉积时期火山喷流作用有关的成矿事件，在墨竹工卡县、工布江达县和嘉黎县蒙亚阿、亚贵拉、洞中拉、龙玛拉等铅锌矿区有与沉积-喷流作用有关的铅锌成矿元素的初始富集，经后期岩浆活动的叠加，形成具层控和岩浆作用特征的铜多金属矿床。

2. 中生代成矿阶段

中生代是冈底斯成矿带的重要成矿阶段。受班公湖-怒江洋盆向南的俯冲消减作用和雅鲁藏布江洋盆向北俯冲消减作用的共同影响，逐步发育典型的多岛弧-盆系统。这一阶段冈底斯构造带至少发生了四次以弧火山作用和岩浆作用为代表的造弧作用，对冈底斯构造带的构造-岩浆-成矿作用具有决定性的影响和制约。这一成矿阶段包括以下三个成矿时期。

1）三叠纪成矿期

三叠纪，那曲盆地发育一套以放射虫硅质岩、玄武岩及海底滑塌碳酸盐重力流沉积为特征的弧前盆地岩石组合。拉萨北部的查曲浦组火山岩代表冈底斯地区第三次造弧作用。这一时期的成矿作用目前尚不明朗，在那曲盆地中，晚三叠世有可能具喷流特征的块状硫化物成矿信息；在唐古拉弧后盆地的美多等地，据黄卫（2002）研究，在美多锑矿等地的上三叠统土门格拉群硅质岩中的浸染状锑矿化体的形成可能早期与同喷流作用有关，经过喜马拉雅期锑金成矿作用的叠加，形成了藏北的锑金矿带，代表性的矿床为美多锑矿和尕尔西姜锑矿。

2）侏罗纪成矿期

侏罗纪，冈底斯成矿带受班公湖-怒江洋盆向南的俯冲消减作用和雅鲁藏布江洋盆向北俯冲消减作用以及若干弧后盆地俯冲消减作用的共同影响，冈底斯成矿带呈现出复杂的多岛弧盆系格局。中-上侏罗统叶巴组火山岩、上侏罗统桑日群麻木下组火山岩和则弄群火山岩分别代表了冈底斯构造带的第四次和第五次造弧作用。伴随多次弧火山活动和弧间盆地的碰撞，在冈底斯带形成多条弧花岗岩带，如班戈花岗岩、念青唐古拉花岗岩带中的"古冈底斯花岗岩"（李才等，2003）等。在冈底斯中部于早白垩世早期侵入的淡色花岗岩的同位素年龄介于133.9~123.4Ma，具有强过铝质S型花岗岩的特征，代表为弧间盆地碰撞消亡后在后碰撞阶段的地壳缩短增厚的岩石纪录。

与弧前（间）盆地沉积作用有关的矿产产于唐古拉弧前盆地和班戈岛弧带南缘的弧前（间）盆地中。前者以安多县的当曲、碾廷火山-沉积型菱铁矿床以及巴青、索县一带的砂泥岩型铜矿为代表，后者以嘉黎县昂张MVT型铅锌矿床为代表。

与弧火山作用有关的成矿作用的研究还较薄弱。在拉萨-日多弧间盆地内，甲玛铜多金属矿床、帮浦铅锌矿床、知不拉铜铅锌矿床的矿石中见有层状、层纹状构造，叶巴组火山岩上段的Pb元素平均值达64.44×10^{-6}，超出地壳平均丰度值的四倍。杜光树等（1998）、潘凤雏等（1997）、姚鹏等（2002）提出甲玛铜多金属矿床具有海底热水喷流成矿的观点，潘凤雏（2002）还进一步认为海底热水交代和热水沉积形成的夕卡岩是主矿体的容矿岩石。姚鹏等（2002）通过对知不拉矿区铜多金属矿体的产出状态和叶巴组火山岩系的研究，认为知不拉铜多金属矿床属于与火山喷流或火山热液作用有关的岛弧区VMS型矿床。尽管目前在研究区还尚未取得有关喷流成矿的年代学证据，但中晚侏罗世弧火山作用是否对拉萨弧间盆地中铜铅锌等成矿元素的富集和成矿具有贡献是值得进一步研究的课题。

侏罗纪俯冲型花岗岩以及碰撞后的淡色花岗岩大多分布在中冈底斯念青唐古拉复合岩浆带和班戈岩浆带中。它们对后期的一些铜、富铁、铅锌及钨锡矿床起着奠基作用。例如，班戈岩浆带的期波下日云英岩型锡矿床据雍永源等（1990）的研究与碰撞期的S型花岗岩有关；念青唐古拉复合岩浆带中的拉屋铜锌矿、朗中铅锌矿的形成与碰撞期和碰撞后地壳增厚作用有关的淡色花岗岩有关。

白垩纪是班公湖-怒江洋盆和永珠等弧后洋盆消亡、碰撞，雅鲁藏布洋盆由全盛转为全面消减的时期。在冈底斯北部地区广泛分布的上白垩统竟柱山组磨拉石堆积代表了班公湖-怒江洋盆消亡后的山间盆地沉积组合。而雅鲁藏布江弧后洋盆的洋壳大举向北侧冈底斯陆块俯冲，则导致林子宗群的弧火山岩在冈底斯中南部发生了 I 型花岗岩类侵位活动，代表了冈底斯成矿带 I 型的第六次造弧作用。伴随各洋盆、陆块的俯冲、碰撞和弧岩浆活动的发育，在冈底斯成矿带多条弧火山岩-花岗岩带的基础上，又复合了新的花岗质岩浆活动。如北部班戈-嘉黎花岗岩带中东段的白垩纪 S 型或 I+S 型花岗岩，南冈底斯以及中冈底斯岩浆带中大量的白垩纪花岗质侵入岩。因白垩纪时期的火山-岩浆活动多叠加在侏罗纪或更早期火山-岩浆岩带之上，一方面对早期形成的各类矿床或含矿层进行富集、改造，另一方面生成一批新的矿床。此期成矿的主要矿床类型为夕卡岩型铜铁矿和热液型铅锌铁矿，其次是夕卡岩型与热液脉型锡矿。

大规模的花岗岩侵入活动在冈底斯带形成一些重要的铜铁铅锌矿床。中冈底斯弧背断隆带上与弧花岗岩有关的措勤县的尼雄、滚纠等大型铁矿，日阿铜矿床，当雄县拉屋铜铅锌矿床和朗中铜锌矿床等就是其中的代表。尼雄矿区的富铁矿与白垩纪花岗质岩浆侵位有关。据吴旭铃等（2005）研究，侵入岩具有 I 型花岗岩特征，岩体中锆石的 SHRIMP 年龄为90.1Ma；矿区包括夕卡岩型和岩浆-热液型两种主要的矿床类型，最大的富铁矿体长5500m，平均厚18.78m，TFe 含量为55.035%～67.71%，MFe 含量为47.39%～6.57%。北冈底斯带与碰撞、后碰撞弧花岗质岩浆活动有关的铜、铁、铅、锌、锡等矿产在申扎-班戈-嘉黎地区成批出现。申扎县雄梅铜矿床、班戈县桑日铜金矿床、日错伟与青龙铁铜矿床、那曲县尤卡朗铅锌矿床和班戈县麻克曲、期波下日砂锡矿及脉型夕卡岩型锡矿等即是代表。

虽不在冈底斯成矿带内，但必须提及的是改则县多不杂斑岩型铜金矿床的发现是近年来资源评价工作取得的重大进展之一，其形成可能与班公湖-怒江洋北侧的增生弧背景有关，被称为西藏地区发现的"第三条斑岩铜矿带"（曲晓明等，2006）。据曲晓明等（2006）研究，多不杂矿区含矿斑岩为花岗闪长岩或斜长花岗岩，锆石的 SHRIMP 年龄为127.8Ma，目前已控制 Cu 资源量249万 t，伴生金13t，达大型矿床规模。

3. 新生代成矿阶段

新生代是冈底斯成矿带最重要的成矿时期，此时期雅鲁藏布江弧后洋盆经欧亚-印度大陆碰撞而消亡，冈底斯带地质演化转入碰撞及陆内伸展演化阶段，成矿作用主要与碰撞型花岗质岩浆活动和碰撞后伸展期的岩浆-热液作用以及大型韧性剪切带有关。可分为三个成矿期。

1）古近纪成矿期

印度大陆与欧亚大陆之间的碰撞始于白垩纪末期（约65Ma）。古近纪在南冈底斯及中北冈底斯地区形成的火山岩与同碰撞花岗质侵入岩，构成了冈底斯岩浆带的主体。年代学研究表明，花岗质侵入岩主体发育时间为65～45Ma（西藏地质志，1993），林子宗火山岩的 ^{39}Ar-^{40}Ar 法同位素年龄为64～48Ma（莫宣学等，2003），与冈底斯南缘碰撞型花岗岩形成的时代相吻合。同时在冈底斯南缘的曲水、尼木一带，还发现有形成于47～52.5 Ma 的具岩浆底侵与岩浆混合作用形成的花岗岩和辉长辉绿岩。

由于受到碰撞后伸展阶段成矿作用的叠加及青藏高原隆升阶段强烈的剥蚀作用的影响，冈底斯成矿带中与古近纪同碰撞阶段的火山活动和岩浆侵入活动（包括岩浆底侵与岩浆混合作用）有关的成矿作用的研究，长期以来存在很大的争议。近年来，随着研究逐步深入，这一阶段的成矿作用已引起广大研究者和勘探者的关注。与该时期碰撞型花岗质岩浆作用有关的铁铜铅锌金等金属矿产在南冈底斯岩浆带及念青唐古拉复合岩浆带均有分布。代表性的矿床为克鲁铜矿、冲木达铜矿、拉萨铁矿、勒青拉铁铅锌矿、恰功铁矿及纳如松多、则学铅锌矿等。例如，克鲁铜矿、冲木达铜矿和朗达铜矿等夕卡岩型铜金矿床均产于碰撞型花岗质侵入岩体及外接触带中，岩体的同位素年龄为 45～55Ma（西藏地质志，1993）。李光明等（2006）在冲木达铜矿区获 40.3±5.6Ma 的成矿年龄，此外，在曲水一带同碰撞大型花岗岩岩基中，大量的暗色包体边部亦常见有铜矿化或辉钼矿化。恰功铁矿属夕卡岩型铁矿床，矿化产于下白垩统塔克那组薄-中层泥晶灰岩与古近纪二长花岗岩接触带附近，作者已获得该岩体的锆石 SHR IMP 年龄值为 56.9±2.6 Ma。在林周盆地亦发现大面积分布的林子宗群火山岩中存在若干碰撞期形成的石英斑岩侵入于典中组安山岩中。区域上沿北东向断裂带呈串珠状产出斑岩中锆石的 SHRIMP 年龄为 58.7～60Ma，金矿化（0.1～1.3g/t）赋存于斑岩中，已发现有八学、虎头山等多个矿点。

在古近纪中晚期（38～25Ma），冈底斯带进入晚期碰撞阶段，岩浆活动相对较弱，但区内大规模的走滑剪切作用和冲断作用使区内浅成流体活跃。各类浅成岩浆热液在构造作用的驱动下沿北西向或近东西向的韧性剪切带及其旁侧的次级断裂带等有利的成矿空间成矿，在冈底斯南缘形成一套受岩浆热液和构造作用双重控制的、以努日为代表的铜、钼、钨矿。

2）新近纪成矿期

中新世以来（23～8Ma），由于加厚地壳的减薄，高原壳幔物质和能量再度发生大规模的调整和交换，冈底斯带于中新世发生了大规模的侧向伸展作用。伸展作用除形成一系列近南北向的裂谷盆地外，还伴生一套与伸展作用有关的以壳幔混合源为源区的火山活动和深成高侵位岩浆活动。在南冈底斯发育的一系列高侵位斑岩中，锆石的 SHR IMP 年龄为 17.58±0.74Ma 和 17.0±0.8Ma，斜长石或黑云母的 $^{39}Ar-^{40}Ar$ 年龄为 13～14Ma，辉钼矿的 Re-Os 同位素年龄介于 15.75～16.22Ma。在近南北向断裂或堑垒构造带中侵位的岩体规模不大，但岩浆系列从基性到酸性到碱性均有。同位素定年值为 22.2Ma 的甲岗二长花岗岩还是西藏首个钨钼矿的成矿母岩。在喜马拉雅地区，伸展作用表现为一系列拆离断层的发育，并形成一系列近东西向展布的变质核杂岩体，同时由于地壳减压或拆离断层带间的摩擦生热，引起中上地壳物质的局部熔融，形成大量淡色花岗岩的侵位，淡色花岗岩同位素年龄主要介于 8～23Ma。

研究表明，新近纪是冈底斯斑岩铜矿带的形成时期。目前的评价和研究成果显示：在南冈底斯成矿带中东段谢通门县洞嘎至工布江达县吹败子长约400km，宽度60～100km 的范围内，集中了驱龙、厅宫、冲江、白容、岗讲和达布、拉抗俄、吉如、得明顶、吹败子等大-中型斑岩铜钼矿床以及甲玛、知不拉、帮浦等系列大-中型夕卡岩型铜多金属矿床。其中大型以上的矿床10个、具中型以上前景的矿床20余个。

成矿年代学的研究进展显示：含矿斑岩锆石 SHR IMP 年龄变化于 18 ~ 13Ma（驱龙、厅宫、冲江、白容和拉抗俄等矿区），斑岩矿石中辉钼矿的 Re-Os 等时线年龄变化于 20 ~ 13Ma（驱龙、厅宫、冲江、达布、拉抗俄、吹败子等矿区），含矿斑岩的 Ar-Ar 年龄变化于 57 ~ 12Ma（厅宫、冲江、达布、拉抗俄），斑岩铜矿外围的夕卡岩型铜铅锌矿床中辉钼矿的 Re-Os 等时线年龄变化于 16 ~ 14Ma（甲玛、知不拉、帮浦），外围浅成低温热液型金锑矿床的 K-Ar 蚀变年龄为 19.7Ma（弄如日金矿）。我们认为，斑岩型铜钼矿床-夕卡岩型铜铅锌矿床-热液型铅锌矿或金矿床的成岩成矿年龄高度吻合，在空间上三者密切共生，在成矿机理上受控于统一的地球动力学背景和深源浅成的中酸性岩浆成矿过程，可归属于统一的斑岩-夕卡岩-浅成低温热液成矿系统。

在冈底斯成矿带南邻的藏南拆离系（STDS）中的变质核杂岩外围和淡色花岗岩与围岩的接触带附近，由于各类流体活动强烈，金、锑、铅、锌等成矿元素在有利的构造部位富集成矿，形成了藏南锑、金成矿带。据聂凤军等（2005）研究，藏南地区的金锑矿床经历了长期和多阶段的演化历史。古生代和中生代海相火山（或热泉）喷溢活动、陆源碎屑沉积作用和区域动力变质作用导致金和锑的初步富集，在局部地段形成矿胚或矿源层，新近纪的构造-岩浆活动通过对早期矿源层进行叠加改造或流体贯入围岩形成具工业价值的金锑矿床。

在冈底斯成矿带北邻的藏北锑金矿带中一系列锑矿床的形成可能与新近纪时期的火山-热液作用有关（王登红等，2005）。余金杰（2001）选取安多县美多锑矿石英-辉锑矿脉中的石英进行了流体包裹体的 Rb-Sr 同位素年龄测定，获 20±1.8Ma 的等时线年龄。王登红等（2005）对剩余的副样进行了快中子活化分析，在 MO-21 样品中获 $^{40}Ar-^{39}Ar$ 坪年龄为 19.42± 0.24Ma，与石英包裹体的 Rb-Sr 等时线年龄相吻合。

3）第四纪成矿期

青藏高原的整体快速隆升与形成，是晚新生代特别是第四纪以来影响全球生态和环境的重大地质事件。该阶段的成矿活动主要表现在以下几个方面：①青藏高原在形成过程中，发生过多次夷平作用，在冈底斯成矿带中部、北部和北邻南羌塘-唐古拉地区的现代河谷或阶地中，河流或冰川作用形成了众多的砂金矿床（以申扎县崩纳藏布砂金矿床为首的藏北砂金矿集中带）。②冈底斯成矿带自中新世以来，特别是第四纪发育大规模的热泉活动，除形成羊八井等丰富地热资源外，热泉活动还从地下带来金、锑、铯等成矿物质，在热泉附近的泉华中形成热泉型金矿、硫矿和铯矿等矿床，如羊八井含金自然硫矿床、那曲县谷露铯矿和昂仁县搭格架铯矿等就是其中的典型代表。③通过湖泊的演化和汇水区风化岩石的元素补给，形成一批大小不等的硼、镁、锂、钠等盐湖矿产。郑绵平等（2002）研究认为，盐湖内的 Cs、Li 和 B 等元素的富集还与热泉注入有关。

（六）矿产空间分布规律

1. 斑岩型铜矿

在空间上，冈底斯的斑岩型铜主要分布于南冈底斯火山岩浆弧带内。含矿斑岩体多为石英二长斑岩、二长花岗斑岩及似斑状黑云母花岗岩、石英闪长岩、花岗闪长岩等。它们呈岩株状侵位于中、新生界（J、K、E）火山-沉积岩系中，受北西、北东、近东西向次级断裂或其交汇部位的控制作用明显。另外，在北冈底斯和班公湖-怒江带中还有少量的斑岩型铜矿分布。南冈底斯火山岩浆弧带中的斑岩型铜矿与新特提斯洋的演化和陆内汇聚演化阶段有关。根据作者等的同位素定年结果，斑岩岩浆侵位活动主要发生于新生代晚渐新世末—中新世初，成矿年龄为 22～13Ma。班公湖-怒江带中的斑岩型铜矿多形成于早白垩纪。

有必要指出，冈底斯斑岩型铜矿在成矿时代上晚于雅鲁藏布江洋盆的闭合后期而没有与俯冲期同步。其岩浆的形成与侵位可能与造山期后陆内环境下的伸展，或与前期俯冲的洋壳向上地幔的拆沉作用或沿前期俯冲带的继承性陆内俯冲作用有关。这一特征与藏东玉龙斑岩铜矿带相似而与安第斯斑岩铜矿带、西南太平洋斑岩铜矿带无论是在成矿时代还是形成的构造环境上均有很大的区别。

2. 夕卡岩型铜、铅、锌（金银）多金属矿

夕卡岩型铜、铅、锌（金银）多金属矿是冈底斯成矿带的一个非常重要而且分布广泛的矿床类型。其在南冈底斯、中冈底斯和北冈底斯构造带均有分布。是中、新生代中酸性侵入体与碳酸盐类围岩接触交代成矿作用有关。由于分布主要受侵入岩体和地层（特别是碳酸岩盐地层或富钙质地层的）的双重控制。因此，该类型矿床均分布在新生代中酸性岩浆岩与重要的含碳酸岩盐地层的侵入接触带上。由于冈底斯成矿带的构造连线总体呈东西向，其内的侵入岩、碳酸盐岩或夹碳酸盐岩、富钙细碎屑岩地层基本上也呈东西向带状出露或侵位。因而长达数百千米呈东西向分布于中冈底斯弧背断隆带上，碳酸盐岩层位较多的上古生界被花岗岩侵入部位生成的夕卡岩型铅、锌、银多金属矿不仅多而且呈东西向展布。其中的思玖、加多善勒、勒青拉、尤卡郎、拉屋、洞中松多等矿床可作为代表；以克鲁、冲木达矿床为代表的夕卡岩型铜（金）矿床产于下白垩统桑日群比马组与古近纪花岗岩侵入接触带上，亦呈东西向分布于冈底斯火山岩浆弧带南缘的中生代火山-沉积盆地中。

3. 夕卡岩型富铁矿

空间分布上，夕卡岩型富铁矿与夕卡岩型铜铅锌多金属矿基本一致，主要分布于中冈底斯弧背断隆带及其南侧，其次在北冈底斯班戈县多巴至青龙一线。它们与燕山期—喜马拉雅早期俯冲-碰撞型花岗质岩类侵入体与碳酸盐岩或富钙质岩石接触带的夕卡岩化密切相伴，而次级断裂构造，特别是东西向断裂构造、北西向断裂构造及其交汇部位则是矿化产出定位的有利部位。该类型矿床以磁铁矿化为主，部分共（伴）生铅锌矿化。矿床的围岩主要为侏罗—白垩系的郎山灰岩（K_1l），塔克那组（K_1t）和拉贡塘组（$J_{2-3}l$）碎屑岩夹火山岩、钙质泥岩、碳酸盐岩及上二叠统落巴堆组灰岩。矿床（点）空间上均呈近东西向分布。以中冈底斯弧背断隆带及其南侧的措勤县尼雄、谢通门县恰功、林周县甲龙和勒青拉东等夕卡岩型富铁矿及北冈底斯的供玛、插虚果棚、日错伟和青龙式等夕卡岩型富铁矿为代表。

4. 沉积-改造型铁矿

沉积-改造型铁矿目前虽在冈底斯带之外，但规模大，是西藏自治区的一个非常重要的矿床类型。主要分布于班公湖-怒江结合带以北羌塘陆块唐古拉拗陷的前陆隆起带上。矿化呈层产于中侏罗统雁石坪群雀莫错组砂岩和板岩中，已发现的近十处矿床、矿点沿

唐古拉山主脊南北两侧呈长约120km的北西西向带状展布。以安多县当曲铁矿和碾廷铁矿为代表。

5. 热液型锑、金矿床

浅成低温热液型锑、金矿主要形成于新生代陆内汇聚和伸展构造体制演化阶段，在冈底斯成矿带及邻区的各个构造单元内均有广泛分布。在空间分布上，锑金矿产主要沿唐古拉和北喜马拉雅两个成矿带分布，其次是南冈底斯成矿亚带。该类矿床的突出特点是受断裂构造控制明显，矿体多呈脉状，矿化对围岩的选择性不强，矿体的围岩多样，与新生代浅成构造低温热液活动关系密切。近东西向断裂构造、北西向次级断裂构造及其交汇部位和近南北向断裂带是矿化的有利部位。具体讲，藏南（北喜马拉雅成矿带）的锑、金矿床是受新生代拆离系所控制。其中的锑金矿体主要受北北西向、北东向、东西向、南北向次级断裂控制。矿体围岩为中生代碎屑岩。矿体顺层或切层产于侏罗系中或层间断裂带、破碎带、层间虚脱和剥离带等容矿空间中，显示了矿体受地层和层内构造控制的特点。已发现的矿床（点）有定日县鲁鲁、江孜县萨拉岗、隆子县扎西康、美多县马拉扎、哲古错等，它们被称为近东西向的藏南金锑矿带。在南冈底斯成矿亚带，金矿体主要受东西向或南北向断裂构造控制，如产于冈底斯构造带的墨竹工卡县弄如日锑金矿的矿体主要产于南北向断裂破碎蚀变带中。围岩为白垩系林布宗组红柱石角岩和蚀变二长花岗斑岩，矿体产状与断裂产状基本一致；唐古拉成矿带中的锑矿主要分布于唐古拉山主脊南侧的羌塘中央隆起东段雅根错、土门格拉一带；亦为低温热液型，受上三叠统土门格拉群火山碎屑岩夹硅质岩与近东西向、近南北向断裂双重控制；美多锑矿床等十余处矿床、矿（化）点呈东西向分布，组成长约200km的锑矿带。

二、成矿带划分及其基本特征

（一）成矿带划分

参考全国资源潜力评价的"中国成矿区带划分方案"，结合西藏实际，按成矿大地构造背景，在全区划分出两个Ⅰ级成矿带（成矿域）：秦祁昆成矿域和特提斯成矿域。根据地壳块体的地质属性和重要边界断裂以及所控制的成矿作用，进一步划分出五个Ⅱ级成矿带（省）：昆仑成矿省、巴颜喀拉-松潘成矿省、藏北-三江成矿省、藏中-滇西成矿省和藏南喜马拉雅成矿省。根据成矿条件、控矿因素、成矿特征和找矿潜力等可进一步划分出七条Ⅲ级成矿带：西昆仑成矿带、可可西里成矿带、若拉岗日-金沙江成矿带、羌北-三江成矿带、班公湖-怒江成矿带、冈底斯成矿带和喜马拉雅成矿带。部分Ⅲ级成矿带还可根据成矿环境、条件的差异进一步划分为若干Ⅳ级成矿带或成矿亚带。例如，冈底斯成矿带可进一步划分为念青唐古拉、南冈底斯和雅鲁藏布江等成矿亚带；三江成矿带、班公湖-怒江成矿带亦可进行进一步划分。

（二）　主要成矿带特征

1. 班戈-八宿成矿亚带

该亚带位于班公湖-怒江结合带和狮泉河-阿索-纳木错-嘉黎断裂之间，其成矿作用与班怒洋壳在中生代的向南俯冲作用以及阿索-纳木错-嘉黎断裂的开合作用有关，主要的矿床类型为夕卡岩型铜铁多金属矿和岩浆热液型铅锌矿。该带矿产以铜、钼、铅锌、金矿等为主，亦见钨锡、稀土矿等，目前多为中-小型矿床。代表性矿床有日那-长纳尼勒金铜矿、雄梅铜矿、舍索铜矿、夏吴弄巴砂金矿、尤卡朗铅锌矿、达查金矿、期波下日夕卡岩-云英岩型钨锡矿等。洛隆一带还见一系列汞、锑矿化点等分布。其中部的比如盆地为西藏油气远景区之一。

2. 冈底斯西段成矿亚带

该亚带位于狮泉河-阿索-纳木错-嘉黎断裂以南，旁堆乡-羊八井断裂和雪拉普岗日岩基以西。成矿作用主要和冈底斯陆块中与中新生代雅鲁藏布江洋壳俯冲-碰撞过程中的岩浆活动有关。该带矿产以斑岩型铜钼矿和夕卡岩型铁矿、铅锌矿和铜多金属矿等为主，亦产砂金矿、盐湖矿等。代表性矿床有雄村铜金矿、则学铅锌银矿、纳如松多铅锌矿、恰功铁矿、尼雄铁矿、隆格尔铁矿、朱诺铜矿、哥布弄巴铁矿、嘎拉勒-尕尔穷铜金矿、江拉昂宗铅锌矿、崩纳藏布砂金矿、扎布耶盐湖矿、麻米错盐湖矿、拉果错盐湖矿等。该亚带北部的措勤盆地也是西藏油气远景区之一。该成矿亚带部分区域涉及色林错黑颈鹤国家级自然保护区和纳木错国家级自然保护区，雅江中游河谷区域涉及黑颈鹤国家级自然保护区（日喀则宽谷地区）。

3. 冈底斯东段成矿亚带

该亚带位于旁堆乡-羊八井-米拉山断裂以南。其成矿作用同样主要和雅鲁藏布江洋壳俯冲-碰撞过程中冈底斯陆块内的中新生代岩浆活动有关，但该亚带的变质基底和盖层建造与西段明显不同。该亚带也是当前西藏矿产工作程度最高的成矿区带之一，冈底斯东段斑岩铜矿成矿带就在该带中。该带矿床类型以斑岩型铜钼矿和夕卡岩型铜多金属矿为主，矿种有铜、钼、铅、锌、银、铁、金、建材、地热等，代表性矿床有驱龙铜矿、甲玛铜多金属矿、冲江铜矿、厅宫铜矿、达布铜钼矿、正松多铜钼矿、汤不拉钼铜矿、劣布努日铜钼矿、克鲁铜金矿、冲木达铜金矿、程巴钼铜矿、新嘎果铅锌矿、弄如日金矿和羊八井地热田等。该成矿亚带部分区域涉及工布江达自治区级自然保护区和雅鲁藏布大峡谷国家级自然保护区等。

4. 念青唐古拉成矿亚带

位于狮泉河-阿索-纳木错-嘉黎断裂和羊八井-米拉山断裂之间的念青唐古拉地区，其成矿作用和这里的古生界-前震旦系变质岩的变质作用及中-新生代岩浆活动等有关。该带矿床类型以热液型铅锌银矿、夕卡岩型铜铅锌矿和斑岩型钼铜矿为主，矿种有铅、锌、银、铜、钼多金属矿等，代表性矿床有亚贵拉铅锌矿、蒙亚啊铅锌矿、龙玛拉铁多金属矿、拉屋铜铅锌矿、昂张铅锌矿、洞中拉-洞中松多铅锌矿和沙让钼矿等。目前，在此亚带开展有亚贵拉铅锌银多金属矿、昂张铅锌矿的勘查工作。

5. 雅鲁藏布江成矿亚带

位于雅江结合带北界断裂（又称达吉岭–昂仁–郎县–墨脱断裂带）和南界断裂（又称仲巴–萨嘎–拉孜–邛多江断裂带）之间。其成矿作用主要和雅鲁藏布江古大洋（新特提斯洋）的地质演化过程有关，其矿产主要为铬铁矿、金矿和锑矿等。代表性矿床有罗布莎铬铁矿、仁布铬铁矿、邦布金矿、马攸木岩金矿、马攸木砂金矿、玛旁雍错砂金矿、阿布纳布锑矿等。该成矿带部分区域涉及雅江中游河谷黑颈鹤国家级自然保护区。

（三）重要矿集区及特征

根据目前已有的工作程度和资源评价进展，西藏系列大–中型矿产地在冈底斯成矿带、班公湖–怒江成矿带和三江成矿带等重点成矿区带内构成了驱龙–甲玛–帮浦、洞嘎普–雄村、亚贵拉–沙让–洞中拉、得明顶–吹败子、厅宫–冲江、蒙亚啊–龙玛拉、拉屋–尤卡朗、则学—纳如松多等 20 多个重要的大型铜多金属矿的矿集区，重要的重要矿集区特征体现在以下几个方面。

驱龙–甲玛–帮浦铜钼铅锌矿集区：位于冈底斯成矿带东部，面积约 900km^2，矿集区内主要发育中生代弧火山和弧间盆地的碎屑岩–碳酸盐岩–火山岩建造，新生代花岗质侵入岩浆活动强烈，铜钼矿化主要与喜马拉雅晚期（18～14Ma）斑岩岩浆活动有关，在岩体及内外接触带形成斑岩型铜钼矿化，在钙质围岩中形成夕卡岩型铜多金属矿化。矿集区内发育超大型矿床 2 处（驱龙铜矿床、甲玛铜多金属矿床）、大型矿床 1 处（帮浦钼多金属矿床），另有拉抗俄、普下、程巴、巴嘎雪等斑岩型铜钼矿等矿床点分布，铜资源潜力大于 1500 万 t，钼资源量–铅锌资源潜力大于 100 万 t。

洞嘎普–雄村铜金矿集区：位于冈底斯成矿带中部，面积约 400km^2，居南木林–谢通门近东西向大型韧性剪切带南侧，主要出露下白垩统比马组弧火山岩夹碎屑岩和碳酸盐岩建造，北西向的次级断裂构造控制了铜金矿体的产出，矿集区内成矿作用可能与岩浆热液和低温热液的共同作用有关，成矿时代主要为燕山期和喜马拉雅期，主要矿床类型有斑岩型和热液型。矿集区内发育大型矿床 1 处（雄村铜金矿），另外区内的则莫多拉、洞嘎普、仁钦则和汤白等铜金矿床亦具进一步的找矿潜力，铜资源潜力大于 300 万 t，金资源潜力大于 300t。

亚贵拉–沙让–洞中拉铅锌银矿集区：位于冈底斯成矿带东段的念青唐古拉铅锌银钼成矿带南部，面积约 600km^2，区内主要出露古生代石炭–二叠系碎屑岩–碳酸盐岩–火山岩建造，燕山期花岗质侵入岩浆活动较强，铅锌银矿化早期可能与石炭纪—二叠纪伸展盆地中的喷流沉积作用有关，层控性明显，后期受到燕山期岩浆–热液作用的改造，钼矿化与喜马拉雅期（65～52Ma）的花岗斑岩或石英斑岩的关系密切。矿集区内发育超大型矿床 1 处（亚贵拉铅锌银矿床）、大型矿床 2 处（沙让钼矿床、洞中松多铅锌银矿床）、中型铅锌银矿床 2 处（洞中拉铅锌银矿），另有普龙、窝让等矿床点分布，铅锌资源潜力在 1000 万 t 以上，银资源潜力大于 5000t，钼资源潜力大于 50 万 t。

蒙亚啊–龙玛拉铅锌银矿集区：位于冈底斯成矿带东部的念青唐古拉铅锌银钼次级成矿带南部，面积约 1000km^2，区内主要出露古生代石炭–二叠系碎屑岩–碳酸盐岩–火山岩建造，燕山期—喜马拉雅早期花岗质侵入岩浆活动较强，铅锌银矿化早期可能与石炭纪—二叠纪伸展盆地中的喷流沉积作用有关，后期受到燕山期—喜马拉雅早期岩浆-热液作用的改造，夕卡岩化明显，矿集区内发育大型矿床 1 处（蒙亚啊铅锌银矿床）、中型与小型铅锌矿床矿床 5 处，铅锌资源潜力在 200 万 t 以上。

拉屋-尤卡朗铅锌银矿集区：位于冈底斯成矿带东部的念青唐古拉铅锌银钼次级成矿带北部，面积约 1500km²，区内主要出露古生代石炭-二叠系碎屑岩-碳酸盐岩-火山岩建造，燕山期—喜马拉雅早期花岗质侵入岩浆活动较强，铅锌银矿化早期与近东西向断裂构造和燕山期—喜马拉雅早期岩浆-热液作用有关，主要矿床类型有热液脉型和夕卡岩型两种，矿集区内发育大型矿床 2 处（拉屋、尤卡朗铅锌银矿床）、中型与小型铅锌矿床矿床 6 处，铅锌资源潜力在 600 万 t 以上。

厅宫-冲江铜矿集区：位于冈底斯成矿带东部，面积约 1200km²，矿集区内少见沉积岩出露，新生代花岗质侵入岩浆活动强烈，含矿斑岩体呈岩株状侵位于喜马拉雅早期花岗质复式岩基中，铜金矿化主要与喜马拉雅晚期（18～14Ma）斑岩岩浆活动有关，矿集区内发育大型斑岩铜矿床 2 处（厅宫铜矿和冲江铜矿）、中-小型斑岩铜矿床 4 处（白容等）、中型岩金矿床 1 处（尺赖），铜资源潜力大于 200 万 t。

则学-纳如松多铅锌矿集区：位于冈底斯成矿带中段北部，面积约 1500km²，矿集区内主要出露古生代石炭-二叠系碎屑岩-碳酸盐岩建造，古近系林子宗群火山岩广泛分布，新生代花岗质侵入岩浆活动强烈，岩体多呈岩株状侵位于石炭-二叠系碎屑岩-碳酸盐岩建造中，形成夕卡岩型铅锌矿、富铁矿与脉型铅锌矿，矿集区内发育大铅锌铁矿床 4 处（则学、纳如松多、斯弄多铅锌矿和恰功富铁矿）、中-小型铅锌矿床 6 处，铅锌资源潜力大于 300 万 t，富铁矿资源潜力大于 5000 万 t。

三、矿床成矿系列划分

根据冈底斯构造带矿床（点）及各类矿化信息的时间和空间分布规律、矿化显示程度，结合成矿系列的概念及其研究内容，本书提出冈底斯成矿带自燕山期以来的成矿系列及亚系列（表 4.2）。

Ⅰ. 燕山期与基性-超基性岩石、中酸性岩有关的铬-铜-镍-金矿床成矿系列

Ⅱ. 燕山期与沉积建造有关的铁-铜-铅锌矿床成矿系列

Ⅲ. 燕山期与花岗质岩石有关的铜-铁-铅-锌-银矿床成矿系列

Ⅲ-1. 与燕山晚期俯冲型花岗质岩石有关的铁-铜矿床成矿亚系列

Ⅲ-2. 与燕山晚期碰撞型花岗质岩石有关的铜-铅-锡-锌-银矿床成矿亚系列

Ⅳ. 喜马拉雅期与中酸性花岗质岩石有关的铜-铁-铅-锌-金矿床成矿系列

Ⅳ-1. 与喜马拉雅早期花岗质岩石有关的铜-铁-铅-锌-金矿床成矿亚系列

Ⅳ-2. 喜马拉雅期与岩浆-流体作用有关的铜-金矿床成矿亚系列

Ⅳ-3. 与喜马拉雅晚期花岗质岩石有关的铜-钼-铅-锌-金-钨矿床成矿亚系列

另外，研究区还可能存在有与元古宙沉积作用有关的铁矿床和与海西期中基性火山岩有关的铜-铅-锌成矿系列，由于研究程度所限，早期的成矿系列不讨论。

表 4.2 冈底斯成矿带及邻区矿床成矿系列的主要特征

成矿系列或亚系列	矿床型式	成矿元素		大地构造单元（Ⅲ级）	赋矿地层或围岩层位	岩浆岩、沉积岩	时代	成因类型	代表矿床
		主要	次要						
I. 燕山期与基性-超基性岩、中酸性岩有关的铬-铜-镍-金矿床成矿系列	罗布莎式	Cr	Au、Pt、Au	雅鲁藏布蛇绿岩岩带	蛇绿混杂岩	二辉橄榄岩	K	岩浆结晶分异型	罗布萨、香嘎山
	觉翁式	Cu、Ni	Au	班公湖-怒江蛇绿混杂岩带	蛇绿混杂岩	辉绿岩、玄武岩	J	熔离贯入型	觉翁
	雄村式	Cu	Au、Ag	冈底斯南缘	雄村组	闪长岩玢岩、安山质凝灰岩	J_{1-2}	斑岩型	雄村
II. 燕山期与沉积建造有关的铁-铜-铅-锌矿成矿系列	当曲式	Fe	Cu	羌南地块（T_3—J）前陆盆地	雁石坪群雀莫错组（J_2）	碎屑岩	J_2	沉积-改造型	当曲、碾廷
	查吾拉式	Cu	Ag	羌南地块（T_3—J）前陆盆地	雁石坪群雀莫错组（J_2）	碎屑岩	J_2	沉积-改造型	查吾拉、戈雄拜巴
	美多式	Sb	Au	羌塘中央隆起	土门格拉组（T_3）	火山岩、硅质岩	T_3	喷流型	美多、嘎尔西姜
	昂张式	Pb、Zn	Ag	班戈岩浆孤	来姑组（C_3—P_1）	灰岩	J_2	沉积-改造型	昂张

续表

成矿系列或亚系列	矿床型式	成矿元素 主要	成矿元素 次要	大地构造单元（Ⅲ级）	赋矿地层或围岩岩性	岩浆岩、沉积岩	时代	成因类型	代表矿床
Ⅲ. 燕山期与花岗质岩石有关的铁-铜-铅-锌-银矿床成矿系列 — Ⅲ-1. 与燕山晚期俯冲型花岗质岩石有关的铁-铜矿床亚系列	尼雄式	Fe	Cu	隆格尔-工布江达复合岛弧	下拉组（P₂）	灰岩	K₂	夕卡岩型	尼雄
	多不杂式	Cu、Au	Mo	羌南地块	雁石坪群（J₂）	斜长花岗岩、花岗闪长斑岩	K₂	斑岩型	多不杂
Ⅲ-2. 与燕山晚期碰撞型花岗质岩石有关的铜-铅-锌-锡-银矿床亚系列	拉屋式	Cu、Zn	Pb	隆格尔-工布江达复合岛弧	穷多群—来姑组（C₃—P₁）	碎屑岩、灰岩	K₂	热液型、夕卡岩型	拉屋
	桑雄式	Pb、Zn	Ag	班戈岩浆弧	桑卡拉拥组（J₂）	花岗岩、灰岩	K₂	热液型、夕卡岩型	扎堆、桑雄
	蒙亚啊式	Pb、Zn、	Ag	隆格尔-工布江达复合岛弧	洛巴堆组（P₂）、来姑组（C₂₋₃）	灰岩、黑色岩系	E	夕卡岩型	蒙亚啊、洞中拉、亚贵拉、龙玛拉
	尤卡朗式	Pb、Zn	Ag	那曲-洛隆弧前盆地	拉贡塘组、桑卡拉拥组（J₂）	碎屑岩、灰岩	K₂	热液型	尤卡朗
	期波下日式	Sn	W	班戈岩浆弧	拉贡塘组（J₂₋₃）（P₂）	花岗岩	K₂	云英岩型、夕卡岩型	期波下日

续表

成矿系列成亚系列	矿床型式	成矿元素 主要	成矿元素 次要	大地构造单元（Ⅲ级）	赋矿地层层位或围岩层位	岩浆岩、沉积岩	时代	成因类型	代表矿床
Ⅳ. 喜马拉雅期与中酸性花岗质岩石有关的铜－钼－铁－铅－锌－金成矿床系列 ／ Ⅳ-1. 与喜马拉雅早期花岗质岩石有关的铜－铁－铅－锌－钼－金成矿床亚系列	勒青拉式	Pb、Zn、Fe	Ag、Cu	隆格尔-工布江达复合岛弧	洛巴堆组（P₂）、蒙拉组（P₃）	黑云母花岗岩、灰岩	E	夕卡岩型	勒青拉、新嘎果
	格功式	富Fe	Zn Pb	南冈底斯岩浆弧	塔克拉组（K₁）	二长花岗斑岩、灰岩	E	夕卡岩型	格功、多底沟
	克鲁式	Cu	Au	南冈底斯岩浆弧	桑日群（J₃K₁）	灰岩	E	夕卡岩型	克鲁、冲木达
	沙让式	Mo		隆格尔-工布江达复合岛弧	蒙拉组（P₃）	灰岩	E	斑岩型	沙让、吉如
Ⅳ-2. 与喜马拉雅早期岩浆－流体作用有关的铜－金矿床或亚系列	克鲁式	Cu	Au	南冈底斯岩浆弧	桑日群（J₃K₁）	花岗斑岩、灰岩	E	夕卡岩型	克鲁冲木达
	甲玛式	Cu、Pb、Zn、Mo	Au、Ag	南冈底斯岩浆弧	多底沟组（J₃）、林布宗组（K₁）	二长花岗斑岩、花岗闪长斑岩、灰岩	N	斑岩型夕卡岩型	甲玛
Ⅳ-3. 与喜马拉雅晚期花岗质岩石有关的铜－钼－铁－铅－锌－金－钨成矿床亚系列	厅宫式	Cu	Mo	南冈底斯岩浆弧	林子宗组（E）	斑岩、火山岩	N	斑岩型	厅宫、白容、冲江、朱诺
	得明顶式	Mo	Cu	南冈底斯岩浆弧	叶巴组（J₂₋₃）	斑岩、灰岩	N	斑岩型	得明顶、吹败子
	甲岗式	W	Mo	措勤-申扎岛弧	永珠组、拉嘎组（C₂）	二长花岗岩、砂板岩	N	石英大脉型	甲岗
	驱龙式	Cu、Mo	Ag	南冈底斯岩浆弧	叶巴组（J₁）	二长花岗斑岩、火山岩		斑岩型	驱龙

四、主要矿床成矿系列特征

（一）与岛弧岩浆作用有关的成矿作用与矿床成矿系列

前已述及，冈底斯特提斯弧盆系统可进一步划分为那曲-洛隆弧前盆地、班戈岩浆弧带、申扎-嘉黎结合带、措勤-申扎岛弧、隆格尔-工布江达复合岛弧、南冈底斯岩浆弧、日喀则弧前盆地带七个Ⅲ级构造单元，部分Ⅲ级构造单元还可划分出若干个Ⅳ级岩浆弧带等更次级构造单元。

弧盆系统阶段冈底斯成矿带沉积-火山-岩浆作用发育。隆格尔-工布江达复合岛弧岩浆带中的石炭系来姑组、二叠系洛巴堆组和蒙拉组的玄武岩、玄武质安山岩夹层具弧火山岩特征，代表了冈底斯带弧盆系统演化阶段的首次弧火山活动；南冈底斯拉萨却桑寺一带查曲浦组（T_{1-2}）的英安岩和安山岩组合，代表了冈底斯带发生的第二次造弧作用；沿隆格尔-工布江达带南北两侧发育的晚三叠世岩浆侵入事件（217~201Ma）及晚三叠世诺利期沉积地层与下伏二叠系的不整合接触关系，是冈底斯第三次造弧作用的构造-岩浆响应；南冈底斯东段广泛分布的下-中侏罗世叶巴组火山岩具双峰式特征，可能代表成熟岛弧或活动大陆边缘的弧火山岩，是冈底斯带第四次造弧事件的标志；南冈底斯南缘下白垩统桑日群麻木下组中的火山岩与中冈底斯北部则弄群和北冈底斯东段多尼组地层中的火山岩同期。朱弟成等（2006）认为桑日群火山岩可能属于冈底斯-念青唐古拉古岛弧南侧的增生弧，代表了冈瓦纳大陆北缘冈底斯带的第五次造弧事件。而则弄群火山岩系中的基性火山岩的形成很可能与地幔楔物质的部分熔融有关，长英质火山岩很可能主要与浅部地壳重熔有关。中冈底斯带从东到西还广泛出露了基本同期的花岗岩类（莫宣学等，2005；朱弟成等，2008a），侵入岩体的性质复杂，有形成于俯冲构造环境的科迪勒拉Ⅰ型花岗岩（尼雄、沙松南、日阿一带），也有显示出强过铝质S型地球化学花岗岩特征的淡色花岗岩，与后碰撞阶段地壳缩短增厚有关（Ding and Lai，2003）。南、中冈底斯大面积分布的古新世—始新世林子宗火山岩与同期花岗岩（年龄为于64~43Ma）为同碰撞阶段的构造岩浆作用产物，是冈底斯带第六次造弧增生事件的标志（莫宣学等，2003；Zhou et al.，2004；董国臣等，2005）。

在中生代冈底斯成矿带不同性质和背景的多阶段岩浆活动，为带内与岩浆作用有关的铜铁多金属矿成矿系列、亚系列的形成创造了良好的条件。

1. 与燕山期俯冲型花岗岩有关的铁-铜-金矿床成矿亚系列

该成矿系列主要发育于冈底斯岩浆带北部与西段中部的措勤县尼雄、日阿一带和班公湖-怒江碰撞结合带北侧。其形成主要与班公湖-怒江洋壳板块向南北两侧的俯冲作用及雅鲁藏布江新特提斯洋壳向冈底斯陆块的俯冲作用有关。目前的研究进展揭示，冈底斯成矿带最早的俯冲型花岗岩有中冈底斯（念青唐古拉）带南部的墨竹工卡县仲达和门巴岩体，岩性分别为黑云母角闪花岗闪长岩和黑云母二长花岗岩，岩体形成于215~207Ma（和钟铧等，2006）；南木林县北的扛波乌日等巨斑花岗闪长岩形成于217.1±3.4Ma（李才等，2005），均属晚三叠世。但与该时期岩浆作用有关的成矿作用由于资料有限目前尚不清楚。到白垩纪，俯冲型花岗岩在冈底斯南部和班公湖-怒江带两侧广泛分布，代表性岩体有尼木县尼木大桥岩体、措勤县尼雄地区的尼雄岩体、日阿岩体以及改则地区的多不杂岩体等。由于这些岩体的侵位，形成了一系列斑岩型-夕卡岩型铜金矿床（如雄村铜金矿、多龙斑岩型铜金矿、尕尔穷斑岩-夕卡岩型铜金矿）和夕卡岩型富铁矿床（如尼雄铁矿）。

2. 与燕山期碰撞型花岗岩有关的铜-铅-锡-锌-银矿床成矿亚系列

冈底斯成矿带燕山期碰撞型花岗岩主要分布于中冈底斯的隆格尔-工布江达复合岩浆弧带（弧背断隆带）和北冈底斯班戈岩浆弧带中。例如，冈底斯弧背断隆带东段早侏罗世布久、宁中岩体为过铝质 S 型花岗岩，形成于碰撞环境（朱弟成等，2008b），拉屋地区与铜锌成矿有关的白云母二长花岗岩属过铝质 S 型花岗岩体，也形成于中侏罗世的碰撞构造环境。纳木错以西的中冈底斯措勤-申扎带松木果强、央雄勒强等过铝质 S 型花岗岩体同样形成于碰撞环境，因此在中冈底斯弧背断隆带和措勤-申扎岩浆弧带自早侏罗世以来除了受到俯冲作用影响外，可能还受到了自东向西逐步扩展的碰撞作用的影响；班戈岩浆弧带的班戈、青龙、期波下日和油恰、同德等地也分布着一系列 137～75Ma 的碰撞环境下的 S 型花岗岩。其形成与班公湖-怒江洋盆闭合-弧陆碰撞活动有关。冈底斯成矿带燕山期的碰撞型花岗质岩浆作用在冈底斯带形成了系列铜多金属矿床，主要的矿床类型为夕卡岩型铅锌矿和热液型锡矿、铜矿等，主要的矿床点有当雄县拉屋铜锌矿床、那曲县尤卡朗铅锌矿床、朗中铅锌矿床和班戈县期波下日锡矿等。

（二）　与沉积作用有关的矿床成矿系列

冈底斯成矿带弧盆系统阶段与沉积作用有关的铁-铜-铅-锌矿床成矿系列主要发育于羌南地块中段的唐古拉前陆复合盆地和冈底斯弧背断隆带内。其中，唐古拉前陆复合盆地广泛出露海相三叠系—侏罗系地层，主要岩石建造有浅海复陆屑碎屑岩建造、碳酸盐岩建造、膏盐建造和海相火山岩建造组等。在上三叠统土门格拉群中段的中酸性火山岩夹硅质岩建造中发育具喷流特征的"美多式"锑矿床，并有后期热液作用的叠加，构成长度大于 300km 的藏北锑金矿带，典型矿床有美多锑矿、嘎尔西姜锑矿等。侏罗系雁石坪群下部的浅海复陆屑碎屑岩建造夹膏盐建造中发育有沉积-改造型"当曲式"菱铁矿床，矿带跨青藏铁路两侧，东西长度大于 200km，典型矿床有当曲铁矿和碾廷铁矿，后期受燕山期花岗质岩浆作用的改造，铁矿石品位在一定程度上变富。在该盆地侏罗纪的充填物中，还发育有砂泥岩型铜矿床（称"查吾拉式"），分布于巴青、索县一带，矿化产于中侏罗统雁石坪群下部，典型矿床有查吾拉铜矿和戈雄弄巴铜矿，主要的矿石矿物为孔雀石、铜蓝和辉铜矿等。在冈底斯弧背断隆带内，在石炭纪—二叠纪拉张盆地内发育有受后期热液改造加富的"昂张式"沉积-改造型铅锌矿（MVT），典型矿床有昂张铅锌矿床。矿区岩浆活动微弱，含矿层位为来姑组碳酸盐岩，铅锌矿体赋存于灰色细晶白云岩及微晶灰岩中，与围岩呈整合接触关系。

（三）　大陆碰撞成矿作用与矿床成矿系列

印度-亚洲大陆的碰撞过程包括了从雅鲁藏布江洋壳消失后的初始碰撞到主碰撞（全面）碰撞和汇聚作用结束，碰撞造山带转化为板内环境的全过程。Leigeois（1998）将造山期划分为碰撞环境和后碰撞环境，也有人将两个大陆碰撞之后，陆内块体汇聚并一直延续至后造山伸展阶段称为陆内造山环境（邓晋福等，1999）。潘桂棠等（2005）提出青藏高原冈底斯成矿带的定义，是指在时间和构造环境上为中生代中晚期和新生代印度岩石圈板块与亚洲大陆岩石圈板块之间的碰撞。在范围上包括了从班公湖-怒江结合带与雅鲁藏布结合带之间包括冈底斯多岛弧盆系和藏南拆离系的全面汇聚碰撞构造区域。在过程上包括了初始碰撞、主碰撞和后碰撞三个阶段。侯增谦等（2006）认为印度-亚洲大陆碰撞造山带是一个相继经历了主碰撞（65～41Ma）、晚碰撞（40～26Ma）和后碰撞过程（25～0Ma）的，目前仍处于活动状态的、全球最典型的大陆碰撞带。

因此，可以认为：印度大陆和欧亚大陆之间的初始碰撞是运动着的弧-弧、弧-陆之间的首次碰撞，随之而来的陆-陆连续碰撞具有一个漫长的时间过程，是地球系统中层圈相互作用的体现。就作用对象而言，由于碰撞前的接触部位不同，印度大陆和欧亚大陆之间的初始碰撞可以发生在弧-陆、陆-陆之间；从接触方式上看，两大陆的初始接触可能是点接触，也可能是线接触或面接触；从发展过程来看，可分为初始碰撞、主碰撞和后碰撞三个阶段。每一个阶段都有对应的沉积学、岩石学、构造事件响应。初始碰撞以弧-陆、陆-陆之间的首次接触为标志，在初始碰撞以后，沉积环境可以没有发生质的改变，仍可残留有陆表海或残留海盆继续接受沉积；主碰撞是运动着的不同对象（包括陆-陆、陆-前缘弧、弧-弧等）之间的全面汇聚碰撞。在全面汇聚碰撞之后，沉积环境将会发生根本性的转变（如被动边缘盆地转化为前陆盆地，弧后盆地转化为弧后前陆盆地），沿碰撞带前方前缘弧发生广泛而强烈的岩浆活动；后碰撞是以开始出现磨拉石、二云母花岗岩及前陆逆冲带等各种强烈陆内变形为标志。

目前，在冈底斯成矿带已识别出碰撞阶段的四个重要成矿事件，它们分别与陆陆碰撞过程中的碰撞挤压、应力松弛、走滑剪切和挤压抬升以及后碰撞伸展等构造事件相对应。碰撞挤压、应力松弛阶段（65～40Ma）形成一套与壳-幔混源花岗岩有关的铜、金、钼矿床（如吉如铜钼矿、沙让钼矿、克鲁铜金矿、冲木达铜金矿等）；碰撞阶段的走滑剪切和挤压抬升作用在冈底斯成矿带南缘形成一套与岩浆热液和剪切作用有关的铜、金成矿事件（如马攸木金矿、弄如日金矿、仁钦则铜金矿等），后碰撞伸展阶段的成矿作用是冈底斯成矿带成矿作用的最高峰，在冈底斯成矿带的南冈底斯带中形成了规模宏大的斑岩铜矿带（包括驱龙铜矿、厅宫铜矿、朱诺铜矿、得明顶铜钼矿等一系列斑岩矿床）。研究显示，南冈底斯斑岩铜矿带北侧大型铅锌银矿（如帮浦铅锌矿、夏拢铅锌矿等）的形成也可能与后碰撞阶段的岩浆-热液作用有关（孟祥金等，2003；侯增谦等，2006）。

1. 与壳幔混源花岗岩有关的铜-金-钼-铁成矿作用与矿床成矿系列

在南冈底斯复合火山-岩浆弧带和隆格尔-工布江达复合岛弧带中，碰撞阶段（65～40Ma）的火山岩与碰撞型花岗质侵入岩构成了岩浆弧带的主体。其中，碰撞型岩浆岩以壳-幔混源为特征，岩石组合有花岗质侵入岩（包括花岗岩、二长花岗岩、钾长花岗岩等）以及少量的辉长辉绿岩。花岗质侵入岩主体的发育时间为65～41Ma，集中于47～52Ma（Scharer et al.，1984；Copeland et al.，1987；Mo et al.，2005），多呈大型的复式岩基产出。南冈底斯火山-岩浆带中，以曲水岩体、拉萨岩体、尼木岩体等为代表，组成一条东西向断续延伸达1500km以上的侵入岩带。同时，在南冈底斯侵入岩带南缘的曲水、尼木一带，还有一批形成时代为47～52.5Ma的中基性侵入岩，它们常发育于同期的花岗岩岩基的南部，由闪长岩、辉长岩、辉石岩等组成，与相伴产出的花岗岩具有一致的形成年龄（Mo et al.，

2005；Dong et al.，2006），被解释为玄武岩浆底侵作用和两种不同源区和性质的岩浆混合作用的产物。

与上述喜马拉雅早期花岗质岩浆活动有关的成矿作用及其特点的认识长期存在争议：一些研究者认为，在欧亚-印度大陆的碰撞阶段，由于处于强烈的构造挤压背景，流体运移和沉淀受到很大的限制，因此成矿活动不发育，不利于大型矿床的形成；另一些研究者则认为，由于受到碰撞后伸展阶段成矿作用的叠加以及高原的强烈隆升和剥蚀作用的影响，碰撞阶段的成矿纪录即使存在也难以保存。近年，随着研究程度的逐步深入，越来越多的事实逐步显示出，冈底斯成矿带内一系列铜铁金矿床的形成与喜马拉雅早期与花岗质岩浆活动有关，与喜马拉雅早期与花岗质岩浆活动有关的成矿事件现已引起广大研究者和勘探者的广泛关注。

与壳幔混源花岗岩浆事件有关的成矿作用主要发育于冈底斯中段壳-幔混源花岗岩体的内部及其接触带。例如，产于南冈底斯复合火山-岩浆弧带南缘的克鲁铜金矿、冲木达铜金矿和朗达铜矿均具有中型以上矿床的规模，品位较富，铜金矿化均产于喜马拉雅早期花岗质侵入岩体内及外接触带中，岩体的同位素年龄为45～55Ma（西藏地质志，1993），朗达铜矿区的角闪黑云母花岗岩中斜长石Ar-Ar年龄为47.6Ma，在冲木达矿区获辉钼矿样品40.3±5.6Ma的等时线年龄。在冈底斯斑岩铜矿带北侧的拉萨铁矿、勒青拉铅锌矿和恰功铁矿等矿区的铅锌和富铁矿化亦与喜马拉雅早期的岩浆活动有关。例如，林周县勒青拉铅锌矿钾长花岗岩的岩体年龄为45Ma（K-Ar法），岩体外接触带控制了区内夕卡岩型铅锌矿和磁铁矿的产出；谢通门县的恰功含铜富铁矿区具大型矿床的资源潜力，矿区二长花岗岩中获锆石的SHRIMP年龄为67.42±0.80Ma（李应栩等，2011）；在林周城西虎头山水库一带，大面积分布的林子宗群火山岩中，存在若干碰撞期形成的石英斑岩或流纹斑岩，斑岩中锆石的SHRIMP年龄为58.7～60Ma（朱弟成，未刊资料）。斑岩体侵入于典中组安山岩中，石英斑岩的金品位为0.1～1.3g/t；在曲水大型花岗岩基内部也发现有明显的铜钼矿化。辉钼矿出现于石英-辉钼矿脉中，结晶粗大，呈斑团状集合体产出。黄铜矿浸染状分布于石英脉中，部分已氧化成孔雀石。辉钼矿Re-Os模式年龄标定其矿化年龄为45.3Ma（赵志丹，未刊资料）。

古近纪晚期，岩浆-热液在大规模的走滑剪切作用和冲断作用影响下，在冈底斯南缘沿北西向或近东西向的脆韧性剪切带及其旁侧的次级断裂带有利的成矿空间形成一套受岩浆-热液和构造作用控制的剪切带型金矿床和破碎蚀变岩型铜金矿床。剪切带型金矿床以马攸木大型金矿床为代表。矿体在剪切带旁侧沿脆性裂隙呈斜交剪切带的网脉状分布，该金矿床含金石英脉的石英^{40}Ar/^{39}Ar坪年龄为44.08±0.39Ma（温春齐等，2004a），而成矿后侵位的英安玢岩中黑云母^{40}Ar/^{39}Ar坪年龄为34.16±0.12Ma（温春齐等，2004b）。

以上研究成果显示，在欧亚-印度大陆的陆-陆碰撞阶段，冈底斯带的确存在较大规模的成矿作用，发育有铜-金-钼和铜-铁-铅-锌成矿谱系。

2. 与后碰撞斑岩有关的铜-钼-铅-锌-金-钨矿床成矿亚系列

与欧亚-印度大陆碰撞后伸展阶段岩浆作用有关的成矿作用研究一直是矿床学界关注的重要问题。近年来，在冈底斯成矿带开展的大规模资源评价和研究工作证实，冈底斯成矿带资源潜力巨大的斑岩型铜钼矿床的形成与欧亚-印度大陆碰撞后的深源岩浆作用密切有关。

研究表明，印度大陆与欧亚大陆经历了大规模碰撞作用后，形成了统一的亚洲大陆。中新世以来（23～8Ma），由于青藏高原加厚地壳的减薄，壳幔物质和能量再度发生大规模的调整和交换，在这一深部地质作用过程的影响下，高原南部地区的上部地壳在中新世时期发生大规模的侧向伸展作用。这一伸展作用除在青藏高原南部地区形成一系列近南北向的张裂外，还伴生一套以壳幔混合源为源区的火山活动和深成岩浆活动。

冈底斯成矿带在喜马拉雅晚期碰撞后伸展作用阶段的花岗质岩浆作用所形成的高侵位斑岩以壳幔混合源为主，局部为壳源。目前在冈底斯成矿带的资源评价和研究的成果表明，在南冈底斯的谢通门县洞嘎至工布江达县吹败子、得明顶一带长约400余千米，宽度60～100km的范围内，集中了驱龙、厅宫、冲江、白容、岗讲和达布、拉抗俄、吉如、得明顶、吹败子等大–中型斑岩铜钼矿床以及甲玛、知不拉、新嘎果、帮浦等系列大–中型夕卡岩型铜多金属矿床。其中大型以上的矿床10个（其中斑岩型铜钼矿床5个，夕卡岩型铅锌矿床5个），具中型以上前景的矿床有20余个（其中斑岩型铜钼矿床有7个）。在不少矿区，斑岩型铜钼矿、夕卡岩型铜铅锌矿以及热液型铅锌矿或金矿床密切共生。

冈底斯地区斑岩铜矿带的含矿斑岩在岩石地球化学特征上属高钾钙碱性–钾玄岩系列，岩石总体偏酸性，SiO_2 含量主要为 64.0%～67.39%，K_2O（2.6%～8.7%）和 Al_2O_3（>15%）的含量较高，以高度富集 K、Rb、Ba、Th 和 Sr 等大离子不相容亲石元素（LILE），明显亏损 Nb、Ta 和 Ti 等高场强元素（HFSE）为特征。其中 Rb 变化于 41～494ppm，Ba 变化于 555～1242ppm，Sr 含量高达 903ppm，Yb 和 Y 的含量较低分别为 0.94～1.92ppm 和 10.56～19.31ppm，表现为具有埃达克岩的地球化学亲和性，又有某些特殊性（曲晓明等，2001；侯增谦等，2003，2004）。

成矿年代学的研究显示：含矿斑岩的锆石 SHR IMP 年龄变化于 18～13Ma（驱龙、厅宫、冲江、白容和拉抗俄等矿区），可代表斑岩的成岩年龄；$^{39}Ar-^{40}Ar$ 年龄为 14～12Ma，可大致代表斑岩钾硅酸盐蚀变阶段的年龄；驱龙、厅宫、冲江、达布、拉抗俄、吹败子等矿区辉钼矿的 Re–Os 等时线年龄变化于 20～13Ma，代表了斑岩铜矿床的成矿年龄。斑岩铜矿外围的夕卡岩型铜铅锌矿床中辉钼矿的 Re–Os 等时线年龄变化于 15～16Ma（甲玛、知不拉、帮浦），浅成低温热液型金锑矿床的 K–Ar 蚀变年龄为 23Ma（弄如日金矿）。斑岩铜矿中斑岩的成岩年龄与蚀变、成矿年龄的高度一致性，暗示着斑岩成岩成矿作用紧紧相随，几乎同时发生。成矿机理上冈底斯成矿带斑岩型铜钼矿床与其外围的夕卡岩型铜铅锌矿和热液型铅锌矿或金矿床在成岩成矿年龄上亦高度吻合，均在20～12Ma，与欧亚大陆–印度大陆碰撞后伸展阶段及其岩浆作用的时代相一致，同时受控于碰撞后伸展地球动力学背景和深源浅成的中酸性岩浆成矿过程，属于统一的斑岩–夕卡岩–浅成低温热液成矿系统。在形成斑岩矿床的同时，自岩浆活动中心向外迁移的含矿气液，在岩体外接触带或层间滑脱带与钙质围岩地层发生交代形成夕卡岩，在远离岩体的构造空间内形成浅成低温热液矿床。因此，它们具有大致类似的矿床地质特征，相同的成矿机理和一致的成岩、成矿年龄，而且空间上三者密切共生。

从矿化和蚀变特征看，冈底斯成矿带的含矿斑岩均表现为全岩矿化，但含铜品位较低（多为0.3%～0.5%），变化较大。矿化类型以浸染状和团斑状为主、细脉状次之。主要金属矿物有黄铜矿、黄铁矿、辉钼矿和斑铜矿等。蚀变上斑岩矿区多表现为"中心式"的面型蚀变特征，如在厅宫等矿区由内向外发育钾硅岩化（钾长石化、黑云母化）–黄铁绢英岩化–泥化–青磐岩化的完整蚀变带。岩石中的磁铁矿的含量较高（普遍>1%），显示出成矿热流体系处于较高的氧化状态。由于各斑岩矿区所处的局部构造环境和围岩条件的差异，可大致分为四个不同的矿床式。

甲玛矿床式：该矿床式属斑岩-夕卡岩型铜多金属矿床，含矿斑岩侵入于富含碳酸盐岩的侏罗系地层中（多底沟组和林布宗组）。岩石为石英二长花岗斑岩，Re-Os 法同位素年龄显示其成矿年龄为 15～16Ma，在斑岩体内外接触带附近形成斑岩型铜矿床。矿化元素以铜为主，含少量的钼，伴生少量的银、金等有益组分。在距离斑岩矿床一定的距离（1～3km）内形成夕卡岩型铜多金属矿床，矿化以铜、铅为主，伴生少量的锌、钼、银、金等有益组分。

厅宫式：含矿斑岩侵入于白垩系设兴组或古近系、新近系林子宗火山岩以及喜马拉雅早期的花岗质岩石中，代表性的矿床有厅宫、白容、冲江、岗讲和朱诺等。含矿斑岩为石英二长花岗斑岩，Re-Os 法同位素年龄显示其成矿年龄为 13～14Ma，矿区面型蚀变特征明显，矿化产于斑岩体内及岩体与围岩的接触带附近，矿化元素以铜为主，含少量的钼和金。

得明顶式：该矿床式亦属斑岩-夕卡岩型矿床，含矿斑岩侵入于侏罗系叶巴组碎屑岩夹火山岩和碳酸盐岩的地层中，代表性矿床有得明顶和吹败子。含矿斑岩为石英二长花岗斑岩或石英斑岩，矿化产于斑岩体内及岩体与围岩的接触带附近，矿化元素以钼为主，含少量的铜，可能属于以钼为主的斑岩型矿床，其外围的夕卡岩中铜多金属矿化不发育。

甲岗式：该矿床式分布于冈底斯斑岩铜钼矿带以北，无论是在含矿岩体特征与矿化特征等方面与冈底斯斑岩铜矿床相比均存在较大的差异，表现在含矿斑岩体侵入于石炭系砂板岩夹灰岩和火山岩地层中，主要的岩性为白云母二长花岗斑岩，矿化产于岩体的内外接触带附近，并以内接触带为主，围岩蚀变以硅化和云英岩化为主，另有少量的夕卡岩化和碳酸盐化，$\delta^{34}S$ 为 2.9‰～9.0‰，平均为 5.01‰，明显高于冈底斯斑岩铜矿床的硫同位素组成，辉钼矿的 Re-Os 法同位素等时线年龄显示其成矿年龄为 21Ma（王治华等，2006）。成矿元素以钨、钼为特征，伴生少量的铜。

第三节　矿产预测评价找矿突破示范

冈底斯成矿带在大地构造上跨冈底斯-喜马拉雅两个 I 级构造区（图 4.12），其构造演化与特提斯洋的演化及印度大陆与亚洲大陆的碰撞作用密切有关，自北向南可划分为狮泉河-申扎-嘉黎结合带、措勤-申扎岛弧、隆格尔-工布江达复合岛弧、冈底斯岩浆弧、日喀则弧前盆地、雅鲁藏布蛇绿混杂岩带、北喜马拉雅褶冲带等次级构造单元，晚古生代以来，经历了复杂的地质构造演化历史（夏代祥等，1993；王成善等，1998；潘桂棠，2002，2006）。

一、西藏甲玛铜多金属矿找矿突破示范

冈底斯成矿带东段的甲玛铜多金属矿床的找矿突破，与西藏地勘单位长期的、艰苦卓绝的努力是分不开的，也与地质大调查长期的综合研究密不可分，同时，与矿床成矿系列理论对找矿实践的指导有关（王登红等，2005；陈毓川等，2007；毛景文等，2009）。甲玛铜多金属矿床的勘查取得了突破，提交的资源量可供中国黄金集团开发百年以上，并成为中央第五次援藏工作会议确定的西藏藏中有色金属开发基地中第一个成规模经济开发的矿床。

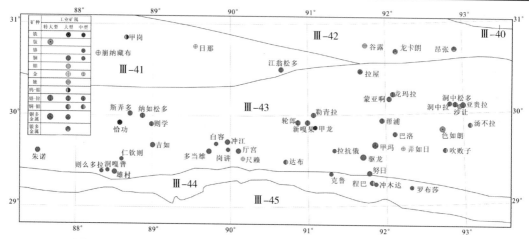

图 4.12　冈底斯中段主要大中型矿床分布图（矿带划分据徐志刚等，2008）

Ⅲ-40. 班公湖-怒江（缝合带）铬成矿带；Ⅲ-41. 狮泉河-申扎（岩浆弧）钨-钼（铜-铁）硼砂金成矿带；Ⅲ-42. 班戈-腾冲（岩浆弧）锡-钨-铍-锂-铁-铅-锌成矿带；Ⅲ-43. 拉萨地块（冈底斯岩浆弧）铜-金-钼-铁-锑-铅-锌成矿带；Ⅲ-44. 雅鲁藏布江（缝合带，含日喀则弧前盆地）铬-金-银-钟-锑-成矿带；Ⅲ-45. 喜马拉雅（造山带）金-锑-铁-白云母成矿带

矿区位于西藏拉萨市东 67km 处，隶属墨竹工卡县甲玛乡和扎西岗乡管辖，交通方便。地理坐标为：东经 91°43′06″~91°50′00″；北纬 29°37′49″~29°43′53″。东西长 8~11km，南北宽 6~11km。甲玛矿区面积约 145.499km²，甲玛铜多金属矿区 0~16~40~80、0~15 线采矿权面积为 2.1599km²。

西藏自治区墨竹工卡县甲玛矿区铜多金属矿自中国科学院西藏工作队地质组 1952 年发现后，西藏地矿厅在"九五"、"十五"期间作为重点矿产勘查项目，1991~1999 年开展了野外详查工作，在Ⅰ号矿体布置了序号为 31、23、15、7、0、4、8、12、16、24、32、40、48、72、80、96 共计 16 条勘探线。完成的主要实物工作量为：机械岩心钻探 10091.10m，平硐 407.50m，槽探 16474.06m³，1:2.5 万地形地质测量 106km²，1:2000 水文地质测量 7.14km²。于 2000 年 12 月提交了"西藏自治区墨竹工卡县甲玛矿区铜多金属矿详查地质报告"。按铜边界品位 0.3%、最低工业品位 0.5%、铅边界品位 0.5%、最低工业品位 1%，分别进行了矿体的圈定。共计算出铜铅金属资源量 108.91 万 t（332+333+334₁），其中铜 52.26 万 t（332 级 10.37 万 t，333 级 15.53 万 t，334₁ 级 26.66 万 t），铅 56.35 万 t（332 级 7.81 万 t，333 级 38.43 万 t，334₁级 10.11 万 t）。截至 2006 年 7 月，被国土管理部门核实并备案的占用的铜金属量 48 万 t，占用的铅金属量 29.1 万 t。

2008 年 1 月，中国黄金集团委托中国地质科学院矿产资源研究所对甲玛铜多金属矿进行勘探和外围勘查。通过近 7 个月的艰苦卓绝的勘探工作，在短短的有效工作月内施工钻孔 150 个，完成钻探工作量 50616.56m，共探明铜资源量 232.43 万 t、钼资源量 23.69 万 t、铅资源量 56.15 万 t、锌资源量 16.49 万 t、金资源量 75.7 万 t、银资源量 4608.23t（国土资储备字【2009】179 号，中矿联储评字【2009】30 号；国土资储备字【2009】99 号，中矿联储评字【2009】21 号）。查明资源储量折算为当量铜资源量约为 550 万 t。

自 1993 年开始勘查以来，各学者对甲玛铜多金属矿的矿床成因一直争论不休，导致勘探工作没有大的突破，确定以我国科学家自主创新成矿系列理论指导本次找矿实践，为甲玛铜多金属矿的找矿突破起到了理论指导作用，对确定矿床的类型和找矿方向具有重要的理论和实践意义。

通过工作不仅查明矿体的形态、产状、矿床规模和矿石质量，而且基本查明了矿床的开采技术条件和矿石加工技术性能。主矿体延长3000m，倾向上延伸大于2000m，平面上呈层状，剖面形态为一不规则层状厚板体，矿体主要由细脉浸染状原生硫化物型矿石组成，矿石矿物以黄铜矿、斑铜矿、辉钼矿、黝铜矿、辉铜矿为主，有用元素以铜为主，并伴生银、金、钼、铅锌、钨等。矿床为典型的夕卡岩–斑岩型铜钼多金属矿。

（一）成矿地质背景

甲玛矿区位于冈底斯带的冈底斯–念青唐古拉复合火山岩浆弧的东部（图4.2）。潘桂棠等（2006）将冈底斯–念青唐古拉复合岩浆弧地体自南向北分为（图4.13）：南冈底斯岩浆弧（K_2—E_2）（Ⅳ–1），桑日火山弧（J_3—K_1）（Ⅳ–2），叶巴火山弧（J_1—J_2）（Ⅳ–3），隆格尔–念青唐古拉复合火山岩浆弧（P—T_3）（Ⅳ–4），措勤–多瓦复合弧后前陆盆地（Ⅳ–5），则弄火山岩浆弧（J_3—K_1）（Ⅵ–5）。矿区位于冈底斯桑日火山弧（J_3—K_1）和叶巴火山弧（J_1—J_2）的范围内，鉴于在谢通门县雄村–洞嘎普一带已经确定与叶巴组相同的火山岩层位（唐菊兴等，2006，2009b；曲晓明等，2007），唐菊兴等（2006）将其初定为雄村组（$J_{1-2}x$），因此，建议将冈底斯桑日弧与叶巴弧两个构造单元合并。

冈底斯–念青唐古拉地体，肇始于雅鲁藏布江洋的形成与扩张，其南缘的演化与甲玛矿床的形成有密切关系，依据前人研究（夏代祥等，1994）和区域地质事实，该地体主要有以下几个阶段：晚三叠世—早白垩世被动陆缘，晚白垩世—古近纪陆缘岩浆弧，古近纪早中期碰撞造山带，古近纪中晚期至新近纪早期陆内伸展走滑。甲玛铜钼多金属矿床、驱龙铜钼矿床、帮浦钼铜矿床都产于冈底斯–念青唐古拉地体南缘，在呈北东向展布的拉抗俄–墨竹工卡–帮浦铜钼铅锌（金）多金属矿化带上（图4.13）。

（二）控矿条件分析

1. 矿体地质概况

甲玛铜多金属矿床矿体类型按照赋矿岩石不同可划分为夕卡岩型铜多金属矿体、斑岩型钼（铜）矿体，斑岩型钼（铜）矿体又分为产于斑岩中的钼（铜）矿体和产于角岩中的钼（铜）矿体，各矿体特征体现在以下几个方面。

夕卡岩型铜多金属矿体：矿体为甲玛铜多金属矿床主要的工业矿体（图4.14），可开采的工业矿石储量占矿区总储量的70%以上。夕卡岩型铜多金属矿体根据其产状又可划分9个矿体，其中：Ⅰ号主矿体呈层状、厚板状产于下白垩统林布宗组砂板岩、角岩（矿体顶板）与上侏罗统多底沟组灰岩、大理岩（矿体底板）的层间扩容空间内；矿体走向约300°，延长大于3000m（分布于47–0–56线）；倾向30°，延伸大于2500m（未控制边界）；受推覆构造控制，矿体产状具明显的上陡下缓的特点，上部矿体倾角一般为50°~70°，为铅锌（金银）矿石组合；下部矿体倾角一般小于20°，为铜钼（金银）矿石组合；除了矿体西边界有个别钻孔未见矿外，Ⅰ号主矿体连续性好；目前控制的该矿体最大连续厚度为291.3m（ZK024），其Cu平均品位为0.97%，Mo平均品位为0.053%。另有其他8个小矿体呈透镜

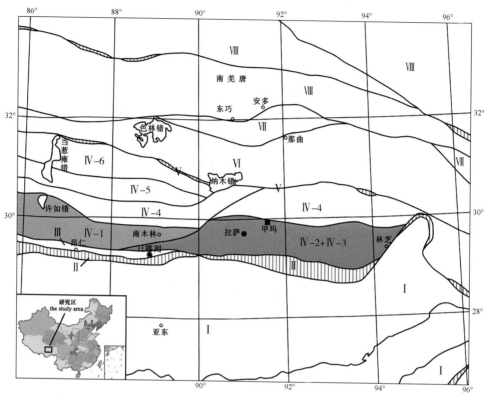

图 4.13　西藏构造单元划分和冈底斯构造单元细结构（潘桂棠等，2006，略作修改）

Ⅰ. 喜马拉雅带；Ⅱ. 雅鲁藏布缝合带；Ⅲ. 日喀则弧前盆地；Ⅳ. 冈底斯–念青唐古拉复合岩浆弧；Ⅳ–1. 南冈底斯岩浆弧（K_2—E_2），Ⅳ–2+Ⅳ–3. 桑日火山弧（J_3—K_1）+叶巴火山弧（J_1—J_2），Ⅳ–4. 隆格尔–念青唐古拉复合火山岩浆弧（P—T_3），Ⅳ–5. 措勤–多瓦复合弧后前陆盆地，Ⅳ–6. 则弄火山岩浆弧（J_3—K_1）；Ⅴ. 狮泉河–拉果错–阿索–永珠–纳木错–嘉黎–波密弧–弧碰撞带（简称 Slainajap 带）；Ⅵ. 昂龙岗日–班戈–伯舒拉岭岩浆弧；Ⅶ. 班公湖–怒江缝合带；Ⅷ. 南羌塘和左贡前陆盆地

状或囊状产于滑覆构造内林布宗组与多底沟组层间的夕卡岩中，分布于矿区 56～88 线，单个矿体规模较小，走向与倾向延伸均不超过 300m，矿体厚度一般小于 10m。夕卡岩型矿体矿石中主要矿石矿物为黄铜矿、斑铜矿、方铅矿、闪锌矿、辉钼矿、辉铜矿以及黝铜矿等，脉石矿物以石英和夕卡岩矿物为主（主要为石榴子石、硅灰石、透辉石与透闪石等）。矿石主要为细脉浸染状、浸染状、块状构造。

产于斑岩中的钼（铜）矿体：矿体形态上主要呈筒状产于 0～40 线北边（以 ZK1616～ZK3216 为中心），空间上整体处于夕卡岩型铜多金属矿体下部，并部分穿过夕卡岩型主矿体；目前初步控制该矿体长约 600m（8–24 线），已有钻孔（ZK2414）连续见矿厚度达544.73m，Cu 平均品位为 0.23%，Mo 平均品位为 0.052%，矿体仍未穿透；深部含矿斑岩主要为黑云母花岗闪长斑岩与二长花岗斑岩；矿石中具有典型的细脉浸染状构造，主要的矿石矿物有辉钼矿、黄铜矿等，脉石矿物主要为石英、长石、黑云母、绢云母等。

产于角岩中的钼（铜）矿体：矿体形态上呈筒状产于 0–40 线角岩中，空间上整体位于夕卡岩型铜多金属矿体上部和产于斑岩中的钼（铜）矿体外围；已控制该矿体长约 1000m，控制矿体最大厚度达 826m（ZK3216），Cu 平均品位为 0.24%，Mo 平均品位为 0.054%，随着勘查工作的不断深入，矿体规模不断扩大；矿石以细脉浸染状构造为特征，矿石中主要的矿石矿物为辉钼矿、黄铜矿等，主要的脉石矿物为石英、黑云母、绢云母等。

2. 岩浆作用对成矿的控制

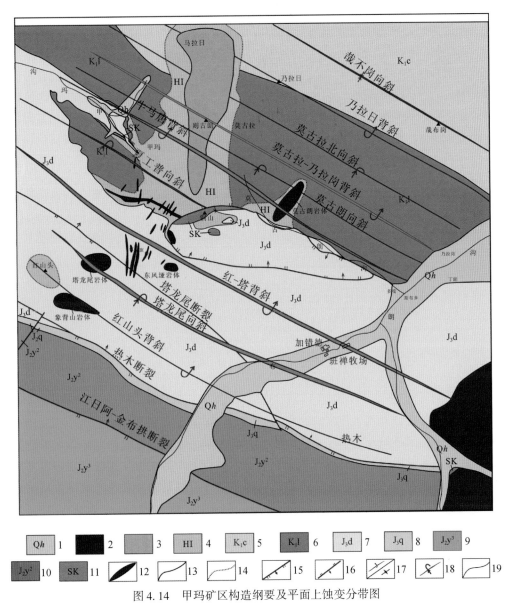

图 4.14　甲玛矿区构造纲要及平面上蚀变分带图

1. 第四系；2. 花岗岩；3. 硅帽；4. 角岩；5. 楚木龙组；6. 林布宗组；7. 多底沟组；8. 却桑温泉组；9. 叶巴组三段；10. 叶巴组二段；11. 夕卡岩；12. 矿体；13. 地层界线；14. 角岩蚀变界线；15. 正断层；16. 逆断层；17. 斜歪倒转背斜-正常背斜；18. 斜歪倒转向斜；19. 水系

区内火山岩集中分布在墨竹工卡以南的甲玛、班禅牧场、沃卡一带中侏罗统叶巴组中。为一个东西向狭长状喷发带，该带东西长约 120km，出露宽 4～10km。喷发中心在甲玛以南，向东西厚度和宽度减小并尖灭。叶巴组岩石组合为英安岩、流纹岩、凝灰岩、火山角砾岩等中酸性火山岩夹砂岩、泥岩和灰岩。顶部被却桑温泉组（J_3q）或多底沟组呈角度不整合覆盖，底部被燕山晚期花岗岩侵入。岩石普遍具有变质和蚀变现象，具片状构造，原岩矿物全部或部分蚀变为绿泥石、绿帘石、绢云母和碳酸盐矿物。董彦辉等（2006）获得甲玛沟叶巴组流纹岩中锆石的 U-Pb 年龄为 174.4±1.7Ma；耿全如等（2006）获得叶巴组英安岩（达孜）中的锆石 U-Pb 年龄为 181.5±5.2Ma，两者基本一致。

研究区域地表出露花岗斑岩、黑云母二长花岗斑岩、花岗闪长斑岩、石英闪长斑岩、闪长斑岩、闪长岩、闪斜煌斑岩、角闪辉绿（斑）岩、石英辉长岩等侵入岩，根据单元超单元的划分原则，现将矿区侵入岩划分为铜山辉绿岩单元、牛马塘闪长斑岩单元和象背山花岗斑岩单元（表4.3），并归并为甲玛超单元。

表4.3　甲玛矿区侵入岩单元、超单元划分

超单元	单元	岩性	时代关系	系列	演化
甲玛超单元	象背山花岗斑岩单元（γπN1）	花岗斑岩（γπ）	含 MME 包体，夕卡岩化	高钾钙碱性系列	二长花岗斑岩－花岗斑岩
		黑云母二长花岗斑岩（ηγπβ）	含 MME 包体，夕卡岩化		
	牛马塘闪长斑岩单元（δμN1）	花岗闪长斑岩（γδμ）	脉动侵入花岗斑岩	钙碱性系列	闪长岩－闪长岩－石英闪长岩－花岗闪长斑岩
		石英闪长斑岩（δoμ）	含 MME 包体，夕卡岩化		
		闪长斑岩（δμ）	脉动侵入角岩和夕卡岩		
		闪长岩（δ）	脉动侵入角岩和夕卡岩		
	铜山辉绿岩单元（βμN1）	闪斜煌斑岩（δχ）	脉动侵入角岩和夕卡岩		辉长岩－辉绿（斑）岩
		角闪辉绿（斑）岩（βμ）	脉动侵入角岩和夕卡岩		
		石英辉长岩（νo）	夕卡岩化		

侵入岩集中分布在北西-南东向的牛马塘背斜-红山头背斜之间，塔龙尾断裂的两侧。岩体明显受区域拉张环境及走滑断层控制，岩体近东西、北西-南东向、近南北向的放射状展布，在近南北向及近东西向呈雁列式分布。侵入体与围岩呈枝杈状接触，岩体内部无定向组构，围岩无明显的挤压变形现象。以上特点说明在侵位过程中，岩浆主要是被动地充填于构造作用形成的虚脱空间中。

侵入体之间的岩浆混合现象发育，可见长石的反环带，不规则分布的 MME 包体及浑圆状石英周边的黄铁矿边。矿区斑岩体的侵位时代为 14～16Ma，成矿发生在 14.6～15.22Ma（应立娟等，2009，2010），成矿作用时限不超过1Ma。

通过近 13 万 m 的钻探揭露和矿体产出特征、矿物组合、典型的矿石组构（唐菊兴等，2010）、成岩成矿年龄（应立娟等，2009，2010）发现，与成矿有关的含矿斑岩主要为花岗斑岩-二长花岗斑岩类和辉长-闪长岩类，A/CNK [Al_2O_3/（Na_2O+K_2O+CaO）] >1.1，为过铝质类岩，高钾钙碱性和钙碱性，其中花岗岩-二长花岗斑岩类为高钾钙碱性系列，高钾钙碱性系列及钙碱性系列的辉长-闪长岩类均有发育，并有各自的演化趋势，显示出不同的岩浆分异和岩浆演化轨迹。

两个岩浆系列最终在伸展环境下运移到达浅部，并在浅部形成斑岩-夕卡岩-角岩复合成矿系统。成矿流体与斑岩在相同的时间、由相同的通道、来源于相同的浅部岩浆房，在相同的空间成矿。高钾钙碱性系列岩体控制了矿体的分布，由于形成始新世16Ma左右高钾钙碱性系列岩浆的侵位，导致在花岗斑岩-二长花岗斑岩、闪长玢岩的围岩林布宗组砂板岩形成角岩、多底沟组灰岩形成大理岩、夕卡岩，岩浆热液为主的成矿流体的活动，在斑岩、角岩中形成典型的具斑岩型矿石组构特征的钼（铜）矿石，矿石呈细脉浸染状构造。在林布宗组角岩和多底沟组大理岩之间形成夕卡岩型铜多金属矿体，具有上铅锌、下铜钼的分带特点（唐菊兴等，2010b；郑文宝等，2010）。含矿岩浆的侵位除了提供热源形成热变质的角岩和大理岩之外，还是成矿作用中主要的物质、流体源。

3. 成矿的构造条件

受印度-欧亚板块碰撞的影响，冈底斯-念青唐古拉地体南缘发育若干北西西向的推覆构造系。主推覆面由被动陆缘期的控盆深断裂反转而成，现表现为逆掩断层，具有韧-脆性变形特征，在碰撞造山期，向上切穿沉积盖层，全面逆冲反转，构成各推覆构造系的新推覆面，并在推覆前锋带新生若干上陡下缓向下交于主推覆面的逆冲断层系，形成若干逆冲褶皱岩片；在主碰撞后伸展走滑期，普遍松弛正滑，构成基性、中酸性岩浆及其伴生热液上侵的主要通道。

甲玛矿区位于北西西向延伸的甲玛-卡军果推覆构造系前部带。甲玛-卡军果推覆构造系（图4.15），大体由北面墨竹曲一带开始，沿江日啊-金布拱铲式断裂带向南叠缩推覆而成。甲玛-卡军果推覆构造系南北宽约20km，由南向北可分为推覆体前锋带、前部带、中部带和后部带四个部分。

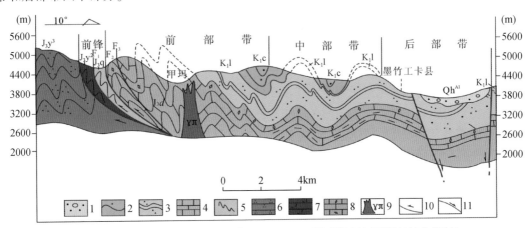

图4.15　甲玛-卡军果推覆构造体系（1:25万泽当镇幅剖面资料综合编制）

1. 第四系冲积物；2. 楚木龙组砂岩；3. 林布宗组板岩、粉砂岩；4. 多底沟组结晶灰岩；5. 却桑温泉组砾岩夹页岩；6. 叶巴组三段石英片岩；7. 叶巴组二段凝灰岩；8. 夕卡岩；9. 含矿斑岩；10. 逆冲断层；11. 正断层。F1. 江日啊断裂；F2. 热木断裂；F3. 塔龙尾断裂

前锋除金布拱-江日啊主推覆断裂外，尚发育热木等系列铲式断裂，具脆-韧性的特征，间夹持发育逆冲型小褶曲的构造片岩，相伴发育松弛伸展期的基性脉岩。

前部带发育规模较大的复式斜歪-同斜倒转褶皱带，局部残存推覆引起的高位岩体反向滑覆而成的滑覆构造。甲玛矿区位于该带的中部。

中部带亦发育规模较大的斜歪褶皱。后部带主要位于墨竹曲、拉萨河一带,地层渐趋平缓,仅见宽缓褶曲,发育第四系断陷盆地,为推覆构造系启动处。

推覆构造系中的褶皱,轴迹呈北西西-南东东向。在矿区及其近围,由北向南依次发育哉不岗向斜、乃拉日背斜、莫古拉向斜、莫古拉-乃拉岗背斜、莫古郎向斜、牛马塘背斜、夏工普向斜、红(旗岭)-塔(龙普)背斜、塔龙尾向斜、红(山头)-象(背山)背斜等褶皱,以红-塔背斜规模最大。夏工普复式向斜和牛马塘复式背斜,为红-塔背斜北翼的次级褶皱,控制了夕卡岩型矿体的产出。

在红-塔背斜北翼,发育由南向北滑覆的铜山滑覆体。该滑覆体分布于铜山、布朗沟、莫古郎沟一带,面积约4km²,滑覆体前缘,因侵蚀切割,可见多底沟组大理岩滑覆到林布宗组的角岩之上形成的飞来峰构造,铜山滑覆体西部控制了I-3 ~ I-9 号夕卡岩型矿体的产出,这类矿体均受到滑覆体内的次级构造控制。

4. 地层对成矿的控制

矿区出露的主要赋矿地层为林布宗组(K_1l)砂板岩、角岩和多底沟组(J_3d)大理岩、灰岩。

林布宗组上部为灰色、暗灰色砂岩和板岩互层,局部见安山质凝灰岩及凝灰质砂岩;下部为灰黑色粉砂岩夹碳质泥页岩,黑色的斑点板岩及灰白色的绢云母板岩。

林布宗组在甲玛矿区构成有利于成矿的天然的地球物理和地球化学障。首先在受到成矿有关岩浆热力影响范围内普遍发生角岩化,并在临近岩浆热液活动中心部位,由于大量斑岩脉体的侵位,发生强烈硅化而成为岩体顶部角岩内的强硅化帽。在平面上,角岩化面积超过矿区面积的1/2,硅帽近南北向的刀把状,面积约2.3km²,该硅帽应该是 Sillitoe(1979,1997)、徐庆生等(2010)认为的斑岩型成矿系统顶部的岩帽,指示斑岩型成矿系统的剥蚀深度不大,斑岩型矿化的主体尚未剥蚀,深部找矿潜力较大。

多底沟组主要分布于铅山-铜山-莫古郎以南区域及北西部的牛马塘一带,主要为灰黑色中厚层灰岩。在矿区内,几乎全部发生不同程度的大理岩化,近林布宗组角岩的大理岩蚀变形成矿化夕卡岩。

林布宗组、多底沟组是甲玛矿区的主要赋矿围岩,夕卡岩型矿体以铜钼铅锌(金银)多金属矿化为主,位于林布宗组角岩和多底沟组大理岩之间;角岩型矿体以钼铜银多金属矿化为主,矿体赋存于角岩中,硅化强烈。

林布宗组巨厚的硅化角岩的控矿作用表现在:①林布宗组黑色砂板岩在岩浆侵位后,受热变质形成巨厚的角岩,据目前的钻探成果,角岩厚度大于1000m(ZK3220、ZK3224、ZK1622 等)(郑文宝等,2011)。角岩,深灰色致密块状,离矿化中心的远近形成相应的蚀变分带,近矿化中心为强硅化角岩,向外分别为硅化角岩、长英质角岩、黑云母长英质角岩、斑点状红柱石化角岩。角岩孔隙度低,可作为含矿流体的良好隔挡层,形成良好的规模巨大的岩性圈闭,促使成矿流体只能沿林布宗组角岩与多底沟组大理岩层间扩容空间充填交代成矿,形成良好的矿化分带。②角岩中形成一个1000m×800m的强硅化角岩型矿体,矿体主要位于 0 勘探线至40 勘探线之间(郑文宝等,2011),矿石类型为网脉状钼(铜)矿石,角岩矿体的上部为铜(钼)矿体,下部以钼(铜)矿化为主,分带清晰。

（三）矿床勘查模型

本书建立甲玛矿床的矿体结构描述模型、大比例尺的地球化学勘查模型、地球物理勘查模型，并结合找矿标志总结出矿床的综合信息勘查模型。

1. 1∶1万土壤测量的元素地球化学勘查模型

1∶1万土壤地球化学测量范围约12km^2（图4.16），各元素地球化学特征列于表4.4中。

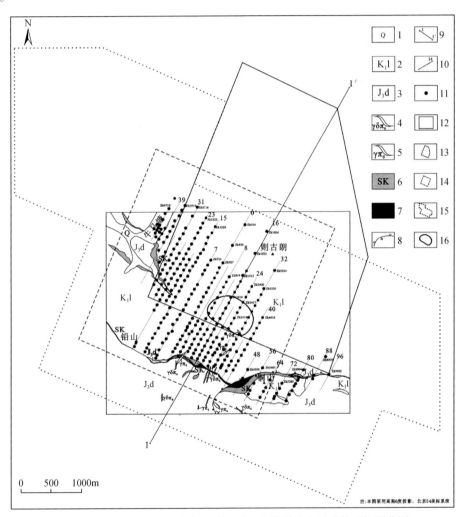

图4.16 甲玛铜多金属矿床地质简图、土壤测量和地球物理探测范围

1. 第四系残坡积物、冲洪积物；2. 下白垩统林布宗组砂板岩、角岩；3. 上侏罗统多底沟组灰岩、大理岩；4. 喜马拉雅晚期花岗闪长斑岩脉；5. 喜马拉雅晚期花岗斑岩脉；6. 夕卡岩；7. 夕卡岩型铜多金属矿体；8. 滑覆构造断裂；9. 勘探线；10. 剖面位置；11. 已完成钻孔；12. 矿区主要工程界线；13. 1∶1万土壤测量范围；14. 1∶1万激电测量范围；15. 高精度磁测范围；16. 隐伏斑岩体范围

样品中亲铜成矿元素 Au、Ag、Cu、Pb、Zn、As、Sb、Hg 的标准差、变化系数均较大，表明土壤中的亲铜成矿元素的富集强度和富集能力比较高，根据各元素的变化系数确定了测区主要成矿元素的富集能力从大到小排列的顺序为 Sb>Hg>Au>Cu>Zn>As>Pb>Ag，其次为亲氧元素 Bi、Mo、Sn，而铁族元素 Co、Ni 的富集强度和富集能力最差。

异常面积约为 4km^2，异常元素组合为 Au、Ag、Cu、Mo、Bi、As、Sb、Hg，异常外围元素为 Pb、Zn、Co、Ni。其中，异常浓集中心的 w(Au) 最高值为 2360×10^{-9}；w(Ag) 最高值为 21×10^{-6}，w(Cu) 最高值为 16712×10^{-6}，w(Pb) 最高值为 3174×10^{-6}，w(Zn) 最高值为 4923×10^{-6}，w(As) 最高值为 2654×10^{-6}，w(Sb) 最高值为 4616×10^{-6}，w(Hg) 最高值为 51630×10^{-9}。

在测区南部，元素异常组合比较齐全，元素套叠较好，异常形态复杂，异常强度相对较大，构成一个南东侧未圈闭的半圆形异常。

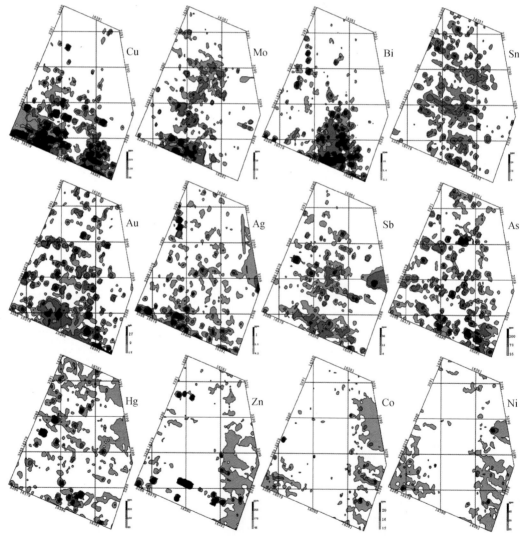

图 4.17　甲玛铜多金属矿土壤地球化学测量各元素异常图（测区范围见图 4.16）

从异常图上可以看出（图4.17），异常浓集中心的元素组合为 Cu、Mo、Au、Ag、Bi、Sn，其中 Mo、Bi、Sn 等高温元素为内环异常元素，As、Sb、Hg、Pb、Zn、Co、Ni 则明显是外围异常元素，分带清晰。其中，Co、Ni 的异常分布在角岩化微弱的林布宗组黑色砂板岩分布区，代表的是一种原岩为炭泥质砂板岩的异常；As、Sb、Hg 异常代表的是角岩中广泛分布的细脉浸染状黄铁矿，是弥散性的蚀变异常，这种大面积的 As、Sb、Hg 异常指示斑岩型成矿系统的上部元素异常，表明斑岩成矿系统的上部剥蚀程度不大，整个斑岩成矿系统保存较为完好。

表4.4　甲玛矿区1∶10000土壤测量中各元素地球化学特征表

	$w(B)/10^{-9}$		$w(B)/10^{-6}$										
	Au	Ag	Cu	Pb	Zn	As	Sb	Bi	Hg	Co	Ni	Mo	Sn
样品数	3063	3063	3063	3063	3063	3063	3063	3063	3063	3063	3063	3063	3063
平均值	7.36	0.32	90.51	67.11	64.90	44.03	6.99	2.96	94.81	7.38	16.82	7.25	4.91
中位数	2.5	0.23	27.6	31.5	52.4	22.2	2.46	1.04	59.2	6.62	19.2	3.5	3.2
最小值	1.1	0.04	2.74	0.56	0.71	0.3	0	0.08	0.24	0	0.24	0.54	1
最大值	2360	21	16712	3174	4923	2654	4616	137	51630	139	102	536	52
标准差	0.83	0.01	7.64	3.02	3.51	2.08	1.52	0.14	17.03	0.12	0.20	0.33	0.09
变化系数	6.23	1.93	4.67	2.49	2.99	2.61	12.05	2.65	9.94	0.93	0.66	2.52	0.97
偏度	44.72	19.19	25.69	10.40	17.25	11.58	53.63	8.49	53.48	6.57	0.41	18.67	3.67
峰度	2271.2	524.0	870.6	140.3	356.1	194.2	2933.3	96.4	2921.9	99.93	0.96	454.14	18.33
背景值	2.5	0.25	28	32	55	25	3	1	60	7	20	3.5	3.5
异常下限	4.5	0.3	55	55	85	35	6	2.5	80	12	25	8	5

2. 1∶1万高精度磁测勘查模型

高精度磁测的范围见图4.16。从异常图（图4.18）上可见，区内磁异常分为北西、南东两部分。异常总体走向呈北北东向。

南东部磁异常位于48勘探线以东，异常 ΔT 等值线密集，梯度变化大，ΔT 值较高（最高值为1530nT），多个局部异常叠加在 ΔT 值为100～150nT的背景场上，走向主体为北北东方向展布，南部为近东西向，呈不规则状或压扁椭圆状异常，剖面曲线波动大，ΔT 值较高，变化大，ΔT 值最高可达1530nT，为强磁性区。异常位于铜山一带，异常的南部与铜山推覆滑覆体吻合，矿石和围岩中发育磁黄铁矿，最新的钻探成果表明，北东向的串珠状异常跟深部隐伏斑岩体与围岩的接触带基本一致。

北西部高磁异常位于31勘探线附近，是在角岩化砂板岩和弱角岩化砂板岩的界线附近，等值线稀疏，梯度变化小，ΔT 值较低，剖面上曲线波动小、变化平缓、磁场平稳，显示为中低磁性区。该异常显示与隐伏斑岩体的接触带基本吻合。

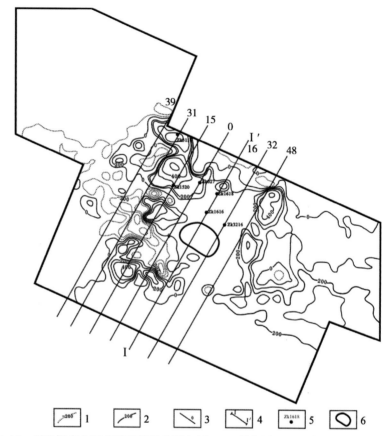

图 4.18　甲玛铜多金属矿区高精度磁测上延 100m 异常图（山西省地质调查院完成）

1. 磁负异常；2. 磁正异常；3. 勘探线位置及编号；4. 勘探剖面位置及编号；5. 钻孔位置及编号；6. 隐伏的斑岩体位置

中部低异常区（ΔT 值在 $0 \sim 200\text{nT}$）为赋存在角岩中的钼（铜）矿体、夕卡岩型铜多金属矿体（在 200m 以下）、隐伏斑岩型钼（铜）矿体（在 8～32 勘探线之间）的主要出露区，与编录结果一致，除了斑岩中发育弱磁性的黑云母以外，其他磁性矿物缺乏。

因此，高精度磁测结果显示，斑岩成矿系统矿化强烈的区域显示为低磁异常（ΔT 值在 $0 \sim 200\text{nT}$），接触带为中高磁异常（ΔT 值在 $200 \sim 1500\text{nT}$），环状的中高磁异常带构成了斑岩矿化体的接触带特征。从图 4.18 看出，隐伏的含矿斑岩体可能呈现具有上部小、向下变大的特点。

3. 1：1 万激电测量勘查模型

激电探测的范围见图 4.16，从异常图（图 4.19）上可见，赋存角岩中的钼（铜）矿体、夕卡岩型矿体和斑岩型矿体的分布区极化率为 4%～10%，视电阻率为 $50 \sim 700\Omega \cdot \text{m}$。特别是斑岩型矿体的分布区（0～40 线）基本上呈现中极化率、低阻的特征。

矿区西侧 39 线以西的高极化区是碳质板岩出露区，角岩化弱，具有高极化率、高阻的特点。39～0 线的低阻和中高极化区是夕卡岩型硫化矿体引起的。

4. 矿体精细结构的剖面描述及勘查模型

详细的地质勘查和研究成果表明甲玛铜多金属矿床具有一个典型的斑岩成矿系统，从围岩→赋存角岩中钼铜（金银）矿体→夕卡岩型铜钼铅锌（金银）矿体→斑岩型钼铜（金银）矿体，构成了一个完整的斑岩成矿体系，属典型的斑岩–夕卡岩型矿床，矿床的形成与中新世花岗斑岩的侵位有关（应立娟等，2009，2010；唐菊兴等，2010b；郑文宝，2010）；形成斑岩、角岩中细脉浸染状、网脉状的斑岩型钼（铜）矿体和夕卡岩中的细脉–浸染状、块状铜钼铅锌（金银）矿体，局部大理岩中的块状和稠密浸染状富铜矿体。其中，富矿石主要在夕卡岩中，铜平均品位大于 1% 的铜金属量大于 200 万 t。含矿斑岩是富含铜、富水、高 fO_2 的幔源的偏基性岩浆熔体与富含钼的壳源的长英质岩浆发生了多次岩浆混合作用导致了丰富的成矿元素的富集，如除了铜、钼以外，还有铅、锌、金、银、钨、铋的矿化富集，甚至可以单独圈定矿体。矿体结构见表 4.5。

表 4.5　矿体结构特征

分类	典型照片	矿体（矿石）形态、产状、规模	矿石构造和矿物组合	蚀变
角岩中的矿石		矿体位于 0 ~ 48 线，矿体呈桶状，其中，ZK3216 揭露矿体厚达 685.68m，Cu 平均品位为 0.25%；Mo 平均品位为 0.059%。角岩类型主要有黑云母长英质角岩、红柱石斑点角岩、黑云母角岩、强硅化角岩等，在黑云母长英质角岩、强硅化角岩中矿化最好，属矿化中心。照片说明：照自 ZK4013 孔 620m 左右，深色者为黑云母长英质角岩，浅色为石英 + 辉钼矿脉，明显见缓倾斜的石英细脉被陡倾斜的石英脉穿插	典型网脉状构造，至少 3 ~ 4 期石英–硫化物脉，早期缓斜，晚期的陡倾斜。主要金属矿物：辉钼矿、黄铜矿，少量黄铁矿	早期角岩化，角岩中黑云母、红柱石、绢云母化，晚期硅化，至少可以识别出四期石英脉。在 ZK1616、ZK2414 等近斑岩体的角岩泥化强烈，晶洞中见

分类	典型照片	矿体(矿石)形态、产状、规模	矿石构造和矿物组合	蚀变
夕卡岩型矿体		层状,主矿体长约3200m,矿体厚度从数米至291.3m,从23~64线,矿体厚度都有大于100m的,其中ZK024孔厚度最大,Cu 0.97%,Mo 0.053%,Au0.39g/t,Ag 16.41g/t。照片说明:照自ZK4704孔60m左右,条带状构造,褐黄色的为钙铁榴石、白色者为硅灰石,深色者为斑铜矿。钙铁榴石(褐黄色)-硅灰石(灰白色)-斑铜矿(深色)互为条带	细脉浸染状、浸染状、块状、条带状、层纹状构造,主要金属矿物为黄铜矿、斑铜矿、黝铜矿、辉钼矿、方铅矿、闪锌矿,少量黄铁矿,微量白钨矿。浅部主要为铅锌矿体、深部为铜钼矿。纯的钙铁榴石夕卡岩中以黄铜矿为主,硅灰石夕卡岩中的以斑铜矿为主	早期夕卡岩化、见钙铁榴石、透辉石、硅灰石。晚期为绿泥石化、绿帘石化、近含矿岩体见强烈的泥化
斑岩型矿体		筒状,矿化中心在ZK815—ZK1614—ZK2414一线,控制含矿斑岩体长度大于800m;宽度大于500m。含矿隐伏斑岩体呈现斑岩钼矿化特征,典型的细脉浸染状构造,具至少三个阶段钼矿化。其中ZK1614,揭露406.9m厚斑岩钼矿体:Cu 0.04%;Mo 0.051%。含矿斑岩体以ZK2414为中心,尤其以铜山方向和则古郎方向趋势最为明显(ZK2010、ZK1615、ZK3212)矿化变强,同时引发大规模角岩中钼矿化,如ZK1616、ZK4012、ZK3216)。照片说明:照自ZK2414孔505m处,辉钼矿显然与稍晚期的辉钼矿-石英脉有关,早期的脉体被晚期的脉体穿插。钢灰色的为辉钼矿,网脉为石英+辉钼矿,斑岩为蚀变花岗斑岩,见晶洞	典型的细脉浸染状、网脉状构造,晶洞构造。主要金属矿物为辉钼矿、少量黄铜矿、黄铁矿。辉钼矿一般以辉钼矿-石英网脉产出,少量浸染状。辉钼矿为弯曲鳞片状、片状、束状。辉钼矿常产出在石英脉壁或脉体中部。脉体中常见晶洞,并见自形片状辉钼矿。早期的脉体缓倾斜,矿化强烈的石英脉陡倾斜。与角岩的脉体形态和特征基本一致	黑云母化、钾长石化、硅化、绢云母化,近岩体接触带泥化强烈。斜长石大都已经绢云母化

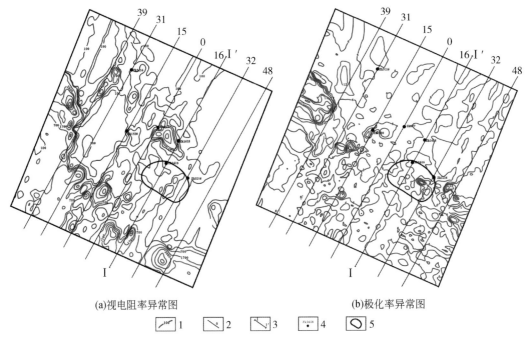

(a)视电阻率异常图　　　　　　　　　　　　(b)极化率异常图

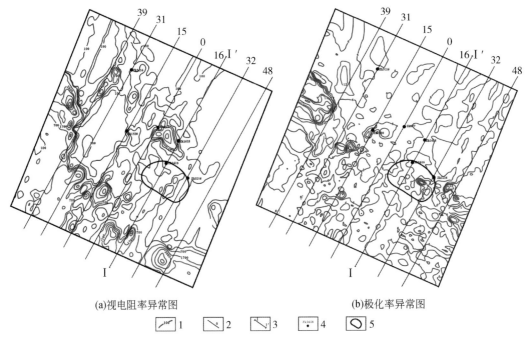

图 4.19　甲玛铜多金属矿区激电探测视极化率和视电阻率异常图

（测区范围见图 4.16，由山西省地质调查院完成探测）

1. 视极化率和视电阻率磁等值线；2. 勘探线位置及编号；3. 剖面位置及编号；4. 钻孔位置及编号；5. 隐伏斑岩体位置

从 16 勘探线地质–地球化学–地球物理综合剖面（图 4.20）可以得知，主要成矿元素和地球物理探测异常分布勘查模型具有以下特点。

（1）角岩型矿体位于矿化斑岩的上部，以钼（铜）矿化为主，矿体长约 1000m，宽约 800m，矿体垂深控制厚度大于 700m，以网脉状石英+辉钼矿脉为主。斑岩体以钼矿化为主，铜为伴生。夕卡岩矿体位于林布宗组角岩与多底沟组大理岩之间的夕卡岩中，空间上中间厚、四周薄，中部矿体厚度最大厚度大于 290m，南西侧向上翘起，出露地表，矿体倾角大于 50°，深部的夕卡岩型矿体向北东倾，尚未控制矿体边界。矿体在 48 勘探线以东，受推覆–滑覆构造的影响，夕卡岩型主矿体成矿的海拔高度与铅山的夕卡岩型矿体基本一致，矿石类型也相似，矿石中发育方铅矿、闪锌矿。

（2）1:1 万土壤地球化学勘查模型显示，Cu、Mo、Au、Ag、Sn、Bi 元素在剖面上呈 M 形分布型式。隐伏斑岩体外接触带、隐伏的角岩型矿体之上呈现明显的高异常区，而隐伏斑岩体的位置，Cu、Mo、Au、Ag 的含量降低，呈现 M 形分布型式的特点，即接触带异常强度高于岩体。

Pb、Zn 的含量则具有接触带高值，但在主矿体外围也有一个高值区，既具有垂向上的元素分带特征，也具有平面上分带特征，为异常的外围元素。

（3）1:1 万地球物理勘查模型显示，高精度磁测异常、视电阻率异常显示为 W 形分布型式，视极化率异常表现为波浪起伏的特征。

高精度磁测的剖面特征呈典型的 W 形分布型式，在矿体范围内为一平坦的低异常区，接触带为中高异常区，隐伏岩体分布区在 200nT 以下，但在接触带则高于 500nT。

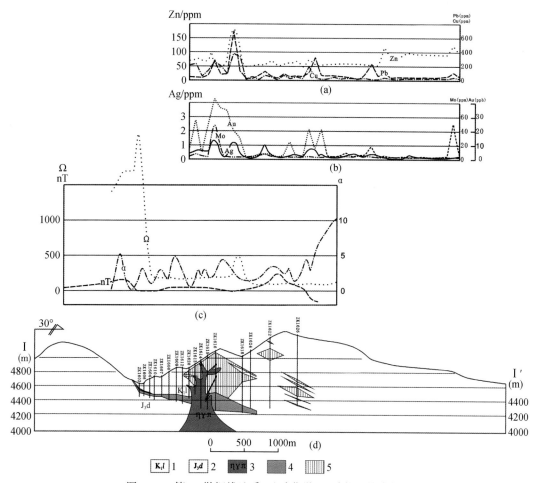

图 4.20　第 16 勘探线地质–地球化学–地球物理综合剖面

1. 下白垩统林布宗组砂板岩、角岩；2. 上侏罗统多底沟组灰岩、大理岩；3. 含矿二长花岗斑岩；4. 夕卡岩矿体；5. 角岩型矿体

视电阻率的剖面特征也为典型的 W 形分布型式，在矿体范围内为（隐伏的角岩型、夕卡岩型、斑岩型矿体）视电阻率低于 $200\Omega \cdot m$，表现为低阻，向南西在夕卡岩型矿体与大理岩的接触带视电阻率突然升高至超过 $1000\Omega \cdot m$，向北东斑岩矿体与角岩接触带也为高阻，视电阻率为 $200 \sim 500\Omega \cdot m$，到了角岩向砂板岩过渡或到砂板岩区，视电阻率降低至 $200\Omega \cdot m$ 以下，显示低阻特征。

视极化率异常的剖面特征为波浪形，矿体范围内视极化率为 $4\% \sim 6\%$，南西夕卡岩型矿体地表出露区视极化率升高，到大理岩分布区又明显降低至 2% 以下，在无矿化的砂板岩、碳质板岩的视极化率升高至 10% 以上。

因此，在横剖面的分布型式与传统的斑岩铜矿基本一致。

5. 主要找矿标志

根据以上研究，可以归纳出以下几点作为主要的找矿标志。

（1）面积达 $20km^2$ 以上的火烧皮，隐伏含矿岩体之上的角岩中发育硅帽，硅帽面积大，约 $3km^2$。

（2）蚀变强烈，角岩和大理岩的面积大于 $30km^2$。斑岩中常见钾长石化、黑云母化、硅化，围岩中见角岩化、夕卡岩化。角岩的分带清晰，林布宗组从远离矿体至矿化中心为：基本未蚀变黑色砂板岩→红柱石角岩→长英质角岩→黑云母角岩→强硅化角岩→网脉状硅化-辉钼矿化-黄铜矿化角岩。夕卡岩存在分带现象，夕卡岩上部靠近角岩以石榴子石夕卡岩、透辉石-石榴子石夕卡岩为主，靠近大理岩为硅灰石夕卡岩、石榴子石-硅灰石为主。

（3）成矿元素组合：浅部为 Pb+Zn+（Cu+Au+Ag），向深部为 Cu+（Au+Ag+Mo）、Mo+（Cu+Ag）（郑文宝等，2010；唐菊兴等，2010b），具有典型的斑岩成矿体系元素分带特征。

化探异常元素分带清晰，套叠好，异常强度大。内带元素为 Cu、Mo、Au、Ag、Bi、Sn，根据组合分析及部分钻孔钨的化学分析结果，钨在夕卡岩中富集，也是内带异常元素；As、Sb、Hg、Pb、Zn、Co、Ni 是外围异常元素。矿化中心钾化带、强硅化带对应的 Mo-Bi-Sn-W-Cu-Au-Ag 异常，表现为典型的 M 形，即隐伏斑岩体与围岩接触带为异常高值区。

（4）高精度磁测异常、视电阻率异常显示为 W 形分布型式，视极化率异常表现为波浪起伏的特征。隐伏岩体范围为中低磁，岩体与围岩接触带为中高磁异常。

（5）地表有密集分布的北东向的花岗斑岩脉、闪长玢岩脉，其中闪长玢岩脉中金的含量很高，ZK4502 揭露了 25m 厚的闪长玢岩型金矿体，$w(Au)$ 最高为 47g/t，平均为 5.78 g/t。

（6）遥感图像显示十分清晰、面积巨大的铁染异常和羟基异常（郭娜等，2010）。

（四）甲玛矿区三维预测

本次预测采用本书研发的探矿者软件开展三维预测。

1. 矿区三维建模

1991～1999 年开展的野外详查工作，在主矿体布置了序号为 31、23、15、7、0、4、8、12、16、24、32、40、48、72、80 共计 15 条勘探线。最初在 0～40 线布置的工程间距为 200m×100m，后来对 0～16 线进行了加密验证，间距为 100m×50m。40～80 线和 31～0 线为（600～200）m×100m。通过对上述资料的搜集和整理，在探矿者软件中进行了钻孔、探槽、铜、钼、铅锌三个矿体的初步建模，如图 4.21 所示。

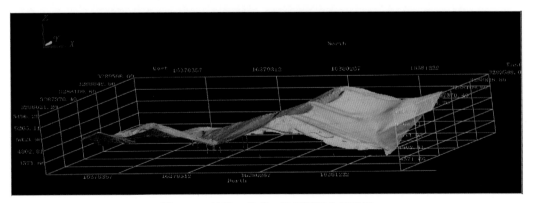

图 4.21　钻孔、地表、地质图复合显示图

在探矿者软件中，经过资料整理和分析研究，如图 4.22～图 4.24 所示的分别是铜矿

体、钼矿体和铅锌矿体的三维空间视图和俯视图。其中，矿体圈定标准是：按铜边界品位0.3%，钼边界品位0.03%，铅锌矿铅边界品位0.3%，锌边界品位0.5%。通过对比可以初步分析，铜、钼、铅锌矿成层状产出，铜矿、钼矿基本上属于伴生关系，空间分布范围大致相同，铜矿较钼矿分布范围更大。铅锌矿走向上分布较铜、钼矿偏南西，空间高程分布位于铜、钼矿的上层部分。

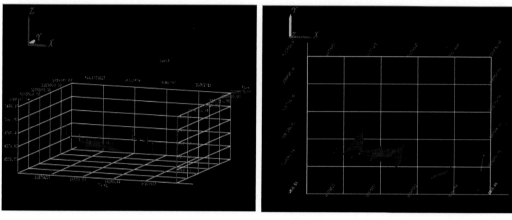

图4.22　铜矿体三维视图

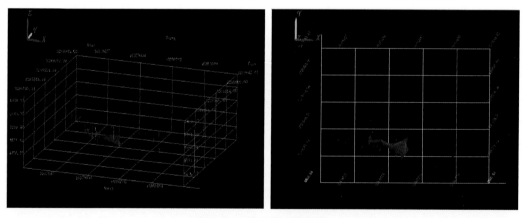

图4.23　钼矿体三维视图

甲玛矿区原来的工作主要安排在0~15线，0~40~80线采矿权范围内，而在甲玛矿区外围铜铅矿详查探矿权范围内仅仅施工了铅山的ZK2302孔，ZK3114孔，其中前者为见矿，后者仅见视厚度为6.35m、Cu平均品位为1.12%的矿体。同时，在32~0线、0~23线施工了10个探槽，槽探工程初步控制了长达3600m的铜铅锌多金属含（赋）矿带。从图4.26铜矿体与铜元素化探异常复合图可大致分析在铜矿体北部，即则古朗-牛马塘一带深部有隐伏矿体，找矿潜力巨大。但由于总体工作程度较低，未用工程控制矿体的深部情况，且工作部署缺乏系统性、连续性、代表性，故需要系统收集足够资料才能对往后的勘探工作起到指导性的作用。

2007年10月，甲玛矿区通过整合和勘探设计，2008年3月开始进行勘探工作，截至

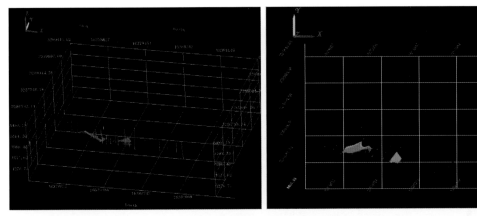

图 4.24　铅锌矿体三维视图

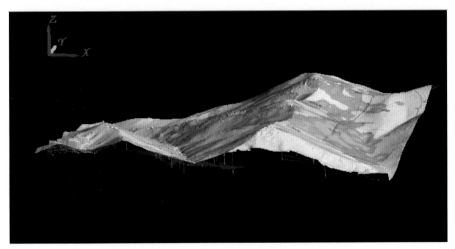

图 4.25　铜矿体、铜元素化探异常三维复合视图

2009 年 11 月,甲玛矿区所有勘探工程共计钻孔 218 个,探槽 10 个,通过对资料的搜集整理,利用探矿者软件重新进行了矿区钻孔、矿体的三维建模,如图 4.26 所示。

甲玛铜多金属矿主要矿体属于深部隐伏矿体,除地表在 ZK4804 钻孔附近地段见矿化体出露,其他地表极少见矿化体出露。在 47~56 勘探线,沿平面、垂直方向上均连续为一体,矿体在深部形态上为层状矿体。甲玛矿区另外一种重要的矿体就是角岩型矿体,该类矿体产于夕卡岩矿体上部的角岩中,以铜钼共生组合、品位低、规模大为特征。

图 4.27 显示了夕卡岩型主矿体的三维空间形态,甲玛夕卡岩型矿体在空间形态上可以明显地划分为两部分:大红色为缓矿体部分,浅红色是陡矿体部分。南西方向的陡矿化体和北东方向的缓矿化体,其倾角分别约为 60° 和 10°。勘探线共 26 条,分别为 47~0 线、0~40~96 线,勘探线方位角为 30°,与主矿体走向垂直。在各勘探线剖面图上圈出矿体之前,软件先对每个钻孔进行单工程矿体圈定。因为陡矿体以铅锌矿为主,缓矿体以铜钼矿为主,在单工程矿体圈定时分别以铅锌矿与铜钼矿的工业指标分别圈定。铜钼矿工业指标为边界品位:$Cu \geq 0.3\%$ 或 $Mo \geq 0.03\%$;铅锌矿工业指标为边界品位:$Pb \geq 0.3\%$ 或 $Zn \geq$

0.5%，最小可采厚度均为2m、夹石剔除厚度均为4m。

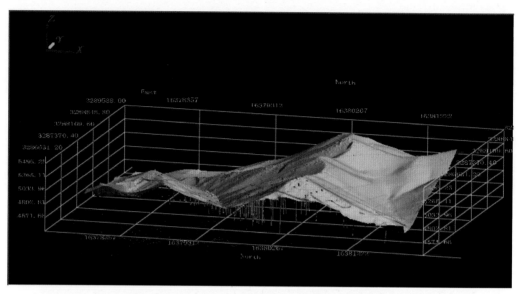

图 4.26 甲玛矿区钻孔、地表、地质图复合显示图

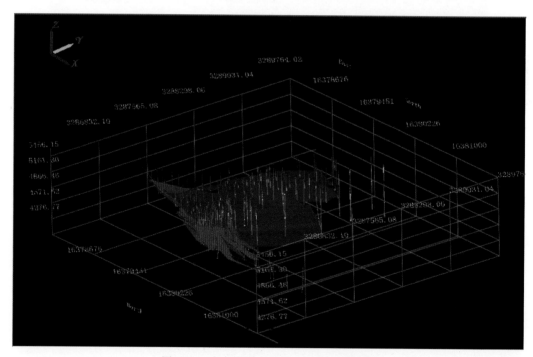

图 4.27 夕卡岩型主矿体、钻孔三维视图

夕卡岩型主矿体在平面上呈北西西走向，倾向北北东，走向方向矿体长3400m，沿倾向方向延伸大于2000m，呈层状、似层状、透镜状。矿体在7勘探线ZK722孔最大见矿深度为403.7m、海拔为4385.94m，倾向方向延伸达2105.3m，在16勘探线ZK1618最大见矿深度为687.4m，

海拔标高 4337.34m。见矿孔深变化大，相应的海拔标高也变化大，为 4298.72～5045m，大多集中在 4300～4500m。矿体走向上两端已基本控制边界，西端的 47 线和东端的 96 线。0～40 线之间为矿体的核心部位，勘探权范围主要在矿体核心的外围。两端矿体逐渐贫化变薄，向南东东方向尖灭。矿体在 47～23 线，及 15～32 线北部，矿体较稳定呈层状，厚度大，大多为工业矿体，倾向方向上尚未完全控制矿体边部，矿体向北仍有延伸之势。各条勘探线上，南端的矿体较陡，向北深部矿体变缓。一般钻孔见矿厚度 10～50m，单孔见矿厚度最厚 252.2m（ZK1616）。

矿区出露地层主要为下白垩统林布宗组砂板岩、角岩（矿体顶板，部分地区的角岩中铜钼矿化强烈）以及上侏罗统多底沟组灰岩、大理岩（矿体底板，有些小矿体赋存在大理岩中），在对矿区地质体建模时，主要对从浅至深的角岩、夕卡岩和大理岩三个部分进行建模（图 4.28）。

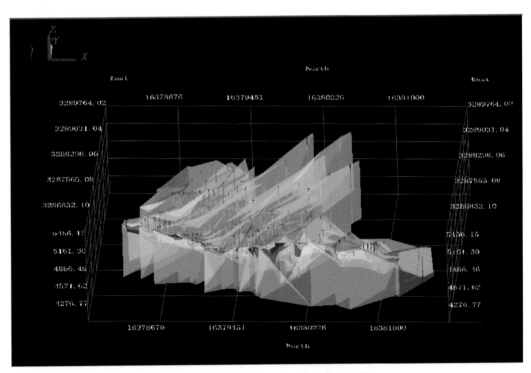

图 4.28　矿区地层与主矿体复合显示图

2. 资源量估算及比较

甲玛铜矿区资源量估算的工业指标主要参照"西藏自治区墨竹工卡县甲玛铜多金属矿区铜多金属矿资源储量核实报告"中采用标准，在探矿者软件中，利用地质统计学的方法，包括距离平方反比、普通克里格以及传统地质块段法、截面法进行储量的计算，分别估算了铜、钼、铅、锌、金、银等元素的金属量，见表 4.6。在软件中进行储量计算时，主要完成以下几个部分的内容。

表 4.6　各矿种不同方法储量计算结果比较

矿种	截面法	块段法	距离平方反比	普通克里格	勘探报告
Cu/t	2683077.339	3302249	2939798	2750633	2897258
Mo/t	174833.427	338610	217947	204532	214859
Pb/t	637005.791	481351	533712	437154	455059
Zn/t	209596.675	254203	274946	288426	111884
Au/kg	117962	114085	61000	109064	94931
Ag/kg	5632835	6740593	5873107	5339128	5560972

（1）组合样分析：进行样品的归一化，创建组合样品信息数据库；

（2）生成矿块：为每一个矿种创建其显示空间范围，所建的空间框架能包围矿体，并用超级块段及子块段来拟合矿体及其外边界，如图 4.29 所示；

（3）变异函数：进行实验半变异函数的计算及理论变异函数的拟合，寻找块金值、基台值、变程、搜索椭球体的参数；

（4）储量计算：依据理论变异函数拟合提供的结果、矿体的体积，依据品位条件，计算矿体的矿石量、金属量以及可进行资源的评估；

（5）传统储量估算：利用软件提供的计算方法，根据钻孔、剖面数据估算矿体的资源量。

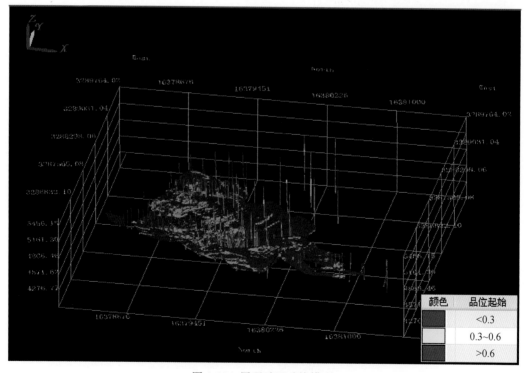

颜色	品位起始
	<0.3
	0.3~0.6
	>0.6

图 4.29　甲玛矿区矿块模型

3. 矿区三维预测评价

甲玛矿区所在的拉木-扎隆康巴-扎西岗-有泽地区，磁异常特征复杂，总体可分为三个近东西向展布的区带，与冈底斯-念青唐古拉地体南缘的构造方向一致。南部磁异常变化幅度小于中部和北部带，可细分为中央平稳主区及北西部正异常区、南东部负异常区（图4.30）。中央平稳主区主要为大面积出露的岩基及火山沉积地层；北西部发育中酸性岩株和基性岩体，南东部为厚大沉积岩层分布区。甲玛矿区正位于呈北北西向分布的异常高值区，结合矿区勘查情况，该异常应比较好地反映了成矿相关的中酸性岩体的深部分布状况。

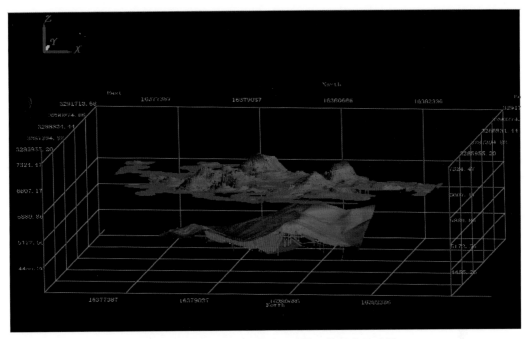

图4.30　高磁、地表、钻孔、矿体三维复合显示图

矿区异常元素以 Au、Ag、Cu、Pb、Zn、Mo 等为主，异常形态简单，强度及规模大，富集趋势明显，与矿床吻合程度好，不同元素套合极好。区域上，元素异常总体呈近东西向带状分布，且由南向北元素组合特征呈规律性，元素异常变化沿着雅江缝合带往北依次为 Cu-Au→Au-Cu→Cu-Mo-Pb-Zn-Ag→Ag-Pb-Zn 异常，但局部异常可呈北东向、近东西向、北西西向或近南北向的分布特征。

根据甲玛铜多金属矿基本分析成果，绘制出 Au、Ag、Cu、Mo、Pb、Zn 六种成矿元素异常与矿体三维复合显示图（图4.31）。据图可以看出，Au、Ag、Cu 三种元素含量平面分布规律非常一致，说明这三种元素的相关性很好，矿石类型主要为铜金矿石，且均在31线及 7～24线出现明显富集。值得一提的是，由 Au 元素分布图上可以看出，在 7～24线呈现比较明显的线性分布，这提示在该地段可能有隐伏断裂的存在。Mo 元素分布规律可能因为多期成矿叠加的缘故导致规律性较差（尤其在0线浅地表的高 Mo 含量），但可以看出，越靠近北边，几乎所有钻孔 Mo 的含量均有所增高，因此 $Mo \geqslant 0.06 \times 10^{-2}$ 的含量在北边分布有较大面积。同时，Cu 亦有局部的对应关系，矿石类型表现为铜钼矿石和单独的钼矿石。Pb、

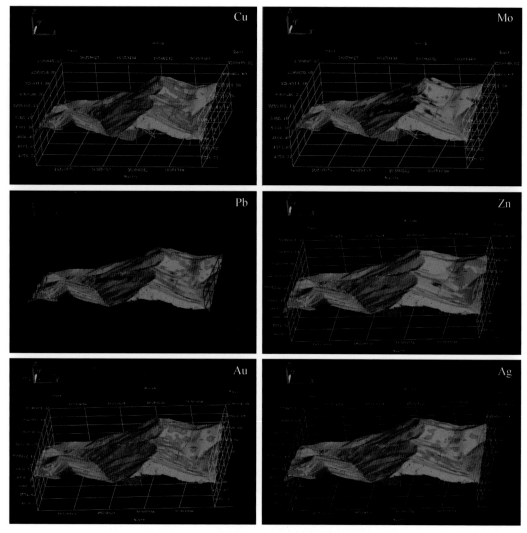

图4.31　元素异常与矿体三维复合显示图

Zn元素分布规律非常一致，均分布在浅地表，反映了成矿温度较低的特点，另Pb、Zn的分布区域内Ag元素的含量亦有很好的对应关系，矿石类型为铅锌矿石。

　　根据元素立体等值线分布图（图4.32），进而可以分析得出，成矿元素的平面分带由南西向北东总体表现为：Pb+Zn（Au+Ag）→Pb+Zn（Cu+Au+Ag）→Cu（Mo+Au+Ag）→Cu+Mo（Au+Ag）→Mo，即矿化由铅锌矿化向铜钼矿化至钼矿化，构成了一个完整的与岩浆作用有关的元素分带特征。成矿元素在深度上，由浅至深总体表现为：Pb+Zn（Au、Ag）→Pb+Zn+Cu（Au、Ag）→Cu+Mo（Au、Ag）→Mo（Cu、Au、Ag）。

　　甲玛铜多金属矿夕卡岩主矿体为夕卡岩型铜钼金银铅锌矿体，矿体走向3000m，倾向最大延伸大于2500m。矿体北边界均未得到控制，而且矿体向北大有变厚、变富之趋势；矿石除在浅地表见有铅锌矿石外，向深部几乎全为铜钼金银矿石组合。从目前完成的钻孔见矿情况来看，39（ZK3912）、31（ZK3116）、23（ZK2320）、7（ZK724）、0（ZK027）、8

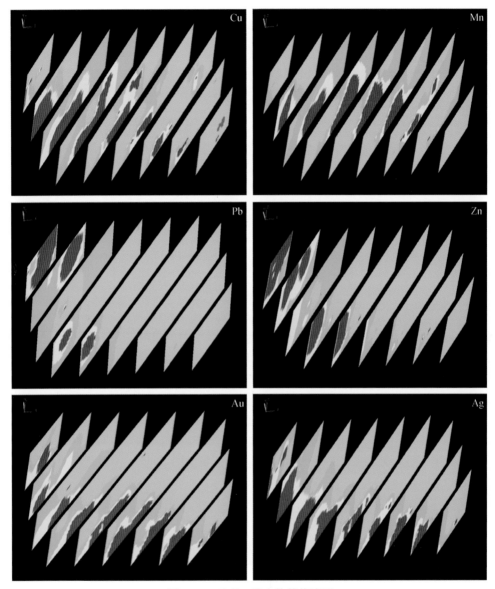

图 4.32　元素三维立体等值线图

（ZK819）、16（ZK1618）、32（ZK3220）等勘探线北边延伸方向最后一个钻孔都见有一定厚度的夕卡岩矿体（5～87m），因此，甲玛矿区夕卡岩矿体的延伸方向完全没有得到控制，其北边夕卡岩矿体还有较大前景。另外，根据物化探数据综合分析，甲玛矿区在 40 线以东的，即矿体的东段，深部可能有较稳定的层状矿体，是有远景的地区。

（五）找矿突破

截至 2010 年，共设计施工 300 个钻孔，完成总进尺为近 13 万 m。
共探获各种矿体的资源量包括以下几个方面。

1. 夕卡岩型矿体

铜金属量为 399.2 万 t（含伴生铜金属量 29.2 万 t），其中，331 类别占总金属量的 18.9%、332 类别占 45.7%、333 类别占 35.5%；

钼金属量为 30.6 万 t（含伴生钼金属量 2.9 万 t），其中，331 类别占总金属量的 13.4%、332 类别占 51.0%、333 类别占 35.5%；

铅金属量为 29.1 万 t（含伴生铅金属量 6.0 万 t），其中，331 类别占总金属量的 8.4%、332 类别占 17.1%、333 类别占 74.5%；

锌金属量为 9.2 万 t（含伴生锌金属量 3.4 万 t），其中，331 类别占总金属量的 11.3%、332 类别占 23.9%、333 类别占 64.7%；

伴生 Au 金属量为 142.8t，其中，331 类别占总金属量的 20.0%、332 类别占 48.2%、333 类别占 31.8%；

伴生 Ag 金属量为 7878.0t，其中，331 类别占总金属量的 18.0%、332 类别占 44.3%、333 类别占 37.7%。

2. 角岩型矿体

铜金属量为 266.2 万 t（含伴生铜金属量 59.4 万 t），其中，331 类别占总金属量的 15.7%、332 类别占 78.5%、333 类别占 5.8%；

钼金属量为 34.2 万 t（含伴生钼金属量 3.9 万 t），其中，331 类别占总金属量的 17.3%、332 类别占 75.7%、333 类别占 6.9%；

伴生 Au 金属量为 3.7t，其中，331 类别占总金属量的 13.2%、332 类别占 43.4%、333 类别占 43.4%；

伴生 Ag 金属量为 601.6t，其中，331 类别占总金属量的 14.8%、332 类别占 79.2%、333 类别占 6.0%。

3. 斑岩型矿体

铜金属量为 7.66 万 t（含伴生铜金属量 1.81 万 t），其中，331 类别占总金属量的 0.01%、332 类别占 15.5%、333 类别占 84.4%；

钼金属量为 4.74 万 t（含伴生钼金属量 0.09 万 t），其中，331 类别占总金属量 7%、332 类别占 53.8%、333 类别占 39.3%；

伴生 Ag 金属量为 6.25t，其中，331 类别占总金属量的 14.8%、332 类别占 79.2%、333 类别占 6.0%。

二、西藏雄村铜金矿找矿突破示范

雄村矿区位于西藏自治区谢通门县荣玛乡境内，是 1989 年江西省地质矿产勘查开发局物化探大队开展 1：50 万日喀则幅区水系沉积物地球化学测量圈定的异常内发现的。1990 年西藏地矿厅第六地质大队对该区开展了三级异常查证工作，1993 年地表工程揭露发现规模大小不等的铜金矿（化）体。

1992～2002 年，西藏地矿厅地质六队在雄村开展了阶段性地质普查工作。

2004 年，西藏天圆矿业资源开发有限公司取得了雄村铜矿 100% 的探矿权，对雄村铜矿展开了大规模的勘探；2007 年，完成雄村铜金矿Ⅱ号矿体的勘探任务，共计施工 34 个勘探钻孔，总进尺 15936.2m。

<h2 style="text-align:center">（一）矿区地质</h2>

1. 地层

雄村矿区及其外围主要出露的地层单元有四套：全新统的洪积-冲积-崩积物、始新世的火山碎屑岩、白垩系的复里石建造和中-下侏罗统的火山-沉积岩（图 4.33）。

全新统（Q_h^{al-cl}）主要见于沟谷中，厚度大，一般厚可达数十米，谷底最厚可超过 100m，缺乏土壤 B 层。角砾状、局部层状，分选差，磨圆度差，大小混杂堆积，砾石的成分复杂，以测区的岩石类型为主。

中-下侏罗统雄村组（$J_{1-2}x$）铁镁质凝灰岩是雄村矿床主要的含矿围岩，且蚀变强烈，原岩结构很难辨认；局部可见残余的角闪石，原岩可能为蚀变的角闪闪长玢岩体，其锆石 U-Pb 年龄为 176±5.0Ma。靠近矿区北东侧黑云母花岗闪长岩的火山岩角岩化强烈，在其他地方，原岩基本蚀变，难于辨认。火山沉积岩倾向北、陡倾、东西-北西走向，少量倾角为 40°～50°。

2. 岩浆岩

在雄村矿区共主要发现有八种类型侵入岩（图 4.33）。

1）细晶岩脉（墙）（$E_2\gamma\iota$）

风化色为橙黄色，中细粒花岗结构，块状构造，主要成分为钾长石（20%）、斜长石（25%）、石英（50%）、暗色矿物（黑云母为主，少量角闪石，含量 4%）、副矿物（1%）。属于富钾和富石英细晶岩侵入体。

2）斜长闪长玢岩（$E_2\delta\mu$）

斜长闪长玢岩是雄村矿区分布面积较大的侵入岩体，位于主矿体的北部，矿区的北西部。风化色为褐色、灰色、杂色，次圆形的，主要成分为斜长石和暗色矿物。长石斑晶熔蚀成次圆状，并伴随有少量的石英斑晶。斜长闪长玢岩侵位晚于雄村主要的铜（金）矿化事件。

3）黑云母花岗闪长岩（$E_2\gamma\delta\beta$）

岩石风化面为褐黄色，新鲜面呈肉红色。主要呈中粒不等粒花岗结构，块状构造。岩石组分主要由浅肉红色钾长石、白色斜长石、石英、黑云母及少量角闪石组成。该岩体主要分布在矿区东部，向东延伸数千米。临近雄村铜矿体，花岗闪长岩变化为中粒等粒结构，少斑状构造，少量的斜长石斑晶长度可达 1.5cm。

4）花岗斑岩（$J_3\gamma\pi$）

该岩体出露在 ZK5001、ZK5004、ZK5022 钻孔之间，F1 断层之南，岩体呈小岩枝产出。斑晶以自形的石英为主，含量约 15%，基质是浅乳白色的微晶斜长石、石英，组分变化大，可见长条状普通角闪石。

5）闪长岩、石英闪长玢岩（$J_3\delta o\mu$）

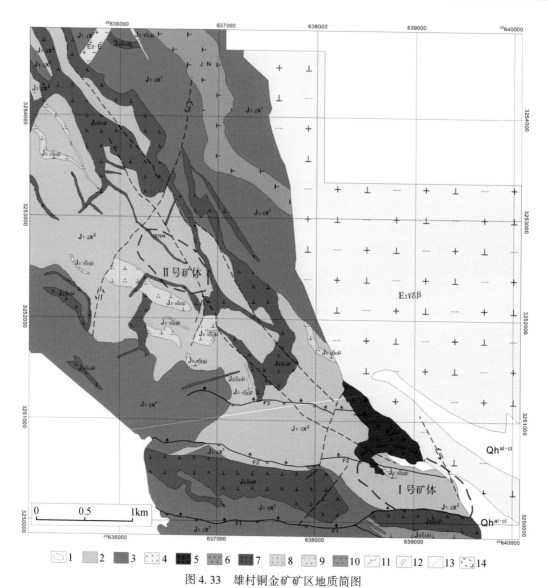

图 4.33　雄村铜金矿矿区地质简图

1. 全新统冲积物–崩积物；2. 下–中侏罗统雄村组火山凝灰岩；3. 下–中侏罗统雄村组粉砂岩夹基性凝灰岩；
4. 始新世黑云母花岗闪长岩；5. 始新世含斜长石斑晶的基性侵入岩；6. 晚侏罗世石英闪长玢岩；7. 中侏罗
世角闪石英闪长玢岩；8. 早–中侏罗世具眼球状石英斑晶的闪长玢岩；9. 始新世长英质侵入体；10. 侏罗世辉
绿–辉长岩墙；11. 逆冲断层；12. 平移断层；13. 产状或性质不明断层；14. 矿体边界

　　闪长岩、石英闪长玢岩、安山岩常呈岩墙、岩脉产出。在地表，石英闪长玢岩出露在图区南部，超动侵入于 $J_2\delta o\mu$，或侵位于 $J_{1-2}x$。岩体为隐晶质的黑色、深绿色或暗灰色的闪长岩玢岩、闪长岩或安山岩。可见含量不等的粒度较小、等径的或长条状的斜长石斑晶，以及石英斑晶。局部可见含量约为 60% 的棱角状等径的斜长石斑晶，大小可达 5 nιm。多数斜长石斑晶有褐色的隐晶质冷凝边。

　　6）中侏罗世含粗粒石英斑晶的角闪石英闪长玢岩（$J_2\delta o\mu$）（同成矿期）

　　含粗粒石英斑晶的角闪石英闪长玢岩是矿区内主要的富矿斑岩体，见溶蚀状，大小达

1. 5 cm，含量为 5% ～ 15% 的石英斑晶。这些侵入岩具强烈的钾化蚀变，可见钾长石及（或）黑云母，伴有含量不等的磁铁矿、呈浸染状的黄铜矿和黄铁矿。原岩遭受强烈的硅化、黑云母、白云母化、红柱石化，致使原始结构仅仅依稀可辨，其锆石 U-Pb 年龄为 164. 3±1. 9Ma。

7）早-中侏罗世石英闪长玢岩（$J_{1-2}\delta o\mu$）

该岩体出露在雄村 II 号矿体以南，在矿物学上与同热液期的石英闪长斑岩组成相似，但含 10% ～20% 左右的粗粒方形至浑圆状石英斑晶。斑晶含量（体积）大于 50%，主要由石英、碱性长石、少量角闪石组成。岩石普遍遭受纳质-钙质交代，局部被绿泥石蚀变交代。由目前的钻探工程揭露来看，这类岩体向北倾，但深部延伸情况还不清楚。在矿体南侧少数钻孔中发现有该类岩性穿插矿体，且这类岩体本身不含矿化，或含微量黄铁矿化。

8）早侏罗纪角闪石石英闪长玢岩（$J_{1}\delta o\mu$）

角闪石英闪长玢岩在矿区的南部出露于地表，岩体在地表呈近东西分布，被 F1 断层错移，向西延伸到 II 号矿体范围内。角闪石英闪长玢岩闪长岩主要含约 15% 的自形角闪石斑晶，大都为 5～15mm。较角闪石斑晶小些的等径棱角状斜长石斑晶含量较多，为 35% ～45%，甚至大于 45%。局部可见含量达 3% 的浑圆状熔蚀的眼球状石英。细粒基质由斜长石、石英、黑云母、角闪石及附属矿物组成。

矿区内还出露有闪长岩岩脉，长英质岩脉，伟晶岩岩脉和云煌岩岩脉。

3. 构造

1）褶皱

早期填图单元内发现褶皱的证据是在图区西部，由薄层状粉砂岩、硅质碎屑岩（玄武质砂岩）和上覆中细粒凝灰岩（含矿岩系）构成。褶皱的两翼地层的产状为 319°∠36°，次要的为 53°∠32°。两个方向的地层产状显示褶皱呈现两翼倒转的 V 字形，并向 188° 方向倾伏，倾角为 24°。此方向与洞嘎金矿地区早期褶皱的倾伏角十分地吻合。

矿区内重要的背斜位于矿区南部的 F1 断层的北侧，核部地层中侏罗统（$J_{2}x$-Ta）粉砂岩、次生泥质岩，南翼地层被 F2 断层破坏，北倾的中-下侏罗统 $J_{2}x$-Ta 岩性段逆冲于中-下侏罗统 $J_{2}x$-TCW 岩性段玄武质砂岩夹粉砂岩之上。属倒转背斜。矿区内倒转向斜位于雄村矿区的中部，核部地层是中-下侏罗统 $J_{2}x$-Ft 岩性段的长英质凝灰岩，厚 50 ～80m。两翼是中-下侏罗统 $J_{2}x$-Mt 岩性段的中粒凝灰岩，是雄村铜矿主要的含矿层，出露于矿区的中部，北西走向。

2）断层

脆韧性断裂带及其相关的裂隙带是矿区内重要的断裂构造，脆性构造晚于韧性构造，并叠加于韧性构造之上，形成于相对浅层次地壳。所有已知的断层均为张性的或张扭性的，或在逆冲断层基础上的再活动。雄村-洞嘎普测区的张扭性断层显示东盘下降，从几米至 100m 不等，最大可能达到 1000m，并具左旋的特征。雄村矿区外围主要受到三个不同方位断层的影响：①东西-北西走向，中度陡倾，北偏倒转脆韧性断层；②陡倾脆性断层，方位角为 0°±20°；③陡倾脆性断层，方位角为 40°±10°。

主要断层走向为 265° ～280°，倾角 40° ～50°，局部 50° ～78°，且普遍平行于火山岩地层。最重要的断层是 F1 断层和 F2 断层，它们分别构成雄村铜矿体的下盘和上盘。这些断层均具脆韧性结构，主构造带内发育不连续的透镜状张性石英+硫化物脉及厚度较大的碎裂岩。断层显示早期为逆冲断层，热液成矿后为正断层，但断距均不清楚。

4. 围岩蚀变

雄村铜矿床的蚀变主要有钾长石化、黑云母化、红柱石化、硅化、钠长石化、硅化、绢云母化、白云母化、黏土化、电气石化、夕卡岩化、角岩化和青磐岩化等。

矿床具明显的蚀变分带现象。雄村铜矿含矿斑岩及赋矿层位中细粒凝灰岩的蚀变除了与国内外常见的斑岩型铜矿床的蚀变有相似之处，其矿区蚀变作用在雄村矿区热液蚀变活动广泛发育（图4.34），主要的蚀变期包括以下几个方面。

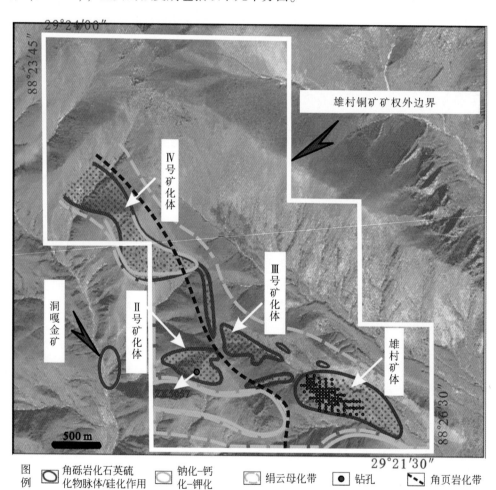

图4.34　雄村铜矿及其外围蚀变分布图

浅蓝色范围内为绢云母化带，蓝色线以北东为角岩化带

（1）角闪石石英闪长岩斑岩体（约180Ma）的钠质-钙质-钾质蚀变。

（2）同热液期含眼球状石英的闪长岩斑岩体（145～162Ma）中的硅化、石英-硫化物脉、硫化物脉、钾化-硅酸盐化（红柱石）蚀变和铜-金矿化。

（3）强烈的黄铁绢云母化蚀变宽阔地带包围着硅化（红柱石-石英岩化）带。

（4）黑云花岗闪长岩岩基（41~50Ma）侵入后的影响范围内形成与矿化无关的接触变质带。

（5）后期韧性断层向脆性断层变形转换的中温热液条件下角岩化阶段，早期矿化体的活化转移形成贫矿的张性石英脉、绢云母化、次要的钙-硅化。

钠质-钙质-钾质的蚀变作用与角闪石石英闪长岩玢岩的分布一致。硅化、红柱石、黑云母、白云母蚀变更多地受主断层构造控制。绢云母化广泛地分布在雄村铜矿Ⅳ号矿化体呈一条狭长的北西向的热液蚀变作用通道，该通道控制Ⅱ号矿化体、Ⅲ号矿化体、Ⅳ号矿化体找矿远景区。

雄村矿体中主要的矿化蚀变：①青磐岩化；②黄铁绢英岩化；③红柱石次生石英岩化；④电气石云英岩化。

其中，电气石云英岩仅见到个别样品，而且粒度偏细，电气石也很少，与云英岩的典型特征相差较大，不够典型。因此，可能是局部现象。

青磐岩化：少见，主要表现为细粒的阳起石-绿帘石化，局部伴有绿泥石和细粒碳酸盐，并含相对较多的细粒云母。岩性也不具典型性，而且较少见，对成岩及成矿都无重要意义。

黄铁绢英岩化：局部可能是红柱石次生石英岩化向黄铁绢英岩化的过渡，但后者也较少见，尤其是绢云母的量较少（一般都少于石英），可能是红柱石次生石英岩的局部变化（绢云母化形成）。绢云母一般为10%~20%，常见呈片状充填于石英晶间，而部分呈团斑状包于石英集合体中或交代红柱石形成，前者有可能系交代长石形成，有时具不规则板状特征，可能由长石斑晶被交代形成，伴随绢云母常有不定量的细粒白云母伴生。

红柱石次生石英岩化：本矿区矿化蚀变的主要类型。

红柱石次生石英岩化的岩石类型变化较大，分布又较不规则。据结构、构造和矿物组成，分为以下三种类型。

（1）红柱石次生石英岩化（中酸性）火山岩。

据切片观察，可能不存在较大面积具原岩特征的蚀变岩，而主要为包于蚀变岩中的并常被蚀变岩或石英脉穿插切割形成的"原岩"残块，这类蚀变岩石的特点是：结构致密，块状构造，常具变余斑状结构，岩石组分主要由重结晶形成的细粒石英和较多长石组成，常含少许但不定量的细粒红柱石。红柱石因包裹大量石英而呈不规则状，有时可见其交代长石，或具轻微绢云母化或细粒云母化。矿物组分的含量变化较大，局部石英增多呈不规则团斑状，穿插于长石粒间或不规则状交代长石或呈穿孔状交代长石。局部形成以石英为主含填隙状长石及少许不规则粒状红柱石。其他组分如云母则可有可无，且以白云母为主，黑云母较少见。基本上没看到原岩的暗色组分残余或主要由铁镁组分组成的变质矿物。这类岩石含少量细粒浸染状金属硫化物。据组分及结构推测原岩应为偏酸性火山岩类，相当于J_2x-Ft岩性段。

（2）细至中粒红柱石次生石英岩化火山岩。

这是本矿区最主要也是较典型的蚀变类型，分布较普遍，岩石组分主要由石英和红柱石组成。矿物含量不定，特别是红柱石的含量变化较大，粒度粗细不一，以中细粒不规则镶嵌粒状结构为主。岩石组分除石英和红柱石外，有时含少量云母和金属矿物，但黑云母少见，常见变余石英斑晶。局部含不规则团斑状长石残余（与围岩接触界面不清楚）。红柱石含量一般在 10% 左右，最多不超过 20%，常呈变斑状，并常包裹较多细粒石英，金属硫化物含量较少。随着蚀变程度的增高，粒度变粗，红柱石含量增加，并局部富集呈不规则团斑状或条带状半定向分布或不规则枝权状分布。红柱石的自形性也相对增高，自形粒状或柱状呈紧密镶嵌的粒状集合体。但由于矿化较弱，其他矿物杂质也很少，镜下可见这类岩石切片相对较洁净透明，结构均匀致密。硫化物细粒浸染状分布，粒状充填于石英晶隙，也可能少许包于红柱石中，并可能有少许细粒云母类矿物共生。据组分及结构推测原岩应为偏中性火山岩类，相当于 J_2x–Mt 岩性段。

（3）矿化红柱石次生石英岩化或矿化红柱石石英脉，具眼球状石英斑晶的石英闪长玢岩，这是本区最重要的一类蚀变岩。分布比较广泛，与成矿关系密切，但岩石类型变化极大，产状不清。

这类岩石最主要的特点是：粒度较粗，往往以红柱石为主，石英含量不定。矿化较强烈，常形成中等至富矿，并伴生有较强烈的云母化，常见白云母，有时有黑云母或两者共生，岩体的产状不定，常见呈团斑状石英，团斑大小不一。

这类岩石的成因（包含成矿）都与红柱石关系密切。金属硫化物主要呈填隙状充填红柱石粒间并交代红柱石，局部充填于不规则粒状红柱石中，硫化物局部富集与红柱石形成海绵陨铁结构，红柱石呈不规则粒状包于金属硫化物中。强烈矿化伴随较强烈的云母化–白云母或黑云母，两者首先总是沿金属矿物与红柱石的接触带或石英与红柱石的接触带发育，进一步扩大并交代红柱石。云母类型不定，以白云母较常见，有时以黑云母为主或两者共生。

富含金属硫化物的红柱石集合体，常呈不规则团斑状、条带状或似脉状分布，规模及形态变化较大，特别当呈脉状分布时常见含矿带位于脉状体的中心与红柱石紧密共生，两侧则有粒状石英相对富集的趋势，并与围岩有较为明显的接触界面。但当两者呈粒状镶嵌共生时，与围岩的界线往往较模糊或呈渐变过渡，与矿体相邻的围岩，局部有轻微改造，轻微矿化及云母化（白云母及黑云母）。

局部也见有少量含红柱石的矿化石英脉，红柱石的含量一般较少，分布也没有规律，并常见较大的红柱石穿越岩脉与围岩的界线，深入围岩，局部有切割围岩红柱石并在石英脉中保留少许红柱石的碎屑。

上述种种迹象表明，这种所谓含矿的红柱石石英岩，并非独立形成的岩体或岩石类型，而是被含矿溶液改造形成的矿化红柱石次生石英岩，据前面谈到的细至中粒红柱石次生石英岩化火山岩中红柱石的富集常呈不规则的团斑状或带状分布的特点，与矿化红柱石石英岩中脉状或团斑状矿体的特征非常相似。矿化与红柱石紧密共生的特点也可从红柱石本身的特点得到解释：红柱石次生石英岩中，红柱石集合体在构造应力作用下，石英等矿物尚无明显反应，而红柱石总是首先发生较明显裂隙。因此，沿红柱石的延伸方向形成明显的破裂带，这与红柱石集合体本身结构较疏松和红柱石的柱状节理较发育的特性有关。因此，红柱石的富集成为矿液活动及沉淀的有利因素。在红柱石次生石英岩内，选择红柱石粒度较粗的富集带成矿也就成为必然结果。

矿化红柱石次生石英岩中与金属硫化物共生的云母推测成矿温度可能较高（中–高温）。石英+黑云母–白云母的共生组合，表明本区成矿作用温度属中高温类型。原始编录中所谓黑云母金属硫化物脉即属于这一类。推测原岩为具眼球状石英斑晶的石英闪长玢岩。

晚期的含矿石英脉（硅化）都属于沿裂隙分布，典型的石英细脉发育较普遍。并切割上述不同岩石及矿体，脉体组分主要由石英组成含少量沿裂隙或 X 形构造裂隙充填的金属硫化物，并伴随有绢云母或绿泥石和细粒碳酸盐共生。接触带围岩也常因沿脉充填而发育绢云母化及黑云母的绿泥石化。本区次生石英岩中广泛发育的绢云母化可能都属于这一阶段热液活动的产物。

因此，矿化蚀变前由钾长石和黑云母的集合体组成，该集合体含量可变，但通常见有磁铁矿+白云母组合。中高品位的矿化与石英、红柱石、黑云母、白云母有关。

角岩化：矿区被成矿后的角岩化叠加，形成了一个与喜马拉雅期侵位的黑云母花岗闪长岩岩基接触的接触变质带。

最晚期蚀变作用：矿区被脆韧性转换断层切断及改变。金属矿脉在中温热液条件下的压溶作用过程中再活化，导致形成张性的硫化物矿脉，和绢云母化和钙质硅酸盐化。晚期的或重新活动的断层破碎带发生强烈的青磐岩化和绢云母化。

各期热液蚀变的特征见表 4.7 ~ 表 4.9。

表 4.7 雄村矿区及其外围成矿前蚀变及岩脉

阶段	矿物组成	发育强度	矿化/分带
角闪石石英闪长玢岩中的黑云母化	黑云母为主，少量石英、磁铁矿、黄铁矿、黄铜矿、磁黄铁矿	弥散性	基本无矿化
角闪石石英闪长玢岩中的钠-钙化	阳起石、石英、钠长石、黑云母为主，少量电气石、磁铁矿、黄铁矿、磁黄铁矿、黄铜矿	脉状、弥散性	弱矿化，脉群和矿化类型在一起
角闪石石英闪长玢岩中的阳起石化	阳起石、钠长石为主，少量石英、黄铁矿、黄铜矿	不规则脉状	基本无矿化
角闪石石英闪长玢岩内的石英-绢云母化	石英、绢云母为主，少量黄铁矿、碳酸盐，后期绢云母、黄铁矿	脉状	角闪石石英闪长玢岩内的晚期岩脉阶段

表 4.8 雄村矿区及其外围成矿期蚀变作用及岩脉

阶段	矿物组成	发育强度	矿化/分带
早期钾质硅酸盐化	以钾长石、红柱石、黑云母、石英为主，次要的黄铁矿、黄铜矿、磷灰石、磁铁矿	弥散性	中等矿化，邻近或在眼球状斑晶的石英闪长玢岩侵入体内，分布矿区北部和西北部
弥散性的红柱石-石英-黑云母-白云母化	以红柱石、石英、白云母、黑云母、黄铁矿、黄铜矿为主，磁黄铁矿（可变）、磷灰石、磁铁矿少量	弥散性	中到强矿化，早期钾质硅酸盐的进一步蚀变
石英-绢云母-黄铁矿化	以红柱石、绢云母、石英、黄铁矿、磁黄铁矿为主，少量黄铜矿、方解石、黑云母/绿泥石	弥散性	弱到无矿化，普遍的黑云母-绢云母蚀变，但形成时间可能相似
早期石英-红柱石-硫化物脉	以石英、红柱石、黄铁矿、黄铜矿为主，磁黄铁矿、辉钼矿、方解石、黑云母少量	充填和交代脉状	强矿化，在眼球状石英闪长玢岩内少量，在含矿火山岩主岩内发育，主成矿期之一

阶段	矿物组成	发育强度	矿化/分带
红柱石－黑云母－白云母－硫化物脉	以红柱石、石英、黑云母、黄铁矿、黄铜矿为主，少量闪锌矿、磁黄铁矿、绢云母	充填及交代脉状、条带状	强矿化，叠加矿化和蚀变，分布比早期石英－红柱石－硫化物脉分布范围广
磁铁矿－黑云母－硫化物脉	以磁铁矿、黑云母、黄铁矿为主，阳起石、黄铜矿、石英次要	条带状到不规则状	以弱至强矿化，大致与红柱石－黑云母－硫化物脉同期，只分布在眼球状石英斑晶的石英闪长玢岩内或附近
富硫化物脉	以黄铁矿、黄铜矿、红柱为主，磁黄铁矿、石英、黑云母、绢云母、方解石次要	不规则到条带状	强矿化，脉体的含量较少，黄铜矿含量变化大，从浸染状至脉状，黄铁矿的矿脉发育
黄铁矿脉	以黄铁矿为主，石英、绿泥石、黄铜矿－磁黄铁矿、绢云母次之	条带状、脉状	弱到无矿化，晚阶段脉
多金属脉	闪锌矿、石英、黄铁矿、黄铜矿脉、方铅矿、碳酸盐岩、绢云母、黑云母为次	充填或交代条带状、脉状	矿化强度多变，特别是 Au 矿化，属于晚期矿脉，可能穿过矿区的构造破碎带

表 4.9　雄村矿区及其外围成矿期后蚀变及岩脉

阶段	矿物组成	发育强度	矿化/分带
角岩	以斜长石、钾长石、石英、磁黄铁矿、黑云母为主，石榴子石、辉石、碳酸盐、绿泥石、钛铁矿、绢云母、黄铜矿、黄铁矿少量	强烈	基本无矿化，围绕在黑云花岗闪长岩岩基西部的接触变质带
张性石英－硫化物脉	以石英为主，次要为绢云母、黄铁矿、黄铜矿、方铅矿、黑云母、绿泥石	似透镜状	矿化可变，张性特征与成矿期后的脆韧性断裂活动有关；早期矿化的金属元素活化转移
在黑云花岗闪长岩内的石英脉	以石英为主，黄铁矿、黄铜矿、铜氧化物次之	脉状	少量的铜氧化物，在北东向的断层穿切黑云花岗闪长岩岩基的边缘；早期矿化金属元素的活化转移
黑云花岗闪长岩内的钙质硅酸盐蚀变	以石英、石榴子石、辉石、符山石为主，碳酸盐岩、方解石、黄铁矿少量	岩脉，交代脉体	无矿化，在北东向的断层切断黑云花岗闪长岩岩基的边缘
与断层有关的青磐岩化	以石英、绿帘石、绿泥石绢云母为主，方解石、黄铁矿、赤铁矿少量	断层角砾岩，脉状角砾岩	无矿化，在围绕穿切矿体的晚期脆性断层内
与断层有关的石英－碳酸盐岩脉	以石英、碳酸盐岩为主	条带状，网脉状	无矿化，晚期脆性断层破碎带内

（二）矿体地质

1. 矿体（层）特征

Ⅰ号矿体在平面上为一巨型透镜体，南北向剖面上呈似层状、厚板状，东西向剖面呈顺层分布的向南东侧伏似层状。矿体基本上夹持于 F1、F2 断层（图 4.35、图 4.36），倾向北东，倾角 40°～53°。在 ZK6067、ZK6082 一线，矿体产状变成南倾，倾角为 42°。因此，矿体在深部总体形态呈不对称的 V 字形。0 号勘探线以东和以西，矿体在深部的变化都大致如此。矿体倾向方向最大延伸为 590m，单孔见矿厚度最厚 474.5m（ZK5045）。

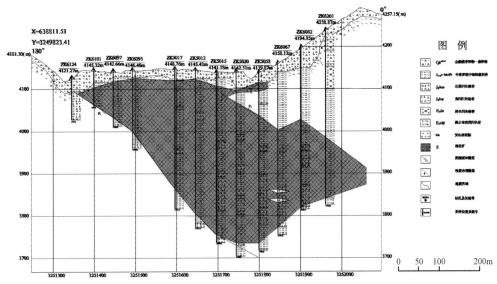

图 4.35　雄村铜矿Ⅰ号矿体 0 号勘探线地质剖面图

Ⅰ号矿体夹持在 F1 断层和 F2 断层之间，F1 断层是底板，一般是角闪石石英闪长玢岩即701 玢岩（$J_2\delta o\mu$）。Ⅰ号矿体在原生时基本上为统一的产于具眼球状石英斑晶的石英闪长玢岩、中细粒凝灰岩中细脉浸染状金属硫化物矿石组成的矿体，后因次生氧化淋滤、次生氧化富集作用的改造，形成目前的状态。矿体由上至下可分为：次生氧化物富集型矿体和硫化矿矿体。次生氧化物富集型矿体和硫化矿矿体与地形分布特征有关，空间上矿化比较连续。

Ⅱ号矿体在平面上为一巨型透镜体，走向北西–南东，走向长大于 1000m，倾向方向延伸大于 500m。纽通门矿体呈似层状、厚板状、筒状，倾向北东，倾角 26°～70°（图 4.37、图 4.38），矿体在 6 号勘探线产状变成南倾，倾角 26°。最大见矿深度 728.9m，在各条勘探线上，走向、倾向均未完全控制矿体边部，矿体向北、向深部均有延伸之势。

纽通门铜矿体在原生时基本上为产于角闪闪长玢岩、含眼球状石英斑晶的石英闪长斑岩、安山质凝灰岩中细脉浸染状金属硫化物矿石组成的矿体，后因次生氧化淋滤作用、次生氧化富集作用、地表剥蚀作用的改造，形成目前的状态。矿体次生氧化物富集型矿体不发育，主要发育硫化矿矿体，矿体在空间上矿化比较连续。

2. 矿石结构构造

矿石的结构主要有以下几个方面。

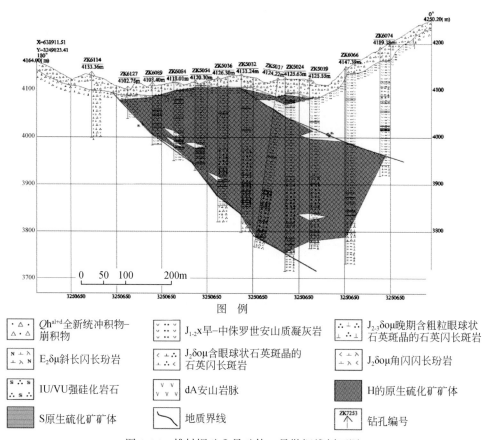

图例

- Qh^{al+d} 全新统冲积物–崩积物
- $J_{1-2}x$ 早–中侏罗世安山质凝灰岩
- $J_{2-3}\delta o\mu$ 晚期含粗粒眼球状石英斑晶的石英闪长斑岩
- $E_2\delta\mu$ 斜长闪长玢岩
- $J_2\delta o\mu$ 含眼球状石英斑晶的石英闪长斑岩
- $J_2\delta o\mu$ 角闪闪长玢岩
- IU/VU 强硅化岩石
- dA 安山岩脉
- H 的原生硫化矿矿体
- S 原生硫化矿矿体
- 地质界线
- ZK7253 钻孔编号

图 4.36　雄村铜矿 I 号矿体 4 号勘探线剖面图

结晶结构有自形晶结构、半自形晶结构、他形晶结构、填隙结构、共边结构、嵌晶结构、包含结构等；交代结构有骸晶结构、反应边结构、侵蚀结构、残余结构、假象结构、交代他形、半自形结构等；固溶体分离结构有乳滴、乳浊结构、叶片状、格状结构等。

主要的矿石构造：土状构造、蜂窝状–多孔状构造、胶状、变胶状构造、角砾状构造、块状构造、稠密浸染状构造、稀疏浸染状构造、细脉浸染状构造、脉状–网脉状构造等。

常见的矿脉有以下几个方面。

早期石英+红柱石硫化物脉。硫化物主要有黄铜矿+黄铁矿+磁黄铁矿+磁铁矿（少量）+辉钼矿（偶见）+闪锌矿（少量）。

黑云母+红柱石+石英硫化物脉。主要矿物是黑云母、红柱石、石英、黄铁矿和黄铜矿，少量闪锌矿、绢云母，局部含有磁黄铁矿。

磁铁矿–硫化物脉。矿物组合为石英、红柱石、磁铁矿和黑云母。该矿脉含较多的黄铁矿和黄铜矿，但不含磁黄铁矿。

富硫化物脉。分布广泛，对 Cu、Au 品位极有影响。矿物组合为石英+红柱石+少量方解石+黄铁矿和黄铜矿+磁黄铁矿（少量），缺乏后期蚀变晕。富含黄铜矿的硫化物脉常切断石英–硫化物张性脉。

黄铁矿脉。在矿区普遍发育，形成阶段较晚，矿体边部发育。脉体局部含有少量黄铜

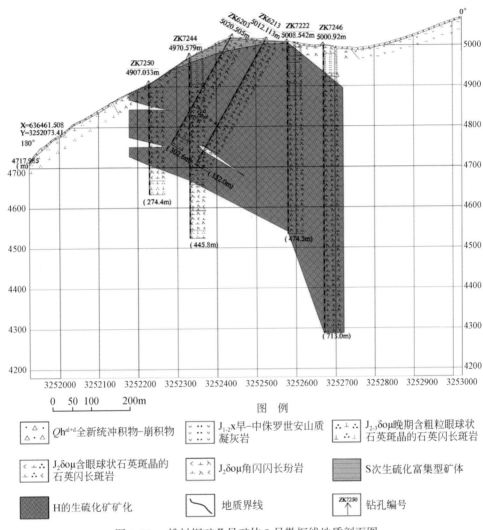

图例

- Qh^{al+d}全新统冲积物-崩积物
- $J_{1-2}x$早–中侏罗世安山质凝灰岩
- $J_{2-3}\delta o\mu$晚期含粗粒眼球状石英斑晶的石英闪长斑岩
- $J_2\delta o\mu$含眼球状石英斑晶的石英闪长斑岩
- $J_2\delta o\mu$角闪闪长玢岩
- S次生硫化富集型矿体
- H的生硫化矿矿化
- 地质界线
- $\underset{\uparrow}{ZK7250}$ 钻孔编号

图 4.37 雄村铜矿Ⅱ号矿体 0 号勘探线地质剖面图

矿，很少含有磁黄铁矿，总是含有黑云母和绿泥石，有石英、黄铁矿和绢云母的蚀变晕，脉体较平坦。

多金属脉。脉体形成较晚，分布在矿区的大部分地区，主要由闪锌矿+方铅矿+黄铜矿+黄铁矿（较少）组成，一般位于原生硫化矿的上部和底部。

3. 矿石物质成分

金属铜矿物为孔雀石、蓝铜矿、赤铜矿、辉铜矿、蓝辉铜矿、铜蓝、辉砷铜矿、斑铜矿等。其他金属矿物主要有黄铁矿、磁黄铁矿、毒砂、闪锌矿、方铅矿、辉钼矿、褐铁矿、磁铁矿、钛铁矿等。

非金属矿物有石英、红柱石、钾长石、斜长石、绢云母、黑云母、绿泥石、绿帘石、电气石、石榴子石、透辉石、黏土矿物，另见少量蛋白石和水铝英石，矿床主要矿物生成顺序如表4.10所示。

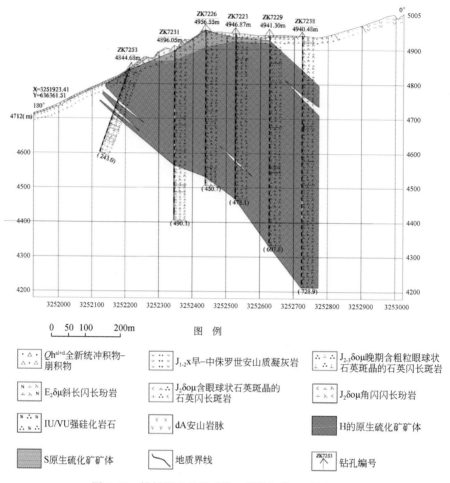

图 4.38　雄村铜矿Ⅱ号矿体 1 号勘探线地质剖面图

图例

Qh^al+d 全新统冲积物–崩积物	J_{1-2}x 早–中侏罗世安山质凝灰岩	J_{2-3}δoμ 晚期含粗粒眼球状石英斑晶的石英闪长斑岩
E_2δμ 斜长闪长玢岩	J_2δoμ 含眼球状石英斑晶的石英闪长斑岩	J_2δoμ 角闪闪长玢岩
IU/VU 强硅化岩石	dA 安山岩脉	H 的原生硫化矿矿体
S 原生硫化矿矿体	地质界线	ZK7253 钻孔编号

表 4.10　雄村矿床主要矿物生成顺序表

矿物	岩浆期	夕卡岩期	热液成矿期			表生成矿期
			早期硫化物阶段	石英＋红柱石硫化物阶段	石英多金属硫化物阶段	
钾长石	———					
斜长石	———					
角闪石	———					
黑云母	——	—	—	——		
金红石	—					
钙铁榴石		——			—	
透辉石		——				
绿帘石		——				
		—				
绿泥石		——	—			
阳起石		——				

续表

矿物	岩浆期	夕卡岩期	热液成矿期			表生成矿期
			早期硫化物阶段	石英+红柱石硫化物阶段	石英多金属硫化物阶段	
透闪石		—			—	
磁铁矿		—				
钛铁矿		—				
白云母	—	—	—	—	—	
绢云母			—	—	—	
赤铁矿		—				—
石英			—	—	—	
红柱石				—	—	
黄铁矿		—	—	—	—	
黄铜矿		—	—	—	—	
辉钼矿 毒砂			—			
磁黄铁矿			—	– –	—	
辉铜矿						– –
辉砷铜矿				—		
蓝辉铜矿				—	—	—
铜蓝					—	—
闪锌矿				—	—	
方铅矿				—	—	
斑铜矿				—		
孔雀石						—
葡萄石					—	
蓝铜矿						– –
赤铜矿					—	—
碳酸盐岩						—
高岭石					—	—
褐铁矿						—
成岩成矿温度	1200~750℃	750~400℃	400~300℃	300~200℃	200℃以下	常温
典型矿物组合	长石+石英+黑云母	钙铁榴石+透灰石+磁铁矿	黄铁矿+石英+黄铜矿	石英+红柱石+黄铁矿+黄铜矿	闪锌矿+方铅矿+石英+黄铜矿	辉铜矿+蓝辉铜矿+褐铁矿+孔雀石

4. 矿床的地球化学特征

雄村 I 号矿体主要成矿元素是 Cu，其中主要的伴生有用元素是 Au、Ag、Zn 等。雄村铜矿的 Au/Cu 大约为 1.3（$Au×10^{-6}$，$Cu×10^{-2}$）。Cu 和 Au 的加权平均富集品位大约分别为 $0.5×10^{-2}$ 和 $0.8×10^{-6}$。Au 元素主要富集于氧化矿矿带的下部和原生硫化物矿的下部，靠近 F1 断层带 Au 元素有富集的趋势。Au 的含量可以在 $2×10^{-6}$ ~ $5×10^{-6}$，甚至 $5×10^{-6}$ 以上。Cu、Au 的品位在矿体的中部显著高于四围，富集中心呈北西向展布之势。其中，Au 的富集中心又具有近东西向的分布特征。

Zn 元素的平均品位为 $882×10^{-6}$，在钻孔控制的矿区范围的中心部分，Zn 的富集程度较高。Ag 的分布形式与此相同，显示两种高品位的金属彼此紧密相关。超过 $2000×10^{-6}$ 的 Zn 的富集作用主要是晚期多金属矿脉的叠加穿插，同样也可提高 Ag 的富集程度。Zn、Ag 品位接近平均值的矿石中，缺乏多金属矿脉，Zn 的含量从数百$×10^{-6}$到 $1200×10^{-6}$ 的矿石中，闪锌矿和黄铜矿在同成矿阶段形成。Pb 的平均品位为 $132×10^{-6}$，Pb 富集区域和空间分布特征与 Zn 相似，但 Pb 的富集强度比 Zn 低。凡是晚期多金属脉发育的，Au 的含量均有所提高，表明 Au 元素的局部富集与晚期叠加的多金属矿化关系密切。Zn、Ag 关系密切，共同发育在晚期多金属脉内。Ag 的平均品位和中值品位分别为 $3.9×10^{-6}$ 和 $2.9×10^{-6}$。

As、Bi 和 Sb 的中值分别为 $7×10^{-6}$、$0.6×10^{-6}$ 和 $1.0×10^{-6}$，平均值分别为 $24.3×10^{-6}$、$1.1×10^{-6}$ 和 $2.6×10^{-6}$。Hg 的品位$<1×10^{-6}$。矿床内有害组分的微量元素富集程度均很低。

Mo 的中值和平均值分别只有 $20×10^{-6}$ 和 $10.5×10^{-6}$，与可见的极小量的辉钼矿脉吻合，但辉钼矿在矿区的西北部较常见。

雄村 II 号矿体的主要成矿元素是 Cu，其中主要的伴生有用元素是 Au 等。雄村铜矿的 Au/Cu 大约为 0.622（$Au×10^{-6}$，$Cu×10^{-2}$）。Cu 和 Au 的加权平均富集品位大约分别为 $0.3223×10^{-2}$ 和 $0.2005×10^{-6}$。

Au 元素主要富集于硫化矿矿体上部。Cu、Au 的品位在矿体的中部显著高于四围，富集中心呈北西向展布之势，Au 的富集中心又具有近南北向的分布特征。Ag 的平均品位和中值品位分别为 $0.94×10^{-6}$ 和 $0.80×10^{-6}$，Ag 的富集中心和分布范围与 Au 相似。

Zn 元素的平均品位为 $96.36×10^{-6}$，Pb 的平均品位为 $24.58×10^{-6}$。Pb 富集区域和空间分布特征与 Zn 相似，但 Pb 的富集强度比 Zn 低，两元素主要分布于勘探区的边缘部位。

As、Bi 和 Sb 的中值分别为 $7×10^{-6}$、$0.59×10^{-6}$ 和 $1.83×10^{-6}$，平均值分别为 $14.46×10^{-6}$、$0.5×10^{-6}$ 和 $0.90×10^{-6}$。Hg 的品位$<0.1×10^{-6}$。矿床内有害组分的微量元素富集程度均很低。

Mo 的中值和平均值分别只有 $52.04×10^{-6}$ 和 $30.0×10^{-6}$，与可见的少量的石英辉钼矿脉吻合。

雄村矿区的含矿斑岩和赋矿凝灰岩属钙碱性岩石系列，具有与岛弧火山岩相类似的地球化学特征，表现为 $Mg^{\#}$ 值为 38 ~ 78，高钾、富铝、TiO_2 含量较低，相对富集 LREE、LILE，亏损 HREE、HFS，缺少 Eu 异常。Sr、Nd、Pb 同位素特征显示，岩浆源区具有 EMI 型原始地幔富集特征。

5. 围岩蚀变

矿床具有一般斑岩铜矿常见的晚期或外围的多金属带，包括锌、铅、铜、银及金。

与矿化密切相关的蚀变作用为：Ⅰ号矿体主要为钾硅酸盐化、红柱石次生石英化、黄铁绢英岩化和青磐岩化等；Ⅱ号矿体主要为钾硅酸盐化、钠化-钙化-钾化、黄铁绢英岩化和青磐岩化。

6. 矿床成因

雄村Ⅰ、Ⅱ号矿体位于新特提斯洋壳向北俯冲于拉萨地体之下而形成的岛弧环境，属于与中-晚侏罗世侵位的角闪石英闪长玢岩类有关的低品位的岛弧型斑岩铜（金）矿床，主要地质体的形成时代为：黑云母花岗闪长岩（46.5±1.1）～（47.22±0.73）Ma，赋矿凝灰岩176±5Ma，云煌岩脉49.59±0.58Ma，含眼球状石英斑晶的角闪石英闪长玢岩（Ⅰ号矿体的含矿斑岩）164.3±1.9Ma，角闪石英闪长玢岩173±3～177.1±2.0Ma。因此，矿床的成矿时代为：Ⅰ号矿体161.5±2.7Ma，Ⅱ号矿体172.6±2.1Ma。

雄村Ⅰ、Ⅱ号矿体的成矿机制为：新特提斯洋壳的俯冲作用使深海沉积物、陆源沉积物和洋壳一起俯冲、循环进入楔形地幔区，由于深海沉积物和陆源沉积物加入地幔，使得楔形地幔形成了具有EMI型富集地幔特征的源区。随着洋壳俯冲作用的进行，大洋板片脱水形成富含硫、卤素、金属以及大离子亲石元素的流体，这种流体交代上覆地幔楔的EMI型富集地幔的产物，诱发其部分熔融形成了初始岩浆，该岩浆因相对富水而具有高氧逸度，从而使硫难以以硫化物的形式存在，促使成矿金属铜、金等向岩浆中富集。来自地幔楔形区的熔体通过深大断裂侵位于地壳浅部并冷凝结晶，当岩体冷凝结晶时，金属物质就与残留的岩浆热液一起运移到斑岩体顶部，通过交代斑岩体和附近围岩（凝灰岩）而形成斑岩型铜（金）矿化。

（三）勘查地球物理和勘查地球化学特征

1. 时间域激发极化法

在Ⅰ号矿体范围内累计完成时间域激发极化法中间梯度剖面测量8.70km，共施测了13个激电测深点，共施测了激电中梯剖面9条，控制面积约1.8km^2。

1）测区视电阻率异常特征分析

测区视电阻率异常强度变化较大，测区视电阻率最低值仅84Ω·m，最高值9926Ω·m。纵观全区，视电阻率异常起伏变化较大，在视电阻率异常等值线平面图上（图4.39），视电阻率异常等值线局部变化明显形成若干等值线自行封闭的高阻或低阻异常，从总体上看，视电阻率异常北高南低，西高东低，异常的局部起伏变化较大。

从视电阻率异常的分布特征看，局部异常的变化与地表岩矿的分布特征不一致，如地表所圈定的铜矿体呈北西-南东向带状分布，且延伸至测区外围，激电探测所圈定的视电阻率异常在宏观上不具备北西-南东走向的带状异常特征，其可能原因有三：一是铜矿（化）体在深部的连续性较差，矿（化）体的矿化不均匀，具有分段富集的特点；二是可能深部矿体矿石的或矿化岩石的蚀变强度不同；三是可能由于地层与岩体多与黄铁矿化及铜矿化等相关，矿化不均匀，致使视电阻率异常的局部变化较大，形成起伏变化较大且不连续的视电阻率异常分布特点。

2）测区视极化率异常分析

　　区内视极化率异常也有较明显的起伏变化，且起伏变化的强度较大，测区视极化率异常最低值仅为 1.2%，最高值达 12.2%，视极化率异常的起伏变化具有较强分布规律，部分地段高视极化率异常呈条带状展布（图 4.39）。

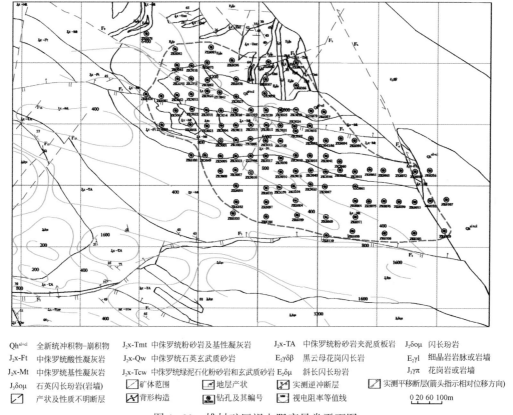

Qh^{al+cl} 全新统冲积物–崩积物　　J₂x-Tmt 中侏罗统粉砂岩及基性凝灰岩　　J₂x-TA 中侏罗统粉砂岩夹泥质板岩　　J₂δoμ 闪长岩

J₂x-Ft 中侏罗统酸性凝灰岩　　J₂x-Qw 中侏罗统石英玄武质砂岩　　E₂γδβ 黑云母花岗闪长岩　　E₂γl 细晶岩岩脉或岩墙

J₂x-Mt 中侏罗统基性凝灰岩　　J₂x-Tcw 中侏罗统绿泥石化粉砂岩和玄武质砂岩 E₂δμ 斜长闪长岩　　J₃γπ 花岗岩或岩墙

J₃δoμ 石英闪长岩(岩墙)　　矿体范围　　地层产状　　实测逆冲断层　　实测平移断层(箭头指示相对位移方向)

产状及性质不明断层　　背形构造　　钻孔及其编号　　视电阻率等值线　　0 20 60 100m

图 4.39　雄村矿区视电阻率异常平面图

　　呈条带状展布的视极化率异常主要位于测区南侧，其条带状展布的视极化率异常，具有强度高，走向明显等特点。测区北侧虽出现具带状展布的视极化率异常，但异常强度较测区南侧低，其异常特征不甚明显。

　　测区视极化率异常具有南强北弱，西强东弱的分布特点。从其分布特征看，与视电阻率异常相似，视极化率局部异常的分布也与地表岩矿分布特征有很大差异，地表圈定的铜矿（化）体范围内，视极化率异常并不连续，且异常范围与地表铜矿（化）体的范围有很大差别，其主要原因应该是矿化不均匀所造成的，即铜与金矿化具有局部富集的特点。当然，黄铁矿化也能引起一定强度的视极化率异常，但从所测电性参数看，黄铁矿化蚀变岩的极化率一般不大于 5.5%，也就是说在一般情况下，视极化率异常大于 6% 的局部异常虽不能排除黄铁矿化所引起的异常，但可以断定应该是由黄铁矿化与黄铜矿化所引起的综合异常反映。

　　3）激电测深异常分析

　　雄村金铜矿区共施测了 13 个激电测深点。

　　从视极化率曲线特征看，各测深点基本都为由浅至深视极化率值逐渐增高，由 AB/2 = 3m 至 AB/2 = 100m，视极化率异常多为 0.5% ~ 4%，个别点在 AB/2 = 100m 时可达 5% 左

右，说明浅部金属硫化物含量一般较低。至 AB/2 = 150 ~ 250m 时，各点视极化率值均达 5%
以上，表明在 AB/2 = 150m 以后，其深部金属硫化物含量迅速增高，表明深部找矿潜力较大
（图 4.40）。

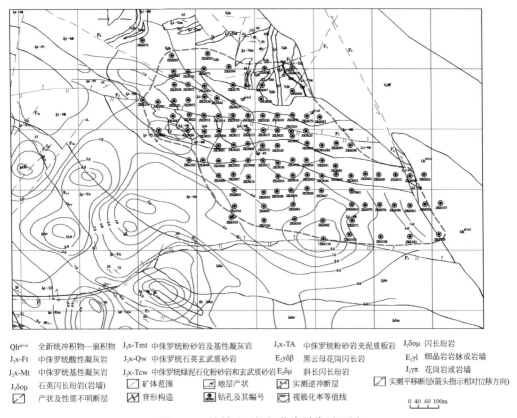

Qh^{al+cl}	全新统冲积物—崩积物	J₂x-Tmt	中侏罗统粉砂岩及基性凝灰岩	J₂x-TA	中侏罗统粉砂岩夹泥质板岩	J₂δoμ	闪长玢岩
J₂x-Ft	中侏罗统酸性凝灰岩	J₂x-Qw	中侏罗统石英玄武质砂岩	E₂γδβ	黑云母花岗闪长岩	E₂γl	细晶岩岩脉或岩墙
J₂x-Mt	中侏罗统基性凝灰岩	J₂x-Tcw	中侏罗统绿泥石化粉砂岩和玄武质砂岩E₂δμ		斜长闪长岩	J₃γπ	花岗岩或岩墙

图 4.40　雄村矿区视极化率异常平面图

激电测深结果显示，本区金铜矿体（床）具有南浅北深，东深西浅的特点。

4）结论

雄村激电异常连续性好，视极化率异常强度高，视电阻率异常低，是较典型的低阻高极
化异常。异常向南东未封闭，异常控制长度大于 800m，与实际勘探的矿体范围基本一致。

测区共施测了 13 个激电测深点。由于测深点较少，仅控制了测区的少量范围，经测深
证明：区内矿（化）体顶板埋深最浅在 70m 左右，一般在 100m 范围内，最深大于 150m，
矿（化）体底板埋深最小不小于 300m，最大可达 400m 以上，表明本区铜（金）矿体具有
规模大、厚度大的特点，经工程勘探本区必能圈定较大规模的铜（金）矿体。

由于受工作量限制，测区边缘尚有相当一部分异常未能封闭，说明该区还有扩大找矿靶
区的潜力。

2. 高精度磁测探测

完成高精度磁测 330km。

从地磁异常图上可以看出，雄村铜矿位于北西走向的地磁区中，与其东侧的花岗闪长岩分布区的高地磁异常区相接，其他几个高地磁异常区反映了其他几个浅成岩体的分布特征（图 4.41）。

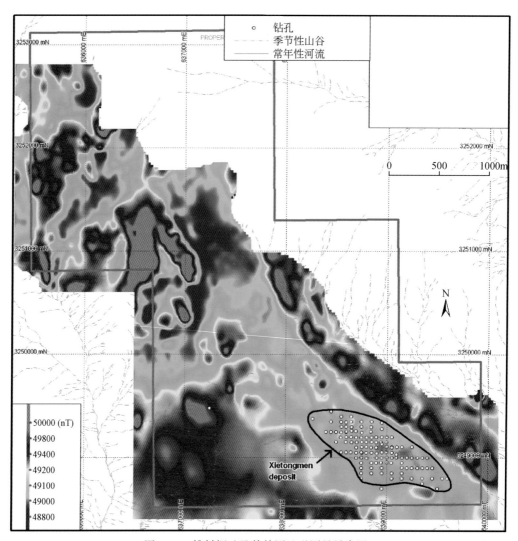

图 4.41　雄村铜矿及其外围地磁测量异常图

铜（金）矿体分布在北西向两个高地磁异常的狭长带中，地磁异常值在 49200nT 以下，为 49100 ~ 49000nT。

3. 地球化学特征

1）区域地球化学背景

根据 1 : 50 万谢通门幅水系沉积物测量，谢通门地区水系沉积物中 Au、Ag、Cu、Pb、Zn 等元素的背景值（几何平均值）与高寒地区的相应元素在水系沉积物中的背景值相比，具有明显富集的趋势（表 4.11）。这表明上述元素具有比较好的成矿潜力，特别是在有利的地质条件下容易富集成矿。

表 4.11　1 : 50 万谢通门幅区域地球化学特征表

	Au	Ag	Cu	Pb	Zn
样品数	366	371	370	372	371
最小值	0.1	4	4	11	24
最大值	32.4	680	134	334	775
算术平均值	1.9	98	25	35	85
几何平均值	1.4	79	21	30	78
高寒地区背景值*	1.2	67	19.3	20.3	60.5

资料来源：* 据任天祥等，1996；其余据 1 : 50 万谢通门幅区化报告。

注：丰度单位 Au、Ag 为 10^{-9}，其余为 10^{-6}。

2）矿区土壤地球化学测量

雄村矿床地球化学异常区的特征值见表 4.12。从表中可知：主要成矿元素 Cu、Au 的变化系数和标准差均比较高，说明土壤中的 Cu、Au 的富集强度和富集能力强。根据各元素的变化系数确定了土壤中元素的富集能力从大到小排列的顺序为：Au>Cu>Zn>Pb>Mo>Ag。Au、Ag、Cu、Pb、Zn 的背景值（中位数）均高于谢通门地区的元素背景值。

表 4.12　雄村矿区 1 : 1 万土壤测量非参数估计参数表

元素	平均值	中位数	最小值	最大值	$X_{0.25}$ 分位点	$X_{0.75}$ 分位点	四分位区间	标准离差	偏度	峰度
Au	33.57	15.00	2.30	4424	8.10	31.00	22.9	200.31	21.46	470.86
Ag	0.389	0.17	0.06	25.5	0.13	0.32	0.19	1.45	14.86	236.95
Cu	92.575	57.35	16.5	1217	39.40	90.7	51.30	126.02	5.14	32.45
Pb	45.095	40.00	4.00	272	34.80	50.00	15.20	20.61	4.77	39.10
Zn	92.525	68.65	2.40	817	59.30	84.8	25.50	91.52	4.55	25.00
Mo	3.051	1.885	0.58	28.5	1.33	3.31	1.98	3.37	3.72	18.26

注：含量单位 Au×10^{-9}，其余 ω×10^{-6}。

3）测区异常特征

从异常图（图 4.42、图 4.43）可以看出，Au、Ag、Cu、Pb、Zn、Mo 在本矿区都显示有很好的异常，尤其是 Au、Cu、Zn，其元素异常强度都非常大，套叠好，Au、Cu 元素更是显示了良好的三级分带的特征。其中 Au、Cu、Zn 的最高含量为 4424×10^{-9}、1217×10^{-6}、817×10^{-6}，高出异常下限分别达 142.7、13.4、9.6 倍。其余的元素 Ag、Pb、Mo 最高含量分别为 25.5×10^{-6}、272×10^{-6}、28.5×10^{-6}，分别高出异常下限达到 79.7、5.4、8.6 倍。

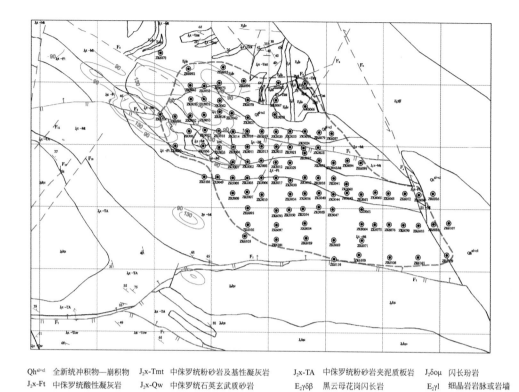

Qh^{al+cl} 全新统冲积物—崩积物	J₂x-Tmt 中侏罗统粉砂岩及基性凝灰岩	J₂x-TA 中侏罗统粉砂岩夹泥质板岩	J₂δoμ 闪长玢岩
J₂x-Ft 中侏罗统酸性凝灰岩	J₂x-Qw 中侏罗统石英玄武质砂岩	E₂γδβ 黑云母花岗闪长岩	E₂γl 细晶岩岩脉或岩墙
J₂x-Mt 中侏罗统基性凝灰岩	J₂x-Tcw 中侏罗统绿泥石化粉砂岩和玄武质砂岩	E₂δμ 斜长闪长岩	J₃γπ 花岗岩或岩墙

J₃δoμ 石英闪长玢岩(岩墙)　　⊿ 矿体范围　　⊡ 地层产状　　⊙ 实测逆冲断层　　⊿ 实测平移断层(箭头指示相对位移方向)

⊿ 产状及性质不明断层　　⋈ 背形构造　　⊙ 钻孔及其编号　　⌒ Cu异常率等值线　　0 20 60 100m

图 4.42　雄村铜矿西段土壤地球化学测量 Cu 异常分布图

其中异常主要沿着 F1～F2 断层之间分布，这与矿体的走向十分吻合，且不同的元素异常在空间上套叠良好。

4）矿区外围岩石地球化学测量

矿区外围的岩石地球化学测量在矿化蚀变较好的地区进行，样品在岩石风化露头以及公路开挖的新鲜面上采集，共采集 1953 件样品，样品之间的长度为 10m，样重 5kg。

Cu>500ppm 为 Cu 异常区，共圈定了四个异常区（图 4.44）：①HY 甲 1 坐标为 3250747N～637225E（84 坐标为 3249400N～637150E）；②HY 甲 2 坐标为 3251547N～637575E（84 坐标为 3250200N～637500E）；③HY 甲 3 坐标为 3252347N～636775E（84 坐标为 3251000N～636700E）；④HY 甲 4 坐标为 3252647N～635875E（84 坐标为 3251300N～635800E）。

HY 甲 1：异常大小 400m×600m，Cu 的异常强度大，Mo、Au、Zn、Ag 异常强度中等。

HY 甲 2：异常大小 500m×1000m，Cu 的异常强度中等，相对于 HY 甲 1，Mo、Au、Zn、Ag 异常强度更低。

HY 甲 3：异常大小 800m×1200m，Cu、Mo、Au 异常强度大，套叠好，Ag 异常强度中等，但异常的东侧异常强度中等。

HY 甲 4：异常大小 400m×600m，Cu 异常强度中等，Au、Mo 等较低。

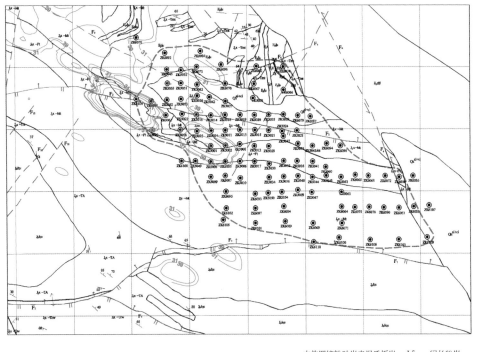

Qh^{al+cl}	全新统冲积物—崩积物		J_2x-Tmt	中侏罗统粉砂岩及基性凝灰岩		J_2x-TA	中侏罗统粉砂岩夹泥质板岩		J_2δoμ	闪长岩分岩
J_2x-Ft	中侏罗统酸性凝灰岩		J_2x-Qw	中侏罗统石英玄武质砂岩		E_2γδβ	黑云母花岗闪长岩		E_2γl	细晶岩岩脉或岩墙
J_2x-Mt	中侏罗统基性凝灰岩		J_2x-Tcw	中侏罗统绿泥石化粉砂岩和玄武质砂岩		E_2δμ	斜长闪长岩		J_3γπ	花岗岩或岩墙

图 4.43　雄村铜矿西段土壤地球化学测量 Au 异常分布图

以上四个异常与雄村铜矿具有等距性分布的规律。

5）矿区外围土壤地球化学测量

在地质填图有蚀变和矿化显示的区域开展土壤测量，共采集 386 件样品。

在 HY 甲 1、HY 甲 2 异常区有较低的 Cu 土壤地化异常（>200×10^{-6}），套叠有 Ag 的低异常（>0.4×10^{-6}）、Au 的低异常（>80×10^{-9}）（图 4.45）

HY 甲 3 异常中有强烈的土壤地化异常，其中 Cu>800×10^{-6}，Ag、Au 异常强度较低，其中 Ag>0.4×10^{-6}、Au >80×10^{-9}，与岩石地化测量结果基本相似，Zn 异常强度中等（>100×10^{-6}），在异常北则与 Cu 异常套叠。

（四）资　源　量

截至 2010 年 8 月，雄村铜矿 I 号矿体共完成 162 个钻孔、21249 件化学样。雄村铜矿 II 号矿体共完成 34 个钻孔、7949 件化学样。铜矿以边界品位为 0.15%、最低可采品位为 0.24 计，计算得出：雄村铜矿 I 号矿体铜金属资源量 104.3 万 t（331+332 类别占 99.96%）；伴生金 144.2t（331+332 类别占 99.97%）；伴生银资源量 917.5t（331+332 类别占 99.97%）。雄村铜矿 II 号矿体铜金属资源量 139.2 万 t（331+332 类别占 99.1%）；伴生金 82.4t（331+332 类别占 99.2%）；伴生银资源量 409.5t（331+332 类别占 99.1%）。

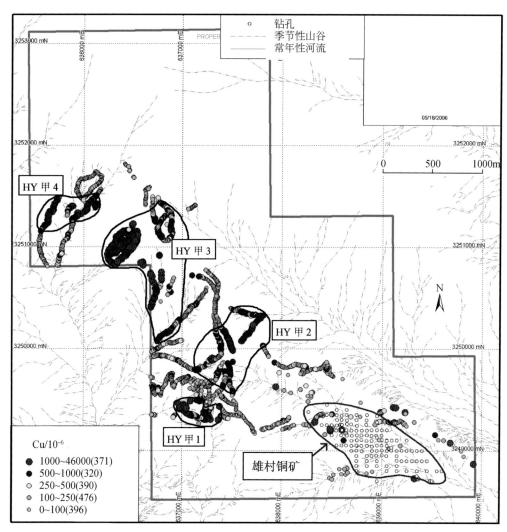

图 4.44　雄村铜矿外围岩石地球化学测量异常图（坐标为 84 坐标系）

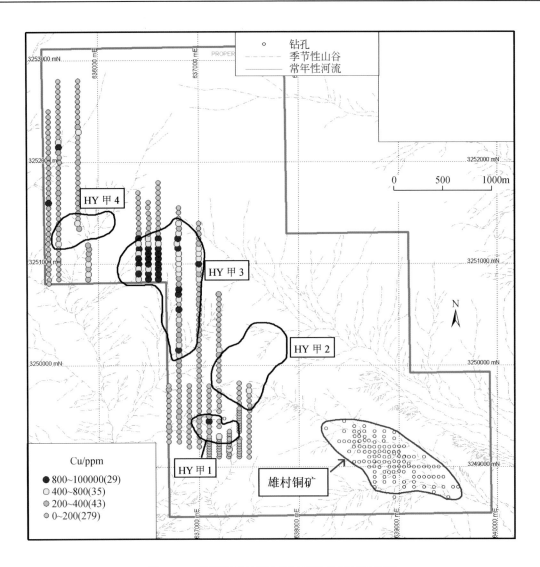

图 4.45 雄村铜矿外围土壤地球化学测量异常图

第五章 西南三江成矿带成矿规律及预测示范

第一节 西南三江南段成矿系列与成矿谱系

西南三江南段地处欧亚板块与印度板块结合部东端，是特提斯构造域的主要组成部分，各种资料表明该区是我国最有前景的有色金属和贵金属矿产资源富集区，其中尤以铜、铅、锌、银、金、锡等具有巨大资源潜力和找矿潜力。矿种包括有色金属、贵金属、稀土、稀有金属、黑色金属、燃料矿产以及各类非金属矿产，又以有色金属和贵金属矿产为主。三江南段矿床、矿化点密集分布。其中代表性矿床有普朗、羊拉、白秧坪、雪鸡坪、红山、马厂箐、金满、厂街－水泄、大平掌、宋家坡、宝坪、尚勇等铜矿床；金顶、老厂、芦子园、勐兴、大矿山、北衙、大硐厂、东山等铅锌矿床；小龙河、铁厂、铁窑山、上山寨、老平山、蓧坝地等银矿床；老王寨、金厂、北衙、功果、大坪、小水井等金矿床。

一、成矿区带划分

我国成矿区（带）划分采取五分法，又称五级划分法并赋予每级地质含义，由成矿区（带）概念的划分升华为科学划分。

（1）成矿域，又称Ⅰ级成矿带；
（2）成矿省，又称Ⅱ级成矿带；
（3）成矿区带，又称Ⅲ级成矿带；
（4）成矿亚带，又称Ⅳ级成矿带；
（5）矿田，又称Ⅴ级成矿带。
研究区主要包括的成矿区带有以下几个方面。

1. 成矿域（Ⅰ级成矿区带）

Ⅰ-3. 特提斯–喜马拉雅成矿域；
Ⅰ-4. 滨西太平洋成矿域。

2. 成矿省［Ⅱ级成矿区（带）］

Ⅱ-13. 上扬子成矿省；
Ⅱ-14. 三江成矿省；
Ⅱ-15. 松潘–甘孜成矿省。

3. 成矿区（带）（Ⅲ级成矿区（带））

1）上扬子成矿省（Ⅱ-13）

Ⅲ-69. 右江地槽中生代金铅锌锑铜锰铝磷成矿区；

Ⅲ-70. 扬子地台西缘元古宙、晚古生代、中生代铁钛钒铜铅锌铂银金稀土成矿带。

2）松潘-甘孜成矿省（Ⅱ-14）

Ⅲ-72. 可可西里-盐源中生代、新生代金铜锌稀有稀土成矿带；

3）西南三江成矿省（Ⅱ-15）

Ⅲ-74. 白玉-中甸印支、燕山、喜山期银铅锌铜金锡成矿带；

Ⅲ-75. 西南三江北段中生代、新生代铜钼银金铅锌成矿带；

Ⅲ-76. 大理-景谷中生代、新生代铜锌钼金铅锌成矿带；

Ⅲ-77. 澜沧-保山晚古生代、中生代、新生代铅锌银铜金铁成矿带；

Ⅲ-78. 西盟中生代、新生代锡钨稀土成矿区。

按照陈毓川（2006，2007）成矿区、带划分标准，研究区隶属3个Ⅱ级成矿省，8个Ⅲ级成矿带（图5.1～图5.3），具体内容包括以下方面。

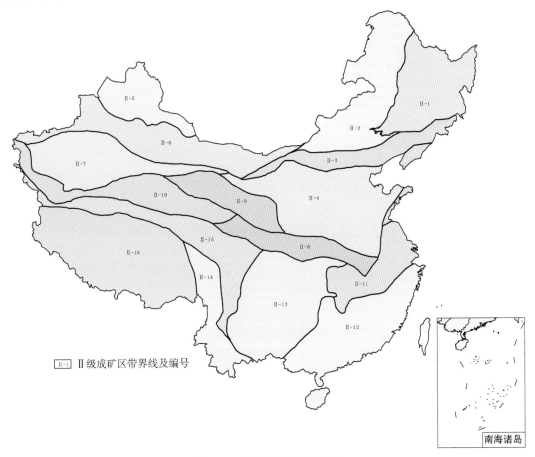

Ⅱ-1 Ⅱ级成矿区带界线及编号

南海诸岛

图5.1　中国Ⅱ级成矿省划分

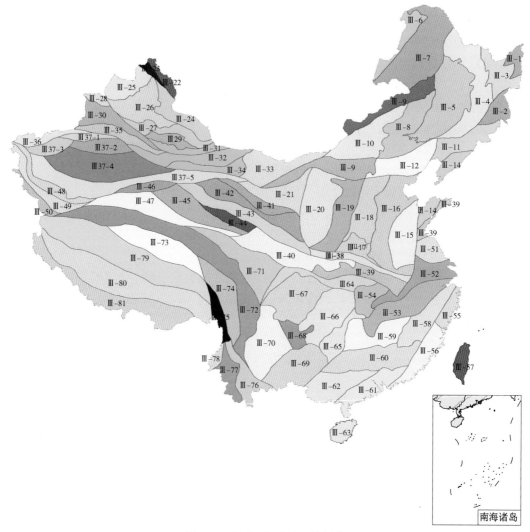

图 5.2　中国Ⅲ级成矿区带划分

二、研究区主要成矿系列

矿床成矿系列是指在一定的地质构造单元和一定地质构造运动阶段内，与一定地质作用有关而形成的在成因上有联系的各矿种、各种成因类型及在不同地质位置产出的矿床组合（陈毓川等，1998）。矿床成矿系列的四个"一"，即：一定的地质历史发展阶段内（相当于一个成矿旋回）内，所形成的一定的地质构造单元内（特定的成矿地质构造环境，一般相当于三级地质构造单元），与一定的成矿地质作用有关，在特定的地质构造部位形成的一组具有成因联系的矿床。

立足于四个"一"为内涵的矿床成矿系列和与成矿地质环境密切联系的成矿区（带）之间具有明显的对应关系。一般认为矿床成矿系列与成矿区（带）对应，成矿亚系列与成

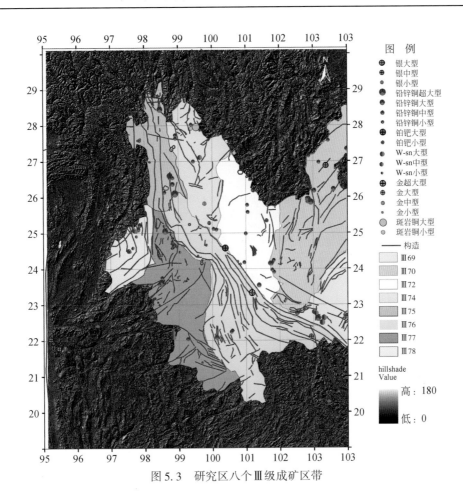

图 5.3 研究区八个Ⅲ级成矿区带

矿亚区（带）、矿田对应。

研究区所包括的成矿系列主要为以下几个方面。

（一）上扬子成矿省成矿系列

1. 右江地槽中生代金铅锌锑铜锰铝磷成矿区矿床成矿系列

研究区所包括的成矿系列主要是燕山晚期与中浅成酸性花岗岩类有关的铜铅锌银铀矿矿床成矿系列以及与酸性花岗岩类有关的锡铜铅锌银矿矿床成矿亚系列、与岩浆期后热液活动有关的银铅锡矿矿床成矿亚系列，矿床成因类型主要是接触交代型，成矿构造背景以滇东南拗陷区为主，相关的岩浆岩有黑云母二长花岗岩以及花岗斑岩，代表矿床为卡房、老厂等。

2. 扬子地台西缘矿床成矿系列

主要的成矿系列有两个：海西期与镁铁质岩浆侵入作用有关的铁钒钛铜镍钴铂金矿矿床成矿系列、四堡期与海底火山喷发—沉积作用有关的铜钴银金铁稀土矿矿床成矿系列。成矿亚系列有四个：与海西早期基性—超基性岩类有关的铂铜镍矿矿床成矿亚系列、与海西中期基性—超基性岩类有关的钒钛铁铂族元素矿矿床成矿亚系列、与海西晚期基性—超基性侵入—

喷发岩类有关的铜镍铂钴金银矿矿床成矿亚系列、与海底火山喷发–沉积作用有关的铜钴银金矿矿床成矿亚系列，典型的矿床组合为岩浆分异、熔离、贯入及热液成矿作用，矿床成因类型为岩浆岩型，成矿构造背景以攀西裂谷为主，有关岩浆岩有含矿同期岩浆岩以及同期火山岩及玄武岩类，代表矿床为落雪、汤丹等矿床。

（二）三江成矿省成矿系列

1. 白玉–中甸印支、燕山、喜马拉雅期银铅锌铜金锡成矿带相关成矿系列

主要的成矿系列有五个：晚古生代与洋壳蛇绿岩建造有关的铜金矿矿床成矿系列、喜马拉雅期与中–中酸性岩浆侵入作用有关的铜钼金银锡矿矿床成矿系列、晚古生代与双峰式火山喷发–沉积作用有关的铅锌银铜金汞矿矿床成矿系列、新生代与热液作用有关的金银铅锌铜铁矿矿床成矿系列、第四系与山麓冲积和洪积作用有关的砂金矿矿床成矿系列。成矿亚系列有三个：与浅成–超浅成侵入作用有关的铜钼金矿矿床成矿亚系列、与中酸性侵入岩类有关的银锡铅锌铜铁金矿床成矿亚系列、与中酸–酸性侵入岩类有关的锡铜金铁矿床成矿亚系列。典型的成矿作用为热液交代成矿作用；矿床成因类型以斑岩型、夕卡岩型、热液型为主；义敦岛弧、中甸岛弧为主要的成矿构造单元；代表矿床主要有普朗铜矿、红山等。

2. 西南三江北段中生代、新生代铜钼银金铅锌成矿带成矿系列

主要的成矿系列有五个：燕山期与壳幔混源中基–中酸性岩浆喷发作用有关的铁磷矿矿床成矿系列、喜马拉雅期与富碱浅成–超浅成中酸性岩浆岩侵入活动有关的铜钼银矿矿床成矿系列、喜马拉雅期与碳酸盐碎屑岩建造有关的锑铅锌银矿矿床成矿系列、印支–燕山期与酸性侵入岩类有关的锡钨铁铜矿矿床成矿系列、晚古生代与双峰式火山岩类有关的铁铜铅锌银矿矿床成矿系列。典型成矿作用为火山喷发、沉积、热液、蚀变交代成矿作用。矿床成因类型有陆相、海相火山岩型、斑岩型、热液型等。代表矿床有羊拉、红坡等。

3. 大理–景谷中生代、新生代铜锌钼金铅锌成矿带成矿系列

主要成矿系列有六个：海西期与镁铁–超镁铁质岩浆岩侵入作用有关的铜镍铂（族）钴宝石矿矿床成矿系列、晚古生代与火山喷流–沉积作用有关的铁铜铅锌银矿矿床成矿系列、晚古生代与基性火山喷发–沉积作用有关的铜锌铅铁矿矿床成矿系列、古近纪—新近纪与热水作用有关的铅锌银铜钴矿矿床成矿系列、新生代与构造–岩浆作用有关的金矿矿床成矿系列、新生代与蒸发成矿作用有关的盐类矿床成矿系列。成矿亚系列有五个：与岩浆熔离作用有关的铜镍铂（族）矿矿床成矿亚系列、与超基性岩类风化作用有关的镍钴矿矿床成矿亚系列、与花岗伟晶岩有关的宝石矿矿床成矿亚系列、与火山喷流–沉积作用有关的铁铜铅锌银矿矿床成矿亚系列、与断裂破碎带有关的铅银矿矿床成矿亚系列。典型的成矿作用有：侵入熔离分异、贯入热液、海底火山喷发沉积蚀变交代成矿作用。矿床成因有：岩浆型、风化残积型、海相火山岩型。代表矿床有大平掌、金平、金厂等。

4. 澜沧–保山晚古生代、中生代、新生代铅锌银铜金铁成矿带成矿系列

主要的成矿系列有六个：新生代与花岗质岩浆侵入活动有关的锡钨有色金属矿矿床成矿

系列、喜马拉雅期—燕山期与中–酸性花岗质岩浆侵入作用有关的汞锑金矿矿床成矿系列、海西晚期与双峰式火山岩有关的铁铜多金属矿矿床成矿系列、海西晚期与海相中基性火山喷发–沉积作用有关的铜铅锑银汞矿矿床成矿系列、早古生代与热液作用有关的铅锌银汞锑矿矿床成矿系列、震旦纪与海相中基性火山喷发–沉积有关的铁锌银矿矿床成矿系列。典型的成矿作用有岩浆侵入、海相火山喷发–沉积、热液成矿作用等。成矿构造单元主要有晚古生代陆缘弧、裂谷等。代表性的矿床有老厂、节子园等。

5. 西盟中生代、新生代锡钨稀土成矿区成矿系列

主要的成矿系列有两个：喜马拉雅期—燕山期与中–酸性花岗岩浆侵入活动有关的锡钨铜铅锌铁硅灰石、白云母矿矿床成矿系列，中、新生代与湖泊淡水相沉积作用有关的硅藻土高岭土黏土矿矿床成矿系列。成矿亚系列两个：燕山早期铁铜铅锌硅石灰矿矿床成矿亚系列、与燕山晚期花岗岩类侵入作用有关的钨锡稀有金属矿矿床成矿亚系列。主要的成矿作用有侵入、热液、蚀变交代等。

滇西三江南段矿床成矿系列按前述的 3 大成矿区带，可分为 27 个矿床成矿系列（表5.1～表5.6）。

三、区域成矿演化轨迹和成矿谱系

矿床成矿系列在时间上的演化和空间上的变化，主要受构造运动、沉积作用和岩浆活动的制约，而构造变动、沉积作用和岩浆活动的时空演变是有规律的。由此进行综合提出的矿床成矿系列，在时空的演变上亦有规律。这种演变的规律性就是建立区域矿床成矿谱系的主要依据。

成矿时间谱系建立，是以地质构造演化发展历史为主线，是对矿床成因、成矿时间、矿种及其数量等方面规律性的总结。也就是从区域构造发展演化角度，对区域成矿规律性的系统总结。

（一）成矿时间谱系

成矿时间谱系建立，是以地质构造演化发展历史为主线，是对矿床成因、成矿时间、矿种及其数量等方面规律性的总结。也就是从区域构造发展演化角度，对区域成矿规律性的系统总结。下面主要从成矿系列（亚系列）、矿床式类型、成因类型和矿床资源储量等方面对成矿时间谱系进行分析。

图 5.4 绘出了不同成矿期的成矿系列（亚系列）、矿床模式和成因类型的分布，具体特征体现在以下几个方面。

（1）成矿作用主要发生在海西期、印支期、燕山期、喜马拉雅期，且有由老而新成矿作用渐强的趋势，喜马拉雅期为成矿高峰时期。

（2）成矿系列（亚系列）、矿床模式、成因类型三者的成矿时间谱系基本一致，也反映了成矿作用强弱发生的时间。

表 5.1　扬子地台西缘元古宙、晚古生代、中生代铁钒铜铝铬铅锌镍铂银金稀土矿床成矿系列特征表

编号	矿床成矿系列	矿床成矿亚系列	矿床式	矿床组合（成矿作用）	矿床成因类型	成矿元素 主要	成矿元素 次要	成矿构造单元	含矿层位及主要岩性	有关岩浆岩	侵入时代/Ma	代表性矿床
Ⅲ70-2	海西期与海底铁镁质岩浆岩作用有关的铁钒铜镍钴铂金矿床成矿系列	与海西早期基性-超基性岩类有关的铂铜镍矿床成矿亚系列	朱布式	岩浆分异熔离成矿作用	岩浆岩型	PGE、Cu、Ni	Au、Co	攀西裂谷	基性、超基性岩及其周围（元古代变质碎屑岩）	单灰橄榄岩、橄榄岩、辉长岩	413~315	朱布、核桃坪、阿布郎当
		与海西中期基性-超基性岩类有关的钒钛铁侵入作用的铁钛钒矿床成矿亚系列	攀枝花式	岩浆分异熔离贯入及热液成矿作用	岩浆岩型	Fe、V、Ti	PGE、Ni、Cu、磷石灰	攀西裂谷	含铁辉石岩、斜长辉长岩、斜长岩、辉石岩、闪长岩、长岩	含矿同期岩浆岩	283~197	攀枝花、红格、安益、太和、白马、巴洞
	海西期与海西晚期基性-超基性岩类侵入有关的铜镍铂钴金矿床成矿系列	与海西晚期基性-超基性岩浆岩侵入有关的铜镍铂矿床成矿亚系列	金宝山式	岩浆熔离分异、贯入成矿作用	岩浆型	Cu、Ni	PGE	攀西裂谷	斜辉橄榄岩、二辉橄榄岩、辉石岩、辉长岩	含矿同期岩浆岩		金宝山
		与海西晚期基性-超基性岩类有关的钴金银铜矿床成矿亚系列	大岩子式	热液成矿作用	热液型	Cu、Ni、PGE	Co、Au、Ag	攀西裂谷	古生代变质碎屑岩、镁铁质大理岩、白云岩	辉长岩、辉石岩		大岩子、清水河、打矿山
			黑山坡式、苏家菁式	陆相火山热液成矿作用	岩浆岩型	Cu		攀西裂谷	玄武岩	玄武岩		黑山坡、乌坡、永胜德
Ⅲ70-4	四堡期与海底火山喷发-沉积作用有关的铜钴银金铁稀土矿床成矿系列	与海底火山喷发-沉积作用有关的铜钴银金铁稀土矿床成矿亚系列	东川式	海底喷流-沉积成矿作用	海相火山岩型	Cu	Co、Ag	攀西裂谷基底中元代裂陷槽	昆阳群因民组与落雪组	同期火山岩及玄武岩类	1805~1749	落雪、汤丹、新塘、白锡腊、小石房、易门、三家厂、大美厂、元江、红龙厂

表5.2　Ⅲ74-白玉-中甸印支期、燕山期、喜马拉雅期银铅铜金锡铜金锡矿带矿床成矿系列特征表

编号	矿床成矿系列	矿床成矿亚系列	矿床式	矿床组合（成矿作用）	矿床成因类型	成矿元素 主要	成矿元素 次要	成矿构造单元	含矿层位及主要岩性	有关岩浆岩	侵入时代/Ma	代表性矿床
Ⅲ74-1	晚古生代与洋壳生态蛇绿岩建造有关的铜金矿床成矿系列		嘎拉式	海相火山喷发、沉积、热液成矿作用	海相火山岩型	Au、Cu、Zn	Pb、Zn	义敦弧岛	蚀变玄武岩与三叠上统浅变质砂岩板岩接触带			嘎拉、马达柯、崩扎
Ⅲ74-2	喜马拉雅期与中-中酸性岩浆侵入作用有关的铜钼金银锡铜铅金银锡铜矿床成矿系列	与浅成-超浅成侵入作用有关的铜钼金矿床成矿亚系列	普朗式	侵入、自交代、热液交代成矿作用	斑岩型、夕卡岩型	Cu、Mo	Au、Ag	中甸岛弧	石英二长斑岩石英闪长岩		喜马拉雅期	普朗、红山、雪鸡坪、郎都、春多
		与中酸性侵入岩类有关的银锡铜铅锌铜铁金矿床成矿亚系列	夏塞式	破碎断裂侵入、热液交代成矿作用	热液型	Ag	Cu、Sn、Au	义敦弧岛	上三叠统图姆沟组	钱依措黑云母二长花岗岩	喜马拉雅期	夏塞、砂西、措莫隆、热隆
		与中酸性-酸性侵入岩类有关的锡铜金铁矿床成矿亚系列	铜中达式	侵入、接触交代、热液蚀变成矿作用	接触交代型	Sn、Cu	Pb、Zn、Hg	义敦弧岛	上三叠统图姆沟组砂岩、板岩及碳酸盐岩	花岗岩	喜马拉雅期	铜中达、昌达沟、渣隆院
Ⅲ74-3	晚古生代与双峰式火山喷发-沉积作用有关的铅锌银铜汞矿床成矿系列		甲村式	火山喷发、沉积、热液成矿作用	海相火山岩型	Ag、Pb、Zn	Au、Cu、Hg	义敦弧岛	上三叠统细碧角斑岩系			甲村、嘎依穷、胜莫隆、曲靖、农都柯、孔马寺

续表

编号	矿床成矿系列	矿床成矿亚系列	矿床式	矿床组合（成矿作用）	矿床成因类型	成矿元素 主要	成矿元素 次要	成矿构造单元	含矿层位及主要岩性	有关岩浆岩	侵入时代/Ma	代表性矿床
III74-4	新生代与热液作用有关的金银铅锌铜铁矿床成矿系列		纳交系式	构造岩浆、热液交代蚀变成矿作用	热液型	Pb、Zn、Ag	Au、Cu、Fe	中咱地块	上二叠同卡翁沟组与中泥盆统莱子沟组不整合合面		喜马拉雅期	纳交系、央岛、吕顶贡、耳泽（Au）、莱园子矿床
III74-5	第四系与山麓冲积、洪积作用有关的砂金矿床成矿系列		金厂沟式	冲积、洪积、分选沉积成矿作用	砂矿型	Au		第四纪辫状河	第四系冲积、洪积物陆屑沉积			金厂沟、孔隆沟

表 5.3　三江北段中生代、新生代铜银铅锌金锌矿床成矿系列特征表

编号	矿床成矿系列	矿床成矿亚系列	矿床式	矿床组合（成矿作用）	矿床成因类型	成矿元素 主要	成矿元素 次要	成矿构造单元	含矿层位及主要岩性	有关岩浆岩	侵入时代/Ma	代表性矿床
III75-1	燕山期与壳幔混源中基-中酸性岩浆喷发作用有关的铁矿床成矿系列		加多岭式	火山喷发、自交代、岩浆蚀热液变成矿作用	陆相火山岩型	Fe		喜马拉雅期构造-岩浆带	石英安山岩、英安流纹岩、英安岩			加多岭

续表

编号	矿床成矿系列	矿床成矿亚系列	矿床式	矿床组合(成矿作用)	矿床成因类型	成矿元素 主要	成矿元素 次要	成矿构造单元	含矿层位及主要岩性	有关岩浆岩	侵入时代/Ma	代表性矿床
Ⅲ75-2	喜马拉雅期与富碱浅成-超浅成中酸性岩浆岩侵入活动有关的铜钼银矿床成矿系列		玉龙式	富碱岩浆侵入、自变质、热液交代成矿作用	斑岩型	Cu、Mo	Ag、Fe、W、Au、S	喜马拉雅期构造-岩浆带	喜马拉雅期富碱斑岩体侵入三叠统甲丕拉组和上拉组卡组	二长花岗斑岩(金矿)	52～35 (Rb-Sr)	玉龙、多霞松多、马拉松多、扎那尕
Ⅲ75-3	喜马拉雅期与碳酸盐岩屑岩建造有关的锑铅锌银矿床成矿系列		拉诺玛式	断裂、热液、蚀变交代成矿作用	沉积改造型	Sb、Pb、Zn	Ag	构造-岩浆带	上三叠统波里拉组碳酸盐岩(浅海至滨海相)			拉诺玛、沙拢弄
Ⅲ75-4	印支-燕山期与酸性侵入岩类有关的锡铜钨铁矿床成矿系列		厂硐河式	岩浆侵入、热液交代、蚀变交代成矿作用	热液型	W、Sn、Cu	Pb、Zn	晚古生代陆缘弧	三叠系碳酸盐岩、碎屑岩建造			厂硐河、吉塘、卡贡、太阳宫、红毛岭
Ⅲ75-5	晚古生代与双峰式火山岩类有关的铁铜铅锌银矿床成矿系列		羊拉式	火山喷发、沉积、热液、蚀变交代成矿作用	海相火山岩型	Cu、Pb、Zn、Fe		晚古生代陆缘弧	早石炭世嘎金雪山岩群中基性火山-沉积岩系			羊拉、南佐、南仁、鲁春、红坡、老君山

表5.4 Ⅲ76-大理-景谷中生代、新生代铜金钼铅锌成矿带矿床成矿系列特征表

编号	矿床成矿系列	矿床成矿亚系列	矿床式	矿床组合（成矿作用）	矿床成因类型	成矿元素主要	成矿元素次要	成矿构造单元	含矿层位及主要岩性	有关岩浆岩	侵入时代/Ma	代表性矿床
Ⅲ76-1	海西期与镁铁-超镁铁质岩浆侵入作用有关的铜镍铂（族）钴宝石矿床成矿系列	与岩浆熔离作用有关的铜镍铂矿床成矿亚系列	白马寨式	侵入熔离分异,贯入成矿液成矿作用	岩浆型	Ni	Cu、PGE	哀牢山深断裂带及变质带	橄榄岩、橄辉岩、辉石岩、辉长岩		海西期	白马寨、金平、牛栏冲、三达山
		与超基性岩类风化作用有关的镍钴矿床成矿亚系列	安定式	岩体、风化、残积成矿作用	风化残积型	Ni	Co	哀牢山深断裂带及变质带	橄榄岩、辉石岩的风化残积层		海西期（岩体）分化残积层（喜马拉雅期）	安定金厂
		与花岗伟晶岩有关的宝石矿床成矿系列	小羊街式	构造-岩浆侵入、混合岩化、伟晶岩成矿作用	伟晶岩型	红宝石	绿宝石	哀牢山深断裂-构造带边缘	中元古代大理岩、伟晶岩			小羊街、岩村碑、旧城
Ⅲ76-2	晚古生代与基性火山喷发-沉积作用有关的铜铅锌铁矿床成矿系列	与火山喷流-沉积作用有关的铁矿床成矿亚系列	大平掌式	海底火山喷发沉积热液蚀变成矿作用	海相火山岩型	Cu、Zn	Pb、Fe	大陆边缘火山弧	石炭系火山岩			大平掌、民乐、官房
		与火山喷流作用有关的铅银矿床成矿亚系列	新山式	海底火山喷流-沉积,成岩成矿作用	海相火山岩型	Fe、Cu、Pb、Zn	Ag	大陆边缘火山弧	上三叠统泥质灰岩凝灰岩、砂岩、碳酸盐岩			新山、新山鱼塘、白羊厂
Ⅲ76-3	与断裂破碎带有关的铁铜铅银矿床成矿系列	与断裂破碎带有关的铅锌铜银矿床成矿亚系列	莫卡山式	构造-破碎,热液蚀变交代成矿作用	热液型	Pb、Zn	Ag	大陆边缘火山弧	上二叠长兴组白云岩破碎带			莫卡山

续表

编号	矿床成矿系列	矿床成矿亚系列	矿床式	矿床组合（成矿作用）	矿床成因类型	成矿元素 主要	成矿元素 次要	成矿构造-岩浆单元	含矿层位及主要岩性	有关岩浆岩	侵入时代/Ma	代表性矿床
Ⅲ76-4	晚古生代与热水作用有关的金砷锑汞矿床成矿系列		扎村式	沉积、断裂、破碎、热液（热水）交代蚀变成矿作用	热液型（卡林型）	Au、Sb	As、Hg	构造-岩浆岩带	三叠统麦初青组顶与侏罗统过渡层			扎村（Au）、石峡厂（As）、石崖村（Sb）、笔架山（Sb）、温河（Hg）
Ⅲ76-5	古近纪—新近纪与热水作用有关的铅锌银铜钴矿床成矿系列		金顶式	盆地沉积、热液交代、蚀变成矿作用	热液型	Pb、Zn、Ag	Sr	古近纪—新近纪断陷盆地	下白垩统景星组砂岩和下古近纪—新近纪古新统龙宫组灰岩、角砾岩			金顶、金满
Ⅲ76-6	新生代与构造-岩浆作用有关的金矿床成矿系列		老王寨式	碰撞、韧性断裂、岩浆侵入热液交代成矿作用	热液型	Au		碰撞造山带	钾镁煌斑岩、正常斑岩			老王寨、东瓜林、大坪
Ⅲ76-7	新生代与蒸发成矿作用有关的盐类矿床成矿系列		勐野井式	蒸发沉积成矿作用	蒸发岩型	钾盐		古近纪—新近纪红色盆地	古近纪—新近纪砂岩、泥盐岩层			勐野井

表 5.5 III77-保山-澜沧晚古生代、中生代、新生代铅锌银铜金铁矿带矿床成矿系列特征表

编号	矿床成矿系列	矿床成矿亚系列	矿床式	矿床组合（成矿作用）	矿床成因类型	成矿元素 主要	成矿元素 次要	成矿构造单元	含矿层位及主要岩性	有关岩浆岩	侵入时代/Ma	代表性矿床
III77-1	新生代与花岗岩岩浆侵入活动有关的锡钨稀有金属矿床成矿系列		阿莫式	岩浆侵入、破碎、热液蚀变交代成矿作用	热液型	W、Sn	Cu、Pb、Zn、Hg、白云母	新生代构造-岩浆带	中元古界西盟群,老街子组变粒岩、二云母片岩			云龙（Fe）、阿莫、石缸河
III77-2	喜马拉雅期—燕山期与中-酸性花岗岩岩浆侵入作用有关的汞锑金矿床成矿系列		水银厂式	岩浆侵入、接触交代、热液蚀变成矿作用	接触交代型	Hg	Sb、Au	燕山期构造-岩浆带	辉绿岩与灰岩接触交代或中泥盆统阿元素组灰岩接触带			水银厂、金家山、茅草草坡
III77-3	海西期与双峰式火山岩类有关的铁铜多金属矿床成矿系列		曼养式	海底火山喷发、沉积成矿,岩成矿、蚀变交代成矿作用	海相火山岩型	Fe、Cu	Co、Pb、Zn	晚古生代陆缘弧	三叠纪细碧岩			曼养、三达、新山、文玉

续表

编号	矿床成矿系列	矿床成矿亚系列	矿床式	矿床组合（成矿作用）	矿床成因类型	成矿元素 主要	成矿元素 次要	成矿构造单元	含矿层位及主要岩性	有关岩浆岩	侵入时代/Ma	代表性矿床
III77-4	海西期与海相中基性火山喷发-沉积作用有关的铜铅锑银汞矿床成矿系列		老厂式	海相火山喷发、沉积、热液成矿作用	海相火山岩型	Pb、Zn、Cu	Hg	晚古生代裂谷	下石炭统碳酸盐与基性火山岩的过渡带			老厂、铜厂街、小村式、新厂
III77-5	早古生代与有关热液作用的铅锌银汞锡矿床成矿系列		鲁子园式	沉积成岩、构造活动、热液活动、蚀变交代成矿作用	热液型（沉积-改造型）	Pb、Zn	Ag、Au、Sb	早生代陆缘活动带	上寒武统保山组大理岩、石英片岩破碎带			鲁子园、东山、勐兴
III77-6	震旦期与海相中基性火山喷发-沉积有关的铁铅锌银矿床成矿系列		惠民式	海相火山喷发、沉积、热液成矿作用	海相火山岩型	Fe、Pb、Zn	Ag	新元古代岛弧	中元古界澜沧群惠民组			惠民、大勐垅、疆峰

表 5.6 Ⅲ78-腾冲中生代、新生代锡钨稀土矿床成矿系列特征表

编号	矿床成矿系列	矿床成矿亚系列	矿床式	矿床组合（成矿作用）	矿床成因类型	成矿元素		成矿构造单元	含矿层位及主要岩性	有关岩浆岩	侵入时代/Ma	代表性矿床
						主要	次要					
Ⅲ78-1	喜马拉雅期—燕山期与中-酸性花岗岩浆侵入有关的钨锡铜铅锌铁硅灰石白云母矿床成矿系列	与燕山早期铁铜铝锌铅硅灰石矿床成矿亚系列	滇滩式	侵入、接触交代、热液蚀变成矿作用	接触交代	硅灰石、Fe		燕山期构造-岩浆带	燕山期花岗岩、石炭纪、二叠纪碳酸盐岩			滇滩
		与燕山晚期花岗岩类侵入作用有关的钨锡稀有金属矿床成矿亚系列	来利山式	侵入、热液、蚀变交代成矿作用	热液型	Sn、W	稀有金属	燕山期构造-岩浆带	燕山期—喜马拉雅期黑云英岩化花岗岩			小龙河、新岐山、铁窑山、来利山、黄连沟(Be)、百花脑、普拉底
Ⅲ78-2	中、新生代与湖泊淡水相沉积作用有关的硅藻土高岭土黏土矿床成矿系列		腾冲式	陆相、淡水沉积成岩成矿作用	陆相沉积型	硅藻土、高岭土		陆相沉积盆地	第四纪不同层位、古近系—新近系上新组			腾冲、团田、双海

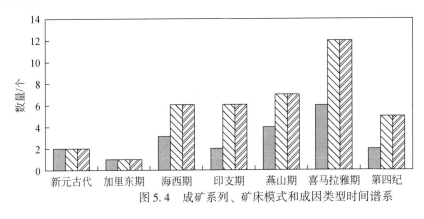

图 5.4　成矿系列、矿床模式和成因类型时间谱系

（3）成矿作用分为四个阶段：①新元古代，成矿作用相对较弱，主要为火山作用、沉积作用和变质作用。成矿系列主要有两个：一是与新元古代海相中-基性火山岩有关的铁成矿系列，即以惠民和大勐龙为代表的火山-沉积型铁矿床；二是赋存于西盟群允沟组海相碳酸盐岩中的铅、锌、银成矿系列，即以新厂为代表的喷流-沉积型银铅锌矿床。②加里东-海西期，成矿主要以幔源岩浆及其矿质的超浅成定位和大型海盆沉积作用。其中，加里东期形成了赋存于早古生代（海相）碳酸盐岩中的铅、锌成矿系列，地下热水型铅锌矿床发育。海西期发生了大规模的金属成矿作用，形成了与海西期基性-超基性岩有关的铬、镍、铜、铂、钯成矿系列，与早石炭世海相基-中性火山有关的铜、铅、锌、银、硫、汞成矿系列和与晚二叠世火山有关的铜、金成矿系列。成因类型为岩浆熔离型和喷流-沉积型。③印支-燕山-喜马拉雅山期，发生了大规模的成矿作用，特别是在喜马拉雅期，成矿规模达到顶峰。成矿表现为壳型、壳幔混合型的中酸性岩类和热水沉积为主的特点。形成了与岩浆活动有关的六个成矿系列（亚系列），即与印支-燕山期花岗岩有关的锡、铜、铅、锌、金成矿系列，与燕山早期花岗岩有关的锡、铜、铅、锌成矿亚系列，与燕山晚期花岗岩有关的锡、钨成矿亚系列，与喜马拉雅早期花岗岩有关的锡、钨、铌、钽成矿亚系列，与燕山-喜马拉雅期岩浆活动有关的金成矿系列，与喜马拉雅期富碱斑岩有关的铜、钼、铅、锌、金、银成矿系列。成因类型主要为夕卡岩型、云英岩型、斑岩型、构造蚀变型、热液（脉）型等。同时形成了与沉积岩有关的三个成矿系列，即赋存于晚古生代碳酸盐岩中的铅、锌、汞、锑、砷成矿亚系列，赋存于中生代（海相、海陆交互相）碎屑岩和碳酸盐岩中的铜、汞、锑、砷、金成矿系列，赋存于白垩-古近纪（陆相）碎屑岩和蒸发岩中的铜、铅、锌、银成矿系列；成因类型主要有喷流-沉积型、热卤水型、热液型、砂岩型等。④第四纪，形成与第四纪风化淋滤、残积作用有关的锡、稀土、镍、铁成矿亚系列，与第四纪冰碛、坡积、洪积、冲积作用有关的金、锡、钨、钛、稀有金属成矿亚系列。

图 5.5 是研究区主要矿产时间谱系，反映了主要矿产在加里东期、海西期、印支期、燕山期和喜马拉雅期都有形成。加里东期产有少量铅、锌矿；海西期以产铜、铅、银、金矿为主；印支期以铜、金矿为主，是铜矿主要成矿期；燕山期同时产有铜、金、铅、锌矿等；喜马拉雅期是铜、铅、锌、银、金等主要矿产成矿期。图中也反映了成矿作用有两期：海西期和喜马拉雅期。其中海西期是成矿的一个小高峰期，铜、铅、锌、银、金等矿产都有产出；印支期成矿作用主要表现在个别矿种的形成上，如铜矿；喜马拉雅期是成矿高峰时期，铜、

铅、锌、银、金等矿产都大量产出。这恰好与三江南段区域构造演化相吻合，三江南段大规模的金属成矿作用发生在特提斯演化阶段，古特提斯早期（海西期），伴随着金沙江-哀牢山板块结合带和澜沧江板块结合带向东俯冲，引起强烈的岩浆活动和大规模的成矿作用，同时岩浆活动也为后期的成矿作用提供了重要的物质来源。新特提斯期（喜马拉雅期）的成矿作用遍及三江地区各个构造单元，成矿规模达到顶峰。

　　总之，从成矿时间谱系（图5.4～图5.6）可知，西南三江有色及贵金属矿床在成矿时代上，从新元古代到第四纪均有发生，并有由老而新不断增强的趋势，中、新生代是最重要的成矿期，成矿作用高峰有两期：海西期和喜马拉雅期，其中最重要的成矿期是喜马拉雅期。

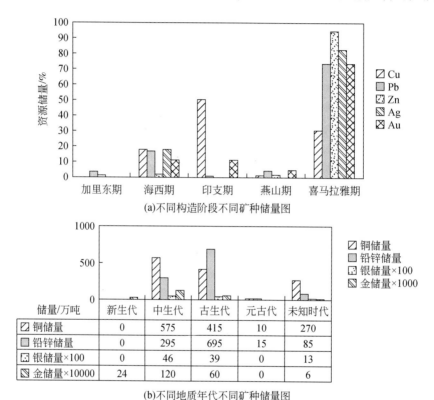

(a)不同构造阶段不同矿种储量图

储量/万吨	新生代	中生代	古生代	元古代	未知时代
▨ 铜储量	0	575	415	10	270
▦ 铅锌储量	0	295	695	15	85
▤ 银储量×100	0	46	39	0	13
▨ 金储量×10000	24	120	60	0	6

(b)不同地质年代不同矿种储量图

图5.5　研究区八个成矿带中有色与贵金属主要矿产时间谱系

（二）成矿空间谱系

　　矿床空间谱系反映矿床在空间上的分布规律，揭示矿床与地质构造单元之间的关系。本节分别对成矿区的成因类型、矿床数量等方面进行统计，以揭示矿床与各构造单元的关系，建立成矿空间谱系（图5.7～图5.9）。

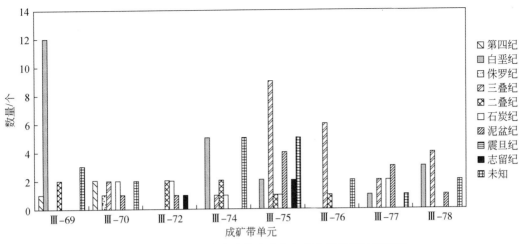

图 5.6 研究区八个成矿带中有色与贵金属矿床时间谱系

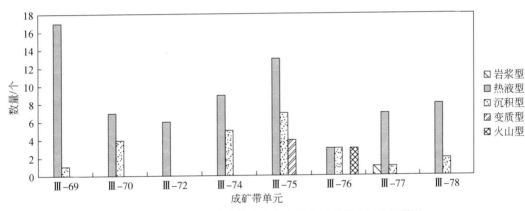

图 5.7 研究区八个成矿带中有色与贵金属矿床成因空间谱系

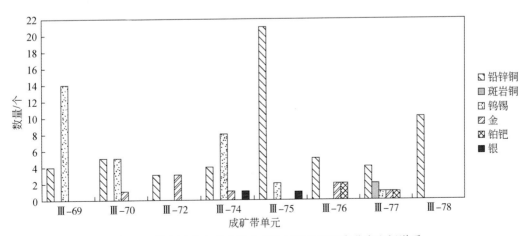

图 5.8 研究区八个成矿带中有色与贵金属矿产分布空间谱系

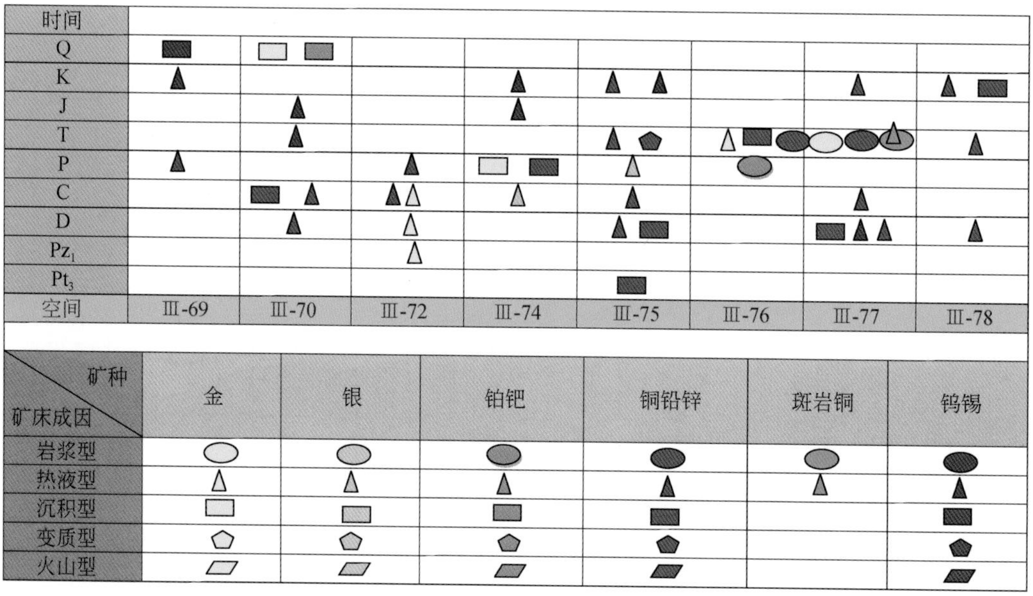

时间	III-69	III-70	III-72	III-74	III-75	III-76	III-77	III-78
Q								
K								
J								
T								
P								
C								
D								
Pz₁								
Pt₃								
空间	III-69	III-70	III-72	III-74	III-75	III-76	III-77	III-78

矿种 / 矿床成因	金	银	铂钯	铜铅锌	斑岩铜	钨锡
岩浆型						
热液型						
沉积型						
变质型						
火山型						

图 5.9　研究区有色与贵金属矿床的时–空–因成矿谱系图

（三）成矿时–空–因谱系

区域成矿谱系是指区域内不同大地构造单元矿床成矿系列的演化历史。是矿床成矿系列研究不断深入的重要标志，它充分揭示了区域成矿作用在地质作用过程中，矿床成矿系列之间的时空关系。在矿床成矿时间、空间谱系研究的基础上，为了综合反映滇西三江南段地区的成矿谱系，以成矿带单元为横坐标，以成矿时代为纵坐标，以不同矿种不同成因与成矿系列为基本单位，在八个成矿带上分别建立了研究区有色及贵金属矿床区域成矿时–空–因谱系图（图 5.9）和主要矿带分区成矿谱系。

（四）研究区成矿演化及成矿谱系

1. 上扬子成矿省演化及成矿谱系

区域成矿作用经历了前吕梁旋回，以后依次是吕梁、四堡、晋宁、震旦、加里东、海西、印支、燕山和喜马拉雅九个旋回，其中印支旋回的成矿作用较弱，其他几个旋回都呈现特定的成矿作用，而四堡、晋宁旋回以形成大红山式铁铜矿、东川式铜矿、宝坛式锡铜式为主，是成矿省内出现的裂谷环境和陆缘成矿作用的首次高峰期，主要的成矿地质环境为陆核裂解、陆壳聚合的区域成矿作用形成以海相火山岩型矿床。震旦期和加里东旋回属地台抬升和海槽沉积成矿环境，形成以海相沉积型矿床为主；海西期进入褶皱基底裂陷、陆相火山喷发鼎盛时期（玄武岩喷发），除形成攀枝花式钒钛磁铁矿外，尚有铁铜铂（PGE）、铅锌矿床形成，是成矿省内第二次成矿的高峰期。进入燕山旋回，成矿作用有所减弱，但在喜马拉雅旋回，成矿作用又出现高峰，此旋回的成矿作用还是在进行之中。成矿作用的演化详见矿床成矿谱系图（图 5.10）。

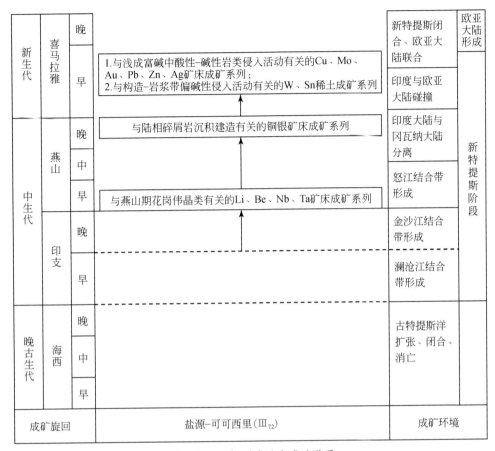

图 5.10　上扬子成矿省成矿谱系

2. 松潘-甘孜成矿省演化及成矿谱系

区内见到的最古老的基底，可能是九龙李伍一带，作为铜锌矿矿源层的元古宙变质火山岩和火山碎屑岩。到震旦纪以后，四川东部地台区和西部地槽区开始分化。本成矿区西部槽区，紧邻扬子准地台西缘，在早古生代为大陆边缘斜坡带，多为浅海-半深海相陆屑-碳酸盐岩、火山岩组成的次稳定型冒地槽类复理石建造沉积。地层间为整合、假整合。

泥盆纪—早二叠纪，这一阶段在早古生代基础上冒地槽继续发展。平武、丹巴一带属大陆边缘环境，志留纪、泥盆纪时连续沉积了一套厚度巨大、岩性单一的陆屑岩夹碳酸盐岩的复理石建造。石炭纪、二叠纪为碳酸盐、基性火山岩建造。早二叠世末的海西期运动发生了变形变质和岩浆侵入活动，顺层贯入泥盆系地层的基性-超基性岩形成了杨柳坪镍铂矿床。

晚二叠纪—三叠纪，是川西槽区演化历史上具划时代意义的重要时期，进入了地槽发展的全盛时期，龙门山断裂带以西，鲜水河断裂带以东的若尔盖、马尔康、松潘广大地区属巴彦喀拉冒地槽区，二叠纪晚世为大陆斜坡和深海平原，沉积了一套陆屑-碳酸盐岩、基性火山岩、硅质岩建造。三叠纪主要为大陆斜坡环境，沉积了一套典型的浊积岩复理石建造。基本不含火山岩。而鲜水河断裂带以西，甘孜-理塘断裂带以东的石渠、甘孜、雅江、九龙间的雅江冒地槽区，则局部夹有基性、酸性火山岩、火山碎屑岩。三叠纪晚世的印支运动，使川西地区从此结束地槽历史，褶皱造山运动使全部地槽沉积变形变质，并伴随有基性-超基性岩浆和中酸性岩浆的大规模侵入。沿甘孜-理塘、鲜水河等深大断裂带发育有基性-超基性岩。蛇绿泥杂岩与嘎拉、错阿等金矿，橄榄玄武岩与丘洛金矿等成因关系密切。中酸性侵入体十分发育，常和燕山期酸性岩体组成复合岩体。康定、道孚、雅江、石渠、马尔康、九龙等地的二长花岗岩富钾质，富含稀有金属元素，与此有成因联系的花岗伟晶岩型锂、铍、铌、钽矿床十分发育，形成四川最重要的稀有金属矿带。

侏罗纪—白垩纪，川西印支褶皱造山运动和酸性岩浆侵入活动一直延续到这一时期。主要是一些规模不大的二长花岗岩、花岗岩岩体。在松潘、平武、康定、道孚等地印支期、燕山期形成了二长花岗岩伟晶岩型和石英脉型钨矿、锡矿等矿床。

印支-燕山期的褶皱造山运动，对川西地区岩金矿床的形成十分重要。它产生的一系列深（大）断裂带和脆-韧性剪切带，提供了天水渗滤和矿液的通道，以及容矿空间；区域动力变质和断裂带上的热动力作用驱使矿源体中金属元素活化、迁移；后期的浅成岩浆活动多沿构造断裂带，导致了金矿化的叠加富集。按照成矿区内各成矿系列形成的内在联系和发生、演化过程，试编了成矿谱系（图 5.11）。

3. 三江成矿省演化及成矿谱系

成矿谱系研究是近年来逐渐被人们所关注的一个新课题，我国学者对成矿谱系进行了不少开创性的研究。成矿谱系是指成矿多样性的某种规律性序列表现，而矿床的规律性序列可以表现在成因上、规模上、成分上、数量上、质量上以及它们的组合上，但最基本的是表现在成矿时间上和成矿空间上的“有序性”和“成套性”（赵鹏大，2000）。

陈毓川等（2001）认为“一个成矿系列类型中的不同系列既是时代的产物，也是成矿构造环境分异的结果。由于不同的成矿构造环境都有其本身的地质演化历史，同时具有相应的成矿演化历史，把特定区域成矿作用的演化历史与分布规律称为成矿谱系。”成矿系列的演化作为成矿谱系的基本研究内容，可起到提纲挈领的作用。

三江地区实际上是一个在相对年轻和固结程度较低的前寒武纪变质基底的基础上，经历了寒武纪—早石炭世初的特提斯前演化阶段、晚石炭世—晚三叠世的古特提斯演化阶段、侏罗纪—白垩纪的中特提斯演化阶段以及新生代的大陆碰撞造山等长期演化过程最终形成的多旋回造山带。在其不同的构造演化阶段中，形成了各具特色的矿床成矿系列。

区域成矿演化历史

1）晚前寒武纪变质基底形成阶段

晚元古代晚期，三江地区为处于扬子陆块与冈瓦纳大陆之间的广阔海域，发育冒地槽型复理石及火山-沉积建造。在距今 500～600Ma 时（相当于晚泛非期）褶皱固结，形成震旦世—早寒武世的柔性基底（陈炳蔚，1990）。本阶段形成的矿床主要有产于澜沧群和大勐龙群海相中-基性火山岩中的惠民式铁矿以及产于西盟群碳酸盐岩中的与海相中-基性火山活动有关的新厂式铅锌银矿，构成晚元古代与海相中-基性火山作用有关的铁铅锌银成矿系列。

2）寒武纪—早石炭世的特提斯前演化阶段

寒武纪—泥盆纪时，本区处于短暂的稳定大陆边缘地区，沉积了上寒武统到泥盆统的浅海陆棚相碎屑岩和碳酸盐岩建造，构造岩浆活动微弱。该阶段形成的矿产主要有中咱和保山

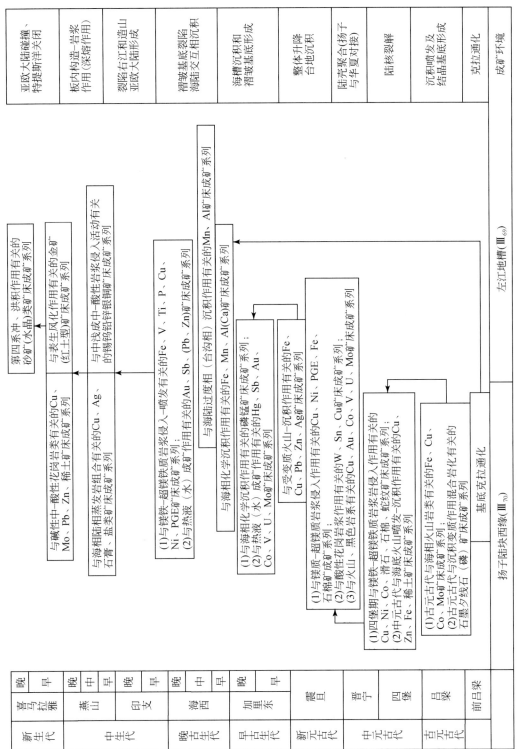

图 5.11 松潘—甘孜成矿"省"成矿"谱系图

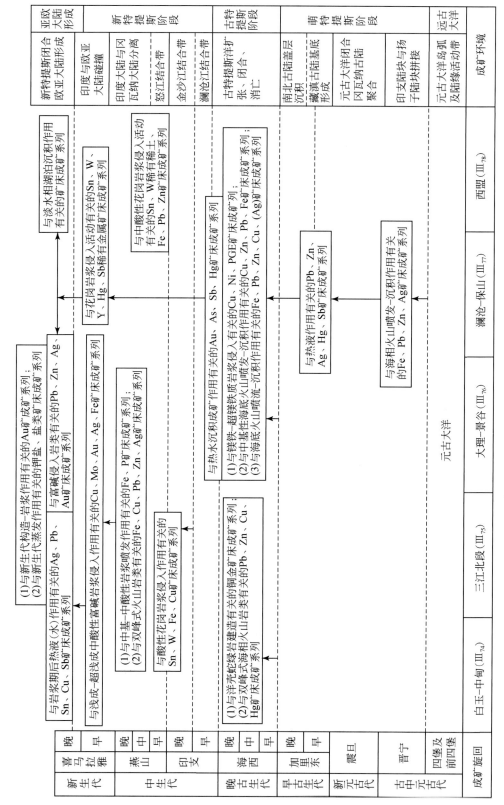

图 5.12　三江成矿省矿床成矿谱系图

微陆块上古生界碳酸盐岩中的层控型铅锌银矿。

3）早石炭世—晚三叠世的古特提斯演化阶段

早石炭世维宪期，沿昌宁、孟连一带发育基性火山岩，显示三江地区开始步入古特提斯演化阶段。形成以澜沧老厂铅锌银矿床、昌宁铜厂街铜锌矿床和小村汞矿床为代表的与石炭纪海相中基性火山作用有关的铜铅锌银汞成矿系列。

早二叠世，沿澜沧江和金沙江–哀牢山拉张形成两支古特提斯洋盆，中间夹着昌都–思茅微陆块。形成与洋壳蛇绿岩建造有关的铬铁矿成矿系列。

晚二叠世，澜沧江和金沙江–哀牢山两支古特提斯洋盆几乎同时封闭，其东部的扬子陆块西缘发生大规模拉张作用，伴随大面积基性火山岩的喷发和微陆块（如中咱、水洛河等）的裂离，形成甘孜–理塘小洋盆和其北部的松潘–甘孜洋。金沙江洋壳的向西俯冲消减作用，在昌都–思茅微陆块东侧边缘的江达–维西火山–岩浆弧上形成了与二叠纪海相中基性火山岩有关的铜铅锌成矿系列；澜沧江洋壳的向东俯冲消减作用则在昌都–思茅微陆块西缘的云县–景洪火山岩浆弧上形成了与晚二叠世中酸性火山岩有关的铁铜成矿系列；扬子陆块西南缘的裂谷事件在哀牢山、红河一带形成与海西期镁铁–超镁铁质杂岩体有关的铜镍铂钯成矿系列，在中咱、水洛河等微陆块上，二叠系火山岩可能形成了耳则、红土坡、央岛等一些铁铜金矿床的重要矿源层。

晚三叠世，三江地区东部的甘孜–理塘洋壳向西俯冲封闭，并发育成较为完整的沟–弧–盆体系；稍晚西部沿怒江、雅鲁藏布江先后拉张形成两支中特提斯洋盆；此时，已经封闭的澜沧江和金沙江–哀牢山板块结合带则再次活动并发育强烈的滞后型–碰撞型弧火山岩和碰撞型花岗岩。在义敦岛弧发育过程中，沿弧间裂谷带或裂陷火山盆地中发育双峰式火山活动（莫宣学，1993），形成与海相中酸性火山岩有关的铅锌银金汞成矿系列；同时，火山作用还伴有少量钙碱系列的中酸性侵入岩体，同位素年龄为 237 ~ 208Ma（吕伯西，1993），形成与印支期壳幔同熔型花岗岩有关的铜锡多金属成矿系列。在怒江洋盆扩张阶段形成了与洋壳蛇绿岩有关的含铂族元素的豆荚状铬铁矿矿床（主要分布在西藏的东巧、丁青一带）。在澜沧江缝合带，伴随晚三叠世同碰撞型火山活动和花岗质岩浆活动（231 ~ 194Ma），形成了与火山岩有关的铁铜多金属成矿系列和与印支期地壳重熔型花岗岩有关的铁铜锡稀有金属成矿系列。在金沙江缝合带的江达、维西一带，火山岩浆作用也相应地形成了两个矿床成矿系列：与晚三叠世火山岩有关的铁铜铅锌成矿系列和与印支期花岗岩有关的铁铜成矿系列。

4）侏罗纪—白垩纪的中特提斯演化阶段

中特提斯的北支班公错–怒江洋盆大约在晚侏罗世到早白垩世时闭合，南支雅鲁藏布江洋盆进一步扩张，三江地区在印支运动之后基本结束了洋壳和海盆的发展历史。此时，金沙江以东地区褶皱造山，隆升剥蚀；昌都–思茅陆块发生断陷，接受陆相红层沉积；澜沧江以西地区受怒江洋盆的影响，早侏罗世仍属浅海环境，中晚侏罗世抬升成陆，白垩纪接受陆相含煤红层沉积。受怒江洋盆封闭造山影响，三江地区已有的断裂构造再次发生强烈活动，并形成三江地区广泛的含锡钨的重熔型花岗岩带：在怒江以西的腾冲–潞西形成与燕山期花岗岩有关的铁铜铅锌硅灰石成矿系列和锡钨成矿系列；在澜沧江构造带上，形成类乌齐–左贡–铁厂–西盟与燕山晚期电气石花岗岩有关的锡钨多金属成矿系列；沿义敦岛弧的乡城–格咱河断裂带上，形成与燕山期地壳重熔型花岗岩有关的锡钨银铅锌成矿系列；沿甘孜–理塘缝合带形成与剪切构造有关的金矿成矿系列。

5）新生代陆内造山演化阶段

白垩纪末—古近纪初，雅鲁藏布江洋盆封闭，印度次大陆与欧亚大陆碰撞，之后，由于印度洋板块的继续向北扩张和欧亚大陆的反向阻挡作用，印度大陆向北发生陆内俯冲，导致地壳缩短加厚、青藏高原崛起和地壳物质东流。受印度次大陆和欧亚大陆的双向挤压作用制约，三江地区进入全面陆内构造调整阶段，断裂构造和岩浆-流体活动异常活跃，成矿作用达到顶峰。在怒江断裂以西，形成与地壳重熔型花岗岩及花岗伟晶岩有关的锡钨稀有金属云母宝石成矿系列；沿金沙江-哀牢山走滑断裂带形成了与喜山期富碱斑岩有关的铜钼铅锌金银宝石成矿系列；沿哀牢山断裂带形成与剪切构造活动有关的金矿成矿系列；在兰坪-思茅盆地边缘靠近板块结合带上形成与热卤水活动有关的铅锌银铜钴汞锑砷金成矿系列；在新生代红层盆地内部还形成了与生物-化学沉积作用有关的砂岩铜-盐类-含锗铀、硅藻土的褐煤-高岭土-热泉型金矿成矿系列。第四纪，表生风化-沉积作用形成风化壳型和砂矿型锡镍金铁钛成矿系列。

上述成矿演化过程用区域成矿谱系图（图5.12）展示成矿的演化历史。

四、主要矿床类型和特征

根据研究区矿产地数据库，基于 ArcGIS 空间分析技术进行矿产多样性分析。根据铜、铅、锌、银、金矿床数据统计及其遥感影像位置叠加分析，研究区的铜矿产地和资源量分布最广、最大，其次为铅锌矿（图 5.13、图 5.14）。

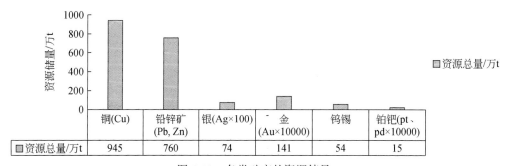

图 5.13　各类矿产的资源储量

根据研究区矿产地数据库统计分析和全国主要矿种成因分布图综合分析，认为研究区铜、铅锌、银等矿产的成矿类型具有多样性，其中，以喷流-沉积型、夕卡岩型、沉积改造型、斑岩型、砂矿、构造蚀变型、热液型、云英岩型、MVT 型和岩浆岩型等较为重要，出现于不同的地质演化阶段，形成了丰富的矿产资源。

（一）铜矿床类型和特征

到目前为止，三江南段成矿亚带还未探明有大型铜矿床。统计资料表明，已探明的中型铜矿 7 个，此外还有 4 个工作后有望成为中型或大型的铜矿床（如羊拉、白秧坪、宋家坡、尚勇等，见表 5.7）。表 5.7 中，前 4 个矿床为 20 世纪 90 年代前或初期即已基本探明的矿床，后 7 个矿床都是 90 年代以后发现的有中大型远景的矿床，多数还在进行勘查工作，说

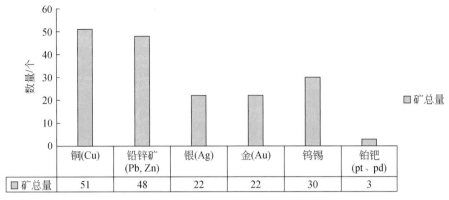

图5.14　各类矿产的产地数量

明三江南段找铜不断有新的发现和进展，铜矿的找矿潜力较大。

表5.7　三江南段中大型铜矿床一览表

矿床名称	成因类型	工业类型	规模	区域背景	控矿因素
雪鸡坪	岩浆热液型	斑岩型铜矿	中型	位于松潘甘孜褶皱系中甸褶皱带，构造线方向为北北西向	受印支期偏碱性斑岩体及接触蚀变带控制
马厂箐	岩浆热液	斑岩型铜矿	中型	位于丽江台缘褶皱带，构造型线方向主体为北北西向	受斑状角闪黑云母花岗岩内外接触带控制；岩体为浅成岩体
红山	岩浆热液型	夕卡岩型铜矿	中小型	位于中甸褶皱带，构造线方向为北北西或近南北向	受三叠系上统砂板岩大理岩层间夕卡岩及层间构造带控制，属岩体之外接触带夕卡岩体
金满	沉积-改造型	沉积-改造型铜矿	中型	位于兰坪-思茅盆地北段靠近澜沧江断裂，主构造线方向为近南北向	北北西向倒转背斜东翼层间破碎带及J_2板岩与砂岩接触界面的构造破碎带，与硅化碳酸盐化退色化关系密切
厂街水泄	热液脉型	脉状铜矿	中型	位于兰坪-思茅盆地北段南部，区域构造以北西向为主	受侏罗系和白垩系砂板岩系中的层间断裂与南北向断裂控制，蚀变以碳酸盐化重晶石化为主
羊拉	岩浆热液型	夕卡岩型铜矿	大型	位于兰坪-思茅盆地北段与中甸褶皱带交接处，区域构造线近南北向	受二叠系中基性火山岩与碎屑岩中层间构造和北西向断裂构造控制，矿体顶板为石英岩及板岩，底板为大理岩，并受花岗闪长岩接触带控制
白秧坪	热液脉型	脉型热液脉型	大型	位于兰坪-思茅盆地北段，区域构造线走向为近南北向	白垩系、古近系、新近系碎屑岩中，北西向断裂控矿，蚀变以碳酸盐化、重晶石化为主，为铜、铅、锌、银共伴生矿床

续表

矿床名称	成因类型	工业类型	规模	区域背景	控矿因素
大平掌	喷流-沉积型	VMS型铜矿	中型	位于兰坪-思茅盆地中相对隆起的区域，出露石炭-二叠系火山岩系	受石炭系石英角斑岩和石英斑岩控制，并受后期构造破碎带控制原始矿层具块状硫化物型特征
宋家坡	岩浆热液型	接触交代型铜矿	中型	位于兰坪-思茅盆地西侧澜沧江断裂附近三叠系火山岩组成的背斜隆起带，附近各种类型铜矿点较多	晚三叠系火山岩组成的背斜轴部南北向断裂及东西向构造控制矿化分布，英安斑岩为主要含矿围岩，矿体产于褪色带由浅变紫的英安斑岩中
宝坪	喷流-沉积型	VMS型铜矿	中型	位于丽江台缘褶皱带、永胜-程海断裂西侧附近，以二叠系玄武岩三叠系碎屑岩及灰岩最发育	程海断裂附近反逆冲滑覆构造碳泥质地层屏蔽下凝灰砂岩容矿，矿体定位于喜马拉雅期，区域上北北东向断隆构造是重要控矿因素
尚勇	沉积-改造型	沉积-改造型铜矿	中型	位于兰坪-思茅盆地南端，近东西向短轴背斜北翼，白垩系与古近系，新近系地层发育	产于白垩系上统浅色砂岩层中，被较厚的泥质或粉砂泥质岩石屏蔽，矿体受控于东西向断层及背斜北翼浅色砂岩

　　该区中大型铜矿床多集中分布于兰坪-思茅盆地（拗陷带），少数分布于中甸褶皱带及丽江台缘褶皱带。矿床类型有斑岩型、沉积-改造型、夕卡岩型、喷流-沉积型、热液脉型和镁质-超镁质岩型等。其中斑岩型与沉积-改造型占有较大比例，真正的斑岩型矿床主要分布于台缘区。

　　关于矿床的形成时代，公认为喜马拉雅期成矿的矿床有5个（马场管、金满、水泄、白秧坪、尚勇，占45.5%），印支期成矿2个（雪鸡坪、红山，占18%），其他矿床的成矿时代有争议，但都认为受到喜马拉雅构造运动的影响而改造富集定位，如宝坪、宋家坡、羊拉、大平掌等铜矿。上述资料说明喜马拉雅运动成矿期是主要成矿期。

　　根据三江南段地区铜成矿作用的特点，划分了如下成因类型（图5.15）：

　　（1）海西期石炭纪与超基性-基性岩浆侵入活动有关的岩浆熔离型铜镍矿床，如金平白马寨铜镍矿床。

　　（2）海西期二叠纪与基性火山活动有关的沉积-改造型脉状铜矿床，如永胜宝坪铜矿。

　　（3）海西期二叠纪与中性-中酸性火山活动有关的火山沉积型的黄铁矿型铜矿床，如在景洪三达山地区和德钦东松地区。

　　（4）印支期与中酸性岩浆浅成侵入活动有关的岩浆热液型斑岩、夕卡岩和脉状铜矿，如中甸雪鸡坪斑岩型铜矿、中甸红山夕卡岩型矿床、中甸朗史热液脉型矿床。

　　（5）早喜马拉雅期与中酸性岩浆浅成侵入活动有关的岩浆热液型斑岩、夕卡岩型矿床，如祥云马厂箐铜矿床。

　　（6）与古生代碎屑岩和碳酸盐岩有关的沉积-改造型铜矿床，如位于兰坪-思茅盆地的德厂街铜矿床。

　　（7）与白垩纪—古近纪碎屑岩和蒸发岩有关的沉积-改造型铜矿床，如兰坪-思茅断陷带中的白洋厂和尚勇铜矿。

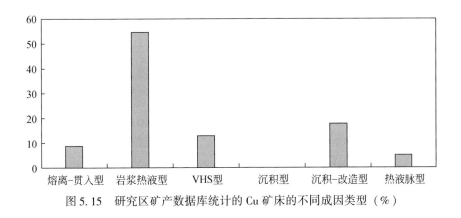

图 5.15　研究区矿产数据库统计的 Cu 矿床的不同成因类型（%）

（二）铅锌矿床类型和特征

从表 5.8 可见，铅锌矿床的分布区域较广泛，几乎包括三江南段各构造单元，如兰坪-思茅盆地（拗陷带）、澜沧江褶皱带、保山-镇康褶皱带、腾冲褶皱带、丽江台缘褶皱带等。

表 5.8　三江南段中大型铅锌矿床一览表

矿床名称	成因类型	工业类型	规模	区域背景	控矿因素
金顶	喷流-沉积型	SEDEX 型铅锌矿	超大型	位于兰坪-思茅盆地北段南北向断裂东侧、短轴背斜（弯隆）北侧、东西向推覆构造带	东西向推覆构造屏蔽古近系及白垩系砂岩和灰质角砾岩成矿，为构造与岩性综合因素聚矿
老厂	喷流-沉积型	VMS 型铅锌矿	大型	位于澜沧江褶皱带（海西-印支期）相对凹陷区段，石炭系地层广泛发育	与北北东-北北西构造关系密切，与石炭系火山碎屑岩及灰岩与碎屑岩接触层间构造有关，或产于火山岩中
芦子园	喷流-沉积型	SEDEX 型铅锌矿	大型	位于保山-镇康褶皱带寒武系上统保山组，广泛分布	寒武系上统保山组灰岩与条带状大理岩层间含矿，受地层岩性及镇康背斜南端北西翼层间构造控制
勐兴	密西西比河谷型	碳酸盐岩沉积建造中的铅锌矿	中型	位于保山-镇康褶皱带奥陶系下统老尖山组，广泛分布	矿体产于奥陶系下统，老尖山组砂岩相变为灰岩交接处，尤其是生物碎屑灰岩成矿最好，矿体还受北东或北西地层转折的层间构造控制
大矿山	岩浆热液型	夕卡岩型铅锌矿	中型	位于腾冲褶皱带，泥盆系地层被燕山期花岗岩侵入	矿体受东西向背斜层间构造及花岗岩接触构造与断层控制，以夕卡岩化、角岩化等蚀变为主

矿床名称	成因类型	工业类型	规模	区域背景	控矿因素
北衙	岩浆热液型	斑岩型铅锌矿	中型	位于腾冲褶皱带，石炭-二叠系地层广泛出露	主要受花岗岩外接触带的石炭-二叠系碳酸盐岩与碎屑岩层间断裂控制
大硐厂	岩浆热液型	夕卡岩型铅锌矿	中型	位于保山-镇康褶皱带泥盆系、石炭系、二叠系、三叠系广泛出露并组成老厂-熊石同背斜	背斜翼部三叠系灰岩层间构造及泥盆系灰岩中断裂构造控矿，形态复杂，变化较大，以夕卡岩化等蚀变为主
东山	热液型	脉状铅锌矿	中型	位于丽江台缘褶皱带南端附近，喜山期斑岩体侵入于三叠系灰岩中（T_2 与 T_3）	喜马拉雅期碱性斑岩体接触带向斜构造的翼部层间构造带控矿

矿床类型较多，有喷流-沉积型（金顶）、斑岩型、热液脉型及其他类型。成矿时代广泛，从海西-印支期到喜马拉雅期均有矿床形成。但是从矿产储量来看，兰坪-思茅盆地（金顶铅锌矿）占铅锌总储量的83%左右，其他7个大型铅锌矿总储量还不及金顶铅锌矿总储量的零头。从量上看，最重要的成矿类型是喷流-沉积型铅锌矿，喜马拉雅运动形成的铅锌矿床储量占据绝对优势。

根据三江南段地区铅锌成矿作用的特点，划分如下成因类型（图5.16）：

（1）与花岗岩类侵入活动有关的铅锌矿床，包括夕卡岩型铅锌和锡多金属矿床，如云南大矿山等；斑岩型金铅锌矿床，如云南的北衙等。

（2）与火山喷流有关的铅锌和多金属矿床，包括与印支期陆缘岛弧型中性和中-酸性火山活动有关的喷流-沉积型银多金属铁矿床，如云南新山等；与海西期裂谷型中-基性火山活动有关的银铅锌矿床，如云南老厂等。

（3）与沉积喷流活动有关的铅锌矿床，包括砂岩型铅锌银多金属矿床和碳酸盐岩型铅锌矿床，前者赋存于古近系中的砂岩型铅锌矿床，如云南金顶等；赋存于白垩系中的砂岩型银多金属矿床，如云南白洋厂等；赋存于上寒武统中的碳酸盐岩型铅锌矿床，如云南芦子园等；赋存于西盟群允钩组中的碳酸盐岩型银铅锌矿床，如云南新厂等。

（4）赋存于下奥陶统碳酸盐岩中的密西西比河谷型铅锌矿床，如云南勐兴等。

（5）产于各时代各种围岩中的热液型脉状铅锌矿，此类矿床的成矿物质来源丰富多样，成矿流体和性质尚需深入研究，多属于中低温热液裂隙充填型脉状矿床，如云南东山等。

（三）金、铂-钯矿床类型和特征

1. 金矿床

根据资料统计，三江南段现有超大型金矿床1处、大型金矿床2处、中型金矿床已探明5处，其他均为小型金矿床（表5.9）。从表5.9可以看出，中-大型金矿床主要分布在哀牢山褶皱带及台缘拗陷带附近靠近金沙江-红河深断裂带的地区及澜沧江深断裂旁侧次级构造

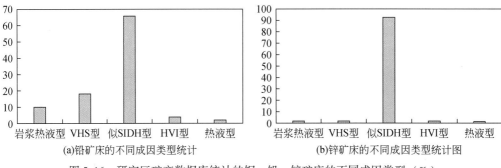

(a)铅矿床的不同成因类型统计　　　　　(b)锌矿床的不同成因类型统计图

图5.16　研究区矿产数据库统计的铜、铅、锌矿床的不同成因类型（%）

中（如功果金矿）。成矿类型以各种形式的构造破碎蚀变岩型为主，从元古宙结晶片岩到古生代变质岩，直到中生代三叠系和白垩系浅变质碎屑岩系及第四系残坡积层（红土型）均可成矿，这种现象说明构造活动是主要控矿因素。绝大多数矿床是喜马拉雅构造运动时期形成的，是本区金矿的主要成矿期。

表5.9　三江南段中大型金、铂钯矿床一览表

矿床名称	矿床类型	规模	区域背景	控矿因素
老王寨	构造蚀变岩型	超大型	位于哀牢山褶皱带红河深断裂南西侧，附近下石炭统浅变质岩系发育	受东西向构造破碎蚀变带控制，容矿岩石为梭山组砂质绢云板岩变质砂岩及蚀变基性–超基性岩等，蚀变以硅化为主
金厂	构造蚀变岩型	大型	位于哀牢山褶皱带红河深断裂南西侧，附近志留系地层基性–超基性岩发育	金厂超基性岩西侧与浅变质岩系接触部位的东西向断裂破碎蚀变带是主要控矿因素，蚀变以硅化、滑石化绿泥石化、绢云母化、铬水云母化为主
北衙	与富碱斑岩有关热液型及红土型	大型	位于丽江台缘褶皱带南部，三叠系地层与斑岩体发育	受碱性斑岩体接触破碎带控制，红土型受上述金多金属矿脉风化或搬运，停积残积于溶洞和盆地中形成
功果	构造蚀变岩型	中大型（预测）	位于兰坪–思茅盆地中段靠近澜沧江断裂东侧附近，白垩系碎屑岩已发生浅变质作用	澜沧江断裂旁侧次级北东向褶曲（倒转背向斜）翼部砂岩层间破碎蚀变带，蚀变以硅化为主，同时围岩已变质为板岩和变质砂岩
大坪	构造蚀变岩型及石英脉型	中型	位于哀牢山褶皱带红河深断裂南西侧，附近出露古生界奥陶、志留、泥盆系地层及碱性斑岩与闪长岩	红河断裂南侧碱性斑岩接触构造及闪长岩中东西向张扭性断裂控制，硅化石英脉为主要蚀变
小水井	构造蚀变岩型	中大型（预测）	位于扬子地台与哀牢山褶皱带交界处红河断裂东侧，三叠系地层广泛出露	受控于红河断裂旁侧次级构造中，容矿岩石为三叠系碎屑岩类，蚀变以硅化为主
金宝山	热液蚀变岩型	大型	位于哀牢山褶皱带红河深断裂北东侧	受控于红河断裂旁侧次级构造中，容矿岩石为蛇纹石化橄榄岩

根据三江南段地区金矿成矿作用的特点，划分如下成因类型（图 5.17）：

（1）与岩浆热液有关的金矿床。蛇绿岩中石英脉型及蚀变石英岩型金矿床（金厂金矿）；蛇绿岩中构造蚀变岩型金矿床（老王寨金矿）；与花岗岩浆晚期热液有关的多金属石英脉型金矿床（小寨金矿）；重熔花岗岩构造破碎带蚀变岩型金矿床（芒公金矿）。

（2）次火山（斑岩）火山热液型金矿床。与正长–二长花岗斑岩有关的热液型金矿床（北衙、银厂坡等）；与花岗斑岩有关的构造蚀变岩型金矿床（马厂箐铅锌金矿床）；与黑云辉石正长岩–安山玢岩有关的构造蚀变岩型金矿床（歪哥、楚波金矿）。

（3）地下热（卤）水型金矿床。构造破碎带中微细浸染型金矿床（扎村金矿）。

（4）热泉型金矿床。在腾冲两河地区，由于近代地热系统活动强烈，产有典型的热泉型金矿床（两河金矿），其成矿时代为新近纪至近代。

（5）变质岩型金矿床。与中元古界澜沧群、下古生界王雅组变质岩有关的金矿床，如西盟翁嘎科金矿床。

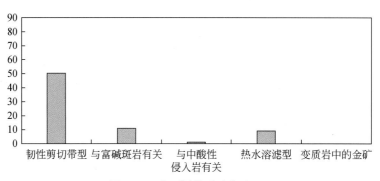

图 5.17　金不同类型矿床（%）

2. 铂–钯矿床

研究区发现大型铂–钯矿床 1 处，即金宝山铂–钯矿床，矿点（矿化点）多处。矿床位于扬子准地台川滇台背斜西缘，西与唐古拉–昌都–思茅褶皱系墨江–绿春褶皱带哀牢山断褶束相邻，属宁蒗–弥渡铁质基性、超基性岩带。容矿岩体由基性岩及超基性岩组成。基性岩侵入在先，由辉绿岩、辉绿辉长岩、辉长岩组成，普遍含棕色角闪石。超基性岩侵入在后，沿基性岩底部侵入，分异不佳，以单辉橄榄岩为主（约占整个超基性岩的 86%），另有少量辉橄岩、橄辉岩及辉石岩。超基性岩岩石矿物以贵橄榄石及单斜辉石为主，次为棕色角闪石、黑云母、斜长石、斜方辉石、磁铁矿、铬铁矿，少量铜、镍金属硫化物及贵金属矿物和磷灰石等。常见铬铁矿外缘有磁铁矿化，有时见橄榄石包有自形铬铁矿，辉石包有铬铁矿、金属硫化物及橄榄石，棕色角闪石包有铬铁矿、橄榄石及硫化物，铬铁矿及黄铁矿包有铂族矿物。超基性岩 m/f 值为 2.5 ~ 5.9，一般为 3.5 ~ 4.4，含铂钯丰度甚高，岩体平均达 0.5g/t。

超基性岩蚀变强烈，主要为蛇纹石化，次为透闪石化、滑石化、绿泥石化等。

岩体与围岩呈侵入接触，外接触带常见角岩化、大理岩化、滑石绿泥石化等，内接触带出现酸度略高的岩类，如辉石岩或橄辉岩。岩体中包有基性岩等围岩碎块。据橄榄岩中黑云母 K-Ar 年龄为 304Ma，Rb-Sr 年龄为 322Ma，岩体侵位时期为海西中期。

矿床的矿体呈似层状多"层"产出。矿体围岩主要为单辉橄榄岩，少数为橄辉岩、辉石岩，外接触带围岩及岩体内基性岩块中也有少量小矿体或矿化。

矿石类型几乎全部为稀疏浸染型，局部出现斑点状、海绵陨铁状、豆状或微细脉状矿石。此外，在构造破碎带中，局部有被硫化物充填胶结的角砾状矿石。

3. 银矿床类型和特征

三江地区银的累计探明储量约占全国银的累计探明储量的5%，占西南四省的36%。在已查明银矿规模的诸类矿床中，以铅锌多金属和铅锌菱铁矿床中共生或伴生的银为主，其累计探明储量占三江地区银累计探明储量的80%以上，其次是铜和铜钼矿床中的伴生银，其累计探明储量约占17%，金矿床和其他矿床中的伴生银，其累计探明储量约占2%。由此可见，对银资源来说，最重要的是前一类矿床。

根据三江南段地区银成矿作用的特点，划分了如下成因类型（图 5.18）：

（1）与火山喷流有关的银铅锌多金属矿床，主要在德格-乡城-中甸晚三叠世岛弧火山岩带、江达-徐中晚三叠世陆缘岛弧火山岩带和昌宁-孟连石炭世裂谷火山岩带，如澜沧老厂等矿床含银较高。

（2）与斑岩型铜、铜钼和铅锌多金属矿共（伴）出的银矿床，是三江南段地区德另外一种银矿类型，该类型矿床主要分布在金沙江-哀牢山喜马拉雅期斑岩成矿亚带和中甸与晚三叠世火山岩同源的次火山岩成矿带中，如北衙等矿床。

（3）与花岗岩类侵入活动有关的银铅锌矿床，一般都富银。主要分布于腾冲-潞西地区，义敦-格聂地区，如大硐厂、大矿山等铅锌或锡多金属矿床。在这些矿床中，银富集在成矿作用的较晚阶段，与铅呈正消长关系。

（4）与沉积喷流活动有关的银铅锌矿床，分布在兰坪中生代断陷盆地和保山微板块中。它们大多含银不高，只有少数，如白洋厂等，富含银，可能与物质来源有关。

（5）产于断裂破碎带及层间破碎带中的热液脉型银矿床，如兰坪白秧坪银矿。

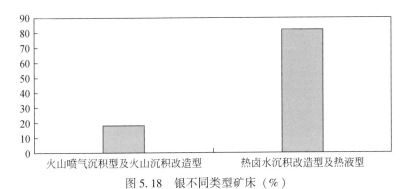

图 5.18　银不同类型矿床（%）

4. 钨锡矿床类型和特征

根据资料统计，三江南段现有大型锡矿床1处、中型锡矿床已探明5处、小型锡矿床1

处，其他均为矿化点（表5.10）。从表5.10可以看出，三江地区南段锡矿主要分布在察隅–梁河陆块之波密–腾冲构造–岩浆带、澜沧江板块结合带和杂多–景洪岛弧带，均与碰撞成因的壳熔型花岗岩有密切的成因联系。矿床类型有夕卡岩型、云英岩型、电气石–石英脉型和砂矿型。其中，以夕卡岩型和云英岩型为主要，如小龙河式矿床、铁窑山式矿床。前者为云英岩型锡矿，后者具有夕卡岩型和云英岩型锡矿床的双重特点。

铁窑山式矿床的主要特点：在花岗岩与石炭系勐洪群钙质砂板岩接触带中，发育含锡夕卡岩和角岩，伴有磁铁矿体。后来，在夕卡岩–角岩带上，叠加了云英岩化成矿作用，在铁窑山矿区形成了云英岩型锡矿和含锡磁铁矿复合类型矿床，在老平山矿区夕卡岩带中形成含锡较富的云英岩矿囊。云英岩化不仅带来了锡，而且也改造了夕卡岩矿物，使岩石中呈类质同象的锡形成了锡石矿物。因此，这类矿床具有夕卡岩型和云英岩型锡矿床的双重特点。

根据三江南段地区锡成矿作用的特点，划分了如下成因类型（图5.19）：

（1）与燕山晚期花岗岩有关的锡矿床，如小龙河、铁窑山等锡矿床。

（2）与喜马拉雅早期花岗岩有关的锡矿床，如来利山锡矿床。

（3）与印支–燕山期花岗岩有关的锡矿床，如铁厂、布朗山锡矿床。

（4）与第四纪坡积、洪积、冲积有关的锡矿床，如上山寨锡矿床。

表5.10 三江南段中大型锡矿床一览表

矿床名称	矿床类型	规模	区域背景	控矿因素
小龙河	夕卡岩、云英岩型	大型	察隅–梁河陆块之波密–腾冲构造–岩浆带	矿床分布于古永二长花岗岩基的晚阶段侵入体–小龙河岩株与石炭系碎屑岩接触带的内侧黑云母花岗岩的自变质蚀变带中
上山寨	砂矿型	中型	察隅–梁河陆块之波密–腾冲构造–岩浆带	分布于瑞滇盆地的西部，系坡积残积砂锡矿和冲积–洪积砂锡矿
铁窑山	夕卡岩、云英岩型	中型	察隅–梁河陆块之波密–腾冲构造–岩浆带	燕山晚期花岗岩侵入勐洪群中，沿断裂破碎带形成角砾岩型富黄铁矿云英岩型锡矿体
老平山	夕卡岩、云英岩型	中型	察隅–梁河陆块之波密–腾冲构造–岩浆带	勐洪群与花岗岩体接触形式的角岩及含锡夕卡岩带，产出锡石云英岩化矿体
薅坝地	锡石–电气石–石英型	中型	澜沧江板块结合带	锡石–电气石–石英型矿体沿北北西向断裂旁侧的下泥盆统碎屑岩层间破碎带呈层控矿床产出
勐宋	锡石–云英岩型、夕卡岩型和残坡积砂矿型	小型	杂多–景洪岛弧带	矿体产于印支期花岗岩与元古宇澜沧群的接触带和岩体内
布朗山	云英岩化锡石–硫化物型	矿点	杂多–景洪岛弧带	含矿石英脉产于印支期花岗岩内接触带的混染花岗岩裂隙破碎带中
铁厂	电气石–石英型	中型	澜沧江板块结合带	矿床分布于中元古界崇山群中，矿体呈脉状群产出，分为三个矿段，38个脉状矿体

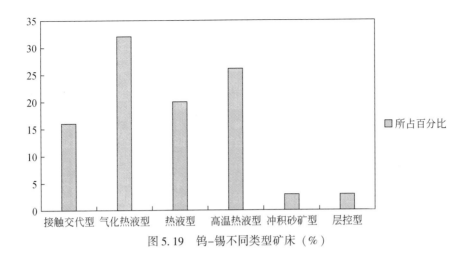

图 5.19　钨-锡不同类型矿床（%）

第二节　西南三江南段优势矿产资源潜力评价

简言之，矿产勘查是一个寻找未发现矿床的过程。勘查对象和决策的复杂性和多样性构成了现代矿产勘查的主要内容。对于矿产勘查的决策机构来说，矿产勘查既是一个科学探测的过程，更是一个商业投资的过程。一个成功的矿产勘查所发现的矿床必须是技术上能够开采，经济上必须获利的矿床。因此，技术方法上的困难和投资上的风险伴随着矿产勘查的全过程。这是因为，就全球而言，某一矿种的主要资源量仅赋存在少数大型和超大型矿床上。统计学上，这种矿床是非常稀少和罕见的（仅约占已发现矿床的5%）。迄今为止，未发现的大型、超大型矿床通常是隐伏矿床和难识别矿床，这就大大加大了以后矿产勘查的难度和风险。全球尤其是发展中国家对矿产资源日益加大的需求和矿产勘查日益加大的难度以及不确定性正呼唤着以现代科学和高新探测技术、信息技术为支撑的矿产勘查的新理论、新方法和新技术的诞生发展，以减少勘查风险，提高找矿效益。

矿产勘查，从普查、详查到勘探，实质上是一个信息逐渐获取和风险不断减小，而投资相对增加的过程。现代科学和技术，主要在以下两个方面，为矿产勘查提供支撑。一是现代地球科学提供了矿床的形成、分布及其地质特征等方面的知识，它们是建立矿床的成矿模式和找矿模型的基础；另一方面，现代探测技术为识别矿床的存在提供了海量的地学探测数据，而现代信息处理技术为从这些海量的地学探测数据中进一步提取诊断性找矿信息，进而建立找矿模型、定量圈定找矿远景区并评价其资源潜力提供了强有力的手段。

一、致矿异常信息提取及控矿因素分析

三江南段位于印度板块与扬子板块的结合带，是特提斯-喜马拉雅成矿域的重要组成部分，在多旋回的构造岩浆活动过程中，形成了复杂的成矿地质背景和丰富的有色金属和贵金属矿产（图5.20）。这对异常信息提取带来了一定困难，因此我们必须采用新的信息处理技术和综合致矿（或矿致）信息圈定和评价靶区，以减少找矿风险，提高找矿效率。

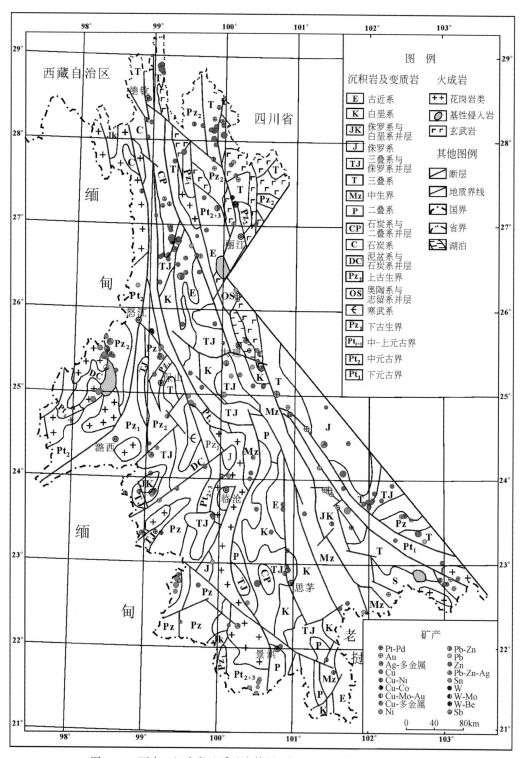

图 5.20 西南三江南段地质矿产简图（据 1：50 万数字地质图编绘）

(一) 重磁异常信息提取

1. 重磁异常特征

（1）区内布格重力场值均为负值，且随着地势的升高，其值越来越低。景洪、瑞丽一带为 $-120 \times 10^{-5} \text{m/s}^2$ 左右，德钦附近达 $-400 \times 10^{-5} \text{m/s}^2$，其幅值相对变化达 $280 \times 10^{-5} \text{m/s}^2$。

（2）大理以北重力场梯度比南部大，明显的有丽江-木里、中甸-九龙两条北东向梯度带，向北东合并与龙门山梯度带相接。西部镇康-梁河北西向梯度带清晰，南由班洪向北西经潞西至梁河，两端均延出国界，由于其他方向构造影响，梯度带发生扭曲，依据平均重力场规则，这些重力梯度带分别与北东向、北西向断裂有关。

（3）重力异常高值、低值带呈条带状相间排列，以北西向为主，次为近南北向和北东向，呈向北收敛、向南撒开且数量增多的格局。由东向西主要异常带有：①哀牢山-绿春重力低异常带；②李仙江重力高异常带；③维西-南涧重力低异常带；④镇沅-勐腊重力低异常带；⑤石登-永平重力高异常带；⑥无量山-景洪重力高异常带；⑦德钦-碧江重力低异常带；⑧云县-勐海重力低异常带；⑨昌宁-孟连串珠状重力高异常带；⑩保山-沧源重力低异常带；⑪六库-永德重力高异常带；⑫腾冲-陇川重力低异常带。彼此平行分布。最突出的是石登-永平、无量山-景洪重力高异常带和德钦-碧江、云县-勐海重力低异常带，澜沧江深断裂夹持其间。

（4）区内磁异常呈串珠状和长条状，主要沿北西向或南北向分布，长达几十至几百千米，具有向北收敛，向南撒开的分布特征，异常带之间为较平静的条带状磁场。由东向西主要异常带有：①北西向哀牢山正磁异常带。与牢哀山重力低值带相一致。可划分为彼此平行的东西两亚带。东亚带强度大，分布于元古宇深变质带；西亚带强度较弱，与古生界浅变质带对应。②思茅-勐腊宽缓磁力高值区。与镇沅-勐腊重力低值带套合，分布于思茅中新生代盆地中部。③兰坪-巍山以负异常为主的磁场区，在大片负磁场中偏西部出现一个低缓磁力高值带。重力表现为两个异常带，西侧为拉井-永平重力高值带，东侧为维西-南涧重力低值带。重磁异常内主要出露中新生界"红层"。④无量山-勐养平缓磁力高值带，与无量山-景洪重力高值带相吻合，这可能与出露于澜沧江以东中新生代"红层"中的古生代中酸性火山岩系有关。⑤澜沧江串珠状磁力高值带。与近南北向重力高低值带之间的转换带对应。沿澜沧江分布，与深断裂带的基性、超基性岩体有关。⑥云县-勐海低缓负磁异常带。与云县-勐海重力低异常带相对应，主要出露花岗岩基。异常带西侧分布零星正磁小异常，呈近南北向串珠状分布，与元古宇中的变基性岩有关，北端云县附近圈定一个椭圆状正磁异常，推测花岗岩基深部有后期中酸性岩浆岩。⑦南汀河强磁异常带。主要分布于勐简-福荣带，正负伴生，强度较大，与石炭系基性火山岩关系密切。⑧保山-镇康负磁场区。与保山-沧源重力低异常带大致对应，分布于保山古生代拗陷盆地。沿柯街南北向断裂出现串珠状正磁小异常。⑨泸水-潞西负磁异常带。主要沿元古宇高黎贡山群呈北东向分布。⑩腾冲-陇川复杂磁异常带。广泛出露印支期花岗岩，磁场正负相间出现，强度大，部分与第四系基性火山岩有关。北段为腾冲-梁河重力低异常带，南段陇川-瑞丽重力高异常带。⑪滇西北航磁资料不全，异常大致为：中甸地区以南北向正磁异常为主，与南北向重力低值带对应，主要出露三叠纪中酸性火山岩系及闪长玢岩岩群；沿丽江-木里北东向重力梯度带、断裂带表现为负磁异常带,二叠纪基性火山岩发育。

(5) 重磁信息的最大优点是具有深穿透性,因而能较好揭示深部地质构造特征而被广泛地应用于基础地质研究和资源评价。通过对三江南段重力场和磁场特征的研究,可以有效提取深部信息,分析基底构造,揭示和识别隐性地质异常,为有色金属和贵金属矿产资源评价提供深部地质基础依据。

2. 区域重力致矿异常信息提取与重力构造格架

通过对重力异常的分解和解释能够推断隐伏地质体和隐伏断裂的空间分布。王世称等(1989)在长期的科学实践中总结出一套在地质先验前提下重磁信息提取和解译的法则。区域重力致矿异常信息提取与重力构造格架编制具体步骤如下:将重力场上延不同的高度(本书在 1:20 万重力数据处理上延高度分别为 10km、5km 和 1km),以突出不同深度地质体的重力场特征。在此基础上对不同延拓高度重力异常分别求取四个方向(0°、45°、90°、135°)的水平一阶导数,并绘制相应的图件。在上述图件上从上向下依次分别提取上述四个方向的水平一阶导数的极大值和极小值轴向特征线,然后分别对同一延拓高度四个方向的轴线特征线图按对应的坐标点相互叠置,提取多于两个方向的重合特征线作为推断的地质体边界。最后,将推断的不同延拓高度异常边界从高到低逐步关联,形成不同深度的重力异常界面,为方便起见,称它们为重力断裂。显然,随着延拓高度的增加,浅重力异常将逐渐消失,深重力异常被突出。根据重力断裂在不同延拓高度的水平漂移特征,可定性推断这些断裂的产状;并通过遥感线形影像和地质图,或通过野外地质调查加以验证。

将不同上延高度(包括原平面)的场的垂向二阶导数零值线(用不同的图例)绘于同一张透明图上。然后,将该透明图置于同比例尺地质图上。以出露的地质体为线索,结合地球化学环形异常边界和环形遥感影像综合提取其垂向二阶导数零值线,将其作为基底、岩体或火山机构等的可能隐伏地质边界。将上述推断的不同深度的重力地质异常界面编绘到一张图上,形成重力地质异常构造骨架图(简称重力构造模式)(图 5.21)。该图详细反映了研究区不同方向、不同深度、不同规模的重力地质异常界面的空间分布特征。

该区重力地质异常界面分布特征整体上与区域地质构造格架相吻合,即北部以南北向的深—中深重力断裂为主,东部以北东向和北北东向的深—中深重力断裂为主,而南部则以北西向的深重力断裂为主。一些在地表地质图上没有反映的中深重力断裂可能反映了该区的隐伏构造或重力参数迥异的地质体的分界线。利用重力构造骨架图与该区同比例尺的矿点分布图相套合,不难发现,重要的金属矿床大都产于深—中深重力构造界面的附近,尤其是多组重力异常界面交汇的部位。这进一步说明了研究区基底构造在地质演化过程中起到了重要的控岩控矿作用。

根据重力构造模式(图 5.21),结合遥感影像模式(图 5.3)表明:①靠近研究区西侧(怒江和澜沧江)的主断裂主要为南北向断裂,靠近研究区东侧(哀牢山、沅江)主断裂主要为北西-南东向断裂;重力构造模式(深部构造模式)与遥感影像模式(浅部构造模式)具有高度的一致性。②主断裂具有明显的控矿性质,如南北向主断裂对兰坪金顶超大型矿床的控制。③矿床的具体定位受主断裂和次级断裂的交汇域控制。

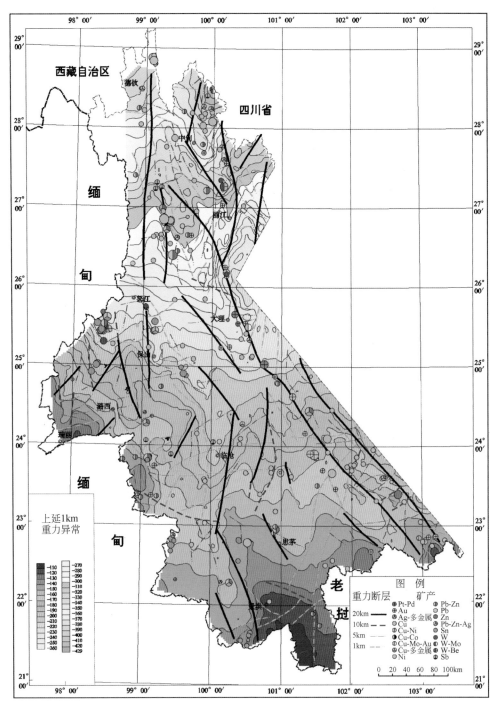

图 5.21 西南三江南段重力构造模式与矿产分布

3. 区域航磁致矿异常信息提取与航磁构造格架

应用 1∶20 万航磁数据,经极化处理后,用类似于重力异常信息提取和编图的方法,编制西南三江南段航磁构造模式与矿产分布图(简称航磁构造格架图)(图 5.22)。该图详细地反映了不同方向、不同深度、不同规模的航磁地质异常界面的空间分布特征。

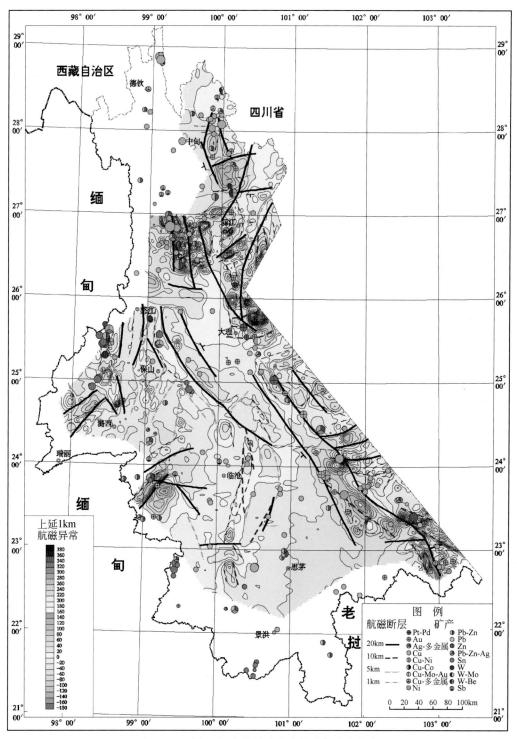

图 5.22　西南三江南段航磁构造模式与矿产分布

由于国界附近和局部地区缺乏数据，研究区航磁构造格架不如重力构造格架完整；但总体上亦反映了与后者类似的以北西向为主的构造分布特征。

与重力异常相比，研究区北部的南北向磁性构造界面更加清晰，影响范围更加广阔（甚至延伸到了东部和南部），在研究区中部和东部不同深度、不同规模的北西向磁性断裂穿插、叠加于其中，反映了深部磁性构造的复杂性。与重力地质异常界面对矿点分布的控制作用相似，金属矿床也往往分布于磁性异常界面的附近和多组磁性异常界面交汇的部位，体现出不同级别的构造对矿产分级控制的特征。

（二）遥感异常致矿信息提取及其异常模式

1. 遥感影像异常特征

据张炘等（1994）资料（图5.23、图5.24），三江南段线性构造形迹特征，在平面上：北段（北纬26°以北），线性影像总体以南北向为主，有东西、北东及部分北西向。澜沧江断裂以西，为南北向线性构造紧密分布区，区内高黎贡山、怒江、碧罗雪山、澜沧江等断裂和山脉呈平行展布；澜沧江断裂以东，北西、北北东、北东向线性构造广泛分布，并常构成联合弧形模式。南段（北纬26°以南），线性构造整体表现为"帚状"形式，北东、南北、北西向构造形迹十分清晰，且有形迹隐现的东西向构造。在垂向上：下层属于基底构造，规模大，常以断裂束（带）形式出现，总体形迹十分不清晰，部分呈断续密集带，线性构造呈南北、东西、北东、北西向；中层规模相对较小，常以线状形式出现，形迹一般清晰，但也有呈断续状隐式影像；上层指地壳表层，主要分布在中生代地层分布区，以断线状形式出现，线距一般为5~10km，虽无位移，但形迹存在，可能是近期构造作用形成的无位移破裂构造。环形构造，南段处于构造撒开部位，环形构造较多，规模亦大，以"孔雀开屏"形式展布，且自外围向收敛端规模由大变小，由复杂变简单；北段处于构造收敛挤压部位，环形构造相对较少，但是，一系列不同方向的走滑断裂在此交汇，于澜沧江以东地区形成众多与旋扭、走滑有关的构造环。在东西方向上，兰坪-思茅中生代盆地范围内，除同生断裂带两侧构造交汇部位外，一般少见环形构造，有也是背向斜构造的反映。而东西两侧，环形构造则较发育，特别是大的构造转折部位、不同构造交汇部位出现得更多。

2. 遥感影像控矿地质模式

1）遥感影响基本模式

主要有4种线-环构造组合：①区域级穿透性构造夹持三角形断块带内的线-环构造复式组合；②区域性线性构造扰曲变异带线-环构造复合组合；③大型菱环构造；④区域性弧形构造带旁侧趋群性复式菱形岩块组合式。

2）赋矿遥感影像的典型结构特征

以环形构造为主体的线-环构造复式组合，主要有6种结构组合：①环形构造具有明显的多级次结构；②菱环结构；③复式环-线叠加结构；④模糊状环圈结构；⑤清晰线性环形结构；⑥多地学环带同位结构。

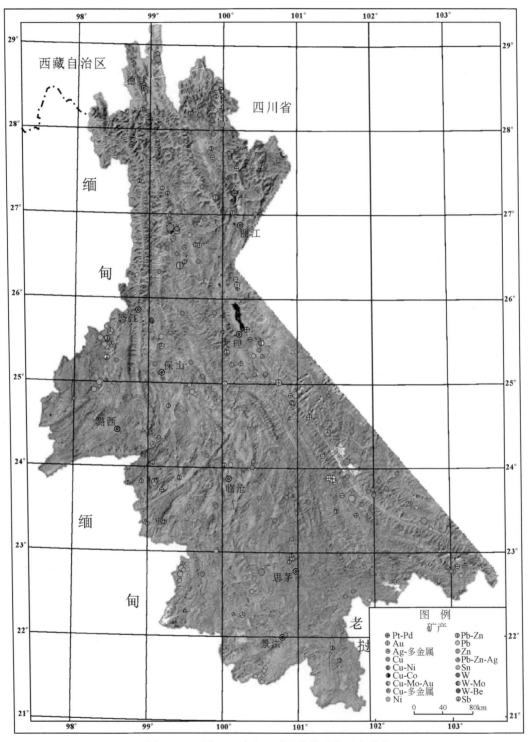

图 5.23　西南三江南段遥感影像模式与矿产分布

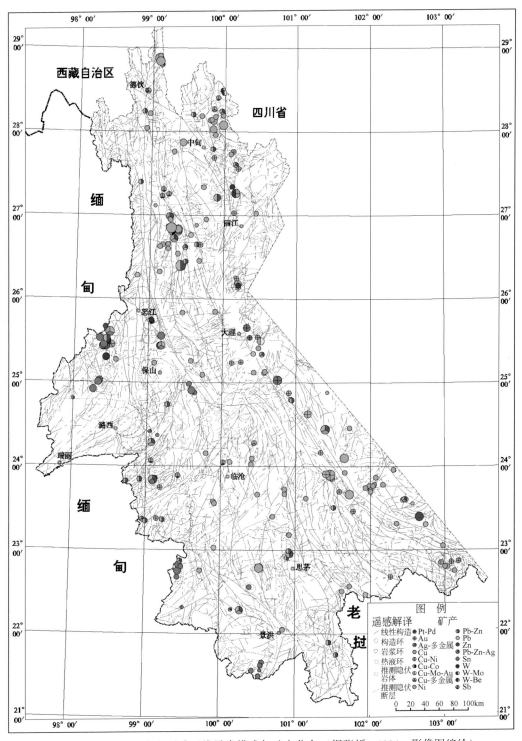

图5.24 西南三江南段遥感环线异常模式与矿产分布（据张炘，1994，影像图编绘）

3）矿床遥感影像最佳定位模式

矿床（点）在地质空间中的赋矿特征部位，主要有 6 种特殊组合形态和找矿标志：①复式环形构造周边卫星环群组合形式中的卫星环。②复式环形构造中线–环构造交切部位或交叉结中的次级环形构造区；大型模糊状环圈结构中贯穿型线状环群组合型式中的次级环；复式环形构造中的环–环叠切部位或交叉结复式组合型式中的次级环；复式环形构造中环内次级构造带线–环构造组合形式。③复式线–环构造带中呈偏移叠置环状与贯穿性线性构造带构成的线–环组合形式。④菱环构造。⑤三角形块状影像构造带。⑥与区域性线性构造带相伴的弧形构造所构成的半圆形、半环状影像构造带中的弧–线相交汇部位的色异常带。

（三）成矿元素地球化学致矿信息提取及其异常模式

研究区复杂的地质背景，尤其是玄武岩引起的 Cu 等元素的高背景（陈和夏，2003）使得用传统的数据处理方法，如地质统计学方法提取致矿（或矿致）异常遇到了困难（Chen and Zhang，2005）。这里我们引进了多重滤波技术（Cheng et al.，2000；Cheng，2004）分解 Cu、Zn 和 Au 等元素的地球化学异常与它们的背景，取得了预期的效果。

1. 多重分型滤波基本原理

地壳物质结构的各向异性通常具有自相似特征，这重特征在频率域中能够表达为下列幂律关系：

$$A(>S) \propto S^{-\beta} \tag{5.1}$$

式中，S 是能谱密度；A 是大于能谱密度某一临界值（S_0）的面积。不同的 β 值在 $\ln A(>S)$ – $\ln S$ 图上能够获取，这取决于分型滤波器的构置。通常在 $\ln$–$\ln$ 图上，所有直线段服从式（5.1）。不同的直线段代表了不同的分形关系，两条直线的交点所对应的横坐标值（能谱密度值）被视为确定分形滤波器的阈值。

三种类型的分形滤波器能被构置：低通、高通和带通能谱密度滤波。例如，在 $\ln A(>S)$ – $\ln S$ 图上，服从式（5.1）的两条线段相交，取交点 S_0 作为阈值，定义两类滤波器：一类 $G_B(\omega) = 1$，如果 $S(\omega) \leqslant S_0$，否则，$G_A(\omega) = 0$；第二类 $G_A(\omega) = 1$，如果 $S(\omega) \leqslant S_0$，否则，$G_A(\omega) = 0$。根据 $G_B(\omega)$ 和 $G_A(\omega)$ 的定义，滤波器的形状可以是不规则的，这取决于能谱密度的复杂性。通常滤波器 $G_A(\omega)$ 中的波数 ω 大于滤波器 $G_B(\omega)$。在这个意义上，$G_A(\omega)$ 对应于高频部分，$G_B(\omega)$ 对应于低频部分。$G_B(\omega)$ 和 $G_A(\omega)$ 能够以这种方式定义：对这两种滤波器，能谱密度分布满足截然不同的幂律关系，或具有不同的各向异性标度性质。业已证明，能谱密度与波谱频率成反比关系（Li and Cheng，2004），即 $G_A(\omega)$ 中的能谱密度低于 $G_B(\omega)$。因此，$G_A(\omega)$ 对应于低能谱量密度，而 $G_B(\omega)$ 则对应于高能谱量密度，前者通常被定义为异常滤波器，后者被定义为背景滤波器。

应用 Fourier 逆变换，分解后的异常和背景在空间域能以下列函数表达：

$$B = F^{-1}[F(T)G_B], \quad A = F^{-1}[F(T)G_A] \tag{5.2}$$

式中，F 和 F^{-1} 分别表示 T 的 Fourier 变换和 Fourier 逆变换（Cheng，2004）。这种分离异常和背景的 S–A 方法能通过 MORPAS 软件系统加以实施。

2. Cu、Zn、Au 异常提取

为了对比应用不同的方法提取 Cu 异常的效果，我们首先编制了 Cu 原始数据图（图

5.25），该图表明 Cu 高含量主要分布在玄武岩地区。玄武岩中 Cu 的平均含量为 196×10^{-6}，是世界玄武岩 Cu 平均含量的 2.25 倍（陈和夏，2003）。这表明位于玄武岩区的某些大规模的所谓 Cu 异常是由玄武岩喷发事件引起的。然后，使用克里格逆距离加权内插法（IDW）绘制 Cu 剩余异常图（图 5.26）。该图反映了受区域构造模式控制的 Cu 高背景含量的区域分布。最后，应用 S-A 法获取了 lnA–lnS 关系图（图 5.27）。该方法确保了如图 5.27 中所表明的 S 和 A 之间的幂律关系，具有不同斜率的直线段代表了不同的自相似性，它们通常对应空间域中的不同的地球化学模式。例如，图 5.27 中，用最小二乘法模拟的右边的两条线段的交点确立的阈值 $lnS_0 = 9.05$。$S < S_0$ 通常代表异常，$S > S_0$ 代表背景（Cheng et al., 2000）。通常，出于圈定和评价靶区的目的，我们只对异常感兴趣。通过逆 Fourier 变换，并取 $lnS_0 = 9.05$ 作为阈值绘制 Cu 异常图（图 5.28）。该图表明，大多数已知 Cu 矿床分布在 Cu 异常区，同时提供了一些新的异常区（找矿远景区）。

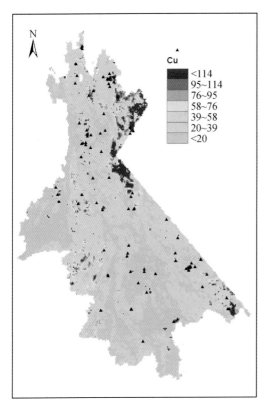

图 5.25 Cu 原始含量图

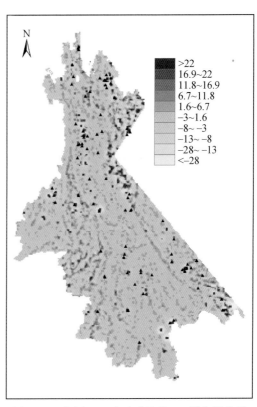

图 5.26 应用 IDW 方法获取的 Cu 剩余异常图

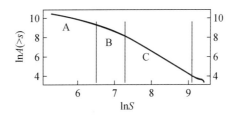

图 5.27 Cu 的 lnA(>S)–lnS 图

使用最小二乘法模拟三条具有不同斜率的线段，并分别获取三个临界点：$lnS_0 = 9.05$，$lnS_1 = 7.3$，$lnS_2 = 6.5$

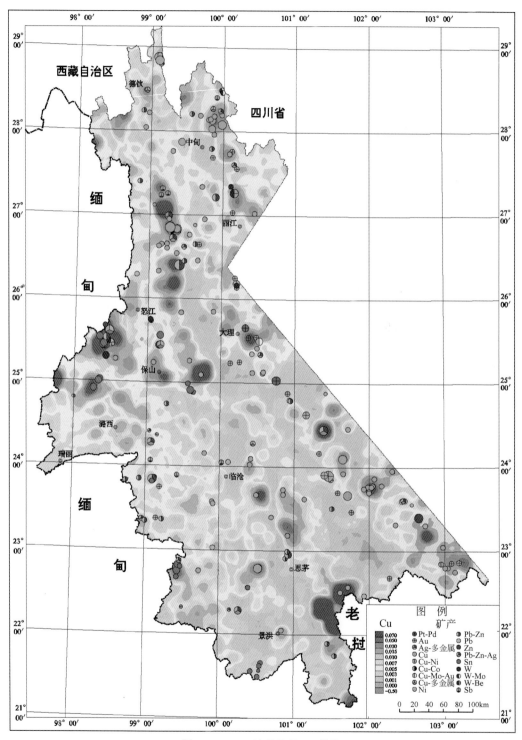

图 5.28 S-A 法获取的 Cu 异常

类似于研究 Cu 的程序，绘制了 Zn 原始数据图（图 5.29）、Zn 剩余异常图（图 5.30）、Zn

的 $\ln A$ （$>S$）$-\ln S$ 幂律关系图（图 5.31）和应用 S-A 方法获取的 Zn 异常图（图 5.32）。和 Cu 剩余异常图一样，图 5.30 主要表明受构造模式控制的 Zn 的高背景的分布。在图 5.31 上，取 $\ln S_0 = 12.52$ 作为阈值，应用 S-A 方法绘制 Zn 异常分布图（图 5.32）。该图表明：①已知 Zn 矿床空间分布与 Zn 异常具有较高的一致性；②更重要的，揭示了一个新的穿越全区的北北东的 Zn 异常带，在该异常带上，分布有包括金顶巨型矿床在内的一系列 Pb-Zn 多金属矿床，从而为研究区 Pb-Zn 多金属矿床的勘查提供了新的靶区。

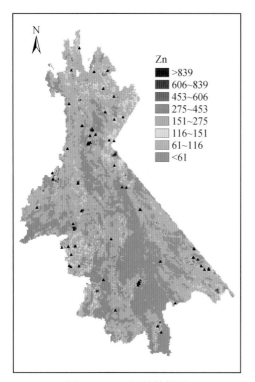

图 5.29　Zn 原始数据图

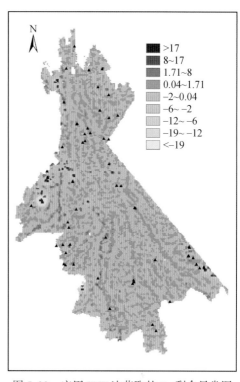

图 5.30　应用 IDW 法获取的 Zn 剩余异常图

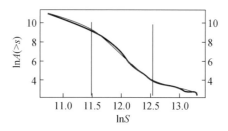

图 5.31　Zn 的 $\ln A$（$>S$）$-\ln S$ 图

使用最小二乘法模拟三条具有不同斜率的线段，并分别获取两个临界点：$\ln S_0 = 11.52$，$\ln S_1 = 11.50$

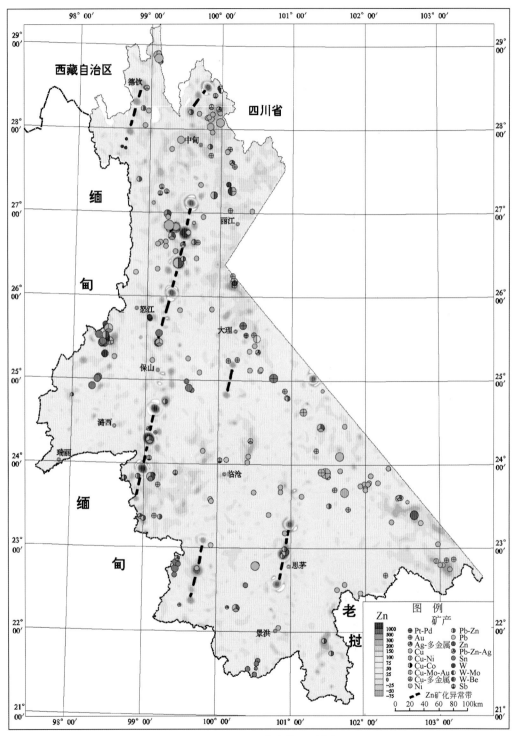

图 5.32　S-A 法获取的 Zn 异常

类似于研究 Cu、Zn 的程序，绘制了 Au 原始数据图（图 5.33）、Au 剩余异常图（图5.34）、Au 的 ln$A$>S-ln$S$ 幂律关系图（图 5.35）和应用 S-A 方法获取的 Au 异常图（图5.36）。与 Cu、Zn 不同的是，Au 仅在东部受哀牢山-红河断裂控制具有趋势变化，其他地区的趋势变化明显受岩性（玄武岩）控制。应用 S-A 方法获取的 Au 异常与原始数据绘制的Au 异常相比，前者增强了 Au 低背景区（沉积岩区）的弱异常。

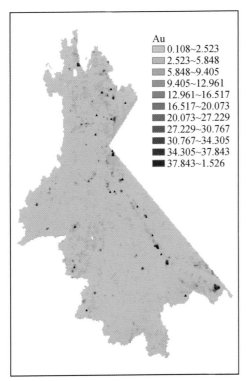

图 5.33　Au 原始数据图

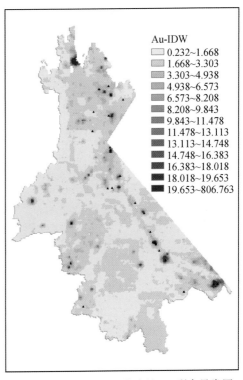

图 5.34　应用 IDW 法获取的 Au 剩余异常图

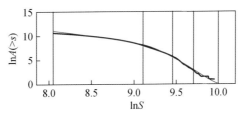

图 5.35　Au 的 ln$A$（>S）-ln$S$ 幂律关系图

Au 的 ln$A$(>S)-ln$S$ 图，使用最小二乘法模拟四条具有不同斜率的线段，

并分别获取两个临界点：lnS_0 =9.16，lnS_1 =9.45

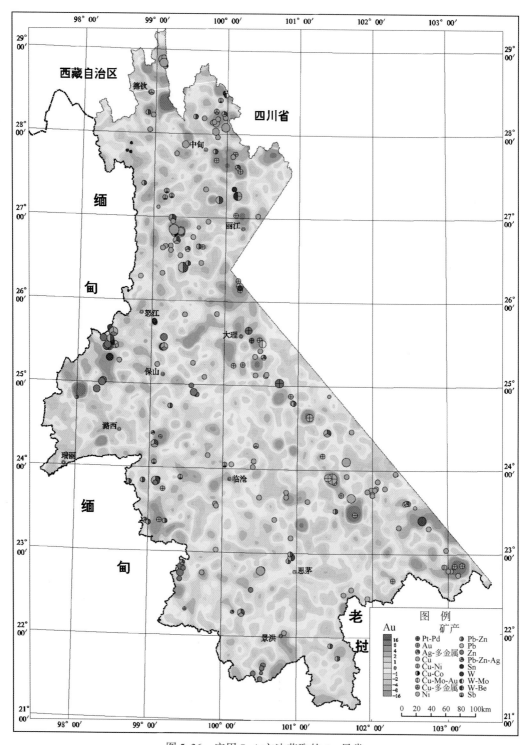

图 5.36　应用 S-A 方法获取的 Au 异常

　　总之，①重力构造分布模式与遥感影像模式的一致性表明研究区像怒江断裂、哀牢山断裂和沅江断裂等主断裂都是深断裂。②主断裂控制该区贵金属和有色金属矿床的空间分布；矿床的具体定位受主断裂和次级断裂交汇域控制。③地质统计学方法揭示的 Cu、Zn、Au 剩余异常反映的是受区域构造模式控制的 Cu、Zn 和 Au 高背景的趋势分布，而多重分形滤波技术则揭示了 Cu、Zn 和 Au 致矿（或矿致）异常的空间分布，其异常与已知矿床在空间分布上具有较高的一致性；与 Cu、Zn 不同的是，Au 仅在东部受哀牢山-红河断裂控制具有趋势变化，其他地区的趋势变化明显受岩性（玄武岩）控制。④Cu 异常的提取表明，多重分形技术能够克服玄武岩引起的高背景，从而有效提取不同背景上的异常。⑤揭示了一个新的穿越全区的北北东向的 Zn 异常带，在该异常带上，分布有包括金顶巨型矿床在内的一系列 Pb-Zn 多金属矿床，从而为研究区 Pb-Zn 多金属矿床的勘查提供了新的靶区。⑥应用 S-A 方法获取的 Au 异常与原始数据绘制的 Au 异常相比，前者增强了 Au 低背景区（沉积岩区）的弱异常。

二、基于证据权的矿产资源综合定量评价

（一）证据权基本原理

　　证据权法本身是一种离散的多元统计方法，最初应用在医学诊断上。Agterberg 和 Bonham-Carter 等对此方法进行了改进和完善，并引入矿产预测领域。证据权与找矿信息结合能够区分矿化有利地段和不利地段，从而达到定量圈定和评价找矿靶区的目的。这种方法从数据出发研究成矿预测中的各种关系，涉及基于测量已知矿床和图层模型或特征的相关组合关系。

　　对给定的第 j 个二态赋值模型：

$$P(D \mid B_j) = P(D \cap B_j)/P(B_j) \tag{5.3}$$

式中，$P(D \mid B_j)$ 是给定第 j 个二态赋值模型出现的情况下矿床（点）的条件概率。为了获取关于矿床后验概率表达式，根据先验概率和乘积因子，在给定矿床（点）出现的情况下二态赋值图 B_j 上的条件概率定义为

$$P(B_j \mid D) = P(B_j \cap D)/P(D) \tag{5.4}$$

因为 $P(B_j \cap D)$ 和 $P(D \cap B_j)$ 相等，式（5.3）和式（5.4）相结合解出 $P(D \mid B_j)$，满足关系：

$$P(D \mid B_j) = [P(B_j \mid D) \times P(D)]/P(B_j) \tag{5.5}$$

　　这表明在给定二态赋值模型信息出现的情况下，矿床（点）的条件（后验）概率等于矿床（点）先验概率 $P(D)$ 乘以因子 $[P(B_j \mid D)/P(B_j)]$。

　　同理，在给定变量缺乏的情况下，矿床（点）产出的后验概率可表达为

$$P(D \mid B_{j'}) = [P(B_{j'} \mid D) \times P(D)]/P(B_{j'}) \tag{5.6}$$

　　若证据权使用概率的自然对数（称谓逻辑概率），同样的模式能以概率的形式表达。方程（5-5）表示为逻辑概率：

$$P(D \mid B_j)/P(D' \mid B_j) = [P(D) \times P(B_j \mid D)]/[P(D' \mid B_j) \times P(B_j)] \tag{5.7}$$

式中，D' 意味着矿床（点）的缺乏。根据条件概率的定义：

$$P(D' \mid B_j) = P(D' \cap B_j)/P(B_j) = [P(B_j \mid D') \times P(D')]/P(B_j) \tag{5.8}$$

$$P(D \mid B_j)/P(D' \mid B_j) = [P(D)/P(D')] \times [P(B_j)/P(B_j)] \times$$
$$[P(B_j \mid D)]/[P(B_j \mid D')] \tag{5.9}$$

矿床（点）的概率为 $P(D)/[1-P(D)]$ 或 $P(D)/P(D')$。因此，将概率带入式（5-9），有

$$O(D \mid B_j) = O(D) \times P(B_j \mid D)/P(B_j \mid D') \tag{5.10}$$

式中，$O(D \mid B_j)$ 是在给定 B_j 的情况下 D 的条件（后验）逻辑概率；$O(D)$ 是 D 的先验概率；$P(B_j \mid D)/P(B_j \mid D')$ 定义为充分率或 LS。对证据式（5.10）两侧都取自然对数，以对数线性的形式重新标度这些方程，根据第 j 个二态赋值模型含有矿床（点）的样品单元的后验逻辑概率具有下列形式：

$$后验逻辑概率(D \mid B_j) = 先验逻辑概率(D) + W_j^+ \tag{5.11}$$
$$后验逻辑概率(D \mid B_j') = 先验逻辑概率(D) + W_j^- \tag{5.12}$$

这里正的证据权被定义为

$$W_j^+ = \ln[P(B_j \mid D)]/[P(B_j \mid D')] \tag{5.13}$$

负的证据权被定义为

$$W_j^- = \ln[P(B_j' \mid D)]/[P(B_j' \mid D')] \tag{5.14}$$

第 j 个图层的衬度系数（C）上对矿床（点）和二态赋值模型空间组合关系的全面度量：

$$C_j = \mid W_j^+ - W_j^- \mid \tag{5.15}$$

假定

$$P(D \mid B_j) = 1 - D'(B_j) \tag{5.16}$$

如果 n 层二态赋值预测图被用作证据，后验逻辑概率能被表达为

$$后验逻辑概率(D \mid B_1^{k(1)} \cap B_1^{k(2)} \cdots B_1^{k(n)}) = 先验逻辑概率(D) + \sum_{j-1}^{n} W_j^{k(j)} \tag{5.17}$$

式（5.17）假定预测图关于矿床是条件独立（CI）的。如果违背了这一假定，将会增加后验概率预测的不确定性。后验概率 P 代表了各单元内找矿的有利度。

控矿地质因素与矿床产出状态之间的关联性强弱，可以通过正负权的差值大小来度量，即

$$C_j = W_j^+ - W_j^- \tag{5.18}$$

C_j 值大表示该地质标志的找矿指示性好，C_j 值小表示该找矿标志的找矿指示性差，若 $C_j = 0$，表示该找矿标志对有矿与无矿无指示意义；$C_j > 0$ 表示该找矿标志的出现有利于成矿，$C_j < 0$ 表示该找矿标志的出现不利于成矿。C_j 的另一个重要用途是在确定断层缓冲区最佳宽度、物化探异常强度临界值时作为一个判断标准，使 C_j 达到最大值。

证据权方差计算公式

$$\sigma^2(W_j^+) = \frac{1}{B_j \cap D} + \frac{1}{B_j \cap \bar{D}}$$
$$\sigma^2(W_j^-) = \frac{1}{\bar{B}_j \cap D} + \frac{1}{\bar{B}_j \cap \bar{D}} \tag{5.19}$$

当地质特征状况不明时，可计算多图层叠加后验概率的方差，它代表由证据权的不确定性引起的方差。

（二）地层含矿性分析

图 5.37 表明，大型、超大型矿床主要分布在古近系—新近系（E）、白垩系（K）和泥盆系—石炭系（D—C）；总体矿化以三叠系最为发育，其次为元古宇和二叠系。

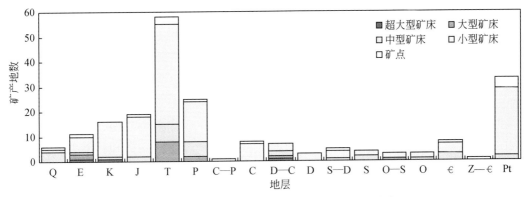

图 5.37　矿床（矿点）在各地质时代地层中的分布

（三）岩性多样性分析

岩性多样性分析是通过考查单位面积内出露地质体的时代岩性与已知矿床（点）的关系，来研究地质复杂性及其对矿产的控制作用。地质体的图 5.38 表明，岩性数为 7～8 矿化度最高、矿化最好。

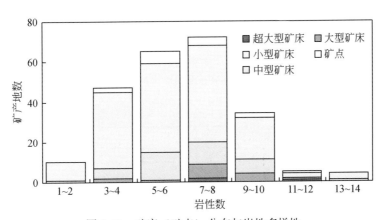

图 5.38　矿床（矿点）分布与岩性多样性

（四）成矿有利地层组合熵（H_r）分析

$$H_r = \frac{-\sum_{i=1}^{N} P_i \ln P_i}{H_m} \times 100\% \tag{5.20}$$

$$H_m = -\sum \frac{1}{N} \ln \frac{1}{N} = -N\left(\frac{1}{N}\ln\frac{1}{N}\right) = \ln N \tag{5.21}$$

式中，N 为研究区成矿有利地层种类的总数；P_i 为预测单元中第 i 类成矿有利地层的面积与单元面积之比；H_m 为最大可能熵，即最大不确定性值。

成矿有利地层组合熵指示对成矿有利地层种类和出露面积与矿化的关系，预测单元的组合熵值越高表明该单元内成矿有利地层种类越多和出露面积越大，对成矿应越有利。但一些事实表明，对热液矿床而言，矿床通常位于熵值由背景向异常过渡的临界区域（赵鹏大，1993；陈永清，1996）。

（五）构造控矿性分析

1. 线性构造控矿性分析

线性构造，包括实测的断裂构造以及用遥感和物探方法推测的隐伏断裂构造。矿化强度与线性构造距离的关系如图 5.39 所示，计算的线形构造控矿权系数和衬度见表 5.11。图 5.39 和表 5.11 表明：随着距离的增加，矿化度逐渐降低，距环形构造 1.5km 以内矿化最佳。

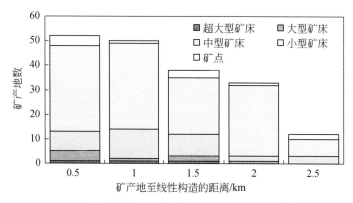

图 5.39　矿产地分布与线形构造距离的关系

表 5.11　线形构造控矿权系数和衬度

线性构造	W$^+$	W$^-$	C
0.5km（Buffer）	0.322	−0.712	1.034
1km（Buffer）	0.158	−1.575	1.733
1.5km（Buffer）	0.123	−2.478	2.601
2km（Buffer）	0.093	−2.242	2.335
2.5km（Buffer）	0.121	−1.842	1.963

2. 遥感解译环形构造控矿性分析

矿化强度与环形构造距离的关系如图 5.40 所示，计算的环形构造控矿权系数和衬度见表 5.12。图 5.40 和表 5.12 表明：总体上，随着距离的增加，矿化度逐渐降低，距环形构造 3km 以内，尤其是 1km 以内矿化最佳。

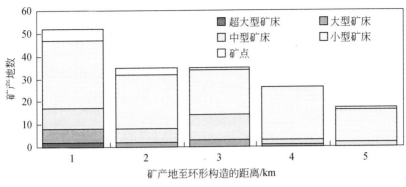

图 5.40 矿产地分布与环形构造距离的关系

表 5.12 环形构造控矿权系数和衬度

环形构造	W^+	W^-	C
1km （Buffer）	0.301	−0.586	0.887
2km （Buffer）	0.260	−0.623	0.883
3km （Buffer）	0.236	−0.715	0.951
4km （Buffer）	0.174	−0.637	0.811
5km （Buffer）	0.133	−0.544	0.677

（六）岩体控矿性分析

1. 中酸性岩体含矿性分析

矿化强度与中酸性岩体距离的关系如图 5.41 所示，计算的中酸性岩体控矿权系数和衬度见表 5.13。图 5.41 和表 5.13 表明：随着距离的增加，矿化度逐渐降低，距岩体 4km 以内均有工业矿化，尤其以 1km 以内矿化最佳。

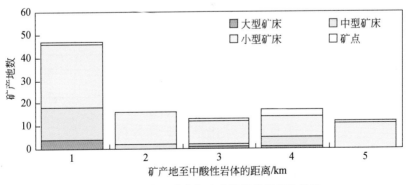

图 5.41 矿产地分布与中酸性岩体距离的关系

表 5.13　中酸性岩体控矿权系数和衬度

中酸性岩体		W$^+$	W$^-$	C
1km	（Buffer）	0.343	−0.248	0.591
2km	（Buffer）	0.364	−0.311	0.675
3km	（Buffer）	0.357	−0.342	0.699
4km	（Buffer）	0.317	−0.326	0.643
5km	（Buffer）	0.276	−0.305	0.581

2. 基性–超基性岩体含矿性分析

矿化强度与基性–超基性岩体距离的关系如图 5.42 所示，计算的基性–超基性岩体控矿权系数和衬度见表 5.14。图 5.42 表明：基性–超基性岩体控矿具有等距分布的特点，即大型矿床分布在距岩体 1km 以内，中型矿床分布距岩体 2～3km 和 4～5km 中。

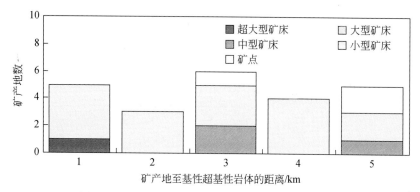

图 5.42　矿产地分布与基性–超基性岩体距离的关系

表 5.14　基性–超基性岩体控矿权系数和衬度

基性–超基性岩体		W$^+$	W$^-$	C
1km	（Buffer）	0.508	−0.041	0.549
2km	（Buffer）	0.617	−0.061	0.678
3km	（Buffer）	0.539	−0.064	0.603
4km	（Buffer）	0.558	−0.080	0.638
5km	（Buffer）	0.531	−0.083	0.614

（七）地球化学控矿性分析

因子分析表明（图 5.43～图 5.45）：①F$_1$ 因子得分主要代表了玄武岩 Cu 高，对研究区 Au、Ag、Cu、Pb、Zn、As、Sb、W、Mo、Sn、Cr、Ni、Co、V 14 个元素进行了因子分析，其中 F$_1$、F$_2$ 和 F$_5$ 与矿化有关。地球化学因子控矿权系数和衬度见表 5.15。背景及与玄武岩矿化有关的异常的分布，不代表其他类型（斑岩型）Cu 矿化的分布；②F$_2$ 因子得分主要代表了 Pb–Zn–Ag 多金属矿化的异常分布；③F$_5$ 因子得分主要代表了 Au 矿化异常的分布。

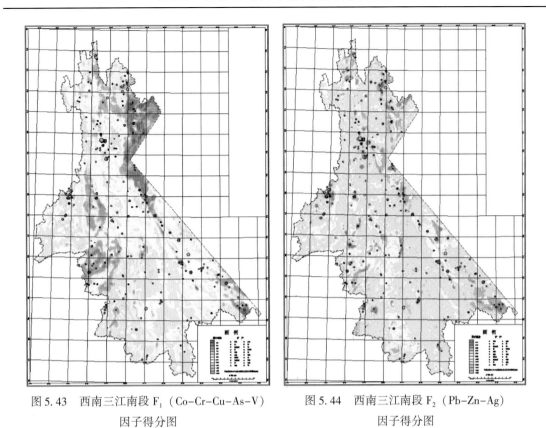

图 5.43 西南三江南段 F_1（Co-Cr-Cu-As-V）
因子得分图

图 5.44 西南三江南段 F_2（Pb-Zn-Ag）
因子得分图

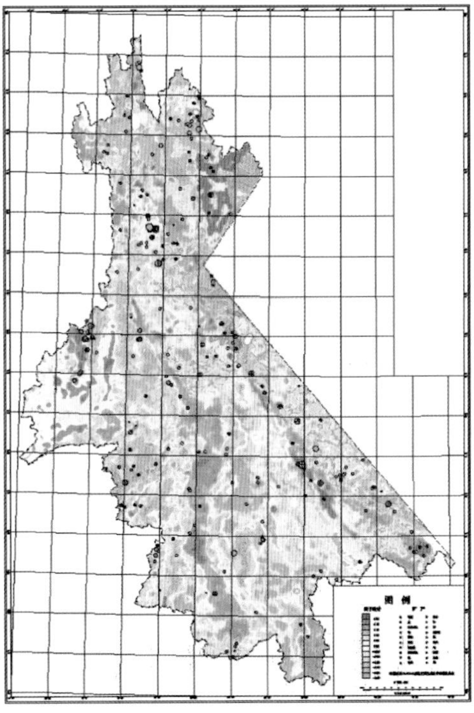

图 5.45 西南三江南段 F_5（Au）因子得分图

表 5.15　地球化学因子控矿权系数和衬度

化探因子		W^+	W^-	C
F_1	Co–Cr–Cu–As–V	0.278	−0.223	0.501
F_2	Pb–Zn–Ag	0.510	−0.283	0.793
F_5	Au	0.038	−0.043	0.081

（八）西南三江南段资源潜力评价

1. 变量选择

根据上述分析，选择线性构造（Buffer 1.5km），环形构造（Buffer 3km），含矿地层组合熵，岩性多样性（岩性种类数 7～14），中酸性岩体（Buffer 3km），基性–超基性岩体Buffer 4km，多重分形技术圈定的 Cu 异常，化探因子 F_2（Pb–Zn–Ag）以及多重分形技术圈定的 Au 异常等 9 个变量为本次资源潜力评价的地质变量。其证据权分析结果见表 5.16。

表 5.16　资源评价地质变量控矿权系数和衬度

序号	证据图层	W^+	W^-	C
1	线性构造 Buffer1.5km	0.123	−2.478	2.601
2	环形构造 Buffer3km	0.236	−0.715	0.951
3	含矿地层组合熵	0.205	−0.518	0.723
4	岩性多样性（岩性种类数 7～12）	0.441	−0.297	0.738
5	中酸性岩体 Buffer4km	0.357	−0.342	0.699
6	基性–超基性岩体 Buffer5km	0.558	−0.080	0.638
7	Cu 异常（SA）	0.537	−0.479	1.016
8	Pb–Zn–Ag 异常	0.510	−0.283	0.793
9	Au 异常（SA）	0.316	−0.208	0.525

2. 靶区圈定与评价

以 10km×10km 为预测评价基本单元，全区单元总数为 2484 个，其中含矿单元为 191 个。根据后验概率频度分布模式（图 5.46），可拟合出 2 条直线，以其拐点值（后验概率＝0.15）作为阈值，定量圈定以 $C_\alpha=0.15$ 为临界值共圈定各类找矿远景区 24 处（图 5.47）。

根据其地质分布，将靶区划分为 3 类（表 5.17）：Cu–Pb–Zn–Ag 找矿远景区（Ⅰ类）9 处，其中 A 级 4 处、B 级 5 处。

Au–PGE 找矿远景区（Ⅱ类）1 处（A 级）。

有色金属、贵金属综合找矿远景区（Ⅲ类）5 处，其中 A 级 3 处、B 级 2 处。

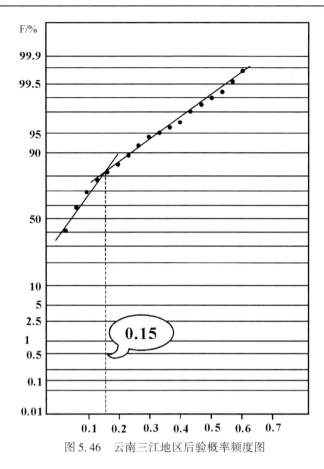

图 5.46　云南三江地区后验概率频度图

表 5.17　西南三江南段 Cu、Pb、Zn、Ag、Au 等找矿远景区分类表

类型	级别	编号	面积/km²	典型矿床
Ⅰ类找矿靶区	A	Ⅰ-A-1	1015.45	德钦羊拉铜矿
		Ⅰ-A-2	1383.66	腾冲老厂坪子铜铅锌多金属矿
		Ⅰ-A-3	1388.70	保山核桃坪铅锌矿
		Ⅰ-A-4	654.25	思茅大坪掌铜矿
	B	Ⅰ-B-1	1078.21	
		Ⅰ-B-2	1693.27	
		Ⅰ-B-3	643.29	
		Ⅰ-B-4	476.30	
		Ⅰ-B-5	565.12	
Ⅱ类靶区	A	Ⅱ-A-1	1282.73	金宝山铂钯矿、老王寨金矿
Ⅲ类靶区	A	Ⅲ-A-1	2458.61	中甸普朗铜矿、雪鸡坪铜矿
		Ⅲ-A-2	4873.24	兰坪金顶铅锌矿、白秧坪铜矿、鹤庆北衙金矿
		Ⅲ-A-3	1956.97	镇康芦子园铅锌矿、勐兴铅锌矿
	B	Ⅲ-B-1	853.12	
		Ⅲ-B-2	1303.87	

其中靶区级别的确定根据如下原则：A 级靶区为有已知大中型矿床分布的靶区；B 级靶区为有中小型矿床分布的靶区；C 级靶区为仅有矿点、矿化点和元素组合异常分布的靶区。

图 5.47　西南三江南段有色金属、贵金属靶区预测评价图

第六章 矿产资源评价系统完善与升级

第一节 MRAS 软件完善与升级

一、应用三维可视化技术对综合信息预测模型的改进

现有矿产资源评价系统一般是在传统的二维 GIS 上进行开发的。虽然可以完成矿产资源评价工作，但是由于评价工作本身是在三维环境下开展的，因此，地质专业人员在使用过程中感到软件的评价过程和成果均不够直观。另外，传统 GIS 矿产资源评价系统软件开发模式是组件式开发的方式，所有空间分析与信息提取的功能都必须由 GIS 平台提供，这极大地限制了应用软件的针对性。

区域矿产资源潜力评价是对国家矿产资源现状的一项重要调查工作。其目的是通过系统总结地质调查和矿产勘查工作成果，全面掌握国家矿产资源现状，科学评价未查明矿产资源潜力，建立真实准确的矿产资源数据库，满足矿产资源规划、管理、保护和合理利用的需要。

现有矿产资源评价工作可以通过传统的二维 GIS 平台完成。由于评价工作是在三维环境下开展的，因此，评价过程和成果均不够直观。同时，区域矿产资源评价工作主要是在中小比例尺预测要素图件基础上开展的，因此，没有办法像大比例成矿预测那样建立必要的三维可视化模型。

目前矿产资源 GIS 评价系统研制的基本目的是辅助完成对地质勘查所积累的地质、地球物理、地球化学、遥感等数字化信息进行综合分析。矿产资源 GIS 评价系统的数据库结构及其流程，显然必须代表通行的矿产资源评价流程。目前国内外常用的矿产资源评价方法体系较多，如有代表性的评价方法有王世称提出的综合信息矿产资源评价方法、赵鹏大院士提出的矿产统计与地质异常方法、Singer 等基于矿床模型评价方法、Harris 提出的矿产资源经济定量评价方法。

上述方法各有千秋，而且研究方法思路差别较大，如 Singer 是从研究典型矿床成矿模式出发，通过总结已知矿床控矿因素和找矿标志，通过相似类比进行预测，王世称、赵鹏大院士等则侧重从勘查获取的数据出发，应用定量方法研究矿产资源与多元地学信息的定量关系，但不论何种方法目前一个基本趋势是都使用 GIS 技术，都涉及地质、地球物理、地球化学、遥感资料整理，成矿信息提取，数据处理，数据综合定量预测及成果表达等，其一般评价过程可表达为图 6.1。

为了提高区域矿产资源评价系统软件的可视化效果，本书提出对原有区域矿产资源评价系统软件处理流程的改进。该模型以数字高程模型彩色晕渲图为矿产资源评价软件底图，同时将所有预测要素区对象应用半透明显示技术，复合显示在晕渲底图上，增加立体感效果的

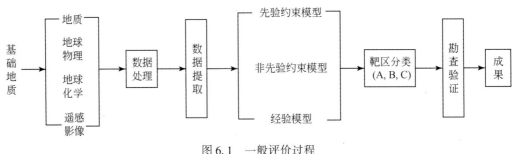

图 6.1　一般评价过程

目的。同时，该模型保留原有矿产资源评价系统软件的工作流程和评价方法功能，具有良好的兼容性。

二、改进模型的计算机实现

晕渲法出现于 17 世纪初，到 18 世纪开始用于地形图。当时对用晕渲显示地貌的可能性和要求是极其有限的。因为用晕渲法只能表现正向、负向地貌和山脉的走向。其后随着实测地形图方法的发展，对晕渲地貌提出了严格的要求，不仅要求显示地貌的一般形态，对地貌的高度、坡度也应作出详细的反映。20 世纪末 21 世纪初，应用计算机自动绘制地貌晕渲图成为地貌立体显示研究领域的热点问题。文献系统地阐述了计算机自动晕渲图绘制的方法。在 21 世纪初期，我国学者对于大比例的地貌晕渲绘制技术开展大量研究，并进行实际应用。郭礼珍等给出了自动绘制晕渲图关键参数的计算方法，并使用该技术开展分省地貌晕渲图的绘制工作。曹纯贫专门针对影响晕渲图生成效果的参数进行了讨论。江文萍等提出大比例地貌晕渲图生成的算法流程，并使用深圳市 1∶10000 地形图生成深圳市彩色晕渲挂图。

针对地貌表达主要包括：晕渲法、晕瀚法、写景法、等高线法及分层设色法。在上述五种方法中，晕渲法表示的地貌立体感强，地貌形态直观、形象、易读，并且富有艺术性，因而，此方法在地图编制中广泛使用，有些国家还规定国家基本比例尺地图上必须有地貌晕渲。地貌晕渲法是利用色彩和光影有规律地变换和组合表示地面的起伏变化，缺点是晕渲法的可量测性较差；优点是其形象、生动、直观。其基本原理是：描绘出在一定光照条件下地貌的光辉与暗影变化，通过人的视觉心理间接地感受到山体的起伏变化。一定的光照条件是一组有一定方位和角度的稳定平行光源。当地表条件确定后，光源方向成为光影分布的决定因素；地貌晕渲常采用的光源有三种：垂直光照、倾斜光照和综合光照，如图 6.2 所示光影说明示意图。在充分研究上述晕渲图绘制原理与技术手段的基础上，本书将该技术应用的矿产资源评价 GIS 系统软件中，提高软件的可视化效果。

（一）模型总体结构

本书提出的矿产资源评价软件模型是在原有模型的基础上加入数字高程模型晕渲技术，增强原有软件的可视化效果，但是并没有改变原有软件模型的矿产资源评价处理流程。因此，可以说是对原有软件应用新的计算机技术改进。改进后的矿产资源 GIS 评价软件处理流程如图 6.3 所示。

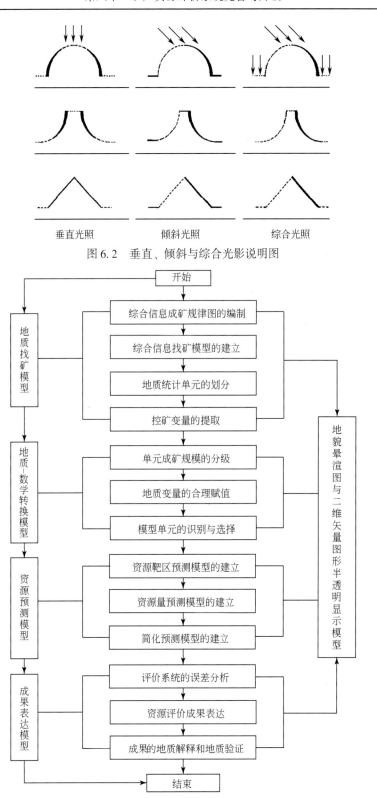

图 6.2　垂直、倾斜与综合光影说明图

图 6.3　基于三维可视化技术的区域矿产资源评价模型

（二）中大比例尺数字高程模型晕渲图的生成

在 DEM 晕渲图生成过程中，本书算法针对中大比例尺数据容量较大（≥1GB）的特点，在通用算法处理流程的基础上使用多层次细节模型和 R 树空间索引对分割的地表矩形块进行管理。DEM 晕渲图建模算法流程如图 6.4 所示。

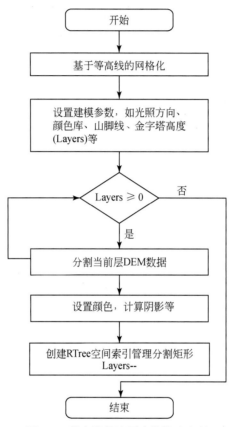

图 6.4　等高线晕渲图建模算法流程

（1）首先建立晕渲库的基础数据是等高线数据，这是由于矿产资源预测评价过程中，等高线图件是基础图件。在此次数据基础上，通过网格化、分割、光照计算和着色等环节，获得彩色晕渲底图。

（2）针对等高线数据较大的问题，一般大于（≥1GB）使用静态多层次细节模型进行管理。即在建立晕渲模型时，应充分结合二维仿射变换（平移与缩放）需求，对处于不同变换下的模型采用不同的层次表示，这样整个地表模型就表现为以"层"为单位的具有多分辨率的细节层次模型。尽管如此，在地形数据量十分庞大时，层次模型的快速显示仍然存在瓶颈。本节算法提出使用 RTree 空间索引结构，针对不同仿射变换，选择相应的矩形分块。

（3）设置光照参数，如光源的颜色、亮度等。本节中入射光线一般取人们较为习惯的西北 45°方向。

（4）对于地形整体起伏不大的预测区，为了增加地形的高差，使产生的晕渲图具有更好的立体效果。设置山脚线和垂直缩放参数，改变图中的高程值。

（5）在生成各矩形块晕渲的同时建立晕渲图影像库，此时不仅保存了结果图片还保存了其有关的高程信息。

（三）基于等高线的数据网格化

基于等高线的数据网格化主要思想是先将等高线通过的栅格点赋予相应的高程值，然后求出其余每个栅格点周围已赋值格网点的点数和对应的坐标值，根据这些坐标值计算距离分量，最后求出该点的高程值。

首先将矢量数据栅格化，如图 6.5 所示。求 P 点高程，以该点为圆心，沿八个方向构建射线（0～7）。求每条射线上与等高线的八个交点：

$$\{(x_0, y_0, h_0), (x_1, y_1, h_1), (x_2, y_2, h_2), (x_3, y_3, h_3),$$
$$(x_4, y_4, h_4), (x_5, y_5, h_5), (x_6, y_6, h_6), (x_7, y_7, h_7)\}$$

使用距离平方反比加权平均计算 P 点的高程值。

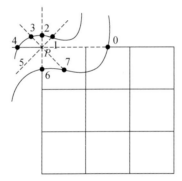

图 6.5　网格节点高程值搜索示意图

（四）晕渲图数据的管理

1. 多层次细节模型的建立

我们在依据一定的评价尺度建立地表的细节层次模型时，整个场景就表现为具有不同分辨率的地形数据分块集。在对这些分块进行处理时，如果不论分辨率大小，均从基础地形数据集中提取数据，那么对那些放大后屏幕仅需要显示全局，或全图缩小到屏幕的局部区域的处理，将使得地形数据在内存（或 Cache 表）和硬盘之间频繁调度，引起"抖动"，这在处理海量地形数据时表现尤为明显。如果我们能在模型建立之前，对地形数据按分辨率由大到小的顺序采样并存放于硬盘之上，这样当对某一分块进行处理时，我们就可以根据其分辨率大小去取相应数据，以减少调度次数，加快处理速度。这也正是利用 DEM 库进行数据组织的基本思想。

DEM 库采用金字塔结构存放多种空间分辨率的地形数据，同一分辨率的栅格数据被组织在一个层面内，而不同分辨率的地形数据具有上下的垂直组织关系：越靠近顶层，数据的分辨率越小，数据量也越小，只能反映原始地形的概貌；越靠近底层，数据的分辨率越大，数据量也越大，更能反映原始地形详情。如图 6.6 所示。

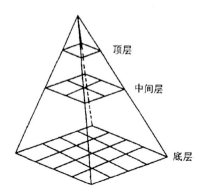

图 6.6　金字塔模型结构示意图

通过建立 DEM 库，人们可将与特定区域相关的地形数据有效地组织起来，并根据其分布统一的空间位置索引，通过空间坐标将可视范围与其范围内的地形数据关联起来，快速调度 DEM 库中的数据，从而达到对整个地形数据的无缝漫游。这对于地形的层次细节模型的实时建立有着重要的意义。在实际应用中，对 DEM 库的创建通常采用以 2 为因子的金字塔数据结构，以原始地形数据的行列数作为金字塔数据结构最底层的行列数，对最底层的地形数据进行存储；然后设最底层为金字塔数据结构的当前层，对当前层的行列数分别除 2，得到当前层的上层的行列数，按其位置的对应关系对当前层的地形数据进行重采样，得到当前层的上层的地形数据，并存储到 DEM 库中；然后再设当前层的上层为新的当前层，重复上述操作过程，直到最顶层数据存储完毕。这其中一个重要环节是由当前层的地形数据重采样生成其上层的地形数据，可采用双线性插值算法来完成。

2. 彩色晕渲图矩形块分割

由于 DEM 生成晕渲图时，为保证晕渲的质量和计算速度，对于每一附图的 DEM 分成若干块。每一个块的大小为了便于管理应该为 2^N，其中 $N \geqslant 2$。在本书提供的算法中，为了使生成的矩形图块分辨率为 72dpi，要求 DEM 每个矩形分块的行列数应该满足如下式（6.1）：

$$N = W_1 / (0.24 \times LW_2) \tag{6.1}$$

式中，N 为矩形块行列数；W_1 为原始图件的宽度；W_2 为分块的实际宽度；L 为当前层的编号。

绘制晕渲图块时，为了考虑与相邻图块的衔接。对 DEM 往四周做了一定的扩充（图 6.7），使相邻图块之间有所重叠，因此要在绘制出的图内根据其分块时的尺寸截取有效范围。具体而言就是根据当前 DEM 块的理论范围（不考虑栅格化时的取整及其范围的外延），对其对角线上的两点进行坐标映射后得到在屏幕上的有效矩形区域。将此区域内的像素写成图片，并存储之。

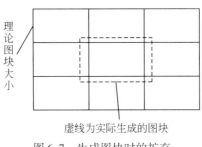

理论图块大小

虚线为实际生成的图块

图 6.7　生成图块时的扩充

3. 彩色晕渲图矩形块合并

对于晕渲图的拼接过程，若有必要可以通过对各图块像素进行统一操作以对晕渲图的相关效果进行处理。在对完整 DEM 分块的时候，各 DEM 块的理论范围是完全相等的，但是由于在对三角面进行渲染的过程中，经过了大量的变换、运算以及栅格化等操作，造成截取所得到的晕渲图块的大小并不一定严格相等，同时考虑到各块图片经过了统一的光照与阴影计算，因此不能把各晕渲图块压缩至相同大小后按各图块的行列号位置简单地拼接。为此在截取有效区域并存储晕渲图的过程中，对每张图片还生成一个附属信息文件，该文件中记录目前 DEM 块在完整 DEM 中的位置（行列号）、当前晕渲图块的长宽等信息。所有图片都生成并存储完以后再生成一个总的索引文件，该索引文件内存储晕渲图块的总行数与列数以及所有晕渲图块的全路径文件名等信息。

晕渲图片的拼接是独立于晕渲图片绘制的一个功能，在所有的图块都生成完毕后，打开图片索引文件，即可获得所有图块的信息。先计算得到将来完整晕渲图片的尺寸，在硬盘上生成该尺寸的位图文件，拼接图片时从上至下、从左到右按图块循环，将每块图的数据写入位图文件内的相应位置。如图 6.8 所示，从上往下、从左往右拼图，循环到图块 K 的时候，读入其位图数据，计算出左上角像素在以左上角为像素起算点的整个图片中的位置，水平方向上为图块与像素宽度之和，在垂直方向则为图块 C 与 G 的像素长度之和，于是将读入的数据按该位置写入完整的位图文件。直至所有的图块全被写入该最终位图文件，即得到最后的完整的彩色晕渲图。

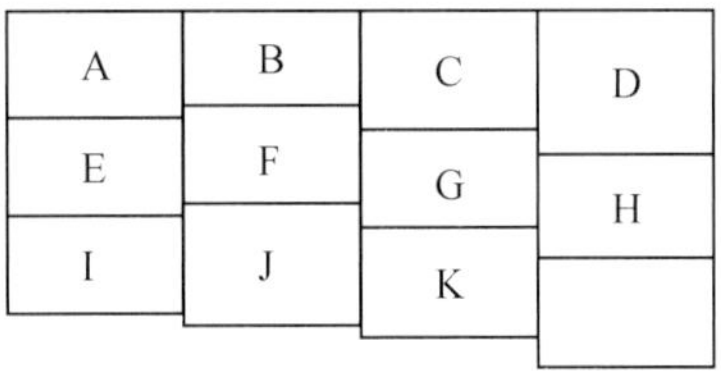

A	B	C	D
E	F	G	H
I	J	K	

图 6.8　图块的拼接

由于所有 DEM 块都是放在同样的光照环境下进行渲染的，仅仅是为了在屏幕中心显示而进行了一个平移，因此各晕渲图块拼接后形成的完整图片，其阴影和色调也是连续的。此外，各图块的大小之差也都在两个像素以内，并且是按相同的规则栅格化的，因此也是完整、无缝的。

（五）　晕渲图的彩色明暗设置

本书生成晕渲图的算法基于网格数据，网格数据基本上具有与影像图类似的资料结构，只要将 DEM 中的高低值转换为颜色，就可以产生一幅图像，并可以在一般的图像显示软件下，表达地形高低起伏。如果将日照的明暗度考虑进来的话，就可以达到真实立体感的效果。

在真实的世界里，对于一个表面起伏的物体，我们可以利用入射光线所造成的明暗效果来加强图的影像对比。对于 DEM 模型来说，本书实现了一种适用方法来增强其明暗立体感。

物体表面的明亮程度是由散射、镜面反射和背景光亮决定的。对于崎岖不平的地表而言，镜面反射是不重要的，而背景亮度则是个常数。所以，地表的明暗程度主要由散射一项来决定的。

计算每一个网格点的高程值使用如下公式：

$$I = I_0 \cos k\theta \tag{6.2}$$

式中，I 为反射光的强度；I_0 为入射光的强度；k 为地面的反射率；θ 为光线的入射角度。

光线入射角 θ 可以由单位向量 n 和 i 得到，如图 6.9 所示。其中 n 为通过地表上任意一点 P 切面上的法向量，i 为由 P 点指向光源的法向量，即与入射光相反。由上述描述可知，当 $\theta = 0$ 时，则反射光最强。反之，$\theta = 90$ 时，反射光最弱。

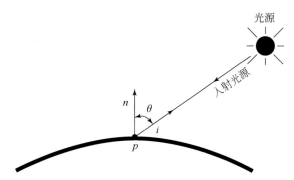

图 6.9　入射角 θ 与单位向量 n 和 i 关系示意图

对于任意一点 P 切面上的法向量 n 的计算，可以在 P 点的 x 和 y 方向对 DEM 曲面函数 $f(x, y)$ 计算偏微分，取得的斜率为 $\dfrac{\partial f}{\partial x}$ 和 $\dfrac{\partial f}{\partial y}$，则法向量 n 的两个分量 n_x 和 n_y 分别 $\leqslant 1$，$0, \dfrac{\partial f}{\partial x} >$ 和 $< 0, 1, \dfrac{\partial f}{\partial y} >$，则 n 等于向量 $< -\dfrac{\partial f}{\partial x}, \ -\dfrac{\partial f}{\partial y}, \ 1 >$ 的单位向量。

为了给每一个网格节点一个确定的颜色，需要定义颜色库和查找颜色的公式。为了提供给用户更多的选择，本书定义颜色表总计六个。具体定义见表 6.1 和式 (6.3)。

表 6.1　颜色库

灰度色	
纯绿色	
热金属色	
彩虹编码	
山体颜色1	
山体颜色2	

计算每个网格点对应的颜色，设 d_{minH}，d_{maxH} 分别为所有网格点的最大值与最小值，每一组颜色的个数为 $iColornum = 255$，任意一个网格点对应的颜色编号为

$$iColorID = (d_H - d_{minH}) \times [iColornum / (d_{maxH} - d_{minH})] \tag{6.3}$$

（六）晕渲图影像库的管理

本书采用静态多层次细节模型管理 DEM 晕渲图数据。通过缩放比例值与层次编号的对应（表 6.2）在不同缩放比率上调用部分的层级。在已知层级编号的条件下，应用 RTree 空间索引结构查找需要显示的地表矩形块。

第一步，创建缩放比例与层级编号之间对应的查找关系。设建立晕渲模型库时，多层次细节模型的分层等级 Layer = 6，缩放比例参数 dRatio，层级编号 iLayerNo。

表 6.2　缩放比例分级设置

缩放比例	层级编号
d Ratio < 0.5	iLayerNo = 0
d Ratio ≥ 0.5 And d Ratio < 1.5	i LayerNo = 1
d Ratio ≥ 1.5 And d Ratio < 2.5	i LayerNo = 2
d Ratio ≥ 2.5 And d Ratio < 3.5	i LayerNo = 3
d Ratio ≥ 3.5 And d Ratio < 4.5	i LayerNo = 4
d Ratio ≥ 4.5	i LayerNo = 5

第二步，根据层级对应的 RTree，根据屏幕对应的真实坐标，查找符合条件的晕渲图块。为了正确地截取有效范围并生成晕渲图块相关的定位信息，必须建立 DEM 格网内任意

点与屏幕上任意点之间的映射关系，以便能迅速地将二者进行转换。一般三维图形库均提供了实现这一映射的函数，如 OpenGL 中的 gluProject( ) 函数以及与之功能相反的 gluUnProject（) 函数，如图 6.10 所示。

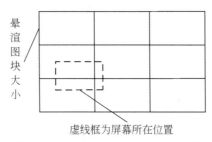

图 6.10　使用 RTree 进行查找示意图

在完成了数据网格化、多层次与晕渲图分割等建模处理后，等高线晕渲图效果如图 6.11 所示。

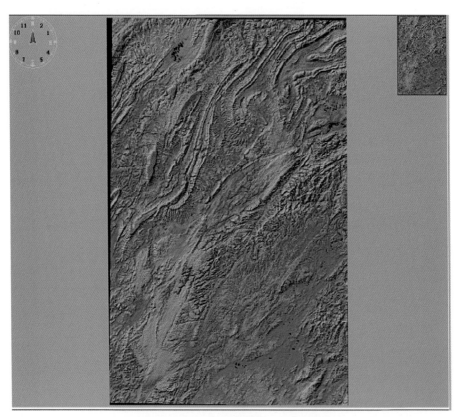

图 6.11　湖南某地区 1∶5 万等高线三维地表重建全景图

（七）二维半透明技术的应用

在加入晕渲技术之后，原有矿产资源评价系统软件预测要素的显示也需要进行相应地修改。为了提供更加具有立体感的显示效果，本书提出使用混合技术显示区对象，即使得区呈现半透明显示的效果。

　　在图形学中，半透明的显示效果是通过软填充（soft-filling）技术实现的。该算法在将前景色 F 与背景色 B（$F \neq B$）合并后绘制的区域上重新进行绘制。设 F 与 B 的值为已知，那么通过检测帧缓冲器中当前颜色内容，就可以确定这些颜色原来是怎样组合的。区域内将要重新填充的每个像素的当前 RGB 颜色 P，则 F 与 B 的线性组合公式如下：

$$P = tF + (1 - t)B \tag{6.4}$$

式中，"透明度"系数 t 对于每个像素，其值在 $[0, 1]$，$t \leq 0.5$，则背景色对区域内部颜色的作用比填充颜色要大。向量方程包含了颜色的 RGB 三个成分，即

$$P = (P_R, P_G, P_B), \quad F = (F_R, F_G, F_B), \quad B = (B_R, B_G, B_B)$$

　　因此，可以使用任意一个 RGB 颜色成分来计算参数 t 的值，公式如下：

$$t = \frac{P_k - B_k}{F_k - B_k} \tag{6.5}$$

式中，$k = R$、G 或 B，并且 $F_k \neq B_k$。理论上，参数 t 对每个 RGB 成分具有相同的值，但取整到整数会使得 t 对不同的成分具有不同的值。可以通过选择 F 与 B 间具有最大差的成分，从而使得取整误差最小，然后采用新的 t 值将新的填充颜色 NF 与背景色混合。

　　最终，矢量图形与晕渲图符合显示的效果如图 6.12 所示。

图 6.12　湖南某地区 1∶5 万三维地形与水系复合显示局部图

三、新疆东天山地区 1∶10 万地貌晕渲图的生成

按照前文提出的等高线地貌晕渲图建模方法，针对东天山地区 1∶10 万地形图开展地貌晕渲图的建模工作（如图 6.13 所示）。

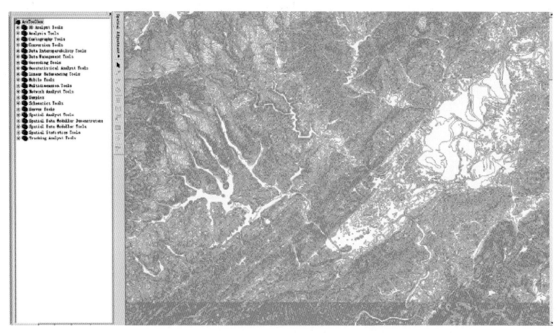

图 6.13　东天山 1∶10 万地形图 ArcGIS 截图

1. 等高线数据预处理

针对东天山地区 1∶10 万等高线图进行预处理。基本参数和预处理结果，如下表 6.3 所示。为了便于后续描述，将预处理结果记作 G。

表 6.3　原始参数与预处理结果

参数名称	参数取值
数据量（原始 ArcGIS Coverage 格式）	982MB，288 幅
基于等值线的网格化	968MB 分辨率为 12286 × 8653

注：为了避免数据涉密，故未给出数据实际范围。

2. 晕渲图建模与显示

在预处理结果 G 的基础上，建立新疆东天山地区 1∶10 万地形数据的彩色晕渲图。彩色晕渲模型建模参数设置见表 6.4，程序界面如图 6.14 所示。

表 6.4　彩色晕渲图建模参数设置

参数名称	参数取值
多层次细节模型层数	6 层
层内子块的长 × 宽（一个像素对应一个网格点）	64 × 64 像素
颜色库	山体颜色库 1
光照方向	西北 45°
光照强度（按照 OpenGL 相关参数定级）	3 级
高程缩放方式	单一阈值
高程缩放阈值（当地专家估计）	950m
高程缩放比例	1.2

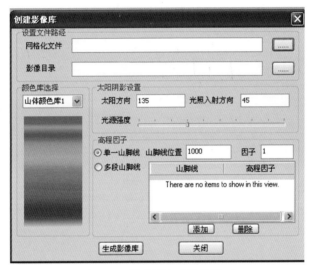

图 6.14　晕渲图生成软件界面

在生成影像库后，建模结果参数见表 6.5。

表 6.5　影像库

参数名称		参数取值
数据容量		1679.36MB（1.64GB）
各层 子块个数 （字块图片与数据）	顶（0）层	35
	1 层	117
	2 层	450
	3 层	1750
	4 层	7000
	5 层	28000

东天山 1∶10 万地貌彩色晕渲图显示效果图如图 6.15 所示。

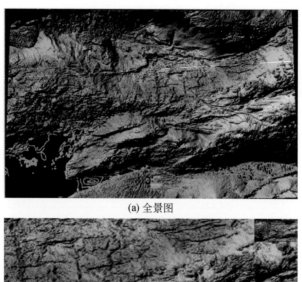

(a) 全景图

(b) 局部放大图

图 6.15　东天山地区地貌晕渲图

四、晕渲图在综合信息预测评价中的其他应用

区域矿产资源评价研究中涉及的多元地学信息综合内容，主要包括地球物理、地球化学、遥感等多元信息的处理。彩色晕渲技术在上述领域的数据处理中都有着很好的应用前景。本节将介绍一种应用彩色晕渲图改进地球化学点数据显示的方法。

一直以来，由于地球化学数据的来源是通过地表采样获得的，因此，地球化学点数据一般使用二维点或生成平面等值线的方式进行表达，如图 6.16 所示。但是这种方式的一个很大缺点是不够直观。图中所包含的信息只有专业人员才能够读懂。本节采用地貌晕渲技术，根据离散点的化学分析值，生成具有立体感的彩色图表达区域化探点数据。

立体感彩色图生成的主要步骤：第一步，使用点数据的内插算法对离散点进行插值；第二步，根据光照模型和化探数据异常下限处理算法计算点的颜色；第三步，使用三维可视化技术生成晕渲图。算法流程图如图 6.17 所示。

1. 点数据内插算法

数据点的内插可以分为整体拟合与局部拟合两种算法。具体分类见表 6.6。

 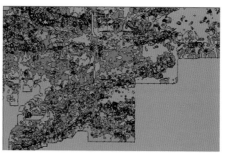

(a) 离散点表达　　　　　　　　　　　　　　(b) 等值线表达

图 6.16　传统区域化探数据的表示方法

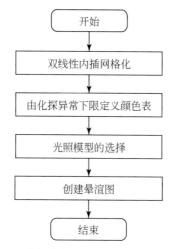

图 6.17　化探点数据立体感彩色图生成流程

表 6.6　点的内插算法

整体拟合法	局部拟合法
趋势面法	Kriging 法
最小二乘法	移动内插法
傅里叶级数法	移动平均法
最小二乘样条函数法	样条函数法
距离加权最小二乘法	双样条函数法
	多面函数法
	线性内插法
	双线性多项式的内插法
	有限差分法

内插算法的精度、效率结合化探点数据立体化显示的要求，选择双线性内插方法。
双线性插值函数为

$$f(x, y) = Ax + By + Cxy + D \tag{6.6}$$

需要 4 个已知点来确定上式中的 4 个系数。4 个已知采样点的选择，如图 6.18 所示，有以下两个准则：①环绕内插点，即尽量以内插点为中心；②尽量距离内插点最近。

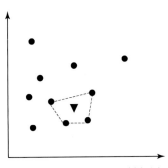

图 6.18　双线性内插的采样选择
（其中三角形图标为待插入的点，
使用虚线连接的点为采样点）

2. 化探中异常下限的处理

　　地球化学晕渲图着色与地形图的着色标准不同，地球化学数据的着色一般采用异常分析法进行点数据颜色的设置。这样做的目的是突出图件所表达的地球化学内容。

　　成矿地球化学场一般可以简化为区域地球化学背景场与地球化学异常场的综合。根据地球化学元素基本统计学原理，认为地球化学背景场服从正态分布或对数正态分布。

　　设 x 是服从正态分布的随机变量，其概率密度函数为

$$f(x) = \frac{1}{\sqrt{2\pi}\sigma} e^{-\frac{1}{2}\frac{(x-\mu)^2}{\sigma^2}} \qquad (-\infty < x < \infty) \qquad (6.7)$$

式中，μ、σ^2 分别为一元正态总体 x 的均值与方差。

设随机变量 x 的 n 个统计值为 x_1，x_2，…，x_n，则 μ、σ 的样品估计值为

$$\bar{x} = \frac{1}{n}\sum_{i=1}^{n} x_i \qquad (6.8)$$

$$s = \sqrt{\frac{1}{n-1}\sum_{i=1}^{n}(x_i - \bar{x})^2} \qquad (6.9)$$

　　随机变量 x 在 $(\mu - t_2\alpha, \mu + t_2\alpha)$ 的取值概率为 $1 - \sigma$，当 t_α 较大时，是一个很大的概率事件，随机取值在此范围里是属地球化学背景场；反之，当 x 取值在区间之外时，这时发生此现象的概率是非常小的，它应该是异常值而不是背景值，这就是通常化探使用 $\mu + 3\sigma$ 的由来。此时大约 99.7% 的可能不是背景值，大于均值加三倍均方差的化探值是异常便不足为奇了。

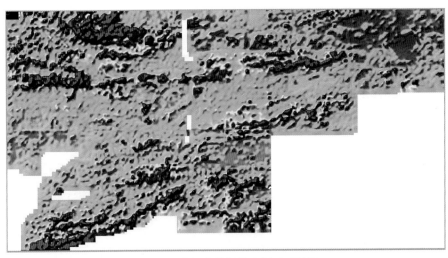

图 6.19　化探点数据晕渲图显示效果

确定以上原则后，本节算法就可以自动完成整个晕渲图的着色工作，具体效果如图6.19所示。与图6.16中的显示效果相比，本节提出的方法是非常有效的。

第二节　MORPAS4.0系统完善与升级

本书以"金属矿产资源快速评价预测系统（MORPAS3.0）"为基础，进一步开发完善信息提取技术、多元信息集成技术、空间分析技术，建立完善的基于GIS的资源战略性评价、分析和预测系统。具体内容包括：①基于二维EMD-Hilbert谱分析技术软件开发与集成；②逻辑回归技术软件开发与集成；③模糊证据权技术软件开发与集成；④二维小波分析技术软件开发与集成；⑤MORPAS3.0系统扩充完善并升级为MORPAS4.0。

一、系统优化与扩充完善

（一）MORPAS4.0软件界面

按照软件的功能，对MORPAS3.0进行了重新封装，将逻辑回归、模糊证据权法、模糊聚类、径向基神经网络分类、模糊逻辑法等信息综合方法，集成到"地质异常与信息综合"子模块中；EMD-Hilbert谱分析与小波分析单独作为两个子模块（图6.20、图6.21）。

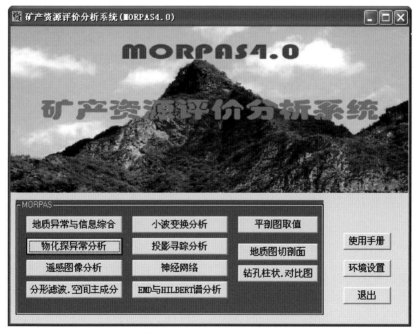

图6.20　MORPAS4.0主界面

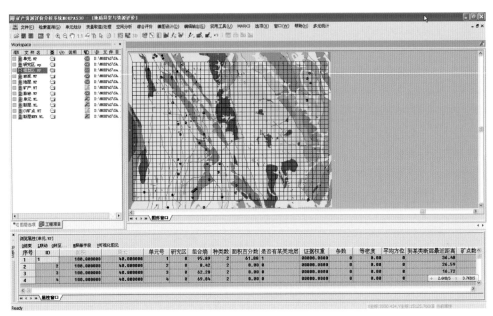

图 6.21　地质异常与信息综合模块界面

（二）MORPAS4.0 软件的主要优化

1. 变量提取界面的优化

在变量提取方面，以往多步骤的复杂操作，修改为集成的对话框形式，使变量提取更加方便快捷（图 6.22）。

2. 证据权法最佳缓冲范围与异常阈值分析的优化

采用证据权法实现对线状或面状界线类地学要素与矿点空间相关性的分析，绘制出表示相关性的 C 值曲线和矿点分布统计图（图 6.23）。

3. 证据权法预测模型的优化

计算各变量的证据权值，列表显示 W^+、W^-、C 值；增加了证据权的保存与加载功能，由此可实现对模型区的权重计算并将之应用到预测区的功能（图 6.24）。

4. 不规则单元的统计分析

不规则单元的统计分析，可用于不同地质背景下化探元素的统计分布特征（图 6.25），即可按地层或地质单元面元文件，统计地球化学元素的均值、最大值、最小值、方差、偏率、峰值等统计参数，并以报表、直方图、饼图的形式展示。

5. 磁场低纬度换算功能

扩充了低纬度地区磁测资料的化赤及化极的特殊处理，如局部扇形约束法、阻尼因子法

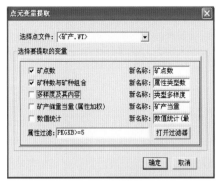

(a) 点元变量提取

(b) 面元变量提取

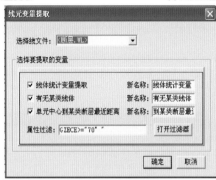

(c) 线元变量提取

图 6.22　变量提取对话框

(a) 最佳范围分析

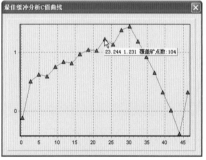

(b) 最佳缓冲分析C值曲线

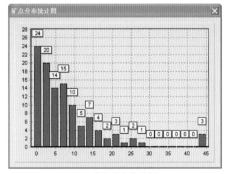

(c) 矿点分布统计图

图 6.23　证据权法断层 Buffer 距离的判定

图 6.24　证据权法断层 Buffer 距离的判定

(a)统计分析报告

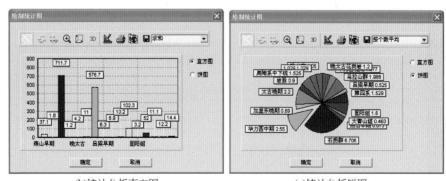

(b)统计分析直方图　　　　　　　　　　(c)统计分析饼图

图 6.25　不规则单元的统计分析

等（图 6.26）。

逻辑回归、模糊证据权法、模糊聚类、径向基神经网络分类等信息综合方法及 EMD-Hilbert 谱分析与小波分析等模块在后面详细阐述。

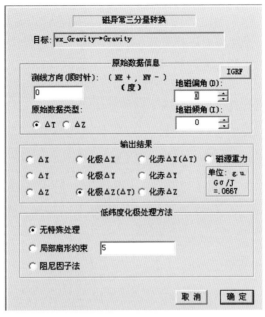

图 6.26　磁场低纬度换算功能

二、二维 EMD 分形 Hilbert 谱分析技术

Huang（1998）提出了一种处理非线性和非平稳数据的新方法希尔伯特-黄变换，主要由经验模态分解（empirical mode eecomposition，EMD）和 Hilbert 谱分析所组成。

经验模态分解的核心功能是能够将任何复杂的时间（空间）信号（数据）分解为从高频到低频的若干阶固有模态函数（intrinsic mode function，IMF）。固有模态函数不是简单预定的，而是根据具体的信号特征来确定的，因此其不同于傅里叶变换的正弦余弦函数或小波变换的小波函数，它具有很强的自适应性。

本书对一维、二维 HHT 变换进行了系统的总结与研究，对 HHT 变换实际应用中的关键技术问题进行了探讨，提出了具体解决方案。①在曲线拟合问题上，总结前人提出的曲线拟合方法，提出改进分段三次样条插值法。②针对端点效应问题，提出改进多项式拟合方法和改进次端点镜像延拓方法；比较包络极值延拓法、改进多项式拟合方法、改进次端点镜像延拓法和端点极值方法这四种端点处理方法的处理效果。③运用基于包络极值延拓法的 EMD 分解，结合 Hilbert 谱分析，实现一维希尔伯特-黄变换在模型数据中的应用。④引入二维希尔波特-黄变换（Nunes，2003），研究二维 HHT 中的二维 EMD 方法，并用二维 EMD 方法对实际物化探数据进行多层次多尺度分析与分解，揭示有效找矿信息，从而扩宽希尔伯特-黄变换的应用领域。⑤以 Microsoft Visual C++ 6.0 为开发工具，运用动态链接库技术开发出 HHT 信息提取模块，整合到金属矿产资源评价分析系统 MORPAS 中。

应用模型对云南个旧重力数据（图 6.27）进行二维经验模态分解，得到四组重力异常数据，分别为第一级固有模态函数（IMF1）、第二级固有模态函数（IMF2）、第三级固有模态函数（IMF3）以及剩余分量（Residue）（图 6.28）。第一级固有模态函数 IMF1 ［图 6.28 （a）］ 和第二级固有模态函数 IMF2 ［图 6.28 （b）］ 分别表现为高频和次高频的局部重力异常，异常分布比较零散，强度和面积相对较小，其可能反映了岩体（包括隐伏岩体）、构造甚至是矿床的存在及其产状变化等；第三级固有模态函数（IMF3）［图 6.28 （c）］ 和剩余分量（residue）［图 6.28 （d）］ 代表的是低频部分的区域重力异常，异常分布集中，强度和面积都很大，可能分别反映的是区域内岩性的整体密度变化以及地层整体的起伏变化。

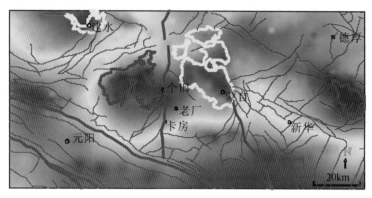

图 6.27　个旧地区原始重力数据

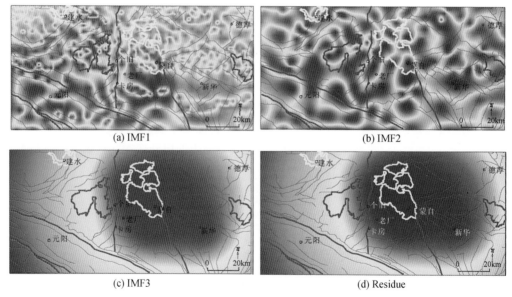

(a) IMF1　　　　　　　　　　　　　　　　　　(b) IMF2

(c) IMF3　　　　　　　　　　　　　　　　　　(d) Residue

图 6.28　个旧地区重力数据二维经验模态分解结果

对分解出来的固有模态函数（IMF1、IMF2 和 IMF3）以及剩余分量进行重构，将第三级固有模态函数（IMF3）和剩余分离相加作为区域重力异常 ［图 6.29 （a）］，将第一级固有模态函数（IMF1）和第二级固有模态函数（IMF2）相加作为区域局部重力异常 ［图 6.29 （b）］。

研究区区域异常整体表现为南高北低，这主要是因为研究区北侧主要分布碳酸盐岩、中

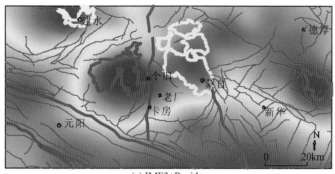

(a) IMF3+Residue

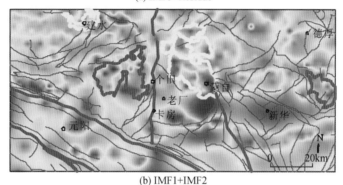

(b) IMF1+IMF2

图 6.29 二维经验模态分解重构后显示的重力异常结果

酸性岩浆岩以及第四系等低密度地质体，而南侧主要分布有泥砂质以及元古代变质基底等高密度地质体（图 6.27）。区域内两个主要大岩体（个旧岩体与薄竹山岩体）表现出明显的重力负异常，同时也可以看出个旧岩体与薄竹山岩体分别向东南向和北西向侧伏，与实际地质情况吻合得较好。在蒙自第四纪覆盖区也有一个重力异常低异常，按异常值推测由第四纪沉积盆地引起。图 6.28（b）的局部重力异常，主要反映了岩体表面的起伏变化与其他局部岩性差异。

三、二维小波分析技术

小波分析（wavelet analysis）作为短时傅里叶变换方法的继承与发展，提供了信号的时频复合表示，明显解决了傅里叶变换在用于处理非平稳信号时产生的时频域局部化矛盾问题，同时，其具备了良好的"变焦"能力——在高频部分窗口高而窄，可以精确定位出突变信号的位置；在低频部分其窗口矮而宽，适应分析缓变信号的需要。时频分析加上多分辨率分析能力，使得小波成为 20 世纪最辉煌的科学成就之一。

小波变换概念最初是由法国地球物理学家 J. Morlet 于 1984 年首次提出的，但当时未能得到数学家的肯定。直到 1986 年，法国数学家 Y. Meyer 偶然构造出了第一个真正意义上的小波基，他与稍后的 Daubeichies 提出了"正交小波基"。而 1987 年 Mallat 将计算机视觉领域中的多尺度分析思想引入到小波分析中，讨论了小波函数的构造以及信号的小波分解与重构，提出了离散小波变换算法——Mallat 算法，自此小波由纯理论走向了实际应用，并开始取得飞速发展。

目前小波分析已被广泛应用于实际的工程、学术以及教学中。它在图形、图像处理，量子场论，军事工程，地球物理勘探，化学检测，遥感影像融合，数字水印，医学检测，语音识别与合成，通信，天体识别等领域的实际应用方面有着迅速发展。

（一）小波分析在地学及相关领域的应用

1. 小波分析与地震信号处理

在地震勘探中，数据的信噪比和分辨率一直是人们研究关注的重点。消除噪声，提高地震资料的信噪比是数据处理时的首要任务。在日常工作中处理数据时遇到的噪声主要有两种：有规则干扰和随机干扰。有规则干扰在时间上具有一定的规律性，其与有效信号的差异在小波变换域中依然存在，通过滤波、方向特性、相干性等都可去除此类噪声。随机干扰分布在整个空间内，但其具有一定的统计特性，对信号进行多尺度分析可以有效压制随机干扰。为解决这些问题而设计的传统方法普遍存在一个条件过于理想化的问题，在实际中，对取自条件复杂地区的数据进行处理时取得的效果不佳。小波分析技术的应用很大程度上弥补了这一缺憾，凭借其优秀的时频分析性能和多分辨率特点，小波变换已成为地震资料处理中的有力工具。

目前，对地震信号的去噪问题，国内已经有大量的理论研究和实际工作基础：章珂等应用二进小波变换理论对地震记录剖面进行分解，对以各个频域相关分析的结论为依据进行加权处理后的数据进行重构，衰减信号噪声；高静怀等对小波基与噪声在时间−尺度域分布特征的关系进行研究，提出以地震子波为小波基进行小波变换去噪；王西文等提出一种快速小波分频处理方法，在时频域构造类似于反褶积算子的滤波算子，并且推导出了适应于高分辨率地震资料处理的导数小波函数，在时间域采用反褶积方法处理高分辨地震资料；张波等在对小波分频信号应用反演方法压制噪声研究中取得了良好效果；张三宗等提出在小波域分频段进行高阶相关水平叠加提高分辨率、信噪比；王同军等利用小波奇异性对地震信号进行去噪，其结果是震相更清晰，震相标注信度更高。

除压制地震资料噪声外，小波分析技术还被应用于提高地震资料分辨率，其主要原理是，对小波变换后的各个频带的记录进行增益控制，使各频带记录的振幅谱叠加结果逼近标准子波的振幅。以此来增强有效波，提高分辨率。若对各子频带做阈值量化，将去除接近零的值之后的记录保存起来则可以达到数据压缩的效果，经研究表明，利用二维小波分解去相关性质，可将地震资料压缩为原先的1/40，且重构后失真较小。

此外，小波分析在地震反演、地震偏移成像、地震解释等方面的应用也取得了良好的效果。

2. 小波分析与重磁位场处理

多个地下地质体相应场源的综合效应是重力异常。在重力勘探中，位场资料的反演具有经济且重要的作用。而在不同勘察阶段，采用适当的位场信号处理方法，合理地针对问题提取所需信息是利用数据进行反演和解释的关键步骤。小波分析正是进行信号处理，异常提取的有效数学工具。

目前国内小波分析技术在位场数据中的应用主要是重力异常的识别与提取、信号去噪、重磁下延、反演成像等方面。胡宁通过对东昆仑地区实际重力资料进行小波变换分解，证明了小波变换方法适用于重力资料的处理解释；候遵泽、杨文采等利用小波分析技术对中国布格重力异常进行分解，并反演了不同尺度下的中国大陆地壳的密度差异，给出了我国大陆地壳相对密度差异空间分布；李宗杰等将小波变换引入位场数据的处理当中，根据推导出的二维小波变换公式对实验模型数据和实测数据进行分解、滤波等处理，以实例证明二维小波变换可将面积性复杂异常分解为面积性区域异常、局部异常以及高频干扰弱磁异常，对于位场数据的异常提取、消噪、提高信噪比具有重要意义；候遵泽提出在 CSAMT、MT 法等频域电磁测深中，对数据进行小波分解后，提取子带中的异常，计算异常的 Lipschitz 指数 α 的最优解，根据 α 确定大构造异常与静态效应，并圈定异常体横向分布范围。

梁锦文分析了位场数据小波变换、逆变换的物理实质，说明小波分量频带分布与归一化位场分布的一致性，解释了小波逆变换与异常分解的关系。李健等以实例分析证明了重力场数据进行小波变换时小波母函数优选的重要性，通过对小波母函数的研究，提出了基于待处理信号特性的最佳小波母函数选择方法。高德章等采用二维小波多尺度分解技术对东海及邻区自由空间重力异常进行分解，有效分离出了沉积基底面、莫霍面所产生的重力异常。刘天佑等利用小波分析将磁异常分解后，结合谱分析方法解释深部盲矿体，以此进行深部找矿，并取得一定效果。

随着小波分析技术的发展，新的理论被应用于位场数据处理，徐亚等将通过提升结构构造的二代小波应用于位场数据处理方面，使用二代小波可对位场资料直接进行变换，这样可有效改善对资料进行预处理而导致的分辨率、可靠性降低的弊端。

近年，深部找矿需求增大，对位场数据的处理要求日益增高，如提取有效信息、弱信号识别、场分离等方面，小波变换的多分辨率和局部化特性可以在解决位场资料处理问题时发挥重要作用。

3. 小波分析与地球化学数据处理

对地球化学元素的分布规律进行研究，是揭示元素矿化富集与空间变化规律的主要方法之一。现今，地球化学研究人员一般认为元素在地球化学场中接近正态分布或对数正态分布，因此传统的确定异常下限的方法检验数据是否符合分布规律。由此，需对地球化学数据进行处理以确定背景和异常，其中，异常下限的确定是数据处理的关键问题。地球化学数据基本上就是离散栅格数据，可直接由二维小波变换进行处理。使用小波分析技术处理地球化学数据进行处理多尺度分析，可得到精细的异常结构，得到异常局部变化特征，有效识别、提取与目标相关的异常。

国内，关于小波分析技术在地球化学数据处理中应用的理论研究和实践工作已经有了比较好的基础。陈建国、夏庆霖利用小波变换对实际化探异常进行多尺度分解，为物化探异常的区域背景和局部异常的提取提供了新的方法，并进一步探讨了小波系数图对化探异常分形特征检测的意义；黄厚辉等利用实例分析小波变换在化探数据处理中的应用的可行性，并给出了处理操作流程；曹殿华等对小波变换分解尺度，异常提取方法等进行了深入的研究，其认为在积累频率–含量曲线图中，对应尺度的逼近分布均匀无明显拐点，则可作为最大尺度的背景，且此分解层数为最大分解层数，在高频细节累积频率–含量曲线图中以拐点作为各尺度的异常下限。

一般来说，化探数据处理的传统方法难以提供元素矿化的准确信息。而小波分析能够识别并提取弱异常信息，可在区域地球化学背景没有明显突变的区域进行准确的异常提取，而且被提取的异常不受个别高含量或特高值影响。无论从理论还是实践出发，在地球化学处理领域，小波分析都展现了重要的作用与价值。

4. 小波分析与遥感影像处理

随着遥感信息获取技术的发展，遥感数据的提供能力越来越强。面对海量的遥感数据，选择合适的处理工具以加强对遥感信息的利用成为当前研究的一个热点。小波分析卓越的性能使其在遥感图像数据的处理中应用的越来越多。

（二）小波分析技术在遥感影像处理中的应用

1. 图像压缩

随着遥感获取技术的增强，相应的遥感数据规模呈几何级数增长。随之而来的是日益尖锐的海量数据传输、存储问题。遥感影像的压缩技术成为解决这一问题的有效途径。最早出现的小波变换图像压缩编码算法是零树编码，这种方法应用于遥感影像处理中会产生丢失重要信息的问题。之后，Said 和 Pearlman 提出被认为是迄今为止压缩遥感影像效果最好的SPIHT 算法。基于整数小波变换的压缩方法（SSMWT）的提出则对高光谱数据的冗余问题的解决提供了有效手段。

2. 图像融合

小波分析在图像融合中应用的基本思想是，将需融合的图像重采样为相同尺度大小的图像后，对其进行小波分解，按照一定的融合规则在分解的子带中进行处理，最后重构融合后的小波系数。对选用的融合规则和融合算子的研究也已经成为图像融合的热点问题。随着小波分析的发展，多小波及第二代小波变换被应用于图像融合以改进光谱特征保存与高空间分辨率保持力难以兼顾的问题。

3. 图像去噪

针对遥感图像中的随机噪声、孤立噪声和带条干扰问题。小波分析被广泛应用于遥感图像的消噪处理，并在改善视觉效果、提高分辨率等方面取得了良好效果。目前基于小波变换的去噪方法大致有基于模型极大值的图像去噪法、小波萎缩法、多小波去噪法、基于小波系数模型的去噪法、脊波、曲波去噪法、综合法。其中综合法为小波图像去噪与经典方法的结合使用。

4. 图像边缘检测、纹理分析

纹理分析主要任务包括纹理分级、纹理分割、纹理形态恢复。其主要用于解决遥感图像分类中的"同谱异物"、"同物异谱"问题。小波分析的多分辨率及时频域局部化特性，它可以获得图像的空间灰度分布和频率分布的关联特征，以解决此类问题。

（三）小波分析原理

小波分析继承发展了短时傅里叶变换的局部化思想，是一种窗口形状可变但面积不变，时间窗和频率窗都可以改变的时频局部化分析的方法。这种多分辨率分析方法可以将信号在不同的频率分辨率上进行处理，在高频频段提供较好的时域分辨率，在低频频段提供较好的频率分辨率。它既能分析具有较短持续时间和较宽频率段的高频信息，又能分析具有较长持续时间和较窄频率段的低频信号。因此，被誉为"数学显微镜"。

实际应用中，使用计算机进行分析、处理信号，需对连续小波变换中尺度与平移参数离散化，将其转化为离散小波变换。

离散小波变换不是简单意义上的连续变换的采样，它需要提供良好的冗余，以便完成可逆变换。离散小波变换能为信号分析与合成提供足够的信息，同时降低计算机资源消耗与计算量。离散小波变换其实就是用滤波器截取信号不同尺度条件下的频率成分加以分析。

Meyer 于 1986 年创造性地构造了具有一定衰减性的光滑函数，其二进制伸缩与平移构成 $L^2(R)$ 的规范正交基，才使小波得到真正的发展。1988 年 Mallat 在构造正交小波基时提出了多分辨率分析（mufti-resolution analysis，MRA）的概念。MRA 可以将信号在不同的频率分辨率上进行处理，同时使每段频谱分量都与短时傅里叶变换中的频谱相同。在 MRA 理论基础上，Mallat 结合计算机中的塔式算法，提出了小波变换的快速算法——Mallat 算法。这种算法在小波分析中的地位相当于快速傅里叶变换算法（FFT）在经典傅里叶分析中的地位。它使小波从纯理论走向了应用。

多分辨率分析能分析持续时间较短而频率段却较宽的高频信号，也能处理具有持续时间长而频率段较窄的低频信号。这样的能力正是许多特殊信号处理过程中所需要的数学分析方法。多分辨率分析是整个小波分析的精髓所在。

实际使用中，小波变换处理一维信号，其根本上就是用数字滤波器将信号分解为不同成分的子信号。而多分辨率概念正是在此过程中体现出来的。在信号进行滤波操作之后，尺度信号在滤波器对信号的上采样和下采样的操作影响下发生变化。信号的下采样是通过降低采样频率实现，而上采样则是提高采样频率。信号的滤波通常是信号与滤波器进行卷积运算。

（四）二维小波分析模块实现

针对小波变换的地质应用需求，二维小波分析模块实现了：离散小波变换与逆变换功能，高低通滤波功能，阈值去噪功能，图像增强、融合功能等（图 6.30、图 6.31）。

（五）应用实例

下图是对个旧 1∶20 万水系沉积物化探数据中的 Ag 元素使用 db4 小波分解后得到的异常部分影像图（图 6.32）。

运用 db4 小波基对个旧 Ag 元素地球化学异常进行分析，其结果有以下特点。

（1）所圈异常与矿点吻合较好。异常面积有大有小，异常形态也比较规整且与地质背景相关，其分布趋势受地质背景控制。

（2）异常区域与基性-超基性岩体、玄武岩具有相关性。

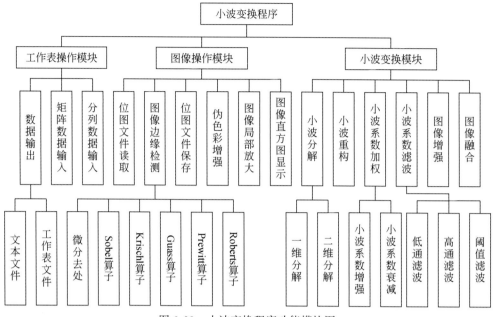

图 6.30　小波变换程序功能模块图

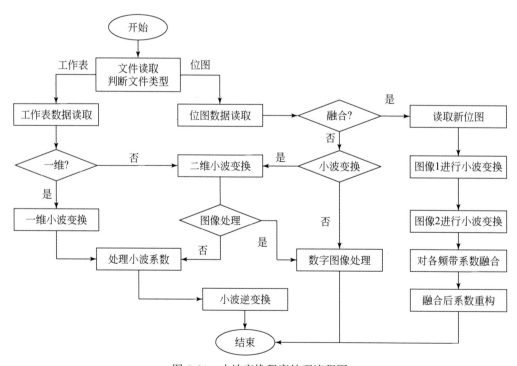

图 6.31　小波变换程序处理流程图

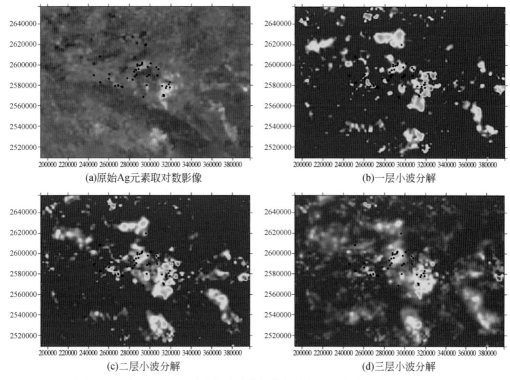

图 6.32　个旧地区 Ag 元素与小波分解高频异常（黑点为 Pb 或 Zn 矿点）

（3）不仅在高背景区圈出了显著的异常，而且在低背景区也发现了很多规模大、强度高的异常。这说明运用该种方法可以有效减少地质背景在异常区域圈定过程中的干扰。

（4）分解的层数越深，越反映大尺度的异常信息。第一层分解的异常相对较为零散，面积小。多层分解的异常面积更大，更连续。

（5）小波处理方法能够强化低背景地质体异常。对寻找和揭示隐伏矿起到积极作用。能够消除和削弱高背景场引起的非矿化异常和扩大异常。

（6）圈定异常不受个别高含量或特高值影响。

为了比较不同小波基对处理结果的影响，我们选用了 Daubechies 小波系、Coiflets 小波系和 Symlets 小波系进行了模型与实例验算。图 6.33、图 6.34 分别是采用 coif5 和 sym2 小波基分析个旧 Zn 元素数据的处理结果。coif5 是 Coiflets 小波系 coif1 ~ coif5 中波长最短的，而 sym2 是 Symlets 小波系 sym2 ~ sym8 中波长最大的，这样选取有一定的代表性。

比较图 6.33、图 6.34 不难发现，异常区所在的位置相同，异常区域大小、形态并无明显的变化。不同的小波基分析结果是类似的，不同波长的小波基对数据处理结果的影响主要是反映在异常区的面积大小上。波长大的小波基异常的连续性不如波长短的小波基，这点比较好解释，因为较短的波长能更好地拟和复杂不规则的曲面。

总之，Daubechies 小波系、Coiflets 小波系和 Symlets 小波系均能满足化探数据分析的要求。即同时具有正交性、紧支、对称性、n 阶消失矩阵小波基能够胜任地球化学数据的分析。

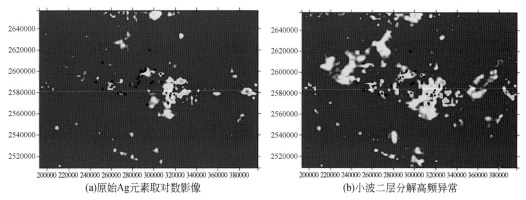

(a)原始Ag元素取对数影像　　　　　　　　　　(b)小波二层分解高频异常

图 6.33　个旧地区 Zn 元素 coif5 小波一层和二层分解高频异常（黑点为 Pb 或 Zn 矿点）

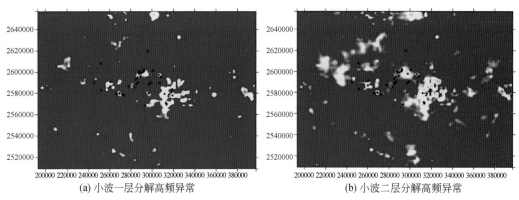

(a) 小波一层分解高频异常　　　　　　　　　　(b) 小波二层分解高频异常

图 6.34　个旧地区 Zn 元素 sym2 小波一层和二层分解高频异常（黑点为 Pb 或 Zn 矿点）

四、模糊证据权技术

（一）模糊集

在自然科学或社会科学研究中，存在着许多定义不很严格或者说具有模糊性的概念。这里所谓的模糊性，主要是指客观事物的差异在中间过渡中的不分明性，如某一生态条件对某种害虫、某种作物的存活或适应性可以评价为"有利、比较有利、不那么有利、不利"；灾害性霜冻气候对农业产量的影响程度为"较重、严重、很严重"，等等。这些通常是本来就属于模糊的概念，为处理分析这些模糊概念的数据，便产生了模糊集合论。

根据集合论的要求，一个对象对应于一个集合，要么属于，要么不属于，二者必居其一，且仅居其一。这样的集合论本身并无法处理具体的模糊概念。为处理这些模糊概念而进行的种种努力，产生了模糊数学。

模糊数学诞生于 1965 年，美国自动控制专家查德（L. A. Zadeh）教授在第一篇论文"模糊集合"（fuzzy set）中引入了"隶属函数"的概念来描述差异的中间过渡，这是精确性对模糊性的一种表示，他首次成功地运用数学方法描述模糊概念，这是一个开创性的有重大意义的工作。在模糊数学发展的 30 多年的时间里，人们把它应用于经济、自动控制、医疗、气象等领域，收到了特别好的效果。应用新的数学对象——AFS（axiomatic fuzzy sets）代数——一种非布尔代数的分子格，AFS 结构——一种特殊的"system"（system 是组合数学中的一个主要的数学对象）和认知域对隶属函数的表示问题进行了研究。而 AFS 理论中的 EI 代数和 EI 代数的阶数更是不容忽视，它们在基于 AFS 理论的模糊信息处理中有重要应用。

（二）模糊证据权模型实现

在模糊证据权模型的设计过程中，其中一个重点就是将证据层用什么样的隶属度函数表示的问题，即模糊化问题。采用何种模糊化方法更切合实际这是在模糊证据权模型开发中必须要考虑的，下面就模糊化问题进行讨论。

对证据层进行模糊化问题，在模糊证据权模块设计中，结合实际情况，给出两种模糊隶属度函数供用户选择，以满足不同用户的需要。从 1965 年模糊集的提出到现在，人们提出了许多种隶属度函数，常见的 11 种隶属度函数，在模糊证据权模型中用到的隶属度函数有 S 型隶属度函数，Z 型隶属度函数可供用户选择。其中每一种隶属度函数都有一个 $M1$ 值和 $M2$ 值因为各个地方各种数据的差异较大，每个证据层的 $M1$ 值和 $M2$ 值可根据用户的需要进行改动，将数据驱动与知识驱动结合起来。使模糊证据权模型计算的结果更切合实际。

针对各种数据的不同，对隶属度函数的选择也不相同，如物化探异常一般都是值越高则成矿有利度越大，在这种情况之下就可选择 S 型隶属度函数；又如断层对成矿的影响是离断层越近成矿有利度越高，离断层越远成矿有利度越小，此时可选择 Z 型隶属度函数。

在 MORPAS 中进行模糊证据权模块的开发，简单归纳为以下几个步骤。

1. 选择证据层与预测目标

在开发模糊证据权模块时，是直接在地质背景与地质异常分析子系统中添加代码，所以我们引用找矿信息法对话框进行证据层的选择。

2. 计算先验概率

在模糊证据权模块中，我们首先要计算的是先验概率（计算方式同普通证据权）。

首先划分单元格，计算含矿概率＝含矿点的单元格（D）/总单元格（A），即

$$P(D) = N(D)/N(A) \tag{6.10}$$

再由先验概率求得其证据权重：

$$W_0 = \ln O(D) \tag{6.11}$$

式中，$O(D) = P/(1-P)$。

3. 计算截取点相应 W^+ 与 W^- 与 $C = W^+ - W^-$

在截取点之后，计算每个点的条件概率

$$P[A_1 \mid D], \ P[A_2 \mid D], \ P[A_1 \mid \bar{D}], \ P[A_2 \mid \bar{D}] \tag{6.12}$$

式中，$P[A_1 \mid D]$ 为隶属度为 1 且有已知矿点的单元格的概率；$P[A_2 \mid D]$ 为隶属度为 0 但有已知矿点的单元格的概率；$P[A_1 \mid \bar{D}]$ 为隶属度为 1 但无探明矿点的单元格的概率；P

$[A_2 \mid \bar{D}]$ 为隶属度为 0 且无探明矿点的单元格的概率；

将 $P[A_1 \mid D]$，$P[A_2 \mid D]$，$P[A_1 \mid \bar{D}]$，$P[A_2 \mid \bar{D}]$ 代入式（6.11）与式（6.12）计算每点的权重及相对系数 C

$$W^+ = \ln \frac{P[A_1 \mid D]}{P[A_1 \mid \bar{D}]} \qquad (6.13)$$

$$W^- = \ln \frac{P[A_2 \mid D]}{P[A_2 \mid \bar{D}]} \qquad (6.14)$$

4. 选择隶属度函数

在模型设计中，有两种隶属度函数可供选择：①S 型隶属度函数；②Z 型隶属度函数。

5. 确定 A_1、A_2

理论上，A_1 是相对系数最大的级别（$C = W^+ - W^-$），相应的 $\mu_A = 1$，A_2 是相对系数最小的级别（$C = W^+ - W^-$），相应的 $\mu_A = 0$。

在模糊证据权模型中，在运算中，M_1 默认为相关系数最大时的取值，M_2 默认为相关系数 C 最小时的取值，但因地区不同，情况不同，所以往往要求要灵活地改变 A_1、A_2 的取值，于是我们给用户提供可根据实际情况输入 A_1、A_2 的界面，如图 6.35 所示。

例如，证据层的 W^+、W^- 和 C 如图 3.7 所示，默认 $A_1 = 0$，$A_2 = 3390$，如果选择 Z 型隶属度函数，则当证据层单元格值小于 A_1 的时候 $\mu_A = 1$，大于 A_2 的时候 $\mu_A = 0$。这里，默认的值可能不太符合实际情况，可以直接输入数值以改变 A_1、A_2 的值。

6. 计算单元模糊权重

A_1 和 A_2 之间的每一个级别可以根据所选择的隶属度函数不同根据不同的式子来计算，各种隶属度函数和其对应的式子见表 6.1。

将 A_1、A_2 的条件概率 $P[A_1 \mid D]$，$P[A_2 \mid D]$，$P[A_1 \mid \bar{D}]$，$P[A_2 \mid \bar{D}]$ 代入，得 $P[\mu_{(x)} \mid D]$，$P[\mu_{(x)} \mid \bar{D}]$：

$$P[\mu_A''(x) \mid D] = \mu_A(x)P[A_1 \mid D] + [1 - \mu_A(x)]P[A_2 \mid D] \qquad (6.15)$$

$$P[\mu_A(x) \mid \bar{D}] = \mu_A(x)P[A_1 \mid \bar{D}] + [1 - \mu_A(x)]P[A_2 \mid \bar{D}] \qquad (6.16)$$

将 $P[\mu_A(x) \mid D]$ 和 $P[\mu_A(x) \mid \bar{D}]$ 代入，得单元模糊权重 $W[\mu_A(x)]$：

$$W[\mu_A(x)] = \ln \frac{P[\mu_A(x) \mid D]}{P[\mu_A(x) \mid \bar{D}]} \qquad (6.17)$$

7. 综合证据层，计算后验概率

设有证据层 A 和证据层 B，其模糊证据权重分别为 $W_{\mu_A(x)}$ 和 $W_{\mu_B(x)}$，由下列公式计算得到后验概率 $P[D \mid \mu_A(x)\mu_B(x)]$：

$$\ln O[\,D\,|\,\mu_{\mathrm{A}}(x)\mu_{\mathrm{B}}(y)\,] = W_0 + W_{\mu_{\mathrm{A}}(x)} + W_{\mu_{\mathrm{B}}(y)} \tag{6.18}$$

$$P[\,D\,|\,\mu_{\mathrm{A}}(x)\mu_{\mathrm{B}}(x)\,] = \frac{O[\,D\,|\,\mu_{\mathrm{A}}(x)\mu_{\mathrm{B}}(x)\,]}{1 + O[\,D\,|\,\mu_{\mathrm{A}}(x)\mu_{\mathrm{B}}(x)\,]} \tag{6.19}$$

(三) 应 用 实 例

　　根据个旧地区锡铜矿的成矿模式,我们选取如下证据层来进行锡铜矿综合预测。

　　(1) 构造控矿要素。选择不同方向构造及其交汇点作为可能与矿床分布有关的要素。图6.35给出了断层的不同半径的Buffer的影响范围,通过证据权模型的显著性分析,确定2.25km为最佳影响范围。图6.36给出了主要构造交汇点以及根据证据权模型确定的3.25km为最佳控矿距离。在该距离以内为有利控矿要素。

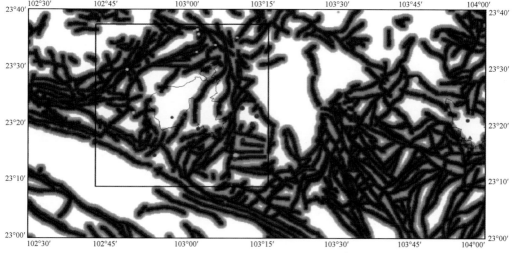

图6.35　不同方向的断层

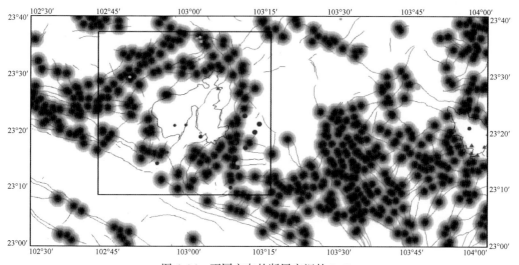

图6.36　不同方向的断层交汇的Buffer

（2）地球化学综合异常要素。对基于广义自相似原理的 S-A 方法分解地球化学异常及基于局部奇异性原理方法可以圈定的低缓异常进行主成分分析，确定与铜锡有关的因子，发现 PC1 主要反映锡钨组合、PC7 主要反映铜异常（图 6.37、图 6.38）。为了确定该地球化学异常与锡铜矿床空间分布的最佳关系，再次采用证据权方法确定最佳的分界点，并设定模糊隶属度。

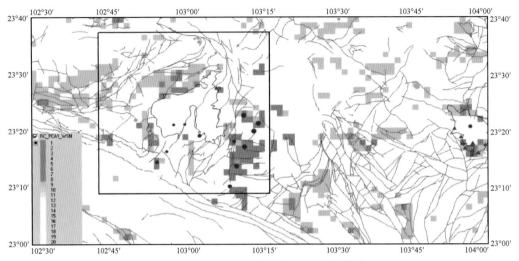

图 6.37　S-A 异常与奇异性指数的第一主成分

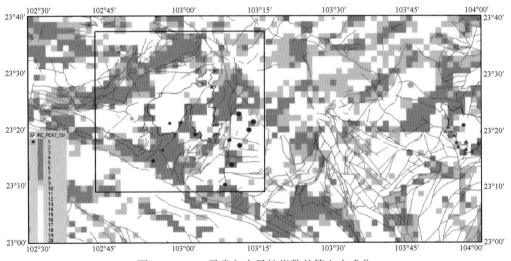

图 6.38　S-A 异常与奇异性指数的第七主成分

（3）有利地层要素。选择个旧组及法郎组为有利成矿围岩（图 6.39）。

（4）岩体控矿要素。岩体对个旧锡铜矿床的影响是明显的。对重磁异常与化探常量元素融合所得到的隐伏岩体信息，利用证据权模型确定最佳分界点并设定模糊隶属度（图 6.40）。

利用在以上六个证据图层中，以个旧东西矿区范围为模型区，利用模糊证据权法得到铜锡矿床预测后验概率图（图6.41）。预测研究区共有2347个单元，其中41个单元已发现矿床（点）、矿化点，因此，其找矿的先验概率为0.017。从预测后验概率图所显示的结果可以看出，个旧东区已知矿区具有较高的后验概率，说明后验概率预测结果与已知模型是一致的，除此之外，该区的后验概率范围大于已有矿的分布范围，这说明在已知区内或外围还可能资源潜力，同时，在南区、西区甚至北区都有该后验概率靶区，这些地区在所采用的构造模式、地球化学异常和局部异常、有利地层等因素上均与东区模型有较高的相似性和自相似性。这些地区应该受到进一步矿产勘查的重视。

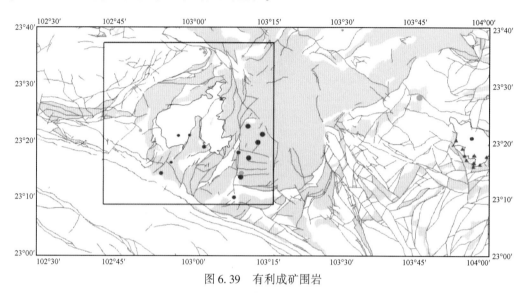

图6.39　有利成矿围岩

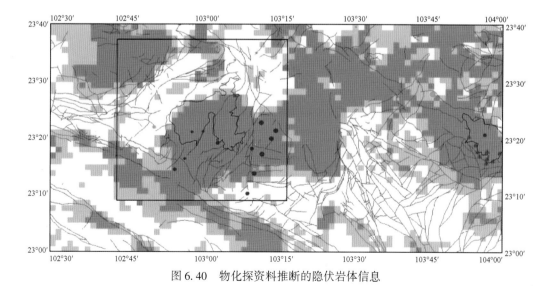

图6.40　物化探资料推断的隐伏岩体信息

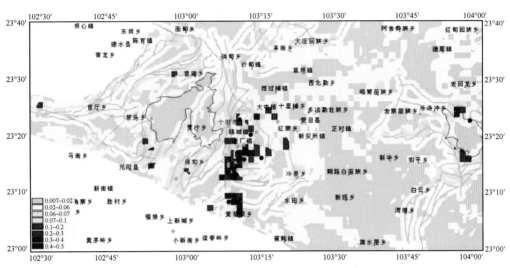

图 6.41　铜锡矿床模糊证据权预测后验概率图

参 考 文 献

边千韬, 李涤徽等. 2001. 初论秦祁昆缝合系. 地质学报, 75 (4): 569

边千韬, 罗小金, 李涤徽等. 1999. 阿尼玛卿蛇绿岩带花岗-英云闪长岩锆石 U-Pb 同位素定年及大地构造意义. 地球科学, 34 (4): 420~426

查显峰, 董云鹏, 李玮等. 2010. 南秦岭佛坪隆起的成因探讨——构造解析的证据. 大地构造与成矿学, 34 (3): 331~339

车自成, 刘良等. 2002. 中国及其邻区区域大地构造学. 北京: 科学出版社

车自成, 孙勇. 1996. 阿尔金麻粒岩相杂岩的时代及塔里木盆地的基底. 区域地质, 15 (1): 51~57

陈彩华, 刘新会. 2010. 东秦岭 (陕西境内) 多金属矿产分布特征及成矿预测研究. 黄金科学技术, 18 (5): 106~112

陈衍景. 2010. 秦岭印支期构造背景、岩浆活动及成矿作用. 中国地质, 37 (4): 854~865

陈衍景, 翟明国, 蒋少涌. 2009. 华北大陆边缘造山过程与成矿研究的重要进展和问题. 岩石学报, 25 (11): 2695~2726

陈毓川. 1999. 中国主要成矿区带矿产资源远景评价. 北京: 地质出版社. 1~536

崔军文, 唐哲民, 邓晋福. 1999. 阿尔金断裂系. 北京: 地质出版社

崔军文, 张晓卫, 唐哲民. 2006. 青藏高原的构造分区及其边界的变形构造特征. 中国地质, 32 (2): 256~267

邓晋福, 罗照华, 苏尚国等. 2004. 岩石成因、构造环境与成矿作用. 北京: 地质出版社

邓军, 高帮飞, 王庆飞, 杨立强. 2005. 成矿流体系统的形成与演化. 地质科技情报, 24 (1), 49~54

董国臣, 莫宣学, 赵志丹, 拉弟成, 王亮亮等. 2006. 冈底斯岩浆带中段岩浆混合作用: 来自花岗岩杂岩的证据. 岩石学报, 22 (4): 835~844

董显扬, 李行, 叶良和等. 1995. 中国超镁铁质岩. 北京: 地质出版社

董彦辉, 许继峰, 曾庆高, 王强, 毛国政, 李杰. 2006. 存在比桑日群弧火山岩更早的新特提斯洋俯冲记录么? 岩石学报, 22 (3): 661~668

杜光树, 冯喜良, 陈福忠. 1993. 西藏金矿地质. 成都: 西南交通大学出版社

丰成友, 张德全, 党兴彦等. 2005. 青海格尔木地区驼路沟钴 (金) 矿床石英钠长石岩锆石 SHRIMP U-Pb 定年——对 "纳赤台群" 时代的制约. 地质通报, 24 (6): 501~505

丰成友, 张德全, 佘宏全等. 2006a. 青海驼路沟钴 (金) 矿床形成的构造环境及钴富集成矿机制. 矿床地质, 25 (6): 544~561

丰成友, 张德全, 屈文俊等. 2006b. 青海格尔木驼路沟喷流沉积型钴 (金) 矿床的黄铁矿 Re-Os 定年. 地质学报, 80 (4): 571~576

冯益民, 何世平. 1995. 北祁连蛇绿岩地质和地球化学特征. 岩石学报, 11 (增刊): 125~146

冯益民, 何世平. 1996. 祁连山大地构造与造山作用. 北京: 地质出版社

冯益民, 曹宣铎, 张二朋等. 2002. 西秦岭造山带结构造山过程及动力学——1∶100 万西秦岭造山带及邻区大地构造说明书. 西安: 西安地图出版社

甘肃省地矿局. 1989. 甘肃省区域地质志. 北京: 地质出版社

高长林, 黄泽光, 刘光祥. 2006. 中国西部古中亚洋与古生代沉积盆地. 中国西部油气地质, 2 (2): 123~129

高延林, 吴向农, 左国朝. 1988. 东昆仑山清水泉蛇绿岩特征及其大地构造意义. 中国地质科学院西安地质矿产研究所所刊, 21: 17~28

高永宝，李文渊，谭文娟. 2010. 祁漫塔格地区成矿地质特征及找矿潜力分析. 西北地质，43（4）：35～43

葛良胜，邹依林，邢俊兵等. 2004. 西藏冈底斯地块北部甲岗雪山钨钼铜金多金属矿产地的发现及意义. 地质通报，23（9-10）：1033～1039

葛肖虹，刘永江，任收麦等. 2001a. 对阿尔金断裂科学问题的再认识. 地质科学，36（3）：319～325

葛肖虹，任收麦，刘永江等. 2001b. 中国西部的大地构造格架. 石油学报，25（5）：1～5

郭进京，张国伟，陆松年等. 1999. 中国大陆新元古代大陆拼合与 Rodinia 超大陆. 高校地质学报，5（2）：148～156

郭周平，李文渊，贾群子等. 2010. 北祁连塞浦路斯型铜矿床地质地球化学特征对比研究. 地质与勘探，46（1）：76～84

和钟铧，杨德明，王天武. 2006a. 冈底斯带桑巴区早白垩世后碰撞花岗岩类德确定及构造意义. 岩石矿物学杂志，25（3）：185～193

和钟铧，杨德明，郑常青，王天武. 2006b. 冈底斯带门巴花岗岩同位素测年及其对新特提斯洋俯冲时代的约束. 地质论评，52（1）：100～106

侯增谦，高永丰，孟祥金，曲晓明，黄卫. 2004. 西藏冈底斯中新世斑岩铜矿带：埃达克质斑岩成因与构造控制. 岩石学报，20（2）：239～248

侯增谦，潘桂棠，王安建，莫宣学等. 2006a. 青藏高原碰撞造山带：Ⅱ. 晚碰撞转换成矿作用. 矿床地质，25（5）：521～543

侯增谦，曲晓明，杨竹森，孟祥金等. 2006b. 青藏高原碰撞造山带：Ⅲ. 后碰撞伸展成矿作用，矿床地质，25（6）：629～651

侯增谦，曲晓明，王淑贤，高永丰等. 2003，西藏高原冈底斯斑岩铜矿带辉钼矿 Re-Os 年龄：成矿作用时限与动力学背景应用. 中国科学（D 辑），33（7）：609～618

侯增谦，莫宣学，杨志明，王安建，潘桂棠，曲晓明，聂凤军. 2006c. 青藏高原碰撞造山带成矿作用：构造背景、时空分布和主要类型. 中国地质，33：348～359

侯增谦，孟祥金，曲晓明，高永丰. 2005. 西藏冈底斯斑岩铜矿带埃达克质斑岩含矿性：源岩相变及深部过程约束. 矿床地质，24：108～121

侯增谦，杨竹森，徐文艺，莫宣学，丁林，高永丰，董方浏，李光明，曲晓明，李光明，赵志丹，江思宏，孟祥金，李振清，秦克章. 2006d. 青藏高原碰撞造山带：I. 主碰撞造山成矿作用. 矿床地质，25（4）：337～358

胡霭琴，郝杰，张国新等. 2004. 新疆东昆仑地区新元古代蛇绿岩 Sm-Nd 全岩-矿物等时线定年及地质意义. 岩石学报，20（3）：457～462

胡建民，施炜，渠洪杰等. 2009. 秦岭造山带大巴山弧形构造带中生代构造变形. 地学前缘，16（3）：49～68

黄崇轲，白冶，朱裕生等. 2001. 中国铜矿床. 北京：地质出版社

黄汲清，陈国铭，陈炳蔚. 1984. 特提斯-喜马拉雅构造域初步分析. 地质学报，58（1）：1～7

贾志永，张铭杰，汤中立等. 2009. 新疆喀拉通克铜镍硫化物矿床成矿岩浆作用过程. 矿床地质，28（5）：673～686

姜春发. 2009. 科技创新、贵在坚持——对我国大地构造中某些创新观点的回顾与反思. 地质学报，84（11）：1772～1779

姜春发，王宗起. 1998. 中国十字构造的地质意义及其对资源和生态环境的影响. 中国地质，2：42～43

姜春发，杨经绥，冯秉贵等. 1992. 昆仑开合构造. 北京：地质出版社

姜寒冰，李文渊，谭文娟等. 2010. 东昆仑那陵格勒一带斑岩铜矿的初步研究. 西北地质，43（4）：245～255

蒋少涌，戴宝章，姜耀辉等. 2009. 胶东和小秦岭：两类不同构造环境中的造山型金矿省. 岩石学报，25（11）：2727～2738

寇晓虎，张克信，林启祥等．2007．秦祁昆接合部二叠纪沉积建造时空分布．地球科学，32（5）：681～690

李才，王天武，李惠民，曾庆高．2003．冈底斯地区发现印支期巨斑花岗闪长岩——古冈底斯造山的存在证据．地质通报，22（5）：364～366

李春昱等．1982．亚洲大地构造图及说明书．北京：地图出版社

李光明，芮宗瑶．2004．西藏冈底斯成矿带斑岩铜矿的成岩成矿年龄．大地构造与成矿，28（2）：165～170

李光明，冯孝良．黄志英等，高大发．2000．西藏冈底斯构造带中段多岛弧-盆系及其演化．沉积与特提斯地质，20（4）：38～46

李光明，高大发，黄志英．2002a．西藏当雄纳龙晚古生代裂谷盆地的识别及其意义．沉积与特提斯地质，22（1）：83～87

李光明，刘波，屈文俊，林方成，佘宏全，丰成友．2005a．西藏冈底斯成矿带的斑岩-夕卡岩成矿系统：——来自斑岩矿床和夕卡岩型铜多金属矿床的 Re-Os 同位素年龄证据．大地构造与成矿学，29（4）：482～490

李光明，刘波，佘宏全，丰成友，屈文俊．2006．西藏冈底斯成矿带南缘喜马拉雅早期成矿作用——来自冲木达铜金矿床的 Re-Os 同位素年龄证据．地质通报，25（12）：32～37

李光明，芮宗瑶，王高明，林方成，刘波，佘宏全，丰成友，屈文俊．2005b．西藏冈底斯成矿带甲马和知不拉铜多金属矿床的 Re-Os 同位素年龄及意义．矿床地质，24（5）：482～489

李光明，王高明，高大发，黄志英，姚鹏．2002b．西藏冈底斯南缘构造格架与成矿系统．沉积与特提斯地质，22（2）：1～7

李光明，杨家瑞，丁俊．2003．西藏冈底斯成矿带矿产资源评价新进展．地质通报，22（9）：699～703

李光明，曾庆贵，雍永源，高大发，王高明．2005c．西藏冈底斯成矿带浅成低温热液型金锑矿床的发现及其意义——以西藏弄如日金锑矿床为例．矿床地质，24（6）：595～602

李海平，张满社．1995．西藏桑日地区桑日群火山岩岩石地球化学特征．西藏地质，1：84～92

李洪茂，时友东，刘忠等．2006．东昆仑山若羌地区白干湖钨锡矿床地质特征及成因．地质通报，25（1-2）：277～281

李厚民，沈远超，胡正国．2000．青海东昆仑驼路沟钴（金）矿床地质特征．矿物岩石地球化学通报，19（4）：321～322

李厚民，沈远超，胡正国，钱壮志，刘继庆，孙继东．2001．青海东昆仑驼路沟钴（金）矿床地质特征及成因初探．地质与勘探，37（1）：60～64

李荣社，计文化，杨永成等．2008．昆仑山及邻区地质．北京：地质出版社

李胜荣，孙丽，张华峰．2006．西藏曲水碰撞花岗岩的混合成因．岩石学报，22（4）：884～894

李文渊．2010a．现代海底热液成矿作用．地球科学与环境学报，32（1）：15～23

李文渊．2010b．祁漫塔格找矿远景区地质组成及勘查潜力．西北地质，43（4）：1～9

李侠．2003．阿尔金构造带形成机制探讨．长安大学学报，25（1）：7～10

李行等．1995．扬子地块北缘和西缘前寒武纪镁铁层状杂岩及含铂性．西安：西北大学出版社

廖忠礼，莫宣学，潘桂棠等．2006．西藏过铝花岗岩岩石地球化学特征及成因探讨．地质学报，80（9）：1330～1341

林启祥，张智勇，张克信等．2003．秦祁昆结合部早中三叠世构造古地理．地球科学，28（6）：660～668

刘国范，朱广彬，陈金铎等．2005．新疆阿尔金南缘断裂带铜金钼钯金属矿床特征及成因．地质与资源，14（1）：28～32

刘华山，李秋林，于浦生等．1998．"镜铁山式"铁铜矿床地质特征及其成因探讨．矿床地质，17（1）：25～35

刘良，陈丹玲，王超等．2009．阿尔金、柴北缘与北秦岭高压-超高压岩石年代学研究进展及其构造地质意义．西北大学学报：自然科学版，39（3）：472～479

刘良，车自成，王焰等.1998. 阿尔金茫崖地区早古生代蛇绿岩的 Sm-Nd 等时线年龄证据. 科学通报，43
　（8）：880~883

刘琦胜，江万，简平，叶培盛，吴珍汉，胡道功.2006. 宁中白云母二长花岗岩 SHRIMP 锆石 U-Pb 年龄及岩
　石地球化学特征. 岩石学报，22（3）：643~652

刘晓林.2010. 西秦岭地区古元古界地层的发现及其地质意义. 甘肃冶金，32（6）：80~82

刘训，傅德荣，韦光明等.1995. 从沉积特征研究格尔木-额济纳旗地学断面走廊域地体的构造演化史. 地
　球物理学报，38（增刊）：114~129

刘永江，葛肖虹，叶慧文等.2001. 晚中生代以来阿尔金断裂的走滑模式. 地球科学，22（1）：23~28

刘增乾，徐宪，潘桂棠，李泰钊，余光明，余希静.1990. 青藏高原大地构造与形成演化. 北京：地质出版社

刘振声，王洁民.1994. 青藏高原南部花岗岩地质地球化学. 成都：四川科学技术出版社

卢书炜，张良，任建德，张彦启，白国典.2004. 青藏高原冈底斯岩浆弧的分带性及其地质意义. 地质通报，
　23（9-10）：1023~1032

陆松年.2002. 青藏高原北部前寒武纪地质初探. 北京：地质出版社

陆松年，于海峰，李怀坤等.2006a. 中国前寒武纪重大地质问题研究——中国西部前寒武纪重大地质事件
　群与全球构造意义. 北京：地质出版社

陆松年，于海峰，李怀坤等.2006b. "中央造山带"早古生代缝合带及构造分区概述. 地质通报，25
　（12）：1368~1380

罗志立，雍自权，刘树根等.2006. 试论"塔里木-扬子古大陆"再造. 地学前缘，13（6）：131~138

骆耀南.1985. 中国攀枝花-西昌古裂带，见：中国攀西裂谷论文集. 北京：地质出版社

毛景文，李晓峰，李厚民，曲晓明等.2005. 中国造山带内生金属类型、特点和成矿过程探讨. 地质学报，
　79：342~372

毛景文，张招崇，杨建民等.2003. 北祁连山西段铜金铁钨多金属矿床成矿系列和找矿评价. 北京：地质出
　版社.1~437

孟祥金，侯增谦，高永丰，黄卫，曲晓明，屈文俊.2003. 西藏冈底斯东段斑岩铜钼铅锌成矿系统的发育时
　限：帮浦铜多金属矿床辉钼矿 Re-Os 年龄证据. 矿床地质，22（3）：246~252

莫宣学，董国臣，赵志丹，周肃，王亮亮，邱瑞照，张凤琴.2005. 西藏冈底斯带花岗岩的时空分布特征及地
　壳生长演化信息. 高校地质学报，11（3）：281~290

倪新远，陈高潮，彭俊英等.2010. 扬子北缘及南秦岭铅锌重晶石锰钒矿成矿地质背景. 陕西地质，28
　（1）：34~38

潘桂棠，陈智梁，李兴振，颜仰基，许效松，徐强，江新胜，吴应林，罗建宁，朱同兴，彭勇明.1997.
　东特提斯地质构造形成演化. 北京：地质出版社

潘桂棠，丁俊，王立全等.2002a. 青藏高原区区域地质调查重要新进展. 地质通报，21（11）：787~793

潘桂棠，李兴振，王立金等.2002b. 青藏高原及邻区大地构造单元初步划分. 地质通报，21（11）：
　701~707

潘桂棠，莫宣学，侯增谦，朱弟成，王立全，李光明，赵志丹，耿全如，廖忠礼.2006. 冈底斯造山带的时空
　结构及演化. 岩石学报，22（3）：521~533

裴先治，丁仁平，李佐臣等.2009. 西秦岭北缘早古生代天水-武山构造带及其构造演化. 地质学报，83
　（11）：1547~1564

钱壮志，汤中立，李文渊等.2003. 秦祁昆成矿域古生代区域成矿规律. 西北地质，36（1）：34~40

青海省地质矿产局第九地质队.1988. 青海省化隆县拉水峡矿区及外围铜镍矿普查地质报告

曲晓明，侯增谦，黄卫.2001. 冈底斯斑岩铜矿（化）带：西藏的第二条玉龙铜矿带. 矿床地质，20：355~366

芮宗瑶，侯增谦，李光明，刘波，张立生，王龙生.2006a. 冈底斯斑岩铜矿成矿模式. 地质论评，52（4）：
　459~466

芮宗瑶，黄崇轲，齐国明等．1984．中国斑岩铜（钼）矿床．北京：地质出版社

芮宗瑶，李光明，张立生，王龙生，王高明，刘波．2006b．青藏高原的金属矿产．中国地质，33（2）：363～373

芮宗瑶，李光明，张立生，王龙生．2004．西藏斑岩铜矿对重大地质事件的响应．地学前缘，11（1）：145～151

佘宏全，丰成友，张德全，潘桂棠，李光明．2005．西藏冈底斯中东段夕卡岩铜-铅-锌多金属矿床特征及成矿远景分析．矿床地质，24：508～520

佘宏全，丰成友，张德全等．2006．西藏冈底斯铜矿带甲马夕卡岩型铜多金属矿床与驱龙斑岩型铜矿流体包裹体对比研究．岩石学报，22（3）：689～696

宋述光，杨经绥．2001．柴北缘都兰地区榴辉岩中透长石+石英包裹体：超高压变质作用的证据．地质学报，75（2）：180～185

汤良杰，金之钧，戴俊生等．2002，柴达木盆地及相邻造山带区域断裂系统．地球科学，27（6）：676～682

唐菊兴，李志军，钟康惠等．2006．西藏自治区谢通门县雄村铜（金）矿勘探报告．成都：成都理工大学档案馆

陶洪祥，陈祥荣，冯鸿儒等．1982．汉南"西乡群"的地层划分与对比．长安大学学报（地球科学版），（1）：31～44

万渝生，许志琴，杨经绥等．2003．祁连造山带及邻区前寒武纪深变质基底的时代和组成．地球科学，24（4）：319～324

王登红，陈毓川，徐珏等．2005．中国新生代成矿作用．北京：地质出版社

王方国，李光明，林方成．2005．西藏冈底斯地区夕卡岩型矿床资源潜力初析．地质通报，2005，24（6）：584～594

王国灿，张天平，梁斌等．1999．东昆仑造山带东段昆中复合蛇绿混杂岩带及"东昆中断裂"地质涵义．地球科学，24（2）：129～133

王立全，朱弟成，潘桂棠．2004．青藏高原1：25万区域地质调查主要成果和进展综述（南区）．地质通报，23：413～420

王立全，朱弟成，耿全如等．2006．西藏冈底斯带林周盆地与碰撞过程相关花岗斑岩的形成时代及其意义．科学通报，51（16）：1921～1928

王亮亮，莫宣学，李冰，董国臣，赵志丹．2006．西藏驱龙斑岩铜矿含矿斑岩的年代学与地球化学．岩石学报，22（4）：1001～1008

王全海，王保生，李金高等．2002．西藏冈底斯岛弧及其铜多金属矿带的基本特征与远景评估．地质通报，21（1）：35～40

王治华，王科强，喻万强，黄辉，吴兴泉．2006．西藏申扎县甲岗雪山钨钼秘多金属矿床的Re-Os同位素年龄及其意义．安徽地质，16（2）：112～119

王宗起，闫全人，闫臻等．2009．秦岭造山带主要大地构造单元的新划分．地质学报，83（11）：1527～1546

魏君奇，陈开旭，何龙清．1999．滇西羊拉矿区火山岩构造-岩浆类型．地球学报，20（3）：246～252

邬介人，于浦生，任秉琛．2001．北祁连石居里地区Cu（Zn）-S矿床地质特征及综合成矿模式．矿床地质，20（4）：339～346

吴怀春，张世红，韩以贵．2002．白垩纪以来中国西部地体运动的古地磁证据和问题．地学前缘，9（4）：355～369

伍跃中，李荣社，王战等．2007．阿尔金山各边界断裂的归属性．地球科学，32（5）：662～670

西藏地矿局．1997．全国地层多重划分对比研究——西藏自治区岩石地层

西藏地质六队．1984a．西藏自治区墨竹工卡县甲马赤康金矿化点初步普查地质工作总结

西藏地质六队．1984b．西藏自治区墨竹工卡县甲马赤康金矿化点外围普查地质报告

西藏地质六队．1989．西藏自治区墨竹工卡县甲马多金属矿区初步普查补充评价工作一九八九年度总结

报告

西藏地质六队. 1990. 西藏自治区墨竹工卡县甲马乡甲马多金属矿区伴生银矿点检查报告

西藏地质六队. 1992a. 西藏自治区墨竹工卡县甲马乡甲马多金属矿区中西段地质普查一九九一年度工作总结及一九九二年度工作安排

西藏地质六队. 1992b. 西藏自治区墨竹工卡县甲马乡甲马多金属矿区中西段地质普查 1992 年度工作总结及 1993 年度工作安排

西藏地质六队. 1993a. 西藏自治区墨竹工卡县甲马多金属矿区中西段地质普查 1993 年度工作总结及 1994 年度工作安排

西藏地质六队. 1993b. 西藏自治区墨竹工卡县甲马多金属矿区地质普查总体设计

西藏地质六队. 1995. 西藏自治区墨竹工卡县甲马铜多金属矿区中西段铜铅矿普查地质报告

西藏地质六队. 1996a. 西藏自治区墨竹工卡县甲马铜多金属矿区东段地质普查 1996 年度工作设计

西藏地质六队. 1996b. 西藏自治区墨竹工卡县甲马铜多金属矿区东段地质普查 1996 年度工作总结及 1997 年度工作安排

西藏地质六队. 1997a. 西藏自治区墨竹工卡县甲马铜多金属矿区东段 1997 年度普查地质工作总结

西藏地质六队. 1997b. 西藏自治区墨竹工卡县甲马铜多金属矿区 I 号矿体 0-40 线详查地质报告

西藏地质六队. 1998a. 西藏自治区墨竹工卡县甲马铜多金属矿区东段地质普查 1998 年度工作安排

西藏地质六队. 1998b. 西藏自治区墨竹工卡县甲马铜多金属矿区东段 1998 年度普查地质工作总结

西藏地质六队. 1999. 西藏自治区墨竹工卡县甲马铜多金属矿区西段地质普查 1999 年度工作设计

西藏地质综合普查大队. 1979. 中华人民共和国区域地质调查报告, 1/100 万拉萨幅

西藏第一地质大队. 1975. 西藏墨竹工卡县甲马多金属矿区地质普查报告

西藏区调队. 1991. 中华人民共和国区域地质调查报告, 1/20 万拉萨幅

西藏自治区地质调查院. 1996. 西藏雅鲁藏布江成矿区东段铜多金属矿勘查报告

西藏自治区地质矿产局. 1993. 西藏自治区区域地质志. 北京: 地质出版社

夏林圻, 夏祖春, 李向民等. 2008. 南秦岭东段耀岭河群、郧西群、武当山群火山岩和基性岩墙群岩石成因. 西北地质, 43 (3): 1~29

夏林圻, 夏祖春, 任有祥等. 2001. 北祁连山构造-火山岩浆-成矿动力学. 北京: 中国地质大学出版社

夏林圻, 夏祖春, 徐学义. 1996. 北祁连山海相火山岩成因. 北京: 地质出版社

夏林圻, 夏祖春, 徐学义等. 2007. 碧口群火山岩岩石成因研究. 地学前缘, 14 (3): 85~101

夏祖春, 洛长义, 王金龙等. 1988. 一个岩浆多次活动及混合的例证——陕西望江山基性侵入岩体. 中国地质科学院西安地质矿产研究所所刊, (22): 1~20

肖庆辉, 邓晋福, 马大铨等. 2002. 花岗岩研究思维与方法. 北京: 地质出版社

解玉月. 1998. 昆中断裂带东段不同时代蛇绿岩特征及形成环境. 青海地质, 1: 27~35

谢玉玲, 衣龙升, 徐九华, 李光明, 杨志明等. 2006. 冈底斯斑马铜矿带冲江斑岩铜矿含矿流体的形成和演化: 来自流体包裹体的证据. 岩石学报, 22 (4): 1023~1030

邢延安, 陈殿义. 2004. 新疆白干湖钨锡矿床简介. 吉林地质, 24 (3): 64~66

徐文艺, 曲晓明, 侯增谦, 陈伟十, 杨竹森, 崔艳合. 2005. 西藏冈底斯中段雄村铜金矿床流体包裹体研究. 岩石矿物学杂志, 24: 301~310

徐文艺, 曲晓明, 侯增谦等. 2006. 西藏雄村大型铜金矿床的特征、成因和动力学背景. 地质学报, 80 (9): 1392~1406

许志琴, 卢一伦, 汤耀庆, 张治洮. 1988. 东秦岭复合山链的形成——变形、演化及板块动力学. 北京: 中国环境科学出版社

许志琴, 杨经绥, 姜枚. 2001. 青藏高原北部的碰撞造山及深部动力学——中法合作研究新进展. 地质科学, 22 (1): 5~10

许志琴，杨经绥，李海兵等.2006.中央造山带早古生代地体构架与高压/超高压变质带的形成.地质学报，80（12）：1793~1806

许志琴，杨经绥，李海兵等.2007.造山的高原——青藏高原的地体拼合、碰撞造山及隆升机制.北京：地质出版社

许志琴，杨经绥，戚学祥，崔军文，李海兵，陈方远.2006.印度-亚洲碰撞-拆离构造与现代喜马拉雅造山机制再讨论.地质通报，25：1~14

薛春纪，姬金生，张连昌等.1997.北祁连镜铁山海底喷流沉积铁铜矿床.矿床地质，16（1）：21~30

杨合群，赵东宏.1999.甘肃镜铁山含铜条带状铁建造的年龄.西北地质科学，20（1）：1~3

杨经绥，许志琴，李天福，李化启，李兆丽，任玉峰，徐向珍，陈松永.2007.青藏高原拉萨地块中的大洋俯冲型榴辉岩：古特提斯洋盆的残留？地质通报，26（10）：1277~1287

杨经绥，王希斌，史仁灯等.2004.青藏高原北部东昆仑南缘德尔尼蛇绿岩：一个被肢解了的古特提斯洋壳.中国地质，34（4）：225~239

杨经绥，许志琴，马昌前等.2010.复合造山作用和中国中央造山带的科学问题.中国地质，37（1）：1~11

杨经绥，张建新，孟繁聪等.2003.中国西部柴北缘——阿尔金的超高压变质榴辉岩及其原岩性质探讨.地学前缘，4（3）：291~314

杨森楠.1989.华南裂陷系的建造特征及构造演化.地球科学，14（1）：29~36

杨星，李行等.1993.中国含铂基性超基性岩体与铂族矿床.西安：西安交通大学出版社

杨志明，谢玉玲，李光明，徐九华.2005a.西藏冈底斯斑岩铜矿带驱龙铜矿成矿流体特征及其演化.地质与勘探，41：21~26

杨志明，谢玉玲，李光明，徐九华，王葆华.2005b.西藏冈底斯斑岩铜矿带厅宫铜矿床流体包裹体研究.矿床地质，24（6）：584~594

姚鹏，郑明华，彭勇民，李金高，粟登奎，范文玉.2002.西藏冈底斯岛弧带甲马铜多金属矿床成矿物质来源及成因研究.地质论评，48（5）：468~479

殷鸿福，彭元桥.1995.秦岭显生宙古海洋演化.地球科学，20（6）：605~611

殷鸿福，张克信.1998.中央造山带的演化及其特点.地球科学，23（5）：437~442

尹安.2001.喜马拉雅-青藏高原造山带地质演化——显生宙亚洲大陆生长.地球学报，22（2）：194~230

雍永源，贾宝江.2000.板块剪式汇聚加地体拼贴——中特提斯消亡的新模式.沉积与特提斯地质，20（1）：85~89

翟裕生.1998.成矿系统的结构框架和基本类型.见：中国科学院地球化学研究所编.环境资源与可持续发展.北京：科学出版社

翟裕生，邓军，李晓波.1999.区域成矿学.北京：地质出版社

詹发余，古凤宝，李东生等.2007.青海东昆仑埃达克岩的构造环境及成矿意义.地质学报，81（10）：1352~1368

张本仁，张宏飞，韩吟文.2000.秦岭地球化学分区与构造格局.安徽地质，10（3）：209~211

张本仁，张宏飞，赵志丹等.1996.东秦岭及邻区壳幔地球化学分区和演化及其大地构造意义.中国科学（D辑），26（3）：202~208

张传林，陆松年，于海峰等.2007.青藏高原北缘西昆仑造山带构造演化：来自锆石 SHRIMP 及 LA-ICP-MS 测年的证据.中国科学（D辑），37（2）：145~154

张德全，佘宏全，徐文艺，董英君.2002.驼路沟喷气沉积型钴（金）矿床成矿地质背景及矿床成因的地球化学限制.地球学报，23（6）：527~534

张国伟，梅志超，李桃红.1988.秦岭造山带的形成及其演化.西安：西北大学出版社

张国伟，张宗清，董云鹏.1995.秦岭造山带主要构造岩石地层单元的构造性质及其大地构造意义.岩石学

报, 11 (2): 101 ~ 104

张国伟, 张本仁, 袁学诚等. 2001. 秦岭造山带与大陆动力学. 北京: 科学出版社

张宏飞, 徐旺春, 郭建秋, 宗克清, 蔡宏明, 袁洪林. 2007. 冈底斯印支期造山事件: 花岗岩类锆石 U-Pb 年代学和岩石成因证据. 地球科学——中国地质大学学报, 32 (2): 155 ~ 166

张建新, 孟繁聪. 2006. 北祁连和北阿尔金含硬柱石榴辉岩: 冷洋壳俯冲作用的证据. 科学通报, 51 (4): 1683 ~ 1688

张建新, 孟繁聪, 戚学祥. 2002. 柴达木盆地北缘大柴旦和锡铁山榴辉岩中石榴子石环带对比及地质意义. 地质通报, 21 (3): 123 ~ 129

张建新, 杨经绥, 许志琴. 2000. 柴北缘榴辉岩的峰期和退变质年龄: 来自 U-Pb 及 Ar-Ar 同位素测定的证据. 地球化学, 29 (3): 217 ~ 222

张照伟, 李文渊, 高永宝等. 2009. 南祁连化隆微地块铜镍成矿地质条件及找矿方向. 地质学报, 83 (10): 1483 ~ 1489

张照伟, 李文渊, 赵东宏等. 2008a. 陕西省洛南县莲花沟岩体 LA-ICP MS 锆石 U-Pb 年龄及地质意义. 地球学报, 29 (6): 811 ~ 816

张照伟, 李文渊, 赵东宏等. 2010. 东秦岭莲花沟岩体锆石 U-Pb 年代学研究及其地质意义. 地球化学, 39 (1): 90 ~ 99

张照伟, 赵东宏, 李文渊等. 2008b. 陕西省洛南县莲花沟钼矿地质特征及找矿标志. 西北地质, 41 (1): 74 ~ 80

赵东宏, 杨合群, 于浦生. 2002. 甘肃桦树沟蚀变岩型铜矿床的地质特征及成矿作用讨论. 西北地质, 35 (3): 76 ~ 83

赵茹石, 周振环, 毛金海等. 1994. 甘肃省板块构造单元划分及其构造演化. 中国区域地质, 1: 28 ~ 36

赵志丹, 莫宣学, 罗照华, 周肃, 董国臣, 王亮亮, 张凤琴. 2003. 印度-亚洲俯冲带结构-岩浆作用证据. 地学前缘, 10: 149 ~ 158

赵志丹, 莫宣学, Sebastien NOMADE Paul RENNE, 周肃等. 2006. 青藏高原拉萨地块碰撞后超钾质岩石的时空分布及其意义. 岩石学报, 22 (4): 787 ~ 794

赵志丹, 莫宣学, 张双全, 郭铁鹰, 周肃, 董国臣, 王勇. 2001. 西藏中部乌郁盆地碰撞后岩浆作用——特提斯洋壳俯冲再循环的证据. 中国科学 (D 辑), 31 (增刊): 20 ~ 26

郑有业, 多吉, 王瑞江等. 2007. 西藏冈底斯巨型斑岩铜矿带勘查研究最新进展. 中国地质, 34 (2): 324 ~ 335

钟大赍, 丁林. 1996. 青藏高原隆升过程及其机制探讨. 中国科学 (D 辑), 26: 289 ~ 295

朱弟成, 段丽兰, 廖忠礼等. 2002. 两类埃达克岩 (Adakite) 的判别. 矿物岩石, 22 (3): 5 ~ 9

朱弟成, 潘桂棠, 莫宣学, 王立全, 廖忠礼, 赵志丹, 董国臣, 周长勇. 2006a. 冈底斯中北部晚侏罗世—早白垩世地球动力学环境: 火山岩约束. 岩石学报, 22 (3): 534 ~ 546

朱弟成, 潘桂棠, 莫宣学, 王立全, 赵志丹, 廖忠礼, 耿全如, 董国臣. 2006b. 青藏高原中部中生代 OIB 型玄武岩的识别: 年代学、地球化学及其构造环境. 地质学报, 80 (9): 1312 ~ 1328

朱弟成, 潘桂棠, 莫宣学等. 2004. 印度大陆和欧亚大陆的碰撞时代. 地球科学进展, 19 (4): 564 ~ 571

朱赖民, 张国伟, 李彝等. 2009. 与秦岭造山有关的几个关键成矿事件及其矿床实例. 西北大学学报: 自然科学版, 39 (3): 381 ~ 391

左国朝, 吴汉泉. 1997. 北祁连山中段早古生代双向俯冲-碰撞造山模式剖析. 地球科学进展, 12 (4): 215 ~ 232

Condie K. 1985. 太古代绿岩带. 车自成等译. 天津: 天津地质矿产研究所印刷厂

Brown M. 1995. P- T- t evolution of orogenic belts and the causes of regional metamorphism. Memoirs of the Geological Society of London, (16): 67 ~ 81

Brown M. 2009. Metamorphic patterns in orogenic systems and the geological record. Geological Society Special Pub-